ENZYKLOPÄDIE
DER
SCHLANGEN

Weltbild

ENZYKLOPÄDIE
DER
SCHLANGEN

CHRIS MATTISON

Weltbild

INHALT

Meinen Eltern, Ron und Rose Mattison,
die mein Interesse an Schlangen und
Büchern förderten.

Gestaltung: Jon Wainwright
Lektor: Ruth Patrick
Art Director: Philip Gilderdale
Illustrationen: Alan Rollason
Karten: Jon Wainwright
Produktion: Caroline Alberti

Umschlaggestaltung: Regina Bocek, München
Umschlagfoto: Pete Oxford/naturepl.com
(junger Grüner Hundskopfschlinger, Corallus caninus)

Übersetzung: Dr. Michael Lohmann
Fachberatung bei der deutschen Ausgabe:
Prof. Dr. Wolfgang Böhme
(die Systematik folgt dem englischen Original)
Lektorat: Dr. Friedrich Kögel, Dr. Eva Dempewolf
Herstellung: Angelika Tröger
Satz: agentur walter, Gundelfingen

Printed in China

ISBN 978-3-8289-3470-2

2012   2011
Die letzte Jahreszahl gibt die aktuelle Lizenzausgabe an.

Einkaufen im Internet:
www.weltbild.de

Foto Seite 1:
Mittelalterliche bronzene Gürtelschnalle in Form einer stilisierten
Otter, die in einem Acker in East Anglia, England, gefunden wurde.

EINLEITUNG

Mit diesem Buch versuche ich, das Leben der Schlangen
in gut lesbarer Form zu beschreiben und zu erläutern.
Ich hoffe, dadurch beim Leser eine ähnliche Faszination
und Bewunderung zu erzeugen, wie ich sie empfinde,
wenn ich diese Tiere in freier Natur oder in Gefangenschaft beobachte.

Die Informationen erhielt ich auf unterschiedliche
Weise. Obwohl ich persönliche Erfahrungen einbezog,
wo immer sie mir angebracht erscheinen, ist ein Buch
wie dies nicht der Platz für Erstmitteilungen. Hier geht
es darum, von zahlreichen Herpetologen über lange
Zeit zusammengetragene Informationen auszubreiten.
Viele dieser Beobachtungen wurden in Zeitschriften
veröffentlicht, die dem breiteren Publikum meist nicht
zugänglich sind. Ich habe versucht, mich auf solche
Erkenntnisse zu konzentrieren, die am ehesten den Amateur-Herpetologen und allgemeinen Naturfreund anspre-
chen, der sich für Schlangen interessiert. Ich verdanke
also wesentliche Beiträge einer Unzahl von Forschern,
deren Darstellungen ich vertraut habe. Quellen werden
aber nur dort genannt, wo spezielle Informationen
genutzt, nicht jedoch, wo Übersichtsartikel ausgewertet
wurden. Zu viele Quellenangaben stören meines Erach-
tens in einem Buch wie diesem mehr, als sie nützen.

Einige meiner Ausführungen betreffen ungewöhnliche oder spektakuläre Arten oder Verhaltensweisen. Im
Allgemeinen versuche ich aber, grundlegende Prinzipien
und auf alle Schlangen zutreffende Generalisierungen
wiederzugeben, auch wenn es keineswegs immer möglich ist, einfache feste Regeln über das Leben von
Schlangen aufzustellen. Das liegt sowohl an ihrer Viel-
fältigkeit als auch an mangelnden Kenntnissen über
gewisse Aspekte ihres Lebens.

Generell gehe ich in diesem Buch von einem evolutionären Konzept aus. Schlangen haben sich durch
natürlicher Selektion herausgebildet.

Das beobachtbare Spektrum an Formen, Größen,
Farben und Verhaltensweisen ist das Endprodukt dieses
Vorgangs, und es lässt sich schwerlich Zeugnis davon
ablegen, ohne sich ständig die selektiven Kräfte zu
vergegenwärtigen. Nur wenn man dies versteht, lassen
sich viele Fragen über das Aussehen und Verhalten von
Schlangen beantworten. Ich entschuldige mich im Voraus
für scheinbar komplizierte Passagen und versichere, dass
ich stets bemüht war, die Sachverhalte so einfach wie
möglich darzustellen.

Natürliche Selektion ist die treibende Kraft der Evolution. Organismen entwickeln sich als Reaktion auf Veränderungen ihrer physischen Umwelt sowie ihrer innerartlichen wie zwischenartlichen Beziehungen. Die meisten Umweltveränderungen verlaufen langsam, und die Evolution kann Schritt halten und immer effizientere Antworten auf neue Probleme geben.

Häufig bedingen Nachteile für eine Art Vorteile für eine andere. In jüngster Zeit hat der Mensch weitreichende Veränderungen bewirkt, deren Geschwindigkeit die evolutionären Prozesse weit überfordert. Organismen, die Jahrmillionen brauchten, um erfolgreich zu sein, können auf diese Veränderungen nicht reagieren. Sie sind nicht in der Lage, sich innerhalb weniger Generationen an das Neue anzupassen, und viele, darunter auch Schlangen, werden selten oder sterben aus.

Unsere Reaktionen auf dieses Problem hängen von der betroffenen Tiergruppe ab. Da Schlangen zu den heimlichsten und am wenigsten sichtbaren Tierarten gehören, hat man ihrem Schutz bisher relativ geringe Aufmerksamkeit geschenkt. Es ist schwer, etwas zu lieben, das man nicht sieht!

Außerdem besteht ein tief sitzendes, durch Unwissenheit gefördertes Misstrauen gegenüber Schlangen, auch wenn die meisten harmlos und viele nützlich und wunderschön sind. Es gibt allerdings Hinweise auf eine sich ändernde Einstellung gegenüber Schlangen und anderen Naturerscheinungen. Ich hoffe, dieses Buch wird diesen Trend durch besseres Verständnis und größere Wertschätzung stärken.

Seit Erscheinen der 1. Auflage dieses Buches hat sich viel verändert. Vor allem drei weitreichende Entwicklungen haben diese Neuausgabe nötig gemacht.

Erstens auf dem Gebiet der Forschung. Die Fortschritte in der DNA-Technologie und anderer Methoden biochemischer Analyse haben zur Aufklärung von Ähnlichkeiten und Unterschieden zwischen Arten, Gattungen und Familien beigetragen. Dies wiederum führte zu zahlreichen taxonomischen Änderungen auf allen Ebenen, einschließlich der Schaffung von 3 (oder 4) neuen Familien, sodass wir es nun mit 18 (statt 15) Familien zu tun haben. Viele Arten wurden neu zugeordnet, einschließlich einiger bekannter Gruppen wie den Kletternattern, und neue Namen wurden vergeben. Mehr als 400 Arten wurden neu aufgenommen. Die

elektronische Miniaturisierung sowie Fortschritte in der Telemetrie ermöglichten es Feldforschern, das individuelle und soziale Verhalten so heimlicher Tiere wie Schlangen in viel größerem Umfang zu studieren. Aufgrund dieser Ergebnisse beginnen wir zu verstehen, dass wir es nicht mit geistlosen Kreaturen zu tun haben, die ein vom Zufall gesteuertes Leben führen, sondern mit Lebewesen, die durch effektive und intelligente Strategien überleben und sich fortpflanzen.

Die zweite wichtige Veränderung ist die Art, wie heute Wissen im Internet verbreitet wird. Man kommt leichter an Informationen heran, und der Austausch zwischen Forschern ist schneller. Die Vorarbeiten für die erste Ausgabe dauerten 2 Jahre, die Antworten auf Anfragen kamen oft erst Monate später. Das Internet hat solche Vorgänge erheblich beschleunigt, allerdings auch zur Verbreitung unsicherer Angaben oder Behauptungen geführt. Die Spreu vom Weizen zu trennen, ist wichtiger denn je.

Schließlich haben die Sorgen über Lebensraumzerstörungen durch die globalen Klimaveränderungen einen neuen Höhepunkt erreicht. Manche Wissenschaftler befürchten, dass im Lauf dieses Jahrhunderts bis zu einem Drittel aller Arten ausgelöscht werden könnte. Viele davon werden Schlangen sein, ausgerottet durch das weitere Vordringen von Wüsten, durch steigende Ozeane und zunehmenden Druck auf nutzbares und besiedelbares Land durch eine wachsende Menschheit bei schwindenden Ressourcen.

Viele Naturfreunde, mich eingeschlossen, erleben den Niedergang auf lokaler Ebene innerhalb weniger Jahre. Längst vorbei sind die Tage, da man während eines Spaziergangs durch die Heiden Südenglands auf ein Dutzend oder mehr Kreuzottern treffen konnte. Gleichzeitig schrumpfen Populationen tropischer Arten in anscheinend ungestörten Lebensräumen wie in den Regenwäldern Borneos oder Costa Ricas ohne erkennbaren Grund. Solche Vorgänge müssen dringend überwacht werden, wenn sie gestoppt oder umgekehrt werden sollen.

Chris Mattison

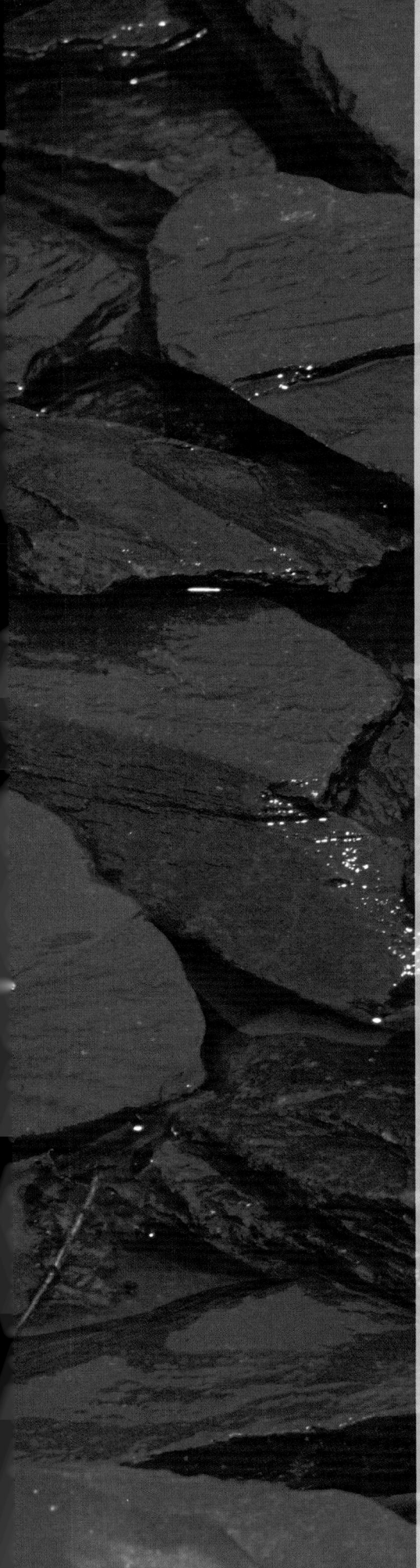

KAPITEL 1
HERKUNFT UND EVOLUTION DER SCHLANGEN

Schlangen sind Reptilien. Zur Klasse Reptilia gehören außerdem Schildkröten, Krokodile, ein paar merkwürdige, eidechsenartige Geschöpfe Neuseelands, die man Tuataras nennt, sowie Eidechsen und Doppelschleichen. All diese Gruppen sind miteinander verwandt, freilich einige mehr als andere. Die bedeutendste Gruppe in Bezug auf Schlangen ist die der Schuppenkriechtiere (Squamata). Sie wurde früher in 3 Untergruppen geteilt: Ophidia, zu denen die Schlangen gehören, Sauria, zu denen die Eidechsen gehören, und die Amphisbaenia (Doppelschleichen). Letztere, die man auch als Wurmechsen bezeichnet, sind außerhalb der Tropen ziemlich unbekannt: Die rund 165 Arten sind auf die wärmeren Regionen begrenzt, wo sie den größeren Teil ihres Lebens unterirdisch grabend verbringen.

Eine typische Schlange: mäßig schlank, mit nahezu drehrundem Körper und einem vom Leib abgesetzten Kopf. Die Schuppen sind regelmäßig angeordnet, in diesem Fall, bei einer Schwarzhals-Strumpfbandnatter *(Thamnophis cyrtopsis)*, sind sie sogar auf dem Kopf symmetrisch. Bei Vertretern anderer Familien können dagegen viele kleine Schuppen den Kopf bedecken.

WAS SIND SCHLANGEN?

WODURCH UNTERSCHEIDEN SICH SCHLAN-GEN VON DOPPELSCHLEICHEN UND EIDECH-SEN? DIESE FRAGE IST NICHT GANZ SO LÄCHERLICH, WIE ES SCHEINT, DENN ES IST GAR NICHT SO EINFACH, EINE DEFINITION ZU FINDEN, DIE ALLE SCHLANGEN EIN-SCHLIESST, ANDERE SCHUPPENKRIECHTIERE JEDOCH AUSSCHLIESST. SCHLANGEN HABEN KEINE BEINE, VIELE EIDECHSEN INKLUSIVE DER MEISTEN DOPPELSCHLEICHEN ABER EBENFALLS NICHT. SCHLANGEN HABEN KEINE AUGENLIDER UND KEINE ÄUSSEREN OHREN, EINIGE EIDECHSEN INKLUSIVE DER DOPPELSCHLEICHEN EBENFALLS NICHT.

Wir können jedoch eine Kombination von Merkmalen verwenden, die einer Definition sehr nahekommt. So besitzen alle Schlangen eine Wirbelsäule (es sind Wirbeltiere), während Gliedmaßen, bewegliche Augenlider und externe Ohren fehlen. Darüber hinaus haben die meisten Schlangen auf der Unterseite eine spezialisierte Schuppenreihe, die Ventralschuppen, während Eidechsen verschiedene Schuppenmuster aufweisen, nie aber in einer Reihe. Die Schuppen von Doppelschleichen sind ringförmig um den Körper angeordnet, sodass kleine Spezies oberflächlich betrachtet wie Regenwürmer aussehen. Zum Thema Gliedmaßen lässt sich sagen, dass Eidechsen, die ihre Beine verloren haben, gleichwohl rudimentäre Schulter- und Beckengürtel besitzen, was auch für Doppelschleichen gilt. Manche Schlangenarten haben rudimentäre Beckenknochen, niemals aber Schultergürtel. Und schließlich verfügen Schlangen über einzigartige Schädel – die Knochen des Oberkiefers sind nur locker miteinander verbunden und können sich voneinander so weit entfernen, dass größere Beutetiere passieren können. Diese Einrichtung findet man bei Eidechsen und Doppelschleichen nicht. Schlangen sind geschmeidig und muskulös, während beinlose Eidechsen eher starr wirken.

IST ES EINE SCHLANGE?

Schlangen sind schlanke, lange Wirbeltiere ohne Gliedmaßen. Diese Definition reicht freilich nicht aus, um sie von einigen anderen Tiergruppen zu unterscheiden. Aale zum Beispiel sind ebenfalls schlank und lang und ohne Gliedmaßen, haben aber sehr kleine Schuppen und atmen durch Kiemen, die man deutlich hinter dem Kopf erkennen kann.

Noch schwieriger ist es, Eidechsen und Doppelschleichen von Schlangen zu unterscheiden. Alle 3 sind Reptilien. Ihre Körper sind mit Schuppen bedeckt, sie atmen mit einer Lunge, und sie haben sich aus dem gleichen Grund zur Beinlosigkeit entwickelt – um schnell durch dichte Vegetation kriechen zu können oder sich in losem Erdreich zu vergraben. Beine wären da nur im Weg.

Alle Doppelschleichen, mit Ausnahme von 3 Arten der Gattung *Bipes*, sind ohne Gliedmaßen (und *Bipes* haben nur Vorderbeine). Weitere Eidechsen ohne oder mit nahezu ganz zurückgebildeten Gliedmaßen findet man in 7 Familien. Die unten stehende Tabelle hilft, zwischen Schlangen und anderen beinlosen Reptilien zu unterscheiden. Die Glasschleichen *(Ophisaurus)* in Nordamerika haben beispielsweise keinerlei Ähnlichkeit mit den dort heimischen Schlangen, Gleiches gilt für die europäische Blindschleiche. Einzige Ursache für Verwirrung könnten 3 Eidechsenarten aus Australien sein, die wie Imitationen von jungen braunen Giftnattern der Gattung *Demansia* aussehen.

▲ Beinlose Eidechsen wie die europäische Blindschleiche *(Anguis fragilis)* sehen oberflächlich betrachtet wie Schlangen aus, unterscheiden sich aber z. B. durch Augenlider und eine andere Anordnung der Schuppen am Bauch.

▲ Die meisten Doppelschleichen sind beinlos, die regelmäßig ringförmige Anordnung der Schuppen unterscheidet sie jedoch meist von Schlangen und Eidechsen. Hier *Blanus cinereus* aus Spanien.

▲ Der Texanischen Schlankblindschlange und ihren nahen Verwandten fehlen die für höhere Schlangen charakteristischen breiten Ventralschuppen, die Schuppen am Rücken überlappen sich jedoch wie Dachziegel, und sie haben keine Augenlider.

Schlange, Eidechse oder Doppelschleiche?

1	Das Tier hat 4 Beine --►	**Eidechse**
	... hat keine Beine ---►	siehe 2
2	Schuppen sind ringförmig um den Körper angeordnet ------►	**Doppelschleiche**
	Schuppen überlappen sich wie Dachziegel -------------------►	siehe 3
3	Das Tier hat bewegliche Augenlider -----------------------------►	**beinlose Eidechsenart**
	... hat starre, transparente untere Augenlider --------------►	siehe 4
4	Breite Ventralschuppen sind in einer Reihe angeordnet -----►	**Schlange**
	Mehrere Reihen von kleinen Ventralschuppen ---------------►	**beinlose Eidechsenart**
	Ventralschuppen wie andere Schupp., Körper zylindrisch ---►	**Blindschlangen**

ENTWICKLUNGS-GESCHICHTE DER SCHLANGEN

EIN VERSTÄNDNIS FÜR DIE HERKUNFT UND EVO-LUTION VON SCHLANGEN IST WICHTIG FÜR DIE ZUORDNUNG DER LEBENDEN ARTEN IN GATTUN-GEN, FAMILIEN ETC. BISHER BEZOG SICH BIOLO-GISCHE KLASSIFIKATION MEHR AUF DIE ÄUS-SERE ERSCHEINUNG UND WENIGER AUF DIE ENTWICKLUNGSGESCHICHTE VON ORGANISMEN. (ALS WÜRDE MAN BÜCHER EINER BIBLIOTHEK NACH FARBE DES EINBANDS SORTIEREN STATT NACH IHREM INHALT, EIN OFFENSICHTLICH WENIG SINNVOLLES SYSTEM.) MODERNE ORD-NUNGSSYSTEME SIND BESTREBT, DIE BEZIE-HUNG ZWISCHEN ARTEN, GATTUNGEN UND FAMILIEN AUFZUZEIGEN.

Es wird allgemein angenommen, dass Schlangen von ihren nahen Verwandten, den Eidechsen, abstammen. 7 Eidechsenfami-lien, einschließlich der australischen Flos-senfüße (Pygopodidae), der Glattechsen (Scincidae) und der Schleichen (Anguidae), zeigen die Tendenz zu kleiner werdenden Gliedmaßen, und viele Arten haben über-haupt keine Beine mehr. Das zeigt, dass sich die Beinlosigkeit unabhängig voneinander in verschiedenen nicht verwandten Eidech-senfamilien entwickelt hat und sich wahr-scheinlich auch einige Male an anderer Stelle während der Evolution ereignet haben dürfte. Man geht davon aus, dass Schlangen von einer dieser Eidechsenfami-lien abstammen, obwohl das Zwischenglied unbekannt ist. Die derzeit vorherrschende wissenschaftliche Meinung bevorzugt eine die Warane (Varanidae) einbeziehende Ab-stammungslinie, aus der sich die Schlangen entwickelt haben. (Heute gibt es keine bein-losen Warane, möglicherweise gab es sie aber in der Vergangenheit.)

Geht man davon aus, dass alle Schlangen von 1 Vorfahren abstammen, müsste es the-oretisch möglich sein, aufgrund von Fossil-funden einen Stammbaum zu erstellen, der die Verwandtschaft zwischen den Arten und ihren Vorfahren aufzeigt. Leider sind die dokumentierten Fossilfunde viel zu unvoll-ständig und ungenau, um eine derartige Analyse zu ermöglichen, und somit sind die Ergebnisse selbst sorgfältiger Untersuchun-gen oft nicht beweiskräftig.

Zur Klassifizierung der Schlangen dienen verschiedene Merkmale. Dazu gehören die Anordnung der Knochen des Schädels und anderer Teile des Skeletts, besonders das Fehlen oder Vorhandensein des Beckengür-tels, des Dornfortsatzes (eine nach unten zeigende spitze Verlängerung der Wirbel) oder des Coronoids (ein kleiner Knochen im Unterkiefer); die Struktur der Hemipe-nes (paarige Fortpflanzungsorgane männ-licher Schlangen) sowie mikroskopische und biochemische Untersuchungen, etwa die Anordnung der Chromosomen und die Proteinanalyse.

Fossiles Schlangenmaterial besteht haupt-sächlich aus Wirbeln. Obwohl sich die Wir-belformen verschiedener Schlangenarten unterscheiden, ist es oft schwer, den Ver-wandtschaftsgrad daraus abzuleiten. Fossile Schädel werden nur hin und wieder gefun-den. Das Fehlen von Weichteilen ausgestor-bener Schlangenarten macht verwandt-schaftliche Zuordnungen mit noch leben-den Arten mitunter fragwürdig. Ein weiteres Problem ist die Zerbrechlichkeit kleiner Knochen von primitiveren Formen wie Schlankblindschlangen, von denen es kaum fossile Funde gibt, obwohl sie zweifellos existierten.

Nach allem, was wir wissen, tauchten die ersten Schlangen wohl vor 100−150 Mio. Jahren, während der frühen Kreidezeit, auf. Aus ihnen entwickelten sich in etwa 2950 derzeit anerkannte Arten, dazu eine kaum abschätzbare Zahl inzwischen ausgestorbe-ner Arten.

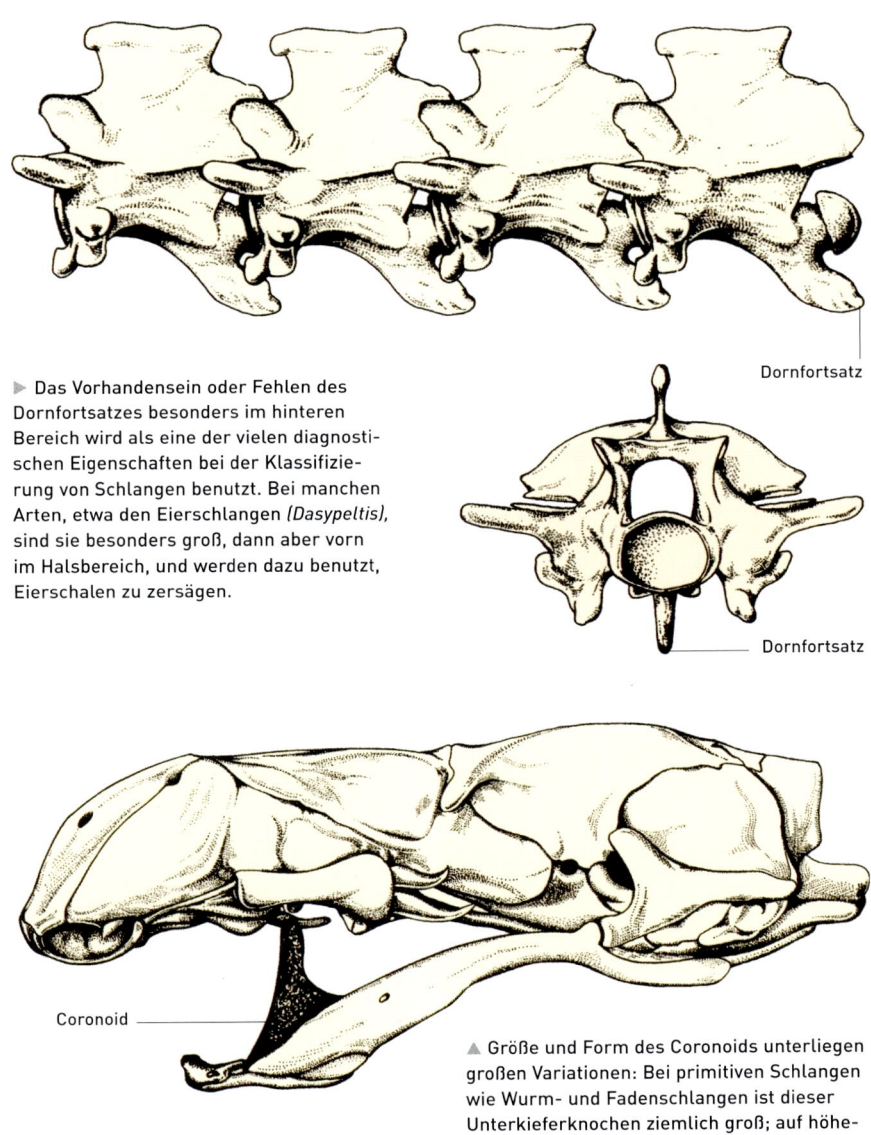

Dornfortsatz

Dornfortsatz

▶ Das Vorhandensein oder Fehlen des Dornfortsatzes besonders im hinteren Bereich wird als eine der vielen diagnosti-schen Eigenschaften bei der Klassifizie-rung von Schlangen benutzt. Bei manchen Arten, etwa den Eierschlangen *(Dasypeltis)*, sind sie besonders groß, dann aber vorn im Halsbereich, und werden dazu benutzt, Eierschalen zu zersägen.

Coronoid

▲ Größe und Form des Coronoids unterliegen großen Variationen: Bei primitiven Schlangen wie Wurm- und Fadenschlangen ist dieser Unterkieferknochen ziemlich groß; auf höhe-ren Entwicklungsstufen wird er immer kleiner oder fehlt ganz.

Eine der ältesten bekannten Schlangen ist *Lapparentophis defrennei*. Verbindungen zu früheren schlangenartigen Reptilien fehlen, sodass ihre Herkunft derzeit ein Rätsel bleibt. Ihre fossilen Reste wurden im heutigen Nordafrika entdeckt. Es war eine landlebende Schlange. Die zweitältesten Überreste stammen von einer marin lebenden Art, *Simoliophis*, die man in Gegenden Europas und Nordafrikas fand, die früher Meeresboden waren. Diese Art trat erstmals in der frühen Kreidezeit auf (vor 100 Mio. Jahren). Gegen Ende der Kreidezeit (vor 65 Mio. Jahren) waren die Familien, zu denen *Lapparentophis* und *Simoliophis* gehörten, allerdings schon wieder ausgestor-

◀ Schlangen haben keine beweglichen Augenlider. Stattdessen besitzen alle, außer Vertretern der primitivsten Familien, 1 durchsichtige Schuppe über jedem Auge, die man Brille oder Oculare nennt. Deren äußere Schicht wird bei jeder Häutung mit abgestreift.

▼ Vertreter bestimmter primitiver Gruppen besitzen noch Überreste des Beckengürtels. Bei Boas, Pythons und einigen anderen Familien ist damit eine kleine Klaue auf beiden Seiten des Hinterleibs verbunden. Männliche Boas und Pythons nützen diesen Sporn, um das Weibchen während der Paarung zu stimulieren.

ben. Jedoch hatten sich inzwischen viele neue entwickelt, einschließlich Vertretern mindestens 2 weiterer Familien, die später ausstarben, und mindestens 2, die noch heute existieren (Rollschlangen, Aniliidae, und Boas, Boidae). Fossile Schlangen aus dieser Zeit fand man in nahezu allen Teilen der Welt, was zeigt, dass, als die Dinosaurier ausstarben, Schlangen bereits artenreich und weit verbreitet waren.

Nach der Kreidezeit entfaltete sich die Gruppe der Schlangen: Es gab mindestens 7 Familien, darunter die Boas, die offenbar um diese Zeit die bedeutendste Familie darstellten. Die Nattern (Colubridae), die heute den bei weitem größten Teil aller Schlangen ausmachen, tauchen erstmals am Ende des Eozäns beziehungsweise zu Beginn des Oligozäns (vor 36 Mio. Jahren) auf und spalteten sich während des Miozäns (vor 22,5–5,5 Mio. Jahren) rasch in zahlreiche Arten auf. Ihre Entfaltung fällt zusammen mit dem Verschwinden verschiedener älterer Schlangenfamilien, wahrscheinlich weil diese mit den besser angepassten »neuen« Arten nicht konkurrieren konnten. Auch die Zahl der Boa-Arten nahm um diese Zeit ab. Im Miozän entstanden auch Vertreter von 2 weiteren wichtigen Familien, der Vipern (Viperidae) und der Giftnattern (Elapidae), sowie der kleineren Familie der Warzenschlangen (Achrochordidae).

MODERNE SYSTEMATIK DER SCHLANGEN

DIE HEUTE LEBENDEN SCHLANGEN VERDANKEN IHRE EXISTENZ ALSO EINER ZIEMLICH KOMPLIZIERTEN EVOLUTIONSGESCHICHTE, IN DER WERDEN UND VERGEHEN VON ARTEN ÜBER 100 MIO. JAHRE ZURÜCKREICHT. WÄHREND DIESER ZEIT VERÄNDERTE SICH DIE FORM DER LANDMASSEN DRASTISCH. DIE GEGENWÄRTIGE VERBREITUNG DER ÜBERLEBENDEN FAMILIEN HÄNGT ZUMINDEST TEILWEISE DAVON AB, WANN SIE ENTSTANDEN: ALTE FAMILIEN SIND VIELFACH WELTWEIT ANZUTREFFEN, WÄHREND JÜNGERE OFT DURCH DIE TRENNUNG DER LANDMASSEN – DIE BEREITS EINSETZTE, ALS DIE ERSTEN SCHLANGEN AUFTRATEN, UND BIS HEUTE ANDAUERT – AUCH NUR DORT VORKOMMEN, WO SIE ENTSTANDEN. KAPITEL 4 HANDELT DETAILLIERTER VON DER GLOBALEN VERBREITUNG DER SCHLANGEN.

Die Klassifizierung rezenter Schlangen hängt zwar eng mit ihrer Entwicklungsgeschichte zusammen, ist aber deutlich gesicherter als die der ausgestorbenen Arten. Das gilt allerdings nicht generell, da manche Arten nur unzureichend bekannt sind oder widersprüchliche Merkmale zeigen, was eine befriedigende Zuordnung zu dieser oder jener Familie erschwert. Hinzu kommt, dass verschiedene Forscher unterschiedliche Kriterien in den Vordergrund stellen. So hat es über die Jahre vielerlei Ordnungsversuche gegeben, die sich teilweise nur geringfügig, teilweise radikaler voneinander unterscheiden.

Die meisten Fachleute erkennen heute 18 oder 19 Familien an, ordnen die rund 2950 Schlangenarten aber teilweise unterschiedlichen Familien zu. 2 Familien, die Aniliidae und die Loxocemidae, enthalten jeweils nur 1 Art. 3 oder 4 weitere, die Anomochilidae, die Xenopeltidae und die Bolyeriidae, weisen nur je 2 Arten auf (wovon 1 der Bolyeriden-Arten wahrscheinlich ausgestorben ist). Nur 3 Arten werden der Familie der Acrochordidae zugerechnet. Demzufolge enthalten 6 Familien (1/3 aller Familien) nur 11 Arten oder 0,37 % aller Schlangen. Das andere Extrem: Die größte Familie, die der Colubridae, vereint gegenwärtig über 1880 Arten. Diese Familie hat

sicher verschiedene Wurzeln, und es ist sehr wahrscheinlich, dass künftige Untersuchungen zu einer Aufteilung in kleinere Familien führen werden. Gegenwärtig teilt man sie in Unterfamilien, von denen einige besser abgrenzbar sind als andere. Einen Überblick über die Familien und ihre Gattungen gibt Kapitel 10.

Eine gröbere Unterteilung lässt sich zwischen sehr primitiven und höher entwickelten Schlangen vornehmen. Die ursprünglichsten Arten sind allesamt kleine, grabende Schlangen mit rudimentären Augen, glatten, glänzenden Schuppen und undifferenzierten Bauchschuppen. Man rechnet sie zu den Familien der Anomalepididae (Amerikanische oder Frühe Blindschlangen), der Typhlopidae (Blind- oder Wurmschlangen) und Leptotyphlopidae (Schlankblind- oder Fadenschlangen). Sie unterscheiden sich so stark von anderen Schlangen, dass man sie in einer Untergruppe zusammenfasst, den Scolecophidia (Blindschlangen). Sie ernähren sich hauptsächlich von Termitenlarven und -eiern sowie von Ameisen, besitzen starre Kiefer und haben, je nach Familie, nur wenige bis gar keine Zähne.

Alle übrigen Familien vereint man in der 2. Unterordnung, den Alethinophidia (Echte Schlangen). Die Anordnung dieser Familien, die Reihenfolge, in der sie sich entwickelten, und ihre Verwandtschaftsbeziehungen sind noch im Fluss. Die ersten 6 Familien kann man als »Frühe Echte Schlangen« bezeichnen. Sie sind ursprünglich, aber nicht so primitiv wie die Blindschlangen. Alle Vertreter dieser Familien – Anomochilidae (Wühlschlangen), Aniliidae (Rollschlangen), Cylindrophiidae (Walzenschlangen), Uropeltidae (Schildschwänze), Xenopeltidae (Erdschlangen) und Loxocemidae (Spitzkopfpythons) – sind grabende Schlangen, deren Kiefer starr oder nur gering beweglich sind, ihre Bauchschuppen sind schmal. Sie haben glatte, glänzende Schuppen und werden manchmal informell »Glanzschlangen« genannt. Insgesamt umfassen diese Familien nur etwa 50 Arten, von denen die meisten zu den Schildschwänzen gehören.

Von den südostasiatischen Wühlschlangen sind 2 Arten bekannt, *Anomochilus leonardi* und *A. weberi.* Man pflegte sie mit den asiatischen Walzenschlangen *(Cylindrophis)* zusammenzustellen oder einer anderen primitiven Familie, den Uropeltidae, einzugliedern (siehe unten). Heute ordnet man sie mit einer eigenen Familie zwischen Schlankblindschlangen und Echten Schlangen ein.

Die Familie der Uropeltidae war viele Jahre eine Sammelstelle für eine Vielzahl kleiner, primitiver Schlangen, ist heute aber begrenzt auf eine Gruppe unterirdisch lebender Schlangen Südindiens und Sri Lankas, die man auch Schildschwanzschlangen nennt. Die 10 Walzenschlangen der Gattung *Cylindrophis* erhielten ihre eigene Familie der Cylindrophiidae. Der einzige Vertreter der Aniliidae, die Südamerikanische Rollschlange *(Anilius scytale)* lebt im nördlichen Südamerika und ähnelt oberflächlich südostasiatischen Arten wie den Wühlschlangen und wurde daher mit den asiatischen Walzenschlangen *(Cylindrophis)* kürzlich den Uropeltidae zugeordnet.

Die nächsten beiden kleinen Familien, die Loxocemidae (eine zu den Spitzkopfpythons zählende mittelamerikanische Grabschlange) und die Xenopeltidae (Erd- oder Sonnenstrahlschlangen) mit jeweils 1 oder 2 Arten, scheinen zwischen den primitiven Echten Schlangen und den höher entwickelten zu stehen. Ihre Kiefer haben eine gewisse Flexibilität, und sie leben ebenfalls unterirdisch, sind aber deutlich größer als die Vertreter der vorausgehenden Familien. Die Mittelamerikanische Grabschlange *(Loxocemus bicolor)* hielt man lange für einen Python. Man hat sie auch den *Xenopeltis*-Arten zugeordnet, mit denen sie eine gewisse Ähnlichkeit hat. Jetzt hält man sie für ausreichend verschieden, um ihr eine eigene Familie zuzubilligen. Die Xenopeltidae mit 2 Arten, *Xenopeltis unicolor* und *X. hainanensis,* bewohnen Südostasien und Südchina. Diese Schlangen haben glatte, irisierende Schuppen und leben im Boden.

Alle übrigen Schlangen, der weitaus größte Teil also, haben lose verbundene, dehnbare Kiefer, was ihnen das Schlucken großer Beute erlaubt, sowie breite Bauchschuppen. Man nennt sie auch Macrostomata oder »Großmaulschlangen«.

Vertreter der Boidae und Pythonidae sind uns gewöhnlich vertrauter als die übrigen bisher genannten Schlangen. Diese beiden Familien vereinen sämtliche Riesenschlangen – Boas, Pythons, Anakondas usw. –, aber auch eine Anzahl kleiner bis mittelgroßer Arten. (Es gibt Gründe, die Pythons als Teil der Boidae zu betrachten, sie werden aber oft getrennten Familien zugeordnet.) Boas sind in Nord-, Mittel- und Südamerika, in Afrika, Südosteuropa, Madagaskar und in der Pazifischen Region verbreitet. Die meisten leben auf Bäumen oder am Boden, die Anakondas amphibisch (semiaquatisch), und eine scharf abgrenzbare Gruppe kleiner bis mittelgroßer Arten lebt halb unterirdisch

STAMMBAUM DER FAMILIEN LEBENDER SCHLANGEN

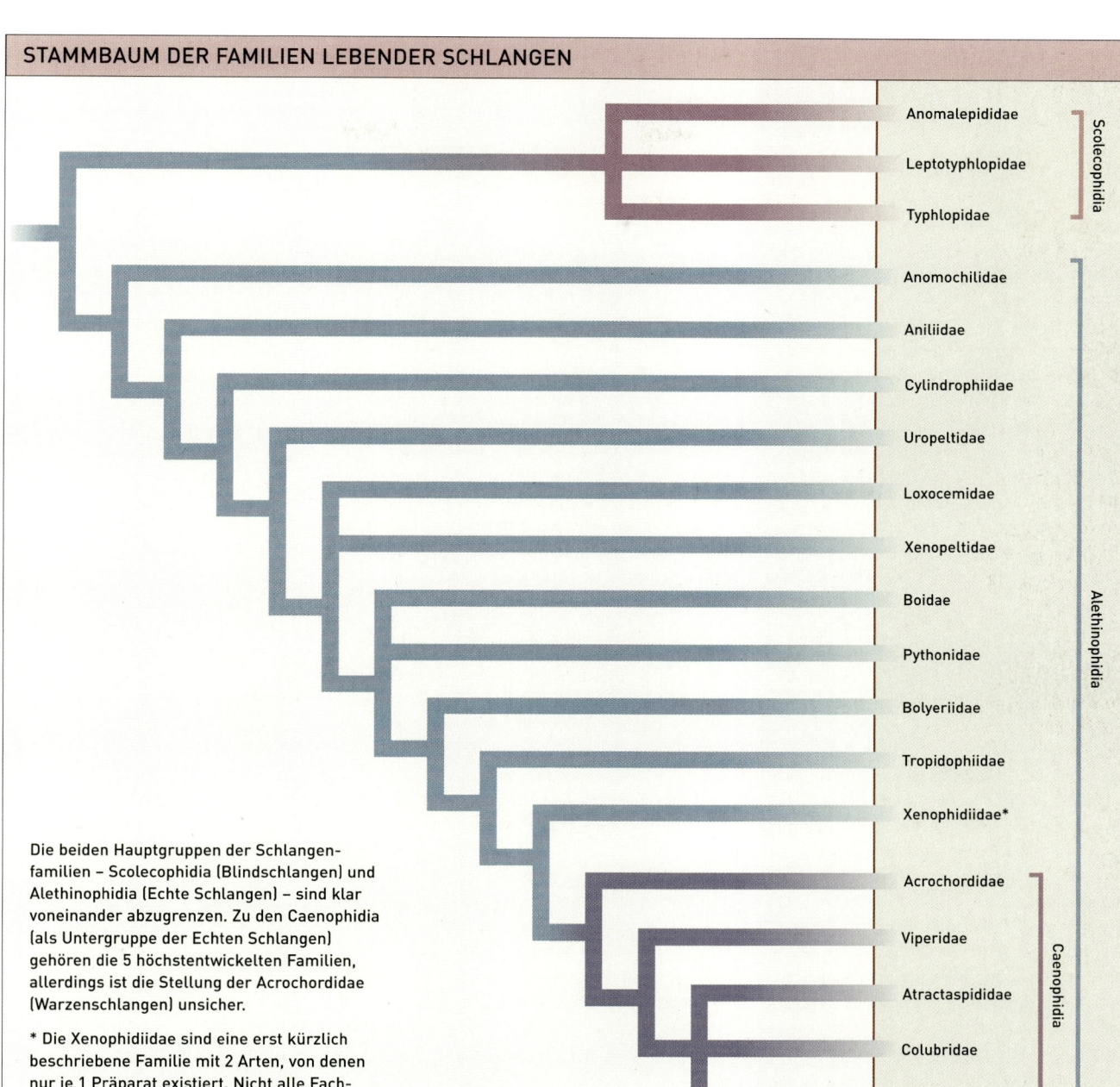

Die beiden Hauptgruppen der Schlangenfamilien – Scolecophidia (Blindschlangen) und Alethinophidia (Echte Schlangen) – sind klar voneinander abzugrenzen. Zu den Caenophidia (als Untergruppe der Echten Schlangen) gehören die 5 höchstentwickelten Familien, allerdings ist die Stellung der Acrochordidae (Warzenschlangen) unsicher.

* Die Xenophidiidae sind eine erst kürzlich beschriebene Familie mit 2 Arten, von denen nur je 1 Präparat existiert. Nicht alle Fachleute stimmen ihrem Status zu.

(semifossorial). Zu diesen gehören die Sandboas, die man einer eigenen Unterfamilie, den Erycinae, zuordnet. Pythons bewohnen ausschließlich die Alte Welt mit Afrika, Asien und Australien. Sie leben terrestrisch, arboreal oder semiaquatisch; wirklich grabende Arten fehlen. Ein wichtiger Unterschied zwischen Boas und Pythons ist, dass erstere (mit 1 Ausnahme) lebendgebärend sind, während Pythons Eier legen. Einige Boas und Pythons besitzen Reihen wärmeempfindlicher Organe zwischen den Lippenschildern. Beide Arten sind typische, kräftige Würgschlangen, die meist von

warmblütiger Beute leben, einschließlich Haustieren, und in seltenen Fällen auch Menschen töten.

Die karibischen Boas bilden eine separate Familie, die Tropidophiidae; außer in der Karibik kommen sie begrenzt auch in Südamerika vor. Man darf sie nicht mit den echten Boas verwechseln, und es wäre weniger verwirrend, wenn man sie mit ihrem zweiten Namen, Kielschuppen-Boas, bezeichnete. Sie sind lebendgebärend. Die Round-Island-Boas, Bolyeriidae, kommen nur auf Round Island im Indischen Ozean vor. 1 Art dieser Familie, *Bolyeria multocari-*

nata, ist wahrscheinlich ausgestorben, über ihre Fortpflanzung ist nichts bekannt; die noch existierende Art legt Eier.

2 merkwürdige Schlangenarten, *Xenophidion acanthognathus* und *X. schaeferi,* auch bekannt als Malaysische Dornkieferschlangen, haben seit ihrer Entdeckung 1987 und 1988 so manche taxonomische Debatte ausgelöst. Anfangs hat man sie den Colubridae zugeordnet, nach weiteren Untersuchen sie aber zu den Tropidophiidae gestellt; außerdem scheint es Beziehungen zwischen ihnen und den Bolyeriidae (Round-Island-Boas) zu geben. Schließlich hat man ihnen

eine eigene Familie zugestanden (Xenophidiidae). Seit ihrer Entdeckung konnte jedoch keine der beiden Arten, von den jeweils nur 1 Präparat existiert, wiedergefunden werden. Sie sind also eine ziemlich unwägbare Größe. Siehe auch S. 215.

Die am höchsten entwickelten Schlangen, Caenophidia, verteilen sich auf 5 Familien mit verschiedenen, hoch entwickelten Eigenschaften. Die Achrochordidae oder Warzenschlangen sind schwer einzuordnen. Ihre 3 Arten leben ausschließlich in Küstengewässern, Lagunen und Binnenseen. Ihre Schuppen unterscheiden sich von denen anderer Schlangen, und sie haben einige weitere Eigenarten, die entweder von ihren Vorfahren stammen oder mit ihrer aquatischen Lebensweise zusammenhängen. Ein Beckengürtel fehlt, andere Merkmale erscheinen jedoch primitiv. Darum stellt man sie zumindest vorläufig zwischen die ursprünglichen und höher entwickelten Familien.

Die restlichen Familien sind größer, weiter verbreitet und häufiger. Man nimmt an, dass sie sich spät entwickelt haben: Im Gegensatz zu den bisher behandelten Familien (außer den Warzenschlangen) fehlen allen Vertretern dieser 4 Familien Beckengürtel und Coronoidknochen. Die Atractaspididae sind eine relativ kleine afrikanische Familie grabender Schlangen (1 Art kommt im Nahen Osten vor). Man nennt sie auch Erd- oder Grabnattern. Einige Vertreter der Familie aus der Gattung *Atractaspis* besitzen enorme gelenkige Fangzähne im vorderen Oberkiefer, jedoch wenig andere Zähne. Man nennt sie Stilettschlangen und hielt sie lange Zeit für Vipern. Sie gelten als eine an das Leben und Jagen im Untergrund hoch angepasste Gattung. Andere Arten der Atractaspididae haben kleine, gefurchte Fangzähne, sind für Menschen aber harmlos. Die Familie weist eine große Artenvielfalt auf, von vielen Vertretern weiß man wenig.

Die Colubridae sind die bei weitem größte Familie lebender Schlangen. Rund 1880 Arten haben jede nur erdenkliche ökologische Nische erobert und sich entsprechend entwickelt. Nur in Australien stellen ihre Vertreter nicht die Mehrzahl der Schlangenfauna. Man findet Colubridae in Bäumen, auf dem Boden, im Untergrund und im Wasser (es gibt allerdings keine ausschließlich marinen Arten). Der typische Vertreter ist schlank und gestreckt mit großen, symmetrischen Kopfschilden und großen Augen. Die Nahrung ist ebenso vielfältig wie die Lebensformen. Manche haben sich spezialisiert, z. B. auf Schnecken oder

Eier, während andere nahezu alles erbeuten, was sie schlucken können. Etliche Arten sind giftig; ihre Methoden der Giftinjektion sind jedoch weniger gut entwickelt als bei Kobras und Vipern, und nur wenige sind für Menschen gefährlich. Auch in ihrem Fortpflanzungsverhalten unterscheiden sie sich: Manche Arten legen Eier, andere sind lebendgebärend.

Kobras und ihre Verwandten gehören zur Familie der Elapidae. Dazu zählt man gewöhnlich die Seeschlangen, Kraits, Mambas, Korallenschlangen sowie eine Vielzahl australischer Arten, die sich dort in all den Nischen entwickeln konnten, die durch die Seltenheit von Colubriden und das Fehlen von Vipern auf diesem Kontinent frei waren. Die Elapidae sind die dominierende Schlangenfamilie in Australien, was dem Kontinent die fragwürdige Ehre eingebracht hat, von mehr giftigen als harmlosen Schlangen bewohnt zu sein (selbst wenn nicht alle auch dem Menschen gefährlich werden). Die Kobras sind gekennzeichnet durch hohle Giftzähne im vorderen Oberkiefer und spezielle Kanäle, die das Gift von den Drüsen zu den Zahnspitzen transportieren. Kobras können aquatisch, terrestrisch, grabend oder kletternd leben, Eier legen oder lebend gebären.

Manche Forscher stellen die Seeschlangen mit den australischen Elapidae in eine eigene Familie, die Hydrophiidae. Andere zählen nur die Seeschlangen dazu und geben den Plattschwänzen *(Laticauda)* eine eigene Familie, die der Laticaudidae. Ich betrachte hier beide als Unterfamilien.

Die Vipern *(Viperidae)* besitzen den am höchsten entwickelten Giftapparat. Abgesehen von Australien, Neuseeland und Ozeanien sind Vipern weit verbreitet, ihr Areal reicht im Norden wie im Süden und auch im hohen Bergland (Himalaja) weiter als das jeder anderen Schlangengruppe. Ihre Fangzähne sind relativ lang und gelenkig, sodass sie nach hinten gelegt werden können. Eine bestimmte Gruppe von Vipern nennt man Grubenottern, weil sie 1 Paar wärmeempfindliche Gruben zwischen Augen und Nase besitzen. Sie traten zuerst in Asien auf und haben von dort über die Landbrücke der heutigen Beringstraße ihr Areal auf ganz Amerika ausgedehnt. Ihre Wärmegruben unterscheiden sich in ihrem Bau von denen der Boas und Pythons, was für unabhängige Entstehung spricht. Man stellt die Grubenottern in eine Unterfamilie, die Crotalinae. Manche Vertreter gehören zu den am leichtesten bestimmbaren Schlangen der Welt: Sie tragen an ihrem Schwanzende eine Klapper.

▲ (oben links) Grubenottern, wie diese Weißlippen-Bambus-otter *(Trimeresurus albolabris)*, stellen mit wärmeempfind-lichen Gruben und ausgefeilter Gifttechnik den Gipfel der Schlangenevolution dar – auch wenn sie nicht unbedingt die jüngste Entwicklungsstufe bilden.

◄ (links) Abgesehen von Vertretern der primitivsten Familien und einigen Spezialisten wie den Seeschlangen besitzen alle Schlangen eine Reihe breiter Bauchschuppen.

▲ (oben rechts) Man nimmt an, dass sich Schlangen aus einer Gruppe von Echsen entwickelt haben, die den Waranen (Varanidae) ähnlich waren. Hier ein Bengalwaran aus Sri Lanka.

▲ (oben) Die meisten (wenn auch nicht alle) Echsen haben an unterschiedlichen Körperstellen verschieden geformte Schuppen, wie man bei diesem Chamäleon *(Chamaeleo hoehnelii)* deutlich sieht.

KAPITEL 2
KÖRPERBAU UND FUNKTIONEN

Alle Schlangen stimmen in vielen wesentlichen Merkmalen überein: Sie sind lange, schlanke Tiere, denen Gliedmaßen, äußere Ohren und Augenlider fehlen. Dennoch gibt es so viele bedeutende Unterschiede zwischen ihnen, dass man allein nach äußeren Verschiedenheiten über 2950 Arten unterscheiden kann. Das besondere Aussehen von Tieren aller Art ist nicht zufällig, sondern hat Gründe, erfüllt Zwecke. Ihre Größe, ihre Form, ihre Färbung und Zeichnung dienen ihnen zur Erfüllung ihrer »Aufgabe« – zu überleben und sich fortzupflanzen. Schlangen bilden in dieser Hinsicht keine Ausnahme.

Eine Leopardnatter *(Zamenis situla)* klettert mühelos senkrecht an einem Baum der gemäßigten Zone hoch.

DAS LEBEN EINER SCHLANGE

Lang genug leben können, um die eigenen Gene weiterzugeben, erfordert einigen Aufwand. Schlangen müssen fressen, um die Geschlechtsreife erreichen zu können, gleichzeitig müssen sie vermeiden, gefressen zu werden. Um beides zu erreichen, müssen sie eine Art der Fortbewegung entwickeln. Je nach bewohntem Lebensraum kann dies Schwimmen, Klettern, Graben oder nur Kriechen auf dem Boden bedeuten.

Wenn unsere Schlange bis zur Geschlechtsreife genug Nahrung gefunden hat und allen Feinden entkommen ist, stellt sich ihr das Problem, einen Partner der gleichen Art, aber des anderen Geschlechts zu finden, und eine Form der sexuellen Vereinigung zu entwickeln, die zur Verschmelzung von Samen und Ei führt. All diese Funktionen sind solche des Verhaltens: Fressen, Fortbewegung, Verteidigung, Fortpflanzung etc. erfordern eine Handlung oder eine Serie von Handlungen.

Andere Funktionen finden unter der Haut statt: Dem Aufspüren, Überwältigen und Schlucken von Beute müssen beispielsweise Verdauung und Assimilation folgen. Solche Funktionen hängen von der inneren Anatomie und Biochemie ab. Diese Aktionen fallen umso leichter, je besser ausgerüstet die Schlange von Grund aus ist – und das hängt vom genetischen Programm ab. So funktioniert Evolution: Gut ausgerüstete Tiere überleben, andere nicht. Wir haben Grund zur Annahme, dass nach Tausenden von Generationen jede Art einen Entwicklungsstand erreicht hat, der gut funktioniert. Wenn dem nicht so wäre, wäre die Art ausgestorben. Es ist jedoch nicht anzunehmen, dass jede Spezies den Gipfel ihrer Entwicklung darstellt. Schlangen werden sich wahrscheinlich zu noch effizienteren Organismen weiterentwickeln, solange sie eine Lebensmöglichkeit finden.

Unsere Grundannahme ist also, dass jede Schlangenart genau die Größe, Form und Farbe hat, die eine gute (wenn auch nicht unbedingt perfekte) Lösung darstellt. Nun können wir uns detaillierter den einzelnen Facetten dieses »Designs« zuwenden, immer im Bewusstsein der evolutionären Kräfte.

GRÖSSE UND GESTALT

GRÖSSE UND FORM GEBEN MIT FÄRBUNG UND MUSTERUNG JEDER SCHLANGE IHRE IDENTITÄT. SIE KÖNNEN AUSSERDEM HINWEISE AUF DIE LEBENSWEISE DER SCHLANGE SEIN, DA HABITAT UND LEBENSBEDINGUNGEN HEMMEND ODER FÖRDERND AUF DIE ENTWICKLUNG VON SCHLANGEN WIRKEN KÖNNEN.

Größe

Das für den Laien interessanteste Maß ist die Länge. Nur wenige biologische Fakten erfreuen sich so großer Aufmerksamkeit wie die Länge von Schlangen: Die Übertreibungen von Fischern sind gar nichts im Vergleich zu den Geschichten über 15 – 18 m lange Pythons und »Boa constrictors« von Forschungsreisenden und Biologen des 19. Jahrhunderts, die sonst als ziemlich zuverlässig gelten.

Ohne Zweifel ist die Länge von Schlangen schwer zu schätzen. Nur wenige strecken sich gerade aus, um sich messen zu lassen. Und nur wenige würden schön still halten, um sich messen zu lassen. Teilstücke großer Schlangen, die man durch Lücken dichter Vegetation dahingleiten sieht, können selbst sorgfältige Beobachter in die Irre führen. Getötete Schlangen sind oft zu groß und schwer, um sie an einen Platz zu bringen, wo man sie ordentlich messen kann. Im

Übrigen kann man tote Schlangen und Häute absichtlich oder unabsichtlich bis zu 20 % strecken.

Die »Großen Sechs«

Insgesamt gibt es 6 Arten, die man gemeinhin als »Riesenschlangen« bezeichnen kann. 2 davon leben in Südamerika, 2 weitere in Asien, während in Afrika und Australien je 1 vorkommt. Großartige Geschichten über legendäre Riesenschlangen gibt es für alle, besonders fantasievolle ranken sich um die beiden südamerikanischen Arten.

Die Anakonda
(Eunectes murinus)

Vom Gewicht her ist zweifellos die südamerikanische Anakonda die größte Schlange der Welt. Für die Rekordsüchtigen spielt aber die Länge die entscheidende Rolle, und hier entstehen die hitzigsten Debatten.

Die größte bisher jemals gemeldete Anakonda war 18,9 m lang; sie wurde von einem Oberst der Royal Artillery 1907 in Brasilien getötet. Sie wurde erschossen, als sie versuchte, über ein Flussufer zu entkommen. Es gibt allerlei Zweifel an dieser Geschichte, nicht zuletzt, weil infrage gestellt wurde, ob eine Schlange von solchen Dimensionen sich überhaupt fortbewegen kann. Doch dieser Einwand ist ebenfalls fragwürdig, da Anakondas semiaquatisch leben, sodass ihr Gewicht im Wasser kaum zu Buche schlägt.

Eine weitere Riesen-Anakonda mit 16,5 m Länge will ein gewisser Lange 1910 am Jivari-Fluss in Peru erlegt haben. Eine

▼ Die Anakonda (Eunectes murinus) ist die größte Schlange der Welt.

von ähnlicher Größe wurde von dem Forschungsreisenden de Graff 1927 gesehen, aber nicht getötet.

Etwas glaubwürdiger ist der Bericht von einem 11,4 m langen Individuum, das 1944 in Kolumbien erlegt wurde. Dieser Bericht galt viele Jahre als gut belegt. Wobei aber nicht ganz klar ist, ob nicht die Glaubwürdigkeit durch mehrfaches Abschreiben erhärtet wurde. Das Tier wurde von einer Prospektorengruppe unter Leitung des Geologen Roberto Lamon »getötet«. Als die Gruppe (nach einer Frühstückspause) zu ihrer Beute zurückkehrte, um sie zu fotografieren und zu häuten, war das Tier verschwunden. Wahrscheinlich hatte es sich erholt und aus dem Staub gemacht. Eine weitere, 11,6 m lange Anakonda wurde von Indianern während einer Expedition des brasilianischen Generals Ronda getötet (nach ihm wurde später Rondonia, eine große Region in Amazonien, benannt).

Zahlreicher sind die Berichte und Nachweise von 9–11 m langen Individuen, von denen viele kaum bezweifelbar sind, da sie von anerkannten Wissenschaftlern stammen. So wurde etwa eine 10,4 m lange Anakonda in Britisch-Guyana durch V. Roth, den Direktor des Nationalmuseums, erlegt. Der Naturkundler R. Mole, dem wichtige Beiträge zur Naturkunde Trinidads zu verdanken sind, berichtet 1924 von einem 10 m langen Exemplar, und Dr. F. Medem von der Colombia Universität (Kolumbien) erwähnt ein 10,26 m langes Individuum, das im Guaviare-Fluss getötet wurde.

Im Vergleich zum Netzpython ist die Anakonda für Gefangenschaftshaltung ungeeignet. Sie ist aggressiv und frisst oft schlecht. Deshalb ist sie, trotz ihrer offensichtlichen Attraktivität, in Zoos selten.

Der Netzpython
(Python reticulatus)
Der Netzpython ist über weite Teile Südostasiens verbreitet. Er ist wahrscheinlich die längste Schlange der Welt, dabei aber wesentlich schlanker als die Anakonda. Merkwürdigerweise gibt es deutlich weniger zweifelhafte Geschichten über die Länge dieser Spezies als bei der Anakonda. Und die meisten Berichte konzentrieren sich weniger auf die Größe der Art als auf ihren Appetit auf Menschen.

Oliver erwähnt ein 10-m-Exemplar, das von Einwohnern in Celebes (heute: Sulawesi) getötet und von einem Ingenieur gemessen wurde; Belege dafür gibt es aber nicht. Mehrere Tiere erreichten in Gefangenschaft nahezu 9 m, und es gibt diverse bestä-

WIE MAN AM LEICHTESTEN EINE SCHLANGE MISST

Schlangen zu messen wirft allerlei Probleme auf. Nicht eben das geringste ist, sie stillzuhalten. Folgende Methode hat sich bewährt: Man lege die Schlange zunächst auf eine dicke Unterlage aus Schaumgummi, dann vorsichtig eine Glasplatte auf die Schlange. Mit einem Filzstift ziehe man dann auf der Scheibe eine Linie entlang der Mittellinie der Schlange, von der Schnauze bis zur Schwanzspitze. Danach wird die Schlange wieder befreit.

Die Länge der Linie können Sie auf zweierlei Weise messen: Entweder nehmen Sie eines dieser kleinen Geräte, mit denen man Entfernungen auf Karten misst, oder Sie legen eine Schnur entlang der Linie und messen deren Länge.

Der Vorteil dieser »Quetschmethode« ist ein doppelter: Erstens wird die Schlange nicht gestreckt, wie es manchmal passiert, wenn man versucht, eine Schlange gerade zu ziehen. Zweitens wird die Schlange weniger gestresst. Wenn die Schlange giftig oder angriffslustig ist, wird auch der Untersuchende weniger gestresst! Leider ist diese Methode nur für mittelgroße Individuen – bis zu 1,5 m – geeignet.

Im Freiland fotografierte Schlangen kann man wie folgt messen: Fotografieren Sie die Schlange neben einem Objekt von bekannter Länge – einem Meterstab, einem Feldführer etc. – und lassen Sie sie gleich wieder frei. Wenn Sie mit Diafilm fotografiert haben, können Sie das entwickelte Bild durch Veränderung des Abstandes zwischen Projektor und Projektionsfläche so vergrößern, dass das bekannte Objekt die richtige Länge auf der Projektionsfläche hat. Ziehen Sie nun auf der Projektionsfläche entlang der Schlange eine Linie und messen Sie diese wie beschrieben. Bei Negativfilm müssen Sie auf dem Vergrößerungsabzug das Verhältnis des Objekts zu seinem Abbild ermitteln und dann das Verhältnis zwischen Objekt- und Schlangenabbild. Oder Sie projizieren das Negativ.

Die abgeworfene Haut einer Schlange sollte nicht zur Messung der Länge verwendet werden, da sie im Durchschnitt 10 % länger ist als die lebende Schlange. Nacheinander abgeworfene Häute einer Schlange zu sammeln und zu datieren ist aber – besonders für junge Schlangenhalter – eine gute Methode, um ihr Wachstum zu dokumentieren.

▲ Der südostasiatische Netzpython *(Python reticulatus)* ist wohl die längste Schlange der Welt und die größte Art der Alten Welt.

tigte Berichte von Netzpythons mit Längen um die 8,5 m. Dazu gehörte ein lebendes Exemplar im Besitz des Tierhändlers John Hagenbeck aus dem Jahr 1905, von dem F. Wall in seinem Buch »Die Schlangen Ceylons«[1] berichtet; dieses Tier wog 113,4 kg. Ein weiteres mit 7,6 m und 138,3 kg war die größte Schlange, die jemals im National Zoo in Washington präsentiert wurde; sie ist jetzt im United States National Museum zu sehen. Den Gewichtsunterschied zwischen dieser und Hagenbecks Schlange kann man auf Unterschiede im Ernährungszustand oder auf Sexualdimorphismus zurückführen; weibliche Schlangen sind gewöhnlich schwerer als männliche, allerdings gibt es auch oft den umgekehrten Fall.

Der Tigerpython
(Python molurus)

Diese Art tritt in 2 Formen auf, *Python molurus molurus* und *P. m. bivittatus,* die letztere Unterart ist der Burmesische Python. Eine 3. Form, *P. m. pimbura,* ist auf die Insel Sri Lanka beschränkt, wird aber nicht immer als eigene Unterart anerkannt. Alle 3 Formen können zu Riesenschlangen heranwachsen, werden im Mittel aber nur um 3,7 m lang. Es gibt jedoch auch zuverlässige Nachweise von Individuen mit 6 m Länge.

So schreibt Wall in dem oben erwähnten Buch, dass ein Individuum von 5,8 m Länge und mit einem Gewicht von 90,7 kg vom Maharadscha von Cooch Behar in Assam geschossen wurde und 2 weitere von gleicher Länge in Sri Lanka. Weitere, weniger

gute belegte Berichte gibt es von 6,7 bzw. 7,6 m langen Tieren. Allerdings besteht immer die Verwechslungsmöglichkeit mit dem Netzpython, da sich die Verbreitungsgebiete der beiden Arten überlappen.

Der Felsenpython
(Python sebae)

Diese auch Afrikanischer Python genannte Art ist die einzig wirklich große Schlange des afrikanischen Kontinents. Obwohl ihre Größe mit 7,6 m angegeben wird, schreibt FitzSimons in seinem Buch »Die Schlangen Südafrikas«[2]: »... es ist sehr ungewöhnlich, heute noch eine Schlange zu finden, die größer als 6,1 m ist; im Durchschnitt messen adulte Tiere 4–4,6 m.« Weiterhin stellt er fest, dass 4,6–4,9 m lange Felsenpythons in Gefangenschaft bis zu 54 kg wiegen können.

Der Kinghorns Python
(Morelia kinghorni)

Diese australische Art gibt einige Rätsel auf. Obwohl erwachsene Tiere nur 3–3,7 m oder weniger lang werden, gibt es Berichte von weit größeren Exemplaren. So maß L. Robichaux 1948 ein in Greenhill, Cairns

▼ Der afrikanische Felsenpython *(Python sebae)* ist die größte Schlange Afrikas.

▶ Der indische Tigerpython *(Python molurus)* kann bis 6 m lang werden.

(Australien), getötetes Tier mit einer Länge von 8,5 m, berichtet Worrell.[3] Von einem etwas kleineren, von S. Dean gemessenen Tier berichtet Pope, es sei 7,2 m lang gewesen.[4] Zur Verwirrung trägt bei: Seit diesen Berichten wurde ein neuer Riesenpython, *Morelia oenpelliensis,* aus Arnhemland (Australien) beschrieben. Der Kinghorns Python wurde früher Amethystpython *(M. amethistina)* genannt, eine Bezeichnung, die heute nur noch für die neuguineischen Vertreter gilt, während die australische Population im Jahr 2000 in *M. kinghorni* umbenannt wurde.

Die Abgottboa
(Boa constrictor)

Die »gewöhnliche« Boa wurde nie als größte Schlangenart angesehen, auch wenn die Medien oft diesen Eindruck zu erwecken versuchen. Gleichzeitig hat keine andere Schlange die Fantasie der Menschen so beschäftigt, und die Erzählungen von Forschungsreisenden des 19. Jahrhunderts wurden als unvollständig angesehen, wenn sie nicht mindestens eine gefährliche Begegnung mit einer Riesenschlange enthielten.

Wie groß wird nun die Abgottboa? Bis vor kurzem wurde eine Rekordmarke von 5,64 m allgemein akzeptiert. Diese Länge hatte ein irgendwann während des Zweiten Weltkriegs von einer Malariabekämpfungstruppe unter Leitung des Biologen Colin Pittendrigh auf Trinidad getötetes Exemplar. Leider konnte, wie so oft, der Kadaver unter den gegebenen Bedingungen nicht konserviert werden. Gleichwohl wurde das Maß als zuverlässig betrachtet, zuerst von Oliver[5] und danach von zahlreichen weiteren Autoren.

In einem neueren Artikel hat Hans Boos, ein Herpetologe aus Trinidad, einige Zweifel geäußert, nicht an der Größe der von Pittendrigh getöteten Schlange, aber an ihrer Artzugehörigkeit[6]. Es scheint, als habe Pittendrigh aufgrund des Lebensraums die Möglichkeit ausgeschlossen, dass die Schlange eine Anakonda *(Eunectes murinus)* gewesen sein könnte. Hans Boos fand mehrfach Anakondas in der Gegend, wo die Pittendrigh-Schlange getötet wurde. Außerdem haben Zeugen der Erlegung später Beschreibungen abgegeben, die eher auf die Färbung einer Anakonda hinweisen.

Kurzum, es scheint, als sei die betreffende Schlange eher eine Anakonda als eine Boa gewesen. Diese Annahme wird auch da-

durch gestützt, das die nächstgrößte Abgottboa, die auf der Insel gefunden wurde, nur 3,35 m maß, während auf dem benachbarten Festland (Venezuela) die maximale Größe von Rose[7] mit 4,20 m angegeben wird – ein Pappenstiel im Vergleich zu den anderen »sechs Großen«. Es gibt nur einen Hinweis auf eine größere Boa (wenn man von Angaben absieht, die wahrscheinlich auf Pittendrighs Schlange zurückgehen), nämlich die Feststellung von Amaral, der 4,5 m als das Maximum für brasilianische Boas angibt[8].

Aus den verschiedenen und verstreuten Berichten über große Schlangen können mehrere Schlussfolgerungen gezogen werden. 1. Wie zu erwarten, halten viele Berichte über die größten Schlangen einer genaueren Nachprüfung nicht stand. (Die Ursachen dafür liegen in der menschlichen Natur.) 2. Alle diese großen Arten, mit Ausnahme des Amethystpythons, sind, verglichen mit bekannteren Schlangen, schwergewichtige Tiere mit großem Körperumfang. Eine zusammengerollte Schlange mit dem Umfang des Oberschenkels eines Man-

▲ Die Abgottboa (*Boa constrictor*) liegt in der Tabelle der Riesenschlangen ziemlich weit unten; sie wird kaum länger als 4 m und bleibt gewöhnlich deutlich darunter.

◀ Der Amethystpython (*Morelia amethistina*) aus Neuguinea, wo er die größte Schlange ist.

nes kann leicht als 10 m lang geschätzt werden, auch wenn sie weniger als 6 m misst – besonders wenn es sich um ein trächtiges Weibchen oder ein vollgefressenes Tier handelt.

Ein betrüblicher Aspekt ist die lange Zeit, die vergangen ist, seit von wirklich großen Schlangen berichtet wurde. Neuere Veröffentlichungen waren nicht in der Lage, die Daten älterer Autoren, wie etwa Wall und Oliver, zu aktualisieren. Deren Angaben werden von neueren Autoren oft nur wiederholt, selten übertroffen. Bedeutet das,

dass man heutzutage ehrlicher ist oder genauer misst? Oder sind während der letzten 50 Jahre alle großen Schlangen verschwunden? Die Wahrheit ist wohl eine Kombination aus beidem. Frühe Beobachter unerforschter Dschungel hatten oft unzureichende Grundlagen für ihre Berichte, weshalb eine große Schlange ebenso gut 18 wie 9 m lang gewesen sein mag, wenn ihr Körper für eine Messung nicht zur Verfügung stand.

Andererseits gelten die zuverlässigeren Berichte der ersten Hälfte des 20. Jahrhunderts auch heute noch. Autoren wie Fitz-Simmons betonen, dass es heutzutage sehr ungewöhnlich ist, Schlangen mit mehr als 6,1 m zu finden – und legt damit nahe, dass früher solche Maße häufiger waren. Zweifellos vermindert der Zivilisationsdruck in mehrfacher Weise die Chance, dass Schlangen ihre volle Größe erreichen. Vor allem gibt es weniger ungestörte Gebiete. Schlan-

gen, die man beim Straßenbau, bei der Suche nach Bodenschätzen und ähnlichen Aktivitäten antrifft, werden im Zweifelsfall sofort getötet, sodass sie ihre volle Größe nicht mehr erreichen. Und je größer sie sind, desto eher wird man sie entdecken und töten.

Es könnte darum sein, dass wir im Freiland nie mehr solche Schlangen sehen werden, wie sie Fawcett, Lange, Lamon und der Maharadscha von Cooch Behar einst töteten (selbst wenn man deren mögliche Übertreibungen in Betracht zieht). Es ist aber durchaus möglich, dass eine Schlange in Gefangenschaft die 9-Meter-Marke erreicht. Da sich die Bedingungen in Zoos und privaten Sammlungen verbessert haben, konnte bei mehreren kleineren Schlangenarten die Maximalgröße durch Gefangenschaftstiere übertroffen werden. Das hängt wohl mit der besseren und regelmäßigeren Ernährung, verbunden mit dem Schutz vor natürlichen Krankheiten, Parasiten und Feinden zusammen.

Vor- und Nachteile der Körpergröße

Groß zu sein, bringt einige Vorteile mit sich, nicht zuletzt die größere Bandbreite von Beute und die geringere Gefahr, selbst gefressen zu werden. Gleichzeitig müssen große Schlangen aber mehr fressen als kleine. Auch wenn Schlangen mit bemerkenswert geringen Mengen an Nahrung auskommen können, ist es nicht einfach, genügend Beute zu machen, um Leib und Seele von 130 kg zusammenzuhalten – besonders für ein Tier, das nicht sonderlich schnell ist und in erheblichem Maße davon abhängt, was ihm gerade über den Weg läuft. Große Schlangen können daher nur dort gedeihen, wo die Dichte an Beutetieren ziemlich hoch ist.

Hinzu kommt, dass große Körper sich langsamer erwärmen als kleine, und da Schlangen zu den Wechselwarmen gehören, können sie nicht voll aktiv werden, bevor ihre Körpertemperatur nicht ein bestimmtes Niveau erreicht hat. Deshalb sind sie auf die warmen Teile der Erde beschränkt. Nur in den Tropen sind Temperatur und Nahrungsangebot für Großschlangen geeignet.

Von unseren »Großen Sechs« findet man Anakonda und Netzpython mehr oder weniger nur in Regionen mit tropischen

Regenwäldern. Der Tigerpython ist ebenfalls hauptsächlich eine Waldschlange, obwohl man ihn auch in offenen Landschaften antrifft, besonders um Höfe und Dörfer. Das riesige Verbreitungsgebiet der Abgottboa umschließt Regenwälder in Süd- und Mittelamerika, reicht aber bis in nördliche Laubwälder und sogar Dornbusch-Halb-

▲ Die tropischen, mittel- und südamerikanischen Schlangen der Gattung *Imantodes* gehören zu den schlanksten Arten; hier *I. lentiferus*.

wüsten von Nordmexiko bis nach Argentinien. Felsenpython und Amethystpython leben in Gras- und Buschland, an Flüssen und in Wäldern.

Die »Zwerge«

Das andere Extrem, die kleinste Schlangenart, misst nur 10 cm und gehört zur Familie Typhlopidae oder Blindschlangen. Es ist schwer zu sagen, genau welche Blindschlangenart die kleinste ist, da es viele gleicher Größe gibt und man nicht weiß, ob die gemessenen Tier alle ausgewachsen waren – Blindschlangen sind heimliche, unterirdisch lebende Schlangen, und es gelingt immer nur, einen winzigen Teil der Population zu fangen. Neben den Blindschlangen gibt es noch viele andere in der Größenordnung 10 – 30 cm.

Die Körperform

Wie in der Größe, so variieren Schlangen auch in der Form. Im Vergleich zu anderen

◀ Eine unbeschriebene Echte Blindschlange der Gattung *Typhlops* aus Sri Lanka. Alle Schlankblindschlangen (auch Faden- oder Wurmschlangen genannt) sind winzig. Die kleinste Schlange gehört zu einer dieser Familien. Welche Art es genau ist, lässt sich schwer sagen, da von manchen Arten nur wenige Exemplare bekannt sind.

Tieren sind sie natürlich alle länger und dünner. Hier gibt es einen gewissen Zusammenhang mit dem Lebensraum. So sind auf Bäumen lebende Schlangen in der Regel schlanker, haben einen längeren Schwanz und sind daher in Relation zu ihrer Länge leichter. Zu diesen gehört etwa der Baumschnüffler *(Ahaetulla nasuta)*, die Kapvogelnatter *(Theletornis capensis)* und besonders die Riemennatter *(Imantodes cenchoa)* mit ihren Verwandten. Die beiden auf Bäumen lebenden Boiden *Corallus caninus* und *Morelia viridis* scheinen mit ihrer stämmigeren Körperform nicht in dieses Schema zu passen. Vergleicht man sie aber mit anderen Boa-Arten, so erkennt man, dass sie sich durchaus in Richtung des langschlanken Modells entwickelt haben. Gewisse terrestrische Arten sind ebenfalls lang und schlank, v. a. alle aktiven, schnellen Jäger, oft tagaktive Arten wie Zornnattern *(Coluber)*, Kutscherpeitschennattern *(Masticophis)* und die Sandrennnattern *(Psammophis)*. Andere auf dem Boden lebende Arten sind kurz und kräftig. Zu ihnen gehören Ansitzjäger, darunter Gabunviper *(Bitis gabonica)* und Puffotter *(Bitis arietans)*, einige australische Giftnattern (Elapidae), vor allem die Todesottern *(Acanthophis)* sowie 5 Pythons: *P. regius, P. anchietae* und ganz besonders 3 kurzschwänzige Pythons: *P. breitensteini, P. brongersmai* und *P. curtus* aus Südostasien.

Unterschiede lassen sich auch im Querschnitt des Schlangenkörpers feststellen. Grabende Schlangen neigen mehr zu zylindrischen Querschnitten, während auf dem Boden lebende Arten eine abgeflachte Bauchseite aufweisen – die ihnen eine größere Oberfläche zur Fortbewegung bietet. Baumlebende Schlangen sind nicht nur schlanker, sondern oft auch seitlich abgeflacht (z. B. *Corallus)*. Gleiches gilt für aquatische Arten, besonders die am höchsten angepassten Formen, die Seeschlangen. Einige Arten wie die afrikanischen Feilennattern *(Mehelya)*, die Kraits *(Bungarus)* und – weniger deutlich – die amerikanischen Indigonattern *(Drymarchon)* sind im Querschnitt dreieckig, wodurch ihre dorsale Mittellinie einen deutlichen Kamm über die ganze Körperlänge bildet. Der Zweck dieser Körperform ist unbekannt.

▶ Unterschiede in den Querschnittformen der Schlange: a) zylindrisch wie bei vielen grabenden und halbgrabenden Arten; b) dreieckig, eine Form, deren Funktion unbekannt ist und die bei sehr verschiedenen Gruppen auftritt, etwa bei den afrikanischen Feilennattern *(Mehelya)* und der amerikanischen Indigonatter *(Drymarchon corais)*; c) dorsal abgeflacht, wie bei vielen schwergewichtigen Arten, z. B. größeren Vipern – beim Sonnenbaden wird diese Form noch verstärkt; d) seitlich abgeflachte Querschnitte findet man bei Baumschlangen (z. B. *Corallus)* und bei aquatischen Arten wie Seeschlangen.

▲ Schwergewichtige Schlangen findet man vor allem unter den Vipern, Boas und Pythons. Hier ein Blutpython *(P. breitensteini)* aus Borneo.

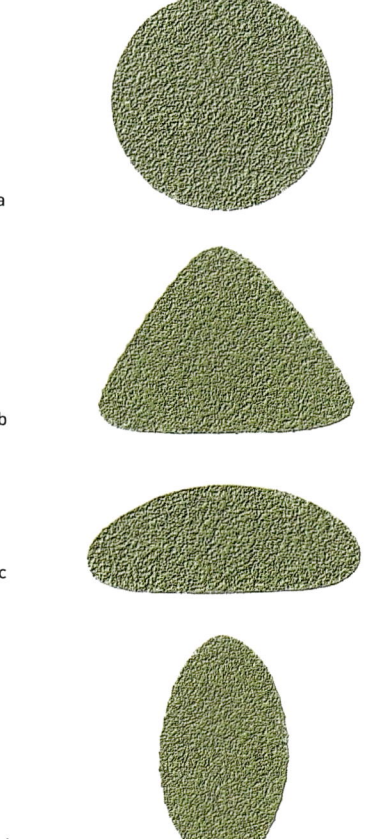

a

b

c

d

DIE FARBE

SCHLANGEN GIBT ES IN NAHEZU ALLEN FARBEN. MANCHE ARTEN SIND WIE DIE GRÜNEN NORD-AMERIKANISCHE GRASNATTERN *OPHEODRYS* UND *LIOCHLOROPHIS* EINFARBIG, WÄHREND DAS FARBMUSTER ANDERER UNGLAUBLICH KOMPLIZIERT IST, ETWA DAS DER GABUNVIPER *(BITIS GABONICA)*.

Viele tagaktive Schlangen sind gestreift, während nacht- oder dämmerungsaktive Arten gebändert sind. Manche Arten unterscheiden sich individuell, selbst wenn sie Geschwister sind, und einige wenige tragen in der Jugend andere Farben als im Alter. Diese Farbmuster sind zwar für die Artbestimmung sehr hilfreich, wurden aber nicht zur Freude der Herpetologen »erfunden« – jede Färbung spielt eine Rolle im Überlebenskampf. Die Funktion kann primär defensiv sein wie bei Tarntrachten oder physiologisch, im Sinne besserer Wärme-absorption oder als Schutz von Organen vor starker Strahlung.

Zur Entstehung der Farben

Farben, wie wir sie wahrnehmen, können auf dreierlei Weise entstehen. 2-mal spielen Strukturen eine Rolle – die physikalischen Eigenschaften der Oberfläche –, die 3. wird durch Pigmente in den Schuppen erzeugt und ist daher chemischer Natur. Die für Farben verantwortlichen Zellen werden generell als Chromatophoren bezeichnet.

Pigmente

Pigmentfarben sind gefärbte Substanzen, die sich in Chromatophorengruppen innerhalb der Schuppen ablagern. Sie liegen meistens an der Grenze zwischen Oberhaut und Lederhaut. Dies ist die häufigste Form der Farbgebung, und sie ermöglicht eine große Vielfalt von Tönen. Es konnten verschiedene Schlangenpigmente isoliert werden, häufigere und seltenere. Melanin kommt nahezu überall vor und ist für eine Reihe von Farben verantwortlich: Schwarz, Dunkelbraun (Eumelanin), Hellbraun, Gelb (Phaeomelanin) und Grau. Die melaninhaltigen Zellen (Melanophoren) sind unregelmäßig verzweigt, ihre Arme ragen in alle Richtungen. Diese Zellfortsätze berühren und überlappen sich und bilden ein kom-

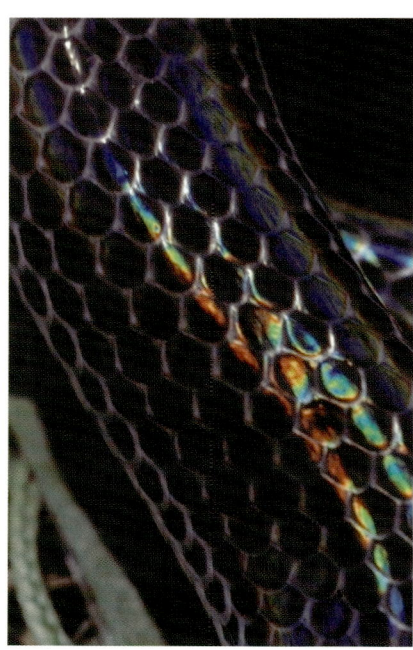

▲ Schlangenschuppen sind oft stark irisierend, wie bei der zutreffend benannten Regenbogen-Erdschlange *(Xenopeltis unicolor)*.

▼ Eine weitere brillant irisierende Art ist die südamerikanische Regenbogenboa, hier in ihrer brasilianischen Unterart *(Epicrates cenchria cenchria)*.

plexes Muster. Das Pigment selbst liegt in winzigen Körnchen vor, die über die ganze Zelle verteilt sein können; dann erscheint das Gebiet hell. Es können weitere Pigmente vorliegen: Einige Gelb-, Rot- und Orangetöne werden durch Carotinoide hervorgerufen, Weiß entsteht durch Guanin, ein Stoffwechsel-Nebenprodukt. Die Kombination der verschiedenen Pigmente kann eine nahezu unendliche Palette von Farbtönen und Schattierungen erzeugen.

Irisierende Interferenzfarben

Viele Schlangen weisen irisierende Farben auf. Sie werden nicht durch Pigmente, sondern durch physikalische Eigenschaften des Lichts erzeugt. Die äußere Schicht einer Schuppe ist dünn und durchsichtig. Fällt Licht in einem bestimmten Winkel ein, wird es in seine Spektralbestandteile zerlegt, und jede Wellenlänge erzeugt eine andere Farbe. Je nach Art der Oberfläche und der darunterliegenden Farben ergibt dies einen irisierenden Effekt. Wenn sich die Schlange oder der Beobachter bewegen, scheinen sich die Farben zu verändern. Alle Schlangen mit glatten Schuppen sind mehr oder weniger irisierend. Am meisten fällt das bei dunkel gefärbten Tieren auf. Zu den bekanntesten Arten gehören die Regenbogen-Erdschlange (*Xenopeltis unicolor*) und die Regenbogenboa (*Epicrates cenchria*) sowie andere Boiden.

Tyndall-Effekt

Diese Art von Färbung ist im Tierreich weit verbreitet und kommt durch Lichtbrechung an kleinen Partikeln (Iridophoren) zustande. Diese bestehen aus Stapeln von Purinkristallen in den Zellen, die das Licht in bestimmter Weise reflektieren und brechen. Kurzwelliges Licht am blauen Spektralende wird stärker beeinflusst, sodass Blau entsteht. (Auch der Himmel ist aus diesem Grund blau.) Bei bestimmten Schlangenarten befindet sich tief unter der Oberfläche der Schuppen eine Zellschicht mit kleinen reflektierenden Partikeln. Wenn der von ihnen hervorgerufene Effekt allein wirkt, würde die Schlange blau erscheinen. Es gibt aber nur wenige blaue Schlangen (besonders unter den südamerikanischen Grubenottern

▲ Mutationen können eine Vielfalt von Farbvarianten hervorrufen. In diesem Beispiel einer San-Diego-Gophernatter (*Pituophis catenifer annectans*) fehlt das gesamte schwarze Pigment, während das sonst verdunkelte Orange noch vorhanden ist.

der Gattungen *Bothriopsis* und *Bothriechis*). Gewöhnlich ist der blaue Effekt kombiniert mit einer Schicht gelber Chromatophoren (Xanthophoren). Zusammen ergeben sie Grün (wie auch ein gegen den Himmel gehaltenes gelbes Transparentpapier). Grüne Schlangen sind viel häufiger als blaue, weil es jene Arten tarnt, die in der Vegetation leben. Grüne Schlangen findet man in vielen Familien und vielen Erdteilen; Beispiele sind die Hundskopfboa (*Corallus caninus*), der Grüne Baumpython (*Morelia viridis*), verschiedene arboreale Grubenottern, z. B. *Trimeresurus*-Arten, und viele Colubriden, die ebenfalls hauptsächlich in Bäumen leben.

Farbmuster

Obwohl es auch einfarbige Schlangen gibt, tragen viele Zeichnungen aus Punkten, Flecken, Streifen und Bändern verschiedener Farben und Schattierungen. Diese Muster entstehen durch unterschiedlich pigmentierte Gruppen von Schuppen. Dies lässt sich besonders schön an den Mustern von Farbmutanten studieren, die es in Gefangenschaft recht häufig gibt. Bei sog. amelanistischen Kornnattern z. B. fehlt das schwarze Pigment, und die rein roten Bereiche sind zu sehen. Die roten Sattel dieser Schlangen sind viel leuchtender als bei normal gefärbten Individuen, bei denen das Rot gewöhnlich von einer diffusen Schicht schwarzer Pigmente (Melanin) überdeckt ist. Umgekehrt fehlt bei sog. anerythristischen Exemplaren das rote Pigment, wodurch man die Ausdehnung der schwarzen Flächen besser erkennt. Ein weiteres Beispiel: Albinos der schwarzen Kükennatter *(Pantherophis obsoletus)* haben hellrote oder rosa Rückenflecken, obwohl normale Alttiere rein schwarz sind. Das ist ein Hinweis darauf, dass das schwarze Pigment (Melanin) andere Pigmente der adulten Schlange nicht ersetzt, sondern überdeckt.

Die Muster werden aber nicht immer durch eine Kombination von Pigmentfarben erzeugt, sie können auch die Folge einer Kombination von Struktur- und Pigmentfarben sein. Viele Arten haben über ihren soliden Pigmentfarben noch einen irisierenden Glanz. Selbst bei einfarbigen Schlangen wie den o. g. grünen Arten hängt die Grünschattierung davon ab, wie viel Melanin die Iridophoren und Xanthophoren überdeckt.

Genetische Steuerung der Farben

Farben und Muster werden wie andere Eigenschaften genetisch gesteuert. Das geschieht in der üblichen Weise aufgrund der Mendelschen Gesetze durch dominante oder rezessive Gene. Das betrifft Fälle, in denen Arten in mehreren Farbvarianten auftreten oder Mutanten künstlich gezüchtet werden. Wenn beispielsweise eine normal gefärbte Schlange ein rezessives Gen für Amelanismus trägt, bezeichnet man sie als heterozygot. Oberflächlich lässt sich nicht erkennen, dass sie ein mutiertes Gen trägt, da das gleiche Gen auf dem 2. Chromosom normal ist. Eine amelanistische Schlange muss 2 rezessiv mutierte Gene tragen, um amelanistisch auszusehen.

Gene programmieren die Ausbildung sowohl von Xanthophoren als auch von Pigmenten. Da die gelben Xanthophoren

das von den Iridophoren zurückgeworfene blaue Licht in Grün verwandeln, führt das Fehlen von Xanthophoren zu blauen Individuen. Sie sind eher selten, wurden jedoch beim Grünen Baumpython *(Morelia viridis)* nachgewiesen.

Farbänderungen

Schlangen können ihre Farben auf 2-fache Weise verändern. Einige Arten sind in begrenztem Umfang zu Farbänderungen in relativ kurzer Zeit fähig. Das ist nicht sehr gut belegt, aber einige Beispiele gibt es. Eine kleine Variante der Abgottboa, die Hog Island Boa, kann ihre Farbtönung recht signifikant verändern. Gewöhnlich nachts wird die Schlange blasser, und ihr Muster erscheint verwaschener. Ähnlich verhält es sich beim nordaustralischen Oenpelli-Python, der am Tag braun und nachts hell silbergrau ist. Die Mauritiusboa *(Casarea dussumieri)*, die Pazifikboa *(Candoia carinata)* und verschiedene der kleinen karibischen *Trophidophis*-Arten sind ebenfalls zu begrenzten Farbänderungen fähig, stets von dunkler am Tag zu heller bei Nacht.

Weibchen der Madagaskar-Baumboa *(Sanzinia madagascariensis)* werden während der Trächtigkeit dunkler, wahrscheinlich um die Absorption von Strahlung zu optimieren

▲ Farbmuster von Schlangen kommen durch ein Mosaik von Pigmenten zustande, die nicht alle offensichtlich sind. Hier sind kleine schwarze Pigmentflecken (Melanin) stellenweise auf den sonst hellgrünen Schuppen einer Hundskopfboa *(Corallus caninus)* verteilt. Das erzeugt eine dunkler grüne Umrandung der weißen Rückenzeichen.

und dadurch die Entwicklung der Embryos zu beschleunigen. In die gleiche Richtung deuten Feststellungen von anderen Arten, die bei sinkenden Temperaturen dunkler werden, so bei australischen Taipan-Arten *(Oxyuranus)* und Braunottern *(Pseudonaja)*. All diese Beispiele betreffen dunkle oder helle Färbung, also das Pigment Melanin. Es kann daher angenommen werden, dass die Farbänderungen durch Mobilisierung von Melaninkörnern in den Melanophoren zustande kommen, wie dies auch bei Tieren anderer Gruppen der Fall ist, etwa bei Chamäleons, Fischen und Kraken.

Farbänderungen über längere Zeit sind besser erforscht. Bei vielen Arten sind die Jungen anders gefärbt oder gezeichnet als die Alttiere. Im einfachsten Fall besteht die Veränderung in einer allgemeinen Verdunkelung. Ein gutes Beispiel ist die Königsnatter *(Lampropeltis triangulum)*, bei der die leuchtend gefärbten Schlüpflinge mit zunehmendem Alter matter werden; bei manchen Unterarten, z. B. *L. t. andesiana*, können sie sogar einheitlich schwarz werden. Hier hält die Melaninproduktion an der Oberfläche ständig an und verschattet und verdeckt schließlich die darunterliegende Zeichnung. Die verschiedenen Unterarten der nordamerikanischen Kükennatter *(Pantherophis obsoletus)* zeigen ebenfalls Farbänderungen während ihres Wachstums. Alle Unterarten beginnen grau oder hellbraun mit einer Reihe dunklerer Sattelzeichnungen auf dem Rücken. Mit zunehmendem Alter werden die Sattel undeutlicher und verschwinden oft ganz. Je nach Unterart können andere Zeichnungen auftreten und den Gesamteindruck verändern. Eine Ausnahme ist die Graue Kükennatter *(P. o. spiloides)*, bei der die Sattel das ganze Leben erhalten bleiben, sodass Färbung und Zeichnung von Jung- und Alttieren ziemlich gleich sind. Andere Kletternattern, einschließlich der europäischen Vierstreifennatter *(Elaphe quatuorlineata)*, zeigen Farbänderungen, bei denen die Jungen gefleckt, Alttiere dagegen einfarbig oder gestreift sind.

Es gibt aber auch drastischere Beispiele von Farbänderungen. Am bekanntesten ist die der Hundskopfboa *(Corallus caninus)* und des Grünen Baumpythons *(Morelia viridis)*. Diese beiden Arten zeigen in Aussehen und Verhalten einen bemerkenswerten Grad von Konvergenz (worüber an anderer Stelle noch zu sprechen sein wird) bis hin zu Farbänderungen. Beide Arten sind im Alter leuchtend grün. Junge Pythons sind aber gewöhnlich leuchtend schwefelgelb, gelegentlich ziegelrot oder braun, junge Hundskopfboas dagegen gewöhnlich orange, gelegentlich auch gelb oder braun. Der Farbwechsel erfolgt in der Regel ziemlich rasch, meist innerhalb des 1. Jahres, und ist offensichtlich die Folge der Produktion neuer Pigmente, deren Auslöser unbekannt sind. Junge Madagaskar-Baumboas *(Sanzinia madagascariensis)* sind bei der Geburt ebenfalls rot und wechseln im 1. Jahr zum normalen Grün. Eine wirklich befriedigende Erklärung für diese bei Arten Südamerikas, Australasiens und Madagaskars beobachtete Konvergenz gibt es nicht. Jede der betreffenden Arten lebt auf Bäumen, aber jede ist auch dickleibiger als andere Baumschlangen. Die wahrscheinlichste Erklärung ist, dass die Farbänderung mit einem Habitatwechsel zusammenhängt, wobei junge Schlangen vielleicht andere Teile der Kronenstruktur besetzen als ältere.

NORMALE NACHKOMMEN VON ALBINOELTERN

Obwohl die Färbung von Genen gesteuert wird, muss nicht jede Farbe von einem eigenen Gen abhängen. Das ist tatsächlich fast nie der Fall. Pigmente wie Melanin sind das Endresultat einer Kette biochemischer Reaktionen, in der es mehrere Zwischenprodukte gibt. Chemische Stoffe wirken auf jedes dieser Zwischenprodukte und bilden daraus das nächste Produkt in der Kette. Genetische Defekte können sich auf diese Schritte auswirken. Amelanismus etwa kann auf verschiedene Weise verursacht sein, je nachdem, welcher Schritt des Prozesses blockiert wird. Bei 2 amelanistischen Schlangen mit verschiedenen defekten Genen werden die Nachkommen einer Kreuzung also normal sein.

Um dies einfacher zu erklären, nehmen wir an, dass ein Stoff Y verantwortlich ist für die Umwandlung eines Pigmentvorläufers A in einen 2. Vorläufer B. Ein 2. Stoff S ist zuständig für die Umwandlung von B zum Endprodukt, Pigment C (Melanin in unserem Fall). Bei der 1. Schlange ist nun das Gen zur Produktion von Stoff Y intakt, das für Stoff Z aber defekt. Die 2. Schlange hat das Gen zur Herstellung des Stoffes X, aber das für Y ist defekt. In beiden Fällen bricht die biochemische Reihe zusammen, sodass sie amelanistisch erscheinen.

Wenn sie sich paaren, wird die 1. Schlange den Nachkommen ihr intaktes Gen für die Synthese des Stoffes Y mitgeben, die 2. Schlange ihr Gen für den Stoff Z. Die Nachkommen werden funktionsfähige Gene zur Produktion beider Stoffe besitzen, die biochemische Kette funktioniert wieder – 2 amelanistische Schlangen haben normalen Nachwuchs gezeugt.

Im »wirklichen Leben« ist die Produktionskette nicht so einfach. Zur Pigmentsynthese können viele Zwischenstufen nötig sein, das Prinzip ist aber das gleiche.

▶ Der Albinismus dieser beiden Queretaro-Königsnattern *(Lampropeltis ruthveni)* wird von verschiedenen Genen gesteuert. Bei einer Kreuzung werden normal aussehende Nachkommen entstehen, obwohl jedes Junge ein rezessives Gen für die eine oder die andere Art von Albinismus tragen wird.

Natürliche Populationen mit abweichender Färbung

Da Färbung genetisch gesteuert wird, sind Mutationen immer möglich. Unter normalen Bedingungen würden diese bald das Opfer von Feinden, und die Häufigkeit mutierter Gene in einer Population würde niedrig gehalten. In bestimmten Situationen kann eine Mutante jedoch auch von Vorteil sein.

Melanismus

Die meisten Beispiele für Farbmutationen betreffen melanistische Populationen, besonders bei Schlangen, die unter ungewöhnlich kalten Bedingungen leben. So zeigen gewisse Populationen einiger europäischer Vipernarten – z.B. Kreuzotter (*Vipera berus*), Aspisviper (*V. aspis*), Nordiberische Kreuzotter (*V. seoanei*) – eine Tendenz zu Melanismus, ebenso die Gewöhnliche Strumpfbandnatter (*Thamnophis sirtalis*) in den nördlicheren Teilen ihres nordamerikanischen Verbreitungsgebietes. All diese Schlangen leben in kühlen Gebieten, sei es auf nördlichen Breitengraden oder in Gebirgen. Ähnlich sind die Verhältnisse in Populationen der Gewöhnlichen Tigerotter (*Notechis scutatus*) in Tasmanien. Diese Schlangen zeigen eine große Variation in Färbung und Zeichnung, einfarbig schwarze Individuen treten im kühlen Westen und Südwesten sowie im Bergland der Insel aber deutlich häufiger auf. Schwarze Populationen, die manchmal als eigene Art betrachtet werden (*N. ater*), findet man auch auf einigen kleinen Insel der Bassstraße zwischen Tasmanien und dem Festland. In anderen Fällen hat sich Melanismus in polymorphen (variablen) Arten festgesetzt. So bei der Östlichen Hakennasennatter (*Heterodon platyrhinos*), die gewöhnlich schwarze Flecken auf gelbem, braunem oder rötlichem Untergrund hat, aber auch als rein schwarze Form auftritt. Ähnlich bei der Mexikanischen Königsnatter (*Lampropeltis mexicana thayeri*) mit allerlei Farbvarianten, darunter eine rein schwarze.

Albinismus

Mit Albinismus zu leben, ist wesentlich schwieriger als mit Melanismus. Während schwarze Schlangen nicht ganz so gut getarnt sein mögen wie normal gefärbte, so sind es rein weiße definitiv nicht. Die Mehrzahl aller Albinos erreicht nicht das fortpflanzungsfähige Alter und kann daher ihre Albinogene nicht weitergeben. Man kennt nur 1 einziges Beispiel einer natürlichen Albinopopulation. Das ist in Japan, wo eine ganze Population der Inselkletternatter (*Elaphe climacophora*) in und um die Stadt Iwakuni lebt. Die Schlangen sind als Naturdenkmal durch die japanische Regierung geschützt, und es gibt ein Zuchtprogramm, um die von Lebensraumzerstörung bedrohte Population zu erhalten.

In Gefangenschaft gibt es natürlich keinen Feinddruck, sodass Farbmutanten überleben können, sofern sie sonst gesund sind. Auf diese Weise sind große Populationen gezüchteter Farbformen entstanden, worunter es auch Linien gibt, in denen 1 oder mehrere Pigmente vollständig fehlen: amelanistisch (ohne schwarzes Pigment), anerythristisch (ohne rotes Pigment) oder durch das Fehlen aller Pigmente völlig albinotisch. Wo alle Pigmente fehlen, aber Xanthophoren vorhanden sind, nehmen die Schlangen eine gelbliche Färbung an, wie in manchen Pythonlinien.

Andere Farbvarianten

Andere Varianten von Farbe und Muster einer Art fallen in die Kategorie des Polymorphismus, bei dem 2 oder mehr Farbtypen in einer Population auftreten, wobei es sich auch um farblichen Sexualdimorphismus handeln kann. Diese Phänomene werden unter Verteidigung (S. 125) und Sexualdimorphismus (S. 163) noch zu behandeln sein.

▼ Schlangenschuppen sind Verdickungen der Haut und daher Bestandteil derselben, anders als bei Fischschuppen, die man abkratzen kann. Auf diesem Bild ist die Haut gestreckt, sodass die Schuppen keine einheitliche Fläche mehr bilden.

HAUT UND SCHUPPEN

DIE SCHLANGENHAUT IST VOLLSTÄNDIG MIT SCHUPPEN DER VERSCHIEDENSTEN ART BEDECKT. HAUT UND SCHUPPEN BILDEN ZUSAMMEN DAS SOG. INTEGUMENT. DIES MUSS EINE REIHE VON FUNKTIONEN ERFÜLLEN.

Die Haut

Obwohl Schlangen mit Schuppen bedeckt sind, besteht ein Teil ihrer Hülle (Integument) aus Haut. Wenn der Leib einer Schlange stark gedehnt wird, etwa nach einem großen Mahl, kann man die Haut zwischen den Schuppen leicht erkennen. Sie gibt dem Schlangenkörper seine Flexibilität. Weitere Funktionen dieser Interstitialhaut sind unwesentlich, außer in einigen wenigen Fällen, wo sie anders als die Schuppen gefärbt ist und als Warntracht zur Abschreckung von Feinden eingesetzt wird. Die Kapvogelnatter (*Thelotornis capensis*) z.B. bläht bei Störung ihren Hals auf und bringt damit eine große schwarze Zeichnung auf ihrer Haut zum Vorschein. Bei der Afrikanischen Boomslang (*Dispholidus typus*) kann die Interstitialhaut blau sein und wird ähnlich verwendet; Gleiches gilt für Bronzenattern (*Dendrelaphis*) aus Südostasien.

Die Schuppen

Reptilienschuppen sind Verdickungen der Epidermis (Oberhaut). Dadurch unterschei-

◄ *Malpolon moilensis* aus Ägypten.

SCHUPPENPOLIEREN

Einige Schlangenarten »polieren« ihre Schuppen mit einem Nasensekret. Zu den Arten, bei denen dieses Verhalten beobachtet wurde, gehören die Europäische Eidechsennatter (*Malpolon monspessulanus*), ihre nahe Verwandte, die Moilanatter (*M. moilensis*) aus Nordafrika und vier Arten der Sandrennnattern (*Psammophis*) aus Afrika und dem Nahen Osten.

Bei *Malpolon* wird die ölige Flüssigkeit über eine kleine Öffnung neben der Nasenspalte ausgeschieden. Die Schlange bewegt dann ihren Kopf etwa 100-mal an ihren Flanken und Bauchschuppen auf und ab. Auf diese Weise wird das Sekret in einer durchgehenden Zickzacklinie über nahezu die gesamte Länge der Bauchseite aufgetragen, während die Schlange ihren Körper leicht zur Seite neigt. Beide Kopfseiten werden abwechselnd eingesetzt.

Bei warmem Wetter poliert sich *Malpolon monspessulanus* regelmäßig während des ganzen Tages. Bei kühlem Wetter scheint das Polieren auf die Zeit nach der Häutung und nach dem Fressen beschränkt zu sein.

Die Schmuck-Sandrennnatter (*Psammophis sibilans*) poliert sich auf ähnliche Weise, wobei aber ihre Bewegungen komplizierter sind. Sie beugt den Kopf über den Rücken, um die andere Körperseite zu polieren, das heißt, die rechte Kopfseite wird mit den Schuppen der linken Körperseite in Kontakt gebracht, bestreicht dort die Schuppen vorwärts und rückwärts und macht dann das Gleiche auf der anderen Seite. Auf diese Weise bearbeitet sie die Schuppen der Flanken und des Bauchs entlang dem ganzen Körper. Dabei wölbt sie jeden Körperabschnitt auf, um mit der Nase die Unterseite zu erreichen.

Weitere Arten der Sandrennnattern, bei denen Polieren beobachtet wurde, sind *P. condanarus*, *P. schokari* und *P. subtaeniatus*. Ihre Methoden und Bewegungen sind denen von *P. sibilans* mit kleinen Abweichungen durchaus ähnlich. Der Zweck dieses Verhaltens ist nicht mit Sicherheit bekannt, er könnte aber zur Reduzierung von Wasserverlusten beitragen. Die Durchlässigkeit von Schlangenschuppen hängt teilweise von der Menge an ausgeschiedenen Lipiden ab, da diese öligen Sekrete dazu beitragen, die Schuppen wasserundurchlässiger zu machen.

Das Schuppenpolieren könnte aber auch der chemischen Kommunikation dienen. Die von den Nasendrüsen produzierten aromatischen Substanzen werden über den Körper verteilt, sodass die Schlange den Grund markiert, über den sie kriecht.

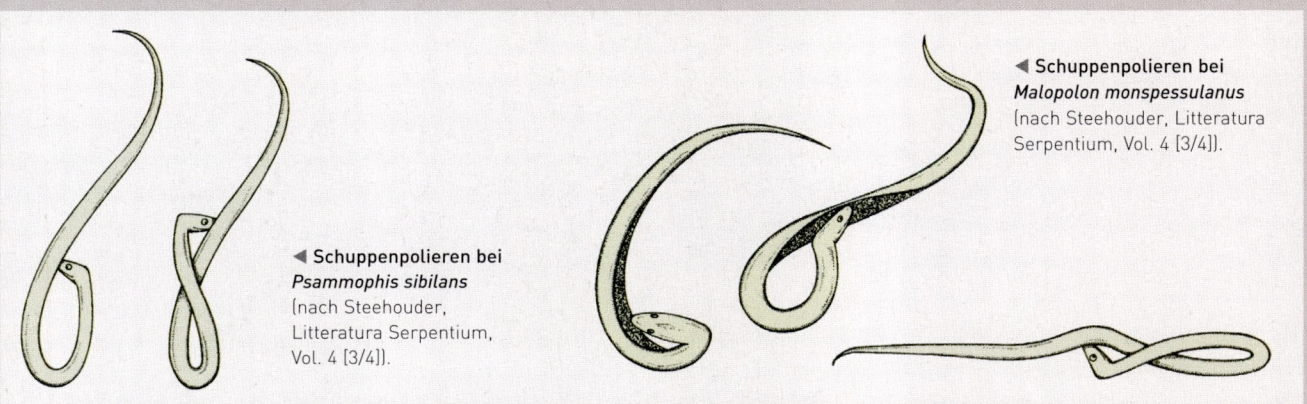

◄ Schuppenpolieren bei *Psammophis sibilans* (nach Steehouder, Litteratura Serpentium, Vol. 4 [3/4]).

◄ Schuppenpolieren bei *Malopolon monspessulanus* (nach Steehouder, Litteratura Serpentium, Vol. 4 [3/4]).

den sie sich von den Schuppen der Fische, die einzeln entfernt werden können, ohne die Haut zu verletzen.

Alle Schlangen sind von Schuppen bedeckt, deren Form, Textur und Anordnung jedoch stark variieren. Sie erfüllen mehrere Zwecke. So bieten sie einen guten Schutz gegen mechanischen Verschleiß, etwa wenn die Schlange durch raues Gelände kriecht, während die Verwendung einer kleinteiligen Rüstung größere Flexibilität erlaubt als etwa große Knochenplatten. Und Schlangen sind bei ihrer Fortbewegung sowie beim Überwältigen und Schlucken ihrer Beute sehr auf Flexibilität angewiesen.

Bestimmte Schuppen dienen der Fortbewegung, indem ihre Kanten in Unebenheiten des Untergrunds gehakt werden (siehe Fortbewegung, S. 39 ff.).

Die Schuppen der meisten Schlangen enthalten außerdem die Zellen, die für Färbung und Zeichnung verantwortlich sind; diese wiederum sind als Tarn- und Warntracht ein wichtiges Mittel der Verteidigung.

Durchlässigkeit der Haut

Obwohl Schuppen auch dazu beitragen, Wasserverluste zu minimieren, scheint dies doch eine weniger wichtige Funktion zu sein als bisher angenommen. So sind Wüstenschlangen gegen Wasserverluste viel mehr gefeit als Regenwaldarten – obwohl beide mit ähnlichen Schuppen bedeckt sind. Das weist darauf hin, dass andere Mechanismen für diese Funktion größere Bedeutung haben.

Die Durchlässigkeit kann sich auch im Verlauf der Jahresaktivitäten der Schlange ändern. Das lässt sich zurückführen auf die Sekretion öliger Substanzen, die die Permeabilität verringern. Die Durchlässigkeit der Haut könnte in gewissem Umfang auch unter der physiologischen Kontrolle der Schlange stehen, obwohl das nicht nachgewiesen ist. Von den darauf untersuchten Arten hatte die Indische Warzenschlange *(Acrochordus granulatus)* die durchlässigste Haut, 10-mal durchlässiger als die Haut der Diamantklapperschlange *(Crotalus adamanteus)*. Man nimmt an, dass dies die Austrocknung verhindert, wenn die Schlange bei Ebbe im Schlamm strandet: Die Haut zwischen den körnigen Schuppen nimmt durch kleine Kanäle Wasser auf (Lillywhite & Sanmartino, 1993).[9]

Eine weitere Art mit einer sehr wasserdurchlässigen Haut ist die halb-aquatische Königinkrabbennatter *(Regina septemvittata)*. Schlangen aus trockenen Lebensräumen pflegen – wie zu erwarten – weniger

durchlässige Haut zu haben, jedoch korrelieren Umwelt und Permeabilität nicht immer exakt. So ist die Haut verschiedener Seeschlangenarten unterschiedlich durchlässig, obwohl sie alle marin leben (Dunson & Freda, 1985).[10]

Die Häutung

Schlangenschuppen bestehen aus einer äußeren und einer inneren Schicht. Die innere wächst ständig nach und ersetzt die äußere nach der Häutung. Zwischen diesen beiden liegt eine dünne Schicht klarer Zellen, die bei der Häutung die Trennung der beiden erlaubt. Vor der Häutung scheidet die Schlange ein öliges Sekret in den Zwischenraum aus, um das Abstreifen zu erleichtern. Dadurch erscheinen ihre Farben verwaschen und die Augen bläulich opak. Gewöhnlich wird die Epidermis in einem Stück abgestreift. Dazu reibt die Schlange zuerst ihre Schnauze an einem rauen Gegenstand und streift dann die Haut ab, indem sie durch dichte Vegetation, an Steinen entlang etc. kriecht. Sobald die Haut abgeworfen ist, übernimmt die innere Schicht die Funktion der äußeren, und es bildet sich eine neue Innenschicht.

▲ Auf der Galapagosinsel Isla Fernandina hat eine Galapagos-Natter einen Felsen und etwas Vegetation benutzt, um aus ihrer alten Haut zu kriechen.

Die Pigmentzellen liegen nicht in der Epidermis, sondern darunter, in der aus Bindegewebe bestehenden Lederhaut. Darum ist die abgeworfene Haut farblos, kann aber schwache dunkle Spuren der Zeichnung aufweisen. Da die neue Haut noch nicht die Verschleißspuren der alten trägt, erscheinen die Farben der Schlange nach der Häutung oft viel leuchtender. Bei Arten, die im Lauf ihres Lebens ihre Farbe verändern, sind diese graduellen Änderungen oft nach der Häutung besser zu erkennen.

Wie häufig sich Schlangen häuten, hängt von vielen Faktoren ab. Da Häutung auch mit Wachstum zu tun hat, häuten sich junge Schlangen häufiger. Mit nachlassendem Wachstum reduziert sich die Häutungsrate. Aber auch alle ausgewachsenen Schlange häuten sich dann und wann. Arten in gemäßigtem Klima, die Winterruhe halten, häuten sich oft, sobald sie wieder aktiv werden. In den Tagen nach dieser Frühjahrshäutung sind sie häufig sexuell besonders aktiv.

Weibliche Schlangen häuten sich oft kurz vor der Eiablage oder vor der Geburt lebenden Nachwuchses. Diese Art der Häutung findet häufig zu einem bestimmten Zeitpunkt vor der Eiablage statt, z. B. 8–10 Tage vorher bei verschiedenen Colubriden, und ist daher recht nützlich, um den genauen Termin des Legens zu bestimmen. Andere Arten, etwa Pythons, häuten sich auch regelmäßig vor der Eiablage, halten aber keine genauen Termine ein. Oft häuten sich die Weibchen nach dem Legen noch einmal. Verletzte Schlangen häuten sich im Regelfall häufiger. Das geschieht wohl hormongesteuert und dient einer beschleunigten Heilung.

Gleich nach der Häutung ist die Haut feucht und geschmeidig. Auch kann die neue Haut wegen der öligen Trennsubstanz etwas klebrig sein. Nach einigen Stunden aber wird die alte Haut brüchig. Die abgeworfene Haut ist bis zu 20 % länger als die Schlange, von der sie stammt.

Die Rassel der Klapperschlange

Die Rassel am Schwanz von Klapperschlangen der Gattungen *Crotalus* und *Sisturus* besteht aus aufgereihten Resten der Haut der letzten Schwanzschuppe. Diese Schuppe ist bei den meisten Schlangen konisch, und ihre Haut wird mit der übrigen Haut abgestreift. Bei Klapperschlangen hingegen ist die Endschuppe urglasförmig entlang der Mittellinie eingedellt. Nach der 1. Häutung wird die Haut um diese Endschuppe dicker als normal. Wenn sich die junge Schlange zum 2. Mal häutet, wird diese Schuppe von der alten Haut abgetrennt, weil sie von der Eindellung festgehalten wird. Nun wird eine neue Haut um die Schwanzspitze gebildet, schrumpft aber von dem alten Hautstück etwas zurück, sodass die beiden nur locker verbunden sind. Wenn sich die Schlange neuerlich häutet, wird die 2. Schicht nicht abgestoßen. Nun hat der Schwanz 2 ineinandersteckende Segmente, und der Zyklus beginnt von vorn. Schließlich entstehen eine Reihe von Segmenten, deren ältestes am Schwanzende und das jüngst an seiner Wurzel liegt. Jedes Segment

▲ Vor der Häutung scheiden Schlangen zwischen alte und neue Haut eine ölige Substanz aus. Sie ist opak und lässt die Färbung matt und die Augen milchig erscheinen. Das Bild zeigt eine Mexikanische Nachtnatter *(Pseudelaphe flavirufa).*

▲ Die äußere Hautschicht einer Abgottboa rollt sich von links nach rechts zurück, indem die Schlange daraus hervorkriecht. Gewöhnlich wird die Epidermis in einem Stück abgestreift.

▲ Die Rassel der Klapperschlange besteht aus locker miteinander verbundenen Gliedern verdickter Haut.

▲ Die Hörner über den Augen der Wüstenhornviper (Cerastes cerastes) sind umgewan-
delte Schuppen. Ihre Funktion ist ungewiss,
aber einige andere Wüstenvipern haben
ebenfalls Hörner oder aufgestellte Schuppen
über den Augen.

◄ Hakennasennattern, hier eine Südliche
Hakennasennatter (Heterodon simus), besitzen
eine umgebildete Nasenschuppe, die zum
Graben dient.

entspricht also 1 abgeworfenen Haut. Obwohl sich die Schlange 4-mal oder öfter im
Jahr häutet, sind Rasseln aus mehr als 6 oder
7 Segmenten selten, weil das Material brüchig ist und die Spitze einschließlich des
Knopfes gewöhnlich abbricht, sodass nur die
zuletzt gebildeten Segmente übrig bleiben.
Die Funktion der Rassel wird in Kapitel 6
beschrieben.

Schuppentypen
Schlangenschuppen sind nicht alle gleich.
Es gibt Unterschiede zwischen den verschiedenen Arten und zwischen verschiedenen Körperteilen. Bei manchen Familien,
besonders bei Colubriden und Elapiden,
bedecken große, plattenartige Schuppen
(= Schilde) den Kopf, die mehr oder weniger regelmäßig angeordnet, leicht identifi-
zierbar und daher auch bei der Artbestimmung nützlich sind.

Diese Kopfschuppen tragen kennzeich-
nende Namen. Die Zeichnung zeigt ein
typisches Beispiel. Eine der auffälligsten
ist die Rostralschuppe, eine einzige große
Schuppe an der Schnauzenspitze. Bei vielen
Arten ist sie vergrößert oder als Grabwerk-
zeug umgebildet, etwa bei den Schaufelnasenschlangen (Chionactis) und Hakken-
sennattern (Heterodon). Andere spezialisierte
Schuppen sind die Hörner über den Augen
einiger Arten. Sie können aus einer einzigen, dornartigen Schuppe bestehen, wie bei
der afrikanischen Wüstenhornviper (Cerastes
cerastes) und der Gehörnten Puffotter (Bitis
caudalis), oder aus einer Ansammlung spitzer
Schuppen, wie bei der Büschelbrauen-Puffotter (Bitis cornuta) und der Greifschwanz-
Lanzenotter (Bothriechis schlegelii) – oder sie
sind als einzelne, aufgestellte Schuppe ausgebildet, so bei der Seitenwinder-Klapperschlange (Crotalus cerastes), oder als Gruppe

solcher Schuppen, wie bei Pseudocerastes
im Nahen Osten.

Andere Arten, v.a. die Nashornviper (Bitis
nasicornis), tragen eine Ansammlung vergrößerter, spitzer Schuppen auf ihrer Schnauze,
während bei wieder anderen Arten die
Schnauze zu einem Rostralanhang oder
Nasenhorn aufgebogen ist, das aus vielen
kleinen Schuppen über einer knochigen
oder fleischigen Erhebung besteht. Dieses
Gebilde findet man v.a., aber nicht nur bei
Vipern, besonders der europäischen Sandviper (Vipera ammodytes) und ihren Verwandten. Die südostasiatische Fühlerschlange (Erpeton tentaculatum) trägt als einzige ein
Paar »Tentakeln« an ihrer Schnauzenspitze.
Lange Zeit dachte man, sie dienten als
Köder, da die Schlange aquatisch und nur
von Fischen lebt. Es konnte jedoch gezeigt
werden, dass die Anhänge nicht beweglich,
also als Köder untauglich sind. Auch als

► Die Anordnung
der Kopfschuppen
ist innerhalb der
Arten ziemlich
konstant und kann
als Bestimmungs-
hilfe dienen.

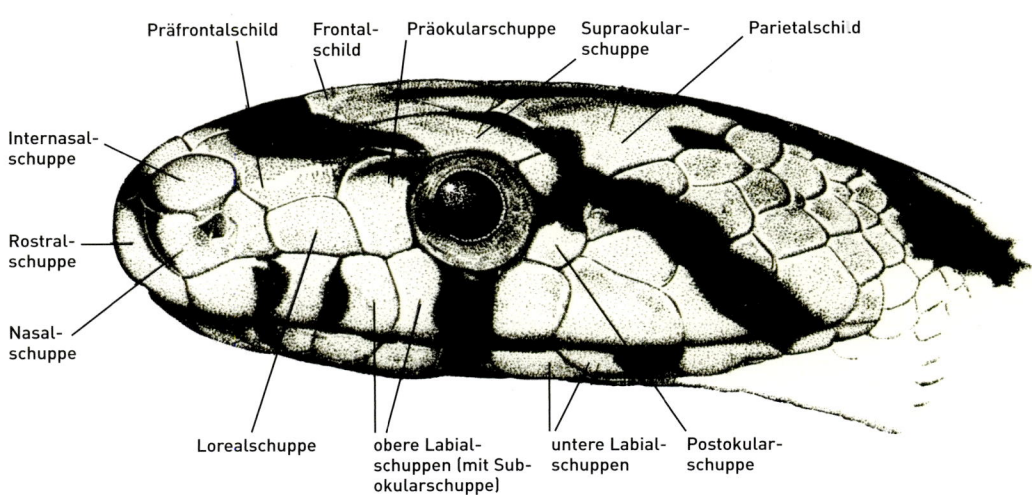

Präfrontalschild Frontal-schild Präokularschuppe Supraokular-schuppe Parietalschild

Internasal-schuppe

Rostral-schuppe

Nasal-schuppe

Lorealschuppe obere Labial-schuppen (mit Sub-okularschuppe) untere Labial-schuppen Postokular-schuppe

▶ Die mittelamerikanische Greifschwanz-Lanzenotter *(Bothriechis schlegelii)* hat eine Ansammlung dornartiger Schuppen über jedem Auge. Einige andere Arten besitzen ähnliche Bildungen, etwa die ebenfalls mittelamerikanische Boulengers Rauschuppenboa *(Trachyboa boulengeri)*.

▼ Die Nashornviper *(Bitis nasicornis)* trägt eine Ansammlung aufgestellter Schuppen auf ihrer Schnauze.

▼ (unten links) Die Sandviper *(Vipera ammodytes)* hat ein fleischiges »Horn« auf der Schnauze. Einige andere Vipern besitzen ebenfalls aufgebogene Schnauzen, jedoch kaum so ausgeprägt wie diese.

▼ (unten rechts) Die Hörner oder »Tentakeln« der fischenden Fühlerschlange *(Erpeton tentaculatum)* dienen wahrscheinlich der optischen Umrissauflösung.

Tastorgan sind sie ungeeignet, da sie keine Nerven enthalten.

Wahrscheinlich dienen sie eher dazu, den Umriss des Kopfes aufzulösen, wenn die Schlange bewegungslos auf Beute lauert. Die tarnenden Längsstreifen und die Färbung der Schlange stützen diese Annahme.

Merkwürdige Nasenanhänge findet man auch bei den 3 auf Madagaskar lebenden Schlangen der Gattung *Langaha*. Auch diese Organe dienen wahrscheinlich der besseren Tarnung, zumal diese Schlangen lang und schlank sind und häufig bewegungslos zwischen Lianen und dünnen Zweigen liegen. Unverständlicherweise sind bei *L. alluaudi* nur die Weibchen so ausgestattet, während bei *L. nasuta* die Männchen einen fleischigen Dorn an der Schnauzenspitze tragen, der bei den Weibchen mit Lappen und Zähnen komplizierter gebaut ist.

Der Schwanz von Schlangen kann lang oder kurz, spitz oder stumpf sein, und manchmal endet er mit anderen Strukturen. Die Rasseln von Klapperschlangen wurden auf Seite 35 beschrieben. Bei manchen Arten, etwa Wurm- oder Blindschlangen (Typhlopidae), endet der Schwanz in einem kleinen Dorn, den sie gegen das Substrat drücken, wenn sie im Boden wühlen. Hält man sie in der Hand, drücken sie den Dorn gegen die Haut, wohl um sich nach vorn zu schieben, nicht um zu verletzen, wie manche Autoren vermutet haben. Einige wenige Colubriden, so die im Westen Nordamerikas lebende und treffend benannte Scharfschwanzschlange *(Contia tenuis)*, haben einen kurzen Schwanz, der in eine spitze Endschuppe ausläuft.

Uropeltiden weisen die ungewöhnlichsten Schwänze auf. Vertreter der Gattung *Uropeltis* haben schräg gestutzte Schwänze, die wie eine Banane aussehen, die man in

▲ Die Schuppen der Rauschuppen-Buschviper *(Atheris hispida)* sind verlängert und abstehend zugespitzt, wodurch die Schlange rau, ja fast haarig erscheint.

▼ Die Schuppen vieler Schlangen haben Kiele oder Kämme entlang der Mittellinie. Sie können je nach Art sehr auffällig sein, wie bei dieser Puffotter, aber auch kaum sichtbar – oder völlig fehlen.

einem Winkel von 45° abgeschnitten hat. Die dadurch entstehende ovale Fläche ist bedeckt mit rauen, stark gekielten oder höckerigen Schuppen. Andere Arten der Familie besitzen plötzlich abgeflachte, in 2 oder 4 kleinen Spitzen endende Schwänze oder, wie bei den *Rhinophis*-Arten, eine einzige, konisch gerundete Schuppe, die mit körnigen Erhebungen bedeckt und pigmentlos ist. All diese Strukturen dienen den Schlangen wahrscheinlich als Stütze beim Graben. Die geschossförmige Endschuppe von *Rhinophis* mag auch als Pfropfen fungieren, um unterirdisch nachfolgende Raubschlangen abzuhalten.

Die Rückenschuppen der meisten Arten sind meist mehr oder weniger gekielt und überlappen wie Dachziegel. Sie sind in regelmäßigen Reihen angeordnet, und ihre Zahl kann als Bestimmungsmerkmal dienen. Ihr Ende kann abgerundet sein, wie bei *Typhlops*-Arten, oder zugespitzt. Die Rückenschuppen der Rauschuppen-Buschviper *(Atheris hispida)* sind zu einem spitzen Kamm ausgezogen und ein Beispiel für extrem spitz endende Schuppen. Weitere Schuppenvarianten entstehen durch Kiele. Sie verlaufen entlang der Mittellinie der

Schuppen, können stark oder schwach ausgebildet sein oder ganz fehlen. In vielen Fällen sind solche Strukturen innerhalb nah verwandter Arten ähnlich, es gibt aber auch Gattungen, bei denen einige Arten gekielte, andere glatte Rückenschuppen haben. Gekielte Schuppen verbessern wahrscheinlich die Griffigkeit unter bestimmten Bedingungen; man findet sie gewöhnlich bei semiaquatischen Nattern und fischenden Schlangen, etwa bei der Fühlerschlange *(Erpeton tentaculatum)*. Bei anderen Wasserschlangen fehlen jedoch gekielte Schuppen.

Bei den Sandrasselottern *(Echis)* und den Afrikanischen Hornvipern *(Cerastes)* sind die Kielschuppen so gestaltet, dass sie gegeneinander gerieben werden können, wodurch ein raspelndes Geräusch entsteht. Dieses Verhalten wird mit ähnlicher Wirkung von einigen eierfressenden Schlangen nachgeahmt, so von *Dasypeltis* (siehe S. 131).

Schlangen mit glatten Schuppen können sich schneller durch Vegetation, lockeren Sand etc. fortbewegen, da ihre »polierte« Oberfläche weniger Reibung erzeugt. Derartige Beschuppung findet man häufig bei grabenden Arten, aber auch bei Arten anderer Lebensräume findet man glatte Schuppen.

Die 3 Arten der Familie Acrochordidae zeichnen sich durch kleine körnige Schuppen aus. Man nimmt an, dass dies eine Anpassung an die vollständig wassergebundene Lebensweise dieser ungewöhnlichen Arten ist. Das könnte hilfreich sein bei der Umschlingung glitschiger Fische, die ihre Hauptnahrung bilden. Außerdem wachsen oft Algen auf ihren Schuppen, was zweifellos ihre Tarnung verbessert.

Die Schuppen, die den Bauch aller Schlangen mit Ausnahme der Blindschlangen bedecken, sind in einer einzigen Reihe angeordnet – wodurch sie sich von Echsen unterscheiden. Diese Bauchschuppen korrespondieren gewöhnlich mit Lage und Anzahl der Rippen; Weibchen haben meistens mehr als Männchen der gleichen Art. Die Zahl der Bauchschuppen variiert aber individuell etwas, sodass als Artmerkmal meist ein Zahlenbereich angegeben wird (bzw. 2, für Männchen und Weibchen). Die Bauchschuppe unmittelbar vor der Kloake wird als Präanalschuppe bezeichnet; je nach Spezies kann sie in einem Stück oder geteilt sein. Auch die Unterschwanz- oder Subkaudalschuppen können einfach oder geteilt sein. Es ist aber nicht ungewöhnlich, bei Arten mit geteilten Subkaudalen 1 oder mehrere einfache Schuppen verstreut zwischen den typischeren Schuppen zu finden.

FORT-BEWEGUNG

AUF DEM GEBIET DER FORTBEWEGUNG HABEN SCHLANGEN EIN ZIEMLICH OFFENSICHTLICHES HANDICAP – IHNEN FEHLEN BEINE. DARIN SIND SIE NAHEZU EINMALIG UNTER LANDLEBENDEN WIRBELTIEREN. BETRACHTET MAN ABER DAS WEITE SPEKTRUM DER VON IHNEN BEWOHNTEN LEBENSRÄUME, SO SCHEINT IHNEN DIE BEINLOSIGKEIT KEINE ZU GROSSEN BESCHRÄNKUNGEN AUFERLEGT ZU HABEN.

Schlangen haben verschiedene Formen der Fortbewegung entwickelt, die entweder von der Größe der Schlange oder von dem Medium abhängt, in oder auf dem sie sich bewegt. Manche Spezies können je nach den Umständen zwischen den Fortbewegungsarten wechseln, während andere stärker spezialisiert sind und sich effizient nur in ihrem speziellen Milieu bewegen.

Schlängeln

Die häufigste Form der Fortbewegung ist die, die man bei kleinen oder mittelgroßen Schlangen beobachten kann, die sich auf rauem Grund fortbewegen. Sie besteht aus einem Seitwärtsschlängeln, das man auch als Lateralundulation bezeichnet. Die gleiche Technik wird angewandt beim raschen Kriechen durch dichte Vegetation. In anderen Worten: Die Schlange drückt sich mit den Körperseiten an Unebenheiten des Untergrunds ab. Zu jedem Zeitpunkt drücken immer mehrere Punkte des Schlangenkörpers gegen verschiedene Fixpunkte. Beim Vorwärtsgleiten kommen ständig neue Körperstellen mit denselben Fixpunkten in Kontakt, sodass alle Körperteile derselben Linien folgen, wodurch die Schlange mit nahezu fließender Anmut dahingleitet. Beim Schwimmen findet die gleiche Bewegungssequenz statt, nur drückt hier der Körper gegen den Widerstand des Wassers.

Ziehharmonikakriechen

Das Ziehharmonikakriechen kann am häufigsten bei grabenden Schlangen beobachtet werden, aber auch, wenn typischere Arten durch ein Rohr oder einen schmalen Spalt kriechen. Zuerst werden Kopf und Vorderkörper vorgestreckt und legt die hintere Hälfte in enge Schleifen, um sich zu verankern. Nachdem Kopf und Vorderkörper voll ausgestreckt sind, spreizen sie sich gegen Untergrund oder Seitenwände, und der hintere Körperteil wird nachgezogen. Diese Sequenz wird so oft wie nötig wiederholt.

Eine ähnliche Bewegungsweise dient dem Klettern auf rauen Oberflächen, wie Baumrinde. Um die Wirksamkeit zu erhöhen, haben einige Arten wie die nordamerikani-

▶ (a) Bei dem auf rauem Untergrund angewendeten typischen Schlängeln wird der Körper hin und her gebogen. Aufeinander folgende Bögen des Körpers drücken sich an kleinen Unebenheiten ab.
(b) Eine ähnliche Methode wird eingesetzt, wenn seitliche Festkörper wie Steine als Ankerpunkte dienen können.
(c) Baumlebende Schlangen benutzen Äste und Zweige als Haltepunkte und können aufgrund ihrer Körperform auch große Zwischenräume überbrücken.

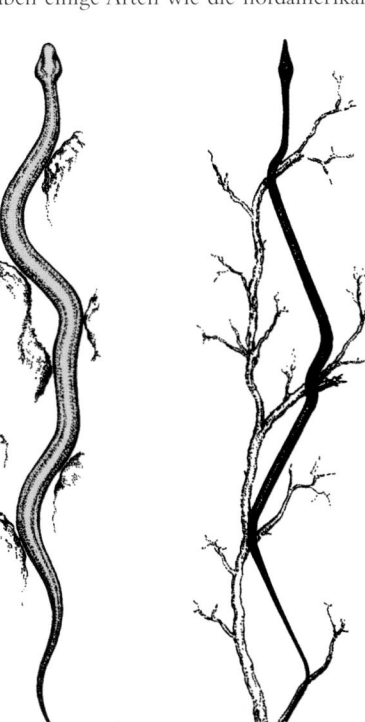

a   b   c

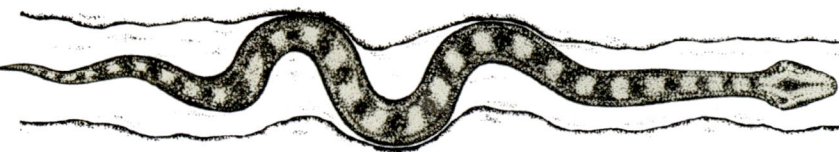

▲ Beim Ziehharmonikakriechen nutzt die Schlange den hinteren Körper als Verankerung, während sie das Vorderteil vorwärts streckt. Dann verankert sie das Vorderteil, und das hintere Ende wird nachgezogen usw.

◄ Bei einigen Arten, v.a. den Erd- und Kletternattern, stellt die Körperform einen Kompromiss dar zwischen terrestrischer und arborealer Lebensweise. Die Bauchschuppen sind seitlich kräftig gekielt, so dass sich eine Längskante bildet, durch die sie beim Klettern festen Halt an der Baumrinde finden.

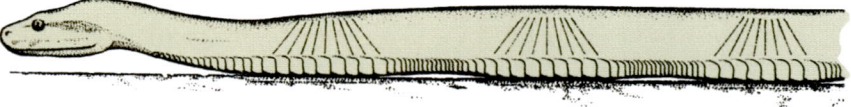

▲ Bei der Fortbewegung in unterirdischen Röhren setzen Schlangen eine Technik ähnlich dem Ziehharmonikakriechen ein mit dem Unterschied, dass hier die Tunnelseiten als Haltepunkte dienen, während sich Vorder- oder Hinterteil vorwärtsbewegen.

▼ Bei geradlinigem Kriechen bewegt sich die Schlange durch periodisch verlaufende Wellen von Muskelkontraktionen der Bauchseite. Dabei kommt die Schlange (wie eine Raupe) in einer mehr oder weniger geraden Linie voran. Diese Technik wird hauptsächlich von großen, schweren Arten wie Pythons, Boas und einigen Vipern eingesetzt.

▲ Die Technik des Seitenwindens wird von Schlangenarten eingesetzt, die auf lockerem Sand oder Boden leben. Die Schlange hebt dabei ihren Vorderkörper und drückt ihn ein Stück weiter seitlich wieder auf; der restliche Körper folgt. Viele Seitenwinderarten sind Spezialisten, die sich fast ausschließlich so fortbewegen, andere benutzen diese Methode nur bei Bedarf.

schen Erd- und Kletternattern kufenartige Kanten im Randbereich der Bauchschuppen, was ihnen besseren Halt bietet.

Eine weitere Variante dieser Methode findet man bei grabenden Schlangen der Schildschwänze (Uropeltidae). Diese Arten können Teile ihrer Wirbelsäule in mehrfache Schlingen legen, während die Körperseiten parallel bleiben. Dadurch wird der Körper kürzer und dicker, wodurch sich die Schlangen mit einem Teil ihres Körpers in ihre Erdgänge einspreizen und den anderen vorschieben oder nachziehen können.

Geradliniges Kriechen

Manche schwergewichtige Schlangen wie Boas, Pythons und Vipern nutzen die freien Hinterränder ihrer Bauchschuppen als Verankerung, um sich daran vorwärtszuziehen. Auch kleinere Schlangen bedienen sich dieser Methode, wenn das übliche Schlängeln wegen mangelnder Verankerungspunkte nicht möglich ist. Auch in der Endphase des Anpirschens an Beute schleichen sich viele Schlangen in nahezu gerader Linie an, um ihr Opfer zu überrumpeln.

Beim geradlinigen Kriechen streckt sich die Schlange vorwärts, verhakt die Schuppenkanten an kleinen Unebenheiten und zieht den Körper bis zu diesem Punkt nach. Die Körperteile strecken und ziehen sich abwechselnd zusammen, die Muskeln kontrahieren in periodisch verlaufenden Wellen. Das Tier bewegt sich in gerader Linie, ohne die Seitwärtsbewegung des typischen Schlängelns.

Seitenwinden

Seitenwinden ist eine spezielle Form der Fortbewegung, die man gewöhnlich mit einer bestimmten Gruppe von Schlangen verbindet. Sie wird von Arten – besonders Vipern – eingesetzt, die in Gebieten mit losem, windverwehtem Sand leben. Seitenwinder gibt es in Nord- und Südamerika, in Nordafrika und im südlichen Afrika sowie in Zentralasien, was zeigt, dass sich die Technik unabhängig an verschiedenen Orten entwickelt hat.

Seitenwinden ähnelt dem Ziehharmonikakriechen, indem ein Teil des Körpers als Anker dient, während der andere vorwärtsbewegt wird. Bei einem Start aus der Ruheposition wird der Vorderkörper vom Boden angehoben und seitwärts geworfen, wobei der Rest des Körpers den Vortrieb liefert. Sobald Kopf und Vorderteil wieder am Boden sind, fungieren sie nun ihrerseits als Anker, während der restliche Körper nachgeholt wird. Nahezu gleichzeitig werden nun neuerlich Kopf und Hals angehoben und seitlich versetzt, woraus eine ständige und bemerkenswert effektive springende Bewegung über den Sand resultiert. Die Schlange bewegt sich in einem Winkel von etwa 45° zur Richtung ihres Kopfes und hinterlässt charakteristische Abdrücke im Sand.

Geschwindigkeit

Die Fortbewegungsgeschwindigkeit hängt mit der -methode zusammen, ist aber nicht vollständig davon abhängig. Grundsätzlich bewegen sich Schlangen so schnell wie nötig. So sind tagaktive Jäger dank der Schlängelmethode ziemlich rasch, während große, schwere Vipern, die ihre Beute eher anschleichen, langsam und träge wirken und zum geraden Kriechen neigen.

Wie schnell Schlangen sind, wird immer wieder diskutiert und – wie die Länge von Schlangen – auch übertrieben. Die Grüne Mamba wird oft als die schnellste Schlange bezeichnet. Man hat ihre Geschwindigkeit mit 11 km/h gemessen. Wahrscheinlich sind verschiedene andere Arten jedoch ebenso schnell – zumindest über kurze Strecken; Beispiele sind Zornnattern *(Coluber)*, Kutscherpeitschennattern *(Masticophis)*, Australische Braunschlangen *(Demansia)* und Sandrennnattern *(Psammophis)*. Gleichwohl ist die Möglichkeit, dass irgendeine Schlange einen halbwegs fitten Menschen jagen und einholen kann, höchst unwahrscheinlich.

Strukturen, die der Fortbewegung dienen

Eine Reihe diagonal an den Körperseiten der Schlangen verlaufender Muskeln dient der Fortbewegung. Die Muskelenden sind an den Rippen verankert, manchmal an den nächstliegenden, manchmal an entfernteren. Die Art der Fortbewegung hängt vom speziellen Muster der Muskelkontraktionen ab. Wenn etwa die Muskeln der einen Seite kontrahieren und die der gegenüberliegenden Seite entspannen, biegt sich der Körper. Tun hingegen die Muskeln beider Seiten das Gleiche, wird der Körper mehr oder weniger gerade bleiben.

Da Schlangen viele Rippen besitzen, in manchen Fällen über 400 Paar, kann die Koordination dieser Muskeln sehr komplex sein, sodass ein Körperteil etwas völlig anderes tut als ein anderer.

Damit sich die Schlange biegen und zusammenrollen kann, müssen die Wirbel (die der Zahl der Rippen entsprechen) eine hohe seitliche Beweglichkeit haben, was durch ein einfaches Gelenkkopf-Pfannen-System gewährleistet wird. Andererseits muss der Grad der Beweglichkeit begrenzt sein, da das durch den oben liegenden Wirbelkanal verlaufende Rückenmark geschützt werden muss. Wären die Wirbel beliebig flexibel, würden die Nerven des Rückenmarks gequetscht. Darum besitzt jeder Wirbel flügelartige Auswüchse, die locker mit denen des angrenzenden Wirbels verhakt sind.

TIERE INTERAGIEREN MIT IHRER UMGEBUNG DURCH INFORMATIONSÜBERTRAGUNGEN UND DARAUS RESULTIERENDEN HANDLUNGEN. DIE INFORMATION TRIFFT IN VERSCHIEDENER FORM EIN. JE WACHER DIE SINNE EINES TIERES, DESTO RASCHER UND EFFIZIENTER KANN ES REAGIEREN. SCHLANGEN BILDEN HIER KEINE AUSNAHME, UNTERSCHEIDEN SICH ABER VON ANDEREN WIRBELTIEREN DURCH DIE ART, IN DER SIE IHRE VERSCHIEDENEN SINNESORGANE NUTZEN. SIE BESITZEN EINIGE UNGEWÖHNLICHE SINNESORGANE, DIE EINE FOLGE IHRER GERINGEN SEHFÄHIGKEIT SEIN KÖNNTEN.

Sehen

Obwohl alle Schlangen Jäger sind, muss man ihr Sehvermögen als wenig effizient bezeichnen. Diese Anomalie mag ein Relikt ihrer Herkunft von primitiven, unterirdisch lebenden Reptilien sein. Grabende Tiere machen von Augen geringen Gebrauch, was langfristig zu deren Degeneration führt. Primitive, grabende Schlangen, etwa Vertreter der Typhlopidae und Leptotyphlopidae, die den größten Teil ihres Lebens unter Tage verbringen, haben nur rudimentäre, von einer Schuppe bedeckte Augen, mit denen sie lediglich hell und dunkel unterscheiden können.

In der Evolution später auftretende, wieder oberirdisch lebende Schlangen mussten von ihren Augen wieder Gebrauch machen, wobei aber höheres Sehvermögen für immer verloren blieb. So scheint die Fähigkeit der Fokussierung durch Linsenverformung nur bei der Gattung *Ahaetulla* zu bestehen. Alle anderen Arten müssen ihre Entfernungseinstellung durch Vor- und Zurückbewegen der Linse erreichen, wie bei einer Kamera. Diese schwerfällige Methode ermöglicht nur ein begrenztes Fokussieren. Zusätzlich sind die als Stäbchen und Zäpfchen bekannten Zellen der Retina, die ein Sehen bei verschiedenen Lichtintensitäten ermöglichen, bei Schlangen deutlich schlechter ausgebildet als bei den meisten anderen Wirbeltieren, und manchen fehlen entweder Stäbchen oder Zäpfchen vollständig. Insgesamt folgt daraus eine Unfähigkeit, Details und v. a. unbewegte Objekte zu

▼ Die Anordnung locker miteinander verbundener, geflügelter Fortsätze auf den Wirbeln der Schlangen verhindert ein zu starkes Verdrehen der Wirbelsäule und von Quetschungen des Rückenmarks.

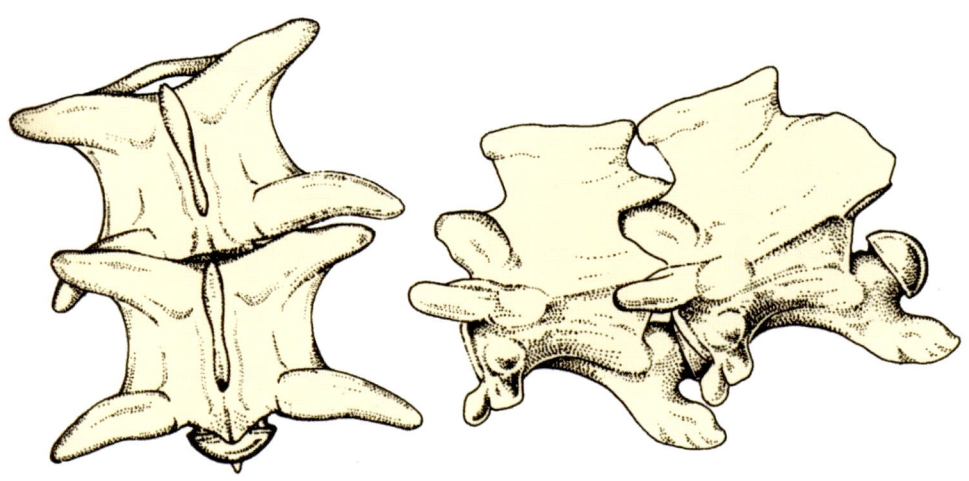

SCHLANGENAUGEN

Während die meisten tagaktiven Schlangen einfache runde und die meisten nachtaktiven Arten elliptische Pupillen haben, gibt es einige Spezialisierungen. Asiatische Baumschnüffler *(Ahaetulla)* besitzen lang gestreckte Pupillen und »Panorama«-Augen, mit denen sie Entfernungen genau abschätzen können. Afrikanische Baumschlangen *(Dispholidus)*, tagaktive Jäger, haben große Augen mit tropfenförmigen Pupillen, wobei die kleine Ausbuchtung nach vorn wahrscheinlich dem gleichen Zweck dient. Nächtliche Jäger verfügen über empfindliche Augen und verengen ihre Pupillen bei Licht; wohl am deutlichsten ist das bei der im malaysischen Bergland lebenden, schneckenfressenden Art *Astenodipsas vertebralis.*

◄ Baumschnüffler der Gattung *Ahaetulla* haben lang gestreckte waagrechte Pupillen. Abgebildet ist der Nasen-Baumschnüffler *(A. nasuta)* aus Südostasien.

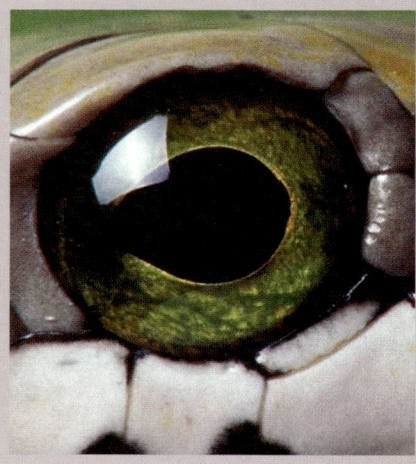

◄ Die Afrikanische Boomslang *(Dispholidus typus)*, eine tagaktive, arboreale Art, besitzt tropfenförmige Pupillen.

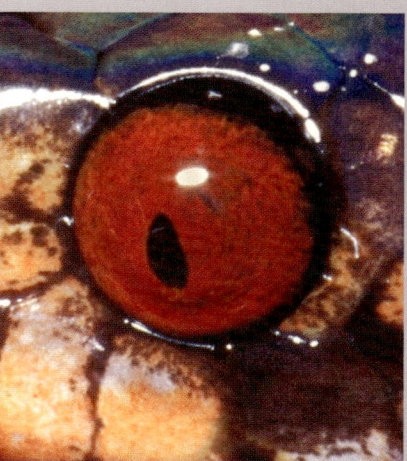

◄ Die montane, von Nacktschnecken lebende Art *Asthenodipsas vertebralis* ist ausschließlich nachtaktiv und besitzt senkrechte Pupillen, die sich bei Tageslicht zu einem kleinen ovalen Punkt verengen.

KÖRPERBAU UND FUNKTIONEN 43

▲ Die das Auge bedeckenden Schuppe, die Brille, ist eine spezialisierte Schuppe, die man mit Ausnahme der primitivsten Arten bei allen Schlan- gen findet. Sie wird mit der übrigen Haut periodisch abgestreift. Hier Westliche Sandrennnatter *(Psammophis trigrammus)* aus Südafrika.

erkennen. Dafür nimmt die Empfindlichkeit gegenüber Bewegungen zu, und das durch die Lage der Augen bedingte große Blickfeld ermöglicht Schlangen die Wahrnehmung von Bewegungen, die Beute oder Gefahr bedeuten können. Schlangenaugen sind nur von geringer Beweglichkeit, außer bei einigen wenigen Arten, vor allem Spitznattern der Gattung *Oxybelis,* die ihre Augen drehen können, ohne sich selbst zu rühren. Auch andere, darunter die kurzschwänzigen Pythons, können ihre Augen ebenfalls bewegen, aber in geringerem Maße.

Wie nicht anders zu erwarten, haben Arten, die am Tag jagen, den wirksamsten Sehapparat entwickelt, etwa Peitschen- und Strumpfbandnattern. Tagjäger wie sie sind gewöhnlich an ihren großen runden Pupillen zu erkennen. Nachtjäger wie Lyraschlangen *(Trimorphodon)* und Katzennat-

tern *(Telescopus)* haben ebenfalls große Augen, jedoch mit senkrechten elliptischen Pupillen, die tagsüber zu schmalen Schlitzen verengt sind.

Wenige Arten, darunter der Baumschnüffler *(Ahaetulla)* mit ihren 8 asiatischen und die Vogelnattern *(Thelotornis)* mit 3 afrikanischen Arten, haben große Augen mit waagrecht elliptischen Pupillen. Dies verschafft ihnen ein hohes Maß an binokularem Sehen und steht in Zusammenhang mit einer langen schmalen Schnauze, die ihnen zur Peilung dient. Sie können ihr räumliches Sehen zudem dadurch verbessern, dass sie mit dem Kopf hin- und herpendeln, wenn sie ihre Beute fixieren. Diese Schlangen sind tagaktiv und stellen ihrer agilen Eidechsenbeute visuell nach. Sie müssen Entfernungen sorgfältig abschätzen und treffgenau zuschlagen, da sie selten eine 2. Chance bekommen.

Schlangen besitzen keine Augenlider, ein Merkmal, das sie von allen anderen Wirbeltieren (außer einigen Echsen) unterscheidet. Stattdessen haben die meisten Arten eine einzige große, das Auge bedeckende Schuppe, die man Brille nennt. Sie schützt das Auge vor Verletzungen und wird periodisch mit der restlichen Haut abgeworfen. Einigen primitiven Schlangen fehlt die Brille, ihr Auge ist von 1 oder mehreren gewöhnlichen Schuppen bedeckt.

Gehör

Schlangen werden gewöhnlich für taub gehalten. Das stimmt nicht ganz, denn auch wenn ihnen sichtbare Ohren fehlen, besitzen sie doch Reste des Schallübertragungs-Apparates in Form eines kleinen Knochens, des Steigbügels. Dieser Knochen berührt das Quadratum, das wiederum mit dem Unterkiefer verbunden ist. Da der Unterkiefer häufig den Boden berührt, muss eine ausgezeichnete Vibrationsempfindlichkeit vorhanden sein. Zudem können Schlangen wahrscheinlich niederfrequente Luftschallwellen wahrnehmen. Eine Folge des mangelhaften Hörvermögens ist die Unfähigkeit zu stimmlicher Kommunikation zwischen Individuen, wie man sie etwa bei Fröschen und Kröten findet. Die Geräusche, die Schlangen hervorbringen – Zischen und Klappern –, sind wohl nur entstanden, um andere Tiere zu warnen.

Geruchssinn

Das Fehlen hoch entwickelter Augen und Ohren hat zur Entwicklung anderer, spezieller Sinnesorgane bei Schlangen geführt. Eins davon ist das Jacobsonsche Organ. Es arbeitet in Verbindung und Ergänzung mit der Nase und den geruchlichen Zentren im Gehirn. Es besteht aus einer paarigen Einstülpung im vorderen Gaumen, die mit Sinneszellen austapeziert ist. Die beiden Säcke öffnen sich zum Gaumen über 2 enge Gänge, nach hinten leitet ein gesonderter Nervenstrang die olfaktorischen Reize weiter.

Wenn eine Schlange ihre Umgebung untersucht, streckt sie wiederholt ihre Zunge durch eine Öffnung im Oberkiefer (Zungenlücke). Die Zunge nimmt Gerüche in Form von Molekülen auf und wird dann ins Maul zurückgezogen. Hier wird die Doppelspitze der Zunge in die Öffnungen des Jacobsonschen Organs gesteckt und der Reiz ans Gehirn weitergeleitet. Aktive Schlangen züngeln ständig und verlassen sich auf ihr Jacobsonsches Organ mindestens in gleichem Maße wie auf ihre Nase. In Ruhe liegt die Zunge in einer fleischigen Rinne des Rachens.

Wärmeempfindliche Grubenorgane

Die bisher beschriebenen Sinnesorgane findet man weitgehend bei allen Schlangen. Bestimmte Gruppen haben aber zusätzliche Sinnesorgane ausgebildet, die einmalig im Tierreich sind. Das sind wärmeempfindliche Gruben, die man bei Boas, Pythons und Grubenottern findet. Grubenottern gehören zur Unterfamilie Crotalinae; zu ihnen zählen die Klapperschlangen (*Crotalus* und *Sistrurus*) sowie Vertreter einiger anderer Gattungen. Die entfernte Verwandtschaft zwischen Boas und Vipern sowie der unterschiedliche Bau ihrer Grubenorgane sprechen für eine unabhängige Entwicklung.

Der Aufbau der Grubenorgane wurde bereits im frühen 19. Jahrhundert beschrieben, die ersten Experimente zur Erforschung ihrer Bedeutung machte Noble

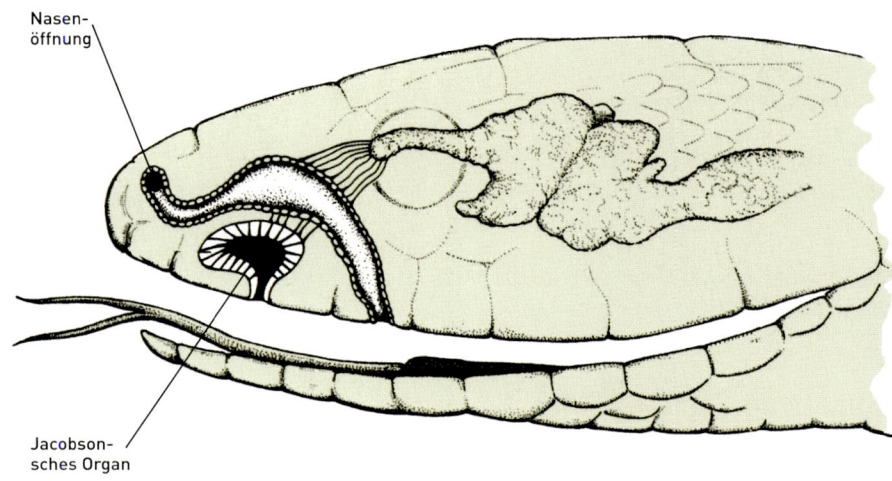

Nasenöffnung

Jacobsonsches Organ

▲ Das Jacobsonsche Organ liegt im Vorderteil des Kopfes und öffnet sich zum Gaumen, wo die Zungenspitzen eingeführt werden können. Von dem Organ führen Nerven zum Riechzentrum des Gehirns.

▲ Zum Riechen wird die Zunge weit herausgestreckt und rasch bewegt, um Duftmoleküle aufzunehmen. Hier eine Südpazifik-Klapperschlange (*Crotalus viridis helleri*).

◄ Schlangen können durch eine »fossa lingua« genannte Lücke im Oberkiefer ihre Zunge vorstrecken, ohne das Maul zu öffnen.

1934 an Grubenottern,[12] dann Ros 1935 an einem Python,[11] dann wieder Noble und Schmidt 1937 an Grubenottern.[13] Grundsätzlich sind die Gruben mit einer Schicht von Epithelzellen ausgelegt, die eine Anzahl Thermorezeptoren enthält. Nerven dieser Rezeptoren verbinden die Gruben mit dem Gehirn. Die Gruben der Grubenottern sind komplizierter gebaut als die von Boas und Pythons. Sie bestehen aus einer durch eine Membran getrennten inneren und äußeren Doppelkammer. Von der inneren führt ein enger Kanal zu einer porenartigen Öffnung direkt vor dem Auge. Dies dient dem Druckausgleich zwischen innerer und äußerer Kammer sowie der Messung der Lufttemperatur. Die von einem warmblütigen Tier ausgehende Wärme wird nur durch die Außenfläche der Membran registriert, sodass die Schlange zwischen warmer Luft und Strahlungswärme eines Objekts unterscheiden kann.

Eine jagende Grubenotter ist daher für die Jagd bestens ausgerüstet. Vibrationen können zuerst die Aufmerksamkeit erregen, dann erfolgt die Identifikation durch Zunge und Jacobsonsches Organ. Auf geringe Distanz liefern anschließend die Gruben die nötige Information, um selbst in völliger Dunkelheit zielgenau zuzuschlagen. Bei einer blinden Klapperschlange registrierte

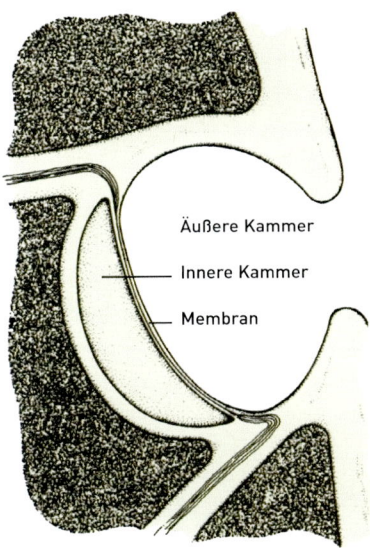

▲ Die Grubenorgane der Grubenottern sind recht einfache Strukturen. Der Grund der Kammer ist ausgelegt mit einer temperaturempfindlichen Membran. Die Reize werden über Nerven durch Kanäle des Oberkiefers zum Gehirn geleitet. Durch Kopfbewegungen kann die von jeder Grube empfangene Wärmemenge so ausbalanciert werden, dass ein zielsicherer Stoß sogar in Dunkelheit möglich ist.

Äußere Kammer
Innere Kammer
Membran

GRUBENORGANE DER OTTERN

Die wirksamsten Grubenorgane haben die Grubenottern entwickelt. Bei diesen Arten, die man in Nord-, Mittel- und Südamerika sowie in Asien findet, bilden die Grubenorgane ein einziges großes Organ zu beiden Seiten des Kopfes, das in etwa unter einer Linie zwischen Auge und Nase liegt. Die Gruben sind von kleinen Schuppen umgeben und nach vorn gerichtet. Ursprünglich hielt man sie für Ohren, später für zusätzliche Nasenlöcher – weshalb Grubenottern in Teilen Lateinamerikas auch cuatro narices (Viernasen) genannt werden.

▲ Die Milosotter *(Macrovipera schweizeri)* ist eine typische Otter ohne Grubenorgane.

Experimente haben gezeigt, dass zumindest einige Arten Temperaturunterschiede von nur 0,001 °C wahrnehmen können. Mit diesen Organen können Beutetiere oder Feinde selbst in völliger Dunkelheit sehr genau lokalisiert werden. Indem die Reize der beiden Gruben miteinander verglichen werden, kann nicht nur die Richtung, sondern auch die Entfernung festgestellt werden – ähnlich dem binokularen Sehen anderer Tiere.

▲ Wie die Grubenorgane nach vorn gerichtet sind, ist bei dieser San-Lucas-Klapperschlange *(Crotalus ruber lucasensis)* aus Baja California deutlich zu sehen.

◄ (oben) Der Hundkopfschlinger *(Corallus caninus)* zeigt große Grubenorgane zwischen Rostral- und Labialschuppen.

◄ (unten links) Die Rosenboa *(Charina trivirgata)* hat keine Grubenorgane.

◄ (unten rechts) Der Childrens Python *(Antaresia childreni)* verfügt über flache Grubenorgane in einigen unteren Labialschuppen.

▼ Der Diamantpython *(Morelia spilota)* besitzt große Grubenorgane in den Rostral- und Labialschuppen.

GRUBENORGANE BEI BOAS UND PYTHONS

Unter den Boas findet man Grubenorgane bei 3 Gattungen: *Corallus*, *Epicrates* und *Sanzinia.* Sie liegen zwischen den Labialschuppen und können groß und ausgedehnt sein wie bei *Corallus*, aber auch nur flache Dellen wie bei *Epicrates.* Arten, die von Warmblütern leben – Säugern und Vögeln –, sind gewöhnlich besser ausgerüstet als solche, die Eidechsen und Frösche fressen. Eine Ausnahme bildet die Abgottboa *(Boa constrictor)*, der Grubenorgane fehlen, obwohl sie Warmblüter erbeutet. Pazifikboas *(Candoia)* haben ebenfalls keine Grubenorgane, genau wie alle Vertreter der Unterfamilie Erycinae – Sandboas *(Eryx* und *Gongylophis)*, Calabarboa *(Calabaria)* und Rosen- und Gummiboas (beide *Charina)*. Das Fehlen der Organe bei diesen Arten hängt wohl mit der frühen Trennung – vor der Entwicklung von Grubenorganen – von der Hauptboagruppe zusammen. Jedenfalls sind es unterirdisch lebende Schlangen, bei denen die Gruben nur verstopft würden.

Bei den Pythons findet man die Grubenorgane innerhalb der Labial- und manchmal auch der Rostralschuppen. Aber auch hier verfügen nicht alle Gattungen über Grubenorgane. Vertreter von *Morelia* und *Python* sind gut ausgestattet, während *Aspidites* und *Liasis* nur wenige, flache Gruben haben. Die 2 Arten der Gattung *Aspidites* besitzen überhaupt keine Gruben; sie ernähren sich hauptsächlich von Kaltblütern.

man bei 49 Angriffen 48 Treffer, eine Quote, die der sehender Klapperschlangen entspricht. Bei verdeckten Gruben lag hingegen die Erfolgsrate nur bei 4 zu 15. Bei den Treffern wurden sogar die besonders empfindlichen Körperteile, Kopf und Brust, bevorzugt Ziel der Fangzähne.[14]

Allerdings haben Experimente von Breiderbach (1990) gezeigt, dass warme Objekte von Vipern ohne Grubenorgane ebenfalls wahrgenommen werden. Sie stießen nur auf warme Objekte zu.[15] Wie dies in gleicher Präzision wie bei den Grubenottern erreicht wird, ist unbekannt.

Schuppenhöcker und -grübchen

Bei Schlangen und den meisten Echsen findet man bestimmte Schuppen, auf denen die Haut stellenweise dünner ist. Weil darunter besonders viele Nervenendigungen liegen, muss man annehmen, dass es sich um Sinnesorgane handelt. Obwohl ihre Funktion weitgehend unbekannt ist, kann man doch gewisse Vermutungen anstellen. 2 Organtypen sind erkennbar: Höcker und Grübchen.

Die Höcker sind sehr klein, 1–2 mm im Durchmesser, und jeder besteht aus einer rundlichen Erhebung, einer Art Pickel, umgeben von einer kreisförmigen Vertiefung. Die darunterliegende Epidermis ragt in die Erhebung, und an ihrer Unterseite befinden sich zahlreiche Nervenendigungen. Die Grübchen sind etwas größer als die Höcker, etwa 3 mm im Durchmesser, und oft mehr oval als rund. Am Grund der Grube ist die Haut dünner, und darunter endigen wieder zahlreiche Nerven.

Höcker

Höcker treten am häufigsten auf, sowohl was die Zahl der damit ausgestatteten Schlangen betrifft als auch hinsichtlich der Zahl der Schuppen, auf denen man sie findet. Bisher wurden sie auf allen darauf untersuchten Schlangen entdeckt, wenn auch in unterschiedlicher Häufigkeit. Bei den primitiven Schlangen, den Typhlopidae, Leptotyphlopidae und Anomalepididae, findet man sie nur am Vorderkopf und fast gar nicht an Körper und Schwanz. Einige andere primitive Schlangen haben allerdings zahlreiche Höcker. *Xenopeltis* und *Loxocemus* besitzen sie an Kopf, Körper und Schwanz, ebenso die Schildschwänze (Uropeltidae), die zahlreiche Höcker auf der spezialisierten rauen Endschuppe des Schwanzes tragen. Größere Unterschiede gibt es bei Boas und Pythons. So findet man bei *Epicrates* Höckerschuppen nur auf dem Kopf. Bei den höheren Schlangen – Colubriden, Elapiden

▲ Auf bestimmten Schuppen vieler Schlangen erheben sich kleine Höcker. Solche Strukturen sind besonders häufig am Kopf und könnten die Rolle eines Tastsinns spielen. Bei dieser Pazifikboa *(Candoia carinata)* sind sie besonders auffällig.

und Vipern – gibt es Höcker am Kopf, besonders auf den Rostral- und Labialschuppen. Sie können auch auf Rücken- und Bauchschuppen auftreten, sind hier aber weniger zahlreich als auf dem Kopf.

Man nimmt allgemein an, dass Höcker überall dort häufig sind, wo die Schlange beim Herumkriechen häufig mit Objekten in Berührung kommt. Sofern dieser Zusammenhang nicht zufällig ist, lässt sich daraus schließen, dass es sich bei den Höckern um Tastorgane handelt.

Ähnliche Strukturen fand man auf Schuppen nahe der Kloake von Männchen der Rauen Erdschlange *(Virginia striatula)*. Da sie auf Männchen beschränkt sind, nimmt man an, dass diese sekundären Geschlechtsmerkmale dazu dienen, bei der Paarung die weibliche Kloake zu finden. Erhebungen und Vertiefungen entdeckte man in der gleichen Region auch bei Männchen anderer Schlangenarten, etwa bei Strumpfbandnattern, Wasserschlangen und Korallenschlangen –, und wahrscheinlich ist ihre Funktion die Gleiche.

Grübchen

Im Gegensatz zu den Höckern wurden Grübchen nur bei den höheren Schlangen gefunden – allerdings nicht bei allen Arten, so scheinen sie beispielsweise den Elapiden zu fehlen. Bei diesen Aussagen ist jedoch Vorsicht geboten, da den Anatomen die Bedeutung von Grübchen (und Höckern) oft nicht bewusst war und man nach ihnen nur bei einem kleinen Teil der Schlangen

gesucht hat. Wo Grübchen vorhanden sind, sind sie besonders zahlreich auf dem Kopf, besonders um die Schnauze. Wo man Höcker und Grübchen auf der gleichen Schuppe fand, pflegen sie in getrennten Regionen vorzukommen. Am Körper stehen Grübchen nur an den Schuppenspitzen (Apikalgrübchen). Über die Funktion der Grübchen weiß man noch weniger als über die der Höcker. Eine Theorie hält sie für lichtempfindlich. Dafür spricht, dass sie bei grabenden Arten fehlen. Andere Forscher vermuten, dass Poren und andere dünne Bereiche der Schuppen den Austritt einer öligen Substanz gestatten; das könnte ein Schutz vor Wasser sein. Eine andere Möglichkeit ist der Austritt bestimmter chemischer Stoffe in den Grübchen, was der Kommunikation, dem gegenseitigen Finden und Erkennen und möglicherweise auch der Reviermarkierung dienen könnte.

▲ Kleine Grübchen, auch Apikalgrübchen genannt, befinden sich manchmal an den Spitzen von Körperschuppen. Hier erkennt man deutlich Paare von Apikalgrübchen auf den Schuppen einer Baird-Kletternatter *(Pantherophis bairdi)*.

INNERE ANATOMIE

DER INNERE KÖRPERBAU VON SCHLANGEN
UNTERSCHEIDET SICH TATSÄCHLICH KAUM
VON DEM ANDERER WIRBELTIERE. DIESER AB-
SCHNITT KONZENTRIERT SICH DAHER AUF JENE
BEREICHE, IN DENEN SCHLANGEN VON TYPI-
SCHEN WIRBELTIEREN ABWEICHEN, SOWIE AUF
DIE ANORDNUNG DER ORGANE IN DERART LANG
GESTRECKTEN TIEREN.

Das Verdauungssystem

Das Verdauungssystem beginnt mit dem
Maul – und gerade hier haben die größten
Veränderungen stattgefunden. Die oralen
Drüsen, die eine Mischung von Substanzen
ausscheiden, die es der Schlange erlauben,
ihre Nahrung leichter zu schlucken und den
Verdauungsprozess zu beginnen, sind gut
entwickelt. Sie bestehen aus Drüsen der
Zunge, unter der Zunge und der Lippen.
Letztere, auch Labialdrüsen genannt, sind
bei einigen Arten besonders kräftig ausgebildet und sondern starke Verdauungssäfte
ab.

Gewisse Colubriden sind mehr oder
weniger giftig. Ihr Gift wird an vergrößerte
Zähne im hinteren Rachen geliefert, weshalb man sie gewöhnlich als opisthoglyphe
(opisthen = hinten) Arten bezeichnet.
Das Gift dieser Arten wird in der
Duvernoydrüse erzeugt, einer
umgewandelten Speicheldrüse, die sich aber strukturell
von den Giftdrüsen der Vipern und Elapiden unter-
scheidet. Die Drüse, deren
Größe von Art zu Art
unterschiedlich ist, entleert
in einen Zentralkanal, der
nahe den hinteren Zähnen in
eine Falte zwischen Zahnwurzel und Lippe mündet. Die
Zähne einiger Arten haben eine
Rinne, über die das Gift durch
Kapillarkraft bis zur Zahnspitze gelangt.
Die Zusammensetzung des umgewandelten Speichels variiert. In manchen Fällen
werden Schleimzellen ohne jegliche Gift-

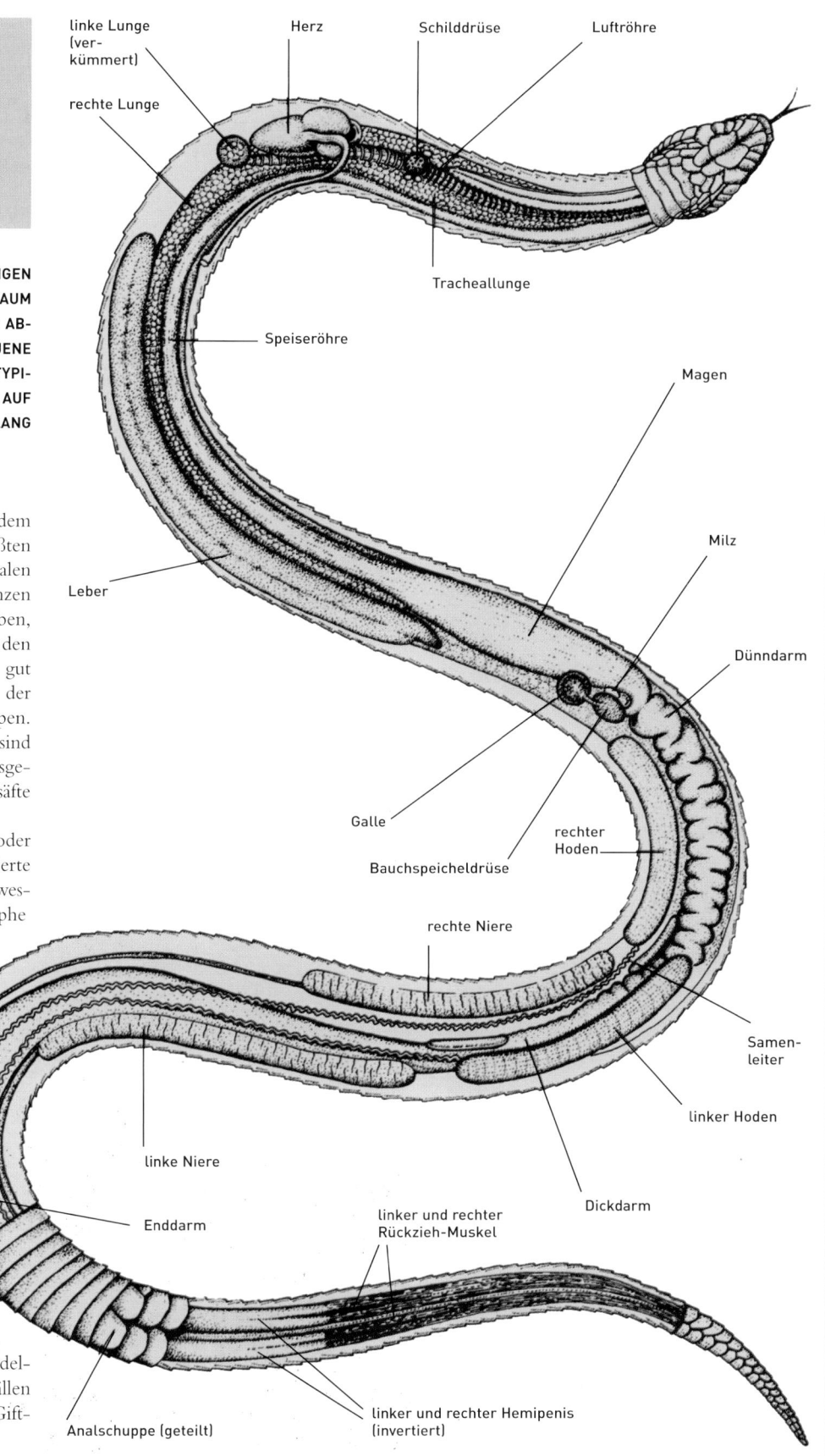

▶ Innere Anatomie einer Schlange (vereinfacht)

wirkung ausgeschieden. Schlangen mit dieser Art von Sekretion besitzen auch keine vergrößerten hinteren Zähne. In anderen Fällen enthält das Sekret eiweißspaltende Enzyme. Je nach Wirkstärke können Schlangen dieses Sekretionstyps als giftig bezeichnet werden. Hierzu gehören die Afrikanische Boomslang *(Dispholidus typus)*, Vogelnattern *(Thelotornis)* und die asiatische Art *Rhabdophis tigrinus;* von ihnen allen sind Todesfälle bei Menschen bekannt geworden. Hinzu kommen zahlreiche weitere Colubriden, deren Gift bei Menschen schwächere, bei ihrer gewöhnlichen Beute aber starke Wirkung haben kann.

Bei einigen höheren Schlangen, Elapiden und Vipern, haben sich die Verdauungssekrete zu hoch wirksamen Giften entwickelt. Giftdrüsen, so vorhanden, haben sich hier aus den oberen Labialdrüsen entwickelt und münden über einen engen Gang in Rinnen oder Kanäle der Giftzähne. Die Giftdrüsen können stark vergrößert sein und erstrecken sich bei manchen Arten über einen beachtlichen Teil des Körpers der Schlange. Sie sind von Muskeln umgeben (Kausmuskeln), die das Gift aus den Drüsen durch den Giftleiter in die Zähne drücken. Darin unterscheiden sie sich von den Giftzähnen opisthoglypher Schlangen und giftiger Echsen der Gattung *Heloderma*, bei denen das Gift in einer offenen Zahnrinne durch Kapillarkraft aufgesogen wird. Bei *Heloderma* befinden sich die Giftzähne außerdem im Unterkiefer.

Die Zunge der Schlangen hat keine Funktion beim Schlucken. Sie hat sich zu einem Hilfsorgan des Riechens gewandelt, das mit dem Jacobsonschen Organ zusammenwirkt, von dem schon die Rede war.

Rachen und Speiseröhre sind überaus muskulös, um Nahrungsteile zum Magen zu befördern, und sehr dehnbar, um mit großer Beute fertig zu werden. Die Speiseröhre erweitert sich im letzten Drittel zum Magen hin. Dieser besteht aus einem erweiterten, muskulösen Teil des Verdauungstraktes, in dem zusätzliche Sekrete die Nahrung angreifen. Bauchspeicheldrüse und Gallenblase sitzen am hinteren Ende des Magens. Der Darm ist eher schwach gewunden, deutlich weniger als bei vielen anderen Tieren. Das hängt wohl auch damit zusammen, dass alle Schlangen Fleischfresser sind und daher nicht den langen, stark gewundenen Darm der Pflanzen- oder Allesfresser benötigen. Der Dickdarm mündet in den Enddarm, der schließlich in der Kloake endet, wo die unverdauten Nahrungsreste ausgeschieden werden.

Atmungssystem

Obwohl das Atmungssystem bei Schlangen grundsätzlich dem anderer luftatmender Wirbeltiere entspricht, ist doch ein hohes Maß an Modifikation nötig, um den zugehörigen Apparat der Körperform anzupassen. Bei der großen Mehrheit der Arten ist die linke Lunge entweder erheblich kleiner oder fehlt vollständig; nur die Boiden besitzen eine etwas größere linke Lunge. Die rechte Lunge erstreckt sich weit nach hinten und kann bei wasserlebenden Arten bis ans Körperende reichen. Bei diesen Arten ist das hintere Lungenende, auch Sacklunge genannt, kaum noch in der Lage, Sauerstoff aufzunehmen, und wird hauptsächlich als Luftspeicherungs- und Auftriebsorgan genutzt.

Ein weiteres Organ findet sich bei manchen Schlangen im hinteren Teil der Luftröhre, wo die Bläschenschicht der Lunge

▼ Die Gophernatter *(Pituophis catenifer sayi)* kann ungewöhnlich laut zischen, was potenzielle Angreifer (und Menschen) erschrecken kann.

weiter nach vorne reicht. Diese als Tracheallunge bezeichnete Struktur bietet zusätzliche Atmungskapazität. Das kann nicht nur für Wasserschlangen von Bedeutung sein, sondern auch dort, wo das Fressen die Atmung behindert. So haben die von Gehäuseschnecken lebenden Gattungen *Dipsas* und *Sibon* große Tracheallungen. Um an die Weichteile zu gelangen, müssen diese Schlangen ihren Kopf längere Zeit in die Gehäuse stecken. Tracheallungen können bei anderen Arten auch beim Schlucken größerer Nahrungsbrocken nützlich sein. Während die Nahrung im Körper nach hinten wandert, werden Teile der Lunge zusammengedrückt und funktionieren nicht mehr vollständig. Die im Vorderkörper liegende Tracheallunge kann hier gute Ersatzdienste leisten.

Ebenfalls im Zusammenhang mit dem Schlucken großer Beute steht die Ausbildung der Glottis, der »Pforte« zur Luftröhre. Sie besitzt die Form einer muskulösen Röhre, die vom Rachen in den Mundraum vorgeschoben und trotz des Drucks durch die Nahrung offengehalten werden kann.

Schlangen haben keine wirkliche Stimme, können aber ein Zischen erzeugen, indem sie rasch Luft aus der Lunge pressen. Dieses Geräusch kann bei bestimmten Arten besonders laut und beängstigend sein, so bei Gophernattern *(Pituophis)* und Hakennasennattern *(Heterodon)*. Es wird erzeugt, indem Luft über eine spezielle Membran in der Stimmritze streicht und Vibration erzeugt.

Kreislaufsystem

Das Kreislaufsystem ist dem anderer Tiere ähnlich, mit Ausnahme der Tatsache, dass das Herz 3 Kammern hat, nicht 4 wie bei Säugetieren oder Krokodilen. Der Lungenkreislauf, in dem das Blut Sauerstoff tankt, ist für Reptilien wichtiger als für Amphibien, die ihren Gasaustausch zu einem erheblichen Teil über die Haut abwickeln. Die Ausbildung der Aorta, der großen, vom Herzen ausgehenden Arterie, ist bei Schlangen modifiziert und kann von Familie zu Familie verschieden sein.

Ausscheidungssystem

Die wichtigsten Modifikationen betreffen hier das Fehlen eine Harnblase und die Lage der Nieren. Schlangen scheiden Harnsäure nicht in Form von Harn aus. Um Wasser zu sparen – von besonderer Wichtigkeit für Schlangen, die in Trockengebieten leben – halten Schlangen nahezu alle Flüssigkeiten zurück und scheiden ihre Stickstoffabfälle in Form von Harnsäure aus, einer halbfesten, weißen Substanz.

Die Nieren sind stark verlängert und stufenförmig versetzt, sodass die linke Niere deutlich weiter vorn liegt als die rechte.

Nervensystem

Das Nervensystem dient den Sinnesorganen, wie weiter vorn in diesem Kapitel beschrieben. Besonderheiten des Systems beschränken sich auf diejenigen Organe, die den meisten anderen Tieren fehlen, so die zum Jacobsonschen Organ und zu den (soweit vorhanden) Grubenorganen führenden Nervenstränge. Zusätzliche Nervenendigungen finden sich direkt unter den Schuppengrübchen und -höckern.

Ansonsten ist das System mehr oder weniger konventionell. Das Rückenmark durchzieht die Wirbelsäule auf ganzer Länge. Das Gesamtsystem ist etwas weniger komplex als bei höheren Tieren, da Schlangen viele jener Anhänge fehlen, die eine gesonderte Nervenversorgung erfordern. Immerhin weisen einige der primitiveren Schlangenarten noch Nerven auf, die nor-malerweise die hinteren Gliedmaßen versorgen würden, wenn sie welche hätten – ein guter Hinweis darauf, dass die Vorfahren der Schlangen Beine besaßen.

Fortpflanzungssystem

Der wichtigste Schritt, der es Reptilien erlaubte, sich vom Wasser zu entfernen, war die Entwicklung von Eierschalen. Einige Arten wurden später auch lebendgebärend. Beide Fortpflanzungsmethoden erfordern eine innere Befruchtung. Diese gibt es in einfacher Form zwar auch bei Amphibien, bei den Schuppenkriechtieren ist sie aber mit der Ausbildung eines paarigen Begattungsorgans der Männchen und einer Schalendrüse derjenigen Weibchen, die Eier legen, hoch entwickelt.

Das weibliche Fortpflanzungssystem

Weibliche Schlangen haben gewöhnlich 2 Eierstöcke, die hintereinanderliegen, wie die Nieren. Bei manchen Schlangen fehlt der linke Eileiter. Schlangeneier sind groß, weil sie genügend Dotter enthalten, um den Embryo zu ernähren, bis er als voll entwickeltes Jungtier schlüpft. Die Eier reifen im Eierstock, wo der Dotter produziert wird. Die Herstellung von Dotter (Vitellogenese) ist abhängig vom Zustand des Weibchens – ist es untergewichtig, wird kein Dotter gebildet, und die Eier entwickeln sich nicht weiter. Die Eier reifen gleichzeitig und durchbrechen die Wand des Eierstocks und gelangen in die Bauchhöhle. Hier werden sie vom trichterförmigen Ende des Eileiters (dem Infundibulum) aufgenommen. Auf dem Weg durch das Ovidukt findet die Befruchtung statt, entweder durch frisch aufgenommenes oder (manchmal monatelang) gespeichertes Sperma. Eine spezielle Samentasche (Receptaculum seminis) am unteren Ende des Ovidukts bewahrt den Samen auf. Bei eierlegenden Arten wird die Eischale ebenfalls im unteren Ende des Ovidukts kurz vor der Ablage gebildet.

Das männliche Fortpflanzungssystem

Männliche Schlangen haben paarige Hoden, die hintereinanderliegen, wie die Ovarien und andere paarige Organe. Lange gewundene Schläuche, die Samenleiter, transportieren den Samen von den Hoden zum Harnleiter, wo sie in einer blasenartigen Struktur gespeichert werden. Der Harnleiter mündet in die Kloake neben der Urogenitalpapille. Von hier wird der Samen in einer Falte zur Basis der Hemipenes geleitet. Die beiden Hemipenes liegen in der Schwanzwurzel, gewöhnlich eingestülpt und eine Verdickung bildend, an der man das Geschlecht einer Schlange äußerlich bestimmen kann. Die Hemipenes können bei der lebenden Schlange ausgestülpt werden, indem man an der Schwanzwurzel aufwärts drückt. Außerdem kann die Öffnung der eingestülpten Hemipenes unter der Präanalschuppe gesehen und mit einem dünnen Instrument sondiert werden.

Bei der Begattung wird Blut in die Hemipenes gepresst, und gleichzeitig zieht ein Muskel die Hemipenes aus ihrer Tasche. Die Kopulation findet nur mit 1 der beiden Penes statt, wobei theoretisch beide einsetzbar sind, oft aber individuell der rechte oder linke bevorzugt wird.

Die Hemipenes besitzen keinen inneren Samenleiter, sondern eine äußere Falte, die in einer Lippe endet, die von einem fleischigen Rand umgeben ist. Wenn der Hemipenis in die Kloake des Weibchens eingeführt wird, bildet die Falte einen Kanal, in dem das Sperma fließen kann. Die Oberfläche des Hemipenis ist mit Dornen und Erhebungen bedeckt, oft in Form von Rosetten. Man nimmt an, dass sie zum Auffinden der weiblichen Kloake und zur Befestigung während der Kopulation dienen. Bei manchen Arten sind die Hemipenes gegabelt, und in diesen Fällen ist die weibliche Kloake ebenfalls gegabelt. Generell stimmen bei allen untersuchten Schlangen Form und Struktur der weiblichen Kloake mit der der Hemipenes ihrer Partner überein. Durch dieses Schlüssel-Schloss-System werden Kreuzungen nicht verwandter Arten vermieden. Für Taxonomen haben Form und Struktur der Hemipenes als Artmerkmal große Bedeutung. Obwohl sich Männchen gewöhnlich nur mit Weibchen der gleichen Art erfolgreich paaren können, ist unter den künstlichen Bedingungen der Gefangenschaft doch auch immer wieder Hybridisierung zu beobachten, und auch unter natürlichen Bedingungen kommt es gelegentlich zu Kreuzungen.

Bei tropischen Schlangen sind die Hoden wahrscheinlich das ganze Jahr über aktiv. Schlangen des gemäßigten Klimas produzieren Samen gewöhnlich zum Höhepunkt der aktiven Saison, im Sommer und Frühherbst. Sie gehen dann mit reichlich gespeichertem Sperma in den Winterschlaf, das zur Fortpflanzungszeit im folgenden Frühjahr benötigt wird. Es gibt einige wenige Ausnahmen von dieser Regel, in denen die Männchen das meiste Sperma im Frühjahr erzeugen, es speichern und später im Jahr einsetzen. Dies wurde nur für wenige Arten nachgewiesen, könnte aber weiter verbreitet sein.

Schädel und Skelett

Skelett und Schädel der Schlangen sind stark modifiziert, besonders bei den höher entwickelten Familien. Bis zu einem gewissen Grad ist es möglich, die Entwicklung der Schlangen zu verfolgen, indem man die fortschreitenden Veränderungen im Knochenbau verfolgt.

Der Schädel

Verglichen mit ihren nächsten Verwandten, den Echsen, sind die Schädel von Schlangen wesentlich zarter gebaut und lockerer zusammengesetzt. Das ist eine Folge ihrer Ernährungsweise: Während die meisten Echsen über kräftige Kiefer verfügen, mit denen sie kauen und ihre Beute zerlegen, verschlingen Schlangen ihre Beute im Ganzen, ohne zu kauen. Damit wären sie auf kleine Beutetiere begrenzt, hätten sie nicht besonders elastische Kiefer und extrem dehnbare Haut. Freilich können nicht alle Schlangen ihren Rachen so überdimensional dehnen. Die Schlankblindschlangen (Leptophylopidae) haben reduzierte Mäuler und sehr kurze Unterkieferknochen. Die Kiefer der anderen Blindschlangen – Walzenschlangen, Schildschwänze und die Regenbogenschlangen – können ihren Rachen nur wenig freier bewegen. Bei den höher entwickelten Schlangen sind die Schädelknochen freier beweglich, und das Maul kann viel weiter geöffnet werden, um mit Beute fertig zu werden, die erheblich größer ist als der Kopf der Schlange.

Das ist möglich, weil die Knochen des Ober- und Unterkiefers locker miteinander verbunden sind, nicht fest miteinander und dem Schädel zusammenhängen. So sind sie seitwärts, rückwärts und vorwärts unabhängig vom Schädel und voneinander beweglich, wodurch sie gleichzeitig die Beute nach hinten transportieren und ihr gleichzeitig den Weg frei machen können. Um Verletzungen des Gehirns zu vermeiden, wenn große Beute geschluckt wird, sind die Gaumenknochen erweitert und verstärkt. Die beiden Unterkieferhälften sind vorne nicht verwachsen, sondern durch ein elastisches Band verbunden, sodass sie sich voneinander entfernen können, was die Kapazität des Rachens noch erweitert.

Die Zähne

Anzahl und Anordnung der Zähne variieren bei Schlangen von Art zu Art erheblich. Manche haben praktisch keine Zähne, während andere zahlreiche und ganz verschiedene Zähne besitzen. Gewöhnlich haben Schlangen Zähne im Unterkiefer, in den

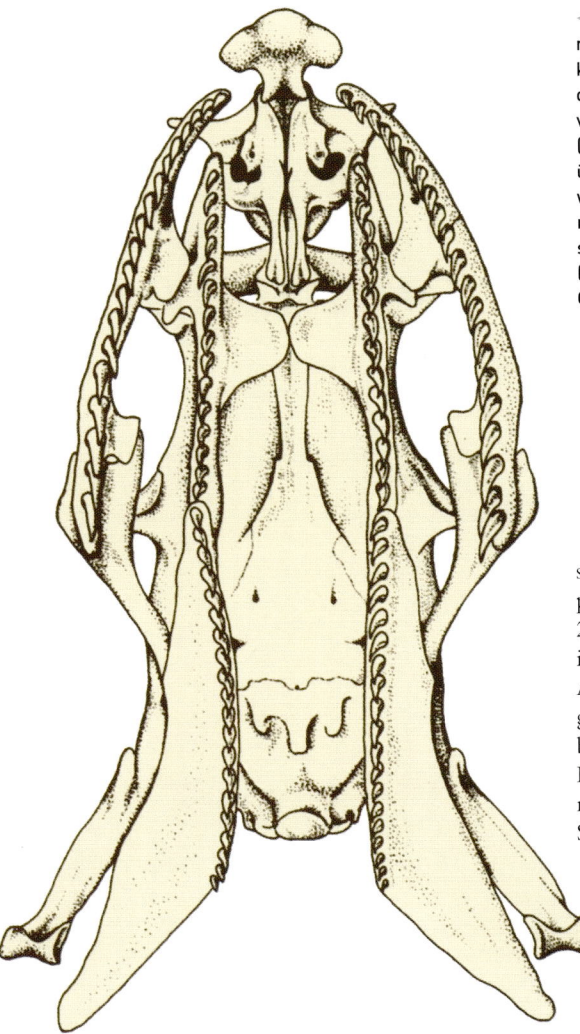

◀ Bau des Schlangenschädels mit dem zahntragenden Oberkiefer. Die genaue Anordnung der zahntragenden Knochen ist von Art zu Art unterschiedlich (und einige Arten besitzen überhaupt keine Zähne). Gewöhnlich sind Schlangen aber reich mit Zähnen bestückt, sowohl an ihren Oberkiefer-(Maxillar-) als auch an ihren Gaumen-(Palatinum-)knochen.

Maxillen (äußerer Teil des Oberkiefers), in den Palatinumknochen (lange Knochen an der Innenseite der Maxillaren) und an den Pterygoidknochen (paarige Knochen, die vorn im Gaumen an den Palatinumknochen und hinten am Quadratum befestigt sind).

Ihre Zähne sind vom pleurodonten Typ. Das heißt, dass sie an den Innenkanten der Kieferknochen und nicht auf deren Kamm befestigt sind (akrodont). Sie werden das ganze Leben über ständig erneuert. Die neuen Zähne wachsen unter den alten heran und können sofort nach oben und seitwärts hervortreten, wenn die alten ausfallen. Abgeworfene Zähne werden oft verschluckt, manchmal, weil sie in Beutetieren stecken, und können im Kot der Tiere gefunden werden.

Viele typische Schlangen, z. B. Colubriden, besitzen mehr oder weniger gleich große und gleich geformte Zähne. Man nennt diese Art der Bezahnung aglyph (ohne Fangzähne). Andere jedoch haben speziali-

sierte Zähne. Sog. opisthoglyphe Schlangen haben 1 oder 2 Paar vergrößerter Zähne im hinteren Mundbereich. Alle opisthoglyphen Schlangen gehören zu den Colubriden oder Atractaspiden. Die Fangzähne sind immer mit Duvernoydrüsen (siehe S. 115) verbunden. Wegen der Lage ihrer Fangzähne und der gewöhnlich geringen Giftigkeit gelten diese Schlangen als nicht gefährlich für Menschen, obwohl der Biss einiger Arten tödliche Folgen gehabt hat. Bei hinten stehenden Fangzähnen befindet sich davor jeweils eine Zahnlücke (Diastema), die das tiefere Eindringen der Zähne in die Beute erleichtert.

Manche Colubridenarten, die oft in der Unterfamilie Xenodontinae (xeno = ungewöhnlich, dont = bezahnt) zusammengefasst werden, weisen eine ungewöhnliche Anordnung auf, da 2 hintere Fangzähne im hinteren Teil des Oberkiefers sitzen; bei geschlossenem Maul liegen diese Zähne waagrecht, bei weit geöffnetem Maul schwingt aber der Oberkiefer in eine mehr senkrechte Position, wodurch die Zähne »kampfbereit« gestellt werden. Diese Schlangen, zu denen die bekannten nordamerikanischen Hakennasennattern (Heterodon) ebenso zählen wie die weniger bekannten südamerikanischen Hakennasennattern (Lystrophis, Waglerophis und Xenodon), ernähren sich hauptsächlich von Kröten, die sich zur Verteidigung oft aufblähen. Die vergrößerten Zähne könnten daher dazu dienen, die Kröten zu »punktieren«, sodass sie leichter zu schlucken sind. Würden die Fangzähne ständig aufrecht stehen, könnten die Schlangen ihr Maul nicht schließen, ohne sich zu verletzen.

Andere Schlangen haben modifizierte Vorderzähne. Die Elapidae, mit Kobras, Mambas, Kraits, Korallenschlangen und verwandten Arten, tragen an den Maxillarknochen kurze Giftzähne. Diese Zähne sind innen hohl mit einem Zugang von unten und einem Ausgang oben. Bei der Giftinjektion wird das Gift aus der Giftdrüse durch den Kanal und die kleine Öffnung an der Zahnspitze gespritzt. Die einzige Ausnahme bilden die Speikobras der Gattungen *Naja* und *Hemachatus,* bei denen der Giftkanal an der unteren Vorderseite der Zähne mündet, und das Gift mit hohem Druck ausgespritzt wird.

Die Fangzähne der Vipern sind noch stärker umgebildet. Sie sind hohl wie bei den Elapiden, jedoch länger, sodass das Gift tiefer in die Beute eindringen kann. Um die großen Zähne im geschlossenen Maul unterzubringen, sind die Maxillaren, an denen sie befestigt sind, in einer Weise gelenkig, dass die Zähne am Gaumen zurückgelegt werden können (siehe S. 52). Sowohl Elapiden als auch Vipern haben ein Diastema unmittelbar hinter ihren Fangzähnen.

Vertreter der Atractaspididae verfügen über eine Vielfalt von Fangzahn-Anordnungen. Bei *Atractaspis,* der größten Gattung, sind die Fangzähne an den Maxillaren befestigt. Maxillare, Präfrontal- und Frontalknochen sind so miteinander verbunden,

▲ Die kubanische Peitschenschlange (*Alsophis cantherigerus*) gehört zu den Xenodontinae und besitzt daher die merkwürdig miteinander verbundenen Kiefer dieser Schlangen.

▼ Vertreter der Xenodontinae besitzen gelenkige Kiefer, deren Funktionsweise hier dargestellt ist. Sie können ihre vergrößerten hinteren Fangzähne nach vorn klappen, um ihre Beute damit besser festzuhalten. Im Allgemeinen gelten diese Schlangen nicht als gefährlich, obwohl sie über Duvernoy-Giftdrüsen verfügen können.

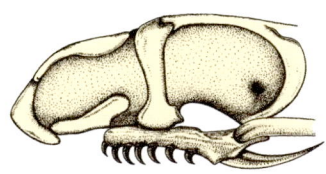

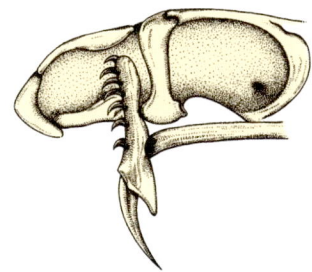

dass die Fangzähne nur in geringem Maße beweglich sind. Sie können seitwärts ausgefahren werden und sind mit einer Stechbewegung gekoppelt, sodass das Maul beim Angriff weitgehend geschlossen bleiben kann. Man nimmt, dass es sich dabei um eine Anpassung an die Jagd in Erdröhren handelt. *Atractaspis* hat alle übrigen Zähne des Oberkiefers verloren, und die im Unterkiefer sind stark reduziert. Verwandte Arten besitzen Fangzähne im hinteren Mundbereich, während andere feste Fangzähne vorne haben.

Untersucht man Schlangenzähne unter dem Mikroskop, so findet man 2 Wülste, die sich über ihre Länge erstrecken. Bei einigen Arten, die Reptilieneier fressen, etwa *Oligodon,* sind sie sehr ausgeprägt und dienen vermutlich dem Aufschneiden der Eischalen. Andere Arten haben zusätzliche flache Längswülste, Riffeln oder Streifen an einigen Zähnen, mit den tiefsten Rinnen nahe der Zahnwurzel. Solche Strukturen findet man v.a. bei aquatischen oder semiaquatischen, fischfressenden Arten, etwa bei Warzenschlangen (*Acrochordus*) und Wassertrugnattern (*Enhydris*). Man nimmt an, dass solche Zähne besser geeignet sind, harte Schuppen zu durchdringen und die Beute festzuhalten. Ähnliche Strukturen gibt es an den Zähnen von Schlangen, die Regenwürmer oder Mollusken fressen, wo sie ähnlichen Zwecken dienen könnten (Vaeth, Rossman und Shoop, 1985).[16]

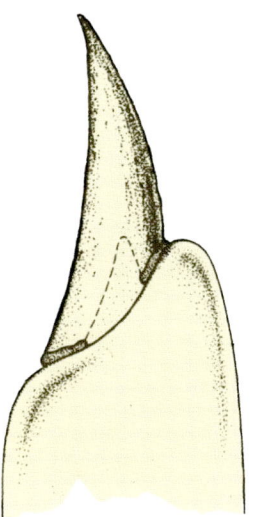

▲ Schlangenzähne gehören dem pleurodonten Typ an: Sie sitzen nicht in einer Tasche, sondern sind an der Spitze des abgewinkelten Kieferknochens befestigt.

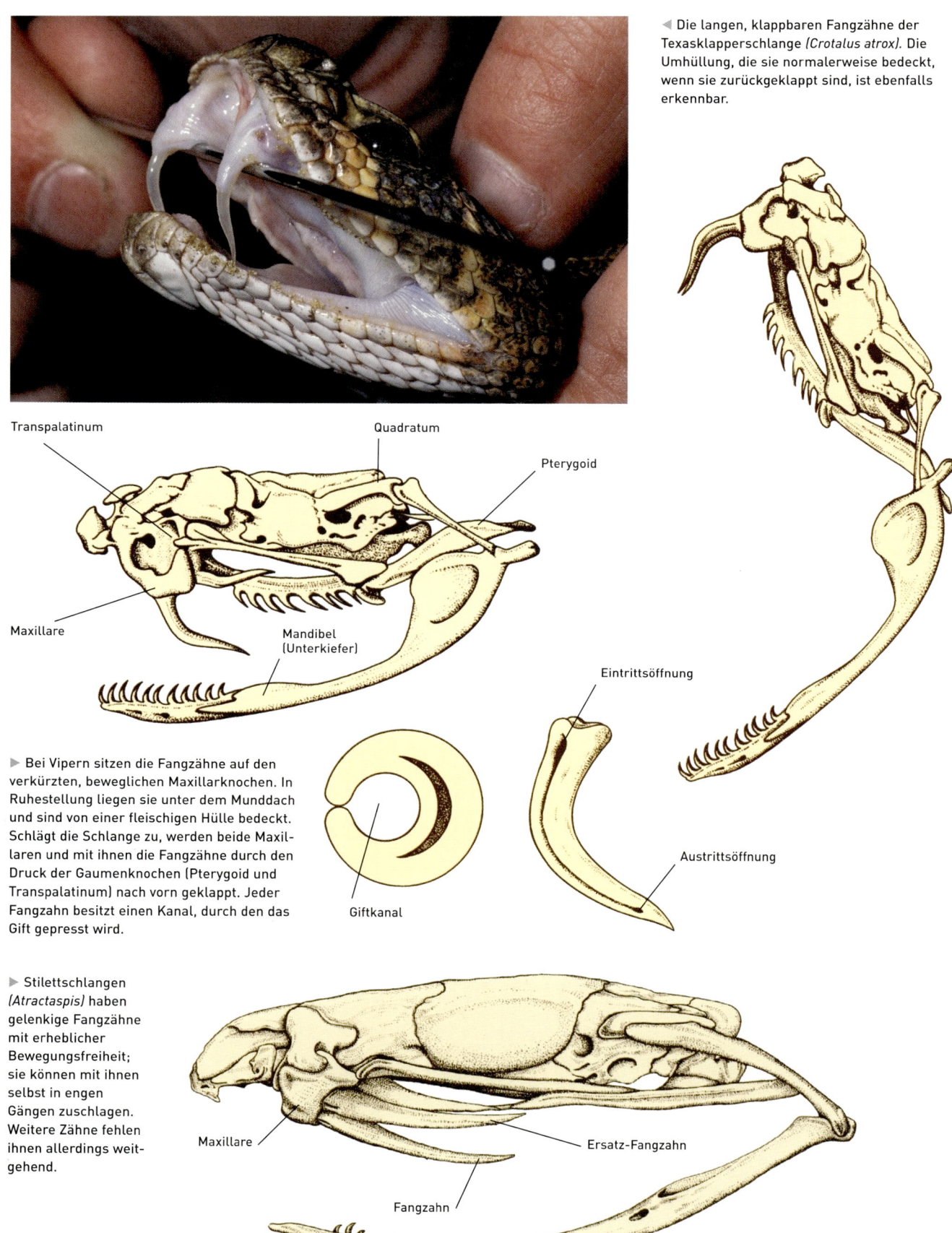

◄ Die langen, klappbaren Fangzähne der Texasklapperschlange *(Crotalus atrox)*. Die Umhüllung, die sie normalerweise bedeckt, wenn sie zurückgeklappt sind, ist ebenfalls erkennbar.

Transpalatinum

Quadratum

Pterygoid

Maxillare

Mandibel (Unterkiefer)

Eintrittsöffnung

Giftkanal

Austrittsöffnung

► Bei Vipern sitzen die Fangzähne auf den verkürzten, beweglichen Maxillarknochen. In Ruhestellung liegen sie unter dem Munddach und sind von einer fleischigen Hülle bedeckt. Schlägt die Schlange zu, werden beide Maxillaren und mit ihnen die Fangzähne durch den Druck der Gaumenknochen (Pterygoid und Transpalatinum) nach vorn geklappt. Jeder Fangzahn besitzt einen Kanal, durch den das Gift gepresst wird.

► Stilettschlangen *(Atractaspis)* haben gelenkige Fangzähne mit erheblicher Bewegungsfreiheit; sie können mit ihnen selbst in engen Gängen zuschlagen. Weitere Zähne fehlen ihnen allerdings weitgehend.

Maxillare

Ersatz-Fangzahn

Fangzahn

Die Zähne von *Xenopeltis unicolor* und *Scaphiodontophis annulatus* sind mit Bändern befestigt, die als Gelenke dienen. So kann glatte Beute in einer Richtung passieren, wird aber daran gehindert, sich rückwärts zu befreien.

Das Skelett
Das Skelett einer Schlange besteht aus dem Schädel und einer Reihe Körper- (präkaudaler) und (kaudaler) Schwanzwirbel. Die Körperwirbel tragen alle Rippen, jedoch gibt es kein Brustbein (Sternum), und die freien Rippenenden sind miteinander und mit den Bauch- und Rückenschuppen durch Muskeln verbunden. Sie sind für Fortbewegung und Zusammenrollen von Bedeutung. Die Zahl der Wirbel ist groß (bis über 400) und etwas variabel, sogar innerhalb derselben Art.

Jeder Wirbel hat ein Zentrum, das wie ein kurzer Zylinder geformt ist, mit einem konkaven und einem konvexen Ende. Diese Enden greifen in die entsprechenden Enden der benachbarten Wirbel. Über dem Zentrum befindet sich die Neuralfurche, durch die das Rückenmark verläuft. Von diesem Grundkörper gehen mehrere Dornen oder Zacken aus, die ebenfalls mit entsprechenden Strukturen der Nachbarwirbel ineinandergreifen. Die nach unten gerichteten Dornfortsätze (Hypapophysen) findet man nicht bei allen Schlangen, sie fehlen beispielsweise den Typhlopidae und Leptotyph-lopidae, gelegentlich auch grabenden Arten anderer Familien. Man findet sie aber stets bei aquatischen Schlangen; ihre Bedeutung ist jedoch nicht klar. Bei den eierfressenden Schlangen der Gattung *Dasypeltis* reichen die Hypapophysen der ersten Wirbel bis in ihren Rachen, und sie dienen dem Zerbrechen der Schalen von Vogeleiern, von denen sich die Art hauptsächlich ernährt.

Die Schwanzwirbel sind einfacher gebaut und tragen keine Rippen. Bei Schlangen der Gattungen *Scaphiodontophis* und *Coluber* können die Schwanzwirbel als Verteidigungsmechanismus brechen, obwohl es keine Sollbruchstelle gibt, wie man sie bei vielen Eidechsenarten findet.

Allen Schlangen fehlt ein Schultergürtel, Vertreter einiger primitiver Familien wie Blind- und Schlankblindschlangen, Walzenschlangen, Boas und Pythons weisen aber noch Reste des Beckengürtels auf. Männliche Boas und Pythons haben sogar verkümmerte hintere Gliedmaßen in Form von am Beckengürtel befestigten Spornen, Weibchen des Öfteren auch, aber stets relativ kleiner als bei den Männchen.

▼ Das Schlangenskelett besteht aus einer Vielzahl von gelenkigen Wirbeln und Rippen, die nicht mit einem Brustbein verbunden sind. Daraus resultieren ungewöhnlich flexible Formen, wie bei dieser Baird-Kletternatter *(Pantherophis bairdi)* aus Nordmexiko.

Anmerkungen
1. Wall, Frank (1921), Ophidia Taprobanica or the Snakes of Ceylon. H. R. Cottle, Government Printer, Colombo, Ceylon (Sri Lanka).
2. FitzSimons, V. F. M. (1962), Snakes of Southern Africa. Purnell and Sons Ltd., Cape Town.
3. Worrell, E. (1958), Song of the Snake. Angus and Robertson, London.
4. Pope, C. H. (1961), The Giant Snakes. Routledge and Kegan Paul, London.
5. Oliver, J. A. (1958), Snakes in Fact and Fiction. The Macmillan Company, New York.
6. Boos, (1992), »A note on the 18,5 ft Boa Constrictor from Trinidad«, Bulletin of the British Herpetologlcal Society, 40:15–17.
7. Rose, J. A. (1966), La Taxonomia y Zoogeografia de los Ofidios en Venezuela. Universidad Central de Venezuela, Caracas.
8. Amaral, A. do (1978), Serpentes do Brasil. Ministry of Education and Culture, Sao Paulo, Brazil, 1977.
9. Lillywhite, H. B. and Sanmartino, V. (1993), »Permeability and water relations of the hygroscopic skin of the file snake, Acrochordus granulatus«, Copela, 1993(1):99–103.
10. Dunson, W. A. and Freda J. (1985), »Water permeability of the skin of the amphibious snake Agkistrodon piscivorus«, Journal of Herpetology, 19(1):93–98.
11. Ros, M. (1935), »Die Lippengruben der Pythonen als Temperaturorgane«, Jenaisch. Zeit. fur Natuerwiss, 70:1–32.
12. Noble, G. K. (1934), »The structure of the facial pit of pit vipers and its probable function«, Anat. Rec., 58, supp. p. 4.
13. Noble, G. K. and Schmidt, A. (1937), »The structure and function of the facial and labial pits of snakes«, Proc. Am. Phllos. Soc., 77(3):263–288.
14. Kardong, K. V. and Mackessy, S. P. (1991), »The strike behaviour of a congenitally blind rattlesnake«, Journal of Herpetology, 25(2):208–211.
15. Breiderbach, C. A. (1990), »Thermal cues influence strikes in pitless vipers«, Journal of Herpetology, 24(4):448–450.
16. Vaeth, R. H., Rossman, D. A. and Shoop, W. (1985), »Observations of tooth surface morphology in snakes«, Journal of Herpetology, 19(1):20–26.

KAPITEL 3
WIE SCHLANGEN LEBEN

Wie alle Organismen leben Schlangen nicht in Isolation. Sie müssen mit anderen Tieren interagieren, sei es mit solchen der eigenen Art, wobei es sich dann meist um Partner oder Rivalen handelt, sei es mit anderen Tieren, im Regelfall Beutespezies oder Fressfeinde. Mit diesen biologischen Faktoren beschäftigt sich das folgende Kapitel. Es geht darin auch und zunächst um Beziehungen zur unbelebten Umwelt, um Hitze und Kälte, Nässe und Trockenheit, Licht und Dunkel.

Die meisten Strumpfbandnattern leben in Wassernähe, und viele zeigen semiaquatisches Verhalten. Ihr Lebensraum reicht von Strömen und Flussufern bis zu Tümpeln und Seeufern.

IHRE UNBELEBTE UMWELT

DIE SINNESSYSTEME EINER SCHLANGE ÜBER-
WACHEN BESTÄNDIG DIE BIOLOGISCHE UND
PHYSIKALISCHE UMGEBUNG. DIE SCHLANGE
VERHÄLT SICH ANGEMESSEN, INDEM SIE WILL-
KÜRLICH ODER UNWILLKÜRLICH DARAUF REA-
GIERT. UNWILLKÜRLICHE REAKTIONEN BESTE-
HEN AUS DEN PHYSIOLOGISCHEN PROZESSEN,
DIE DEN STATUS QUO ODER DIE HOMÖOSTASE
INNERHALB DES KÖRPERS AUFRECHTERHAL-
TEN. SIE KÖNNEN DURCH VERHALTENSWEISEN,
ETWA DIE FORTBEWEGUNG ZU EINEM ANDEREN
ORT, ERGÄNZT WERDEN. WILLKÜRLICHE REAK-
TIONEN SIND VERHALTENSWEISEN DER ANPAS-
SUNG – BEWEGUNG, ÄNDERUNG DER KÖRPER-
FORM ODER HALTUNG UND DIE AKTIVIERUNG
ZUSÄTZLICHER SINNESORGANE.

Thermoregulation

Reptilien sind kaum in der Lage, Körperwärme zu erzeugen, wie es Vögel oder Säugetiere tun, sondern fast ausschließlich auf
externe Quellen angewiesen, was als Ektothermie bezeichnet wird. Dies bestimmt das
tages- und jahreszeitliche Verhalten vieler
Schlangenarten, besonders in kühleren Klimazonen, und bildet den Schlüssel zum Verständnis dafür, wie Schlangen leben.

Obwohl sie »kaltblütig« genannt werden,
müssen Schlangen wie alle Lebewesen eine
gewisse Körpertemperatur erreichen, damit

natürliche Prozesse wie Muskel- und Ner-
venaktivität, Verdauung und Spermabildung
etc. stattfinden können. Schlangen regulieren
ihre Körpertemperatur durch eine Kombination von Verhaltens- und physiologischen
Reaktionen. Verhaltensreaktionen spielen
bei Weitem die größte Rolle, während die
physiologischen Reaktionen mehr der Fein-
abstimmung dienen.

Trotz ihrer Abhängigkeit von externen
Wärmequellen sind die meisten Schlangen
ihrer Umgebung nicht völlig ausgeliefert,
wie manchmal angenommen wird. Untersuchungen zeigen durchweg, dass die Körpertemperatur von Schlangen oft höher ist
als die Umgebungstemperatur, besonders
morgens in der Aufwärmphase, dass sie aber
auch unter der Umgebungstemperatur liegen kann, v. a. wenn diese gefährliche Höhen erreicht. Viele Schlangen sind in der
Lage, ihre Körpertemperatur nahezu konstant auf ihrem bevorzugten Niveau zu halten, sodass die Abweichungen innerhalb von
1 °C liegen. Bemerkenswert ist, dass sie dazu
in der Lage sind, obwohl ihre langen, schlanken Körper weder mit Fell oder Federn
noch mit anderen isolierenden Stoffen
bedeckt und eigentlich ungeeignet sind,
Wärme zu speichern.

»Betriebstemperatur«

Schlangen streben danach, ihre bevorzugte
Körpertemperatur durch Verhaltensreaktionen aufrechtzuerhalten. Fällt die Temperatur
zu stark ab, erfrieren sie (tödliches Minimum), steigt sie zu hoch, sterben sie an
Überhitzung (tödliches Maximum). Die sog.
kritische Minimal- bzw. Maximaltemperatur
sind weitere entscheidende Werte – sie sind
erreicht, wenn die Schlange die Fähigkeit
zur Fortbewegung verliert und sich nicht
mehr in Sicherheit bringen kann. Die optimale Temperatur variiert je nach Schlangenart und hängt möglicherweise davon ab,
ob das Tier gerade gefressen hat, ob es mit
Fortpflanzung beschäftigt ist oder kurz vor
einer Häutung steht. Bei Schlangenarten
mit großem Verbreitungsgebiet zeigt sich
oft, dass Individuen aus den kühleren Teilen
niedrigere Temperaturen aushalten als solche
aus den wärmeren Teilen des Gebiets,

obwohl die bevorzugte Körpertemperatur
identisch ist.

Bisher waren 2 Methoden üblich, um die
bevorzugte Körpertemperatur zu ermitteln:
Man misst entweder ihre Temperatur in
ihrer natürlichen Umgebung oder bietet
ihnen unter kontrollierten Bedingungen
verschiedene Temperaturen zur Auswahl an.
Beide Methoden sind nützlich, haben aber
den Nachteil, dass die Schlangen gestört
werden müssen und dadurch einer Stresssi-
tuation ausgesetzt sind. Seit Kurzem benutzt
man telemetrische Techniken. Dazu implantiert man einen Mikrosender in den Körper
und überwacht dessen Signale. So können
Körpertemperatur und Aufenthaltsort der
Schlange über einen langen Zeitraum ständig überprüft werden, und man erhält die
Körpertemperatur im aktiven und ruhenden Zustand, ohne dass die Schlange gestört
wird.

Die Ergebnisse all dieser Methoden zeigen, dass die meisten Schlangenarten eine
Körpertemperatur um 30 °C bevorzugen –
um einiges wärmer als gemeinhin angenommen. Die Temperaturspanne aktiver
Schlangen ist jedoch groß und reicht von
10 bis 40 °C. Aus diesen Zahlen lässt sich
erkennen, dass Schlangen aktiv werden können, lange bevor ihr Körper die bevorzugte
oder Idealtemperatur erreicht hat – was
natürlich sinnvoll ist, weil in dunklen, unterirdischen Verstecken ruhende Schlangen
sonst nie die Möglichkeit hätten herauszukommen, um sich aufzuwärmen. Einmal
aktiv geworden, versuchen sie, so schnell
wie möglich ihre optimale Körpertemperatur zu erreichen und sicherzustellen, dass sie
nicht mehr als ein paar Grad darübersteigt.
Tödlich hohe Temperaturen liegen viel
näher an der Idealtemperatur als tödlich
kalte, sodass das Vermeiden extrem heißer
Bedingungen stets bedeutsamer ist als das
Vermeiden von Kälte.

Obwohl Schlangen Wärme nicht optimal
speichern können, da ihnen Fell oder Gefieder fehlt, verfügen sie über eine Reihe nütz-
licher Strategien. Ihre langen, schlanken
Körper haben einen hohen Oberfläche-
Gewichts-Quotient, und da sie Wärme über
ihre Oberfläche aufnehmen, können sie die

▼ Entscheidende Temperaturwerte bei der
Thermoregulation einer typischen Schlange.
Der farbige Teil zeigt den normaler Aktivitäts-
bereich an. Kritisches Minimum und Maximum markieren die Temperaturen, ab denen
die Schlange die Fähigkeit zur Fortbewegung
verliert (und somit die Möglichkeit, sich an
geeignetere Orte zurückzuziehen). Tödliches
Minimum und Maximum sind die Temperaturen, bei denen eine Schlange stirbt.

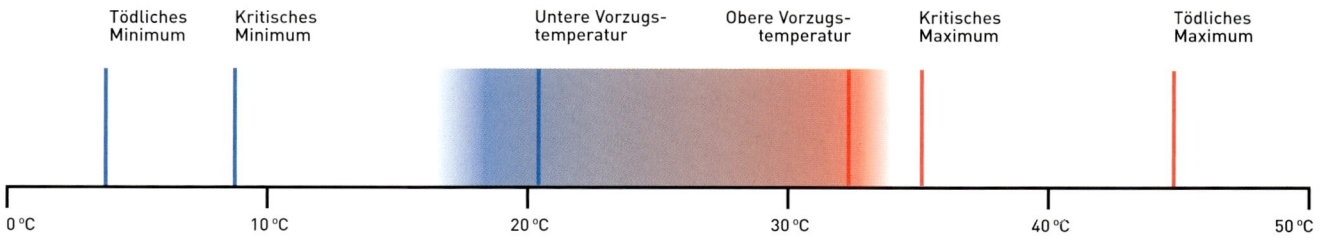

Tödliches Minimum   Kritisches Minimum   Untere Vorzugs-temperatur   Obere Vorzugs-temperatur   Kritisches Maximum   Tödliches Maximum

0 °C   10 °C   20 °C   30 °C   40 °C   50 °C

▲ Um sich schnell aufzuwärmen, legen sich Schlangen so flach wie möglich auf einen warmen Untergrund; hier eine Milosotter (*Macrovipera schweizeri*).

Zufuhr erhöhen, indem sie sich ausstrecken. Wenn sie ihren Körper flach machen, erhöhen sie den Oberfläche-Gewichts-Quotienten noch mehr zur Aufnahme von Strahlungswärme (z. B. Sonneneinstrahlung). Dadurch hat auch die Körperunterseite mehr Kontakt mit dem Untergrund, sodass die Wärmeaufnahme auch durch Wärmeleitung erhöht wird.

Schlangen wärmen sich gern im Verborgenen; viele legen sich unter flache Steine (oder in künstlichen Situationen unter ein Blechstück oder Ähnliches), sodass sie Wärme tanken können, ohne von Feinden entdeckt zu werden. Nachtaktive Schlangen wärmen sich oft zu Beginn ihrer Aktivitätsphase, indem sie sich auf einem Stein oder im Sand flach machen. Wo befestigte Straßen durch einen Lebensraum führen, wärmen sich Schlangen gerne darauf, zahlen dafür aber oft mit dem Leben.

Umgekehrt kann Wärme dadurch gespeichert werden, dass der Oberfläche-Gewichts-Quotient verringert wird. Das wird durch Zusammenrollen erreicht. Im Extremfall rollt sie sich zu einer fast kugelförmigen Masse und reduziert dadurch den Oberfläche-Gewichts-Quotienten auf den niedrigsten Wert und den Wärmeverlust auf das absolute Minimum. Einen Schritt weiter gedacht, wäre eine zu einer Masse verknäulte Ansammlung von Schlangen in der Lage, Wärme noch effektiver zu speichern: Ihr vereinter Oberfläche-Gewichts-Quo-

tient wäre relativ kleiner, als wenn sich jede einzeln zusammenrollt. Das kommt unter bestimmten Umständen tatsächlich vor: Wenn es vorübergehend sehr kalt wird, kann man Schlangen zu großen Knäueln zusammengerollt finden.

Anscheinend hängt es größtenteils von den Umständen ab, ob Schlangen sich zusammentun, um Wärme zu speichern. Zum Beispiel versammeln sich nur die im Norden lebenden Klapperschlangenarten, und auch Pythons und Boas findet man nur in den kühleren Teilen ihrer Verbreitungsgebiete in Gruppen. Das Speichern von Wärme durch Ansammlungen ist natürlich nur vorübergehend von Vorteil, denn über einen langen Zeitraum, wie im Winterschlaf, sinkt die Körperwärme trotzdem

stark ab. Im zeitigen Frühjahr kriechen die Bewohner eines Klapperschlangennestes jeden Tag für eine kurze Zeit hinaus, um sich zu wärmen, und rollen sich in der folgenden Nacht wieder zusammen und verhindern dadurch, dass die Temperatur zu weit absinkt, sodass sie am nächsten Tag schon früher aktiv sein können. Je mehr Exemplare sich daran beteiligen, desto größer sind Effekt und Nutzen. Teilnehmer solch opportunistischer Versammlungen gehören nicht notwendigerweise alle der gleichen Art an. Tatsächlich sind große Ansammlungen verschiedener Schlangenarten gar nicht selten – obwohl Wärmespeicherung nicht immer das vorrangige Motiv ist (siehe »Wasserhaushalt«, S. 65).

Farben spielen bei der Wärmeaufnahme ebenfalls eine Rolle. Es ist bekannt, dass schwarze Objekte Wärme besser aufnehmen als helle; darum sind Schlangen in kühleren Klimazonen tendenziell dunkler. In Australien sind die Arten der 2 typischsten südlichen Gattungen, der Australischen Kupferköpfe *(Austrelaps)* und der Tigerottern *(Notechis),* auch in Tasmanien vertreten und hier im südlichen Teil ihres Verbreitungsgebietes durchschnittlich dunkler bis fast schwarz.

Solche Unterschiede betreffen nicht immer ganze Populationen. Manchmal sind nur einzelne Individuen in den kühleren Regionen eines großen Verbreitungsgebie-

▼ Die Schwarze Tigerotter *(Notechis ater)* stammt aus Südostaustralien, wo ihre schwarze Färbung die Wärmeaufnahme beschleunigt – eindeutig ein Vorteil in den relativ kühlen Gebieten, in denen sie lebt.

tes dunkler. So gibt es in Kanada und im Norden von Nordamerika schwarze Exemplare der Gewöhnlichen Strumpfbandnatter (*Thamnophis sirtalis*) in isolierten Kolonien am nördlichen Rand ihres Verbreitungsgebietes. Und europäische Kreuzottern haben ebenfalls die Tendenz, im kühleren Teil ihres Verbreitungsgebietes dunkler zu sein, so in Skandinavien, im Norden Großbritanniens und in den Alpen.

Es gibt zunehmend Hinweise dafür, dass Schlangen, die in Gegenden mit ausgeprägten Jahreszeiten leben, ihre Farbe etwas ändern, um die Wärmeaufnahme während der kalten Zeit zu verbessern und Überhitzung während der warmen zu vermeiden. Bisher wurde das nur bei australischen Elapiden beobachtet, es ist aber wahrscheinlich, dass Schlangen aus anderen Teilen der Welt ähnliche Mechanismen entwickelt haben.

Zum Thema Färbung gehört ebenfalls, dass ungewöhnlich viele Schlangen schwarze Köpfe haben. Diese Schlangen halten ihren Kopf ins Freie, während ihr restlicher Körper bedeckt bleibt. Die dunkle Pigmentie-

◀ Die Maulwurfsnatter (*Pseudaspis cana*) ist im südlichen Teil ihres südafrikanischen Verbreitungsgebietes eher schwarz als weiter nördlich. Diese Aufnahme entstand auf der Kap-Halbinsel.

▼ Schlangen mit schwarzen Köpfen wie Goulds Schwarzkopfschlange (*Unechis gouldii*) sonnen zuerst nur ihren Kopf. Dadurch ist gewährleistet, dass die Wärme rasch Gehirn und Sinnesorgane erreicht – so sind sie Feinden gegenüber weniger gefährdet.

rung unterstützt die Aufnahme von Wärme, und diese wird dann über das Blut in den Körper transportiert. Der Vorteil besteht darin, dass das Gehirn und die Sinnesorgane als Erstes funktionsbereit sind, sodass die Schlange Gefahren erkennen kann, bevor sie es riskiert, ihre Deckung zu verlassen. Schwarzköpfige Arten gibt es überall auf der Welt. Einige willkürliche Beispiele sind der australische Schwarzkopfpython (*Aspidites melanocephalus*) und Goulds Schwarzkopfschlange (*Unechis gouldii*) sowie die amerikanischen Schwarzkopfnatter-Arten (*Tantilla*), die davon kaum zu unterscheidende nahöstliche Art *Rhynchocalamus melanocephalus* und in etwas geringerem Maße die europäischen Glattnattern (*Coronella*) und die Kapuzennatter (*Macroprotodon cucullatus*).

Umgekehrt sind Schlangen in heißen Gegenden oft von heller Färbung, um Wärmestrahlung zu reflektieren (obwohl es auch ein Tarneffekt sein könnte). Da sie sich oft auf extrem heißem Untergrund bewegen, ist ihre Unterseite ebenfalls hell, was längere Aktivitätsphasen ermöglicht als eine dunkle Unterseite. Für Arten, die tagaktive Eidechsen jagen, ist dies z. B. ein wichtiger Faktor.

Trotz der Effizienz, mit der Schlangen ihre Körpertemperatur regulieren können, sind gewisse Fluktuationen unvermeidlich.

Tagesschwankungen der Temperatur
Zunächst gibt es Tagesschwankungen, deren Amplitude davon abhängt, ob die Schlange in tropischen oder gemäßigten Zonen lebt. In gemäßigten Zonen hängen Schwankungen von der Jahreszeit ab – im zeitigen

Frühjahr und Spätherbst sind die Temperaturunterschiede zwischen Tag und Nacht größer als im Hochsommer oder Winter. Zu diesen Tagesschwankungen kommen saisonale Schwankungen; auch diese sind in den gemäßigten Breiten größer.

Der eigentliche Vorgang der Wärmeaufnahme aus der Umgebung variiert je nach Schlangenart und Jahreszeit (zumindest in gemäßigten Zonen). Am einfachsten betrachtet man eine typisch tagaktive Schlange, z. B. eine Strumpfbandnatter (*Thamnophis*) oder eine europäische Wassernatter (*Natrix*). Zu ihren Tricks, die Körpertemperatur zu erhöhen, gehört es, den Körper auszustrecken und ihn dabei so flach wie möglich zu machen und der Wärmequelle (meistens der Sonne) entgegenzuneigen, um die Aufnahmefläche zu vergrößern. Solche Schlangen sind in der Regel schwarz oder dunkel, was dazu beiträgt, Strahlungswärme effektiver aufzunehmen. Wärmeaufnahme findet am Morgen statt, wobei der genaue Zeitpunkt von der Jahreszeit abhängt. Im zeitigen Frühjahr kommen die Schlangen erst gegen Mittag zum Vorschein und ziehen sich wenige Stunden später wieder zurück. An bedeckten Tagen erscheinen sie vielleicht überhaupt nicht. Im Hochsommer können ein paar Minuten am frühen Morgen genügen, um ausreichend Wärme zu tanken. Die Schlangen fangen oft damit an, dass sie nur ihren Kopf herausstrecken.

Sobald die optimale Körpertemperatur erreicht ist, gehen die Schlangen ihren üblichen Tagesaktivitäten wie Futtersuche, Partnersuche etc. nach. Finden diese Aktivitäten an kühleren Orten statt, sonnt sich die Schlange später am Tag noch einmal, um ihre Körpertemperatur wieder »aufzuladen«. Bei Einbruch der Dämmerung sucht sie sich eine oft unterirdische Deckung und rollt sich zusammen, um den Oberfläche-Gewichts-Quotienten zu reduzieren. Auf diese Weise liegt ihre Körpertemperatur am nächsten Morgen vielleicht nur etwas unter ihrem bevorzugten Niveau, auch wenn die Umgebungstemperatur drastisch gesunken ist.

Nacht- und dämmerungsaktive oder versteckt lebende Arten können sich nicht in der Sonne erwärmen. Stattdessen drücken sie ihren Körper flach an einen Untergrund, der Wärme gespeichert hat, z. B. einen Felsen. Das verlängert ihre Aktivitätsphase in die Nacht hinein, selbst wenn die Umgebungstemperatur bereits unter ihr bevorzugtes Niveau abgefallen ist. Bevor ihre Körpertemperatur auf das kritische Maß sinkt, müssen sie freilich Schutz suchen, um nicht

den möglicherweise tödlichen Temperaturen in der kältesten Phase der Nacht ausgesetzt zu sein.

In gewisser Weise zäumt man das Pferd von hinten auf, wenn man das Temperaturverhalten von nachtaktiven und tagaktiven Schlangen vergleicht. Meist wird das Aktivitätsmuster von Schlangen durch die in ihrem Lebensraum herrschende Temperatur bestimmt. Das bedeutet, dass Schlangen in kalten Regionen eher tagaktiv und in heißen eher nacht- bzw. dämmerungsaktiv sind. Sehr oft sind nachtaktive Arten gerade wegen der nächtlichen Temperaturen unterwegs: Sie leben an Orten, wo die Tagestemperatur tödlich für sie wäre.

In tropischen Gegenden, wo die täglichen Temperaturschwankungen nicht so groß sind, müssen Schlangen ihre Aktivitätsphasen nicht so genau mit den passendsten Phasen der Umgebungstemperatur koordinieren. Das Vorhandensein von Nahrung und der Zeitpunkt, an dem sie am leichtesten zu finden ist, spielen vielleicht eine größere Rolle. Doch selbst in den Tropen ist die Umgebungstemperatur am Waldboden manchmal deutlich niedriger als die bevorzugte Temperatur der dort lebenden Schlangen. Deswegen ist es falsch anzunehmen, die Vorzugstemperatur dieser Arten liege höher als die von Schlangen der gemäßigten Zonen. Auf der anderen Seite sind sie mit Sicherheit anfälliger für niedrige Temperaturen (weil sie es nie nötig hatten, Systeme zu entwickeln, um damit fertig zu werden). Und deshalb liegt das kritische und tödliche Minimum bei ihnen wahrscheinlich viel höher als bei Schlangen der gemäßigten Zonen.

Saisonale Muster der Thermoregulation
An Orten, wo die Temperaturen jahreszeitlich sehr unterschiedlich sind, ändert sich auch das Aktivitätsmuster der Schlangen. Während tagaktive Schlangen selten nachts aktiv sind, können nachtaktive Schlangen in manchen Jahreszeiten durchaus auch tagsüber aktiv werden. In den kälteren Phasen des Jahres kommen sie morgens und abends oder sogar mitten am Tag heraus, d.h. sie werden dämmerungs- bzw. tagaktiv. Texasklapperschlangen *(Crotalus atrox)* sind normalerweise nachts unterwegs, doch im Frühjahr suchen sie im Tageslicht des Spätnachmittags nach Futter und kehren rechtzeitig in ihre Verstecke zurück, um den kalten Nachttemperaturen zu entgehen. Einzige Ursache für diese Veränderung des Aktivitätsmusters sind die Temperaturverhältnisse.

Wenn die Tage kürzer werden, sind Schlangen täglich nur noch für kurze Zeit

aktiv, und an besonders kalten Tagen kommen sie vielleicht gar nicht zum Vorschein. Hält eine Kälteperiode sehr lange an, verfallen sie in eine Kältestarre, die manchmal auch Winterschlaf genannt wird, obwohl es nicht das Gleiche ist wie bei Säugetieren, da sie für kurze Zeit aktiv werden können, falls die Umstände es erlauben.

Manche Schlangen überwintern gern an feuchten Orten, möglicherweise um der Gefahr der Austrocknung zu entgehen. Ansammlungen von überwinternden Schlangen sind z.B. in überfluteten Erdhöhlen und alten Brunnen gefunden worden, und es gibt Fälle von eingefrorenen Schlangen. Manche Schlangenarten sind an extreme

◄ Eine Texasklapperschlange *(Crotalus atrox)* in typischer Lauerhaltung am Spätnachmittag eines sonnigen Apriltages. Diese Art ist hauptsächlich nachtaktiv, geht jedoch im Frühjahr, wenn die Nächte zum Jagen zu kalt sind, v. a. während des Tages auf Nahrungssuche.

Kälteschübe gut angepasst, und einige erholen sich, selbst wenn sie eingefroren waren, sobald es wieder warm wird.

Das Verhalten in der kalten Jahreszeit variiert von Art zu Art und von Ort zu Ort. In manchen Gegenden ziehen sich Schlangen zurück, um mit anderen Individuen ihrer Art und auch oft mit anderen Schlangenarten gemeinsam zu überwintern. Solche Schlangengruben sind bei Klapperschlangen im nördlichen Nordamerika normal, ebenso bei europäischen Kreuzottern *(Vipera berus)* und einigen weiteren Vertretern derselben Gattung, während andere Arten dieser Gattung aus wärmeren Gegenden einzeln oder in kleinen Gruppen überwintern. Die Höhlungen liegen entweder im gewohnten Lebensraum der einzelnen Schlangen oder etwas davon entfernt, wodurch die Tiere im Herbst und Frühling zu Wanderungen gezwungen sind. Überwinterungsorte für Einzelgänger sind Felsspalten, verlassene Nagetierhöhlen und Baumhöhlen an der Stammbasis. Kleine Arten findet man oft in verlassenen Ameisenhügeln, entweder einzeln oder mit anderen zusammen. In wärmeren Gegenden müssen Schlangen nur vorübergehend, in kalten Phasen, Schutz suchen und sind zwischendurch wieder aktiv.

Im Frühling dringt die Wärme allmählich in ihre Verstecke und weckt sie wieder. Viele Arten kommen aus den Gemeinschaftsgruben heraus, um sich in unmittelbarer Nähe täglich ein paar Stunden aufzuwärmen. Paarung kann in dieser Zeit stattfinden, wobei die Männchen das Sperma benutzen, das im letzten Sommer gebildet wurde. Sobald es wärmer wird, verteilen sich die Schlangen allmählich, und ihre tägliche Temperaturregelung tritt wieder in Kraft.

Einschränkungen

Bis jetzt haben wir Schlangen besprochen, die bis zu einem gewissen Grad entscheiden können, wohin sie kriechen und was sie tun wollen. Sie können sich aufwärmen, sich zusammenrollen, sich schützen oder in einen kühlen, dunklen Bau kriechen. Es gibt jedoch Schlangen, die all diese Möglichkeiten nicht haben. Dazu gehören viele grabende Arten wie Blindschlangen und Schlankblindschlangen sowie Süßwasser-

LEBEN IN DER KÄLTE

Tiere, die in extrem kalten Gegenden zu Hause sind, müssen die Fähigkeit besitzen, auch bei Minustemperaturen zu überleben. Vögel und Säugetiere sind Warmblüter und überdauern, indem sie unabhängig von den herrschenden Bedingungen ein geeignetes Maß an Körperwärme erzeugen. Kaltblüter haben diese Möglichkeit nicht und müssen alternative Strategien entwickeln oder sterben.

Im Tierreich gibt es 2 derartige Strategien: Unterkühlbarkeit (»supercooling«) und Gefriertoleranz (»freezing tolerance«).

Bei Unterkühlbarkeit werden »Gefrierschutzmittel« produziert, die eine Eisbildung in den Körperzellen verhindern, d. h. den Gefrierpunkt der Körperflüssigkeiten herabsetzen. Häufig handelt es sich dabei um Glykoproteide und verwandte Substanzen, die bei vielen Insektenarten und Fischen vorkommen, die in regelmäßig gefrierenden Gewässern leben.

Gefriertoleranz ist eine Anpassung, die es der betreffenden Tierart ermöglicht, ein Gefrieren der Körperflüssigkeit zu ertragen. Es ist eine Alternative zur Unterkühlbarkeit, kann aber auch ergänzend dazu wirken.

Da Körperflüssigkeiten außer Wasser auch Salze enthalten, liegt ihr gewöhnlicher Gefrierpunkt knapp unter 0 °C. Versuche zeigen, dass der Gefrierpunkt von Körperflüssigkeiten von Reptilien bei − 0,6 °C liegt. Schlangen, die in den äußersten Bereichen ihres Verbreitungsgebietes leben, können mit plötzlichen Temperaturstürzen unter diesen Wert konfrontiert werden und würden sterben, wenn sie keine Mechanismen entwickelt hätten, um dem entgegenzuwirken. Eine dieser Arten, die Rotflanken-Strumpfbandnatter *(Thamnophis sirtalis parietalis)*, kommt in Kanada bis zum 60. Breitengrad vor und ist die am nördlichsten lebende Schlangenart Nordamerikas. Sie überwintert in gemeinsamen Höhlungen, in denen manchmal Hunderte von Exemplaren zusammenkommen.

In einer Versuchsreihe, in der die Kältetoleranz dieser Art ermittelt werden sollte, senkten T. A. Churchill und K. B. Storey die Körpertemperatur von Schlangen auf den Gefrierpunkt und darunter (Can. J. Of Zoology, 71(7):99-105). Sie entdeckten, dass Strumpfbandnattern im Herbst kurze Phasen von − 5,5 °C und längere Phasen, bis zu 3 Stunden, bei − 2,5 °C überlebten. In dieser Zeit waren 40 % ihrer Körperflüssigkeit gefroren. Nach 10 Stunden bestanden über 50 % der Körperflüssigkeit aus Eis, und nur etwa die Hälfte überlebte. Nach weiteren 10 Stunden war der Eisgehalt der Gesamtflüssigkeit des Körpers auf 70 % gestiegen, und kein Tier überlebte. Mitten im Winter waren die Ergebnisse etwas anders: Nun überlebten die Schlangen nur bei Temperaturen bis zu − 1,2 °C.

Um herauszufinden, welche Strategien von den Schlangen eingesetzt wurden, um dem Kältetod entgegenzuwirken, untersuchten die Wissenschaftler Organproben der gefrorenen Schlangen. Sie fanden in keinem der untersuchten Organe Glyzerin, jedoch einen erhöhten Glukosespiegel in der Leber und einen erhöhten Laktatspiegel im Herzen. Ansonsten gab es keine Spur dieser oder anderer häufig vorkommender Gefrierschutzsubstanzen in den Organen der Schlangen. Die Forscher entdeckten allerdings außergewöhnlich hohe Spuren der Aminosäure Taurin, die bei gefriertoleranten Mollusken eine Rolle spielt.

Aus diesen Ergebnissen lässt sich schließen, dass Strumpfbandnattern dank ihrer Fähigkeit, die Bildung von Eis in ihrer Körperflüssigkeit kurzzeitig auszuhalten, Temperaturen unter dem Nullpunkt überleben können. Diese Fähigkeit ist im Herbst sehr hoch, verschwindet aber im Winter. Offensichtlich hat die Art also eine Strategie entwickelt, um kurze Kältephasen durch eine Kombination von Unterkühlbarkeit und Gefriertoleranz zu überleben – allerdings nur, wenn sie im Herbst von einem plötzlichen Kälteeinbruch überrascht wird, während ihr Überleben im Winter von einem geeigneten, unterirdischen Refugium abhängt, wo sie vor langen Kälteperioden geschützt ist.

schlangen und Seeschlangen. Bei all diesen Arten sind die Möglichkeiten, die Körpertemperatur zu regulieren, sehr eingeschränkt. Grabende Schlangen könnten theoretisch im Boden aufwärts- oder abwärtskriechen, um ihre Temperatur etwas zu regeln, es gibt dafür allerdings kaum Nachweise. In ähnlicher Weise könnten auch Wasser- und Seeschlangen die verschiedenen Wasserschichten zur Temperaturregulation nutzen, aber anscheinend tun sie es ebenfalls nicht. Die Farbe mancher Seeschlangen hilft ihnen wahrscheinlich, die Aufnahme von Strahlungswärme zu beschleunigen und dadurch eine Körpertemperatur zu erreichen, die höher liegt als die des Wassers, in dem sie leben. Das ist für zumindest 1 Art, *Pelamis platurus*, nachgewiesen, die sich unter der Wasseroberfläche aufhält und einen dunklen Rücken hat. Die meisten Seeschlangen leben jedoch in tieferen Schichten, und deswegen hängt ihre Färbung vermutlich mehr mit anderen Faktoren zusammen.

Wie regeln grabende und aquatische Schlangen dann ihre Temperatur? Die Antwort ist: wahrscheinlich gar nicht. Alle bisher untersuchten Arten hatten die gleiche Temperatur wie ihre Umgebung. Das bedeutet, dass sie nur dort leben können, wo die Umgebungstemperatur ihrer bevorzugten Körpertemperatur entspricht: Grabende und aquatische Schlangen kommen daher nur in den Tropen oder in kleinen Gebieten außerhalb der Tropen vor.

Vorteile der Ektothermie
Ektothermie wird oft als Nachteil oder als Beweis für eine primitive, wenig entwickelte Lebensweise angesehen. Nichts könnte weiter von der Wahrheit entfernt sein. In der Tat verdanken Reptilien ihren Erfolg in vielen Teilen der Welt, in denen sie die dominante Gruppe von Wirbeltieren sind, der Ektothermie. Warmblütige oder endotherme Tiere wie Säugetiere und Vögel sind stark auf die Wärmeproduktion durch Stoffwechselprozesse angewiesen. Mit anderen Worten: Ein Großteil ihrer Nahrungsenergie (bis zu 90 %) wird für die Wärmeerzeugung abgezweigt und steht für Wachstum, Bewegung und Fortpflanzung nicht zur Verfügung. Aus diesem Grund müssen sie häufig fressen und sind auf Gegenden beschränkt, in denen Nahrung regelmäßig verfügbar ist. Reptilien brauchen Nahrung nur für Bewegung, Wachstum und Fortpflanzung. Deshalb reicht ihnen ein Bruchteil der Nahrungsmenge, die ein Vogel oder Säugetier mit gleichem Körpergewicht benötigt.

▲ Aquatische Schlangen, hier eine Plättchen-Seeschlange *(Pelamis platurus)*, haben nur beschränkte Möglichkeiten der Thermoregulation. Aus diesem Grund kommen sie ausschließlich in wärmeren Teilen der Welt vor.

Die Wüste ist das offensichtlichste Beispiel einer Umwelt, in der Nahrung knapp und es von Vorteil ist, mit wenig auskommen zu können. Reptilien bilden dort oft die zahlreichste Gruppe von Wirbeltieren.

Nachteile der Ektothermie
Dennoch hat Ektothermie auch Nachteile. So sind Reptilien gezwungen, in Gegenden zu leben, in denen die Tagestemperaturen zumindest zeitweise relativ hoch sind. Arten, die jenseits des Polarkreises in Skandinavien und Kanada leben, sind in ihrer Aktivität auf 3–4 Monate im Jahr beschränkt. Es kann viele Jahre dauern, bis sie geschlechtsreif werden, und Weibchen pflanzen sich nur jedes 2., 3. oder 4. Jahr fort, wobei sie die »Ruhejahre« dazu nutzen, ausreichende Fettpolster aufzubauen. Da es länger dauert, einen großen Körper aufzuwärmen als einen kleinen, sind Schlangen in kalten Umgebungen klein: Alle großen Schlangenarten leben in oder nahe den Tropen.

Obwohl ihr niedriger Stoffwechsel es ihnen ermöglicht, mit wenig Nahrung auszukommen, gibt es bei Schlangen in Bezug

auf Energie einen Zielkonflikt. Warmblüter können mit ihrem hohen Stoffwechsel über einen langen Zeitraum aktiv sein, weil Atmung und Herzschlag die Muskeln ständig mit Sauerstoff versorgen. Erst nach relativ langem Einsatz leiden die Muskeln unter Sauerstoffmangel. Bei Schlangen mit ihrem niedrigen Stoffwechsel kommt es hingegen sehr schnell zu Sauerstoffmangel. Zwar können sie weiter aktiv bleiben, indem sie auf gespeicherte Stoffe in den Muskelzellen zurückgreifen (anaerober Metabolismus), doch ist das nur für kurze Zeit möglich, da der Vorrat dieser Stoffe beschränkt ist. Aus diesem Grund zeigen sie bei der Jagd oder Flucht kurzfristige Aktivitätsschübe, ermüden aber rasch.

In der Praxis umgehen Schlangen dieses Problem, indem sie in der Nähe ihres Unterschlupfes bleiben; nur die aktivsten Arten sieht man im offenen Gelände weit von geeigneter Deckung entfernt.

Physiologische Thermoregulation
Obwohl Verhaltensanpassungen bei Weitem die größere Rolle bei der Thermoregulation spielen, gibt es Situationen, in denen physiologische Prozesse bei der Erhaltung oder sogar Erhöhung der Körpertemperatur mitwirken. Das bekannteste Beispiel sind brütende Pythons. Man weiß schon seit vielen Jahren, dass brütende Pythonweibchen sich

um ihre Eier schlingen. Obwohl dies auch dem Schutz dient, spielt Thermoregulation dabei eine ebenso große Rolle. Beim Tigerpython *(Python molurus)* ist die Temperatur innerhalb der Schlingen deutlich höher als die der Luft. Brütende Weibchen verengen oder lockern ihre Schlingen entsprechend der Umgebungstemperatur. Sie zucken und zittern auch regelmäßig, während sie um ihre Eier geschlungen sind, und diese Muskelkontraktionen erzeugen genügend Wärme, um die Temperatur der Eier über die der Umgebung zu erhöhen. Sobald die Außentemperatur fällt, besonders nachts, nimmt die Häufigkeit des Zitterns zu. Während des Brütens verlieren Weibchen bis zu 15 % ihres Körpergewichtes. Obwohl andere Pythons auch beim Brüten zittern, ist ein Anstieg der Temperatur nur für diese Art ermittelt worden. Manche Schlangen wärmen ihre Eier, indem sie ihren Körper aufwärmen und dann zu ihren Eiern zurückkehren und diese Wärme auf die Eier übertragen.

Abgesehen von den brütenden Pythons ist die Thermoregulation bei Schlangen noch nicht gründlich untersucht. Im Allgemeinen geht man davon aus, dass solche Mechanismen für kleine Arten nutzlos sind, weil sie ihre Wärme zu schnell an ihre Umgebung verlieren. Bei großen Arten ändern sich Stoffwechselrate und Herzschlag entsprechend den Bedingungen. Diese Veränderungen könnten dazu dienen, dass sich eine Schlange schnell aufwärmen und die Wärme länger im Körper speichern kann.

Atmung

Die Atmung der Schlangen kann in groben Zügen mit der von Vögeln und Säugetieren, einschließlich des Menschen, verglichen werden. Es gibt jedoch einige Modifikationen und Unterschiede im Einsatz.

Die Lunge

Grundsätzlich ist die Reptilienlunge eine Verbesserung der Amphibienlunge. Das muss sie auch sein, denn Amphibien können zusätzlich durch ihre Haut atmen, Reptilien nicht. Wegen ihrer gestreckten Form ist bei Schlangen die linke Lunge entweder sehr verkleinert oder gar nicht vorhanden. Die Kapazität der rechten Lunge ist unter Umständen entsprechend erhöht, und manche Arten haben zusätzlich eine »Tracheallunge«, die aus einer frontalen Erweiterung des rechten Lungenflügels besteht.

Der eigentliche Atemvorgang wird wie bei Säugetieren durch Ausdehnung des Brustkorbs bewirkt, wodurch Luft in die Lunge gesaugt und beim Entspannen der entsprechenden Muskeln wieder ausgepresst wird. Man kann bei Schlangen oft beobachten, wie sie die Kehle auf und ab bewegen, als ob sie Luft pumpen würden. Während Amphibien diese Technik einsetzen, um Luft in ihre Lungen zu ziehen, wird sie von Schlangen jedoch anscheinend nur dazu benutzt, um Luft in ihre Nasenlöcher zu ziehen und dadurch Gerüche besser wahrzunehmen.

Gasaustausch

Aufgrund des niedrigen Stoffwechsels und der lang gestreckten Form von Schlangen unterscheiden sich ihre biochemischen Prozesse teilweise grundlegend von denen der Säugetiere. Die Lunge ist nicht so effizient wie die von Vögeln und Säugetieren und kann v. a. Kohlendioxid – Hauptabfallprodukt der Atmung – nicht so gut ausscheiden. Der Kohlendioxidüberschuss, der in der schwach durchlüfteten Lunge zurückbleibt, gelangt ins Blut und verbindet sich mit Wasser zu Kohlensäure, die sich wiederum in Bikarbonat-Ionen aufspaltet. Wegen ihrer ineffizienten Lunge haben sich Reptilien an eine höhere Konzentration von Bikarbonat-Ionen in ihrem Blut anpassen müssen.

Gasaustausch wird auch von der Temperatur beeinflusst – bei höherer Temperatur wird Sauerstoff viel schneller aufgenommen. Das bewirkt, dass Schlangen sehr selten atmen und sehr wenig Sauerstoff verbrauchen, wenn sie kalt sind. Je wärmer sie werden, desto schneller atmen sie. Trotzdem brauchen Schlangen und andere Reptilien deutlich weniger Sauerstoff als ein Vogel oder Säugetier vergleichbarer Größe, und im Extremfall können Schlangen mehrere Stunden ohne Sauerstoff auskommen.

Bei allen Tieren hängen Stoffwechsel und die dafür benötigte Sauerstoffmenge auch davon ab, wie aktiv sie sind. Wie zu erwarten, atmen schlafende und ruhende Schlangen weniger oft als Schlangen, die nach Nahrung suchen oder anderweitig aktiv sind.

Seeschlangen sind ein Sonderfall. Sie vermeiden es, zu viel Zeit damit zu verbringen, zum Atmen an die Oberfläche zu kommen. Studien haben gezeigt, dass die meisten Arten alle halbe Stunde auftauchen, um Luft zu holen, aber auch bis zu 2 Stunden unter Wasser bleiben können. Obwohl ihre Anatomie grundsätzlich der von terrestrischen Schlangen gleicht, haben Seeschlangen eine größere Lungenkapazität. Ihre Tracheallunge ist größer und reicht weit nach vorne. Der hintere Teil der Lunge (die sacculäre Lunge) arbeitet nicht, sondern dient als großer Luftspeicher. Sie hat, im Gegensatz zu den sacculären Lungen anderer Schlangen dicke, muskulöse Wände, damit die Luft in den arbeitenden Teil der Lunge (bronchiale Lunge) gepresst und der Sauerstoff daraus aufgenommen werden kann.

Ungewöhnlich ist bei Seeschlangen auch das Ausmaß des Gasaustauschs, der über die Haut stattfindet. Trotz der schuppigen Oberfläche nehmen manche Arten bis zu 1/5 ihres Sauerstoffbedarfs auf diese Weise auf, weitaus mehr als bei allen landlebenden Arten. Obwohl die aquatischen Warzenschlangen *(Acrochordus)* nicht mit den echten Seeschlangen verwandt sind, ist auch bei ihnen die sacculäre und tracheale Lunge erweitert, und auch sie können Sauerstoff über die Haut aufnehmen. Darüber hinaus hat die Indische Warzenschlange *(A. granulatus)* im Verhältnis zu ihrer Größe ein größeres Blutvolumen als andere Schlangen.

Wasserhaushalt

Alle Reptilien haben Schuppen, und das ist einer der Faktoren, die es ihnen ermöglichten, den aquatischen Lebensraum zu verlassen, an den Amphibien mehr oder weniger noch immer gebunden sind. Reptilienhaut ist jedoch nicht völlig wasserdicht: Ungefähr 2/3 ihres Wasserverlustes erfolgt über die Haut. Interessanterweise können Schuppen Wasser nicht signifikant besser zurückhalten als die zwischen ihnen liegende Haut. Ein paar mutierte Schlangen haben überhaupt keine Schuppen, und in Versuchen hat sich gezeigt, dass sie Wasser genauso gut zurückhalten können wie normalschuppige Exemplare.

Aufgrund der relativen Wasserundurchlässigkeit ihrer Haut können Schlangen Wasser nicht wie Amphibien aufsaugen. Deswegen müssen sie gelegentlich trinken oder Flüssigkeit mit der Nahrung aufnehmen. Aquatische und semiaquatische Süßwasser- und Regenwaldarten haben Trinkwasser im Überfluss. Am anderen Ende der Skala gibt es für Wüstenarten oft lange Zeit nichts zu trinken, weshalb für sie der Flüssigkeitsgehalt ihrer Nahrung besonders wichtig ist. Auch Seeschlangen haben keinen Zugang zu Süßwasser, obwohl Arten der Unterfamilie Laticaudinae manchmal an Land kommen und dabei beobachtet werden konnten, wie sie aus Regenpfützen tranken oder Regentropfen von der Vegetation sammelten.

Neben ihrer Haut ist das Ausscheidungssystem eine der wichtigsten Waffen im

Kampf der Schlangen um Wasser. Anders als Säugetiere wandeln Schlangen ihre Stickstoffabfälle in Harnsäure um. Die kristalline Substanz wird in weißer, pastenartiger Form ausgeschieden, die fast kein Wasser enthält. Auch dadurch können Arten in Trockengebieten oder im Meer mit ganz wenig Wasser überleben.

Außerdem können Schlangen Flüssigkeitsverlust durch Zusammenrollen reduzieren, eine Verhaltensanpassung. Wie bei der Wärmespeicherung wird dadurch die exponierte Hautoberfläche und somit der Bereich, über den Verdunstung stattfindet, reduziert. Zusätzlich verringert sich die exponierte Oberfläche der Individuen, wenn sich mehrere Schlangen zusammenballen. Große Agglomerationen kleiner Schlangen aus gemäßigten Zonen, z. B. Rotbauch-Braunschlangen *(Storeria occiptomaculata)*, scheinen diesen Zweck zu haben. Schon 1936 zeigten Noble und Clasen, dass die Dunkle Braunschlange *(Storeria dekayi)* und Butlers Strumpfbandnatter *(Thamnophis butleri)* weniger Gewicht verloren, wenn sich mehrere Tiere zusammenballten, wobei der Unterschied auf den geringeren Wasserverlust zurückzuführen war.

Nicht alle Schlangen können gleich gut Wasser speichern, und die Effizienz, mit der sie es tun, hängt größtenteils von ihrem natürlichen Lebensraum ab. Man schätzt, dass Regenwaldarten 100-mal schneller Wasser verlieren als Wüstenarten. Dies ist natürlich eine Folge der Evolution: Mechanismen zum Wassersparen entwickeln sich nur, wo Wassermangel herrscht.

Salzhaushalt

Der Körper von Tieren braucht Salz, um seine verschiedenen Funktionen ausführen zu können. Die wichtigsten Salze sind Natrium und Kalium. Die Salzmenge im Körper muss reguliert werden, und das geschieht normalerweise durch die Nieren. Die Nieren scheiden bei Überschuss Salz aus und halten es bei Mangel zurück. In dieser Hinsicht unterscheiden sich Schlangen nicht von anderen Tieren, obwohl die genauen Salzkonzentrationen natürlich verschieden sind.

Seeschlangen stehen jedoch vor einem heiklen Problem: Die Salzkonzentration ihres Körpers liegt unter der ihrer Umgebung, z. B. des Meeres, in dem sie leben. Tendenziell würde Wasser durch Osmose so lange aus dem Körper diffundieren, bis die Salzkonzentrationen ausgeglichen wären. Das würde jedoch zu Dehydration führen und muss verhindert werden. Das Problem

▲ Die 3 *Acrochordus*-Arten, hier eine Arafura-Warzenschlange *(Acrochordus arafurae)*, sind durch etliche Modifizierungen an einen aquatischen Lebensstil angepasst, wozu auch eine größere Lungenkapazität gehört.

◄ Colubriden der Unterfamilie Homalopsinae gehen oft in brackiges oder salziges Wasser und haben eine Drüse, die den Salzüberschuss aus ihrem System entfernt. Sie sitzt im Gaumendach und unterscheidet sich dadurch von den Salzdrüsen echter Seeschlangen. Die Hundskopf-Wassertrugnatter *(Cerberus rynchops)* ist eine typische Homalopsinae und lebt in Mangrovensümpfen und Küstengewässern des nördlichen Australien.

wird auf einfachste Weise gelöst, indem die Haut möglichst wasserundurchlässig wird, und wie erwartet haben Seeschlangen eine wesentlich undurchlässigere Haut als andere Schlangen.

Da die Nahrung von Seeschlangen fast ausschließlich aus Fisch besteht und salzig ist, sammelt sich unweigerlich überschüssiges Salz in ihrem System an. Dies muss in irgendeiner Weise ausgeschieden werden. Doch anders als bei Säugetieren können die Nieren von Reptilien Salz nicht in höherer Konzentration ausscheiden als die, die im Blut herrscht. Um das Salz loszuwerden, haben sie eine spezialisierte Drüse entwickelt. Bei Seeschlangen, Plattschwänzen und Warzenschlangen liegt diese Drüse unter der Zunge und wird deshalb Sublingualdrüse genannt. Ein Kanal führt von der Drüse zu der Hülle, welche die Zunge umgibt, sodass jedes Mal, wenn die Zunge herausgestreckt wird, zuerst eine kleine Menge von hoch konzentriertem Salzwasser ausgeschieden wird.

Wasserschlangen der Unterfamilie Homalopsinae besitzen keine sublinguale Salzdrüse, sondern eine unabhängig davon entwickelte Drüse im Gaumendach. Die 1 oder 2 natricinen Wasserschlangen, die in Brackwasser gehen – v. a. *Nerodia fasciata compressicauda* –, haben scheinbar überhaupt keine Salzdrüse entwickelt und leben vermutlich innerhalb der Salztoleranz ihres Körpers, indem sie sich nur kurzfristig in reinem Salzwasser aufhalten und viel Süßwasser trinken.

IHRE BELEBTE UMWELT

DIE BIOTISCHE UMWELT UMFASST DIE ORGANISMEN, DIE AM GLEICHEN ORT LEBEN UND EINEN EINFLUSS AUF DAS LEBEN DER SCHLANGE HABEN: WEIL PFLANZEN IM SPEISEPLAN EINER SCHLANGE NICHT VORKOMMEN, HABEN SIE NICHT DENSELBEN STELLENWERT WIE BEI PFLANZENFRESSERN. PFLANZEN SPIELEN ABER EINE ROLLE ALS VERSTECK, UND IN HAUFEN PFLANZLICHER ABFÄLLE WERDEN GERNE DIE EIER GELEGT. PFLANZEN, EINSCHLIESSLICH BÄUMEN, BEHERBERGEN VIELFACH DIE BEUTETIERE VON SCHLANGEN UND SIND AUS DIESEM GRUND INDIREKT WICHTIG. UND SCHLIESSLICH BILDEN PFLANZEN EINEN PUFFER GEGEN PHYSIKALISCHE FAKTOREN WIE TEMPERATUR UND LUFTFEUCHTIGKEIT, INDEM SIE SCHATTEN SPENDEN, WASSER AUFNEHMEN USW.

Einige Aspekte der biotischen Umwelt werden an anderer Stelle behandelt: potenzielle Beutetiere in Kapitel 5; Tiere, von denen sie selbst gejagt werden, in Kapitel 6; und Exemplare der gleichen Art, die Partner oder Rivalen sind, in Kapitel 7.

Interaktionen, die nicht mit Fressen, Gefressenwerden oder Fortpflanzung zu tun

haben, können als soziales Verhalten eingestuft werden und kommen zwischen Vertretern der gleichen Art oder unterschiedlicher Arten vor.

Soziales Verhalten

Soziales Verhalten handelt von Interaktionen zwischen Individuen derselben Art – welchen Raum sie beanspruchen, wie und warum sie miteinander kommunizieren und ob sie einzeln oder in Gruppen leben.

Das soziale Verhalten von so versteckt lebenden Tieren wie Schlangen zu untersuchen, stellt Forscher vor viele Probleme. Während Vögel und Säugetiere aus der Entfernung beobachtet werden können, ist das bei Schlangen in der Regel nicht möglich. Außerdem kommunizieren Schlangen, soweit wir wissen, nicht durch Geräusche oder visuelle Zurschaustellung. Das Sozialverhalten von Schlangen ist begrenzt, und die Informationen, die es darüber gibt, beruhen auf zufälligen Beobachtungen von Tieren, die sich paaren oder miteinander kämpfen, oder von Schlangenansammlungen, die versehentlich aufgestöbert wurden.

Es wird allgemein angenommen, dass Schlangen keine sozialen Tiere sind. Im Reich der Wirbeltiere nehmen sie somit eine Sonderstellung ein, da sie keine ständige Gruppenbildung haben und im Wesentlichen nicht territorial sind. Schlangenansammlungen scheinen eher zufällig zu entstehen; sie bilden sich an Orten, die aus dem einen oder anderen Grund besonders günstig sind, oder Schlangen drängen sich zusammen, um Wärme oder Feuchtigkeit zu speichern, wie oben erwähnt. Dies sind keine echten sozialen Aktivitäten, da die Gruppierungen aus verschiedenen Altersklassen, beiden Geschlechtern und verschiedenen Arten bestehen und fast zu jeder Jahreszeit vorkommen können; es gibt keine konsistenten Muster und offenbar wenig oder überhaupt keine Interaktionen zwischen den Mitgliedern solcher Gruppierungen, obwohl sie die gegenseitige Nähe offenbar tolerieren.

Bei bestimmten Arten wurden Paarungsansammlungen beobachtet. Dies sind oft, aber nicht immer Spezies, die in Mengen zusammen überwintern, und das beste Beispiel ist wahrscheinlich das der San-Francisco-Strumpfbandnatter *(Thamnophis sirtalis parietalis)* in Manitoba, wo viele Individuen in großen »Paarungsknäueln« gefun-

◀ San-Francisco-Strumpfbandnattern sammeln sich, unmittelbar nachdem sie ihr Winterversteck verlassen haben, in riesigen Zahlen.

den wurden, direkt nachdem sie aus ihrem Winterversteck hervorgekrochen waren. Bei anderen Beispielen handelt es sich um Arten, die keinen Winterschlaf halten: kleine Gruppen von Diamantpython-Männchen z. B. können in der Brutsaison 4–6 Wochen bei einem Weibchen bleiben. Andere Beobachtungen zeigen, dass 1 oder mehrere Männchen 1 »reifes« Weibchen für einige Tage oder sogar Wochen verfolgen.

In Überwinterungsverstecken findet man in der Regel Vertreter der gleichen Art, obwohl auch gemischte Ansammlungen nichts Ungewöhnliches sind. Wo es an guten Plätzen mangelt, sammeln sich alle Schlangen aus der Umgebung an den wenigen geeigneten. Lang (1969)[1] entdeckte, dass verlassene Ameisenhügel in Minnesota als Überwinterungsverstecke weit verbreitet sind. Über einen Zeitraum von 2 Jahren dienten 11 Ameisenhügel als Quartier für 2019 Rotbauch-Braunschlangen (Storeria occipitomaculata), 276 Glatte Grünschlangen (Liochlorophis vernalis) und 131 Gewöhnliche Strumpfbandnattern (Thamnophis sirtalis). In einem einzigen Hügel befanden sich 299 Schlangen aller 3 Arten. Die Schlangen waren schätzungsweise 150–300 m von ihren Sommerquartieren herbeigekommen. In einer anderen Untersuchung durch Carpenter (1953)[2] von Ameisenhügeln in Michigan wurden bis zu 7 Arten in einem einzigen Hügel gefunden: 2 Arten von Strumpfbandnattern (Thamnophis sirtalis und T. butleri), Östliche Bändernattern (T. sauritus), Siegelring-Schwimmnattern (Nerodia sipedon), Glatte Grünschlangen (Liochlorophis vernalis), Rotbauch-Braunschlangen (Storeria occipitomaculata) und Dunkle Braunschlangen (Storeria dekayi).

Manche Schlangen tun sich gelegentlich auch mit anderen Reptilien zusammen, wie im Fall der Indigonatter (Drymarchon corais couperi), die oft in den Verstecken von Gopher-Schildkröten gefunden wird, besonders in den Wintermonaten, wenn sie bei kaltem Wetter für mehrere Tage unter die Erde flüchten muss.

Es gibt auch Ansammlungen, zu denen Schlangen aus anderen Gründen als zum Überwintern oder zur Paarung zusammenkommen. Entsprechende Beispiele sind dünn gesät, obwohl bekannt ist, dass die Weibchen mancher Arten unmittelbar vor der Eiablage oder Geburt nah beieinander anzutreffen

▶ Frisch geschlüpfte Schlangen verteilen sich meist sofort, es sei denn, schlechtes Wetter zwingt sie, für kurze Zeit am Nistplatz zusammenzubleiben.

sind. Reichenbach (1982)[3] beschreibt eine Ansammlung von ungefähr 150 trächtigen Weibchen der Gewöhnlichen Strumpfbandnatter (Thamnophis sirtalis) in einer verlassenen Ziegelei in Ohio. Man fand die Schlangen unter den Wellblechen, die überall herumlagen, und ging davon aus, dass sie sich hier besonders gut aufwärmen konnten. Männchen gab es dort auch, aber in viel geringerer Zahl. In einem anderen Fall entdeckten Graves und Duvall (1993)[4], dass Weibchen der Prärieklapperschlange (Crotalus v. viridis) in Wyoming in eine bestimmte Gegend wanderten, wenn sie trächtig waren. Diese »Kolonien« befanden sich immer an steinigen Orten und erleichterten den Weibchen das Aufwärmen. Von Ringel- und Äskulapnatter sind gemeinsame Massengelege bekannt.

Mangels ausreichender Beweise ist es am sichersten anzunehmen, dass solche Ansammlungen vorkommen, wenn günstige Aufwärm- oder Brutplätze rar oder auf ein relativ kleines Gebiet konzentriert sind. Bei eierlegenden Arten zieht wahrscheinlich die passende Erdkonsistenz oder der Feuchtigkeitsgehalt der Erde trächtige Schlangen an.

Populationen

Die Struktur von Schlangenpopulationen ist nur bei wenigen Arten erforscht worden. Einiges kann aus diesen Untersuchungen jedoch abgeleitet werden.

Sterblichkeit

Die meisten Populationsstudien haben gezeigt, dass die Sterblichkeit bei mittelgroßen

Arten aus gemäßigten Zonen im 1. Lebensjahr am höchsten ist. Das liegt daran, dass kleine Schlangen anfälliger für Feinde sind, dass sie noch nicht groß genug sind, um ausreichend Kalorien zu speichern, um längere Zeiträume ohne Nahrung überleben zu können, dass sie schneller dehydrieren (aufgrund ihrer relativ größeren Oberfläche) und dass sie ganz allgemein weniger erfahren sind im Umgang mit Gefahren. Sobald sie die Geschlechtsreife erreicht haben, erhöht sich ihre Überlebenschance, und die Sterblichkeit bei Erwachsenen beläuft sich jährlich nur auf einen kleinen Anteil der Population.

Häufigkeit

Wie vieles in ihrer Biologie ist auch die Dichte von Schlangenpopulationen aufgrund ihrer versteckten Lebensweise schwer zu ermitteln. Das Verhältnis von Männchen, Weibchen und Jungtieren in einer Population herauszufinden, ist aus dem gleichen Grund noch viel schwieriger.

Eine hohe Dichte tritt oft saisonal auf, wenn Schlangen zu und von Überwinterungs- oder Sammelstellen ziehen. In anderen Zeiten scheint es kein oder kaum ein Muster zu geben, wonach sie sich in der Umgebung verteilen; die Dichte fluktuiert von Zeit zu Zeit und von Ort zu Ort.

Einschätzungen der Größe einer Population werden manchmal dadurch gewonnen, dass man Schlangen fängt und markiert. Eine gewisse Vorstellung von der Anzahl kann dadurch gewonnen werden, dass man anschließend beim Wiedereinsammeln den

Anteil von markierten Schlangen hochrechnet. Leider müssen relativ viele Tiere markiert und eine große Anzahl wieder eingefangen werden, um mit dieser Methode zu einigermaßen exakten Zahlen zu kommen.

Mit dieser Methode wurden Populationsdichten von bis zu 1849 Schlangen pro Hektar bei Ringhalsnattern *(Diadophis punctatus)* ermittelt (Fitch, 1975)[5], 1289 Schlangen pro Hektar bei Gestreiften Krabbennattern *(Regina alleni;* Godley, 1980)[6] und 729 Schlangen pro Hektar bei der Gestreiften Sumpfschlange *(Carphophis amoenus;* Clark, 1970)[7]. Es muss darauf hingewiesen werden, dass dies alles relativ kleine Arten sind, von denen 2 sehr versteckt leben und sich größtenteils von Würmern und anderen Wirbellosen ernähren (die in der Regel im Überfluss vorhanden sind), während die 3. *(R. alleni)* semiaquatisch lebt und ihre Populationen sich notgedrungen in geeigneten Lebensräumen aufhalten. Die große Mehrheit von Markierungsstudien zeigten jedoch deutlich niedrigere Populationsdichten, sehr oft weniger als 1 Schlange pro Hektar. Außerdem wurden kaum tropische Schlangen auf diese Weise erforscht. Auch wenn die gleiche Art zu verschiedenen Zeiten und an verschiedenen Orten untersucht wurde, gingen die Ergebnisse weit auseinander.

Die Zahlen innerhalb einer Population schwanken wahrscheinlich von Jahr zu Jahr, je nach Nahrungsangebot und davon abhängigem Reproduktionserfolg der Erwachsenen. Manche Arten haben eine sehr geringe Lebensspanne von 1 oder 2 Jahren, und ihre Populationen verändern sich vermutlich in Reaktion auf die Umweltbedingungen drastischer als bei Arten mit höherer Lebenserwartung. Während Fluktuationen der Populationsgröße die Fluktuationen im Nahrungsangebot widerspiegeln, ist ein stetiger Rückgang meistens auf eine Veränderung des Lebensraums zurückzuführen, oft durch menschliche Eingriffe. Auch diese sind schwer zu messen. Eine Zunahme der Population kann ebenfalls auf Habitatveränderung zurückgehen und ist in einigen Fällen beobachtet worden, z. B. dort, wo Arten Gebiete bevölkern, die bewässert wurden, oder wo eingeführte Arten in einer neuen Umgebung prosperieren.

Geschlechterverhältnis

Abgesehen von der Größe einer Population ist es auch interessant, das Verhältnis von Männchen zu Weibchen zu betrachten. Bei der »Blumentopfschlange« *(Ramphotyphlops braminus)* gibt es nur Weibchen (siehe

DAS IDEALE GESCHLECHTERVERHÄLTNIS

Bis auf wenige Ausnahmen beträgt die Geschlechterverteilung bei den meisten Schlangenarten ungefähr 50 : 50. Da Männchen nicht bei der Aufzucht helfen, müssen sie keine Paarbindung eingehen und können sich so mit vielen Weibchen paaren. Da ein einziges Männchen eine beliebige Anzahl Weibchen begatten kann, scheint ein System, in dem es einem höheren Anteil von Weibchen gibt, sinnvoller zu sein. Darüber hinaus paaren sich bei vielen Arten die dominanten Männchen mit mehreren Weibchen, während die kleineren oder unterlegenen Männchen sich gar nicht paaren. Warum hat sich ein solches System entwickelt?

R. A. Fisher (1930) bietet in seinem Buch »The Genetical Theory of Natural Selection« (Clarendon, Oxford) eine Erklärung: Der Schlüssel zum Verständnis liegt in der Erkenntnis, dass Tiere nicht »zum Wohl der Art« handeln, sondern zum eigenen Wohl. Genauer gesagt, ihre Gene handeln zum eigenen Wohl: Jedes Gen im System eines Tieres will sich so oft wie möglich in dessen Nachkommen duplizieren.

Betrachten wir eine hypothetische Population, in der 10-mal mehr Weibchen als Männchen vorkommen. Jedes Weibchen vermehrt sich 10 Jahre und produziert 10 Eier. Ihr Vermehrungspotenzial liegt dann bei 100 Nachkommen, von denen alle zur Hälfte ihre Gene und zur Hälfte die des Vaters tragen. Jedes Männchen paart sich jedoch mit 10 Weibchen, sodass sein Vermehrungspotenzial bei 1000 Nachkommen liegt, von denen alle zur Hälfte seine Gene tragen: Männchen sind also 10-mal erfolgreicher in der Vermehrung ihrer Gene. Die beste Strategie für Weibchen wäre, mehr männliche Nachkommen zu erzeugen (weil ihnen das die höchstmögliche Anzahl von Enkeln bringen würde). Die Geschlechterverteilung würde sich zur 50 : 50-Aufteilung hin bewegen, bis schließlich die Anzahl von Männchen und Weibchen gleich ist.

Da Männchen für die Produktion von Enkeln so wichtig sind, stellt sich die Frage: Wird sich die Geschlechterverteilung zugunsten der Männchen verschieben? Die Antwort ist nein, denn bei einem Überschuss von Männchen werden sich nicht alle Männchen paaren können. Alle Weibchen werden sich in der Brutsaison vermehren – sofern alles andere gleich bleibt –, nicht aber jedes Männchen. Wenn das Pendel zu weit zugunsten der Männchen ausschlägt, wird es vorteilhaft sein, Weibchen zu produzieren.

In der Praxis oszillieren Populationen nicht zwischen einem Überschuss von Männchen oder Weibchen: Der Selektionsdruck, das eine oder andere Geschlecht zu produzieren, ist ausgewogen, und daraus hat sich mit der Zeit ein stabiles System entwickelt.

Obwohl es zu dieser Regel Ausnahmen gibt – so bei sozial lebenden Tieren und Arten, bei denen die Geschlechter unterschiedlich groß sind –, scheinen sie auf Schlangen nicht zuzutreffen. Bei den rund 2950 Schlangenarten treten beide Geschlechter in etwa gleicher Anzahl auf. Eine verschobene Geschlechterverteilung findet man nur bei 5 Arten, und die Unterschiede sind bei manchen gering. Eine nur scheinbar verschobene Geschlechterverteilung kommt vor, wenn Männchen und Weibchen unterschiedliche Gewohnheiten haben: Männchen sind vielleicht aktiver als Weibchen oder auffälliger gefärbt, so bei manchen Vipern, und werden deswegen eher gefangen. Auch kann in manchen Gelegen zufallsbedingt ein Überschuss eines Geschlechts auftreten; bei einer ausreichend großen Probe würde sich die Geschlechterverteilung jedoch korrigieren.

▲ Die japanische Inselkletternatter *(Elaphe climacophora)* ist insofern ungewöhnlich, als ihre Populationen aus mehr Weibchen als Männchen zu bestehen scheinen – ohne ersichtlichen Grund.

S. 149), diese Art kann daher vernachlässigt werden. Ansonsten ist zu erwarten, dass Männchen und Weibchen im gleichen Verhältnis schlüpfen. Da sie gewöhnlich gleich groß sind, besteht kein Vorteil darin, den Anteil eines Geschlechts gegenüber dem anderen zu erhöhen.

Dies scheint, mit wenigen Ausnahmen, bei allen untersuchten Arten der Fall zu sein. Die 4 Arten, bei denen Männchen überwiegen, sind die Kupferkopfottern *(Agkistrodon contortrix,* bei denen bei der Geburt doppelt so viele Männchen vorkommen wie Weibchen), die Japanische Vierstreifennatter *(Elaphe quadrivirgata),* die Gewöhnliche Tigerotter *(Notechis scutatus)* vom australischen Festland und die Gophernatter *(Pituophis cantenifer).* Die 5. Ausnahme ist die japanische Inselkletternatter *(Elaphe climacophora),* bei der mehr Weibchen schlüpfen. Es gibt dafür keine einleuchtende Erklärung.

In höheren Altersklassen können sich Geschlechterverhältnisse verschieben: aufgrund falscher Stichprobenerhebung, Zerstreuung des einen oder anderen Geschlechts oder einer unterschiedlichen Sterberate, weil ein Geschlecht tendenziell früher stirbt als das andere.

Seltenheit

Die Bezeichnung »selten« kann mehrere Bedeutungen haben. Sie kann sich auf Schlangen in einem begrenzten Gebiet, etwa auf einer kleinen Insel, beziehen, aber auch auf solche in einem großen Gebiet, in dem sie nur spärlich vorkommen.

Gleichzeitig kann Seltenheit die Folge menschlicher Beobachtungsmöglichkeiten sein: Arten, die »selten« in Berührung mit Menschen kommen oder an unzugänglichen Plätzen leben. Viele tropische Schlangen sind durch nur wenige Exemplare bekannt. Das bedeutet nicht unbedingt, dass sie selten sind, denn sehr oft leben sie einfach nur an Orten, die von Herpetologen kaum besucht werden. Möglicherweise haben die Karten, auf denen die Verbreitung von Schlangen gezeigt wird, mehr mit der Verbreitung von Herpetologen zu tun. Das ist ein ernstes Problem, weil in Gegenden, in denen viele Schlangen vorkommen – Amazonien, Zentralafrika, Südostasien –, tendenziell sehr wenige Herpetologen sind, während in Gegenden, in denen viele Herpetologen arbeiten, tendenziell wenig Schlangen vorkommen.

Es ist auch wichtig, zwischen globaler und lokaler Seltenheit zu unterscheiden. Die meisten Arten sind in den Randgebieten ihres Areals selten, auch wenn sie woanders weit verbreitet sind. In England und Skandinavien ist die Schlingnatter *(Coronella austriaca)* sehr selten, kommt aber im übrigen Europa recht häufig vor.

Es gibt 3 weitere Gründe, weshalb Schlangen natürlicherweise selten sein können: 1. sind Tiere am oberen Ende der Nahrungskette oft selten. Beim Energiefluss in der Nahrungskette gehen ungefähr 90 % auf jeder Ebene verloren. Schlangen findet man auf verschieden Stufen der Nahrungskette. Viele Arten sind klein und ernähren sich von kleinen Tieren wie Wirbellosen, die im Übermaß vorhanden sind. Diese Schlangen sind wahrscheinlich häufig (werden aber oft übersehen, eben weil sie klein und verborgen sind). Größere Arten bewegen sich mehr am oberen Ende der Nahrungskette, und man darf erwarten, dass sie selten sind.

2. sind manche Arten in Bezug auf ihre Nahrungsgewohnheiten oder andere Bedingungen so hoch spezialisiert, dass es immer eine obere Grenze ihrer Populationsdichte geben wird. Beispiele sind die afrikanischen Eierschlangen *(Dasypeltis),* Arten, die nur Doppelschleichen oder Tausendfüßer fressen, sowie Arten, die ihre Eier in Termitenhügel legen.

3. sind Arten, die sich isoliert entwickelt haben, wahrscheinlich selten. Das gilt v. a. für Inselbewohner, wie die vielen gefährdeten Schlangen der Karibik und anderen Inselgruppen weltweit belegen (siehe Kapitel 4), bezieht sich aber auch auf Arten, die sich in ökologischen »Inseln« entwickelt haben, etwa in isolierten Gebirgen. Eine ähnliche Situation herrscht unter Arten, deren Verbreitungsgebiet durch das Auftreten einer physischen Barriere – natürlich

SELTENE SCHLANGEN

Einige Schlangen sind nur durch wenige Exemplare bekannt, deshalb jedoch nicht unbedingt selten. Manche bewohnen Gegenden, die für Menschen schwer zugänglich sind, andere leben äußerst versteckt. Einige Arten stehen jedoch kurz vor dem Aussterben, meist weil sie ein sehr eingeschränktes Verbreitungsgebiet haben, z. B. auf Inseln, und sehr unter der Zerstörung ihres Lebensraums leiden.

Nachfolgend einige Arten, die aus verschiedenen Gründen als selten gelten.

Australische Wurmschlangen

4 Arten sind aufgrund nur eines einzigen Exemplars bekannt: *Ramphotyphlops margaretae*, *R. micromma*, *R. troglodytes* und *R. yampiensis*. Eine 5. Art, *R. kimberleyensis*, ist durch 2 Exemplare belegt. 4 der 5 Arten sind im nordwestaustralien Kimberley beheimatet, das schwierig zu erforschen ist und wo in den letzten Jahren viele interessante Tiere entdeckt wurden. *R. margaretae* stammt aus dem Trockengebiet im Landesinneren von Australien. Wurmschlangen sind kleine, versteckt grabende Arten, die leicht übersehen werden.

Der Rauschuppen-Rautenpython

Diese Art, *Morelia carinata*, wurde 1981 aufgrund 1 Exemplars beschrieben, das 10 Jahre früher (1971) gefunden worden war. Es lebte im Kimberley in Australien. Ein 2. Exemplar wurde 1987, ein 3. 1993 entdeckt. Bis heute hat man ungefähr 10 Exemplare gefunden.

▲ Rauschuppen-Rautenpython (Morelia carinata).

Cropans Baumboa *Corallus cropani*, manchmal der Gattung *Corallus* zugeordnet, wurde erstmals 1954 aus Südostbrasilien beschrieben. Nur 3 Exemplare sind bekannt.

Tropidophis fuscus Diese Art hat keinen deutschen Volksnamen und wurde 1992 aufgrund von 2 Exemplaren aus Kuba beschrieben. Bis heute sind keine weiteren Exemplare gesichtet worden.

Die Mauritiusboa *(Casarea dussumeri)* kommt ausschließlich auf Round Island vor, einer nur 1 km² großen Insel. 1983 wurde der Bestand auf noch 75 Exemplare geschätzt – die seltenste Schlange der Welt. Um die Zahlen zu erhöhen, wurde ein Zuchtprogramm gestartet, mit der Absicht, die Schlangen später wieder auszuwildern.

---

oder von Menschen gemacht – zerteilt wurde. Da Schlangen in ihren Möglichkeiten, unwirtliche Lebensräume zu passieren, sehr eingeschränkt sind, haben sie kaum eine Chance, aus einem eingeschlossenen Gebiet auszubrechen. Nicht nur ist ihr Lebensraum beschränkt, sondern die aus nur wenigen Exemplaren bestehenden Teilpopulationen leiden unter einem Mangel an genetischer Variation, was an sich schon verletzlich macht. Zum Beispiel stirbt die Insellanzenotter *(Bothrops insularis)* auf der kleinen brasilianischen Insel Queimada Grande wahrscheinlich wegen des Auftretens eines tödlichen Gens in der Population aus. Dieses Gen bringt Zwitter hervor. Ohne die Möglichkeit, sich mit anderen Populationen zu mischen, sind sie zum Aussterben durch Inzucht verdammt.

Die meisten Schlangengemeinschaften scheinen aus einer relativ kleinen Zahl sehr weit verbreiteter Arten und einer größeren Zahl seltener Arten zu bestehen. Unter Berücksichtigung der etwas selektiven Art und Weise, in der Schlangen gefunden werden, besteht die sinnvollste Erklärung dafür darin, dass häufige Arten gut an das Umfeld angepasst und in der Regel Generalisten sind, besonders in Bezug auf ihre Ernährung. Seltene Arten sind oft Spezialisten mit eingeschränkten Ressourcen. Der Lebensraum ist im Lauf der Zeit unter verschiedene Arten aufgeteilt worden, jedoch nicht gleichmäßig. Spezialisten überleben, indem sie Nahrung fressen, die von den häufigen Arten entweder übersehen wird oder für diese nicht geeignet ist. Darüber hinaus ziehen Arten, die weniger häufig vorkommen, nicht so leicht die Aufmerksamkeit von Feinden auf sich. Raubtiere bilden nicht nur auf häufigere Arten ausgerichtete Beuteschemata aus, sie passen sich ihnen auch in Verhalten und Körperbau an. Manche Arten machen sich dieses System zunutze, indem sie polymorph werden: Sie versuchen quasi, wie 2 oder mehr seltene Arten auszusehen statt wie 1 häufige Art. (Polymorphismus wird in Kapitel 6 beschrieben.)

Anmerkungen

1. Lang, J. W. (1969), »Hibernation and movements of *Storcria occipitomaculata* in Northern Minnesota«, Contributed papers to the 12th annual meeting of the SSAR, in *Journal of Herpetology*, 3(3–4):196–197.
2. Carpenter, C. C. (1953), »A study of hibernacula and hibernating associations of snakes and amphibians in Michigan«, *Ecology*, 34(1):74–80.
3. Reichenbach, N. G. (1982), »An aggregation of female garter snakes under corrugated metal sheets«, *Journal of Herpetology*, 17(4):412–413.
4. Graves, B. M. and Duvall. D. (1993), »Reproduction, rookery use, and thermoregulation in free-ranging, pregnant *Crotalus p. viridis*«, *Journal of Herpetology*, 27(1):33–41.
5. Fitch, H. S. (1975). »A demographic study of the ringneck snake *(Diadophis punctatus)* in Kansas«, *Univ. Kans. Mus. Nat. Hist. Misc. Publ.*, 62:1–53.
6. Godley, J. S. (1980), »Foraging ecology of the striped swamp snake, *Regina alleni*, in southern Florida«, *Ecol. Monogr.*, 50:411–436.
7. Clark, D. R. (1970), »Ecological study of the worm snake. *Carphophis amoenus*«, *Univ. Kans. Publ. Mus. Nat. Hist.*, 19:85–194.

KAPITEL 4
WO SCHLANGEN LEBEN

Man kann die Verbreitung von Schlangen auf 2 Ebenen betrachten: Globale Verbreitungsmuster sind interessant, weil sie uns etwas über die Evolution und Ausbreitung der wichtigen Familien verraten. Und ganz nebenbei bereichern sie auch unser Wissen über die geologischen Veränderungen der Kontinente. Eine Ebene tiefer ist unschwer zu beobachten, dass Schlangen in verschiedenen Lebensräumen vorkommen. Diese beiden Betrachtungsweisen schließen sich nicht aus. Die Verbreitung jeder speziellen Art hängt ab vom Zusammenwirken zwischen der globalen Verbreitung ihrer näheren Verwandtschaft und der Verfügbarkeit eines geeigneten Lebensraums.

Eine europäische Aspisviper *(Vipera aspis)* wärmt sich am frühen Morgen auf – in Sichtweite schneebedeckter Gipfel Norditaliens.

LEBENSRÄUME

SCHLANGEN FINDET MAN IN FAST ALLEN LEBENSRÄUMEN. WO SIE FEHLEN, IST MEIST DAS KLIMA DER LIMITIERENDE FAKTOR. AN SEHR KALTEN ORTEN – IN DER TUNDRA, IM POLAREN EIS UND IN HOHEN GEBIRGEN – SUCHT MAN SIE VERGEBENS, WEIL GROSSE EXOTHERME TIERE, DEREN AKTIVITÄTSGRAD WEITGEHEND VON DER UMGEBUNGSTEMPERATUR ABHÄNGT, HIER NICHT LEBENSFÄHIG SIND.

Hinsichtlich ihres Lebensraumes lassen sich Schlangen einteilen in Generalisten (Arten, die in den verschiedensten Lebensräumen einer Region leben) und Spezialisten (Arten, die man nur in einem bestimmten Lebensraum antrifft). Die Unterscheidung ist allerdings nicht immer eindeutig, und die Arten können in unterschiedlichem Maße spezialisiert sein.

Tropenwälder

Tropische Wälder findet man in Mittelamerika und der Karibik, in Südamerika, Afrika, Madagaskar, Indien, Südostasien und Nordaustralien. Über ihre Bedrohung durch Abholzung, landwirtschaftliche Entwicklung, Umweltverschmutzung etc. wird viel veröffentlicht, sodass an dieser Stelle darauf nicht weiter eingegangen werden muss. Durch großflächige Abholzung der Tropenwälder wurde bis Ende des 20. Jahrhunderts schätzungsweise die Hälfte aller Pflanzen- und Tierarten der Erde, einschließlich Schlangen, ausgerottet oder stark dezimiert.

Ökologen unterscheiden verschiedene Tropenwaldtypen, abhängig von Höhe, Niederschlagsmenge und Art der Vegetation. Die Verbreitung von Schlangen innerhalb dieser Waldtypen ist jedoch noch nicht gründlich erforscht, weshalb dieser Lebensraum hier in seiner Gesamtheit behandelt wird.

Tropenwälder sind bekannt für ihre reiche Flora und Fauna. Das gilt auch für Schlangen, deren Artenvielfalt hier ihren Höhepunkt erreicht. Eine Reihe von Faktoren trägt dazu bei. 1. ist Temperatur selten ein Problem, da die meisten tropischen Wälder, trotz des geschlossenen Kronendachs, das ganze Jahr über eine relativ hohe und konstante Temperatur aufweisen. Außerdem gibt es hier ein breites Spektrum von Kleinlebensräumen, einschließlich einer Reihe von Nischen für Baumbewohner, Bodenbewohner, Wasserbewohner und Arten, die sich eingraben. Manche dieser Nischen existieren nur wegen der nahezu optimalen, gleichbleibenden Temperatur, die es Schlangen erlaubt, ständig aktiv zu sein, obwohl sie nur begrenzte oder überhaupt keine Möglichkeiten haben, sich zu sonnen.

Tropenwälder bieten Deckungsmöglichkeiten im Überfluss sowohl für Schlangen, die sich zwischen oder unter dem Blattwerk

▼ Tropische Regenwälder bieten unzählige Nischen für eine Vielfalt von Schlangen, darunter so große wie dieser Netzpython auf Borneo.

▶ Gummiboas leben in Wäldern, einschließlich Nadelwäldern, des westlichen Nordamerika. Sie sind die kältetolerantesten und auch
kleinsten Boas.

verstecken, als auch für Arten, die sich tarnen, indem sie – wie die grünen Spezies –
mit dem Hintergrund optisch verschmelzen. Beute ist meistens auch kein Problem:
Das Spektrum reicht von winzigen Wirbellosen bis zu mittelgroßen Säugetieren und
schließt Amphibien, Vögel, Fledermäuse und
andere Reptilien ein. Einige Schlangen dieses Lebensraums haben sich auf eine besondere Nahrung spezialisiert und fressen
beispielsweise nur Landmollusken, wofür sie
entsprechende Anpassungen entwickelt haben. Viele Schlangenarten tropischer Wälder
leben übrigens von kleineren Schlangen.

Im Gegensatz zur landläufigen Meinung
sind Tropenwälder meist keineswegs reich
an Schlangen. Sammlungen zeigen oft eine
große Vielfalt an Arten, aber die tatsächliche
Anzahl jeder Art kann sehr gering sein. So
konnte Stafford (1991)[1] auf einer Expedition nach Belize in Mittelamerika 12 Schlangenarten nachweisen, 6 davon mit jeweils
nur 1 Exemplar, 2 Arten nur mit 2 und
1 weitere Art mit 3 Exemplaren. Nur 1 Art,
Mastigodryas melanolomus, konnte als häufig
eingestuft werden. Das zeigt natürlich auch,
wie enorm schwierig es ist, Schlangen in
diesem Lebensraum überhaupt zu finden.
Bei Rodungsarbeiten für den Straßenbau
und beim Abholzen kam oft eine sehr hohe
Anzahl von Schlangen zum Vorschein.

Von den gegenwärtig 18 anerkannten
Schlangenfamilien sind alle bis auf 2 (Bolyeriidae und Acrochordidae) in Tropenwäldern repräsentiert.

Wälder gemäßigter Breiten
Im Gegensatz zu Tropenwäldern sind die
Wälder der gemäßigten Breiten weder reich
an Schlangenarten noch reich an Individuen. Das kühle Klima dieser Zone wird
durch das geschlossene Blätterdach verstärkt, und Arten, die hier leben, sind auf
weniger dicht bewaldete Stellen, Waldrän-
der und Lichtungen beschränkt.

Erdnattern *(Pantherophis o. obsoletus)* leben
beispielsweise an Waldrändern der gemäßigten Breiten Nordamerikas. Die Bevorzu-
gung dieses Lebensraums scheint mit den
Nistgewohnheiten der Vögel zu korrelieren,
die eine beliebte Nahrungsquelle dieser
Schlangenart sind. Aufgrund landwirtschaft-
licher Praktiken nimmt dieser Lebensraum
mehr und mehr ab, was zu einem Rückgang
der Schlangen führt.

Wüsten

Wüsten gibt es in Nord- und Südamerika,
Afrika, Asien und Australien. Zu den größten ariden Gebieten gehören die Sahara und
eine Reihe von Wüsten, die sich über die
Arabische Halbinsel hinweg bis nach Zentralasien erstrecken. In Nordamerika bedecken Wüsten einen großen Teil des Südwes-
tens und Nordmexikos. Insgesamt besteht
die Landfläche der Erde zu etwa 30 % aus
trockenen oder wasserarmen Gebieten. Obwohl Wüsten durch Wassermangel definiert
sind, variiert der Charakter von Ort zu Ort,
abhängig von Temperatur und Höhenlage.
So gibt es Sandwüsten wie die Sahara, Ata-
cama oder Namib, die von Dünen geprägt
sind, und Steinwüsten wie die Sonora- und
Chihuahuawüste. Jede stellt die Pflanzen-
und Tierwelt, von der sie besiedelt wurde,
vor eigene Herausforderungen. Nicht alle
Wüsten sind heiß: In den meisten herrschen
große Temperaturunterschiede zwischen
Tag und Nacht, und in manchen auch bit-
terkalte Winter.

Wüsten gehören zu den Lebensräumen,
in denen man Schlangen am besten auffinden und beobachten kann. Artenreichtum
und Populationsdichte stehen in krassem
Widerspruch zu der Situation anderer Tiergruppen, besonders Vögel und Säugetiere.
Der Grund für ihren Erfolg in diesen
Gegenden hängt zum Teil mit ihrer Exo-
thermie zusammen; da sie von ihrer Nahrung nichts zur Wärmeproduktion verwenden, brauchen Schlangen viel weniger Beute
als Vögel oder Säugetiere von vergleichbarer
Größe, nach manchen Schätzungen gerade

▲ Wüsten sind die Heimat vieler Schlangenarten, die bestens ausgerüstet sind, solch
karge Bedingungen auszuhalten. Verschiedene Wüsten ziehen verschiedene Arten
und Gemeinschaften an: Die Steinwüste des
Sonorakomplexes ist Heimat sowohl für eine
große Zahl von Klapperschlangen als auch
für tag- und nachtaktive Nattern (Colubridae),
1 Boa (Boidae), 1 Giftnatter (Elapidae) und
1 Schlankblindschlange (Leptotyphlopidae).

◄ Dünen bilden einen anderen Wüstentyp,
in dem andere Schlangenarten leben. Aus-
gedehnte Dünenwüsten gibt es in den verschiedensten Erdteilen; diese Düne ist Teil
der Namib.

► Die amerikanische Seitenwinder-Klapperschlange (Crotalus cerastes) ist durch ihre
Fortbewegungsweise und Färbung perfekt an
Wüsten mit ausgedehnten Flächen windver-
wehten Sandes angepasst.

einmal 1/5 der Menge, und sie können lange Zeit auch ganz ohne Nahrung auskommen. Das ist natürlich sehr nützlich in Gegenden, in denen das Nahrungsangebot beschränkt ist.

Den Mangel an Wasser, durch den Wüsten charakterisiert sind, kompensieren Schlangen zum einen durch ihre schuppige Haut, die ihnen dabei hilft, Wasserverluste in Grenzen zu halten, zum andern durch ihr Ausscheidungssystem, das entwässerte Harnsäure produziert. Zusätzlich ist ihre relativ geringe Größe und (in den meisten Fällen) schlanke Form hilfreich, wenn es darum geht, tödlich hohe (und tödlich niedrige) Temperaturen zu vermeiden, da sie mühelos in kleine Felsspalten oder Höhlen von Nagetieren kriechen können, wo die Temperaturen erträglich sind. Der geringe Nahrungsbedarf und die daher seltene Notwendigkeit, auf Futtersuche zu gehen, erlaubt es ihnen, sich so lange wie nötig vor Hitze oder Kälte zu schützen. Darüber hinaus sind sie durch gut entwickelte Sinnesorgane – insbesondere die Fähigkeit, Vibrationen zu erkennen, mit der Zunge und dem Jacobsonschen Organ zu riechen sowie durch die wärmeempfindlichen Grubenorgane, über die manche Schlangenarten verfügen – bestens auch für eine nächtliche Jagd gerüstet.

Wüstenschlangen finden sich in einer Reihe von Schlangenfamilien, besonders bei den Colubridae und Viperidae sowie in geringerem Umfang auch bei Vertretern der Boidae, der Elapidae und sogar der Leptotyphlopidae.

Graslandschaften und Savannen

Graslandschaften sind rund um die mittleren Längengrade verbreitet und werden je nach Ort anders genannt: Steppe (Asien), Prärie (Nordamerika), Grasland (Südafrika) und Pampa (Argentinien). Viele erstrecken sich über riesige Gebiete. Manche sind durch menschliches Einwirken entstanden oder gewachsen, andere durch natürliche Feuer, die weitläufige Waldflächen zerstörten. Der Begriff Savanne wird für tropische Gegenden mit niedriger Vegetation einschließlich Gräsern verwendet, die häufig den Übergang zwischen Wüsten und Tropenwäldern bilden. Graslandschaften und Savannen bedecken rund 1/4 der Landfläche unserer Erde.

Viele Graslandschaften werden extensiv bewirtschaftet oder als Weideland genutzt, was sich nachteilig auf das Leben von Reptilien auswirkt. Regelmäßige Brände, natürlich oder von Menschen gelegt, verhindern das Entstehen von existenzfähigen Schlangenpopulationen entweder direkt oder durch die Zerstörung des Nahrungsangebots – und Gleiches gilt für die Verwendung von Pestiziden. Es sieht allerdings so aus, als hätten Schlangen Graslandschaften nie in dem Maße besiedelt wie andere Lebensräume, obwohl der Grund dafür nicht ganz klar ist. Die Durchschnittstemperatur mag in vielen dieser Gegenden nicht hoch genug sein und das Nahrungsangebot zu spärlich, außerdem erhöht der Mangel an Deckungsmöglichkeiten das Risiko, das Opfer von Fressfeinden zu werden, besonders von Greifvögeln.

Obwohl Schlangen in dieser Art Lebensraum nicht häufig sind, gibt es Ausnahmen, v. a. in Afrika, wo etwa der Felsenpython (*Python sebae*) fast ausschließlich auf offenem Gelände vorkommt, allerdings nur dort, wo Felsen genügend Deckungsmöglichkeit bieten. In Nordamerika gibt es Schlangenarten wie die Hakennasennatter (*Heterodon*), 1 oder 2 Klapperschlangenarten (*Crotalus*) sowie einige Formen der Kiefernatter (*Pituophis melanoleucus*), die in der Prärie leben, aber nicht auf sie beschränkt sind. Europa verfügt über kein so großflächiges Weideland wie andere Erdteile, sondern über eine Landschaft, die häufig durch Hecken und Mauern in Felder und Äcker unterteilt ist, die ihrerseits viele Deckungsmöglichkeiten und auch Schutz vor extremen Temperaturen bieten. Einige Vipern (*Vipera*) sowie Kletternattern (*Elaphe*) und verschiedene Kutscherpeitschennattern (*Masticophis*) Nordamerikas kommen in diesem Lebensraum vor. All diese

Schlangenarten sind jedoch tendenziell eher Generalisten als Graslandspezialisten.

Moore und Sümpfe

Moore und Sümpfe gibt es überall dort auf der Welt, wo der Grundwasserspiegel nah unter der Oberfläche liegt. Sie können dauerhaft sein wie die Everglades in Florida, aber auch temporär, d. h. saisonal austrocknen oder überschwemmt werden wie etwa das Pantanal. Zusätzlich entstehen an den Ufern von Seen und Teichen, Flüssen und Bächen oft ausreichende semiaquatische und sumpfähnliche Lebensräume. Mangrovensümpfe bilden in den entsprechenden tropischen Gebieten in Verbindung mit Küsten und Meeresarmen ein spezifisches Habitat.

▲ Die Serengeti ist nur ein Teil der riesigen Savanne, die sich über weite Landstriche Ost- und Südafrikas erstreckt.

▼ Nur spezialisierte Schlangen wie Plattschwänze fühlen sich in einer tropischen Meeresumgebung völlig zu Hause.

▲ Zypressensumpf in Florida. Feuchtgebiete bieten eine Heimat für eine Vielfalt aquatischer, semiaquatischer und aborealer Schlangen. Viele ernähren sich von Fischen und Amphibien.

Diese Art von Lebensraum wird von Schlangen in großem Umfang genutzt. Ihre bevorzugten Beutetiere – Amphibien – leben dort, und auch das Angebot an Fischen ist meist sehr reichhaltig. Tropische und subtropische Sümpfe sind wegen des Vorteils höherer Temperaturen dichter besiedelt als Sümpfe in den gemäßigten Zonen. Europäische Wassernattern *(Natrix)*, darunter die Ringelnatter, und die nordamerikanischen *Nerodia*-Arten bevorzugen feuchte Lebensräume; es gibt aber auch eine ganze Reihe von tropischen Schlangen, die ebenfalls solche Habitate bewohnen. Mangrovensümpfe sind die Heimat einer Reihe ziemlich spezialisierter Schlangen. Dazu gehören die Warzenschlange *Acrochordus javanicus* und verschiedene marine Schlangen, die bei Flut in ihrem Umkreis nach Nahrung suchen. Gewisse von Krustentieren lebende Wassernatterarten findet man ebenfalls hier.

Aquatische Lebensräume

Aquatische Lebensräume umfassen Süß- und Salzwassergebiete. Schlangen, die ausschließlich im Wasser leben, gibt es hauptsächlich in den Tropen, weil Wasser temperaturausgleichend wirkt und verhindert, dass Schlangen ihre Körpertemperatur sehr viel höher als das sie umgebende Medium halten können. Die meisten Wasserschlangen ernähren sich naheliegenderweise von Fischen, manche fressen aber auch Fischlaich und Wirbellose.

Die südostasiatischen homalopsinen Colubriden (Wassertrugnattern, die manchmal als eigene Schlangenfamilie, Homalopsidae, angesehen werden) sind reine Wasserschlangen und in Teichen und Seen anzutreffen. Manche begeben sich ab und zu ins Meer.

▼ Zwar werden einige Boa- und Pythonarten mit Feuchtgebieten in Verbindung gebracht, doch keine ist mehr im Wasser zu Hause als der australische Wasserpython *(Liasis fuscus)*.

DIE AUSWIRKUNGEN SICH VERÄNDERNDER LEBENSRÄUME

Selbst kleinste Veränderungen eines Lebensraums können zu massiven Veränderungen bei den dort lebenden Arten führen. In einer Bestandsaufnahme (1987 und 1989 von Mendelson und Jennings) wurden die Auswirkungen der Lebensraumveränderungen im Südosten von Arizona und im angrenzenden Südwesten von New Mexico untersucht (Journal of Herpetology, 26[1]:38–45). Sie verglichen ihre Ergebnisse mit einer Bestandsaufnahme, die 30 Jahre früher durchgeführt worden war.

Die Gegend umfasst trockene Steppe und Gestrüppwüste. Seit der 1. Bestandsaufnahme hatte sich ein Großteil der Steppe zu Gestrüppwüste entwickelt, wodurch sich das Verhältnis zwischen den beiden Lebensraumarten verschob. Zusätzlich waren viele Viehtränken aufgestellt worden.

Alles in allem wurden 23 Schlangenarten gefunden, viele freilich nur in geringer Anzahl. Die aussagekräftigsten waren 2 Klapperschlangenarten, die Texasklapperschlange *(Crotalus atrox)* und die Mojaveklapperschlange *(C. scutulatus)*, die Gophernatter *(Pituophis catenifer)* und die Bunte Strumpfbandnatter *(Thamnophis marcianus)*.

Durch Vergleich der Anzahl von Schlangen einer Art mit der Gesamtmenge von Schlangen (in Prozent), war es möglich, aufzuzeigen, wie sich die Schlangenpopulationen verändert hatten. So war die Bunte Strumpfbandnatter viel häufiger geworden (9,7 % aller Schlangen, verglichen mit 1,1 % bei der 1. Bestandsaufnahme), was fast sicher auf das Aufstellen der Viehtränken zurückzuführen ist, wodurch laichende Amphibien wie die Schaufelfußkröte *(Scaphiopus)* angezogen wurden, von denen sich diese Natter ernährt. Die Texasklapperschlange war von 15,0 % auf 18,4 % etwas häufiger geworden, aber die Mojaveklapperschlange von 45,5 % auf 17,5 % drastisch zurückgegangen. Die Gophernatter hatte von 14,1 % auf 16,9 % zugenommen.

Diese Zahlen zeigen, dass mit dem Rückgang der trockenen Steppe und der Zunahme der Gestrüppwüste, die Texasklapperschlange auf Kosten der Mojaveklapperschlange häufiger geworden war. Die Bunte Strumpfbandnatter und vielleicht auch die Gophernatter hatten andererseits wahrscheinlich von der Zunahme der Viehwirtschaft profitiert.

▼ Texasklapperschlange *(Crotalus atrox)*.

Von den 3 Arten der Warzenschlangen (Acrochordidae) leben 2 im Süßwasser und die 3. in brackigen Küstengewässern.

Die am stärksten an den aquatischen Lebensraum angepassten Arten sind Seeschlangen und Plattschwänze. Die 47 Seeschlangenarten sind sehr weit verbreitet und leben in den Küstengewässern von Südostafrika, Indien und Südostasien bis zur nördlichen Küste von Australien. Die Plättchenseeschlange *(Pelamis platurus)* bewohnt darüber hinaus auch noch die Westküste von Mittel- und Südamerika; sie ist pelagisch und lässt sich in den oberen Schichten des Ozeans treiben, oft in einem riesigen Knäuel von Schlangen. Das Gegenteil hierzu ist die Ruderschlange *(Hydrophis semperi)*, die in nur 1 See auf der philippinischen Insel Luzon vorkommt.

Plattschwänze findet man in Küstengewässern Südostasiens und rund um Inseln im südwestlichen Pazifik. Die Plattschwanzart *Laticauda crockeri* lebt in einem von Land umgebenen Süßwasser-Kratersee auf der Rennell-Insel der Salomonen. Plattschwänze sind weniger gut ans Wasser angepasst als Seeschlangen; sie müssen an Land kommen, um ihre Eier abzulegen, und manche Arten ziehen auch ihre Beute an Land, bevor sie gefressen wird.

Gebirge

Gebirge gibt es weltweit, oft umgeben von anderen Lebensräumen wie Wäldern, Wüsten oder Steppen, was sie zu ökologischen Inseln macht. Sie stellen Schlangen vor das gravierende Problem saisonal oder permanent niedriger Temperaturen. Tropische Gebirge sind oft mit Wäldern (z. B. Nebelwäldern) bedeckt, und einige Schlangenarten der tieferen Regionen mögen sich gelegentlich in größere Höhen verirren, aber Gipfel oberhalb der Baumgrenze sind, unabhängig vom Breitengrad, von Schlangen nie dicht besiedelt.

Von allen Schlangen haben Vipern den Lebensraum Gebirge am stärksten erobert. Die Himalaja-Halysotter *(Gloydius himalayanus)* wurde auf 4900 m im Himalaja gefunden – eine Rekordhöhe für Schlangen. Gewöhnlich lebt sie aber eher zwischen 1500 und 3000 m. *G. strauchi* geht in Tibet bis auf eine Höhe von 4267 m, und die

Berg-Halysotter *(G. monticola)* lebt in Höhen zwischen 3600 und 4000 m in der chinesischen Provinz Sichuan. *G. halys* erreicht in Zentralasien Höhen von mindestens 4000 m. *G. intermedius* und die Elburs-Bergotter *(Vipera latifii)* wurden in einem einsamen (mittlerweile gefluteten) Tal im Iran bis 3000 m angetroffen. 3 europäische Vipernarten, *V. berus, V. aspis* und *V. ursinii*, leben bis zu einer Höhe von 2900 m.

In Nordamerika ist die in größter Höhe lebende Schlangenart die Mexikanische Plateauklapperschlange *(Crotalus triseriatus)*, die in Zentralmexiko auf über 4300 m gefunden wurde. Einige andere Klapperschlangenarten hat man in Höhen über 3000 m angetroffen, darunter die Prärieklapperschlange *(C. viridis)*, die Quergebänderte Bergklapperschlange *(C. tranversus)*, die Prices Klapperschlange *(C. pricei)*, die Felsenklapperschlange *(C. lepidus)* und die Kleinköpfige Klapperschlange *(C. intermedius)* in Mexiko.

Die Kantenkopf-Klapperschlange *(C. willardi)* und die Schwarzkopf-Klapperschlange *(C. molossus)* leben in Arizona und den angrenzenden Teilen Mexikos auf fast 3000 m.

In Afrika findet man eine weitere Vipernart, die Bergpuffotter *(Bitis atropos)*, bis zu 3000 m hoch. Auch andere Schlangenarten kommen in ähnlicher Höhe in Zentral- und Ostafrika vor, allerdings sind diese Gegenden herpetologisch kaum erforscht. Gleiches gilt für die südamerikanischen Anden, doch scheinen sich Vipern auch hier an diese Nische angepasst zu haben: *Bothriopsis pulchra* kommt in Ecuador in einer Höhe von 3000 m vor.

Stadtlandschaften und gestörte Lebensräume

Obwohl das Vordringen der Menschheit in all seinen Formen meistens verheerende Wirkung auf die Tierwelt (einschließlich Schlangen) hat, profitieren manche Arten

▶ Berge stellen Schlangen vor eine Reihe von Problemen, nicht zuletzt bittere Kälte für einen Großteil des Jahres. Gleichwohl gibt es viele ans Gebirge angepasste Arten. Einige leben in Felsschutthalden wie dieser in den Chiricahua Mountains in Arizona.

von den menschengemachten Lebensräumen.

Ungeziefer in Gestalt von Nagetieren, das die Ausbreitung menschlicher Lebensräume begleitet, bietet für größere Schlangenarten eine ergiebige Nahrungsquelle. Harmlose Schlangen werden in manchen Gegenden der Welt aus diesem Grund toleriert. Andere Kulturfolger wie Insekten ziehen kleine Echsenarten an, insbesondere Geckos, die ihrerseits Beute einer Reihe von Schlangen sind.

Die landwirtschaftliche Entwicklung in den Industrieländern geht meist mit dem Einsatz von Herbiziden und Pestiziden einher, was alles andere als hilfreich für den Lebensraum von Schlangen ist. In Entwicklungsländern, wo Landwirtschaft in ursprünglicher Form betrieben wird, werden Schlangen wegen ihres nutzbringenden Effekts auf die Nagetierpopulationen von Bauern geduldet und oft sogar begrüßt.

Gemessen an der Zahl der Schlangen, die man hier finden kann, scheinen leer stehende Gebäude für Schlangen, die sich ansonsten mit strukturarmen Lebensräumen abfinden müssen, gute Rückzugsmöglichkeiten zu bieten. Wahrscheinlich werden sie durch die Deckungsmöglichkeiten angelockt, vielleicht auch durch die Nagetiere, die sich darin aufhalten. Kleingewässer in Steinbrüchen und Kiesgruben sorgen für zusätzliche Lebensräume für aquatische und semiaquatische Schlangenarten. So besiedelte eine Population von Krabbennattern *(Regina septemvittata)* einen verlassenen Steinbruch auf einer der Inseln im Eriesee, nachdem dort durch die Stilllegung der Bestand an Flusskrebsen zugenommen hatte. In Großbritannien sind viele stillgelegte, zum Wohle der Angler mit Fischen besetzte Kiesgruben von stabilen Ringelnatterpopulationen *(Natrix natrix)* bevölkert.

▷ (oben) Kokos- und andere Plantagen sind Orte, an denen sich Schlangen gerne aufhalten, weil sie von kleinen Nagetiere profitieren und sich in den abgefallenen Palmwedeln verstecken können. Diese Schlangenarten sind jedoch gewöhnlich nicht die gleichen wie die, die in dem vorher hier stehenden natürlichen Wald gelebt hatten.

▷ (unten) Wüsten sind besonders anfällig für Lebensraumzerstörung, und die Regenerationschancen sind geringer als etwa in Regenwäldern. Landwirtschaft, die mit Bewässerungsmaßnahmen, Spritzen, Straßen- und Siedlungsbau einhergeht, bildet eine der Hauptbedrohungen.

ANPASSUNGEN AN LEBENSRÄUME

JEDER LEBENSRAUMTYP KANN ALS EIN ENSEMBLE AUS GEGEBENHEITEN BZW. PRO-BLEMSTELLUNGEN GESEHEN WERDEN. DURCH NATÜRLICHE SELEKTION ERLANGEN TIERE DIE OPTIMALEN FORMEN UND FUNKTIONEN, MIT DENEN SIE FÜR DIE VORHANDENEN LEBENS-BEDINGUNGEN AM BESTEN GERÜSTET SIND. SO ÜBERLEBEN UND PFLANZEN SICH AM EHESTEN DIEJENIGEN INDIVIDUEN FORT, DIE MIT DEN VORGEGEBENEN BEDINGUNGEN AM BESTEN ZURECHTKOMMEN. DAS IST DIE TREIBENDE KRAFT IN DER EVOLUTION, BEI DER SICH JEDE POPULATION SCHRITT FÜR SCHRITT SUBTIL VERÄNDERT, BIS SIE MIT IHREN VORFAHREN IMMER WENIGER ÄHNLICHKEIT AUFWEIST: SIE PASST SICH IHRER UMGEBUNG AN.

So gesehen, formen Lebensräume die Tiere, die in ihnen leben. Größe, Gestalt, Färbung und andere Modifizierungen der Anatomie und des Verhaltens werden zur Signatur der Schlangen eines bestimmten Lebensraum-typs. Dafür gibt es einen einfachen Grund: Konfrontiert mit identischen Problemen, werden 2 verschiedene Schlangenarten diese wahrscheinlich in ähnlicher Art und Weise lösen, unabhängig davon, in welchem Teil der Welt sie leben und welcher Familie sie angehören. Sie haben dann irgendwann die gleichen Eigenschaften und sehen vielleicht sogar gleich aus. Entstehen dadurch sehr große Ähnlichkeiten zwischen 2 nicht ver-wandten Arten, spricht man von konvergen-ter Evolution.

Daraus leiten sich andere Tatsachen ab: Leben nahe verwandte Populationen unter unterschiedlichen Bedingungen, werden sie sich allmählich an diese anpassen. Nach eini-ger Zeit und nach vielen aufeinanderfolgen-den Generationen werden sie anfangen, sich voneinander zu unterscheiden, und irgend-wann werden die Unterschiede so groß sein, dass man sie als verschiedene Arten klassifiziert. Dieser Prozess wird Speziation (Artbildung) genannt.

Obwohl viele Schlangen nur sehr geringe Modifizierungen zeigen, gibt es bestimmte Merkmale (in Gestalt und Verhalten), die bei Schlangen eines bestimmten Lebens-raums häufiger auftreten.

Schlangen in Bäumen

Arboreale Schlangen sind am häufigsten in tropischen und subtropischen Ländern, wo teilweise über die Hälfte der Arten in Bäu-men leben. Dank der hohen Temperaturen ist eine Existenz auch im Schatten möglich, und darüber hinaus sorgt der hohe Nieder-schlag für dichte und hoch wachsende Vege-tation, in der kletternde Tiere jede Menge Bewegungsspielraum haben.

In den Regenwäldern Südostasiens leben 5 faszinierende Arten von Schmuckbaum-nattern (Chrysopelea), die die hohen Baum-etagen verlassen, indem sie aus einer S-Krümmung in eine gerade Körperhaltung schnellen. Im Fallen spreizen sie ihre Rip-pen, wodurch die Unterseite konkav wird und ihnen erlaubt, sanft auf den Boden oder einen tiefer liegenden Ast zu gleiten – wobei sie auch horizontal beträchtliche Entfernun-

▲ Die Grüne Schmuckbaumnatter *(Chrysope-lea ornata)* ist eine von 5 Flugschlangenarten, die in den Regenwäldern Südostasiens leben.

gen überbrücken. In denselben Regenwäl-dern leben übrigens auch andere gleitflie-gende Reptilien – fast 30 Flugdrachen-Arten *(Draco)* und 6 Fluggeckoarten *(Pytchozoon)* –, sie haben aber kein Gegenstück in Süd- oder Mittelamerika. Die offenere Struktur asiatischer Wälder mit weit auseinanderste-henden, hohen Bäumen mit wenig Ästen scheint für den halbkontrollierten Flug bes-ser geeignet zu sein als die dichteren neo-tropischen Wälder, daher diese Laune der Evolution.

▼ Hohe, weit auseinanderstehende Bäume ermöglichen es Reptilien, im Gleitflug weite horizontale Strecken zu überbrücken.

Baumbewohnende Arten findet man hauptsächlich unter den Colubridae, Viperidae, Boidae und Pythonidae; in manchen Gegenden machen sie 50 % oder mehr der Schlangenfauna aus. Es gibt keine schlüssige Erklärung dafür, warum Giftnattern (mit Ausnahme der Mambas) nicht zu den arborealen Arten gehören, obwohl sie mit den Nattern eng verwandt sind und auch Ähnlichkeiten aufweisen.

Am höchsten spezialisiert sind diejenigen Arten, die ausschließlich oder nahezu ausschließlich in Bäumen leben. Viele andere Arten, die sich nur zeitweise in Bäumen und Büschen aufhalten, weisen nur bestimmte Merkmale von arborealen Schlangen auf oder zeigen diese weniger ausgeprägt.

Speziell an das arboreale Leben angepasste Schlangen haben lange, dünne Körper und einen langen Schwanz, der zum Greifen geeignet ist. Oft sind sie seitlich abgeplattet; die daraus resultierende »vertikale Steifheit« erleichtert es ihnen, die Zwischenräume zwischen den Ästen zu überbrücken. Viele haben auch längliche Köpfe mit spitzer Schnauze. Manche Baumschlangen, die wuchtiger sind als der Durchschnitt – etwa Boas, Pythons und manche Vipern –, sind verglichen mit ihren nahen Verwandten dennoch sehr schlank. Geringes Gewicht ist ein wichtiger Faktor, besonders bei Arten, die über dünne Äste kriechen müssen, um ihre Nahrung zu erreichen. Außerdem kommt Schlankheit einer Schlange zugute, wenn sie sich von einem Ast zum nächsten reckt, und sie hilft manchen Arten auch, sich zwischen Ranken, Zweigen und dünnen Ästen zu verstecken. Hauptnachteil der langen, schlanken Form ist die Unfähigkeit, Nahrung zu speichern oder große Gelege zu produzieren. In den Tropen spielen diese Probleme jedoch kaum eine Rolle, weil es Nahrung in Hülle und Fülle gibt und Fortpflanzung in der Regel rund ums Jahr möglich ist.

Fast alle arborealen Schlangen sind grün oder braun, um sich von ihren Feinden und ihrer Beute zu tarnen. Bei den meisten ist die Unterseite etwas heller als der Rücken, ein Muster, das es auch bei anderen Tieren gibt und das als Gegenschattierung bezeichnet wird. Dahinter steht das Prinzip, dass Licht auf die Oberseite fällt und diese heller erscheinen lässt, während die Unterseite im Schatten liegt und dadurch dunkler wirkt. Von der Seite ist dann das erwartete dreidimensionale Bild nicht so einfach zu erkennen. Manche Arten besitzen längs verlaufende Linien, v. a. durch die Augen, was die Tarnwirkung noch erhöht, und einige

WO SCHLANGEN LEBEN 83

KONVERGENTE UND PARALLELE EVOLUTION

Schlangen, die in verschiedenen Teilen der Welt leben, weisen oft große Ähnlichkeit miteinander oder die gleichen ungewöhnlichen Merkmale auf. Diese Charakteristika können mit Verteidigung, Nahrungsaufnahme, Fortpflanzung oder anderen Facetten ihres Lebens zu tun haben und die Ähnlichkeiten auf 1 oder 2 Merkmale beschränkt sein – Zeichnung, Form der Schnauze, Fortpflanzungsweise etc. In anderen Fällen kann die Ähnlichkeit mehrere Aspekte der Schlange umfassen und so weit gehen, dass nicht verwandte Arten aus verschiedenen Kontinenten ohne eine genaue Untersuchung schwer zu unterscheiden sind.

Ähnliche Arten leben meistens in ähnlichen Lebensräumen und haben eine ähnliche Lebensweise. Alle mussten dieselben Probleme lösen, um zu überleben, und alle sind zu gleichen Lösungen gelangt.

Wo Arten gemeinsame Vorfahren haben, teilen sie möglicherweise viele Gene, die in der Population aufbewahrt werden, weil sie wertvoll sind; für Artenpaare oder Artengruppen dieses Typs wird oft der Ausdruck parallele Evolution verwendet.

Werden sich Artengruppen ähnlicher als ihre Vorfahren, spricht man von konvergenter Evolution. Arten, bei denen sich konvergente Evolution zeigt, teilen nicht die gleichen Gene. Ihre charakteristischen Merkmale haben sich vielmehr unabhängig voneinander entwickelt. Konvergenz stellt Wissenschaftler bei der Klassifizierung manchmal vor Probleme, weil Ähnlichkeiten im Aussehen oder in bestimmten Merkmalen nicht unbedingt bedeuten, dass die Arten eng verwandt sind.

Es gibt viele Beispiele für konvergente Evolution bei Schlangen. Am besten veranschaulichen lässt sie sich wohl am Beispiel des Grünen Hundskopfschlingers (Corallus caninus) aus Südamerika und des australasiatischen Grünen Baumpython (Morelia viridis). Diese Arten sehen fast gleich aus und haben auch ungefähr dieselbe Größe. Sie verhalten sich ähnlich und drapieren sich über horizontale Äste, von denen sie den Kopf herunterhängen lassen, um ihrer Beute aufzulauern. Die Jungtiere beider Arten sind anders gefärbt als die Erwachsenen.

▼ Der Grüne Hundskopfschlinger (Corallus caninus, unten links) und der Grüne Baumpython (Morelia viridis, unten rechts).

▲ Peitschennattern *(Ahaetulla)* haben länglliche, waagrechte Pupillen und können dadurch plastisch sehen. Das ermöglicht ihnen, Entfernungen genau abzuschätzen, was beim Klettern ebenso nützlich ist wie beim Beuteschlagen.

der spektakuläreren Arten haben Muster, die flechtenbewachsene Äste nachahmen.

Die Augen von arborealen Schlagen sind typischerweise groß, mit senkrechten Pupillen, charakteristisch für nächtliche Jäger. Arten, die zu den Gattungen *Ahaetulla* und *Thelotornis* gehören, haben jedoch waagrechte Pupillen, mit deren Hilfe sie Entfernungen gut abschätzen können (siehe S. 42 f.). Weil Beute leicht abhanden kommt, wenn sie nicht fest gepackt wird, haben viele arboreale Schlangen lange Zähne, die besonders nützlich zum Greifen gefiederter Beute sind. Andere Arten, die mit Giftzähnen ausgerüstet sind, halten ihr Opfer fest, bis das schnell wirkende Gift Wirkung zeigt.

Von den gelegentlich arborealen Schlangen zeigen die Erdnattern eine weitere Form der Anpassung. Arten, die oft klettern, besitzen einen gut erkennbaren Grat an der Verbindung zwischen Bauch- und Rückenschuppen, sodass jede Bauchschuppe beidseitig bekantet ist. Damit lässt sich auf rauen, senkrechten Oberflächen wie Baumrinden Halt gewinnen. Eine ähnliche Einrichtung existiert bei den arborealen Boas und Pythons der Gattungen *Corallus* und *Morelia,* die einen seitlich abgeflachten Körper

haben, mit schmalen, aber ebenfalls beidseitig bekanteten Bauchschuppen, obwohl das nicht ganz so gut sichtbar ist wie bei den Erdschlangen.

Grabende Schlangen

Unteridisch lebende Schlangen gibt es hauptsächlich in tropischen und subtropischen Gegenden, weil sie wie arboreale Schlangen kaum die Möglichkeit haben, durch Sonnen ihre Körpertemperatur zu erhöhen. Grabende Schlangen findet man in allen Familien mit Ausnahme der Tropidophiidae und Acrochordidae. Einige Familien, etwa Anomalepididae, Leptotyphlopidae, Typhlopidae, Aniliidae und Uropeltidae, umfassen ausschließlich grabende Arten. Das Ausmaß ihrer unterirdischen Existenz und der Grad, in dem sie dafür morphologische Anpassungen entwickelt haben, variiert.

Viele Arten verbringen ihr ganzes oder nahezu ganzes Leben unter der Erde. Andere graben nur gelegentlich und tauchen regelmäßig an der Oberfläche auf. Diese Arten begeben sich unter die Erde, um Gefahren oder extreme Temperaturen zu vermeiden, Eier zu legen oder Beute zu finden. Deswegen sind ihre Anpassungen vielleicht nicht so offensichtlich an ihrem Äußeren zu erkennen. Der Bodentypus, in dem sie leben, spielt bei den Anpassungen ebenfalls eine Rolle. Arten, die in losem Treibsand graben, werden z. B. ganz anders aussehen als Arten, die sich durch festeres Erdreich wühlen müssen.

Ausgesprochene Graber sind Arten, die ihr ganzes Leben unterirdisch verbringen und nur gelegentlich an die Oberfläche kommen. Sie zeichnen sich durch eine Reihe von anatomischen Merkmalen aus: Der Kopf ist vom Körper nicht deutlich abgesetzt, und entweder sind die Augen sehr klein oder sehr einfach und von Schuppen überdeckt. Ihr Körper ist im Querschnitt zylindrisch, und ihre Schuppen sind glatt und glänzend. Der Schwanz ist kurz und endet bei manchen Arten in einem kurzen Stachel oder in raffinierter geformten Schuppen. Die 3 primitivsten Schlangenfamilien, Anomalepididae, Typhlopidae und Leptotyphlopidae, zeigen alle diese Merkmale, ebenso die Vertreter der Uropeltidae, bei denen der Schwanz mancher Arten in einer schrägen, tellerförmigen Schuppe endet, die mit kleinen Stacheln bedeckt ist. Alle Schlangen dieser 4 Familien haben Schädel, die schwerer gebaut und starrer sind als die der meisten anderen Schlangenarten; das hilft ihnen, sich ihren Weg durch das Erdreich zu bahnen. Dadurch ist die Größe der Nahrung, die sie schlucken können, begrenzt, was freilich in der Regel kein Problem darstellt, weil sie ohnehin nur wirbellose Tiere fressen, meist Ameisen und

◀ *Typhlops diardi* aus Asien, Vertreter einer Familie, die nur aus grabenden Arten besteht. Die Augen dieser Schlangen sind rudimentär, sie haben glatte, glänzende Schuppen und einen zylindrischen Körperbau.

Termiten im Fall der 3 primitiven Familien und Regenwürmer im Fall der Schildschwänze. Sowohl *Xenopeltis*-Arten als auch *Loxocemus bicolor,* als einziger Vertreter seiner Familie, besitzen zylindrische Körper und kleine, glatte, glänzende Schuppen, die im Sonnenlicht wunderschön irisieren, v. a. die von *Xenopeltis.*

Grabende Arten anderer Familien zeigen unterschiedliche Anpassungsgrade. Alle grabenden Boiden gehören zur Unterfamilie der Sandboas (Erycinae) und schließen die nordamerikanischen Zwergboas *(Charina bottae)* und die Sandboas *(Eryx* und *Gongylophis)* in Afrika, Asien und Europa ein. Diese Arten entsprechen dem typischen Muster unterirdisch lebender Schlangen (glatte, glänzende Schuppen, kurzer, stumpfer Schwanz, keilförmige Schnauze, kleine Augen).

Beispiele grabender Schlangen unter den Colubriden sind nicht so einfach einzustufen. Einige wühlen nach Nahrung und zeigen vielleicht eine geringe Modifikation der Schnauzenform; Hakennasennattern, sowohl die Amerikanische als auch die Madagassische *(Heterodon* und *Leioheterodon),* die Blattnasennatter *(Phyllorhynchus),* Pflasternasennattern *(Salvadora)* und Langnasennattern *(Rhinocheilus)* sind alle Beispiele dafür, wie Volksnamen die hervorstechenden Merkmale widerspiegeln. Andere Arten »schwimmen« durch den Sand und bewegen sich dabei mühelos nach Schlangenmanier durch die losen Partikel. Diese Arten, zu denen die nordamerikanischen Schaufelnasenschlangen *(Chionactis),* die Sandschlangen *(Chilomeniscus)* und die afrikanischen Schaufelnasennattern *(Prosymna)* gehören, haben keilförmige Schnauzen, unterbaute Kiefer und genial konstruierte Nasenöffnungen, die durch Klappen geschlossen werden können, was verhindert, dass Sand an unerwünschte Stellen gelangt. Vertreter

▲ Wie einige Arten, die in sandigen oder staubigen Gegenden leben, versteckt sich eine Schneiders Zwergpuffotter *(Bitis schneideri),* indem sie sich unter die Oberfläche schlängelt.

der Kobrafamilie, einschließlich der Afrikanischen Strumpfbandottern *(Elapsoidea)* und der Australischen Korallenottern *(Simoselaps),* haben über die Kontinente hinweg dieselben Anpassungen entwickelt, und manche sehen praktisch gleich aus. Andere grabende Giftnattern (Elapidea) sind die Korallenottern *(Micrurus)* aus Südamerika, die ihrer Beute (bei den meisten Arten fast ausschließlich andere unterirdische Reptilien) in Erdgängen nachstellen. In der Regel graben sie keine eigenen Gänge, sondern verfolgen ihre Opfer einfach in bestehenden Tunneln. Ihre Anpassungen beschränken sich deswegen auf glatte, glänzende Schuppen, kleine Augen und zylindrische Körperform.

Alle Erdvipern (Atractaspididae) sind grabende Arten, aber sehr wahrscheinlich bewegen sich auch hier viele durch Gänge, die von ihren Beutetieren gegraben wurden. Manche Arten haben eine einmalige Anpassung zum Erlegen ihrer Beute entwickelt: Sie können ihre Giftzähne bei geschlossenem Maul seitlich herausstrecken. Dies ermöglicht es ihnen, ihr Opfer zu erlegen,

ohne den Rachen zu öffnen, was in einem engen Erdgang sehr nützlich ist.

Schlangen in sandigen Gebieten graben auf andere Art. Sie sind »Schlängler« und arbeiten sich unter die Oberfläche, indem sie ihren Körper hin und her biegen. Eine weitere Form des Grabens wird von einer Reihe von Wüstenschlangen angewendet, v. a. von Arten in sandigen Gegenden. Um damit Erfolg zu haben, muss der Körper abgeflacht sein oder durch Spreizen der Rippen abgeflacht werden können. Die Seiten werden dann zu einer scharfen Kante geformt und so lange leicht in das Substrat gedrückt, bis sie davon bedeckt sind. Anders als die meisten grabenden Schlangen haben diese Arten kielförmige Schuppen und gehören fast ausschließlich zu den Viperidae; zu ihnen zählen die Seitenwinder-Klapperschlange *(Crotalus cerastes)* aus Nordamerika, die Wüstenhornvipern *(Cerastes)* aus Nordafrika und dem Nahen Osten sowie die Sandrasselottern *(Echis)* aus Afrika, dem Nahen Osten und Vorderasien. Bei diesen Arten dient das Graben der Tarnung, da ihre Augen und (soweit vorhanden) Hörner, über dem Boden bleiben, während sie auf Beute lauern. Eine ähnliche Strategie wird von manchen Sandboas, v. a. von der Arabischen Sandboa *(Eryx jayakari),* eingesetzt, die nach oben gerichtete Augen hat.

Wasserschlangen
Die meisten Schlangen (einschließlich arboreale und grabende) können recht gut schwimmen, aber manche leben völlig oder

▶ Die Schnauze der Sandschlange *(Chilomeniscus stramineus)* ist hervorragend an das »Sandschwimmen« angepasst.

nahezu völlig aquatisch. Dazu zählen alle 3 Arten von Warzenschlangen (Acrocordidae), einige Colubriden, v. a. die Unterfamilien Homalopsinae und, in etwas geringerem Ausmaß, die Natricinae sowie die Plattschwänze und Seeschlangen, die entweder den Elapidae zugeordnet werden oder eigene Familien bilden. Nur 1 Viper, die Wassermokassinotter *(Agkistrodon piscivorus),* lebt auch teilweise im Wasser.

Zu den Anpassungen an das Leben im Wasser gehören: auf der Oberseite des Kopfes liegende Augen und Nasenlöcher sowie ein, v. a. in der Schwanzregion, seitlich abgeflachter Körper. Die Gründe für diese Anpassungen liegen auf der Hand: Hoch liegende Nasenöffnungen ermöglichen es den Schlangen zu atmen, ohne den Kopf über die Wasseroberfläche heben zu müssen; die nach oben zeigenden Augen erlauben es, nach Feinden Ausschau zu halten, und der abgeflachte Schwanz dient der rascheren Fortbewegung im nassen Element. Weitere Anpassungen sind kielförmige Schuppen, die das Schwimmen erleichtern. Ausgeprägt kielförmige Schuppen sind besonders für die Wassernattern typisch, von denen viele semiaquatisch leben, treten aber nicht generell bei allen aquatischen Arten auf. Die Schuppen der Warzenschlangen sind rau und granuliert und dienen dazu, umschlungene Fische festzuhalten.

Meeresschlangenarten besitzen Salzdrüsen, entweder unter der Zunge (bei den Warzenschlangen und den marinen Giftnattern) oder oben im Gaumen (bei den Wassertrugnattern).

Andere Anpassungen sind weniger offensichtlich und haben mit den Mechanismen des Tauchens zu tun. Da diese Arten lange Zeit unter Wasser bleiben, hat sich ihre Lungenkapazität erhöht. Im Fall der Warzenschlange *Acrochordus grannulatus* zirkuliert eine überdurchschnittlich große Menge an Blut, was die Tauchfähigkeit erhöht; sie hat ungefähr doppelt so viel Blut wie eine an Land lebende Schlange vergleichbarer Größe, und ihr Blut kann mehr Sauerstoff aufnehmen als das anderer Schlangen. Das ist besonders nützlich, weil es ihr erlaubt, tagsüber inaktiv länger in Unterwasserhöhlen zu bleiben. Darüber hinaus ist die Warzenschlange wahrscheinlich unter marinen Arten einmalig, weil sie ein Ansitzjäger ist, sodass die Fähigkeit, bewegungslos unter Wasser zu verharren, für sie besonders wichtig ist.

GLOBALE VERBREITUNGS- MUSTER

SELBST WENN GEEIGNETE LEBENSRÄUME VORHANDEN SIND, KÖNNEN SCHLANGEN VÖLLIG FEHLEN ODER NUR BESTIMMTE FAMILIEN AUFTRETEN. AN ANDEREN ORTEN SIND ZAHLREICHE FAMILIEN PRÄSENT. DANN WIEDERUM KÖNNEN ENG VERWANDTE ARTEN DURCH MEHRERE TAUSEND KILOMETER (Z. B. MEERE) VONEINANDER GETRENNT SEIN. DIE VERBREITUNG VON SCHLANGEN SOWIE DIE ART UND WEISE, IN DER SIE SICH VERTEILT UND SPEZIALISIERT HABEN, ZÄHLT ZU DEN SPANNENDSTEN KAPITELN IHRER BIOLOGIE.

Auf lokaler Ebene ist die Verbreitung von Schlangenarten auf die Tendenz aller Lebewesen zurückzuführen, sich in benachbarte Gegenden auszubreiten, sobald die Population wächst. Populationswachstum wird stets von einer Arealerweiterung begleitet. Umgekehrt geht eine schrumpfende Population meist Hand in Hand mit einer Verkleinerung und/oder Fragmentierung des Verbreitungsgebietes. In guten Zeiten wachsen Populationen bis zur Übervölkerung, und diese zwingt Individuen, in neue Gegenden abzuwandern. In schlechten Zeiten entvölkern sich manche Gegenden, jedoch nicht immer die, die zuletzt besiedelt wurden. Auf diese Weise ändert sich das Areal einer Population fast unmerklich und oft in Zusammenhang mit sich verändernden Umweltbedingungen. Einige Arten passen sich besser an neue Bedingungen an als andere und breiten sich, oft auf Kosten hochspezialisierter Arten, stärker aus. Das Verbreitungsgebiet mancher Arten wird kleiner und kleiner, bis sie ganz verschwinden – sie sterben aus.

Offensichtlich wird die Ausbreitung von Populationen früher oder später durch physikalische Grenzen gebremst – Meere, Wüsten, Gebirge etc. Was jedoch für die eine Spezies eine Barriere bedeutet, kann für eine andere ein Korridor der Verbreitung sein, je nach Lebensraumpräferenz. Über lange Zeiträume gesehen, wechseln Barrieren und Korridore infolge geologischer Aktivitäten ihre Lage; z. B. haben Schlangen Madagaskar vom afrikanischen Festland aus erreicht, bevor die Straße von Mosambik

entstand. Umgekehrt war es in Nord- und Südamerika, die einst getrennt waren, weshalb sich die Möglichkeit einer Verbreitung in Richtung Norden oder Süden erst vor relativ kurzer Zeit eröffnete.

Als Schlangen vor über 100 Mio. Jahren erstmalig auftraten, sahen die Landmassen völlig anders aus als heute. Südamerika, Afrika und Australien hingen zusammen und waren mit dem späteren Madagaskar, Indien und Südostasien verbunden. Nordamerika, Europa sowie Nord- und Zentralasien bildeten eine zweite große Landmasse. Die Verbreitung von terrestrischen Tieren war deshalb viel einfacher als heute, und Familien, die sich in neue Lebensräume ausbreiteten, bewegten sich dabei in die verschiedensten Richtungen und Gegenden der zukünftigen Kontinente. Aus diesem Grund hat die Schlangenfauna Nordamerikas mit der von Europa und Zentralasien mehr gemein als mit der Südamerikas, die wiederum Ähnlichkeit mit Afrika, Südasien und Australien aufweist.

Nur die primitiveren Schlangenfamilien, frühe Vorfahren der noch heute lebenden Familien, hatten sich in der Ära, in der die Landmassen noch miteinander verbunden waren, entwickelt. Zu der Zeit, in der sich die bekannteren Familien herausbildeten, begann sich die Form der Landmassen bereits zu wandeln. Manche Familien entstanden erst, nachdem bestimmte Landstücke weggebrochen waren, und ihre Möglichkeiten, sich auszubreiten, waren folglich eingeschränkter als die jener, die sich schon davor entwickelt hatten.

Obwohl der Verlauf der Ereignisse natürlich nicht genau rekonstruiert werden kann, ist es doch möglich, anhand der Verwandtschaft und heutigen Verbreitung der Schlangenfamilien einige Lücken im Zeitplan ihrer Entwicklung zu schließen. So deutet etwa das Fehlen von Vipern in Australien darauf hin, dass sich diese Familie erst nach dem Wegbrechen Australiens vom Riesenkontinent entwickelte. Umgekehrt zeigt die Präsenz von Boas in Madagaskar, dass diese Schlangenfamilie schon bestand, bevor sich Südamerika und Antarctica abspalteten.

Das gleiche Muster findet man bei den Leguanen, von denen es Arten in Südamerika und Madagaskar, nicht aber in Afrika gibt. Die Ursachen solcher Verbreitungslücken sind nicht leicht erkennbar.

Nordamerika
Die nordamerikanische Schlangenfauna besteht aus 5 Familien. Von den primitiven Schlangen gibt es einige Arten der Gattung

Leptotyphlops und 2 Boa-Arten, die Gummiboa *(Charina bottae)* und die Dreistreifen-Rosenboa *(Charina trivirgata).*

Die Colubriden sind in Nordamerika relativ artenreich, obwohl es dort nur 3 Unterfamilien gibt: Colubrinae (typische Nattern wie Königs- und Kletternattern, *Lampropeltis* und *Pantherophis),* Natricinae (semiaquatische Schlangen wie Strumpfbandnattern und Amerikanische Schwimmnattern, *Thamnophis* und *Nerodia)* und einige Arten der Xenodontinae (eine wenig bekannte Gruppe, zu der u. a. die Hakennasennattern, *Heterodon,* gehören). Nah verwandte Arten von Erdnattern und Natricinen treten in Europa und Asien auf. Diese Querverbindungen sind auf die uralte Verbindung von Nordamerika und Eurasien zurückzuführen. In Südamerika gibt es keine natricinen Schlangen, was zeigt, dass die Verbindung zu Nordamerika relativ jung ist.

In Nordamerika haben sich die Colubriden wie überall in viele ökologische Nischen ausgebreitet. Es gibt grabende, terrestrische, semiaquatische und auch einige arboreale Arten. Die große Vielfalt an Lebensräumen und Klimazonen führte zu einer Vielfalt von Schlangen, wobei man im Süden des Kontinents mehr Arten findet als im kälteren Norden. Besonders artenreiche Gebiete gibt es in den subtropischen Sümpfen Südfloridas und in den südwestlichen Wüsten. Vertreter der Elapidae kommen ebenfalls vor, jedoch nur in Form einer klei-

◄ Viele nordamerikanische Schlangen haben offensichtliche Ähnlichkeiten mit ihren eurasischen Gegenstücken. So sind Mitglieder der Gattung *Nerodia,* etwa die Grüne Schwimmnatter *(N. cyclopion,* oben) aus Florida, der südosteuropäischen und westasiatischen Würfelnatter *(Natrix tessellata,* unten) sehr ähnlich.

nen Anzahl von Korallenottern *(Micrurus* und *Micruroides);* dies sind in erster Linie tropische Schlangen, die in großen Populationen in Mittel- und Südamerika auftreten.

Vipern sind zahlreich in Nordamerika, aber nur dank Vertretern der Grubenottern *(Agkistrodon)* und Klapperschlangen *(Crotalus* und *Sistrurus).* Isolierte Gebirgszüge erhöhen die Anzahl spezialisierter Schlangen, besonders von kleinen Klapperschlangen.

Mittel- und Südamerika einschließlich Karibik

Alle 3 Familien primitiver grabender Schlangen, Typhlopidae, Leptotyphlopidae und Anomalepididae, sind in Südamerika gut repräsentiert. Andere primitive Familien sind hier etwa durch die Korallenrollschlange *(Anilius scytale)* vertreten, das einzige Mitglied der Aniliidae, dazu Boidae und Tropiphiidae. Aus den letzten 2 Familien findet man eine größere Zahl von Arten auf den karibischen Inseln. Auf dem süd- und mittelamerikanischen Festland sind sie durch einige weit verbreitete Arten vertreten, besonders *Boa constrictor* und *Epicrates cenchria. Loxocemus bicolor,* das einzige Mitglied der Loxocemidae, ist im südlichen Teil Mittelamerikas anzutreffen.

Von den vielen Colubriden gehören die meisten entweder zu den Colubrinae oder zu den Xenodontinae. Darüber hinaus gibt es eine Reihe wenig bekannter Arten, deren Verwandtschaft noch nicht klar ist. Manche dieser Arten sind weit verbreitet, andere sehr selten. Einige Colubridenarten sind hoch

spezialisiert, etwa die Mitglieder der Dipsadinae, die sich nur von Mollusken ernähren.

Die südamerikanischen Elapiden beschränken sich auf Korallenottern *(Micrurus),* von denen es viele Arten gibt. Vipern aus der Unterfamilie Crotalinae schließen 1 Klapperschlange, große terrestrische Grubenottern wie Buschmeister *(Lachesis muta)* und viele arboreale Arten ein.

▲ **Nordamerika**

▲ **Mittel- und Südamerika**

Europa

Diese Region hat mit Nordamerika, wie schon gesagt, viel gemein. Auch hier gibt es eine kleine Zahl von Arten aus benachbarten Regionen, die dazu beitragen, dass sich die Zahl der vertretenen Familien erhöht – Typhlopidae und die Boidae, die hier nur mit je einer einzigen Art, der Europäischen Blindschlange *(Typhlops vermicularis)* bzw. der Sandboa *(Eryx jaculus),* vertreten sind. Darüber hinaus gibt es mit der Halysotter *(Gloydius halys)* noch eine Grubenotter, deren europäisches Vorkommen aber auf einen kleinen Teil Osteuropas beschränkt ist.

Die dominanten Elemente der europäischen Schlangenfauna sind Colubriden und Vipern. Zu den Colubriden gehören die Colubrinen und Natricinen, die enge Verwandte in Nordamerika haben, sowie einige Arten mit hinteren Giftzähnen, die möglicherweise aus Nordafrika und/oder dem Nahen Osten eingewandert sind: die südosteuropäische Nachtbaumnatter *(Telescopus fallax),* die Europäische Eidechsennatter *(Malpolon monspessulanus)* und die südwesteuropäische Kapuzennatter *(Macroprotodon cucullatus).* Keine dieser Arten ist für Menschen gefährlich. Alle europäischen Colubriden sind terrestrisch oder semiaquatisch. Ein paar Arten klettern hin und wieder, doch gibt es nur wenige spezialisierte arboreale Spezies.

Vipern sind artenreich vertreten und kommen vom hohen Norden bis zum Mittelmeerraum vor.

Nord- und Zentralasien mit Nahem Osten

Die Verbreitung der Schlangen in Nord- und Zentralasien ähnelt der in Europa, weil es keine Verbreitungshindernisse gibt und überall das gleiche gemäßigte Klima herrscht. Man findet deshalb viele gemeinsame Gattungen, wenngleich Grubenottern *(Gloydius)* und Sandboas *(Eryx)* in Nord- und Zentralasien etwas häufiger vorkommen als in Europa.

Der Nahe Osten besitzt eine ausgeprägtere Schlangenfauna, größtenteils wegen seiner Lage, die ihn für Arten sowohl aus Afrika als auch aus dem südlichen Asien zugänglich macht. Vorherrschender Lebensraum ist die Wüste, und somit sind viele Arten Wüstenspezialisten.

Die Familien Typhlopidae und Leptotyphlopidae sind mit 2 bzw. mindestens 2 Arten vertreten, dazu kommen 5 Sandboas (z. B. *Eryx jaculus* und *E. jayakari).* Die Colubridae dieser Region bestehen hauptsächlich aus den typisch terrestrischen Arten der Gattungen *Dolichophis, Hemorrhois, Hierophis* und *Platyceps,* dazu einige kleinere, versteckte Arten mit hinteren Giftzähnen, etwa *Telescopus.* Eine einzige grabende Aspisviper *(Atractaspis engaddensis)* ist hier anzutreffen, dazu 1 Kobra, die Ägyptische Wüstenkobra *(Walterinnesia aegyptia).*

Vipern sind durch 3 Hornvipern *(Cerastes)* und 4 Sandrasselottern *(Echis)* sowie 2 Arten der Persischen Trughornvipern *(Pseudocerastes)* und einige Mitglieder der Gattung *Vipera* vertreten, hauptsächlich in den Gebirgsregionen. Die Gattung der Grubenottern *(Gloydius)* hat hier ihren Verbreitungsschwerpunkt.

Süd- und Südostasien

Diese Region, die das ganze tropische Asien umfasst, ist herpetologisch überaus artenreich. 2 der 3 primitiven grabenden Blindschlangenfamilien sind zahlreich vertreten, nur die Anomalepididae fehlen. Die Boas sind mit 1 oder 2 Sandboas, deren Areal bis in diese wärmeren Gegenden reicht, die Pythons durch einige große Arten repräsentiert. 2 der 3 Acrochoridae-Arten kommen hier vor und auch beide Erdschlangen *(Xenopeltis unicolor* und *X. hainanensis).* Die Familien Anomochilidae, Cylindrophiidae und Uropeltidae sind in dieser Region endemisch.

Die Colubriden sind ebenfalls sehr gut vertreten, einschließlich einiger Unterfamilien (oder Familien?), die es sonst nirgends gibt. Zu diesen gehören Calamariinae, Homalopsinae, Pareatinae und Xenoder-

minae. Weitere süd- und südostasiatische Colubriden sind die hier artenreichen Colubrinen und Natricinen sowie einige Gattungen, deren Verwandtschaft mit den Colubriden nicht ganz geklärt ist. Die Colubriden dieser Region umfassen grabende, terrestrische, arboreale und aquatische Arten.

Auch viele Elapiden-Arten sind anzutreffen. Dazu gehören einige Kobras, Plattschwänze und Asiatische Korallenottern, aber auch viele kleinere, weniger auffällige Arten. Grubenottern sind weit verbreitet, mit vielen Arten in mehreren Gattungen, v. a. *Trimeresurus* und deren nahe Verwandten. Die echten Vipern sind durch die Kettenviper *(Daboia russeli)* und die Sandrasselviper *(Echis)* vertreten. Die ungewöhnliche und ziemlich unbekannte Feaviper *(Azemiops feae)* lebt in den Bergen Südchinas und Nordvietnams.

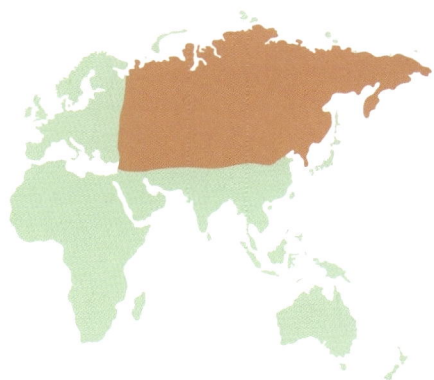

▲ Nord- und Zentralasien und Naher Osten

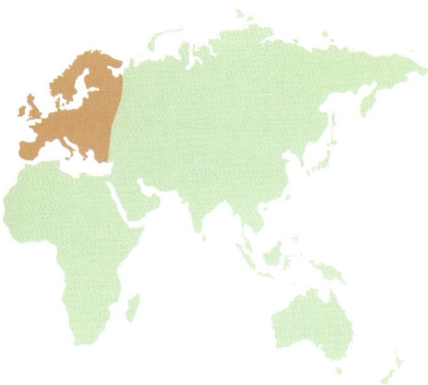

▲ Europa

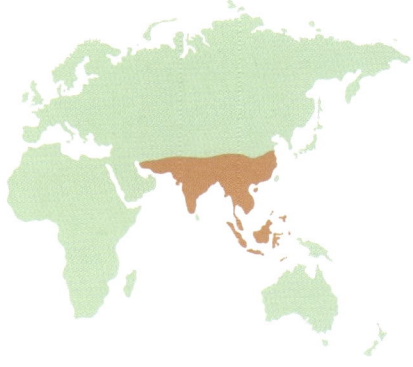

▲ Süd- und Südostasien

EINE SEHR ERFOLGREICHE SCHLANGE

Die Kreuzotter *(Vipera berus)* kann als eine der erfolgreichsten Schlangen der Welt gelten. Sie ist von allen terrestrischen Arten am weitesten verbreitet (nur die Plättchenseeschlange, *Pelamis platurus,* kann theoretisch in einem größeren Gebiet angetroffen werden). Ihr Verbreitungsgebiet reicht von Großbritannien und Skandinavien über den größten Teil Mitteleuropas und Nordasien fast bis zum Pazifischen Ozean. Im südlichen Teil ihres Areals ist sie hauptsächlich auf Gebirgsketten beschränkt, doch überall sonst findet man sie in den vielfältigsten Lebensräumen: von Mooren und Heiden bis hin zu Wiesen, Wäldern und Sümpfen. Trotz dieses riesigen Verbreitungsgebietes gibt es nur 2 Unterarten: die Nominatform *Vipera berus berus* und eine Balkan-Unterart, *Vipera berus bosniensis.* (Die auf der Sachalin-Insel nördlich von Japan und dem gegenüberliegenden Festland lebende Form wird heute gewöhnlich als eigene Art betrachtet, *Vipera sachalinensis.)*

Nicht nur ist die Kreuzotter am weitesten verbreitet, sie kommt auch weiter nördlich vor als jede andere Schlangenart und wurde bis zu einer Breite von 69 Grad in Skandinavien gefunden – weit jenseits des Polarkreises. Im nördlichen Teil ihres Verbreitungsgebiets ist sie die einzige Schlange und in vielen anderen Teilen die häufigste Schlangenart.

Abgesehen von Unterschieden zwischen den Unterarten zeigt die Kreuzotter kaum Variationen innerhalb ihres gesamten Areals, obwohl der farbliche Grundton ebenso wie der Kontrast zwischen ihrer Zickzackzeichnung und dem Hintergrund geringfügig variieren kann. Es gibt eine seltene Variante, bei der statt des Zickzackmusters ein durchgehender Rückenstreifen vorhanden ist, und es gibt auch eine völlig schwarze Form. Schwarze Exemplare haben ein samtiges Aussehen

und treten manchmal plötzlich in einer ansonsten völlig normalen Population auf. Öfter bilden sie aber einen bedeutenden Teil einer Population, meistens in den nördlicheren Breiten oder höheren Gebirgslagen und v. a. auf einigen kleinen Ostseeinseln, wo sie recht häufig sind. Die dunkle Farbe hilft ihnen, sich schnell aufzuwärmen, was den Preis der geringeren Tarnung mehr als wettmacht.

Dass ein Kaltblüter in den kalten nördlichen Regionen so erfolgreich sein konnte, lässt sich auf eine Reihe von Anpassungen zurückführen: geringe Größe, dunkle Färbung und die Fähigkeit zum Lebendgebären. In manchen Gegenden ist die Kreuzotter gezwungen, 8 Monate Winterschlaf zu halten, und sie erscheint im Frühling oft schon zu einer Zeit, wenn noch Schneereste auf der Erde liegen.

TIERE AUF INSELN

Dass die Größe einer Insel bei der Artenvielfalt eine wichtige Rolle spielt, ist bekannt und liegt nahe. Vielfältige Lebensräume sind offensichtlich relevant, ausschlaggebend scheint aber die Flächengröße an sich. Die »Gleichgewichts-Theorie«, die R. H. MacArthur und E. O. Wilson in ihrem Buch »Insel-Biogeographie« (Princeton 1967) vorstellen, versucht, dies in Form eines mathematischen Modells zu erklären.

Die Anzahl von Arten, die zu einer gegebenen Zeit auf einer Insel leben, wird als ein Gleichgewicht zwischen dem Einwandern neuer Arten und dem Aussterben schon dort lebender betrachtet. Mit Zunahme der Artenzahl auf der Insel kommen weniger neue Einwanderer, wodurch die Zahl zusätzlicher Arten immer kleiner wird, bis sie gleich null ist (wenn alle Arten vom Festland vertreten sind). Mit Zunahme der Artenzahl steigt aber auch die Rate des Aussterbens, teilweise weil es mehr Arten gibt, die potenziell aussterben können, teilweise aber auch, weil durch die höhere Anzahl von Arten der Wettbewerb sehr wahrscheinlich zunimmt. Irgendwann kommen neue Arten in gleicher Zahl, wie alte aussterben. Jetzt ist ein Gleichgewicht erreicht, die Zahl der Arten bleibt konstant.

Sind alle anderen Faktoren gleich, wird auf großen Inseln die Einwanderungsgrate größer sein als auf kleinen Inseln, weil größere Inseln größere Anlaufstellen sind. Die Rate des Aussterbens wird jedoch nicht größer sein, und deswegen dauert es länger, bis ein Gleichgewicht hergestellt ist. Das führt zu einer größeren Anzahl von Arten.

Dieses Modell befasst sich nicht speziell mit Schlangen, man kann jedoch davon ausgehen, dass Schlangen den Vorhersagen mindestens ebenso entsprechen wie andere Tiere.

Afrika und Madagaskar

Es gibt einige Vertreter der Typhlopidae und Leptotyphlopidae in Afrika, aber keine dieser Familien kommt in Madagaskar vor. Boas sind auf dem afrikanischen Festland durch die Sandboas *Eryx* und *Gongylophis* und die Westafrikanische Zwergboa (*Calabaria reinhardtii*) vertreten. 3 Arten von Riesenboas, die zu den endemischen Gattungen *Acrantophis* und *Sanzinia* gehören, leben auf Madagaskar, einige Pythons kommen auf dem afrikanischen Festland vor.

Obwohl Colubriden sowohl auf dem afrikanischen Festland als auch auf Madagaskar gut vertreten sind, ist das Verwandtschaftsverhältnis vieler Gattungen nicht klar. In manchen Fällen scheint es eine Verbindung zu Südamerika zu geben, etwa bei den Boas. Die meisten Arten auf Madagaskar sind endemisch.

Die Familie Atractaspididae kommt fast ausschließlich in Afrika vor, Ausnahme ist 1 Art, die auch im Nahen Osten vertreten ist. Zu den afrikanischen und madagassischen Colubriden gehören unterirdisch lebende, terrestrische, semiaquatische und arboreale Arten, von denen viele hoch spezialisiert sind.

Es gibt viele Elapiden, darunter einige Kobraarten (*Naja*), Mambas (*Dendroaspis*) sowie einige kleinere Gattungen. Ähnlich sieht es bei den Viperidae aus. Es gibt eine Reihe typischer Erdvipern, einschließlich Vertretern der Gattungen *Bitis, Causus* und *Echis,* die man fast auf dem ganzen Kontinent in einer Vielfalt von Lebensräumen antrifft, die auf Madagaskar aber nicht vorkommen.

Australien und Ozeanien

Neuseeland ist rasch abgehandelt, weil es hier keine Schlangen gibt. Australien hingegen ist reich an Schlangen, obwohl nur wenige Familien vertreten sind. Von den Blindschlangen (Typhlopidae) sind nur die Wurmschlangen (*Ramphotyphlops*) vertreten. Es gibt jedoch viele Pythons, und Australien ist eines der Evolutionszentren dieser Familie: Pythons aller Art kommen im ganzen Land vor. 2 der 3 Warzenschlangen (*Acrochordus*) sind hier ebenfalls heimisch.

Die Colubriden sind eher dünn gesät. Einige Arten leben im Norden Australiens und auf Neuguinea. Dies und die völlige Abwesenheit von Vipern lässt sich auf die Abtrennung der australischen Landmasse in der frühen Geschichte des Kontinents zurückführen. Es gibt sehr viele Elapiden, einschließlich Arten, die Nischen besetzt haben, die woanders gewöhnlich von Colubriden und Vipern eingenommen werden. Viele Seeschlangen und Plattschwänze kommen an den wärmeren Küsten und Riffen des Kontinents vor.

Die Pazifischen Inseln haben eine reichhaltige Schlangenfauna und bergen viele ungelöste Rätsel bezüglich der Verbreitung dieser Tiere. Obwohl ihre Schlangenfauna hauptsächlich australasiatisch ist, ist das Vorkommen der Riesenschlangengattung *Candoia* rätselhaft, da es keine anderen Boas in der Region gibt. *Candoia* ist womöglich auf Meeresströmungen von Südamerika hierher gelangt, so wie es die Leguane taten, die ebenfalls im pazifischen Raum vorkommen. Boas sind lebendgebärend und haben lange Tragzeiten, eine Tatsache, die von Vorteil ist, wenn ein trächtiges Weibchen auf Treibholz abdriftet.

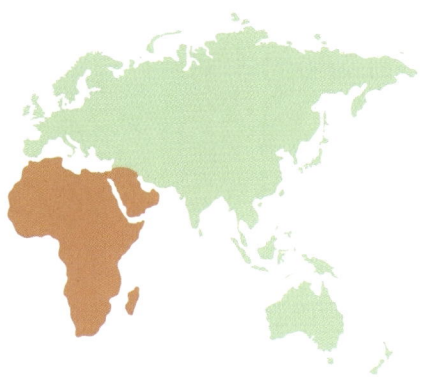

▲ Afrika und Madagaskar

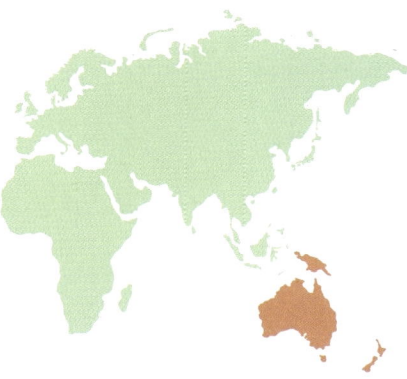

▲ Australien und Ozeanien

Schlangen auf Inseln

Inseln haben Biologen und Naturforscher dank ihrer oft einmaligen und ungewöhnlichen Flora und Fauna schon immer fasziniert. Darwins Evolutionstheorie entstand bekanntlich nach einem Besuch auf den Galapagosinseln. Auf diesem speziellen Archipel gibt es zwar nur eine kleine Anzahl von Schlangen, doch andere Inselgruppen sind erheblich artenreicher und herpetologisch hoch interessant.

Inseln sind auch aufgrund des hohen Anteils dort vorkommender endemischer Arten wichtig. Isolierte Populationen entwickeln sich auf eine Weise, die sie sowohl im Aussehen als auch im Verhalten schnell von den Festlandsbeständen, von denen sie abstammen, unterscheidet. Auf zersplitterten Inselgruppen können auf jeder Insel 1 oder mehr endemische Arten vorkommen. Das Überleben dieser Populationen ist von größter Wichtigkeit, denn sie sind nicht nur für sich einmalig, sondern das Ergebnis natürlicher Experimente und tragen das Geheimnis der Evolution in ihren Genen.

Unglücklicherweise sind Inselpopulationen besonders verletzlich, und ihr Überleben ist durch viele Bedrohungen gefährdet. Kleine Gebiete sind sehr anfällig für schnelle Umweltveränderungen, insbesondere die Zerstörung von Lebensräumen durch den Menschen. Das Einführen von Weidetieren, v. a. Ziegen, trägt drastisch zur Beschleunigung dieses Prozesses bei und wird in vielen Fällen für das Aussterben einer Art, nicht nur von Schlangen, mitverantwortlich gemacht. Eingeführte Raubtiere wie Ratten und Katzen merken schnell, dass Arten, die sich in der Abwesenheit von Fressfeinden entwickelten, leichte Beute sind, und können durch Erbeutung von Eiern, Jungtieren und Erwachsenen schnell ganze Populationen auslöschen. Selbst aus anderen Teilen der Welt eingeführte Reptilien zeigen bisweilen äußerst negative Wirkung, etwa im Fall der Braunen Baumtrugnatter *(Boiga irregularis),* die an anderer Stelle erwähnt wird (siehe S. 93). Schließlich sind viele Inselformen für Zoos und private Sammler von Interesse, gerade weil sie immer seltener werden. Die Gefahren des Übersammelns sind hier gravierender als auf dem Festland.

Tiere, die auf Inseln leben, neigen besonders dazu, hoch spezialisiert zu sein, und laufen dadurch erhöhte Gefahr auszusterben. Außerdem können sie größer oder kleiner sein als ihre Vettern auf dem Festland. Die Riesenschildkröten von den Galapagosinseln und Aldabra sind ein bekanntes Beispiel für Riesenwuchs von Inselformen, und es gibt

auch Beispiele unter den Schlangen. Die Schwarze Tigerotter *(Notechis ater serventyi)* lebt auf 2 kleinen australischen Inseln in der Bassstraße zwischen New South Wales und Tasmanien. Diese Tigerottern sind erheblich größer als Tigerottern auf dem Festland und erreichen eine Gesamtlänge von bis zu 240 cm – im Vergleich zu 160 cm der tasmanischen Form *(N. a. humphreysi),* ihrer engsten Verwandten. Grund dafür ist mit ziemlicher Sicherheit das unsichere Nahrungsangebot. Sie fressen vorrangig die Küken von Seevögeln, die es nur einige Wochen im Jahr gibt, und müssen daher in der Lage sein, einen ausreichend großen Fettvorrat anzulegen, um den Rest das Jahres überbrücken zu können; ihre enorme Körpergröße ermöglicht ihnen dies. Ähnlich werden die gefleckten Klapperschlangen *(Crotalus mitchelli angelensis)* von der Insel Angel de la Guarda im Golf von Kalifornien nur halb so groß wie die Festlandform (auch auf einigen benachbarten Inseln gibt es Zwergformen). Es wurden allerdings keine ökologischen Untersuchungen an diesen Populationen durchgeführt, und über den Selektionsdruck, der sie in Richtung Riesen- oder Zwergwuchs drängte, ist nichts bekannt.

In der Tat ist Zwergwuchs ein weit häufigeres Merkmal als Riesenwuchs, und auf vielen kleinen Inseln kommen Schlangenpopulationen vor, die erheblich kleiner sind als ihre engsten Verwandten auf dem Festland. So sind die kleinsten Arten der karibischen *Epicrates*-Boas, *E. chrysogaster* und *E. exsul,* auf den kleinsten Inseln zu finden, während auf den größten Inseln (Kuba, Hispaniola und Jamaika) relativ große Arten vorkommen. Dies sind interspezifische Unterschiede, doch es gibt auch Beispiele,

▲ Inselarten tendieren dazu, kleiner zu sein als ihre Verwandten auf dem Festland: *Epicrates chrysogaster* z. B., die auf den Bahamas sowie den Turks- und Caicos-Inseln vorkommt, gehört zu den kleinsten Spezies ihrer Gattung.

wo innerhalb derselben Art deutliche Größenunterschiede vorkommen, abhängig davon, wo die Tiere leben.

Die europäische Sandviper *(Vipera ammodytes)* erreicht normalerweise auf dem griechischen Festland eine Länge von 80 cm, wird aber auf einigen kleinen Inseln selten größer als 50 cm und ist bei einer Länge von 30 cm geschlechtsreif. Andere Zwergwuchspopulationen, die auf Inseln vorkommen, gibt es unter Boas und Pythons. Im pazifischen Raum ist die Unterart des Timor-Wasserpythons, *Liasis mackloti savuensis,* die nur auf der kleinen Insel Savu der Kleinen-Sunda-Gruppe vorkommt, erheblich kleiner als die Nominatform auf den sehr viel größeren Inseln. Eine Form der Abgottboa *(Boa constrictor),* die auf einer kleinen Inselgruppe nördlich der Küste von Honduras lebt (mittlerweile vielleicht ausgestorben), ist ebenfalls deutlich kleiner als Formen, die auf dem Festland vorkommen.

Wie gelangen Schlangen auf Inseln? Dafür gibt es mehrere Antworten, und sie hängen zum Teil davon ab, um welchen Typ Insel es sich handelt. Manche Inseln entstehen, wenn ein Teil des Festlands wegbricht, durch Erosion z. B. oder durch steigenden Meeresspiegel. Andere Inseln bilden sich durch vulkanische Aktivität oder das Auftauchen von Korallenriffen. Die Kolonisierung jedes Inseltyps ist verschieden, es gibt aber 3 Hauptwege, wie Schlangen auf Inseln gelangen.

1. können sie bereits anwesend sein, wenn sich die Insel bildet bzw. deren Verbindung zum Festland abbricht. 2. erreichen sie isolierte Inseln nach abenteuerlichen Reisen auf entwurzelten Bäumen und herausgerissen schwimmenden Pflanzenteilen, die nach einem Sturm oder Hurrikan vom Festland angeschwemmt werden. 3. können sie absichtlich oder versehentlich durch Menschen eingeführt werden. Die letzte Möglichkeit ist natürlich die jüngste.

Die Abtrennung von Inseln durch Erosion oder Überschwemmung ist ein allmählicher Prozess. Viele kleine Inseln in Küstennähe sind auf diese Weise entstanden, und sie entstehen sowohl in Seen als auch im Meer. Schlangen, die auf dem abgetrennten Teil bereits vor der Trennung lebten, können dort weiterhin gedeihen, sofern die nötigen Bedingungen, z. B. ausreichend Beutetiere, gegeben sind. Über längere Zeiträume können sich diese Populationen durch Zufall oder Selektionsdruck verändern und zu unterschiedlichen Rassen, Unterarten oder Arten entwickeln. Vom Alter der Insel wird das Maß der stattgefundenen Spezialisierung abhängen: Schlangen, die auf uralten Inseln leben, dürften sich in der Regel zu verschiedenen Unterarten und Arten entwickelt haben, während Schlangen auf jüngeren Inseln ihren Verwandten auf dem Festland noch weitestgehend gleichen.

Angeschwemmt zu werden, ist eine viel heiklere Angelegenheit. Die Chance, dass Treibgut und entwurzelte Bäume tatsächlich eine Insel erreichen, ist äußerst gering. Darüber hinaus können Schlangen auf den Inseln, die sie vielleicht erreichen, möglicherweise nicht überleben, weil die Klimabedingungen nicht stimmen oder es kein passendes Nahrungsangebot gibt. Selbst wenn geeignete Lebensräume vorhanden sind, wird sich eine Schlangenpopulation nur etablieren können, wenn ein Männchen und ein Weibchen zusammen angeschwemmt wurden oder ein trächtiges Weibchen ankommt. Die Annahme, dass die Inselpopulation durch die Ankunft eines Geleges gegründet wird, ist unwahrscheinlich, weil Schlangeneier meistens eingegraben werden und eine niedrige Toleranz gegenüber Salzwasser haben. Inseln, die durch angeschwemmte Schlangen kolonisiert wurden, liegen in der Regel an einer der Hauptmeeresströmungen oder gegenüber einer großen Bucht. Trinidad und Tobago haben z. B. eine reiche Schlangenfauna, die zum Teil auf ihre Position direkt gegenüber der Mündung des Orinoko in Südamerika zurückzuführen ist.

Das Einführen von Schlangen durch den Menschen ist ein Phänomen jüngster Zeit. Schlangen können versehentlich in Schiffsladungen von Holz, Nahrung oder anderen Produkten mitgeführt, aber auch mit Absicht eingeführt worden sein. Letzteres ist jedoch selten, weil Schlangen nicht zu den Tieren gehören, mit denen Menschen in der Regel gern zusammenleben. Der Fall der europäischen Äskulapnatter (Zamenis longissimus) mag eine Ausnahme bilden. Diese Art hatte religiöse Bedeutung in römischer Zeit, und ihre lückenhafte Verbreitung in Teilen von Mitteleuropa hängt vielleicht mit der Lage der Orte zusammen, an denen sie verehrt wurde (obwohl manche Autoren diese Theorie anzweifeln).

Die Vorkommnisse auf Guam (siehe S. 93) sind nicht das einzige Beispiel dafür, dass eingeführte Schlangen einheimische Arten gefährden. Die Gewöhnliche Wolfzahnnatter (Lycodon aulicus) hat ihren Weg vor langer Zeit in mehrere Teile Indonesiens, der Philippinen und Mauritius gefunden und vor Kurzem auch auf die Weihnachtsinseln. Diese Art erbeutet bevorzugt Vögel und Echsen, und ihre Wirkung auf die Fauna der Weihnachtsinseln wird untersucht, während Biologen der Mauritius Wildlife Foundation überlegen, wie die Art von einigen kleineren Inseln der Mauritiusgruppe entfernt werden könnte. In Europa gibt es auf der kleinen Insel Mallorca 2 eingeführte Schlangenarten: die Vipernart Natrix maura, die Frösche frisst und die Population der seltenen endemischen Geburtshelferkröte Alytes mulentensis drastisch reduziert hat, sowie die Kapuzennatter (Macroprotodon cucullatus), die sich von Geckos und Eidechsen ernährt. Meist sind es Schlangen, die darunter leiden, wenn ein empfindliches Ökosystem durch Neueinführungen gestört wird, aber diese beiden Arten scheinen den Spieß umgedreht zu haben.

Arten die versehentlich eingeführt wurden, haben die gleichen Probleme zu überwinden wie Arten, die angeschwemmt wurden: Eine angemessene Anzahl beider Geschlechter muss vorhanden sein, damit die Population gedeihen und wachsen kann. Eine einzige Schlangenart, die Brahmanen-Wurmschlange (Ramphotyphlops braminus), auch »Blumentopfschlange« genannt, hat diese Beschränkung durch Parthenogenese überwunden: Es gibt keine Männchen, und die Weibchen fangen an, Eier zu legen, sobald sie im fortpflanzungsfähigen Alter sind. Das erhöht ihre Chancen immens, und tatsächlich hat sich diese Art weit von ihrer natürlichen Heimat entfernt an verschiedenen Orten verbreitet. Darüber hinaus ist sie klein und lebt in der Erde und ist deshalb nicht leicht zu entdecken. Sie wurde v. a. zusammen mit Topfpflanzen wie Gummibäumen und Kokospalmen eingeführt, wenn diese in andere Länder exportiert wurden. Da die Lebensbedingungen der Schlange die gleichen sind wie die dieser Pflanzen, ist die Wahrscheinlichkeit, dass sie sich in passender Umgebung wiederfindet, gewährleistet. Ihre ursprüngliche Heimat ist Indien, inzwischen kommt sie freilich auch auf mehreren kleinen Inseln der Torresstraße, auf den Weihnachtsinseln und Hawaii vor, ebenso in Teilen Südafrikas, Australiens, Madagaskars, Südostasiens, Mexikos und Floridas. In vielen dieser Länder wird sie volkstümlich »Blumentopfschlange« genannt (siehe S. 149).

Die Schlangenfauna einer Insel hängt von verschiedenen Faktoren ab. Die Größe der Insel ist offensichtlich wichtig. Große Inseln haben in der Regel verschiedene Lebensräume, was sie für verschiedene Schlangentypen geeignet macht. Sie verfügen wahrscheinlich auch über ein reiches Angebot an Tieren, die als Beute für Schlangen in Frage kommen. Große Inseln sind für angeschwemmte Arten zudem leichter zu erreichen. Kleine Inseln haben im Gegensatz dazu eher weniger Lebensräume und sind anfälliger für klimatische und ökologische Katastrophen. Treibgut erreicht sie weniger leicht.

Die Entfernung vom Festland ist ein weiterer wichtiger Faktor. Inseln, die näher am Festland liegen, werden eher kolonisiert als solche in größerer Entfernung. Kombiniert man diesen Aspekt mit der Größe der Insel, wird ersichtlich, dass es auf großen Inseln in Festlandsnähe wahrscheinlich eine größere Schlangenfauna geben wird als auf kleinen Inseln die relativ weit vom Festland entfernt sind.

Es handelt sich hier nicht nur um theoretische Annahmen. Eine Reihe von Studien hat gezeigt, dass dieses Muster zutrifft, wenngleich die Untersuchungsmethode gewöhnlich auch Echsen einschließt. Studien auf karibischen Inseln unterschiedlicher Größe und in unterschiedlichen Entfernungen vom Festland haben gezeigt, dass die Zahlen den Vorhersagen genug entsprechen, um signifikant zu sein. Eine Studie zeigte z. B., dass bei den 12 Schlangenarten, die auf mindestens einer Insel im Eriesee in Nordamerika vorkommen, ein direkter Zusammenhang zwischen Inselgröße und/ oder Entfernung von der Küste und der Anzahl der Arten besteht.

ÖKOLOGIE EINES EINDRINGLINGS: DIE BRAUNE NACHTBAUMNATTER

Die Braune Nachtbaumnatter *(Boiga irregularis)* ist eine schwach giftige Schlange mit hintenstehenden Giftzähnen, die im Nordosten von Australien, in Neuguinea und auf einigen anderen Inseln des Südpazifiks heimisch ist. Ende der 1940er-Jahre wurde sie versehentlich auf der kleinen zur Marianengruppe gehörenden Insel Guam eingeführt, wahrscheinlich zusammen mit Frachtgut, das zum US-Militärstützpunkt am südlichen Ende der Insel geliefert wurde. In Abwesenheit natürlicher Feinde breitete sie sich allmählich über die ganze Insel aus, bis sie im Jahr 1982 überall zu finden war, außer in einem kleinen Savannengebiet, wo sie anscheinend nicht überleben kann.

In den 1960er-Jahren begann man sich über die Abnahme einiger Waldvogelpopulationen auf Guam Sorgen zu machen. Dieser Trend hielt in den 1970er- und 1980er-Jahren an, bis 1987 alle 10 Waldarten ernstlich gefährdet waren: Einige waren schon seit mehreren Jahren nicht mehr gesichtet worden und vermutlich ausgestorben. Die übrigen hatten sich in ein einziges kleines Gebiet zurückgezogen, das am weitesten entfernt von der Stelle lag, an der die Schlange eingeführt worden war – und auch diese Population wurde auf unter 100 Exemplare geschätzt. 2 der vermutlich ausgestorbenen Arten waren endemisch, der Guam-Fliegenschnäpper *(Myiagra freycineti)* und die Guam-Ralle *(Rallus owstoni)*. Das Vorkommen einer 3. endemischen Art, der Feenseeschwalbe *(Gygis alba)*, beschränkte sich auf die nördliche Küste.

Neben den Vögeln erbeuteten die Braunen Nachtbaumnattern auch kleine Echsen, darunter Glattechsen und Geckos, sie verursachten Kurzschlüsse, weil sie in Stromleitungen kletterten, fraßen Hühner und beunruhigten die Bevölkerung. Thomas Fritts und seine Kollegen bemerkten,

dass die Schlangen häufig schlafende Kinder angriffen, besonders Säuglinge zwischen 1 und 3 Monaten. Manche Verletzungen schienen von dem Versuch herzurühren, die Kinder aufzufressen *(Journal of Herpetology*, 28(1):27-33).

Das Verschwinden der Vögel korrelierte mit der Verbreitung der Schlangen, und Experimente, die Julie Savidge 1987 durchführte, lieferten weitere Beweise *(Ecology*, 68:660-668): Sie stellte Fallen mit Wachteln *(Coturnix coturnix)* an verschiedenen Stellen auf. Um terrestrische Räuber wie Ratten auszuschließen, wurden die Wachteln in Maschendrahtkäfigen in Bäume gehängt. 3 Stellen lagen in Gebieten, in denen die Waldvögel schon verschwunden und die Schlangenpopulation hoch waren; 75% der Wachteln wurden von den Schlangen innerhalb von 4, 7 und 9 Tagen gefressen. 2 weitere Stellen lagen in Gebieten, in denen es noch Vögel gab und die erst kürzlich von Schlangen besiedelt worden waren; hier lag die

Fangrate niedriger, wahrscheinlich weil sich die Schlangen noch von wilden Vögeln ernährten oder weil es an diesen erst kürzlich besiedelten Stellen weniger Schlangen gab.

Da die Braune Nachtbaumnatter in ihrer natürlichen Heimat im ökologischen Gleichgewicht lebt, liegt die Frage nahe, warum sie auf Guam solchen Schaden anrichtet. 1. hat sie hier weniger Feinde, wodurch sich die Population ungehindert ausbreiten konnte. 2. ist der Wald von Guam weniger komplex als andere Wälder; v. a. ist das Kronendach niedriger, und die Schlangen können die Bäume bis zur Spitze erklettern, sodass Vögel keinen sicheren Ort zum Nisten finden. 3. sorgt der Überfluss an alternativer Beute in Form von Echsen für ein Nahrungsreservoir, auf das die Schlangen zurückgreifen können, wenn die Vögel in einer Gegend ausgerottet sind. Und jeder Versuch der Vögel, wieder Fuß zu fassen, dürfte automatisch einen neuen Angriff der Schlangen zur Folge haben.

Inselgruppen und ihre Schlangen-populationen

Es ist natürlich nicht möglich, alle kleinen Inseln der Welt und die dort lebenden Schlangen aufzuführen, aber es ist interessant, einige Inselgruppen auszuwählen und die Schlangen zu betrachten, denen es gelungen ist, sich dort anzusiedeln.

Die karibischen Inseln

Die Reptilienfauna der Karibik ist besonders artenreich, auch in Bezug auf Schlangen – über deren Herkunft heiß debattiert wird. Größere Inseln wie Kuba, Hispaniola, Puerto Rico und Jamaika waren früher wohl einmal Teil Mittelamerikas. Kleinere Inseln wie die Antillen sind ozeanisch, d. h. durch vulkanische Aktivität vom Meeresboden aufgestiegen und später durch Korallenriffe gewachsen. Die Schlangen auf den karibischen Inseln sind wahrscheinlich auf 2 verschiedenen Wegen dorthin gekommen – entweder, weil sie schon auf den Landmassen lebten, als diese vom Festland getrennt wurden, oder indem sie angeschwemmt wurden. Andere Fachleute vertreten die Ansicht, dass alle Inseln der Karibik durch angeschwemmte Reptilien besiedelt worden sein müssen, da die Abtrennung vom Festland bereits erfolgte, bevor sie sich entwickelt hatten.

▼ Kuba ist die Heimat von über der Hälfte aller bekannten Zwergboas oder Waldschlangen (Tropidophiidae). Die Abbildung zeigt eine Gefleckte Waldschlange *(Tropidophis pardalis)*.

Unabhängig davon, wie die Schlangen die Inseln erreichten, müssen viele Spezialisierungen stattgefunden haben, da es eine Menge endemischer Arten auf den verschiedenen Inseln gibt. Die größten Inseln haben natürlich die höchste Anzahl von Spezies, besonders Kuba und Hispaniola mit jeweils 22 Arten. Jamaika, das im Vergleich auch recht groß ist, hat nur 6 Schlangenarten. Diese erstaunlich niedrige Zahl ist nicht einfach zu erklären, doch menschliche Eingriffe in den Lebensraum in jüngster Vergangenheit und die Einführung von Haustieren und Mungos könnten dazu beigetragen haben, dass einige Arten ausgestorben sind. Blindschlangen, Boas und Zwergboas sind in vielen Fällen die dominanten Gruppen. Auf Kuba gibt es z. B. 15 Zwergboa-Arten. Auf den meisten kleineren Inseln leben endemische Arten oder Unterarten von Schlangen, von denen viele als gefährdet eingestuft werden. Eine Reihe dieser seltenen Schlangen kommt nur auf kleinen Nebeninseln vor, die von der Plünderung durch Mungos, Ratten, Katzen und Ziegen, die auf größeren Inseln eingeführt wurden, relativ unberührt blieben.

In dieser Hinsicht sind Goldbauchnattern *(Liophis)* besonders betroffen. *Liophis cursor,* die früher auf Martinique vorkam, lebt heute nur noch auf einer 20 Hektar kleinen Insel, und *L. ornatus* von St. Lucia ist auf eine Insel mit 10 Hektar beschränkt. Laut Henderson und Bourgeois (1993)[2] wurden die Festlandpopulationen beider Arten durch

Mungos *(Herpestes auropunctatus)* ausgerottet. Anderen Arten erging es kaum besser.

Der Golf von Kalifornien

Die Inseln im Golf von Kalifornien bilden eine gesonderte Gruppe und sind deshalb interessant, weil sie auf 3 Seiten von Festland umgeben sind. Einige Inseln liegen weniger als 8 km von der Küste Sonoras oder der Halbinsel Baja California entfernt und waren einst durch Landbrücken mit diesen verbunden. Es gibt jedoch auch stärker isolierte Inseln, die durch vulkanische Tätigkeit entstanden und deren Besiedlung nur durch Verdriftung geschehen konnte (eine Einbürgerung durch Menschen scheint nicht stattgefunden zu haben). Die dominante Schlangengattung auf diesen Inseln ist die Klapperschlange *(Crotalus),* und man findet hier eine ganze Reihe einzigartiger Formen. Auf mindestens einer Insel kommen 11 Arten vor. Eine davon, *C. catalinensis,* ist auf einer der Inseln endemisch (und hat einige interessante ökologische Veränderungen durchlaufen, siehe S. 130). 7 Unterarten von Festlandformen sind auf 1 oder mehrere Inseln beschränkt. Auf größeren Inseln wie Tiburon gibt es mehrere Arten, während manche kleinen Inseln nur 1 (oder gar keine) haben.

Die Kykladen

Die einzigen größeren Gruppen kleiner Inseln in Europa liegen in der Ägäis. Von diesen haben die Kykladen die artenreichste

Schlangenfauna. Mindestens 6 Arten oder Unterarten sind auf 1 oder mehreren Inseln endemisch. Noch ist nicht klar, welche von ihnen richtige Arten und welche Unterarten sind, da die Taxonomie der Schlangen dieser Region gerade neu bearbeitet wird. Nach derzeitigem Stand gibt es insgesamt 13 Arten, und die größte Anzahl findet man auf den Inseln Tinos (8), Andros, Milos und Paros (jeweils 6) sowie Kea, Kimolos, Mykonos und Naxos (jeweils 5). Alle genannten sind relativ große Inseln. Auf 9 kleineren Inseln kommt jeweils nur 1 Schlangenart vor.

Pazifische Inseln

Die vielen pazifische Inseln sind arm an Schlangen. Viele von ihnen liegen weit verstreut und werden selten von Treibgut erreicht. Pazifikboas *(Candoia)* wurden in Zusammenhang mit ihrem rätselhaften Vorkommen in einem Gebiet, in dem ansonsten Pythons leben, bereits erwähnt (S. 90). Die Salomonen östlich von Neuguinea beherbergen Repräsentanten aus 6 Familien, darunter die endemische Gattung *Salomoneleps*. Auf vielen Inselgruppen gibt es gar keine einheimischen Schlangen. Zu diesen gehört auch Hawaii, obwohl die »Blumentopfschlange« *(Ramphotyphlops)* hier und auf einigen anderen Inseln der Region einge-

führt wurde. Das vielleicht größte Rätsel gibt das Vorkommen der Fidschiotter *(Ogmodon vitianus)* auf den Fidschiinseln auf. Diese Schlange, die Tausende von Kilometern von ihren engsten Verwandten entfernt lebt, wurde nur selten gefunden. Sie wird bis zu 30 cm lang, und das wenige, was wir von ihrer Biologie wissen, deutet darauf hin, dass es sich um eine grabende Art handelt, die Regenwürmer frisst und Eier legt.

Inseln im Indischen Ozean

Mit Ausnahme Madagaskars sind die Inseln im Indischen Ozean gewöhnlich klein und liegen isoliert – das heißt, sie konnten von Schlangen kaum erreicht werden. Und doch gibt es verstreut ein paar Arten. Auf den Seychellen leben z. B. 3 Schlangenarten. 1 davon, die Brahmanen-Wurmschlange, wurde eingeführt, aber die anderen beiden, die Seychellen-Hausschlange *(Lamprophis geometricus)* und die Seychellen-Wolfszahnnatter *(Lycognathophis seychellensis),* sind endemisch. Doch während die Hausschlange Vettern auf dem afrikanischen Kontinent hat, besitzt die Wolfszahnnatter als einziger Vertreter ihrer Gattung keine näheren Verwandten.

▲ Die Seychellen-Wolfszahnnatter *(Lycognathophis seychellensis)* ist eine von 2 Arten, die ausschließlich auf den Seychellen vorkommen.

Anmerkungen

1. Stafford, P. J. (1991). »Amphibians and reptiles of the joint services scientific expedition to the Upper Raspaculo. Belize, 1991«. *British Herpetological Society Bulletin,* (38):10–17.

2. Henderson, R. W. and Bourgeois, R. W. (1993), »Notes on the diets of West Indian *Liophis«. Caribbean Journal of Science,* Vol 29 (3–4): 235–254.

KAPITEL 5
ERNÄHRUNG

Das Fressverhalten von Schlangen ist besonders interessant, weil es viele Besonderheiten aufweist. Das hängt teilweise mit der lang gestreckten Körperform zusammen, die, verbunden mit dem Fehlen von Gließmaßen, hinsichtlich Beutefang, Überwältigung und Schlucken des Opfers spezielle Methoden verlangt. Die Evolution trug dem Rechnung. So sind Form und Stellung der Zähne abgewandelt und weisen große Unterschiede auf, die mit Jagdmethoden und Beute zu tun haben. Viele Arten haben Gifte und einen zugehörigen »Injektionsapparat« entwickelt – freilich gibt es auch hier wieder große Unterschiede. Da Schlangen keine Möglichkeit haben, ihre Beute zu zerkleinern, muss diese stets im Ganzen geschluckt werden. Dazu dienen Modifikationen des Schädels und der Haut. Schließlich sind viele Arten mit dem Problem konfrontiert, in Gebieten mit geringem Beuteangebot, etwa in Wüsten, genügend Nahrung zu finden.

Eine teilweise eingegrabene Wüstenhornviper *(Cerastes cerastes)* lauert auf Beute.

NAHRUNGS-SPEKTRUM

ALLE SCHLANGEN SIND FLEISCHFRESSER. IHRE BEUTEPALETTE IST JEDOCH ÄUSSERST BREIT GEFÄCHERT, UND ES SIEHT GANZ DANACH AUS, ALS OB SCHLANGEN IM ALLGEMEINEN SO UNGE-FÄHR ALLES FRESSEN, WAS LEBT (ODER GELEBT HAT) UND IN IHREN KÖRPER PASST.

Zu den Methoden, mit denen man das Nahrungsspektrum von Schlangen ermittelt, gehören das Sezieren konservierter Exemplare, die Analyse von Ausscheidungen, das Auswürgen (freiwillig oder erzwungen) von Beutetieren sowie die Beobachtung von Arten in freier Wildbahn und Menschenobhut und daraus gezogene Schlussfolgerungen. Dabei sind v. a. Aufzeichnungen, die über gefangene Schlangen gemacht wurden, mit Vorsicht zu genießen. Und auch implizierte Nahrungsarten, wenn z. B. beobachtet wurde, dass eine Schlange in ein Vogelnest oder die Höhle eines Säugetiers kriecht, müssen genau geprüft und wenn irgend möglich durch weitere Hinweise untermauert werden.

Spezialisten und Generalisten

Unabhängig von der angewandten Methode steht fest, dass manche Arten eine Vielzahl von Beutetieren fressen, während andere sich spezialisiert haben. Manche Arten nutzen in verschiedenen Lebensstadien verschiedene Beutetiere. Welche Beute eine Schlangenart frisst, hängt größtenteils von deren Verfügbarkeit ab, und wenn eine Art weit verbreitet ist, können die bevorzugten Beutetiere durchaus variieren, falls in dem Gebiet verschiedene Beutetiere vorkommen. Nun hängt die Verfügbarkeit eines Tieres als Beute nicht nur davon ab, ob es im gleichen Gebiet auftritt, sondern auch davon, wie seine Gewohnheiten sind und ob es ohne größeren Aufwand gefangen und gefressen werden kann.

Um bestimmte Beutevorkommen effizient ausschöpfen zu können, sind manchmal morphologische Anpassungen und Verhaltensänderungen notwendig. Wenn dies geschieht, wird die betreffende Schlangenart wahrscheinlich zum Spezialisten und kann dann nicht mehr ohne Weiteres auf andere Beute zurückgreifen. Die eierfressenden Schlangen der Gattungen *Dasypeltis* und *Elachistodon* sind dafür gute Beispiele. Andere Beutetypen können ähnliche Anpassungen erfordern: Schlangen, die Echsen jagen, werden gewöhnlich auch andere Schlangen und kleine Säugetiere fressen. Solche Schlangen sind Generalisten.

Es gibt unter Schlangen mehr Nahrungsgeneralisten als -spezialisten. Das ist zu erwarten, denn keine Art streicht grundlos ein potenzielles Beutetier von ihrem Speiseplan, auch wenn es nur gelegentlich verfügbar ist. Auf der anderen Seite hängt die Existenz spezialisierter Arten von der Verfügbarkeit eines einzigen Beutetyps ab; zwar sind sie dadurch anfälliger für Schwankungen im Nahrungsangebot, andererseits aber meistens besser für den Umgang mit ihrer Beute gerüstet als Generalisten.

Bei der »Entscheidung«, ob eine Art sich spezialisiert oder nicht, spielen viele Faktoren eine Rolle. Um sich spezialisieren zu können, muss gewährleistet sein, dass die gewählte Nahrung regelmäßig und ganzjährig zur Verfügung steht, und dies in ausreichender Menge. Der Erfolg liegt für Spezialisten näher, wenn die gewählte Nahrung nicht schon von Generalisten genutzt wird. Dass diese Kriterien nur schwer zu erfüllen sind, ist wahrscheinlich der Grund, weshalb es so wenige Spezialisten gibt.

Gleichwohl neigen Schlangen dazu, bestimmte Beutetypen zu bevorzugen, auch wenn sie sich nicht darauf beschränken. Der bevorzugte Beutetyp der meisten Arten ergibt sich in der Regel ganz von allein – die Art von Beute, die dort, wo sie sich aufhalten, am häufigsten vorkommt oder am einfachsten zu fangen ist. Ist ein bestimmter Beutetyp im Überfluss vorhanden, scheint es manchmal so, als hätte sich die Schlange darauf spezialisiert – obwohl sie auch andere Beutetiere jagen würde, wenn diese vorhanden wären. Viele Schlangen der Karibik fressen z. B. *Anolis*-Echsen, aber auch andere Beutetiere. *Anolis* gibt es jedoch besonders häufig, und deshalb sind sie oft das Einzige, was man im Magen der Schlangen findet. In anderen Gegenden, wo nicht eine bestimmte Beutespezies überwiegt, ist zu erwarten, dass die meisten Schlangen eine Vielzahl von Beutetypen jagen.

Folgende Angaben über die Ernährung von Schlangen wurden in Beutetypen unterteilt. Es ist unvermeidlich, dass Spezialisten mehr Aufmerksamkeit gewidmet wird, doch sollte klar geworden sein, dass sich Schlangen keineswegs immer exakt einer Beutekategorie zuordnen lassen.

BEVORZUGTE BEUTE VON STRUMPFBANDNATTERN

Steven Arnold untersuchte die Ernährungsgewohnheiten der Strumpfbandnatter *Thamnophis elegans* im Experiment (»Evolution«, 35:510–515). Binnenlandpopulationen dieser Art leben aquatisch und ernähren sich vorwiegend von Fröschen, Fischen und Blutegeln, während Küstenpopulationen terrestrisch sind und hauptsächlich Nacktschnecken fressen. Auch im Labor weigerten sich Binnenlandschlangen, Nacktschnecken zu verzehren, während Küstenschlangen sie akzeptierten. Dann untersuchte Arnold neugeborene Exemplare, die noch keine Erfahrung gemacht hatten, und stellte fest, dass 73 % des Küstenschlangennachwuchses Schnecken fraß, verglichen mit nur 35 % des Inlandtyps.

Als Küsten- und Binnenlandtypen im Labor gepaart wurden, akzeptierten etwa 50 % der Hybridnachkommen Schnecken. Die Schlussfolgerung aus diesem Experiment ist, dass Ernährungsgewohnheiten, ähnlich wie Körperfarben und -muster, vererbt werden und dass Nachkommen gemischter Paare Verhaltensmerkmale haben, die irgendwo zwischen denen der Eltern liegen.

▶ (gegenüber, links) Eine im malaysischen Bergland von Schnecken lebende *Asthenodipsas vertebralis*. Diese nachtaktive Schlange und einige ihrer nahen Verwandten sind das asiatische Gegenstück zu den amerikanischen *Dipsas*- und *Sibon*-Arten.

▶ (gegenüber, rechts) *Sibon nebulata*, eine tropische Schlangenart, die sich ausschließlich von Schnecken ernährt.

Wirbellose

Beginnen wir auf der untersten Sprosse der Stufenleiter, mit den kleinen, grabenden Schlangen der primitivsten Familien Typhlopidae, Anomalepididae und Leptotyphlopidae. Sie sind dünn und haben ein kleines Maul. Anders als bei den höher entwickelten Arten sind ihre Kiefer ziemlich starr, weshalb ihre Beute so klein sein muss, dass sie ohne Dehnung zu bewältigen ist. Weil sie nur kleine Beutetiere fressen können, müssen sie eine große Menge davon verzehren. Dadurch beschränkt sich ihr Speiseplan auf Arten, die in Massen vorkommen. In der Praxis sind das staatenbildende Insekten, insbesondere Ameisen und Termiten. Viele Aufzeichnungen bezüglich der Ernährungsgewohnheiten dieser Arten basieren auf zufälligen Beobachtungen und daraus abgeleiteten Schlussfolgerungen. Shine und Webb (1990)[1] untersuchten dagegen die Ernährungsgewohnheiten von 4 australischen Arten der Gattung *Ramphotyphlops*, indem sie Museumsstücke sezierten; dabei entdeckten sie, dass 93–97 % des Mageninhalts aus Ameisenpuppen und -larven bestand. Einzelne Exemplare hatten an die 1400 Beutestücke im Magen. Diese Arten fraßen also offenbar kaum ausgewachsene Ameisen oder Termiten. Im Gegensatz dazu entdeckten White et al. (1992)[2], dass die hispaniolische Art *Typhlops syntherus* hauptsächlich Termiten frisst, aber auch ausge-

wachsene Käfer und deren Larven sowie Spinnen. *Typhlops richardi* und *T. biminiensis* scheinen ebenfalls gelegentlich Termiten zu verspeisen.

Leptotyphlops-Arten fressen hauptsächlich Termiten, und man findet sie oft in Termitenhügeln. Um sich vor Angriffen zu schützen, beschmieren sie sich mit einer Substanz, die sie in einer Drüse ihrer Kloake produzieren. Diese enthält Pheromone, die das aggressive Verhalten der Wächtertermiten ausschalten, woraus man schließen darf, dass sie sich schon vor Langem auf diese Nahrung spezialisiert haben. Untersuchungen von Nathan J. Kley haben die Nahrungsgewohnheiten dieser kleinen und versteckt lebenden Schlangen erhellt. Leptotyphlopidae fressen, indem sie ihre miteinander verwachsenen Unterkiefer – auf denen sie Zähne tragen – wiederholt vor- und zurückschieben und dabei die Beute ins Maul ziehen. Typhlopidae besitzen im Gegensatz dazu Zähne im Oberkiefer. Sie benutzen eine ähnliche Methode, um Beute ins Maul zu ziehen, obwohl ihre Kiefer nicht verwachsen sind und manchmal etwas asynchron arbeiten. Diese beiden Methoden werden bei Leptotyphlopidae als mandibulares Hereinharken und bei Typhlopidae als maxillares Hereinharken bezeichnet. Sie unterscheiden sich völlig von der Art und Weise, die höher entwickelte Schlangen mit flexiblen Kiefern einsetzen: Diese bewegen beide Kieferhälften alternierend, um die Beute in Maul und Rachen zu ziehen.

Viele Schlangen fressen Insekten und andere wirbellose Tiere. Manche haben sich darauf spezialisiert, während andere damit nur ihren Speiseplan ergänzen. Regenwürmer bilden das Grundnahrungsmittel vieler Schildschwänze (Uropeltidae), z. B. von *Rhinophis*- und *Uropeltis*-Arten auf Sri Lanka und in Südindien. Nordamerikanische Colubriden wie die Strumpfbandnatter (*Thamnophis*) erbeuten ebenfalls Regenwürmer, wobei manche Arten stärker dazu tendieren als andere: Butlers Strumpfbandnatter (*T. butleri*) scheint sich bis zu einem gewissen Grad darauf spezialisiert zu haben. Die Mexikanische Strumpfbandnatter frisst v. a. als Jungtier Regenwürmer und Blutegel, steigt aber mit zunehmendem Alter auf Fische und Amphibien um. Wenn die Jungtiere im Juli und August geboren werden, sind diese Beutetiere am reichlichsten vorhanden. Eine ähnliche Korrelation wurde bei 2 verwandten Arten beobachtet, *Thamnophis sirtalis* und *Nerodia sipedon*. Die kleineren Formen der Ringhalsnatter (*Diadophis punctatus*) nehmen in Gefangenschaft

bereitwillig Regenwürmer. Diese Art ist ein Generalist und frisst so ziemlich alles, was sie finden kann. Manche der größeren Formen leben in trockenen Gebieten, in denen es kaum oder keine Regenwürmer gibt.

Schnecken stellen durch den Schleim, mit dem sie sich bedecken, eine besondere Herausforderung dar, und bei Gehäuseschnecken kommt noch ihr hartes, unverdauliches Schneckenhaus hinzu. Sie werden, außer von bestimmten Arten, die ein Mittel entwickelt haben, um diese Probleme zu überwinden, kaum von Schlangen gefressen. Schneckenfressende Schlangen kommen in mehreren Teilen der Welt vor, und man findet sie in mindestens 4 Unterfamilien der Colubridae. Meist spezialisierten sich diese Arten darauf und fressen so gut wie nichts anderes, obwohl es Ausnahmen gibt. Die nordamerikanische Rotbauch-Braunschlange (*Storeria occipitomaculata*) verzehrt hauptsächlich Nacktschnecken, die ihr verwandte DeKay-Braunschlange (*S. dekayi*) frisst sie nur gelegentlich und ernährt sich im Übrigen von diversen anderen Wirbellosen mit weichem Körper. Rossman und Myer (1990)[3] beschreiben das Fressverhalten dieser beiden Arten: Die Schlange packt eine Gehäuseschnecke bei ihrem weichen Körper und schiebt sie über den Boden, bis sie sich an einem Stein verklemmt. Dann dreht ihr die Schlange den Kopf um 180 Grad oder mehr, bis die Muskulatur der Schnecke erschlafft. Danach zieht sie sie aus ihrem Haus und frisst sie. Die ganze Prozedur dauert 12–20 Minuten. Eine 3. nordamerikanische Art, die Dornschwanzschlange *(Contia tenuis),* frisst ebenfalls Nacktschnecken, man weiß jedoch nicht, ob sie auch Gehäuseschnecken nimmt. *Storeria* und *Contia* tragen lange Zähne auf ihren Unterkiefern, was als Anpassung für das Packen von Schnecken betrachtet wird.

Vertreter der mittel- und südamerikanischen Unterfamilie Dipsadinae sind durchweg hoch spezialisierte Schneckenfresser und haben die charakteristischen stumpfen Schnauzen und langen Zähne im vorderen Teil des Unterkiefers. Arten der Gattung *Dipsas* sind noch weiter spezialisiert: Ihnen fehlt die Kinnkerbe. Diese Anpassung hilft den Schlangen dabei, Schnecken aus ihren Häusern zu ziehen. Sie klemmen sich das Schneckenhaus gegen ihren Gaumen und zwängen ihren Unterkiefer zwischen Schale und Fleisch der Schnecke. Die langen Vorderzähne werden dazu benutzt, sich in den Körper der Schnecke einzuhaken und ihn mit einer drehenden Kieferbewegung aus dem Gehäuse zu ziehen. Dank dieser Methode sind *Dispas* und verwandte Arten in der Lage, Schnecken schneller aus ihren Häusern zu ziehen, als Schlangen ohne diese Anpassung: Sanzima (1989)[4] maß 1–6 Minuten (bei *Dispas indica).* Dieselbe Art verfährt mit Nacktschnecken auf noch viel schnellere Weise (10–45 Sek.), indem sie sie einfach aufnimmt und meistens Schwanz voraus verschluckt. Andere Autoren stellten fest, dass Nacktschnecken den Gehäuseschnecken vorgezogen werden, wahrscheinlich wegen des geringen Aufwands.

Afrikanische Schneckenfresser gehören zur Gattung *Duberria,* von der es 2 Arten gibt. Sie leben in feuchten Gebieten und jagen, indem sie den Schleimspuren folgen. Nacktschnecken werden einfach aufgenommen und in der gleichen Weise gefressen wie von den *Dispas*-Arten. Gehäuseschnecken werden gepackt und so lange gegen etwas Hartes geschlagen, bis das Haus zerbricht; dafür es gibt allerdings keine Bestätigung aus erster Hand.

In Asien sind die Vertreter der Unterfamilie Pareatinae das Gegenstück der amerikanischen Dipsadinae; sie fressen alle ausschließlich Nackt- und Gehäuseschnecken und haben eine stumpfe Schnauze und Unterkiefer, die weiter vorgestreckt werden können als bei anderen Schlangen. Die Methode, mit der sie Schnecken herausziehen, ist nicht bekannt. Ein Exemplar der monotypischen *Aplopeltura boa,* das sich in Gefangenschaft von Nackt- und Gehäuseschnecken ernährte, fraß nur nachts, und die

Vorgehensweise wurde nicht beobachtet. Es wurde auch nachts am Rand eines Regenwaldes gefangen, wo es in der feuchten Vegetation herumwühlte.

Insekten mit weichen Körpern und ihre Larven stehen auf dem Speiseplan zahlreicher kleiner Schlangen. Die nordamerikanischen Grasnattern fressen sie vorzugsweise, obwohl sie auch andere Insekten nehmen. Die Halbinsel-Schwarzkopfnatter *(Tantilla relicta)* erbeutet hauptsächlich Schwarzkäferlarven, die bis zu 90 % ihrer Nahrung ausmachen. Viele andere kleine, versteckt lebende Schlangen nutzen zweifellos auch diese Nahrungsquelle, obwohl es dafür keine Belege gibt. Die europäische Wiesenotter *(Vipera ursinii)* ist ein ungewöhnlicher Insektenfresser. Luiselli (1990)[5] stellte fest, dass Erwachsene in Gefangenschaft beträchtliche Mengen flügelloser Orthopteren (z. B. Grillenlarven) vertilgen, besonders zu bestimmten Jahreszeiten. Weiterhin beobachtete er, dass Jungtiere unter 1 Jahr nur ganz bestimme Heuschreckenarten fressen und Grillen meistens verweigern.

Zu den eher ungewöhnlichen Wirbellosen, von denen sich Schlangen ernähren, gehören Krebstiere. Die Braune Seeschlange *(Aipysurus laevis)* frisst Garnelen und Krabben, die sie in Riffspalten findet, aber auch Fische. Die homalopsine Colubride *(Fordonia leucobalia)* lebt auf Schlammflächen und hat sich auf kleine Krebse spezialisiert, die sie mit ihrem Körper am Boden festklemmt oder umklammert. Die semiaquatische Krabbennatter *Regina grahami* aus dem Südosten Nordamerikas frisst nur Süßwasserkrebse und, nach einer Untersuchung von Seigel (1992)[6], ausschließlich dann, wenn diese sich vor Kurzem gehäutet haben und ihre Schale noch weich ist. Andere Arten dieser Gattung vertilgen ebenfalls Krebs-

▲ Der afrikanische Gewöhnliche Schneckenfresser *(Duberria lutrix)* lebt von Nackt- und Gehäuseschnecken, die er aufspürt, indem er ihren Schleimspuren folgt. Das hier abgebildete Exemplar ist eine seltene Farbmutante, die kaum Pigmente hat.

tiere. Auch die Indische Warzenschlange *(Acrochordus granulatus)* nimmt gelegentlich Krebse, ebenso *Nerodia*-Arten, die manchmal in brackigen Lebensräumen zu finden sind, doch bilden Fische den Hauptbestandteil der Nahrung all dieser Schlangen.

Hundertfüßer stehen auf dem Speisezettel der im tropischen Afrika lebenden, hoch spezialisierten *Aparallactus*-Arten. Es sind grabende Schlangen, die manchmal auch in Termitenhügeln anzutreffen sind. Hundertfüßer werden auch von den amerikanischen Hakennasennattern *(Ficima)* gefressen, die hintenstehende Giftzähne haben, doch bevorzugen diese Arten anscheinend Spinnen. Die mittelamerikanische Hundertfüßerschlange *(Scolecophis atrocinctus)* ist, wie ihr Name schon andeutet, ebenfalls ein Spezialist, der sich ausschließlich von Hundertfüßern ernährt.

▲ Die mittelamerikanische Hundertfüßerschlange *(Scolecophis atrocinctus)* ist auf Hundertfüßer spezialisiert.

Fische

Unter den Wirbeltieren gibt es wohl keine Gruppe, die nicht irgendwo auf der Welt auf dem Speiseplan einer Schlange steht. Fische bilden die Hauptbeutiere der meisten aquatischen und semiaquatischen Schlangen (mit Ausnahme der o. g. spezialisierten Krebstierfresser). Seeschlangen verzehren, mit wenigen Ausnahmen, Fische – häufig in Riffspalten lebende Arten, die sie mit ihren schmalen Köpfen und Hälsen aus ihrem Versteck ziehen können. Ebenso jagen sie oft Fische, die in Schlammhöhlen leben. In der Regel werden Fische bevorzugt, die sich langsam bewegen, aber manche Schlangen erbeuten auch aktive Fische, während diese nachts schlafen oder ruhen. Andere spezialisierten sich auf bestimmte Fischtypen: Aale sind beliebt, besonders bei den Vertretern der Gattung *Hydrophis,* kleine Meergrundeln und Schleimfische bilden den größten Teil der Nahrung anderer Arten. Ein interessanter Fall gemeinsamer Ressourcennutzung wurde im Brackwassersee Te-Nngano auf den Salomonen beobachtet: 2 Plattschwanzarten (*Laticauda colubrina* und *L. crockeri*) leben dort, doch erstere fängt nur Aale und letztere nur Schleimfische.

2 Seeschlangenarten der Gattung *Emydocephalus* und eine 3. Art (*Aipysurus eydouxii*) sind extrem spezialisiert und fressen ausschließlich Fischeier aus Riffspalten und Sandhöhlen. Als Folge davon hat sich ihr Giftapparat zurückgebildet. Auch andere Seeschlangen verzehren Fischeier, darunter einige *Hydrophis*-Arten und *Aipysurus laevis,* sie jagen jedoch noch andere Beutetiere.

Süßwasserschlangen, die sich von Fischen ernähren, sind zahlreich und besonders häufig unter den Natricinae, von denen die meisten in Sümpfen oder an Teich- und Seeufern leben. Die homalopsinen Colubriden aus Südostasien gehören, mit Ausnahme der o. g. Krebstierfresser, wahrscheinlich alle zu den Fischfängern. Diese und Seeschlangen zählen zu den am stärksten ans Wasser gebundenen Arten, und manche verlassen das nasse Element selten oder nie. Die meisten ernähren sich opportunistisch und lauern reglos zwischen dichten Wasserpflanzen auf Beute. Bei Fühlerschlangen (*Erpeton tentaculatum),* die auch zu dieser Unterfamilie gehören, dachte man früher, dass sie die beiden seltsamen Anhängsel an ihren Schnauzen dazu benutzten, Fische anzulocken. Diese Theorie ist inzwischen widerlegt, und man geht davon aus, dass diese Strukturen dazu dienen, die Konturen der Schlangen zu verwischen und damit den Tarneffekt zu erhöhen.

Alle 3 Plattschwanzarten (*Acrochordus*) sind aquatisch und ernähren sich hauptsächlich von Fisch, sind aber insofern ungewöhnlich, als sie ihre Beute erdrücken, bevor sie geschluckt wird, und ihre raue, warzige Haut ist eine Anpassung, dank deren sie die glitschige Beute halten können.

In der Gruppe der Vipern ist nur die Wassermokassinschlange (*Agkistrodon piscivorus*) ein nennenswerter Fischfresser, obwohl sie auch einer erstaunlichen Vielfalt anderer Beutetiere nachstellt. Wharton (1969)[7] machte eine interessante Beobachtung bei Florida-Dreieckskopfnattern (*A. p. conanti*) auf Sea Horse Key, wo sich die Schlangen vorzugsweise von Salzwasserfischen ernähren, die von nistenden Seevögeln fallengelassen wurden. Andere Beutetiere, z. B. Ratten, Erdhörnchen, kleine Vögel und Echsen, ernähren die Schlangen außerhalb der Brutzeit der Vögel.

Amphibien

Viele von Fischen lebende Arten fressen auch Amphibien. Diese Nahrungsquelle ist in der Regel wiederum primär für aquatische und semiaquatische Schlangen verfügbar, v. a. für amerikanische und eurasische Wasserschlangen wie *Nerodia, Natrix* etc. Es gibt auch Schlangen in trockeneren Lebensräumen, die Amphibien erbeuten. Zu diesen gehören die amerikanischen Hakennasennattern (*Heterodon*) und die afrikanischen Krötenvipern (*Causus*-Arten), deren Schnauze in Form einer nach oben gebogenen Schuppe daran angepasst ist, eingegrabene Kröten aus der Erde zu ziehen. Viele baumlebende Schlangen, darunter Jungtiere von größeren Arten wie dem Grünen Baumpython (*Morelia viridis),* vertilgen Frösche. Manche dieser Schlangen sind jedoch Generalisten und nutzen je nach Verfügbarkeit eine große Bandbreite von Beutetieren.

Frösche und Kröten

Schlangen, die – ausschließlich oder gelegentlich – Frösche verzehren, schlucken diese meist lebend. Es gibt kaum Frösche, die sich verteidigen können, obwohl manche Arten, v. a. Vertreter der südamerikanischen Pfeilgiftfrösche (Dendrobatidae), ein

▼ Die baumlebende *Dipsadoboa aulica* aus Südafrika erbeutet Geckos und kleine Frösche. Hier wird ein Grüner Riedfrosch (*Hyperolius tuberilinguis*) verschlungen.

▲ Eine Gepunktete Bronzenatter *(Dendrelaphis punctulatus)* aus Südostaustralien frisst gerade einen Schilffrosch.

hoch giftiges Hautsekret ausscheiden, das sie vor Räubern schützt. *Liophis epinephelus* aus Mittel- und Südamerika ist der einzig bekannte Fressfeind des giftigsten Tieres der Welt, des Gelben Pfeilgiftfrosches *(Phyllobates terribilis).* Die Schlange ist gegen das Gift aller Pfeilgiftfrösche immun, auch gegen das der Jungtiere von *P. terribilis,* aber anscheinend nicht gegen das der Adulten. Kröten der Gattung *Bufo* und andere produzieren ebenfalls Giftstoffe und können Schlangen damit gelegentlich abhalten, obwohl sie eindeutig von manchen Arten auch gefressen werden. Die europäischen Ringelnattern *(Natrix natrix)* erbeuten sie in Gegenden, in denen sie besonders häufig sind, meiden sie aber in anderen Regionen.

Süd- und mittelamerikanische Katzenaugennattern *(Leptodeira septentrionalis)* und möglicherweise auch andere Vertreter ihrer Gattung fressen u. a. Froschlaich, was nur möglich ist, weil viele Baumfrösche ihren Laich auf Blättern ablegen, die über Wasserflächen herabhängen. Andere Schlangen, z. B. *Rhadinea bilineata* und *Liophis atraventer,* beide aus Südamerika, vertilgen ebenfalls Froschlaich, meistens von Arten der Gattung *Eleutherodactylus* u. Ä., die am Boden laichen.

Schwanzlurche

In Australien und einem Großteil von Afrika gibt es keine Schwanzlurche. In Gegenden, in denen sie jedoch einigermaßen häufig vorkommen, werden sie von denselben Arten gefressen, die auch Kröten und Frösche erbeuten. Manche von ihnen produzieren zur Abwehr Giftstoffe in ihren Hautdrüsen und sind manchmal auch grell gezeichnet, um diese Tatsache anzuzeigen. Der europäische Feuersalamander *(Salamandra salamandra),* der ein besonders starkes Gift produziert, wird anscheinend nicht von Schlangen gejagt. Andere Arten, etwa der Kammmolch *(Triturus cristatus),* erreichen dadurch nur bedingten Schutz, da sie von manchen Ringelnattern gefressen werden. In Nordamerika scheinen Schwanzlurche keine derart starken Gifte entwickelt zu haben und werden von einer ganzen Reihe von Schlangen verfolgt, v. a. von Strumpfbandnattern und weiteren kleinen Arten, die in Feuchtgebieten leben. Lind und Welsh (1990)[8] entdeckten z. B., dass *Thamnophis couchii* in Nordkalifornien die Larven und Erwachsenen des Pazifischen Riesen-Querzahnmolches *(Dicamptodon ensatus)* vertilgt. In einem Fall fraß eine Schlange mit einem Gewicht von 92 g einen riesigen Salamander, der 80,9 g wog, was 88 % ihres Körpergewichtes entspricht. Derselben Studie zufolge wurden im Magen anderer Schlangen die Schwänze von Salamanderlarven gefunden.

Südamerikanische Salamander der Gattung *Bolitoglossa* werden derzeit den tropischen lungenlosen Salamandern zugeordnet. Sie sind klein und arboreal, und man hat selten beobachtet, dass sie von Schlangen gefressen werden, obwohl einem Bericht zufolge ein *Bolitoglossa altamazonica* im Magen einer *Liophis reginae* gefunden wurde, einer Schlangenart, auf deren Speiseplan gewöhnlich Fische, Frösche und Kaulquappen stehen.

In einem absolut ungewöhnlichen Fall spuckte eine Gummiboa *(Charina bottae)* einen erwachsenen Eschscholtz-Salamander *(Ensatina eschscholtzii)* zusammen mit 12 Eiern derselben Art aus. Das adulte Tier war zuerst gefressen worden, seine Eier danach. Dieser Salamander schützt seine Eier, indem er sich um sie ringelt.

Reptilien

Reptilien stehen auf dem Speiseplan vieler Schlangen ganz oben, und mindestens die Hälfte der Arten ist größtenteils oder sogar ganz auf sie angewiesen.

Echsen

Kleine Echsen wie Geckos, Skinke, kleine Leguane und Eidechsen können in günstigen Lebensräumen im Überfluss vorkommen. Aus diesem Grund sind sie für viele Schlangen eine unerschöpfliche Nahrungsquelle. Darüber hinaus sind sie meist wehrlos und leichte Beute für Schlangen, die sie ohne großes Verletzungsrisiko überwältigen und schlucken können.

Obwohl es auf der ganzen Welt Schlangen gibt, die Echsen fressen, sind 2 Regionen hervorhebenswert. In Australien ist die Zahl kleiner Säugetiere wegen des trockenen Klimas äußerst eingeschränkt. Reptilien kommen jedoch häufig vor, v. a. verschiedene kleine Skinke und Geckos. Sie bilden den Hauptteil der Nahrung für viele Schlangen, von denen manche nichts anderes zu sich nehmen. Selbst große Arten wie Peitschennattern der Gattung *Demansia* leben hier hier von kleinen Echsen, da größere, nahrhaftere Beute Mangelware ist. Im Gegensatz zu anderen Teilen der Welt, wo große Schlangen meist große Beutetiere bevorzugen, scheint in Australien diese Korrelation bei den bisher untersuchten Schlangen nicht zu bestehen. Die einzige Ausnahme bilden Taipane, die sich anscheinend ausschließlich von Warmblütern ernähren (siehe unten).

Eine in etwa vergleichbare Situation herrscht in der Karibik, wo die häufigsten Wirbeltiere Echsen der Gattung *Anolis* sind. Diese werden von fast allen karibischen Schlangen in irgendeinem Stadium ihres Lebens gefressen, und manche Arten erbeuten fast nichts anderes. So zeigt eine Studie, dass mehr als 60 % der Nahrung von 8 Colubridenarten auf der großen Insel Hispaniola aus *Anolis*-Echsen bestand. Hen-

▶ Ein junger Diamantpython *(Morelia spilota spilota)* frisst einen kleinen Skink. Größere Exemplare der Art jagen hingegen hauptsächlich kleine Säugetiere und Vögel.

derson (1993)[9] berichtet, dass junge Hundskopfboas *(Corallus cookii)* auf einigen karibischen Inseln ausschließlich *Anolis*-Echsen fraßen. Größere Hundskopfboas ernährten sich ebenfalls davon, nahmen aber auch andere Beutetiere. Insgesamt machten *Anolis* etwa 66 % der Nahrung dieser Art aus. Im Gegensatz dazu bestand auf dem südamerikanischen Festland die Nahrung derselben Arten zu weniger als 5 % aus Echsen. Es muss daran erinnert werden, dass diese Boas hoch effiziente wärmeempfindliche Grubenorgane besitzen, wodurch sie an sich besser dafür ausgerüstet sind, warmblütige Beutetiere zu erkennen und zu jagen. Am frühen Abend liegt die Körpertemperatur von Echsen freilich über der ihrer Umgebung und kann deshalb auf die gleiche Weise erkannt werden. Die andere Gruppe karibischer Boas, die Gattung *Epicrates*, scheint sich, mit Ausnahme von 2 Arten *(E. gracilis und E. monensis),* nicht an das Fressen von Echsen angepasst zu haben, wobei die Gründe dafür nicht klar sind.

▼ Die südafrikanischen Wolfsnattern *(Lycophidion*-Arten) haben sich auf tagaktive Echsen spezialisiert, die sie während des Schlafs angreifen.

Die stachelschwänzige Leguanart *Ctenosaura similis* scheint eine regelmäßige oder saisonale Beute für den Spitzkopfpython *(Loxocemus bicolor)* in Costa Rica zu sein, wo man die Schlangen dabei beobachtet hat, wie sie frisch geschlüpfte Echsen und die Jungtiere von Grünen Leguanen *(Iguana iguana)* fingen, als sie aus dem Nest krochen; diese Arten teilen dieselben Nistplätze.

Die Schlangen der Galapagosinseln, von denen es 2 Arten und einige Unterarten gibt, ernähren sich alle von Echsen, und die größten Exemplare jagen junge Meerechsen *(Amblyrhynchus cristatus).* Kleinere Schlangen fressen Galapagos-Lavaechsen *(Microlophus*-Arten).

Schlangen können ihre Beutetieren zwar nicht zerkleinern, aber Echsen werfen manchmal ihren Schwanz ab, wenn sie gefangen werden. Echsenschwänze wurden im Magen vieler Schlangenarten gefunden, und es scheint, als ob manche kleine Schlangen dieses System nutzen und Echsen jagen, die für sie eigentlich zu groß sind, bei denen sie sich aber darauf verlassen, dass sie ihren Schwanz abwerfen!

Doppelschleichen

Doppelschleichen (auch Wurmschleichen genannt) sind mit Echsen und Schlangen eng verwandt, kommen aber nur in den tropischen und subtropischen Gegenden von Nord- und Südamerika, Nordafrika, im Nahen Osten und im Südwesten Europas vor. Alle sind grabende Arten, die größtenteils unter der Erdoberfläche leben. Das heißt aber nicht, dass sie nicht auch von Schlangen gefressen werden, und eine Reihe grabender Schlangen hat sich sogar auf sie spezialisiert. Dazu gehören Vertreter der Korallenottergattung *Micrurus*, die die Doppelschleichen durch ihre Gänge verfolgen. *M. corallinus* frisst hauptsächlich die Doppelschleiche *Leptosternon microcephalum* im Südosten von Brasilien, *M. laticollaris* bevorzugt *Bipes canaliculatus* in Mexiko (Papenfuss, 1982)[10]. In letzterer Untersuchung gab es viele *Bipes* mit beschädigten Schwänzen, was ein Hinweis darauf sein könnte, dass sie von Schlangen gejagt wurden. Grabende Colubriden der Gattung *Elapomorphus* haben sich anscheinend gleichfalls auf Doppelschleichen spezialisiert; ebenso *Pseudoboa neuwiedii,* zumindest nach ihrem Verhalten in Gefangenschaft zu urteilen (Perez-Santos und Moreno, 1987)[11].

In Afrika ist eine Atractaspididae, die Schwarzgelbe Erdotter (*Chilorhinophis gerardi*), ein eingefleischter Doppelschlei-

▼ Bei vielen Schlangen gehören andere Schlangenarten teilweise oder ausschließlich zum Nahrungsspektrum. Diese gefleckte Harlekinnatter (*Homoroselaps lacteus*) hat eine Schlankblindschlange (*Leptotyphlops nigrescens*) erbeutet.

chenfresser. Kielschnauzenschlangen (*Xenocalamus*), von denen es 5 Arten gibt, sind hoch spezialisiert und leben ausschließlich von Doppelschleichen, die sie unterirdisch fangen und schlucken.

Schildkröten

Obwohl Schildkröten ganz oben auf der Liste unverdaulicher Nahrung stehen, werden sie nicht völlig ignoriert. Zu den Arten, die von Schlangen gefressen werden, gehören Moschusschildkröte, Schnappschildkröte, Dosenschildkröte, 2 Rotbauchschildkröten-Arten (und junge amerikanische Alligatoren), die im Magen von Wassermokassinschlangen (*Agkistrodon piscivorus*) gefunden wurden, sowie eine frisch geschlüpfte Hakenschnabelschildkröte, die von einer kubanischen *Alsophis cantherigerus* gefressen worden war. Weniger überraschend ist, dass Süßwasserschildkröten und Alligatoren auf dem Speiseplan von Anakondas (*Eunectes murinus*) stehen.

Andere Schlangen

Dass Schlangen von Schlangen gefressen werden, ist nicht verwunderlich. Schließlich haben sie die ideale Form, um ineinanderzupassen. Viele Echsenfresser verzehren wahrscheinlich auch Schlangen; es gibt aber auch einige schlangenfressende Spezialisten, einschließlich solcher, die giftige Arten vertilgen. Die nordamerikanischen Gewöhnlichen Königsnattern (*Lampropeltis getula*) gehören zu dieser Kategorie, da sie sich auch an Klapperschlangen wagen und bis zu einem gewissen Grad gegen deren Gift immun sind. Andere Arten von Königsnattern sind jedoch kaum dagegen immun. Und keine Königsnatter scheint das Gift der

Harlekinkorallenotter (*Micrurus fulvius*) zu vertragen. In geringerem Maß fressen westliche Populationen der Ringhalsnatter (*Diadophis punctatus*) Schlangen neben anderen Beutetieren, während es Kurzschwanznattern (*Stilosoma extenuatum*) in Florida größtenteils auf Halbinsel-Schwarzkopfnattern (*Tantilla relicta*) abgesehen haben. In Asien gibt es einige Vertreter der Elapidae, die hauptsächlich Schlangen erbeuten. Zu ihnen zählen in erster Linie die Königskobra (*Ophiophagus hannah*), Kraits der Gattung *Bungarus* und die asiatische Korallenotter (*Calliophis*). Vertreter der Atractaspididae, die bis auf 1 Art alle afrikanisch sind, haben spezielle Giftzähne, die es ihnen erlauben, ihre Beutetiere auch in der Enge eines Ganges zu beißen. Obwohl sie auch andere Beutetiere fressen, besteht ein Hauptteil ihrer Nahrung aus grabenden Schlangen, v. a. Schlankblindschlangen. Die einzige Art des Nahen Ostens, *Atractaspis engaddensis,* jagt ebenfalls Schlangen, einschließlich der Zwergnattern (*Eirenis*). 2 australische Pythons, der Schwarzkopfpython (*Aspidites melanocephalus*) und Ramsays Schwarzkopfpython (*A. ramsayi*), haben sich auf Reptilien spezialisiert und erbeuten auch andere Schlangen, und im Magen eines Papuapython (*Apodora papuana*) fand man gar einen Diamantpython (*Morelia spilota*).

Kannibalismus

Schlangen, die andere Schlangenarten erbeuten, gibt es viele. Schlangen, die Mitglieder ihrer eigenen Art fressen, sind dagegen aus naheliegenden Gründen ziemlich selten. Berichte darüber gibt es am ehesten von Schlangen, die in Gefangenschaft leben und versehentlich ihre Käfiggenossen verzehren – oft, wenn beide das gleiche Nahrungsstück in Angriff nehmen und jede an einem anderen Ende zu fressen anfängt. Polls und Myers (1985)[12] zählten 19 Schlangenarten, bei denen Kannibalismus vorgekommen war; dazu gehörten 10 Colubriden, 3 Elapiden und 5 Vipern. Mindestens 7 dieser Vorfälle ereigneten sich in Gefangenschaft. Seitdem sind noch weitere Arten bekannt geworden, aber auch dies fast ausschließlich Schlangen, die in Gefangenschaft leben.

In einem Fall handelte es sich um eine europäische Treppennatter (*Rhinechis scalaris*), die ihre eigenen Eier fraß. Hinzu kommen einige weitere Fälle von Oophagie: Eine mexikanische Hakennasennatter (*Heterodon nasicus kennerlyi*) verschlang 2-mal den größten Teil ihres eigenen Geleges, eine Bananennatter fraß ihr Gelege völlig auf, und eine Kukrinatter *(Oligodon taenio-latus)* schluckte 3 ihrer eigenen Eier. In anderen Fällen fraßen Schlangen Eier ihrer eigenen Art, nicht jedoch die, die sie selbst gelegt hatten. Dazu gehören ein Milchschlangen-Männchen *(Lampropeltis triangulum),* das die Eier seiner Käfiggenossin vertilgte, und 2 Vorfälle, bei denen Scharlachnattern *(Cemophora coccinea)* sich an Eiern ihrer Artgenossen vergingen; in einem Fall waren die Eier fast vollständig entwickelt. Lebendgebärende fressen hin und wieder tote Embryos oder unfruchtbare Eier. Das kommt besonders bei Boas häufig vor, wurde aber auch bei einer Grubenotter, der Mexikanischen Mokassinotter *(Agkistrodon bilineatus),* beobachtet.

Autophagie
Die bizarrsten Berichte über Fressverhalten bei Schlangen sind zweifelsohne die über amerikanische Kükennattern *(Pantherophis obsoletus),* die dabei beobachtet wurden, wie sie sich selbst fraßen! Ein Exemplar, in Gefangenschaft, probierte dies 2-mal und starb beim 2. Versuch. Das andere Exemplar lebte in freier Wildbahn und wurde als eng zusammengerollter Kreis gefunden, als es bereits 2/3 seines Körper verschluckt hatte.

Vögel

Vögel stellen Schlangen vor 2 naheliegende Probleme: a) sie zu fangen, und b) festzuhalten. Sie werden deshalb nur von einigen arborealen Schlangen häufig gefressen, die dafür spezielle Techniken entwickelt haben. Der Grüne Baumpython *(Morelia viridis)* etwa besitzt lange, gebogene Zähne, die das Gefieder durchdringen und den Vogel fest packen können. Seine Methode besteht darin, kopfüber von einem Ast zu hängen und darauf zu warten, dass ein Vogel vorbeifliegt; dann schlägt er schnell und präzise zu und setzt bei sowohl seine Fähigkeit, mithilfe der Grubenorgane Körperwärme zu erkennen, als auch seinen Seh- und Geruchssinn ein. Andere Schlangenarten erbeuten Vögel, solange sie noch nicht flügge sind. Schwarze Erdnattern *(Pantherophis obsoletus obsoletus)* fressen z. B. die Küken einiger kleiner Vogelarten, die am Boden oder in Bäumen und Büschen brüten. Die südamerikanische Dünnschlange *(Leptophis ahaetulla)* wurde dabei beobachtet, wie sie die flaumigen Küken einer Tangare fraß. Die europäische Treppennatter *(Rhinechis scalaris)* und die Eidechsennatter *(Malpolon monspessulanus)* dringen häufig in die Brutröhren von Bienenfressern ein, wo sie sich an den Küken laben und sich dann

noch zu einem Verdauungsschläfchen zusammenzurollen. Darüber hinaus ernähren sich einige europäische Vipern, darunter die größte und die kleinste Art, die Milosviper *(Macrovipera schweizeri)* und die Wiesenotter *(Vipera ursinii),* ausgiebig von Nestlingen und fressen zu bestimmten Jahreszeiten kaum etwas anderes.

Eines der besten Beispiele extremer Nahrungsspezialisierung betrifft eine Population von Schwarzen Tigerottern *(Notechis ater serventyi)* auf Chappell Island in der australischen Bassstraße – eine Unterart, die signifikant größer ist als Populationen auf dem Festland oder auf anderen Inseln. Diese Schlangen leben nahezu ausschließlich von Küken des Kurzschnabel-Sturmvogels *(Puffinus tenuirostris),* der in großer Dichte auf der Insel nistet. Diese Kost ist äußerst nahrhaft, aber saisonal. Die Schlangen mästen sich einige Wochen lang regelrecht, um die Zeit bis zur nächsten Brutsaison überstehen zu können. Außerdem sichert die Verfügbarkeit von kleinen Skinken auf der Insel das Überleben der Population, denn davon ernähren sich die jungen Tigerottern, bis sie groß genug sind, Sturmvogelküken zu schlucken.

Generalisten erbeuten natürlich auch Vögel, sind aber auf Vogelarten beschränkt, die am Boden brüten und zufällig in ihre Reichweite geraten. In 3 Untersuchen über Klapperschlangen betrug der Anteil an Vögeln 2–8 % der Gesamtnahrungsmenge. Auf der Insel Guam hat die Braune Baumtrugnatter *(Boiga irregularis),* ein Generalist, der versehentlich auf der Insel eingeführt wurde, anscheinend nahezu alle einheimischen Waldvögel ausgerottet (siehe S. 93).

Arboreale Schlangen sind jedoch nicht immer Vogelfresser. So jagt die Pazifische Baumboa *(Candoia bibroni)* selten oder nie Vögel, obwohl sie ausschließlich in Bäumen lebt, sondern ernährt sich von Skinken, Fröschen und Kleinsäugern. Als Luiselli und Rugiero (1993)[13] die Nahrung der arborealen Äskulapnatter *(Zamenis longissimus)* und der terrestrischen Aspisviper *(Vipera aspis)* derselben Gegend verglichen, stellten sie fest, dass diese praktisch identisch war (beide fraßen Echsen und Mäuse). Wir können daraus schließen, dass manche Schlangen Bäume aus anderen Gründen als Lebensraum wählen als zum Zwecke der Nahrungssuche.

Säugetiere

Säugetiere unterschiedlichster Art stehen hauptsächlich auf dem Speiseplan mittelgroßer und großer Schlangen. Die Größe von

Säugetieren und die Gefahr, durch sie verletzt zu werden, hält viele kleinere Schlangen davon ab, sie als Grundnahrung zu wählen, wenngleich z. B. Nagetierjunge selbst von ziemlich kleinen Schlangenarten gefressen werden, wenn sich die Gelegenheit ergibt.

In Australien gibt es als Säugetier-Spezialisten nur die beiden Taipanarten *Oxyuranus microlepidotus* und *O. scutellatus,* die sich von kleinen Beuteltieren und eingeführten Nagern ernähren (Nagetiere kamen in Australien ursprünglich nicht vor). Größere Pythons wie der Diamant- oder Rautenpython *(Morelia spilota)* fressen auch erhebliche Mengen an Säugetieren, sind aber nicht darauf beschränkt. Insbesondere Jungtiere erbeuten dazu kleine Echsen, v. a. Skinke. Das führt man auf ihr Aktivitätsmuster zurück: Junge Pythons sind tagaktiv, während erwachsene eher nachts unterwegs sind, wo die Wahrscheinlichkeit, auf kleinere Säugetiere zu treffen, höher ist.

Auf anderen Kontinenten ernähren sich alle größeren Schlangenarten zu einem Großteil von Säugetieren, viele sogar ausschließlich. Volksnamen wie Rattenschlange, mit denen viele Schlangen in Nordamerika, Europa und Asien bedacht werden, werfen ein Licht auf die Nahrungsgewohnheiten der häufigeren Arten.

Größere Säuger wie Erdhörnchen und Kaninchen werden Opfer größerer Schlangenarten. Bei einer Untersuchung, die Diller und Johnson (1998)[14] bei einer Population in Idaho durchführten, bildeten diese beiden Arten den Löwenanteil der Beute von Prärieklapperschlangen *(Crotalus viridis).* Die Wissenschaftler schätzten, dass jährlich 14 % der Erdhörnchenpopulation und 5–11 % der jungen Cottontail-Kaninchen auf das Konto der Klapperschlangen gingen. Im Gegensatz dazu fraßen Gophernattern *(Pituophis cantenifer)* weniger Erdhörnchen (4 % der Gesamtpopulation), aber mehr Kaninchen (22–43 % der Gesamtpopulation). Diese Zahlen zeigen, wie effektiv Schlangen diese Nagetiere und verwandten Arten unter natürlichen Bedingungen regulieren. Das ist in manchen Gegenden wohl bekannt, und die dortige Bevölkerung bemüht sich um die Ansiedlung von Schlangen in Scheunen und anderen Orten, wo Getreide gelagert wird.

Während auf der Nordhalbkugel wahrscheinlich Nagetiere die Hauptnahrung von Schlangen bilden, sind in den Tropen und anderswo andere Säugetiere oft häufiger und avancieren dort zur Hauptnahrung. Beuteltiere wurden im Zusammenhang mit austra-

▶ Fledermäuse sind in vielen Teilen der Welt die häufigsten Säuger und werden von einigen agilen Schlangenarten wie dem Childrens Python *(Antaresia childreni)* gejagt.

lischen Schlangen bereits erwähnt. Die amerikanischen Opossums werden von einigen Arten gefressen, so von der Mussurana *(Clelia clelia),* von der neotropischen Hühnerfresserschlange *(Spilotes pullatus)* und der Regenbogenboa *(Epicrates cenchria).*

In vielen tropischen Gegenden sind Fledermäuse die häufigste Form von Säugetieren und Beute vieler arborealer und semi-arborealer Schlangen. Zu den Arten, die Fledermäuse fressen – wenn sie ihrer habhaft werden –, gehören einige Boas, etwa die Schlankboa *(Epicrates cenchria)* und verwandte Arten wie *E. angulifer* und *Boa constrictor;* und es ist wahrscheinlich, dass auch arboreale Boas der Gattung *Corallus* Fledermäuse erbeuten. Der australische Childrens Python *(Antaresia childreni)* frisst gelegentlich Fledermäuse, während *Orthriophis taeniura ridleyi,* eine große asiatische Colubride, sich anscheinend fast ausschließlich davon ernährt. Diese Schlangen liegen auf Felsvorsprüngen am Höhleneingang auf der Lauer und fangen die Fledermäuse dort ab. Die amerikanische Lyraschlange *Trimorphodon biscutatus* wurde dabei beobachtet, wie sie junge Fledermäuse vom Dach einer unterirdischen Höhle in Mexiko pflückte; Fledermäuse zählen jedoch nicht zur üblichen Beute dieses Generalisten.

Wirklich große Beutetiere erhalten wahrscheinlich unverhältnismäßig viel Aufmerksamkeit. Obwohl Riesenboas und Pythons zweifellos auch bisweilen Rehe, Antilopen, Hausschweine, Ziegen und sogar Menschen angreifen und fressen, ist anzunehmen, dass sie im Regelfall einfacher zu fangende und weniger sperrige Nahrung bevorzugen.

Eier

Eier sind eine hervorragende (und wehrlose) Proteinquelle. Deshalb ist nicht erstaunlich, dass Schlangen sie als Nahrung nutzen. Die seltenen Fälle, in denen Eier von Fröschen und Doppelschleichen als Nahrung dienen, wurden weiter oben erwähnt, ebenso diejenigen, in denen Schlankblindschlangen Insekteneier vertilgen. Eier von Reptilien und Vögeln bilden dagegen einen wichtigen Teil der Nahrung vieler Schlangen – aus den unterschiedlichsten Familien und in vielen verschiedenen Teilen der Welt.

Am berühmtesten ist natürlich die afrikanische Eierschlange der Gattung *Dasypeltis,*

von der es 5 Arten gibt. Diese Schlangen sind hoch spezialisiert und haben eine Reihe von modifizierten Wirbeln im Rachenraum mit nach unten zeigenden Fortsätzen (den Hypapophysen), mit denen sie die Schale der Vogeleier zersägen; nachdem sie den Inhalt geschluckt haben, würgen sie die Schale wieder aus. Ihre Fähigkeit, Eier zu schlucken, die den Durchmesser ihres Kopfes gleich mehrfach überschreiten, ist in der Tat erstaunlich. Die äußerst seltene Indische Eierschlange *(Elachistodon westermanni)* scheint ähnliche Gewohnheiten und ebenfalls modifizierte Wirbel im Halsbereich zu haben. Leider ist sie so selten, dass man kaum etwas über sie weiß.

Weitere eierfressende Schlangen sind Vertreter der Colubridengattungen *Boiga, Conophis, Elaphe, Lampropeltis, Pantherophis, Pseustes* und *Spilotes.* Ein Python *(Liasis fuscus)* frisst »saisonal« Gänseeier, und eine junge Gelbe Anaconda *(Eunectes notaeus)* hatte die Eier einer Riesenralle im Magen.

Die Eier waren mit dem spitzen Ende voraus geschluckt worden. Soweit bekannt, sind *Dasypeltis*-Arten die einzigen, die die Schalen auswürgen; alle andere Schlangen verdauen die Eier ganz.

Viele Schlangen fressen Reptilieneier. Manche sind darauf spezialisiert, während andere sie nur nehmen, wenn sie zufällig darauf stoßen. Soweit man weiß, sind alle Schlangen der großen asiatischen Gattung *Oligodon* Spezialisten, obwohl sie auch andere Beutetiere fressen. Coleman et al. (1993)[15] beschrieb den Vorgang bei *O. formosanus:* Die Schlange benutzte einen ihrer vergrößerten Zähne im hinteren Teil des Oberkiefers, um die Eischale anzuritzen. Sie zog den Zahn so lange über die Schale, bis ein Schlitz entstanden war. Diesen vergrößerte sie mit der scharfen Kante desselben Zahns so lange, bis die Öffnung groß genug war, dass ihr Kopf hineinpasste und sie den Inhalt schlucken konnte. Im Volksmund heißt diese Schlange Kukrischlange, weil die

▲ Wie alle Vertreter ihrer Gattung frisst die Braune Eierschlange *(Dasypeltis inornata)* ausschließlich Vogeleier. Das Ei wird zuerst geschluckt (links) und dann die Schale im Hals der Schlange zerdrückt (rechts).

vergrößerten hinteren Zähne Ähnlichkeit mit den gleichnamigen Zeremoniendolchen haben.

In Australien gibt es als Parallele zu *Oligo-don* die kleinen Elapiden *Simoselaps semifas-ciatus, S. roperi* und möglicherweise weitere nah verwandte Arten. Sie ernähren sich aus-schließlich von Echsen- und Schlangeneiern und haben je 1 vergrößerten Zahn auf bei-den Seiten des Unterkiefers – im Gegensatz zu *Oligodon,* deren modifizierte Zähne im Oberkiefer stehen. Offenbar schlitzen diese Zähne die Schalen der Reptilieneier wäh-rend des Schluckvorgangs auf.

In Afrika ernähren sich die Schaufelnasen-nattern *(Prosymna)* zum größten Teil von Reptilieneiern. Sie scheinen kein spezielles Zahnwerk zu besitzen, sondern benutzen die scharfen Zähne des Oberkiefers, um die Schalen aufzubrechen. Schalen und Inhalt werden beide geschluckt.

Ein gemeinsames Merkmal der o. g. Arten *Oligodon, Simoselaps, Prosymna* ist die nach oben gebogene Schnauze. Man geht davon aus, dass die Schlangen dadurch ihre schar-fen Schneidezähne einsetzen können, ohne in das Ei beißen zu müssen (das vielfach wohl zu groß wäre, um in ihren Rachen zu passen). Signifikanterweise haben diejenigen *Simoselaps*-Arten, die keine Eier fressen, dieses Merkmal nicht. Eine nach oben ge-bogene Schnauze impliziert trotzdem nicht notwendigerweise, dass eine Schlange Eier frisst, da viele grabende Arten dieses Merk-mal ebenfalls entwickelt haben (siehe Kapi-tel 4).

In Amerika ist diese Nische von 2 Arten der Gattung *Phyllorhynchus* besetzt, den so-genannten Blattnasennattern. Diese Schlan-gen fressen Echsen, v. a. den Gebänderten Gecko *(Coleonyx variegatus),* aber offen-sichtlich besonders deren Eier. *(Coleonyx* legt weichschalige Eier, während die meis-ten anderen Geckoarten kalkschalige Eier produzieren.)

Arten, die sich ausschließlich von Repti-lieneiern ernähren, müssen entweder in Erdteilen leben, in denen Reptilien sich das ganze Jahr über fortpflanzen, wie in den Tropen, oder imstande sein, sich so große Fettreserven anzufressen, dass sie den Rest des Jahres davon zehren können.

Neben Spezialisten fressen zweifellos auch viele Generalisten Reptilieneier. Die nordamerikanischen Königsnattern etwa sind bekannt dafür, gelegentlich Reptilien-eier zu verzehren, und es gibt mindestens einen Bericht von einer Königsnatter, die Eier aus dem Nest einer Süßwasserschild-kröte raubte. Ein weiterer Opportunist ist der mexikanische Spitzkopfpython *(Loxoce-mus bicolor),* der in Cost Rica *Ctenosaura-* und *Iguana*-Eier frisst. Zu bestimmten Jah-reszeiten machen Eier fast 100 % der Nah-rung dieser Art aus.

Aas

In der Vergangenheit herrschte weithin die Ansicht, dass Schlangen sehr selten, wenn überhaupt, Aas fressen. Die Schwierigkeit, Aas als Nahrungsquelle festzustellen, hängt zum einen mit der Seltenheit und Zufällig-

keit eines solchen Vorgangs zusammen und zum anderen mit der Tatsache, dass es beim Untersuchen des Mageninhaltes einer Schlange keine einfache Methode gibt, von der Schlange getötete Beutetiere von sol-chen zu unterscheiden, die schon vorher tot waren.

Jüngere Berichte haben diese Ansicht auch teilweise korrigiert. Eine große Prärie-klapperschlange wurde z. B. beobachtet, wie sie ein Kaninchen fraß, das schon länger als 1 Tag tot war, da Maden und Aaskäfer am Kadaver waren und die Schlange wegen der Leichenstarre anderthalb Stunden brauchte, um das Kaninchen zu schlucken. In einem anderen Fall fraß eine Wassermokassinotter *(Agkistrodon piscivorus)* eine tote Rotbauch-Schwimmnatter *(Nerodia erythrogaster),* und eine andere Wassermokassinotter wurde dabei beobachtet, wie sie Nester von Seevö-geln nach toten Fischen durchsuchte. Gift-schlangen tendieren vielleicht eher dazu, Aas zu fressen, da es zu ihrer Jagdmethode gehört, ihr Opfer zu beißen und dann lau-fen zu lassen, um es danach aufzuspüren und zu fressen. Da das Auffinden mehrere Stun-den in Anspruch nehmen kann, ist die Beute bis dahin mit Sicherheit tot.

Ungiftige Schlangen fressen manchmal ebenfalls Aas. Eine karibische Erdschlange

(*Alsophis portoricensis richardi*) aus Congo Cay, Puerto Rico, wurde von Norton (1993)[16] dabei beobachtet, wie sie vertrocknete Fische fraß, die von fütternden Braunen Pelikanen fallengelassen worden waren. Die Schlange schien aktiv nach Stellen zu suchen, an denen fallengelassene Fische liegen könnten. Ein weiteres Beispiel betrifft eine Östliche Strumpfbandnatter (*Thamnophis sauritus*), die versuchte, eine überfahrene Kröte von der Straße abzulösen, und Bedford (1991)[17] beobachtete mehrmals eine Australische Kielschlange (*Tropidonophis mairii*), wie sie überfahrene Frösche von der Straße fraß. Diese und ähnliche Beobachtungen lassen vermuten, dass Schlangen nicht abgeneigt sind, Aas zu fressen, wenn sich ihnen die Gelegenheit bietet. Sie stehen natürlich in Konkurrenz zu aasfressenden Vögeln und Säugetieren und sind verglichen mit diesen schlecht gerüstet, um als Erster eine solche Beute zu finden.

In Gefangenschaft fressen die meisten Schlangen frisch getötete Beutetiere. Viele nehmen auch tiefgefrorene und wieder aufgetaute Nahrung, und einige scheinen Nahrung vorzuziehen, die bereits einige Stunden im Käfig lag. Beobachtungen bei Gefangenschaftshaltung sind immer mit Vorsicht zu betrachten, aber sie zeigen immerhin, dass Schlangen in ihren Fressgewohnheiten flexibel sein können.

Änderungen des Beutespektrums

Schlangen ernähren sich nicht unbedingt ein Leben lang von der gleichen Beute, und auch unterschiedliche Populationen derselben Art fressen nicht immer das Gleiche. Änderungen im Beutespektrum hängen mit der Größe, d. h. mit der Fähigkeit von Jungschlangen, ihr Opfer zu überwältigen und zu schlucken, und mit der Verfügbarkeit unterschiedlicher Beutetypen an unterschiedlichen Orten zusammen.

Jungschlangen sind per Definition kleiner als Erwachsene der gleichen Art. Das führt offensichtlich zu Einschränkungen des Beutespektrums. Während die Jungtiere mancher Spezies einfach kleinere Versionen der Erwachsenenbeute fressen, brauchen andere völlig andere Nahrung. Die Verfügbarkeit spielt eine große Rolle. Fische gibt es meist in allen Größen, und fischfressende Schlangen jagen sie in der Regel ihr Leben lang und nehmen nur mit zunehmender Größe immer größere Fische. Gleichzeitig können sie kleine Fische völlig von ihrem Speiseplan streichen, wie es bei den meisten Seeschlangen der Fall ist. Oder aber sie fressen alle Größen. Dass liegt wahrscheinlich auch

am unterschiedlichen Beutesuchverhalten, da kleine Fische oft in seichterem Wasser zu finden sind als große. Weil Schlangen mit zunehmender Größe in immer tieferem Wasser auf die Jagd gehen, sinkt die Wahrscheinlich, kleine Fische aufzustöbern. Dieses Verhalten hat man bei einigen Strumpfbandnattern (*Thamnophis*) festgestellt.

Andere semiaquatische Arten wie amerikanische Schwimmnattern (*Nerodia*) beginnen ihr Leben als Fischfresser und stellen sich mit zunehmendem Wachstum auf Amphibien um. Schlangen der Gattung *Regina* ernähren sich als Erwachsene von Krebstieren, aber *R. alleni* und vermutlich auch die anderen 3 Arten fressen sowohl kleinere Arten von Krebstieren als auch Libellenlarven, solange sie jung sind.

Ein häufiger Wechsel ist der von Echsen auf Säugetiere. Viele Schlangen, die Säugetiere fressen, sind als frisch Geschlüpfte zu klein, um ausgewachsene Nagetiere etc. zu überwältigen, und obwohl sie junge Mäuse fressen, wenn sie Gelegenheit dazu bekommen, ernähren sich die meisten von Echsen, die auch wegen ihrer Form einfacher zu schlucken sind. Die europäischen Vipern fressen z.B. als Jungtiere fast ausschließlich kleine Echsen, arbeiten sich aber im Lauf der Zeit zu kleinen Säugetieren vor. Der Übergang im Speiseplan verläuft allmählich. Bei kleinen Schlangenarten erbeuten auch die Erwachsenen neben Kleinsäugern weiterhin Echsen, während größere Arten später ganz darauf verzichten. Ähnlich sind die Verhältnisse bei vielen Grubenottern in Nord-, Mittel- und Südamerika. Zahlreiche Colubriden fressen nach dem Schlüpfen zunächst Echsen und wechseln, wenn sie größer werden, zu kleinen Säugetieren. Dazu gehören einige Königsnattern (*Lampropeltis*-Arten), v. a. die kleineren Gebirgsarten, die zu einer Zeit schlüpfen, in der es in ihrem Lebensraum eine Fülle kleiner Echsen gibt. Nach ihrem Verhalten in Gefangenschaft zu urteilen, nehmen viele Jungtiere dieser Arten in ihrem 1. Sommer und Herbst noch nicht einmal neugeborene Mäuse, akzeptieren sie aber im folgenden Frühjahr nach der Winterruhe, auch wenn sie nicht nennenswert gewachsen sind.

Wo Populationen etwa auf Inseln oder Bergen isoliert leben, kann sich ihr Nahrungsspektrum aufgrund der Verfügbarkeit bestimmter Beutetypen von dem der Festlandpopulationen unterscheiden. Auf diesem Gebiet gab es noch nicht viele Untersuchungen, ein paar Beispiele können jedoch aufgeführt werden.

Die Santa-Catalina-Klapperschlange (*Crotalus catalinensis*) lebt auf der gleichnamigen Insel im Golf von Mexiko, sie stammt ab von der Roten Diamantklapperschlange (*C. ruber*). Im Gegensatz zur Festlandform, die Kleinsäuger frisst, hat bei der Inselform ein Beutewechsel stattgefunden; sie nimmt hauptsächlich kleine Vögel – wahrscheinlich, weil diese auf der Insel häufiger vorkommen als Säugetiere. Dazu ist sie teilweise arboreal geworden und hat eine kleine, schmalere Gestalt entwickelt, um klettern zu können, und längere Zähne, um Beute zu packen. Noch auffallender ist, dass sich ihre Schwanzrassel zurückgebildet hat (siehe S. 130). Auf der nicht weit entfernten Isla Cerralvo klettern Bajaklapperschlangen (*Crotalus enyo cerralvensis*) ebenfalls auf Büsche, um Echsen und Vögel zu erbeuten, obwohl sie (noch) keine morphologischen Anpassungen entwickelt haben. Und schließlich hat die Insellanzenotter (*Bothrops insularis*) auf der Insel Queimada Grande vor der Brasilianischen Küste ihre Nahrung auf Vögel umgestellt und ein starkes, schneller wirkendes Gift und längere Giftzähne als ihre nahen Verwandten entwickelt.

Bei einer Untersuchung über Hundskopfboas (*Corallus*) auf dem südamerikanischen Festland und in der Karibik fand Robert Henderson (1993)[18] heraus, dass sich die Nahrung der Populationen unterschied, wobei Festlandpopulationen hauptsächlich Säugetiere und kaum Vögel und Echsen fraßen, während sich Inselpopulationen primär von Echsen und nur von wenigen Säugetieren und noch weniger Vögeln ernährten.

Ein weiteres Beispiel ist die nordamerikanische Königsnatter *Lampropeltis getula*, deren großes Verbreitungsgebiet mehrere Lebensräume umfasst. Formen, die mehr im Osten vorkommen, etwa die Gewöhnliche Königsnatter (*L. g. getula*), sind klein, wenn sie schlüpfen, und fressen ungern Mäuse, dafür aber Echsen und kleinere Schlangen. Hingegen sind westliche Formen wie die Schwarze Königsnatter (*L. g. nigritus*) schon beim Schlüpfen wesentlich größer und nehmen von Anfang an Mäuse. Noch feinere Unterschiede gibt es bei einer weiteren Unterart, der Kalifornischen Königsnatter (*L. g. californiae*), bei der die Jungtiere in Küstengebieten Mäuse verzehren, in der Wüste jedoch oft Echsen vorziehen. Man kann nur annehmen, dass die Verfügbarkeit bestimmter Beutetiere über einen langen Zeitraum hinweg sowohl die Fähigkeit der Schlangen, sich von verschiedenen Beutetypen zu ernähren, als auch ihr Verhalten formt.

▲ Junge Amazonas-Baumboas *(Corallus hortulanus)*, die auf den karibischen Inseln leben,
verlagern mit zunehmendem Alter ihr Nahrungsspektrum von Echsen hin zu Vögeln und
Säugetieren, während auf dem Festland hei-
mische Tiere derselben Art von Geburt an
Vögel und Säugetiere fressen.

Nahrungsmenge

Der Nahrungsmenge, die Schlangen zu sich
nehmen, wurde bisher wenig Beachtung
geschenkt. Zwei Extreme sind das Beispiel
einer Schlankblindschlange, die 1400 Nah-
rungsstücke in ihrem Magen hatte (siehe
S. 99), und andererseits Schlangen, deren
Magen leer ist. Letzteres scheint der Normalfall zu sein: Das Sezieren zahlreicher präparierter Museumsstücke hat gezeigt, dass
der Magen im Normalfall leer ist. Da
Schlangen mehrere Tage brauchen, um zu
verdauen, deutet ein leerer Magen darauf
hin, dass die Schlange schon einige Zeit
nichts mehr gefressen hat.

Die aufgenommene Nahrungsmenge
hängt von mehreren Faktoren ab. Temperatur spielt eine wichtige Rolle, da Schlangen
weder bei zu großer Hitze noch bei zu großer Kälte jagen. Der Beutetyp ist ebenfalls
bedeutsam: Schlangen, die kleine Nahrungs-
stücke fressen, müssen dies häufiger tun als
Schlangen, die größere Beute jagen. Dem
übergeordnet sind die Bedürfnisse der
Schlange: Jagende, tagaktive Schlangen verbrauchen mehr Energie als träge Arten, die
ihrer Beute auflauern, sodass erstere unter

sonst gleichen Voraussetzungen öfter fressen
müssen. Verfügbarkeit ist ein weiterer Faktor: Viele Schlangen fressen wahrscheinlich
nicht so häufig, wie sie es gerne würden.
Das Fehlen geeigneter Nahrung kann sich
über längere Zeit erstrecken. Manche Beutearten sind nur saisonal zu haben (wie die
auf S. 105 erwähnten Sturmvogelküken),
und die betreffenden Schlangen müssen sich
viel Reserven anfressen. Schlangenweibchen
im letzten Stadium der Schwangerschaft
nehmen oft keine Nahrung auf, wahrscheinlich, weil die sich entwickelnden Eier
oder Embryos den ganzen Platz einnehmen.
Lebendgebärende Arten müssen aus diesem
Grund mehrere Monate ohne Nahrung auskommen. In ähnlicher Weise fasten Schlangen auch freiwillig, bevor sie sich häuten.

Größe der Beute

Schlangen sind in der Lage, relativ große
Stücke zu fressen. Je größer sie werden,
desto größer wird auch das Spektrum der
verfügbaren Beutetiere. Kleine Schlangen
sind demnach auf kleine Tiere beschränkt,
während große Schlangen große und kleine
Beute fressen können. Sich von kleinen Tieren zu ernähren, hat jedoch seinen Preis. So
verbraucht eine Schlange für den Fang einer
kleinen Echse genauso viel Energie wie für
den einer großen, hat aber nicht so viel
davon. Außerdem setzen sich Schlangen
beim Jagen und Fressen jedes Mal Gefahren
aus, weshalb man erwarten darf, dass sie auf
minderwertige Beutestücke verzichten. Es

ist für sie wichtig, ihre Jagdmethoden so zu
optimieren, dass der Nutzen die Kosten
übersteigt.

In Anbetracht der Tatsache, dass Schlangen ihre Nahrung im Ganzen schlucken,
muss es für sie eine Möglichkeit geben, die
Größe eines Beutetiers einzuschätzen, bevor
sie zum Angriff übergehen. Geruch kann
hierbei eine Rolle spielen, da kleine Nage-
tierarten anders riechen als große. Schlangen, die ihr Opfer durch Erwürgen oder
Vergiften töten, untersuchen es genau, bevor
sie mit dem Schlucken beginnen. Das wird
normalerweise als die Suche nach dem Kopf
gedeutet, könnte aber auch dazu dienen,
festzustellen, ob die Beute überhaupt ins
Maul passt oder nicht.

Die Fähigkeit, große Beutestücke zu
schlucken, ist nicht überall gleich im Schlan-
genreich. Einschränkungen durch einen
starren Kiefer, wie bei vielen kleinen grabenden Schlangen der Fall, wurden bereits
erwähnt. Es gibt aber auch bei höher entwickelten Schlangenarten Unterschiede. In der
Regel sind Vipern in der Lage, größere Beutestücke zu schlucken als andere Schlangenarten, manchmal mehr als doppelt so groß
wie sie selbst. Die Körperform von Vipern
hilft ihnen offensichtlich, große Stücke aufzunehmen. Darüber hinaus hat ihre lauernde Jagdmethode sie dazu gezwungen,
größere Beutestücke zu nehmen, da sie
weitgehend darauf angewiesen sind, dass
ihnen eine Mahlzeit über den Weg läuft, und
sie es sich nicht leisten können, zu viele
Fressmöglichkeiten ungenutzt vorbeiziehen
zu lassen. Ihre breiten Köpfe haben sich
möglicherweise als Folge davon entwickelt.
Vipern fressen die proportional am größten
Beutestücke. Eine typische Mahlzeit macht
ungefähr 20 % ihres Körpergewichts aus,
manchmal verschlingen sie aber auch Stücke, die mehr wiegen als sie selbst.

Absolut gesehen sind es freilich Pythons
und Boas, die die größte Beute nehmen, was
nicht ohne Gefahr ist. Es gibt mehrere
dokumentierte Todesfälle, in denen sich
etwa Hörner eines Beutetiers durch Einge-
weide bohrten, und noch mehr Fälle, in
denen aufgeblähte Pythons und Boas (von
Menschen) getötet wurden, weil sie durch
die kürzlich verschlungene Mahlzeit unfä-
hig waren zu flüchten.

Nahrungswettbewerb und
Ressourcenteilung

Innerhalb von Schlangengemeinschaften hat
es oft den Anschein, als ob die verschiedenen Arten einen direkten Wettbewerb vermieden, indem sie sich auf unterschiedliche

Nahrungstypen konzentrieren oder zu verschiedenen Zeiten an verschiedenen Orten jagen.

Obwohl ein flüchtiger Blick auf die verschiedenen Schlangenarten, die in einem Gebiet vorkommen, oft zu der intuitiven Schlussfolgerung führt, dass eine Aufteilung des Nahrungsangebots stattfindet, ist dies bisher nicht wissenschaftlich bestätigt. Viele Schlangengemeinschaften sind sehr komplex, besonders in den Tropen, wo u. U. Dutzende von Arten im gleichen Gebiet vorkommen, darunter terrestrische, arboreale und grabende, große, mittelgroße und kleine Spezies, tagaktive und nachtaktive, Generalisten und Spezialisten. Für einige sind vielleicht auch andere Schlangen potenzielle Beutetiere. Aus diesem Grund ist es einfacher, Schlangengemeinschaften zu untersuchen, die eine geringe Zahl von Schlangenarten umfassen.

In Großbritannien gibt es 2 häufige Schlangenarten, die zusammen auftreten können – die Kreuzotter *(Vipera berus),* die Echsen und Nagetiere frisst, und die Ringelnatter *(Natrix natrix),* die von Fischen und Amphibien lebt. Eine 3. Art, die Glattnatter *(Coronella austriaca),* frisst ebenfalls Echsen und Nagetiere, gerät aber mit der Kreuzotter nicht in Konkurrenz, weil sie in Höhlen und Spalten nach Futter sucht. Schlangengemeinschaften von Strumpfbandnattern in Nordamerika scheinen feinere Unterschiede in ihrer Nahrungspräferenz zu haben. Zusammenlebende Arten fressen Würmer, Nacktschnecken, Amphibien, Fische und Säugetiere, und obwohl es Überlappungen gibt, bevorzugen die meisten Arten 1 oder mehrere Beutetypen. In Südwestaustralien, wo einige kleine terrestrische Elapiden vorkommen, entdeckte Shine (1984)[19], dass nah verwandte Arten, die einen Lebensraum teilen, sich oft auf unterschiedliche Beutearten spezialisieren: *Simoselaps bertholdi* frisst nur kleine Echsen, *S. semifasciata* nur Reptilieneier etc. Einige andere verwandte Arten sind weniger spezialisiert und ernähren sich von Echsen und Reptilieneiern.

Trinken

Die meisten Schlangen trinken. Dazu tauchen sie die Schnauze ins Wasser und ziehen es durch Aufblähen des Halses in die Speiseröhre. Die Zunge wird nicht benutzt.

Einige Schlangenarten trinken selten oder nie, weil Trinkwasser in ihren Lebensräumen nicht zur Verfügung steht. Dazu zählen Seeschlangen und Schlangenarten, die in der Wüste leben. Die echten Seeschlangen der Unterfamilie Hydropheinae trinken wahrscheinlich überhaupt nicht, sondern entziehen alles benötigte Wasser ihrer Nahrung. Plattschwänze kommen gelegentlich ans Ufer und wurden dabei beobachtet, wie sie Regenwasser aus Pfützen oder von überhängender Vegetation tranken. Wüstenschlangen trinken bei Gelegenheit, konzentrieren sich aber hauptsächlich darauf, Flüssigkeit aus ihrer Nahrung zu ziehen und möglichst effektiv zu speichern. Dazu gehören Schuppenraspeln (und möglicherweise auch das Rasseln) statt Zischen, das Polieren der Schuppen, um die Durchlässigkeit zu verringern, und das Ausscheiden fester Harnsäure.

Wahrscheinlich trinken manche Individuen selten oder nie in ihrem Leben. In Versuchen ist es gelungen, einige Arten, etwa die Arabische Sandrasselotter *(Echis coloratus),* ohne Zugang zu Wasser aufzuziehen.

▼ Wüstenschlangen wie die Gehörnte Puffotter *(Bitis caudalis)* trinken nur selten, wenn überhaupt. Manche Wüstenarten sind völlig auf kondensierende Nebel angewiesen.

JAGD-METHODEN

SCHLANGEN NEIGEN ZU STEREOTYPEN JAGDMETHODEN: JEDE ART BENUTZT EINE BESTIMMTE METHODE UND BLEIBT IM GROSSEN UND GANZEN DABEI. ES KANN JEDOCH ZWISCHEN ERWACHSENEN UND JUNGTIEREN UNTERSCHIEDE IM JAGDVERHALTEN GEBEN, UND VERSCHIEDENE POPULATIONEN DERSELBEN ART JAGEN BISWEILEN AUF ETWAS UNTERSCHIEDLICHE WEISE (OFT IN ABHÄNGIGKEIT VON DER BEUTEVERFÜGBARKEIT). BEIM VERGLEICH DER JAGDMETHODEN ZEICHNEN SICH 2 HAUPTSTRATEGIEN AB: ANSITZJÄGER, DIE AUF DER LAUER LIEGEN UND IHRE BEUTE ÜBERFALLEN, UND AKTIVE JÄGER, DIE IHRE BEUTE AUFSPÜREN UND WENN NÖTIG VERFOLGEN. DIESE BEIDEN TYPEN REPRÄSENTIEREN JEDOCH NUR DIE BEIDEN EXTREME – DAZWISCHEN GIBT ES EINE GANZE REIHE VON VARIATIONEN, DIE SICH IM ZUGE EINES OPTIMIERUNGSPROZESSES ENTWICKELT HABEN.

Die Jagdmethode einer Schlange hängt offensichtlich vom bevorzugten Beutetyp ab. Die Lauer etwa mag in Gegenden, in denen Kleinsäuger häufig sind, eine sehr kosteneffektive Methode sein, wird aber andererseits kaum zum Erfolg führen, wo hauptsächlich Vögel oder Termiten vorkommen.

Aktive Tagjäger

Prototyp aktiver Tagjäger sind schnelle, agile, tagaktive Colubriden wie Zornnattern, Kutschenpeitschennattern und Sandrennnattern *(Coluber, Masticophis* und *Psammophis)* sowie die australischen Elapiden z. B. der Gattung *Demansia.* Diese Arten jagen, indem sie die Beute mittels ihres Sehvermögens lokalisieren, sich dann behutsam so nah wie möglich anschleichen und das Opfer überrumpeln. Diese Methode ist nicht immer erfolgreich. Echsen, der häufigste Beutetyp dieser Schlangenarten, sind genauso schnell und agil, und viele Angriffe, möglicherweise die meisten, schlagen fehl. Merkmale aktiver Jäger sind schlanker Körper, langer Schwanz, große Augen und die Tendenz, mit leicht angehobenem Kopf zu suchen. Viele dieser Schlangen tragen Längsstreifen. Aktive Tagjäger findet man unter terrestrischen, arborealen, aquatischen und semiaquatischen Schlangen.

OPTIMALE NAHRUNGSSUCHE

Obwohl die Nahrung, die Schlangen zu sich nehmen, ihnen die nötige Energie für andere Aktivitäten liefert, hat auch die Beschaffung derselben ihren Preis. Solange die Energie, die aus der Nahrung gezogen wird, größer ist als die Energie, die zur Beschaffung benötigt wurde, ist alles in Ordnung. Es gibt jedoch einen Punkt, ab dem kleine Beutestücke so wenig Energie liefern, dass es sich nicht mehr lohnt, sie zu jagen. Um beim Jagen und Fressen effizient zu sein, müssen Tiere diese Tatsache berücksichtigen, und diejenigen, denen dies am besten gelingt, sind in der Regel bezüglich Wachstum und Fortpflanzung am erfolgreichsten.

Natürlich werden größere Schlangen größere Beutetiere fressen, weil sie dazu fähig sind. Aber die Theorie von der optimalen Futtersuche geht noch einen Schritt weiter. Ihr zufolge verzichten große Schlangen auf kleine Beutetiere, weil sie im Vergleich zur gewonnenen Energie zu viel Aufwand erfordern. Dies wird z. B. durch einige Klapperschlangenpopulationen bestätigt, in denen junge Schlangen unter 1 Jahr ausschließlich Spitzmäuse fressen, im Laufe des Wachstums ihre Präferenz jedoch allmählich ändern, um sich als Erwachsene von größeren Säugetieren und Vögeln zu ernähren und kaum noch von kleineren Beutetieren.

Leider sind die Beweise für diese Art von Wechsel in der Beutegröße nicht eindeutig. So findet man Hinweise darauf, dass manche Schlangenarten bezüglich ihrer Beutegröße wählerischer sind als andere. Es gab bisher zu wenige Untersuchungen zu diesem Aspekt der Schlangenbiologie, als dass man allgemeine Schlussfolgerungen ziehen könnte. Darüber hinaus fehlen bei vielen Nahrungsaufzeichnungen, die im Lauf der Jahre veröffentlicht wurden, gerade die Informationen, die für diese Art von Untersuchung wesentlich wären (d. h. Größenangaben fehlen, oder es werden nur Durchschnittsgrößen von Beutetieren angegeben).

Selbst dort, wo gezeigt werden konnte, dass größere Schlangen kleineren Beutetieren nicht mehr nachstellen, muss nicht unbedingt optimale Nahrungssuche der Grund sein. Kleine Beutetiere werden manchmal für große Schlangen unerreichbar, z. B. schlafende Baum-Eidechsen für Baumboas (die Echsen schlafen auf dünnen Ästen, die für große Schlangen nicht stabil genug sind). Fischfresser sind in einer ähnlichen Situation, weil kleine Fische sich gewöhnlich im flachen Wasser in Ufernähe aufhalten, größere dagegen in tieferem Wasser. Ist eine Schlange so groß geworden, dass sie große Fische fressen kann, wird sie kaum noch Gelegenheit haben, kleinere zu fangen. Andererseits werden Schlangen, die sich von Nagetieren ernähren und auf ein Nest voller Junge stoßen, sich darüber hermachen, da es eine nahrhafte Mahlzeit ergibt, die ohne großes Risiko gefressen werden kann.

Auch der Beutetyp muss in Betracht gezogen werden. Schlangen, die sich von leicht erreichbaren Wirbellosen ernähren, können es sich leisten, weniger wählerisch bezüglich der Größe einzelner Stücke zu sein – sie brauchen ohnehin sehr wenig Energie, um ihre Beute zu fangen und zu fressen, und selbst eine kleine Mahlzeit wird lohnend sein. Aus diesem Grund ist zu erwarten, dass auch Schlangen, die ihrer Beute auflauern, alles nehmen, was kommt. Auch sie setzen bei der Jagd kaum Energie ein, sobald sie eine günstige Stelle zum Auflauern gefunden haben. (Die meisten lauernden Schlangen sind Arten mit riesigen Körpern, die größere Beutetiere verschlingen können als aktive Jäger).

Arten mit eingeschränktem Beuteangebot sind ebenfalls weniger wählerisch. So stehen etwa australischen Schlangen nur wenige große Beutetypen zur Verfügung. Deshalb tendieren sie dazu, alles zu nehmen, was ihnen in die Quere kommt, v. a. Skinke jeder Art, und große Exemplare fressen Skinke von der gleichen Größe wie die kleinen.

Aktive Jäger

Arten, die sich von stationärer oder langsamer Beute wie Mollusken und anderen Wirbellosen oder von Vogel- und Reptilieneiern ernähren, müssen auf Nahrungssuche gehen. Nahrung zu finden ist ihre Hauptaufgabe – einmal gefunden, ist es relativ einfach, sie zu greifen und zu überwältigen.

In warmen Erdteilen geht ein Großteil der Schlangen nachts auf Nahrungssuche. Dazu gehören Arten, die schlafende Echsen

▶ Die Westliche Kap-Sandrennnatter (*Psammophis leightoni*) ist ein typisch tagaktiver Jäger mit schlankem Körper, großen Augen und runden Pupillen.

NAHRUNGSSUCHE BEI BUSCH-MEISTERN: EINE LEKTION IN SACHEN GEDULD

Jäger, die auf der Lauer liegen, scheinen eine recht einfache Einstellung zum Leben zu haben: Sie suchen sich einen ergiebigen Ansitz und schlagen zu, wenn es sich ergibt. Weil sie sich kaum bewegen, verbrauchen sie wenig Energie und müssen deshalb nicht oft fressen. Darüber hinaus verringern sie so die Gefahr, durch Feinde entdeckt zu werden. Ein von Harry Greene an Buschmeistern durchgeführtes Telemetrie-Experiment bestätigt dieses Bild (American Zoologist 23:89 7).

Der Buschmeister (*Lachesis muta*, derzeit in 4 Arten unterteilt – siehe S. 224) ist die größte Grubenotter. Sie ist ziemlich selten und kommt nur in den Regenwäldern von Mittel- und Südamerika vor. Sie trägt Tarnfärbung und lauert ihrer Beute auf wie die meisten Vipern.

Greene verfolgte 3 Buschmeister über unterschiedlich lange Perioden hinweg. Ein Weibchen von 90 cm Länge lauerte über einen Zeitraum von 45 Tagen an nur 3 Stellen. Tagsüber ruhte sie unter niedrigen Pflanzen, aber nachts war sie stets alert und hoffte offensichtlich, dass eine Mahlzeit erscheinen würde. In der 24. Nacht wurde ihre Geduld belohnt: Sie erbeutete ein Nagetier, das schätzungsweise mindestens 40 % ihres eigenen Körpergewichts ausmachte. Nachdem sie es gefressen hatte, blieb sie die nächsten 9 Nächte inaktiv, und begab sich dann zu einer neuen Stelle.

Die Plätze, die sie und auch die anderen beiden Exemplare als Hinterhalt aussuchten, waren stets in der Nähe von Weltia-Palmen, deren Samen von den Nagetieren, die die Hauptbeute der Schlangen bilden, gefressen werden.

▲ Die Namibkatzennatter *(Telescopus beetzi)* ist ein nächtlicher Jäger mit großen Augen und senkrechten Pupillen. Ihr abgeflachter Kopf ist möglicherweise eine Anpassung, die es ihr ermöglicht, ihren Kopf in Felsspalten zu stecken, in denen sich schlafende Eidechsen verbergen.

erbeuten. Zu diesem Zweck durchstreifen sie Büsche und Bodenbewuchs, wo Echsen wie die karibischen *Anolis* übernachten, oder stecken ihren Kopf in Felsspalten und Baumlöcher, wo kleine Skinke, Schienenechsen (Teiidae) und Eidechsen schlafen. Ein gutes Beispiel für diese nächtlichen Jäger sind die arborealen, neotropischen Riemennattern *(Imantodes)*, die terrestrischen Katzennattern *(Telescopus)* aus Europa und Afrika, die amerikanischen Lyraschlangen *(Trimorphodon)* und die Ägyptische Wüstenkobra *(Walterinnesia aegyptia)* sowie eine Reihe von kleinen australischen Elapiden. Da schlafende Echsen kalt und deshalb komatös sind, ist es für die Schlangen ein Leichtes, sie zu fangen und zu überwältigen, nachdem sie sie einmal entdeckt haben, – wenngleich manchmal eine kurze Verfolgungsjagd nötig ist. Andere nächtliche Jäger fressen Frösche, die zwar nachts aktiv, aber oft so mit Quaken und der Paarung beschäftigt sind, dass sie zu einer leichten Beute werden.

Zu diesen nächtlichen Jägern gibt es auch tagaktive Gegenstücke: Schlangen, die tagsüber nach ruhenden Fröschen und anderen nachtaktiven Tieren suchen, die zu dieser Zeit schlafen. Eine Mittelstellung zwischen Verfolgern und Ansitzjägern nehmen die Strumpfband- und Wassernattern, *Thamnophis-*, *Nerodia-* und *Natrix-*Arten, sowie ihre Verwandten ein. Diese Schlangen bewegen sich durch die dichte Vegetation, wobei sie ihren Kopf wiederholt hineinstoßen in der

Hoffnung, kleine Amphibien aus ihren Verstecken aufzuscheuchen. Sobald ihnen das gelingt, jagen sie ihre Beute und fangen sie meist, bevor diese mehr als ein paar Zentimeter weit gekommen ist. Europäische Peitschennattern wurden bei einem ähnlichen Verhalten beobachtet, als sie ihren Kopf in die Ritzen alter Steinmauern steckten, wo sich tagaktive Eidechsen oft aufhalten.

Aquatische Arten sind normalerweise aktive Jäger, obwohl manche Vertreter der Homalopsinae, z. B. die Fühlerschlange *(Erpeton tentaculatum)*, ihrer Beute auflauern. Warzenschlangen *(Achrochordus)* suchen den schlammigen Boden von Flussmündungen und Meeresbuchten nach Krebsen und Fischen ab. Andere Seeschlangen untersuchen Winkel und Ecken von Korallenriffen, um Aale, Grundeln oder Fischeier aufzustöbern. Schlangen wie die amerikanischen *Nerodia-* und die europäischen *Natrix-*Arten jagen oft im Wasser und versuchen, Fische zu fangen, indem sie ziellos mit geöffnetem Maul umherschwimmen. Dabei schwenken sie den Kopf hin und her und greifen nach jedem Fisch, mit dem sie in Berührung kommen.

▲ (ganz oben) Terrestrische Ansitzjäger wie diese Todesotter der Gattung *Acanthophis* aus Neuguinea, haben einen großen, untersetzten Körper, der als Ankerpunkt dient, und einen kleinen Kopf, den sie mit großer Geschwindigkeit nach vorn schleudern können. Sie sind ausnahmslos gut getarnt und besitzen manchmal eine grell gefärbte Schwanzspitze, die dazu dient, ihre Beute ein wenig näher zu locken.

▲ (oben) Eine Cedrosklapperschlange *(Crotalus ruber)*, die mit einer Taschenlampe entdeckt und genau an der Stelle auf der Isla Margareta, Baja California, Mexiko, fotografiert wurde, wo sie zusammengerollt zwischen Steinen auf der Lauer lag.

▶ Auch arboreale Ansitzjäger wie dieser Grüne Baumpython *(Morelia viridis)* sind gut getarnt; ihre Körpergröße ist jedoch durch die Tragkraft der Äste, auf denen sie kriechen und ruhen, begrenzt. Ihr Schwanz eignet sich oft zum Klammern und bildet eine weitere Möglichkeit der Verankerung, wenn sie zuschlagen.

Ansitzjäger

Viele Schlangen gehen nicht aktiv auf die Jagd, sondern suchen sich einfach eine geeignete Stelle und warten darauf, dass Beute vorbeikommt. Wegen ihres ausgeprägten Geruchssinns darf man erwarten, dass sie häufig benutzte Nagetierwechsel leicht erkennen und viel Zeit sparen, indem sie sich an den günstigsten Platz legen. Schlangen, die als Ansitzjäger auf ihr Futter warten, zeichnen sich durch einen schweren Körper und großen Kopf aus. Auch sind sie durch auflösende Zeichnung meist gut getarnt. Viele Boas, Pythons und Vipern sind Ansitzjäger: Kurzschwanzpythons, Gabunvipern und Puffottern sind 3 typische Beispiele, aber es gibt auch Vertreter aus einigen anderen Familien, die diese Strategie verwenden. Die Gewöhnliche Todesotter *(Acanthophis antarcticus)* aus Australien, die trotz ihres Namens eine Elapide ist, gehört zu den Ansitzjägern. Arboreale Schlangen, die sich auf die Lauer legen, sind in der Regel nicht so schwer wie ihre terrestrischen Gegenstücke, tragen aber ebenfalls Tarnzeichnung. Zu ihnen zählen sowohl einige arboreale Grubenottern, etwa die asiatischen Bambusottern *(Trimeresurus)* und verwandte Gattungen, und die amerikanischen Lanzenottern *(Bothrops)* und ver-

wandte Gattungen, als auch einige Boas und Pythons, v. a. der Grüne Hundskopfschlinger *(Corallus caninus)* und der Grüne Baumpython *(Morelia viridis).* All diese Arten umschlingen mit ihrem Schwanz und dem hinteren Teil ihres Körpers einen Ast und hängen kopfüber – mit einer kompakten S-Krümmung im vorderen Teil ihres Körpers – so, dass der Kopf nur ein paar Zentimeter vom Boden entfernt ist. In dieser Position verharren sie oft die ganze Nacht reglos, bereit, vorzuschnellen, sobald unter ihnen ein Beutetier in Reichweite kommt.

Anlocken
Etliche lauernde Schlangen erhöhen ihre Erfolgschancen dadurch, dass sie ihren Schwanz als Köder benutzen. An Körper und Kopf sind sie in der Regel tarnfarben, die Schwanzspitze ist jedoch oft grell gefärbt. Diese Technik, kaudales Anlocken genannt (lat. »cauda« = Schwanz), scheint sich unabhängig voneinander in verschiedenen Familien entwickelt zu haben und ist bei zahlreichen nicht verwandten Arten aus verschiedenen Teilen der Welt zu beobachten. Zum Anlocken gehört es, den Schwanz über den zusammengerollten Körper zu heben und damit zu wedeln, um so die Aufmerksamkeit potenzieller Beutetiere auf sich zu ziehen. Bestimmte Beutetypen scheinen für Anlockmethoden empfänglicher als

andere zu sein. Deshalb kommt Anlocken bei Schlangen, die Echsen und Frösche fressen, häufiger vor. In den meisten Fällen haben Jungtiere die richtige Farbgebung zum Anlocken, verlieren diese aber, wenn sie erwachsen werden. Dies spiegelt eine Änderung im Speiseplan, könnte aber auch darauf zurückgeführt werden, dass große Schlangen dieses Täuschungsmanöver nicht mehr überzeugend ausführen können.

Unter den Pythons sind junge Baumpythons *(Morelia viridis)* grellgelb (manchmal bräunlichorange) und haben immer einen gelben Schwanz. Murphy, Carpenter und Gillingham (1976)[20] beobachteten kaudales Anlocken bei einer Gruppe in Gefangenschaft geschlüpfter Jungtiere, als man ihnen Nagetiere anbot. Noch bemerkenswerter war, dass Echsen der Gattung *Anolis,* die frei im Labor herumliefen, sich den Käfigen näherten und versuchten, die Schwänze durch die Glasscheibe hindurch anzugreifen.

Unter den Tropidophiden haben manche Formen der Kuba-Erdboa *(Tropidophis melanurus)* eine schwarze Schwanzspitze, andere eine grell gelbe. Obwohl Anlocken bei dieser versteckt lebenden Schlangenart bisher nicht beobachtet wurde, legt die Färbung solches nahe. Ähnlich ist es bei den nah verwandten Rauschuppenboas *(Trachyboa),* die als Jungtiere eine hellorange Schwanzspitze

haben. (Manche Arten benutzen den grellfarbigen Schwanz jedoch vielleicht, um Angriffe von ihrem Kopf abzulenken, wie in Kapitel 6 beschrieben.)

Bei Colubriden ist, gemessen an der Vielzahl der Arten dieser Familie, Anlocken noch nicht oft beobachtet worden. Jungtiere der brasilianischen Art *Tropidodryas striaticeps* sind grünlichgrau oder braun gefärbt, während ihre Schwanzspitze weißlich oder gelblich ist. Außerdem ist sie mit leuchtenden Schuppen bedeckt, was sie breiter (saftiger?) erscheinen lässt. Sazima und Puorto (1993)[21] beobachteten frisch gefangene Exemplare, wie sie in Gegenwart potenzieller Beute (Frösche und Eidechsen) lockten, obwohl sie unmittelbar vorher gefressen hatten.

Die Östliche Rindennatter *(Hemirhagerrhis nototaenia)* ist tarnfarben gezeichnet, hat aber eine leuchtende rosa- oder orangefarbene Schwanzspitze. Sie ist arboreal und ernährt sich von Geckos, kleinen Skinken und Fröschen und setzt ihren Schwanz wahrscheinlich ein, um diese anzulocken, obwohl das noch nicht beobachtet wurde.

Im Gegensatz zur beschränkten Anzahl von Berichten über kaudales Anlocken bei Colubriden wurde dieses Verhalten bei Vipern oft beobachtet. Greene und Campbell (1972)[22] beschreiben es bei *Bothriopsis bilineata,* Sazima und Puorto (1993) bei brasilianischen *Bothrops jararaca* und *B. jararacussu.* Einige andere verwandte Arten, etwa die häufig vorkommende *B. atrox,* besitzen leuchtend farbige Schwanzspitzen, zumindest als Jungtiere, während junge *B. asper* sexualdimorph zu sein scheinen, da nur die Männchen farbige Schwanzspitzen aufweisen. Beide Geschlechter wurden jedoch dabei beobachtet, wie sie den Schwanz zum Anlocken benutzten. Das Anlockverhalten ist unter den südamerikanischen Grubenottern vermutlich weit verbreitet.

Unter den afrikanischen Vipern ist *Atheris nitschei* bei der Geburt schiefergrau mit einer weißen Schwanzspitze. Catherine Pook (1990)[23] beobachtete, dass diese Tiere, sobald sie gestört wurden oder Nahrung angeboten bekamen, ihre Schwanzspitze wurmartig hin und her schlängelten. *Atheris chloroechis* hat in der Jugend ebenfalls eine helle Schwanzspitze und benutzt sie wahrscheinlich auch zum Anlocken. Von anderen afrikanischen Vipern fehlen Berichte über Anlockverhalten. Desgleichen gibt es auch keine Berichte über kaudales Anlockverhalten bei Schlangen der Gattung *Vipera* aus Europa oder dem Nahen Osten, obwohl mehrere Formen der Sandviper (*V. ammodytes*), z. B. *V. a. gregorwallneri* und *V. a. ruffoi,* als Jungtiere orange Schwanzspitzen haben, junge *V. a. montandoni* jedoch grünliche.

Bei den Elapiden scheint nur die Gewöhnliche Todesotter (*Acanthophis antarcticus*) ihren Schwanz zum Anlocken zu benutzen, und ihr Verhalten wurde von Carpenter et al. (1978)[24] gut dokumentiert. Diese Art, ein Ansitzjäger mit besonders wuchtigem Körper, rollt ihren Körper so ein, das der Schwanz neben dem Kopf liegt. Der Schwanz wird dann langsam hin und her gewedelt, bis Beute in Sicht kommt, dann wird die Bewegung schneller.

Eine ungewöhnliche Form von Anlocken kommt bei der afrikanischen Kirtlands-Vogelnatter (*Thelotornis kirtlandii*) vor. Diese Art ist sehr schlank und so gut getarnt, dass sie wie ein trockener Ast oder eine vertrocknete Ranke aussieht. Man hat beobachtet, wie sie mit herausgestreckter, leuchtend roter Zunge auf der Lauer liegt und mit dieser Strategie anscheinend Vögel in ihre Reichweite lockt.

DAS ÜBERWÄLTIGEN VON BEUTE

HAT EINE SCHLANGE BEUTE GEMACHT, BESTEHT DAS NÄCHSTE PROBLEM DARIN, DIESE FESTZUHALTEN. DIE SCHWIERIGKEITEN HÄNGEN DABEI VOM TYP DER BEUTE AB. SCHLANGEN, DIE WEHRLOSE BEUTE WIE EIER ODER SCHNECKEN FRESSEN, HABEN SOLCHE PROBLEME NICHT. ANDERE ARTEN SIND JEDOCH U. U. MIT GLITSCHIGER, SCHWER ZU FASSENDER BEUTE KONFRONTIERT ODER MIT SOLCHER, DIE TEILE IHRES KÖRPERS ABWIRFT, UM ZU ENTKOMMEN; UND DANN GIBT ES NATÜRLICH AUCH BEUTETYPEN, DIE ERNSTE VERLETZUNGEN ZUFÜGEN KÖNNEN.

Viele Schlangen nutzen verschiedene Methoden, um ihre Beute in einen wehrlosen Zustand zu versetzen. Diese Methoden schließen sich nicht immer gegenseitig aus. Dieselbe Art, sogar dasselbe Individuum, wird je nach Typ und Größe des Opfers unterschiedliche Methoden anwenden, und es gibt Hinweise dafür, dass Schlangen zwischen potenziell gefährlicher und harmloser Beute unterscheiden können. Abgesehen davon, ist das Fressverhalten in der Regel aber stereotyp, sodass unter bestimmten Bedingungen eine vorhersagbare Sequenz von Ereignissen stattfindet.

Im einfachsten Fall ist das Fangen, Überwältigen und Schlucken der Beute ein mehr oder weniger kontinuierlicher Prozess. Die europäische Ringelnatter (*Natrix natrix*) frisst Frösche, indem sie sie mit ihren Kiefern packt und sofort zu schlucken anfängt. Manchmal dreht sie den Frosch um, sodass er Kopf voraus geschluckt werden kann, aber oft verschlingt sie ihn auch rückwärts. Dieselbe Technik wird von vielen Schlangen bei Echsen angewandt, ebenso von Schlangen, die in die Höhlen von Nagetieren kriechen, um deren Junge zu fressen. Es gibt reichlich Hinweise darauf, dass Schlangen ihre Beute im Hinblick auf Typ und Alter identifizieren und ihr Vorgehen entsprechend anpassen. Neugeborene Mäuse werden lebendig vertilgt, während halbwüchsige und erwachsene ausnahmslos zuerst wehrlos gemacht werden, bevor das Schlucken beginnt. Die Identifizierung orientiert sich nicht immer an der Größe, da dieselbe

Schlange vielleicht eine Maus tötet, eine Jungratte von gleicher Größe und Gewicht jedoch lebendigen Leibes schluckt.

Die meisten Schlangen machen ihre Beute bewegungslos, bevor der Schluckvorgang einsetzt, wobei hauptsächlich 2 Techniken eingesetzt werden: Erwürgen und Vergiften.

Erwürgen

Zwischen Schlucken, ohne zu töten, und Erwürgen gibt es keine scharfe Grenze. Viele Schlangen packen ihre Beute und fangen an zu schlucken. Wenn sich das Beutetier wehrt, windet sich die Schlange 1- oder 2-mal darum oder klemmt es mit ihrem Körper am Boden fest. Arten, die in den Gängen und Höhlen von Nagetieren jagen, haben selten genug Platz, um ihr Opfer zu erwürgen, können es aber an der Höhlenwand zerquetschen. Andere Arten neigen eher dazu, ihre Beute grundsätzlich erst einmal zu erdrücken. Große Boas und Pythons erwürgen z. B. ihr Futter, selbst wenn sie in Gefangenschaft nur bereits tote Nahrung bekommen. Dieses offensichtlich angeborene Verhalten bleibt lebenslänglich bestehen, auch wenn sie nie Beute erhalten, die sie selbst töten müssen.

Erwürgen in seiner extremsten Form besteht darin, den Körper des Beutetiers zu packen, ihn im gleichen Moment 2-mal oder öfter zu umschlingen und dann kontinuierlich Druck auszuüben, bis der Tod eintritt. Obwohl bei dem Vorgang auch kleine Knochen zerbrochen werden können, wird das Opfer durch Ersticken getötet – jedes Mal, wenn es ausatmet, ziehen sich die Schlingen etwas mehr zusammen, bis es überhaupt nicht mehr atmen kann. Die dafür nötige Zeit variiert je nach Typ und Stärke der Beute und kann in einigen Fällen mehrere Minuten dauern. Erwürgen ist in der Regel bei Säugetieren und Vögeln, die häufig Atem holen müssen, wirkungsvoller als bei Echsen oder Schlangen, die lange ohne Atmung auskommen können. Arten, die sich von Echsen und Schlangen ernähren, würgen ihre Beute zwar ebenfalls, beginnen aber oft mit dem Schlucken, bevor sie richtig tot ist. Deshalb sind viele Arten, die sich von diesem Beutetyp ernähren, auch leicht giftig.

Einspritzen von Gift

Giftschlangen kommen in 4 Familien vor: bei den Colubridae, Atractaspididae, Elapidae und Viperidae. Ihre Methoden, Gift zu produzieren, unterscheiden sich jedoch voneinander.

▲ Würgeschlangen überwältigen ihre Beute, indem sie sie mehrfach umschlingen und so festhalten, dass das Opfer nicht mehr atmen kann und die Blutzirkulation eingeschränkt wird. Der Tod tritt als Folge des einen oder anderen oder beider Faktoren auf. Die Abbildung zeigt einen Fleckenpython *(Antaresia maculosa)*.

Colubriden mit hinten stehenden Giftzähnen
Viele Colubriden, einschließlich der giftigen Arten mit hinten stehenden Giftzähnen, aber auch einige nicht giftige, haben eine sog. Duvernoydrüse, eine modifizierte Speicheldrüse, die nach dem französischen Anatomen benannt ist, der sie 1832 entdeckte. Sie befindet sich beiderseits im hinteren Teil des Mauls und kann in Größe und Form stark variieren. Ein Kanal transportiert giftigen Speichel, das Gift, zu den hinteren Zähnen im Oberkiefer, wo es in die Rinne zwischen Lippen und Zähnen der Schlange abgelassen wird. Eine ausführlichere Darstellung der Duvernoydrüse findet sich in Kapitel 2 (siehe S. 49).

Weit über 100 Colubridengattungen, etwa 1/3 aller Arten, besitzen eine Duvernoydrüse. Bei manchen Arten sind die Zähne normal, während andere dort, wo das Gift abgelassen wird, vergrößerte Zähne haben. Obwohl die vergrößerten Zähne meistens nur 1-paarig auftreten, haben manche Arten 2 oder 3 hintereinanderstehende Paare. Von der Basis bis zur Spitze der vergrößerten Zähne führen Rillen, in denen das Gift kapillar transportiert wird, sobald sie sich in der Beute befinden. Der Giftapparat ist nicht so effizient wie der von Kobras und Vipern, und die Schlange muss kauen, bevor eine nennenswerte Menge Gift in die Beute gelangt. Sind vergrößerte Zähne vorhanden, gibt es davor immer eine Lücke (Diastema), sodass die Zähne vollständig in die Beute versenkt werden können.

Sobald die Zähne in die Beute eingedrungen sind, beginnt das Kauen, das einen doppelten Zweck erfüllt, weil dadurch zum einen die Wunde weiter geöffnet und zum anderen der Giftfluss verbessert wird. Die Beute wird im hinteren Teil des Mauls gehalten, und Kauphasen wechseln ab mit Kaupausen. Letztere unterstützen das Einspritzen des Giftes und regen die Beute dazu an, sich zu bewegen, woran die Schlange erkennt, ob das Gift schon wirkt.

▼ Die Mangroven-Nachtbaumnatter *(Boiga dendrophila)* aus Südostasien hat hinten stehende Giftzähne und ein mittelstarkes Gift, das die Beute lähmt.

Schließlich stirbt das Opfer oder wird bewusstlos. Sobald die Schlange das spürt, dreht sie die Beute in ihrem Maul und schluckt sie, meistens Kopf voran. Sollte die Beute noch Lebenszeichen von sich geben, wird der Vorgang wiederholt: Die Schlange beißt erneut zu und wartet, bis das Gift wirkt.

Das Gift, das von der Duvernoydrüse gebildet wird, variiert von Art zu Art geringfügig. Manche Arten sind giftiger als andere, und etliche Colubriden mit hinten stehenden Giftzähnen sind für den Tod von Menschen verantwortlich.

Vorne stehende Giftzähne
Vertreter der Elapidae und Viperidae besitzen spezielle Giftzähne im vorderen Bereich des Mauls. Sie unterscheiden sich in der Form, wobei Elapiden relativ kurze und fixierte, Vipern dagegen längere und bewegliche Giftzähne haben, die bei Nichtgebrauch umgeklappt werden können.

Die Methoden der Giftverabreichung unterscheiden sich bei diesen 2 Familien wahrscheinlich kaum, sind aber bei Viperidae, besonders bei Grubenottern, am besten untersucht. Kleine und ungefährliche Beute

wird festgehalten, bis das Gift wirkt. Vögel, die lange Strecken fliegen könnten, bevor sie dem Gift erliegen, und die die Schlange ohnehin kaum verletzen können, werden immer festgehalten. Große Beute wird anders behandelt. Sie wird nach dem Zuschlagen wieder freigelassen und von der Schlange, die dazu ihre Zunge benutzt, verfolgt. Hat die Schlange den Kadaver gefunden, kann Schlucken stattfinden, ohne dass sie sich dabei einer Gefahr aussetzt.

Es ist interessant, die Tötungsmethoden unterschiedlicher Schlangen bei unterschiedlicher Beute zu vergleichen. Die australischen Elapiden eignen sich dafür besonders gut. Wie schon erwähnt, sind Taipane die einzigen Arten, die große, warmblütige Tiere fressen, und ihre Technik besteht darin, zuzuschlagen und anschließen die Beute loszulassen, um Verletzungen zu vermeiden. Die anderen australischen Elapiden, die vorzugsweise Echsen und gelegentlich kleine Nagetiere jagen, beißen zu und lassen ihre Beute nicht mehr los.

Die Zeitspanne bis zum Tod des Opfers hängt von vielen Faktoren ab: Größe des Beutetiers, Stärke des Giftes und Treffsicherheit des Bisses sind die wichtigsten. Manch-

mal erholt sich das Opfer, insbesondere dann, wenn der Biss in eine der Gliedmaßen erfolgte oder das Gift von Fell oder Gefieder aufgesogen wird. Die meisten Schlangen zielen jedoch sehr genau: Klapperschlagen treffen z. B. bei den meisten Angriffen Brust oder Beckenbereich von Nagetieren und kleinen Kaninchen. Der Tod tritt oft innerhalb 1 Minute ein – manchmal binnen Sekunden –, und das Opfer kommt nicht weit, bevor es stirbt.

Das Gift hat außer dem lähmenden Effekt noch einen 2., denn es setzt den Verdauungsprozess in Gang. Schlangengifte sind mit Speichel verwandt und enthalten viele Bestandteile, die auch im menschlichen Speichel vorkommen, z. B. Schleim, Fette, verschiedene Kalzium-, Magnesium- und Ammoniumsalze. Die für die Vergiftung verantwortlichen Proteine sind verschieden, bestehen aber im Prinzip aus solchen, die Kreislauf und Blut (Hämatotoxine) oder das Nervensystem (Neurotoxine) angreifen. Hämatotoxine führen durch Verklumpung oder Gerinnungshemmung zu Kreislaufversagen, während Neurotoxine auf die Nervenzentren wirken, die die Motorik und, noch wichtiger, die Atmung kontrollieren.

◀ Große Vipern wie die Gabunviper *(Bitis gabonica)* vergiften ihre Beute. Aus dieser Perspektive ist die dreieckige Form des Kopfes gut zu erkennen, die von den riesigen Giftsäcken herrührt.

Giftschlangen haben Mischungen beider Sorten – der Tod wird durch die eine oder andere oder durch einen Kombination von beiden ausgelöst. Im Allgemeinen wirken Nervengifte schneller als Blutgifte, sind aber auf lange Sicht nicht unbedingt wirkungsvoller.

In der Regel enthält das Gift von Vipern hauptsächlich Hämatotoxine, das von Giftnattern eher Neurotoxine. Die massiven Gewebenekrosen, die mit dem Biss giftiger Vipern einhergehen, sind Folge der hämatotoxischen Wirkung ihres Giftes, während der Biss von Giftnattern (Elapiden) zu Lähmungen führt. Es gibt jedoch zahlreiche Ausnahmen. Die Afrikanische Speikobra (*Naja nigricollis*) etwa produziert nur Hämatotoxine, 2 Vipern, die Bergpuffotter (*Bitis atropos*) und die Schauerklapperschlange (*Crotalus durissus terrificus*), hauptsächlich Neurotoxine.

Das Gift von Seeschlangen wirkt vorwiegend auf die Muskulatur der Beute und wird daher als Myotoxin bezeichnet. Einige terrestrische Elapiden aus Australien produzieren ebenfalls Myotoxine, Schlangen mit hinten stehenden Giftzähnen meistens Hämatotoxine.

Die Zusammensetzung des Giftes kann innerhalb einer Art variieren. Diese Unterschiede lassen sich manchmal auf das Alter der Schlange oder auf Unterschiede zwischen Populationen zurückführen. Letzteres ist im Fall der Mojaveklapperschlange (*Crotalus scutulatus*) sehr gut dokumentiert, bei der 2 verschiedene Gifttypen identifiziert wurden, ein zum größten Teil neurotoxischer (Typ A), der kaum Schmerzen oder Gewebeschädigungen hervorruft, und ein hämatotoxischer (Typ B), der dem der Texasklapperschlange (*C. atrox*) ähnlich ist und die typischen Viperngiftsymptome, nämlich massive lokale Blutergüsse, verursacht. Auch die Kreuzotter (*Vipera berus*) erzeugt verschiedene Gifttypen innerhalb ihres sehr großen Verbreitungsgebiets, ebenso die Aspisviper (*V. aspis*). Richard Clark beschrieb kürzlich die Symptome eines solchen Bisses, bei dem es kaum eine örtliche Reaktion gab, aber gravierende systemische Störungen, eher typisch für eine neurotoxische Vergiftung.[25]

Unterschiede in der Stärke des Giftes oder dessen Wirkung auf die Beute können auch mit Geschlechtsunterschieden und Jahreszeiten zusammenhängen. Dieser Aspekt ist bis heute jedoch weitgehend unerforscht.

SCHLUCKEN UND VERDAUEN

DAS SCHLUCKEN DER BEUTE GEHÖRT ZU DEN BEMERKENSWERTESTEN ASPEKTEN DER NAHRUNGSAUFNAHME VON SCHLANGEN, V. A. FÜR UNEINGEWEIHTE. BEUTETIERE, DIE UM EIN VIELFACHES GRÖSSER SIND ALS DER DURCHMESSER DES SCHLANGENKOPFES, WERDEN SCHEINBAR MÜHELOS UND IN OFT SEHR KURZER ZEIT VERSCHLUNGEN.

Schlucken

Kleine Beutetiere werden oft in beliebiger Lage geschluckt: Große Schlangen verschlingen kleine Nagetiere Kopf voraus, Schwanz voraus oder sogar seitwärts, je nachdem, wie sie gepackt wurden. Größere Beutetiere werden eigentlich immer Kopf voran geschluckt. Das unterstützt den Schluckvorgang, weil die Gliedmaßen von Echsen und Säugetieren und die Flügel von Vögeln sich in dieser Richtung besser anle-

▼ Das Verschlingen großer Beute wird durch Verschiebungen der Kiefer und eine hohe Elastizität der Haut ermöglicht.

gen. Bei Vögeln und Säugetieren findet die Schlange den Kopf durch eine Kombination sensorischer und olfaktorischer Wahrnehmung. Schlangen brauchen manchmal ziemlich lange, bevor sie sich entscheiden, an welchem Ende sie mit dem Verschlucken beginnen sollen, und bisweilen gibt es auch mehrere Fehlversuche. Die Fellrichtung ist wichtig, und der Kopf von Tieren hat sicherlich einen unverwechselbaren Geruch. Nagetierjunge ohne Fell werden öfter »verkehrtherum« geschluckt. Auch Nagetiere, bei denen am hinteren Ende ein Einschnitt gemacht wurde, scheinen Schlangen zu verwirren. Schlangen, die in Gefangenschaft mit aufgetauter Nahrung gefüttert werden, treffen eher eine falsche Entscheidung als solche, die mit lebender oder frisch getöteter Nahrung gefüttert werden – vielleicht weil diese ihren Eigengeruch verloren oder Gerüche von Nahrungsmitteln aufgenommen hat, mit denen sie gelagert wurde.

Sobald der Kopf lokalisiert ist, beginnt das Verschlucken. Der erfolgreiche Verzehr großer Beute hängt von der Flexibilität des Schlangenschädels, der Form der nach hinten gebogenen Zähne und der Elastizität der Haut ab. Die Schlange öffnet zuerst das Maul, um möglichst viel vom Kopf zu packen. Dann hakt sie die Zähne einer Kieferseite in die Beute und bewegt die andere Seite vorwärts. Anschließend wird diese Seite ein- und die andere Seite ausgehakt etc. Durch die abwechselnde Vor- und

Rückwärtsbewegungen der Kiefer wird die Nahrung ins Maul gezogen. Sobald der Rumpf der Beute ins Maul rutscht, werden die beiden unteren Kieferhälften auseinandergepresst, und die Quadratumknochen, die den hinteren Teil des Unterkiefers mit der Schädeldecke verbinden, werden gespreizt. Auf diese Weise ist eine extrem große Dehnung möglich.

An diesem Punkt füllt die Beute das Maul völlig aus, und die Schlange wäre in Gefahr, zu ersticken, gäbe es nicht eine weitere Anpassung: Der vordere Teil der Luftröhre ist sehr muskulös und wird während des Schluckvorgangs nach vorne gepresst und offen gehalten, sodass die Luftzufuhr erhalten bleibt.

Wenn sie gestört wird oder besonders große Beute frisst, hält die Schlange manchmal kurz inne, aber meist verläuft der Vorgang kontinuierlich. Hat die Nahrung den Hals erreicht, kann die Schlange den Schluckvorgang durch Muskelkontraktionen beschleunigen. Wenn die Beute vollständig den Kopf passiert hat, wird sie durch diese Kontraktionen weiter in den Magen gepresst. Nach dem Schlucken dehnen Schlangen ihre Kieferknochen durch »Gähnen«, bis sie in ihre normale Position zurückgekehrt sind.

Das Schlucken großer Beute ist dennoch nicht ohne Risiko. Eine Lyraschlange (Trimorphodon biscutatus), die einen Stachelschwanzleguan (Ctenosaura pectinata) erbeutet hatte, brauchte eine Dreiviertelstunde, um ihre Mahlzeit zu schlucken, und starb 20 Minuten später. Die Echse war etwas groß für die Schlange, und ihre stachligen Schuppen hatten ihr Speiseröhre und Magen durchlöchert. (Ramirez-Bautista und Uribe, 1992)[26]. Ähnliche Unfälle wurden von großen Pythons berichtet, die Antilopen fraßen und deren Magen von den Hörnern durchstochen wurde.

Verdauung

Die Verdauung beginnt bereits, wenn der Schluckvorgang einsetzt, da der Speichel voller Enzyme ist. Wenn die Beute den Magen erreicht, werden weitere Enzyme abgesondert und die Verdauung geht weiter. Da dies ein biochemischer Prozess ist, hängt die Geschwindigkeit der Verdauung ebenso von der Temperatur wie von der Oberfläche der Beute ab, sodass Schlangen normalerweise versuchen, ihre Körpertemperatur zu erhöhen, um ihn zu beschleunigen. Kleine Schlangen legen sich mit dem ganzen Körper auf einen warmen Untergrund oder in die Sonne, aber große Schlangen erwärmen manchmal nur den Teil ihres Körpers, der die Beute enthält, was leicht durch die Aufwölbung des Körpers zu erkennen ist.

Die für die gesamte Verdauung nötige Zeit hängt von vielen Faktoren ab, beträgt aber bei einer mittelgroßen Schlange, die ein Mahl durchschnittlicher Größe, z. B. eine ausgewachsene Maus, zu sich genommen hat, etwa 4 Tage. Sollten sich die Bedingungen, etwa durch Temperatursturz, verschlechtern, kann die Verdauung länger dauern oder in Ausnahmefällen ganz aussetzen. Wenn das passiert, wird die Schlange in der Regel die Nahrung wieder auswürgen. Naulleau (1983)[27] entdeckte z. B., dass die europäischen Aspisvipern (Vipera aspis) bei einer Temperatur von 10 °C Nahrung wieder auswürgen. Wurden sie bei über 20 °C gehalten, würgten weniger als 10 % ihre Nahrung wieder aus.

Anmerkungen

1. Shine, R. and Webb, J. K. (1990), »Natural history of Australian typhlopid snakes«, Journal of Herpetology, 24(4):357–363.
2. White, L. R., Powell, R., Parmerlee, J. S., Lathrop, A., and Smith, D. (1992), »Food habits of three syntopic reptiles from the Barahona Peninsula, Hispaniola«, Journal of Herpetology, 26(4): 518–520.
3. Rossman, D. A, and Myer, P. A. (1990), »Behavioural and morphological adaptions for snail extraction in the North American brown snakes (genus Storeria)«, Journal of Herpetology, 24(4):434–438.
4. Sanzima, I. (1989), »Feeding behaviour of the snail-eating snake, Dipsas indica«, Journal of Herpetology, 23(4):464–468.
5. Luisella, L. M. (1990), »Captive breeding of Vipera ursinii ursinii«, British Herpetological Society Bulletin, 34:23–30.
6. Seigel, R. A. (1992), »Ecology of a specialised predator: Regina grahami in Missouri«, Journal of Herpetology, 26(1):32–37.
7. Wharton, C. H. (1969), »The cottonmouth mocassin on Sea Horse Key, Florida«, Bull.Florida State Mus., Biol. Sci., 14: 227–272.
8. Lind, A. J. and Welsh, H. H. (1990), »Predation by Thamnophis couchii on Dicampton ensatus«, Journal of Herpetology, 24(1): 104–106.
9. Henderson, R. W. (1993), »Foraging and diet in West Indian Corallus enhydris«, Journal of Herpetology, 27(1):24–28.
10. Papenfuss, T. J. (1982), »The ecology and systematics of the amphisbaenian genus Bipes«, Occ. Pap. California Acad. Sci., 136: 1–42.
11. Perez-Santos, C. and Moreno, A. G. (1987), »Feeding behaviour of a false coral snake. Pseudoboa neuwiedii«, Herp. Review, 19(4):69.
12. Polis, G. A. and Myers, C. A. (1985), »A survey of intraspecific behaviour among reptiles and amphibians«, Journal of Herpetology, 19(1):99–107.
13. Luisella, L. and Rugiero, L. (1993), »Food habits of the Aesculapian snake, Elaphe longissima, in central Italy: do arboreal snakes eat more birds than terrestrial ones?«, Journal of Herpetology, 27(1):116–117.
14. Diller, L. V. and Johnson, D. R. (1988), »Food habits, consumption rates and predation rates of western rattlesnakes and gopher snakes in southwestern Idaho«, Herpetologica, 26(1):32–37.
15. Coleman, K., Rothfuss, L. A., Ota, H. and Kardong, K. V. (1993) »Kinematics of egg-eating by the specialised Taiwan snake Oligodon formosanus«, Journal of Herpetology, 27(3):320–327.
16. Norton, R. L. (1993), »Life History Notes«, Herpetological Review, 24(1):34.
17. Bedford, G. (1991), »Record of road kill predation by the fresh water snake (Tropidonophis mairii)«, Herpetofauna, 21(2):35–36.
18. Henderson, R. W. (1993), »On the diets of some arboreal boids«, Herpetological Natural History, 1(1):91–96.
19. Shine, R. (1984), »Ecology of small fossorial Australian snakes of the genera Neelaps and Simoselaps«, Vertebrate Ecology and Systematics, Univ. Kans. Mus. Nat. Hist. Spec. Publ. 10:173–184.
20. Murphy, J. B., Carpenter, C. C. and Gillingham, J. C. (1976), »Caudal luring in the green tree python, Chondropython viridis«, Journal of Herpetology, 12(1): 117–119.
21. Sazima, I. and Puorto, G. (1993), »Feeding technique of juvenile Tropidodryas striaticeps: probable caudal luring in a colubrid snake«, Copeia, 1993(1):222–226.
22. Greene, H. W. and Campbell, J. A. (1972), »Notes on the use of caudal lures by arboreal pit vipers«, Herpetologica, 28:32–34.
23. Pook, C. (1990), »Notes on the genus Atheris«, British Herpetological Society Bulletin, (23):31–36.
24. Carpenter, C. C., Murphy, J. B. and Carpenter, G. C. (1976), »Tail luring in the death adder, Acanthophis ontarcticus«, Journal of Herpetology, -12(4):143–161.
25. Clark, R. (1993), »Viper bite in France - a cautionary tale«, Herptile, 18(4):159–164.
26. Ramirez-Bautista, A. and Uribe, Z. (1992), »Trimorphodon biscutatus (Lyre snake): predation fatality«, Life History Notes, in Herpetological Review, 23(3):82.
27. Naulleau, G. (1983), »The effects of temperature on digestion in Vipera aspis«, Journal of Herpetology, 17(2):166–170.

KAPITEL 6
VERTEIDIGUNG

Abgesehen davon, dass sie selbst zu den Prädatoren, d. h. Raubtieren oder Fleischfressern, gehören, haben Schlangen ihrerseits viele Feinde. Dies sind oft andere Schlangen, und in Kapitel 5 sind einige Spezies aufgeführt, die andere Schlangen oder sogar Artgenossen fressen. Dieses Kapitel befasst sich mit anderen Feinden der Schlangen.

Die Gehörnte Puffotter *(Bitis caudalis)*, zusammengerollt zwischen sukkulenten Pflanzen in Namaqualand, Südafrika.

NATÜRLICHE FEINDE

ZU DEN NATÜRLICHEN FEINDEN VON SCHLAN-GEN GEHÖREN – ABGESEHEN VON ANDEREN SCHLANGEN – VIELE GREIFVÖGEL WIE ADLER, HABICHT, BUSSARD, ABER AUCH STORCH UND NASHORNVOGEL. AUF DER LISTE FINDEN SICH ZUDEM EINIGE SPEZIALISTEN, ETWA DER RENNKUCKUCK _(GEOCOCCYX CALIFORNIANUS)_, DER AFRIKANISCHE SEKRETÄR _(SAGITTARIUS SERPENTARIUS)_ UND DER SCHLANGENADLER _(CIRCAETUS GALLICUS)_. ANDERE VÖGEL, DIE BEIM VERZEHR VON SCHLANGEN BEOBACHTET WURDEN, SIND ROTSCHWANZBUSSARD _(BUTEO JAMAICENSIS)_, ROTSCHULTERBUSSARD _(BUTEO LINEARUS)_, WEISSKOPFSEEADLER _(HALIAEETUS LEUCOCEPHALUS)_, CARACARAS _(POLYBORUS PLANCUS)_, VERSCHIEDENE EULEN – DARUNTER DER FLECKENKAUZ _(STRIX OCCIDENTALIS)_ – UND EINE REIHE VON RABENVÖGELN EINSCHLIESS-LICH KOLKRABE _(CORVUS CORAX)_ UND BLAU-HÄHER _(CYANOCITTA CRISTATA)_.

Zu den natürlichen Feinden unter den Säugetieren zählen sowohl allesfressende Opportunisten wie Füchse, Stinktiere, der europäische Igel und der nordamerikanische Waschbär als auch eine Reihe von Spezialisten, z. B. verschiedene Mungoarten. Ihnen fallen giftige wie ungiftige Schlangen zum Opfer, und einige dieser Räuber haben Techniken entwickelt, um zu verhindern, dass sie gebissen werden. Schlangen im Winterschlaf sind besonders gefährdet, und Studien haben gezeigt, dass in dieser Zeit

ein relativ hoher Prozentsatz von diversen Feinden wie Füchsen, Stinktieren und Spitzhörnchen erbeutet wird.

Unter den ungewöhnlicheren Feinden, die freilich zahlenmäßig nicht ins Gewicht fallen, sind verschiedene Wirbellose, darunter Spinnen wie die großen Vogelspinnen und die Schwarze Witwe _(Lactorodectus mactans)_, die von Paul Orange (1990)[1] dabei beobachtet wurde, wie sie eine australische Elapide, die Mönchsschlange _(Rhinoplocephalus monarchus)_, fing. Derselbe Autor berichtet von einem Riesentausendfüßer, der eine Blindschlange _(Ramphotyphlops australis)_ tödlich gebissen hatte.[2] Nordamerikanische Skorpione der Gattungen _Diplocentrus_, _Hadrurus_ und _Paruroctonus_ erbeuten Schlankblindschlangen _(Leptotyphlops humilis)_ und bei Gelegenheit auch größere Schlangen einschließlich der Nachtschlange _(Hypsiglena torquata)_ (Hibbetts, 1992).[3] In Nordamerika ist der Geißelskorpion _(Mastigoproctus giganteus)_ bekannt dafür, kleine Schlangen zu fressen, und aquatische Riesenwanzen (Belostomatidae) und schwimmende Käferlarven gelten auch als Räuber

semiaquatischer Arten, etwa Strumpfbandnatter und Östlicher Bändernatter. Auch Fische fressen Schlangen, wenn sie Gelegenheit dazu haben, obwohl es nur 1 dokumentierten Fall einer Forelle gibt, die eine _Contia tenuis_ fraß.

Frösche und Kröten vertilgen oft kleinere Schlangen, vielleicht weil sie sie mit Würmern verwechseln. Kröten sind besonders gefräßig; auf das Konto der asiatischen Schwarznarbenkröte _(Bufo melanostictus)_ gingen schon mehr als eine Blumentopfschlange _(Ramphotyphlops braminus)_, von der Westlichen Kröte _(Bufo boreas)_ ist die Erbeutung einer Scharfschwänzigen Schlange _(Contia tenuis)_ bekannt. Ein südamerikanischer Ochsenfrosch _(Leprodactylus pentadactylus)_ würgte eine terrestrische Colubride _(Atractus zidoki)_ aus, und in einem spektakulären Fall wurde das präparierte Exemplar eines afrikanischen Ochsenfrosches _(Pyxicephalus adspersus)_ untersucht, der offenbar 16 frisch geschlüpfte Ringhalskobras _(Haemachatus hemachatus)_ gefressen hatte. Mysteriöserweise war zusätzlich der vordere Teil einer anderen jungen Kobra mit dabei.

▶ (oben) Wo sie vorkommen, gehören Krokodile und Alligatoren zu den natürlichen Feinden von Schlangen, insbesondere aquatischen und semiaquatischen Arten.

▶ (unten links) Große Warane wie _Varanus albigularis_ jagen häufig Schlangen, einschließlich giftiger Arten wie der Puffotter _(Bitis arietans)_.

▶ (unten rechts) Von den vielen Vögeln, die Schlangen fressen, ist der Sekretär _(Sagittarius serpentarius)_ wahrscheinlich der bekannteste. Dieser hoch spezialisierte Vogel schreitet auf langen Beinen durch die ostafrikanische Steppe. Wenn er auf eine Schlange stößt, stampft er so lange auf ihr herum, bis sie tot ist.

VERTEIDIGUNGS-STRATEGIEN

UM IHREN FEINDEN ZU ENTKOMMEN, HABEN SCHLANGEN VERTEIDIGUNGSSTRATEGIEN ENT-WICKELT. DIESE VARIIEREN VON ART ZU ART, UND EIN UND DIESELBE ART KANN IN VER-SCHIEDENEN SITUATIONEN UNTERSCHIEDLICHE METHODEN EINSETZEN. BEI BEDARF WERDEN AUCH MEHRERE VERTEIDIGUNGSMASSNAHMEN KOMBINIERT, UND AUF EINEN VERSUCH DER FEINDABWEHR KANN EIN GÄNZLICH ANDERES VERHALTENSMUSTER FOLGEN.

Die meisten Schlangen gehen Konflikten möglichst aus dem Weg, indem sie sich verstecken, sich tarnen oder flüchten. Wie effektiv diese Techniken sind, ist schwer zu beurteilen, da man Schlangen, die man nicht sieht, schlecht zählen kann. Einen guten Hinweis auf die Populationsdichte erhält man, wenn eine Straße durch ein Waldge-biet neu angelegt wird oder wenn man eine Wüste oder einen Sumpf auf einer kaum befahrenen Straße durchquert. Schlangen erscheinen dann oft zu Hunderten, wo eine konventionelle Suche völlig ergebnislos ver-laufen wäre.

Verstecken

Die meisten Schlangen bleiben im Verbor-genen, wenn sie sich nicht gerade aufwär-men, nach Futter oder einem Partner su-chen. Wegen ihrer langen, schlanken Form können sie ohne Weiteres in schmalen Erd-spalten, in Baumstümpfen oder zwischen Felsen verschwinden. Viele Schlangen kom-men zum Vorschein, wenn alte Gebäude abgerissen oder Felsen bewegt werden. Sehr oft erscheint die Größe des Verstecks, in dem die Schlange sich befand, im Vergleich zu ihrer Körpergröße winzig. Auch Schlan-genhalter sind häufig erstaunt, auf welch kleinen Raum sich selbst massige Schlangen zusammenrollen können (und nicht minder verblüfft über die kleinen Öffnungen, durch die sie entwischen).

In den meisten Landschaften gibt es eine Fülle von Orten, an denen sich Schlangen verstecken können. Manche Schlangen su-chen immer wieder dieselbe Stelle auf, was die Anzahl der dort abgeworfenen Häute belegt. Erst wenn die Schlange für ihr Ver-steck zu groß wird, sucht sie sich ein neues. Wo es wie z.B. in Sandwüsten keine ange-messenen Ecken und Winkel gibt, verbergen sich Schlangen, indem sie sich eingraben; entweder bauen sie dauerhafte Tunnels und Kammern, in denen sie leben, oder sie ver-schwinden bei Bedarf »schwimmend« unter die Oberfläche.

Tarnung

Schlangen sind perfekt dazu geeignet, das natürliche Phänomen der Tarnung zu nut-zen. Erstens können sie eine nahezu unend-liche Anzahl von Formen annehmen. Ein Feind, der das Beuteschema einer ausge-streckten Schlange hat, übersieht eine eng zusammengerollte und umgekehrt, und es gibt viele Zwischenformen, in denen sich eine Schlange präsentieren kann. Auch Fär-bung und Zeichnung werden häufig zur Tarnung eingesetzt. Tarnung beruht auf der Fähigkeit, optisch so mit dem Hintergrund zu verschmelzen, dass man unsichtbar wird, obwohl man im Blickfeld ist. Das wird am besten durch eine Farbzeichnung erreicht, die nicht nur der Umgebung angepasst ist, sondern auch die Konturen des Tieres ver-schleiert.

Dass es nicht viele einfarbige Schlangen gibt, hat den einfachen Grund, dass die wenigsten Untergründe einfarbig sind: Eine rein braune Schlange auf einem Haufen tro-ckener Blätter würde z.B. gleich erkannt werden, weil ihr Umriss sich visuell von den Blättern abhebt. Eine gefleckte braune Schlange oder eine Schlange mit (unregel-mäßigem) Muster in verschiedenen Braun-tönen verschmilzt dagegen mit dem Hinter-grund. Es gibt jedoch ein paar schwarze Schlangen, die ihre Färbung sicher aus ande-ren Gründen als der Tarnung entwickelt haben; hier handelt es sich um einen Kom-promiss zwischen dem Wunsch, ungesehen zu bleiben, und der Notwendigkeit, Wärme so effektiv wie möglich aufzunehmen. Be-sonders bei Arten aus kühleren Gegenden hat sich Letzteres als der wichtigere Faktor herausgestellt (siehe Kapitel 3, »Thermore-gulation«).

Grüne Schlangen sind meistens arboreal oder leben in üppigem Bodenbewuchs wie Schilf oder Gras. Viele grüne Schlangen weisen verschiedene Schattierungen auf – sie sind auf der Unterseite heller, sodass die im Schatten liegende Bauchseite von der Seite aus gesehen ungefähr die gleiche Farbe hat wie der Rücken. Aquatische Schlan-gen sind aus demselben Grund häufig auf dieselbe Weise gemustert. Andere grüne Schlangen tragen Zeichnungen wie z.B. das weiße Querband, das auf der Rückenseite des Grünen Hundskopfschlingers (*Corallus caninus*) und auch des Grünen Baumpythons (*Morelia viridis*) verläuft, um ihren Umriss zu kaschieren. Andere arboreale Arten weisen verschiedene Grünschattierungen auf, wäh-rend wieder andere aus feuchten Regen-wäldern wunderschön gemustert sind, um mit den von Moos und Flechten bedeckten Zweigen, auf denen sie liegen, zu ver-schmelzen.

Die Farben terrestrischer Schlangen pas-sen ebenfalls meist zu dem Untergrund, auf dem sie leben. Infolgedessen sind Wüsten-schlangen grau, gelb, hellbraun oder sogar rosa und oft gesprenkelt oder gefleckt, was das Licht- und Schattenspiel auf dem Sand oder Kies imitiert. Wo eine Art ein großes Areal bewohnt, in dem verschiedene Bo-den- oder Felstypen vorkommen, variiert die Färbung oft von Ort zu Ort. So passen Schlangen in steinigen Gegenden oft zur Farbe der Steine und können zusätzlich so gezeichnet sein, dass sie der Oberflächen-

◄ Die Färbung der Bergpuffotter (*Bitis caudalis*) variiert innerhalb ihres Verbreitungs-areals mit der Farbe des Unter-grunds. In Nama-qualand, Südafrika, ist dieser orange, weshalb auch bei der Schlange Orange überwiegt.

▲ Viele Schlangen tragen wie diese Büschelbrauen-Puffotter *(Bitis cornuta)* über die Augen ziehende Muster oder Linien, um den Umriss des Kopfes optisch aufzulösen.

▶ Schlangenarten, die in Wäldern leben, sind wie diese *Bothrops atrox* meist gut getarnt.

▼ Arboreale Arten weisen zur Tarnung manchmal eine flechtenähnliche Färbung auf; die Abbildung zeigt eine Form der Greifschwanz-Lanzen-otter *(Bothriechis schlegelii)*.

beschaffenheit der Steine oder, wie im Fall der Felsenklapperschlange *(Crotalus lepidus klauberi),* den darauf wachsenden Flechten angepasst sind.

Bei anderen Schlangen ist das Prinzip der optisch aufgelösten Umrisse oder Tarnfärbung zum Selbstzweck geworden. Manche dieser Arten haben Farbflecken, die kaum zum gewöhnlichen Untergrund der Schlange passen, die aber aufgrund ihrer Komplexität insgesamt dafür sorgen, dass die Schlange nur schwer zu erkennen ist. Die Gabunviper *(Bitis gabonica)* ist dafür das berühmteste Beispiel, aber es gibt auch einige andere, besonders unter den Vipern und Grubenottern. Eine derartige Färbung kann am Kopf einer ansonsten gestreiften, gebänderten oder gefleckten Schlange auftreten. Oft ziehen sich dunkle Linien durch die Augen, und selbst die Pigmente der Iris können dieses Muster fortsetzen. Dadurch werden die Augen verborgen, die leicht zu erkennen sind und eine ansonsten perfekte Tarnung verraten könnten.

Die Körperkonturen können auch durch Anhängsel verschleiert werden, etwa bei der Fühlerschlange *(Erpeton tentaculatum)* einer aquatischen Art, die 2 fleischige »Tentakel« an ihrer Schnauze hat. Diese zudem kryptisch gezeichnete Art hängt meist bewegungslos zwischen Wasserpflanzen auf der Lauer, bis kleine Fische vorbeischwimmen. Andere Arten haben nur 1 nasales Tentakel;

▲ Trotz (oder wegen) ihrer auffälligen Färbung ist die Gabunviper *(Bitis gabonica)* zwischen Laub und anderen Pflanzenresten gut getarnt.

▼ Viele Schlangen, darunter die Büschelbrauen-Puffotter *(Bitis cornuta),* haben Muster oder Linien, die durch ihre Augen laufen, damit der Umriss ihres Kopfes verschleiert wird.

sehr schön sieht man das bei den madagassischen Blattnasennattern *(Langaha).* Die Männchen dieser Spezies haben einen spitz zulaufenden Tentakel, Weibchen dagegen einen gelappten.

Um die Effektivität ihrer Farben und Muster zu erhöhen, erstarren viele Arten, wenn sie gestört werden, und verlassen sich völlig auf ihre Tarnung als Schutz. Afrikanische Vogelnattern *(Thelotornis),* verschiedene Peitschennattern *(Ahaetulla)* aus Asien und *Oxybelis* aus Nordamerika sowie die oben erwähnten Blattnasennattern etwa sind bekannt für dieses Verhalten, und manche gehen so weit, dass sie ihre Zunge herausstrecken, um die Wirkung dieser List noch zu steigern. Andere Arten wie die Pazifikboa *(Candoia carinata)* erstarren, wenn man sie in die Hand nimmt, und bleiben auch noch minutenlang regungslos, nachdem man sie wieder abgelegt hat. Die meisten Tarnfärbung nutzenden Arten flüchten jedoch, sobald Entdeckung droht.

Polymorphismus
Eine andere Art der Verteidigung durch Farbgebung ist der Polymorphismus. Viele Arten existieren in 2 oder mehr Grundfarben oder Mustern. Dabei ist es wichtig, an verschiedene Situationen angepasste regionale Varianten nicht mit Polymorphismus zu verwechseln.

Musterpolymorphismus
Die häufigste Form von Polymorphismus ist die Koexistenz von gebänderten (oder

◀ Viele schlanke Schlangen, darunter die Grüne Rauschlange *(Liochlorophis aestivus)*, liegen regungslos, um nicht entdeckt zu werden.

▼ Polymorphismus ist unter Schlangen relativ häufig. In seiner einfachsten Form treten Schlangen derselben Art nebeneinander in gefleckter und gestreifter Form auf, wie bei der europäischen Leopardnatter *(Zamenis situla)*.

Form speichern, wovon die weniger häufige Form profitiert. Nach eine Weile wird diese vielleicht zur häufigsten Form, weil sie so lange verschont blieb, und die Population der Fressfeinde wird ihre Aufmerksamkeit entsprechend auf sie richten. Langfristig wird sich Polymorphismus in der Population erhalten, und beide Formen werden – bei sonst unveränderten Bedingungen – in ungefähr gleicher Anzahl vorkommen. Polymorphismus wird durch die Gene weitergegeben, meistens nach dem 2. Mendelschen Gesetz, bei dem ein Phänotyp dominanter ist als der andere.

Farbpolymorphismus

Farbpolymorphismus hat wahrscheinlich ähnliche Vorteile. Manche Schlangenpopulationen weisen verschiedenfarbige Individuen auf, wobei manche Arten so vielfältig sein können, dass es kaum 2 gleich aussehende gibt. Die Hundskopfboa *(Corallus hortulanus)* aus dem Amazonas ist dafür ein gutes Beispiel. Außerdem gibt es zahlreiche Arten, bei denen Jungtiere und Erwachsene unterschiedlich gefärbt sind. Dabei handelt es sich allerdings um eine andere Art von Polymorphismus, die nicht auf dem Prinzip

gefleckten) und gestreiften Individuen in einer Population. Das am häufigsten zitierte Beispiel ist das der Kalifornischen Königsnatter *(Lampropeltis getulus californiae),* deren schwarz-weiße Zeichnungen in einer Serie von Bändern oder Ringen oder in länglichen Streifen angeordnet sein können.

Es gibt aber auch viele andere Beispiele, darunter die Gophernatter *(Pituophis cantenifer cantenifer),* die meistens große Flecken hat, aber in Teilen ihres Verbreitungsgebiets auch gestreift sein kann, sowie die europäische Leopardnatter *(Zamenis situla)* und die karibische Schlankboa *Epicrates chrysogaster chrysogaster,* von denen es jeweils eine gestreifte und eine gefleckte Form gibt.

Andere Arten treten in einer verwirrenden Vielfalt von Farben und Mustern auf. Die Plättchenseeschlange *(Pelamis platurus)* hat z. B. Längsstreifen unterschiedlicher Breite, die schwarz, gelb und braun (die häufigste Kombination), schwarz und gelb oder, in seltenen Fällen, nur gelb sein können. Die Nordamerikanische Bodenschlan-

ge *(Sonora episcopa)* kann einfarbig, schwarz quergestreift oder am Rücken längsgestreift sein. Ähnlich tritt die Elbursbergotter *(Vipera latifii)* aus dem Iran in 4 unterschiedlichen Varianten auf. Die Männchen der Afrikanischen Baumschlange *(Dipholidus typus)* sind nicht nur anders als die Weibchen gezeichnet (siehe S. 165), sondern variieren auch untereinander hochgradig. Das sind nur ein paar Beispiele von Schlangen, die in der einen oder anderen Form Polymorphismus zeigen.

Die plausibelste Erklärung für Musterpolymorphismus beruht auf dem Prinzip des »Beuteschemas«. Es ist belegt, dass viele Raubtiere über ein mentales Bild ihrer Beute verfügen. Tiere, die nicht in dieses Bild passen, werden oft ignoriert, auch wenn sie als Nahrung ebenso geeignet wären. Folgt ein Räuber dem Suchbild einer gestreiften Schlange, übersieht er höchstwahrscheinlich gefleckte oder gestreifte Individuen. In der Regel kann man davon ausgehen, dass Raubtiere ein Bild der häufigsten

▶ (oben) Breite, auffällige Streifen wie die der mexikanischen Dreistreifen-Rosenboa (*Charina trivirgata trivirgata*) können eine optische Täuschung hervorrufen, wenn sich die Schlange fortbewegt.

▶ (unten) Die Kalifornische Königsnatter (*Lampropeltis getula californiae*) ist in der Regel mit breiten schwarzen und weißen Querbändern gemustert, die eine optische Täuschung erzeugen, wenn sie sich schnell bewegt. Diese Art kommt auch in längsgestreifter Form vor, ein Beispiel für Polymorphismus, den man für einen Teil ihrer Abwehrstrategien hält.

von Beuteschemata beruht, sondern mit den unterschiedlichen Lebensräumen zu tun hat, die von den Schlangen unterschiedlicher Altersstufen bewohnt werden.

Flucht

Wird eine Schlange im Freien überrascht, ist ihr übergeordneter Impuls zu entkommen. Das geschieht durch Flüchten, Sich-Eingraben oder Verschwinden in kleinen Spalten. Jeder, der einmal versucht hat, Schlangen zu fotografieren, weiß, dass die überwiegende Mehrzahl der Tiere stets ihr Heil in der Flucht sucht, selbst wenn man sie stark belästigt. Aggressiv werden die Tiere erst bei extremer Nötigung. Selbst Tarnfärbung nutzende Arten ergreifen die Flucht, wenn sie das Gefühl haben, dass ihre Tarnung versagt hat. Schlangen können sich zwar nicht besonders schnell fortbewegen, sich aber ungehindert durch dichten Bodenbewuchs und über Unebenheiten schlängeln.

Viele Schlangen tragen Farben, die es einem Feind schwer machen, einzuschätzen, mit welcher Geschwindigkeit und selbst in welcher Richtung sie sich bewegen. Längsstreifen bleiben dem Anschein nach auf der Stelle, selbst wenn die Schlange schon in Bewegung ist, was dem Fressfeind das Gefühl gibt, reichlich Zeit zu haben. Querstreifen und Sattel können noch verblüffender wirken. Sobald sich die Schlange schneller bewegt, kann eine solche im Unterholz vorbeiflimmernde Zeichnung geradezu hypnotische Wirkung haben. Das Bewegungstempo ist schwer einschätzbar, und aufgrund einer optischen Täuschung kann es sogar so aussehen, als würde sich die Schlange in die umgekehrte Richtung bewegen. Bis das Gehirn diese Informationen verarbeitet hat, ist der Schwanz der Schlange schon längst verschwunden und das Tier schon fast in Sicherheit. Längs- und Querstreifen findet man häufig als Zeichnung bei Schlangen, die sich recht schnell bewegen.

Drohgebärden

In die Enge getrieben, veranstalten Schlangen nicht selten beeindruckende Einschüchterungsversuche. Diese sind zwar oft nur Bluff, ihre Wirkung auf Feinde ist jedoch erheblich. Drohgebärden beinhalten meist ein Aufblähen des Körpers, um ihn größer erscheinen zu lassen, ein frontales Zukriechen auf den Feind, Senken oder Heben des Kopfes, Zischen oder andere Warnlaute und als letzter Ausweg: Zuschlagen, manchmal mit geschlossenem Maul. Das Temperament der einzelnen Arten ist dabei sehr unterschiedlich. Manche sind ausgesprochen gutmütig, selbst wenn sie erstmals gefangen werden, andere immer aggressiv.

Körper»vergrößerung«

Eine häufige Strategie unter Tieren, die sich bedroht fühlen, besteht darin, den eigenen Körper größer erscheinen zu lassen, als er in Wirklichkeit ist. Das erfüllt einen doppelten Zweck: Feinde überlegen es sich zweimal, bevor sie angreifen, und Fressfeinde, die ihre Beute am Stück schlucken – v. a. andere Schlangen –, verzichten möglicherweise auf eine eigentlich passende Mahlzeit. Eine Schlange kann sich entweder am ganzen Körper größer machen oder nur an einer Stelle, meist an Kopf und Hals.

»Puffende« Schlangen

Zahlreiche Arten pumpen ihren Körper mit Luft auf. Einige von diesen sind obendrein »Zischer«, die die Luft mit Druck herauspressen und dabei ein lautes Warngeräusch erzeugen. Afrikanische Puffottern, besonders *Bitis arietans*, gehören, wie der Name sagt, dazu, ebenso die nordamerikanischen Hakennasennattern *(Heterodon)*, die in man-

RAUPEN, DIE SCHLANGEN NACHAHMEN

Schlangen verfügen über zahlreiche Einschüchterungsmethoden, meist stereotype Verhaltensmuster, die sie größer und gefährlicher erscheinen lassen. Ihre Signale können echt sein, wie bei giftigen Arten, oder nur vorgetäuscht, wie bei harmlosen Arten, deren Drohgebärden denen von Giftschlangen ähneln. In beiden Fällen ziehen Feinde, einschließlich Menschen, sich meistens zurück, um eine weitere Konfrontation und mögliche Risiken zu vermeiden.

Weil dieses Manöver so gut funktioniert, ist es kaum verwunderlich, dass harmlose Tiere anderer Gruppen ähnliche Zurschaustellungen entwickelt haben, die sie oberflächlich wie Schlangen erscheinen lassen. Beinlose Echsen tun sich hier leicht, und australische Glattschuppen-Flossenfüße der Gattung *Delma* sind überzeugende Imitatoren gefährlicher Schlangen, deren Lebensraum sie teilen.

Die bemerkenswertesten Nachahmer gibt es jedoch unter Insekten. Während Tagschmetterlinge und Nachtfalter große Augenflecken haben, die Greifvögel vortäuschen sollen, imitieren ihre Larven Schlangen. Dieses Verhalten ist besonders häufig unter den Larven der Schwärmer (Sphingidae). So haben die Raupen des Mittleren Weinschwärmers große Augenflecken auf der Oberseite ihres Vorderleibs, die sie bei Bedrohung vorstülpen; so werden sie dann sogar von Menschen für kleine Schlangen gehalten.

Larven der Schwärmergattung *Leucorampha* aus Mittelamerika und dem nördlichen Südamerika haben einen noch listigeren Trick: Werden sie gestört, lösen sie den vorderen Teil ihres Körpers vom Zweig und halten ihn starr. Gleichzeitig pumpen sie ihn zu einem breiten dreieckigen »Kopf« auf und drehen ihn um 180 Grad, um die Augenflecken zu zeigen. Weitere kleine Markierungen simulieren Schuppen, und zusätzliche dunkle Partien vor den Augenflecken scheinen Gruben zu sein, genau wie die der arborealen Grubenottern, die sie imitieren. Wenn sie weiter belästigt werden, schlagen sie zu, genau auf das Objekt, das sie berührt hat.

◀ Eine südamerikanische Schwärmerraupe imitiert eine arboreale Grubenotter.

▲ Die auffallende Markierung auf der Rückseite des Hutes der Südasiatischen Kobra *(Naja naja)* wird zur Abschreckung von Feinden eingesetzt.

▲ Die typische Abwehrhaltung der Monokelkobra *(Naja kaouthia!).*

chen Gegenden auch den volkstümlichen Namen »Puffotter« tragen.

Spreizbarer Hut
Viele Kobras heben den vorderen Teil ihres Körpers und spreizen die Rippen am Hals, um einen Hut zu bilden. Der Hut kann rückseitig auffallend markiert sein und wird von der Kobra durch Umdrehen zur Schau gestellt. Arten, die dieses Verhalten als Teil ihrer Abwehrstrategie einsetzen, sind die beiden afrikanischen und asiatischen Arten der Gattung *Naja*, die Königskobra *(Ophiophagus hannah)* aus Asien, die beiden *Aspidelaps*-Arten, alle Ringhalskobras *(Hemachatus haemachatus)* aus Südafrika und einige Schwarzotterarten *(Pseudechis)* aus Australien. Es ist eine ausschließlich defensive Maßnahme: Kobras spreizen ihren Hut nie, bevor sie Beute angreifen.

Neben den Elapiden können auch einige Colubriden ihren Hals zu einem Hut abflachen. Manche imitieren damit vielleicht Kobras, andere, die weit von jeder Kobra entfernt leben, machen sich dadurch einfach größer und bedrohlicher. Die Arabische Eidechsennatter *(Malpolon moilensis)* aus dem Nahen Osten macht z. B. den vorderen Teil ihres Körpers flach und hebt ihm vom Boden ab, jedoch nicht so aufrecht wie eine Kobra. Die amerikanischen Hakennasennattern *(Heterodon)* flachen Kopf und Hals ab, zischen böse und schlagen gleichzeitig zum Schein zu.

Eine andere Strategie besteht darin, den Hals aufzublasen, wobei oft grellfarbene Stellen der Zwischenschuppenhaut oder auffallende Muster zum Vorschein kommen. Zu den Schlangen mit solchem Verhalten gehören die Afrikanische Baumschlange oder Boomslang *(Dispholidus typus),* die nah verwandte Vogelnatter *(Thelotornis)* und eine Reihe anderer Baumschlangen, einschließlich einiger *Boiga*-Arten.

▶ Manche Arten, darunter die Kapvogelnatter (*Thelotornis capensis*), blasen ihre Kehle auf und stellen dabei eine auffällige Zeichnung der Zwischenschuppenhaut zur Schau, die sonst verdeckt ist.

▲ Die Südasiatische Wassernatter (*Macropisthodon rudis*), eine harmlose, aber aggressive Art, sieht wie eine terrestrische Grubenotter aus und verhält sich auch so.

Von den vielen Schlangen, die ihre Köpfe flach machen, stellen manche grellfarbene Schuppen als Abschreckung zur Schau, während andere versuchen, giftige Vipern nachzuahmen, die charakteristischerweise breite, dreieckige Köpfe haben. Die afrikanische Rotlippenschlange (*Crotaphopeltis hotamboeia*) besitzt grellrote Labialschuppen, während die entsprechenden Schuppen bei der südamerikanischen *Pseustes sulphureus* und der asiatischen Mangroven-Nachtbaumnatter (*Boiga dendrophila*) gelb leuch-ten. Andere Arten mit massigen Körpern, breiten Köpfen und vipernähnlicher Zeichnung sind die *Waglerophis*- und *Xenodon*-Arten in Lateinamerika, die leicht mit den Grubenottern der Gegend verwechselt werden. Doch die überzeugendste Nachahmung einer Viper gelingt der Südasiatischen Wassernatter (*Macropisthodon rudis*), die nicht nur wie eine terrestrische Grubenotter aussieht, sondern sich auch ähnlich verhält.

Aufsperren des Rachens

Auch das Aufsperren des Rachens kann der Einschüchterung dienen, wobei manchmal grellfarbene Innenseiten zum Vorschein kommen. Die Wassermokassinotter (*Agkistrodon piscivorus*) hat einen weißen Rachen, der im starken Kontrast zu ihrer ansonsten dunklen Färbung steht, und die Dünnschlangen (*Leptophis*) aus Mittel- und Südamerika besitzen blaue Partien im Maul. Diese Zurschaustellungen sind nicht völliger Bluff – sie stellen eine Warnung dar, die von einem Zuschlagen gefolgt wird, sollte sie nicht beachtet werden.

Warngeräusche

Obwohl Schlangen Geräusche über Schallwellen nicht sehr gut hören, tun es die meisten ihrer Feinde. Die Schlangen machen sich diese Tatsache zunutze und erzeugen zur Abwehr eine Reihe von Geräuschen – in Form von Zischen (das bei allen Schlangen außer den allerprimitivsten vorkommt), von Schwanzrasseln (eine Option, die 2 Gattungen spezialisierter Grubenottern vorbehalten ist) und / oder durch das Aneinanderreiben der Schuppen, was ein summendes, kratzendes Geräusch verursacht (eine noch seltenere Methode, deren sich nur wenige Arten in Afrika und dem Nahen Osten bedienen).

Zischen

Mit Ausnahme primitiver grabender Schlangen können die meisten Schlangen zischen.

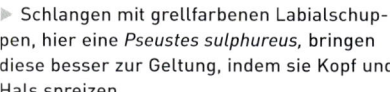

▲ Nicht nur Kobras spreizen ihren Hals in dem Versuch, größer und gefährlicher zu erscheinen. Die Östliche Hakennasennatter (*Heterodon platyrhinos*) und ihre Verwandten sind große Bluffer.

▶ Schlangen mit grellfarbenen Labialschuppen, hier eine *Pseustes sulphureus*, bringen diese besser zur Geltung, indem sie Kopf und Hals spreizen.

DIE SCHLANGE, DIE IHRE KLAPPER VERLOR

Die Santa-Catalina-Klapperschlange (Crotalus catalinensis) ist unter den Vertretern ihrer Gattung einmalig, da sie keine Klapper hat. Diese Inselform ist mit der Roten Diamantklapperschlange (C. ruber) eng verwandt und wurde wahrscheinlich auf Santa Catalina angeschwemmt. Während ihres Aufenthalts auf der Insel wurde ihre Klapper anscheinend kleiner und kleiner, bis sie völlig verschwand. Aber warum hat diese Art ihre Klapper verloren?

Die Entwicklung einer Klapper als Warnvorrichtung war wahrscheinlich nur möglich, weil die meisten Klapperschlangen ihrer Beute auflauern. Sie hätte sich nie entwickelt, wenn sie aktive Jäger gewesen wären, denn so ein sperriges und lautes Anhängsel hinter sich herzuschleppen, wäre dabei ein gravierendes Hindernis – eines, das jeden im Warnen ihrer Feinde liegenden Vorteil überwogen hätte.

Im Fall der Santa-Catalina-Klapperschlange spielen wohl 2 Faktoren eine Rolle. Erstens gibt es auf der Insel keine bedrohlichen Feinde oder großhufigen Säugetiere wie auf dem Festland, sodass die Klapper überflüssig wurde. Zweitens scheint die Schlange ihre Fressgewohnheiten geändert zu haben: Sie erbeutet hauptsächlich Stachelleguane und kleine Vögel, die sie nachts erlegt, während ihre Opfer im Gebüsch schlafen. Eine Klapper wäre hier folglich kein Pluspunkt – viel eher ein Hemmschuh für jede Schlange, die sich heimlich an schlafende Beute heranpirscht. Zudem würde sie sie in ihrer Bewegung durchs Geäst bremsen. Es gab daher einen starken selektiven Druck, bei dem die Individuen im Vorteil waren, die kleine oder keine Klappern hatten.

Hand in Hand mit der fehlenden Klapper scheint die natürliche Selektion einen länglicheren Körper und längere Zähne gefördert zu haben. Diese beiden Merkmale werden mit Schlangen assoziiert, die in Bäumen und Büschen jagen. Darüber hinaus beißt die Catalina-Klapperschlange nicht zu und lässt ihre Beute dann nach der üblichen Klapperschlangenmanier wieder los, sondern hält sie zwischen ihren Kiefern fest, bis das Gift seine Wirkung getan hat, um zu vermeiden, dass die Beute hinunterfällt oder davonfliegt, bevor sie tot ist.

2 andere Populationen scheinen gerade allmählich ihre Klappern zu verlieren; beide leben auf Inseln im Golf von Kalifornien: Die eine ist eine Form der Roten Diamant-Klapperschlange (Crotalus ruber lorenzoensis) von der Insel San Lorenzo Sur, die andere die San-Esteban-Form der Schwarzkopf-Klapperschlange (Crotalus molossus estebanensis). Die Fressgewohnheiten dieser beiden Klapperschlangen-Unterarten wurden noch nicht untersucht.

▲ Fühlt sich eine Südamerikanische Dünnschlange (Leptophis ahaetulla) bedroht, sperrt sie den Rachen auf und stellt die Innenseite zur Schau. Wenn dies nichts nützt, beißt sie zu.

▲ Die Einschüchterungstaktik der Wassermokassinotter (Agkistrodon piscivorus) besteht darin, das Maul weit aufzureißen und die weiße Innenseite zu zeigen. Auf Englisch heißt diese Schlange daher »cottonmouth«.

Sehr oft wird das Zischen von Scheinangriffen oder einer defensiven Körperhaltung begleitet, und bei manchen Arten, v. a. den amerikanischen Gophernattern (Pituophis), wird das Geräusch durch die Vibration eines Hautlappens oder einer Membran in der Stimmritze verstärkt.

Klappern

Klappern kommen nur bei 2 Gattungen vor, Crotalus und Sistrurus. Diese Schlangen vibrieren mit ihrem Schwanz, wenn sie alarmiert sind, was bewirkt, dass die Segmente ihrer Klappern aneinanderschlagen. Allerdings klingt das Geräusch der Klappern mehr wie ein Surren als ein Klappern und endet oft mit einigen tickenden Tönen, wenn die Vibration nachlässt. Struktur und Form der Klapper werden auf Seite 35 beschrieben.

Anders als man noch im 19. Jahrhundert glaubte, benutzen männliche Klapperschlangen ihre Klappern weder dazu, den Klapperschlangendamen ein Ständchen zu brin-

▲ Die Santa-Catalina-Klapperschlange hat ihre Klapper verloren.

▲ Der Schwanz der Santa-Catalina-Klapperschlange.

WARNVERHALTEN BEI WÜSTENVIPERN

Da Schlangen Schallwellen nicht besonders gut hören, kommunizieren sie nicht akustisch miteinander und haben auch nicht die gleiche Bandbreite an Lautäußerungen entwickelt wie Insekten, Vögel und Säugetiere. Sie verwenden Geräusche jedoch zur Warnung, da viele ihrer Feinde gut hören. Diese Geräusche bestehen größtenteils aus Zischen, während Klapperschlangen eine Alternative entwickelt haben. Bei Sandrasselottern (*Echis*) und den ihnen nahe verwandten Afrikanischen Hornvipern (*Cerastes*) gibt es noch eine 3. Methode.

Diese Arten produzieren ein lautes raspelndes Geräusch, indem sie einige Reihen spezialisierter Schuppen ihrer Körperseiten aneinanderreiben. Die beteiligten Schuppen befinden sich beidseitig in der 3.–9. Schuppenreihe. Alle diese Schuppen sind stark gekielt, was man auch bei vielen anderen Schlangen findet. Bei *Echis* und *Cerastes* sind die Kiele jedoch in einem schrägen Winkel angeordnet, nicht in gerader Linie, und obendrein gezackt wie die Zähne einer Säge. Fühlt sich eine Schlange bedroht, rollt sie sich zu einer defensiven U-förmigen Schlinge zusammen, sodass die Körperschlingen mehrfach nebeneinanderliegen. Dann bewegt sie sich so, dass die gesägten Schuppen der benachbarten Körperschlingen aneinanderreiben und das besagte raue, raspelnde Geräusch erzeugen.

Diese einmalige Struktur und das dazugehörige Verhalten haben sich wahrscheinlich entwickelt, weil die Schlangen trockene Lebensräume bewohnen – Nordafrika, den Nahen Osten, Indien und Sri Lanka –, wo Wasser kostbar ist. Beim Zischen würden sie durch den Luftausstoß Flüssigkeit in Form von Wasserdampf verlieren. Das ist beim Aneinanderreiben der Schuppen nicht der Fall – und trotzdem entsteht ein deutliches Warnsignal.

Wo ihre Gebiete sich überlappen, imitieren manche der harmlosen Eierschlangenarten (*Dasypeltis*) das Abwehrverhalten der ähnlich gezeichneten Vipern.

▲ Die Westafrikanische Sandrasselotter (*Echis ocellatus*) in Abwehrhaltung. Rollt sie sich in dieser Weise zusammen, reiben die gezackten Schuppen an ihrer Seite aneinander und erzeugen ein Geräusch.

▲ Eine Eierschlange (*Dasypeltis fasciata*) imitiert eine Sandrasselotter. Man beachte die hufeisenähnliche Form, wodurch die Schuppen aneinandergerieben werden können.

▲ Die schräg angeordneten gezackten Schuppen an den Seiten der Afrikanischen Hornviper (*Cerastes cerastes*) erzeugen ein raspelndes Geräusch, wenn sie aneinandergerieben werden.

▲ Die Schuppen der Gewöhnlichen Eierschlange haben schräge Kiele – genau wie die der giftigen Arten, die raspelnde Geräusche als Warnsignale erzeugen.

▲ Eine Gefleckte Klapperschlange *(Crotalus mitchelli pyrrhus)* der südkalifornischen Anza-Borrego-Wüste nimmt eine defensive Haltung ein.

gen, noch, um Artgenossen vor Gefahr zu warnen. Die Klapper kommt nur zum Einsatz, wenn sich die Schlange unmittelbar bedroht fühlt. Die Hauptfunktion besteht folglich darin, ihre Feinde zu warnen; diese Theorie wird durch die Tatsache gestützt, dass Klapperschlangen oft eine defensive Haltung einnehmen, wenn sie zu klappern beginnen: Der vordere Teil ihres Körper wird dann in eine S-förmige Schleife gelegt und der Kopf angehoben und in Richtung Gefahrenquelle gehalten.

Außerdem könnte es nützlich sein, wenn Klapperschlangen größere Tiere auf sich aufmerksam machen, um nicht zertreten zu werden – sehr vorteilhaft für Schlangen, die gut getarnt sind.

Die Evolution der Klapper ist nach wie vor rätselhaft. Es gibt keine Schlangen mit irgendwelchen Zwischenstufen – entweder sie haben Klappern, oder sie haben keine. Viele andere Schlangen vibrieren allerdings mit dem Schwanz, wenn sie gestört werden, und wenn sie dann zufällig zwischen trockenen Blättern oder losen Steinen liegen, entsteht ein raschelndes und klapperndes Geräusch. Der erste Entwicklungsschritt in Richtung Klapper könnte durch eine Schlange entstanden sein, deren Schwanz eine deformierte Schwanzspitze hatte, was

zu eine Anhäufung alter Hautsegmente führte.

»Knallen«
Einige wenige Schlangen aus Nord- und Mittelamerika wurden dabei beobachtet, wie sie ihren Schwanz hoben und ein knallendes Geräusch durch ihren After abgaben. Da sie das nur bei Bedrohung taten, ist anzunehmen, dass es sich dabei ebenfalls um einen Abwehrmechanismus handelt.

Warnfärbung und Mimikry
Tiere, die in der Lage sind, andere zu verletzen, zeigen oft ritualisierte Verhaltensweisen, um eine direkte Konfrontation zu vermei-

den. Andere sind so gefärbt, dass dadurch auf ihre Fähigkeit, zu töten oder Schmerz zu verursachen, hingewiesen wird.

Giftschlangen bilden hier keine Ausnahme, und Verhaltensmuster wie das Spreizen von Hüten oder Schwanzrasseln sind in erster Linie dazu gedacht, Feinde einzuschüchtern, dienen aber auch der Identifizierung der Schlange als giftig und somit als Warnung. Andere Arten setzten markante Farbmuster ein, um sich auszuweisen.

Die berühmtesten Beispiele für Warnfärbung bei Schlangen sind die Korallenottern *(Micrurus* und *Micruroides)* aus Nord-, Mittel- und Südamerika. Alle 50 oder mehr Arten sind mit grellen Bändern oder Ringen (Annuli) gemustert. Diese Bänder sind oft schwarz, weiß (oder gelb) und rot. Manche Arten beschränken sich auf Schwarz mit einer anderen Farbe, aber die Mehrzahl ist 3-farbig. All diese Arten sind gefährlich giftig.

Auch andere Vertreter der Elapiden in verschiedenen Teilen der Welt besitzen grellfarbene Körper. Dazu gehören die Afrikanische Korallenschlange *(Aspidelaps lubricus)* sowie Afrikanische Strumpfbandotter-Arten *(Elapsoidea),* weiterhin Arten aus Asien, einschließlich Kraits *(Bungarus)* und Schmuckottern *(Calliophis),* sowie aus Australien, dort besonders die kleinen Arten der Gattung *Simoselaps* und *Vermicella.*

Man hat viel darüber diskutiert, inwiefern Warnfarben für Schlangen von Vorteil sind. Die simpelste Theorie, dass Feinde lernen, solch grelle Farben zu meiden, ist problematisch, nicht zuletzt deshalb, weil die meisten dieser Arten tödlich sind und ein Tier, das sie angreift, wahrscheinlich die Lektion nicht überlebt. Darüber hinaus sind die meisten dieser Arten versteckte oder gra-

▲ Die Malaysische Korallenotter ist spektakulär gefärbt. Ihre Unterseite ist rot, und bei Bedrohung dreht sie sich auf den Rücken und präsentiert diese.

▲ (links) Die grellfarbene Texaskorallenotter *(Micrurus fulvius)*, eine kleine, giftige Art, die mit Kobras und Mambas verwandt ist.

▲ (rechts) Einige harmlose Königsnattern und Milchschlangen imitieren offenbar Korallenottern; *Lampropeltis triangulum elapsoides* ist ein wahrer Meister der Nachahmung.

bende Arten, die selten bei Tageslicht an die Oberfläche kommen. Außerdem sind viele Schlangenfeinde, einschließlich Säugetieren, farbenblind.

Eine alternative Theorie ist die Mertenssche Mimikry: Demnach würden die tödlichen Korallenottern Schlangen imitieren, die ähnlich gezeichnet, aber nur schwach giftig sind. Nun gibt es diese zwar, z. B. in Gestalt von Falschen Korallenottern *(Erythrolamprus)*, beschränkt sich ihr Vorkommen doch auf den mittleren Teil von Südamerika, während die amerikanischen Korallenottern einen viel größeren Verbreitungsraum haben. Außerdem übersieht diese Theorie die auffallend gezeichneten Arten aus anderen Teilen der Welt. Eine andere Theorie hält die grelle Färbung für ein Zufallsprodukt. Da die Korallenottern versteckt leben, gibt es keinen selektiven Druck, der sie dazu zwingt, irgendeine besondere Farbe anzunehmen. Diese Theorie ist genauso problematisch, weil die meisten anderen grabenden Schlangen, etwa Schlank- und Schlankblindschlangen, in der Regel blasse Farben haben, wahrscheinlich weil es einen physiologischen Preis für die Produktion von Pigmenten gibt.

Die wahrscheinlichste Theorie ist die der »immanenten Aversion«. In einer Reihe von Experimenten zeigte Susan Smith (1975)[4], dass junge Laborvögel Stöcke mieden, die mit schwarzen, gelben und roten Ringen

▲ (Mitte) Falsche Korallenottern *(Erythrolamprus)* leben im größten Teil des Verbreitungsgebietes von Korallenottern, und es gibt Hinweise auf Mimikry. Es könnte freilich auch Zufall sein.

▲ (unten) Viele andere grellfarbene »falsche« Korallenottern, z. B. die Sonorakönigsnatter *(Lampropeltis pyromelana)*, leben weder im selben Gebiet wie Korallenottern noch ist ihre Mimikry sonderlich überzeugend.

▲ Der Königspython *(Python regius)* wird auch Ballpython genannt – aus gutem Grund.

bemalt waren, nicht aber Stöcke in anderen Farben und Mustern. Daraus lässt sich schließen, dass Tiere eine angeborene Abneigung gegen zu grelle Farben bei Tieren oder Gegenständen haben. Menschen sind solche Farbmuster als Warnhinweise z. B. auf Straßen vertraut. Viele übel schmeckende Insekten sind ebenfalls grell gefärbt. Selbst farbenblinde Feinde wären übrigens in der Lage, die hellen und dunklen Bänder dieser Schlangen zu erkennen.

In anderen Zusammenhängen konnte gezeigt werden, dass Fleischfresser, die genügend Zeit haben, ihre Beute zu untersuchen, sehr viel wählerischer sind als solche, die auf der Stelle zuschnappen müssen. Gerade weil sie so versteckt leben, müssen die Farben der Korallenottern ein sehr eindeutiges Signal geben, damit ihre Gefährlichkeit sofort unmissverständlich zu erkennen ist.

Zusätzlich zu den echten Korallenottern (das sind Vertreter der Elapidae) gibt es jede Menge »falscher« Korallenottern unter den Colubridae und in anderen Familien. Von ihnen wird behauptet, sie seien Nachahmer und die echten Korallenottern das Vorbild. Als Beispiele seien genannt: die Milchschlange *(Lampropeltis triangulum)* aus Nord- und Mittelamerika, einige Königsnattern (einschließlich *Lampropeltis pyromelana* und *L. zonata)* und Schaufelnasenschlangen *(Chionactis)* aus Nordamerika, die Falschen Korallenottern *(Erythrolamprus)* und die Rollschlangen *(Anilius scytale)* aus Mittel- und Südamerika, die Harlekinkobras *(Homoroselaps dorsalis)* aus Afrika sowie 2 Peitschennattern *(Coluber elegantissimus* und *C. sinai)* aus dem Nahen Osten.

Anhänger der Gelernten-Warntracht-Theorie argumentieren, dass diese Arten einen Vorteil davon haben, wie Korallenottern auszusehen, weil Feinde sie meiden, die gelernt haben, ihre Vorbilder zu meiden. Die Hauptschwäche dieser Theorie ist, dass viele der Nachahmer in Gegenden leben, in denen es gar keine Korallenottern gibt. Darüber hinaus sind viele der »falschen« Korallenottern nicht besonders gute Nachahmer – sie haben zwar die gleiche Grundfarbe, doch die Anordnung ist anders, in manchen Fällen sogar ganz entscheidend. Dieser Einwand ist schwer zu widerlegen, während die Theorie der »immanenten Aversion« gleichermaßen für harmlose wie für gefährliche Schlangen gilt.

Grelle, kontrastierende Farben, besonders wenn sie in Bändern oder Ringen angeordnet sind, haben zusätzlich die Funktion, die Umrisse der Schlange optisch aufzulösen und in manchen Fällen eine optische Täuschung hervorzurufen, wenn sich die Schlange schnell bewegt. Ein zusätzlicher Vorteil ist der Überraschungseffekt – die erste Reaktion eines Feindes, der unerwartet auf eine grellfarbene Schlange stößt, kann Zögern sein, wodurch die Schlange mehr Zeit hat, sich in Sicherheit zu bringen.

Einrollen

Eine häufige Strategie bei etlichen Schlangen aus verschiedenen Familien ist das Einrollen: Die Schlangen rollen ihren Körper zu einem festen Knäuel zusammen, den Kopf in der Mitte. Zweck scheint zu sein, dem Feind eine Form zu präsentieren, mit der er nicht so leicht umgehen kann, und gleichzeitig den verletzlichen Kopf zu schützen. Der Königspython *(Python regius)* wird in Anspielung auf dieses Verhalten auch Ballpython genannt. Die afrikanische Boa *Calabaria reinhardtii* setzt ebenso auf diese Methode wie manche Vertreter der Tropidophiidae und Colubridae.

Ablenkungsmanöver (Mimese)

Obwohl alle Körperteile einer Schlange wichtig sind, sind manche doch wichtiger als andere. Nachahmerverhalten tritt dann auf, wenn die Schlange bereit ist, einen Körperteil zugunsten eines lebenswichtigeren zu opfern. Der unwichtigste Teil einer Schlange ist der Schwanz.

Manche der Arten, die ihren Kopf verstecken, bieten ihren Schwanz als falschen Kopf an, um einen Angriff vom echten abzulenken. Gummiboas und Calabarzwergboas tun dies, und viele erwachsene Tiere haben narbige und ramponierte Schwänze, was nahelegt, dass ihnen diese Technik gute Dienste geleistet hat. Bei letzterer Art kann der Schwanz eine flache horizontale Grube an der Spitze haben, die wie ein Maul wirkt, während bei anderen Arten Muster aus Linien und Punkten die Täuschung verstärken. Der Schwanz der Großen Sandboa *(Eryx tataricus)* besteht aus einer kurzen, waagerechten Linie und einem schwarzen Fleck, wie Mund und Auge. Die grabende Schwarzgelbe Erdotter *(Chilorhinophis gerardii)* zeigt eine ähnliches Färbung: Ihr Kopf und ihre Schwanzspitze sind schwarz, während der übrige Schwanz blau ist und einen einzigen schwarzen Fleck hat. Fühlen sie sich bedroht, heben all diese Schlangen ihre Schwanzspitze und wedeln damit herum, als wäre sie der Kopf. Im Extremfall schlägt dieser falsche Kopf sogar zu. Dahinter steht natürlich die Absicht, die Aufmerksamkeit des Angreifers abzulenken, sodass der echte Kopf in Sicherheit gebracht werden kann, möglicherweise durch Eingraben.

Es gibt weitere Schlangen, die ihren Schwanz zur Abwehr benutzen. Viele haben auf der Unterseite ihres Schwanzes grelle Farben. Bei einem Angriff hebt die Schlange ihren Schwanz, um diese zu zeigen. Als Beispiel kann die amerikanische Ringhalsnatter *(Diadophis punctatus)* genannt werden, die ihren Schwanz umdreht und in eine Korkenzieherform bringt. Die Unterseite des Schwanzes ist bei den meisten Formen dieser Spezies leuchtend rot. Asiatische Walzenschlangen *(Cylindrophis)* sind unterseits

▲ Die »Korkenzieher«-Show der Ringhals-natter *(Diadophis punctatus)* zeigt die leuchtend gefärbte Unterseite. Zu anderen Zeiten ist sie gut getarnt.

▲ Gummiboas *(Charina bottae)* heben ihren stumpfen Schwanz über die Körperschlingen, um Angriffe von ihrem Kopf abzulenken.

auffallend schwarz-weiß gezeichnet. Wenn sie gestört werden, machen sie sich ganz flach, heben den Schwanz vom Boden und kringeln ihn über dem Rücken, als ob sie Kopf und Hals heben würden. Im gleichen Teil der Welt zeigen die Kukrinattern *(Oligodon)* ein Manöver, zu dem Hochheben und Einrollen des Schwanzes gehört, der auf der Unterseite leuchtend gefärbt ist. Werden sie weiter belästigt, schlagen sie mit dem Schwanz nach dem Angreifer (Mori et al., 1992)[5].

Ein weiteres Beispiel sind die afrikanischen Schaufelnasennattern *(Prosymna)*, die ihren Schwanz schnell ein- und ausrollen, wenn sie belästigt werden. Hier ist der Schwanz nicht auffallend gefärbt, sondern es ist die Bewegung, die den Angreifer ablenkt.

Arten mit spitzem Schwanzende können diese Spitze gegen den Körper des Angreifers pressen, wahrscheinlich, um einen Biss zu simulieren. Dieses Verhalten tritt häufig bei Schlangen der Gattung *Leptotyphlops* auf, ebenso bei amerikanischen Schlammnattern *(Farancia abacura und F. erythrogramma)*, die deswegen manchmal auch Stechschlangen genannt werden, und bei Erdvipern *(Atractaspis engaddensis)*.

Schwanzabwerfen

Das Abwerfen des Schwanzes (Kaudalautotomie) ist bei Echsen verbreitet, kommt bei Schlangen aber selten vor. Selbst bei Arten, die hin und wieder ihren Schwanz verlieren, ist der Mechanismus nicht so gut entwickelt wie bei Echsen. Bei Letzteren zieht sich eine

sogenannte Sollbruchstelle quer über einige Wirbel an der Schwanzwurzel. Bricht der Schwanz ab, geht ein Wirbel entzwei. Abgesehen von 2 Ausnahmen findet man dieses Merkmal bei Schlangen nicht. Wenn ihr Schwanz abbricht, geschieht es an der Verbindungsstelle zweier Wirbel. Die beiden Ausnahmen sind die südamerikanischen Colubriden *Urotheca elapoides* und *Scaphiodontophis venustissimus*. Bei diesen ist am unteren Ende des Schwanzes eine leichte Rille zu erkennen, die durch die Mitte jedes Wirbels verläuft – ein Hinweis darauf, dass sie ihren Schwanz quer durch die Wirbel abbrechen lassen können. Anders als bei den Echsen wächst der abgebrochene Schwanz einer Schlange nicht nach, über der Wunde bildet sich lediglich eine konische Schuppe. Das heißt, eine Echse kann diese Methode mehrmals in ihrem Leben benutzen, wäh-

rend Schlangen sich nur einmal damit retten können.

Bei *Enulius* (4 Arten) und *Enuliophis sclateri*, alle aus Mittelamerika und dem nördlichen Südamerika, ist der Schwanz ungewöhnlich lang und dick: 35–47 % der Gesamtlänge macht er aus. Werden diese Schlangen angegriffen, schlagen sie mit ihrem Schwanz wild von einer Seite zur

▼ Eine kolumbianische *Enuliophis sclateri*, der, wohl bei einem zurückliegenden Angriff, ein Stück Schwanz verloren ging. Man beachte, wie lang und dick der Restschwanz noch ist.

anderen, bis ein Stück abbricht. Dieses Stück zuckt weiter und fesselt die Aufmerksamkeit der Angreifers, während die Schlange davonschleicht. Mehr als der Hälfte aller Schlangen fehlt ein Teil ihres Schwanzes, Zeugnis vergangener Attacken. Auch sie können ihren Schwanz zwar nicht regenerieren, da er aber lang ist, kann im Laufe ihres Lebens immer wieder ein Stück abbrechen. Bei einer anderen Colubridae (Coniophanes fissidens) aus der gleichen Gegend kommt der gebrochene Schwanz auch sehr häufig vor – bei bis zu 50 % der Individuen in manchen Gegenden –, möglicherweise das Ergebnis von Angriffen durch Korallenottern wie Micrurus nigrocinctus, die sie durch ihre Erdgänge verfolgen. Afrikanische Sumpfschlangen (Natriciteres) und Sandrennnattern (Psammophis) wirbeln ihren Körper schnell herum, wenn sie am Schwanz festgehalten werden, was oft zu einem Abbrechen führt.

Geruch

Die meisten Schlangen haben Duftdrüsen an der Schwanzwurzel, deren primäre Funktion wahrscheinlich die Produktion von Hormonspuren für die chemische Kommunikation ist. Werden sie angegriffen oder grob behandelt, sondern viele von ihnen übel riechende Substanzen ab. Die Sekrete sind milchig und werden manchmal in großer Menge produziert. Einige Arten sind regelrechte Experten darin, sich um die Hand ihres Fängers zu wickeln und diese damit einzuschmieren. Die europäische Ringelnatter ist bekannt für einen besonders widerwärtigen Gestank, der oft genug dazu führt, dass Menschen sie wieder loslassen. Vertreter der Colubridengattungen Lampropeltis, Pantherophis und Elaphe produzierten ebenfalls unangenehme Substanzen, und die Fuchsnatter (Pantherophis vulpinus) verdankt ihren Namen der vermeintlichen Ähnlichkeit ihres Duftstoffes mit dem Geruch von Füchsen.

Autohämorrhagie

Autohämorrhagie nennt man das willkürliche Zerreißen kleiner Blutgefäße, wodurch Blut aus verschiedenen Körperteilen austritt. Obwohl es eindeutig eine defensive Maßnahme ist, weiß man nicht, wie sie genau funktioniert, obwohl es bei Echsen mit Autohämorrhagie (Krötenechsen, Phrynosoma) Hinweise dafür gibt, dass das Blut unangenehm schmeckt und den Jäger dazu veranlasst, die Beute fallen zu lassen.

Autohämorrahagie ist oft bei Erdboaarten (Tropidophis) beobachtet worden, wenn sie angefasst wurden. Sie rollen sich zuerst zu

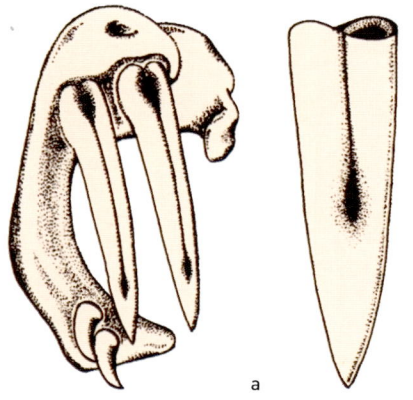

▲ Speikobras wie *Naja mossambica* haben eine hervorragende Abwehrstrategie: Ihr Gift führt zu heftigen Schmerzen und zu vorübergehender, manchmal dauerhafter Blindheit.

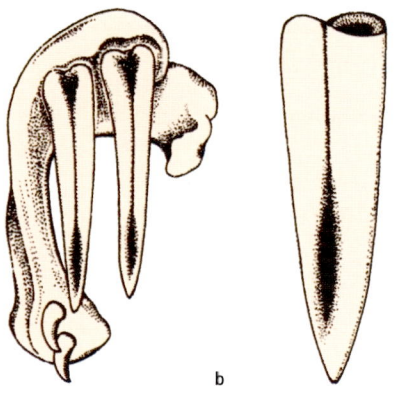

▼ Die Giftzähne von Speikobras (a) haben kleinere Öffnungen als die nicht-spuckender Kobras (b) und sitzen eher im vorderen Teil als an der Spitze.

a   b

▲ Die kubanische Erdboa *(Tropidophis mela-nurus)* ist eine von nur wenigen Schlangen, die Blut aus Augen und Maul austreten lassen können, wenn sie gestresst werden.

▲ Einige Schlangen, darunter die europäische Ringelnatter *(Natrix natrix)*, stellen sich tot, wenn sie bedroht werden.

einem Knäuel zusammen und produzieren dann größere Mengen von Blut in Augen und Mund. Zu diesen Arten gehören 6 aus der Karibik – *T. greenwayi. T. haetianus, T. maculatus, T. melanurus, T. pardalis* und *T. semicinctus* – sowie 2 Festlandarten, *T. parkeri* und *T. paucisquamis*. Sehr wahrscheinlich benutzen die übrigen Arten, von denen manche kaum bekannt sind, ebenfalls diese Abwehrmethode.

Außerhalb dieser Gattung ist Autohämorrhagie nur bei 3 weiteren Arten, alle aus Nordamerika, beobachtet worden: bei der Langnasennatter *(Rhinocheilus lecontei)*, die aus der Kloake und weniger häufig aus den Nasenlöchern blutet, bei der Östlichen Hakennasennatter *(Heterodon platyrhinos)*, die aus der Kloake blutet, manchmal bevor sie sich tot stellt, und bei der Amerikanischen Schwimmnatter *(Nerodia erythrogaster)*, die mit ihrem Gaumen blutet. Bei diesen Colubriden ist das Bluten möglicherweise allerdings nur die Folge von wildem Hin-und-her-Schlagen und dem damit erhöhten Blutdruck, während die Erdboas das Bluten anscheinend besser kontrollieren können.

Giftspeien

Die einzigen Schlangen, die ihr Gift auswerfen können, sind Speikobras. Das Speien scheint sich in dieser Familie 2-mal entwickelt zu haben, bei der Südafrikanischen Speikobra oder Rinkhalskobra *(Hemachatus haemachatus)* und bei einer Gruppe von afrikanischen und asiatischen Arten der Gattung *Naja*. Die asiatischen Speikobras wurden bis vor Kurzem als eine einzige Art

klassifiziert, *Naja naja*, aber jüngste Untersuchungen haben gezeigt, dass es mindestens 9 Arten gibt, von denen 2 *(N. naja* und *N. oxiana)* nicht speien, während man von den anderen annimmt, dass sie es tun. Bei den afrikanischen Arten sind es unter anderem *N. mossambica* und *N. nigricollis*, die speien. Beim Speien wird das Gift durch eine kleine Öffnung an der Spitze der Giftzähne gepresst, wodurch es mit Hochdruck in einem feinen Sprühnebel herausspritzt. Dazu ist eine Modifizierung der Giftzähne nötig, deren Öffnung normalerweise ziemlich groß und länglich, in diesem Fall aber kleiner und runder ist. Ein interessantes Phänomen tritt bei *N. philippinensis* auf, bei der die Giftzähne der Männchen kleinere Öffnungen haben als die der Weibchen. Das legt nahe, dass nur die Männchen speien können.

Das Gift kann mit einer ziemlichen Genauigkeit einige Meter weit gesprüht werden. Da die Kobras vor dem Speien ihre Köpfe heben, trifft das Gift meist die Augen des Angreifers und führt zu akutem und heftigem Schmerz. Unbehandelt, kann beim Menschen vorübergehende oder sogar permanente Blindheit die Folge sein.

Totstellen

Sich tot zu stellen mag als eine merkwürdige Form von Abwehrverhalten erscheinen, schließlich sind viele Jäger mehr als bereit dazu, Aas zu fressen. Es muss jedoch wirken, sonst hätte es sich nicht bei einigen Schlangenarten entwickelt. An erster Stelle gehören die europäischen Ringelnattern *(Natrix natrix)* dazu, die eine beeindruckende Schau liefern, indem sie sich auf den Rücken legen, das Maul öffnen und die Zunge heraushängen lassen. Allerdings zeigen nicht alle Exemplare dieses Verhalten, und die Individuen mancher Populationen zeigen es

nie. Auch die Amerikanischen Hakennasennattern *(Heterodon)*, die Südafrikanische Speikobra *(Hemachatus haemachatus)* und die ägyptische Uräusschlange *(Naja haje)* sind für diese Technik bekannt, doch wie bei der Ringelnatter variiert ihre Bereitschaft, sich tot zu stellen, von Schlange zu Schlange. Es sei darauf hingewiesen, dass bei allen 3 Arten das Totstellen erst am Ende eines Repertoires anderer Abwehrmethoden steht, darunter Drohgebärden und die Produktion von Stinkstoffen. Totstellen ist auch, obgleich selten, bei 2 der kleinen nordamerikanischen Schlangen der Gattung *Storeria*, der Dunklen Braunschlange *(S. dekayi)* und der Rotbauchschlange *(S. occipitomaculata)*, beobachtet worden.

Anmerkungen

1. Orange, P. (1990), »Predation on *Rhinoplocephalus monachus* by the redback spider *Latrodectus matans*«, *Herpetofouna*, 20(1):34.
2. Orange, P. (1989), »Incidents of predation on reptiles by invertebrates«, *Herpetofauna*, 19(1):31–32.
3. Hibbetts, T. (1992), in Life history notes, *Herpetological Review*, 23(4):120.
4. Smith, Susan M. (1975), »Innate recognition of coral snake pattern by a possible avian predator«, *Science*, 4178:759–760.
5. Mori, A., Narumi, N. and Kardong, K. V. (1992). »Unusual putative defensive behavior in *Oligodon formosanus*: head-slashing and tail-striking«, *Journal of Herpetology*, 26(2):213–216.

KAPITEL 7
FORTPFLANZUNG

Alle Tiere folgen dem grundlegenden Drang, sich fortzupflanzen, um ihre Gene an die nächste Generation weiterzugeben – Schlangen machen hier keine Ausnahme. Je mehr Nachkommen sie produzieren, desto mehr werden sich ihre Erbanlagen durchsetzen. Auf dieses Ziel sind alle Aspekte des Fortpflanzungsverhaltens gerichtet.

2 aus dem gleichen Ei schlüpfende Diamantpythons *(Morelia spilota)*. Ein seltenes Ereignis: vielleicht 2 von einer Schale umhüllte Eier, vielleicht 1 einziges Ei, das sich in einem frühen Stadium geteilt hat.

FORTPFLAN-ZUNG BEI SCHLANGEN

DIE FORTPFLANZUNG VON SCHLANGEN IST EIN AUSSERORDENTLICH FASZINIERENDER ASPEKT IHRER BIOLOGIE UND BEI FORSCHERN BESONDERS IN DEN LETZTEN JAHREN AUF GROSSES INTERESSE GESTOSSEN.

Dafür gibt es mehrere Gründe:
1. Schlangen können lebendgebären oder Eier legen. Werden die Eier im Eileiter zurückgehalten, bis sie ausgebrütet sind, nennt man dies ovovivipar, während vivipar bedeutet, dass ein Stoffaustausch (Nahrung und Ausscheidungsstoffe) zwischen Mutter und Embryo stattfindet.
2. Nicht nur die Fortpflanzungsmethode variiert, sondern auch die Fortpflanzungsmenge: Ein Wurf oder Gelege kann in Relation zur Größe der Art groß oder klein sein. Die Größe der Nachkommen wiederum verhält sich umgekehrt proportional zu ihrer Anzahl, d. h. entweder gibt es viele Jungen oder die einzelnen sind größer.
3. Schlangen wachsen ihr ganzes Leben lang, werden aber geschlechtsreif, wenn sie ungefähr die Hälfte ihrer maximalen Körpergröße erreicht haben. Dieses sogenannte indeterminierte Wachstum führt zu einem zunehmenden reproduktiven Output, d. h. je größer die Weibchen werden, desto mehr Ressourcen können sie an ihre Nachkommen weitergeben. Andere Tiere beginnen erst sich fortzupflanzen, wenn sie ganz oder nahezu ganz ausgewachsen sind.
4. Die Form von Schlangen setzt in Bezug auf die Größe der Jungen bzw. der Eier gewisse Grenzen. Das variiert je nach Art und Lebensstil. Langsame, massige Schlangen sind in dieser Hinsicht weniger eingeschränkt als aktive, schlankere.
5. Schlangenweibchen können den Zeitpunkt der Paarung von dem der Befruchtung trennen, was im Tierreich ungewöhnlich ist. Das geschieht, indem sie das Sperma in ihrem Körper speichern. Ob sie die Befruchtung hinauszögern oder nicht, hängt von mehreren Faktoren ab, v. a. der passenden Jahreszeit für Eiablage bzw. Geburt.
Um all diese Möglichkeiten untersuchen zu können, ist es nötig, die Fortpflanzungsbiologie von Schlangen zu verstehen.

DER FORT-PFLANZUNGS-ZYKLUS

PHYSIOLOGISCHE FORTPFLANZUNGSZYKLEN, D. H. DIE VERSCHIEDENEN STADIEN DES REPRODUKTIVEN SYSTEMS, UNTERSCHEIDEN SICH VON DEN REPRODUKTIVEN VERHALTENSWEISEN ZU VERSCHIEDENEN JAHRESZEITEN. BEI MÄNNCHEN UND WEIBCHEN KANN MAN IN DER REGEL JÄHRLICHE FORTPFLANZUNGSZYKLEN ERKENNEN, WOBEI ES ZEITLICHE UNTERSCHIEDE ZWISCHEN DEN GESCHLECHTERN GEBEN KANN.

Fortpflanzungszyklus der Männchen

Was man über den Fortpflanzungszyklus von Schlangenmännchen weiß, bezieht sich größtenteils auf Arten aus gemäßigten Zonen, d. h. auf solche Arten, die eine inaktive Phase im Winter durchlaufen. Diese Männchen produzieren zu der Jahreszeit, in denen sie am meisten fressen, also im Sommer und Herbst, Sperma in ihren Hoden. Bei tropischen Arten ist die Situation anders: Anscheinend produzieren die Männchen vieler solcher Arten das ganze Jahr hindurch Sperma, auch wenn es eine eindeutige Fortpflanzungssaison gibt, während andere nur zu bestimmten Zeiten Sperma produzieren, oft unmittelbar vor der Saison.

Das produzierte Sperma wird es in einer Art Blase im Harnleiter gespeichert, wo es bis zur Paarung verbleibt. Jedes Männchen produziert und speichert genug Sperma, um sich mehrere Male mit dem gleichen oder mit verschiedenen Weibchen paaren zu können. In gemäßigten Breiten findet die Paarung unter Umständen erst im nächsten Frühling statt. Obwohl Männchen oft das ganze Jahr über Sperma zur Verfügung haben, kann die Paarung erst erfolgen, wenn die Weibchen empfänglich sind, meistens zu ganz bestimmten Jahreszeiten.

Fortpflanzungszyklus der Weibchen

Auch hier stammt ein Großteil der Information aus Untersuchungen an Arten aus gemäßigten Zonen. Das jahreszeitliche Timing ist beim Fortpflanzungszyklus der Weibchen eindeutiger als bei Männchen, und es können mehrere Stadien ausgemacht werden.

Der ovariale Zyklus

Im 1. Stadium bilden sich im Eierstock kleine follikuläre Eier. Ihre Entwicklung kann sich bei großen, langlebigen Schlangen über mehrere Jahre hinziehen, wobei je Fortpflanzungssaison immer nur ein Teil der Eier heranreift. Reifung bedeutet, dass jedes Ei in einen Dotter eingebettet wird. Dieser Vorgang findet normalerweise unmittelbar vor der Fortpflanzungssaison statt, in der gemäßigten Zone meistens im Frühling, manchmal aber auch im Herbst vor dem Winterschlaf. Anscheinend produzieren Schlangen mehr Eier mit Dotter, als später befruchtet werden. Auf diese Weise kann die Größe des Geleges bis zur letzten Minute an die Bedingungen angepasst werden: Gibt es unmittelbar vor der Paarung reichlich Nahrung, wird das Gelege größer, als wenn Futtermangel herrscht. Follikuläre Eier, die nicht gebraucht wurden, werden vom Weibchen resorbiert.

Der Fettzyklus

Die Produktion von Eidotter hängt von einem adäquaten Fettvorrat ab, und wenn das Weibchen nicht genug gefressen hat, entwickeln sich die Eier nicht weiter, sondern werden resorbiert. Untersuchungen haben gezeigt, dass Fettreserven sich meistens im Körper der Weibchens bis zum Zeitpunkt der Eireifung ansammeln. Wenn die Eier den Eileiter verlassen, sind sie beträchtlich gewachsen, die Fettreserven hingegen stark geschrumpft. Das Weibchen muss gut genährt sein, bevor es eine neue Portion brauchbarer Eier produzieren kann. Fettzyklen sind bei Echsen und einigen großen Schlangenarten, etwa Boas und Pythons, nachgewiesen. Einen Fettzyklus scheint es auch bei den meisten, wenn nicht allen Colubriden, Elapiden und Vipern aus gemäßigten Zonen zu geben. Tropische Schlangen, insbesondere kleine Arten, können Eier offenbar ohne Fettpolster bei normaler Nahrungsaufnahme produzieren.

Ovulation

Sobald die Eier den Eierstock verlassen haben, wandern sie in die Körperhöhle und werden dort von einer trichterförmigen Öffnung am oberen Ende des Eileiters, dem Infundibulum, »aufgefangen«. Zum Zeitpunkt des Eisprungs legt sich das Infundibulum um den Eierstock, damit kein Ei verloren geht; trotzdem verschwinden manche Eier in der Körperhöhle, andere werden vom gegenüberliegenden Eileiter aufgefangen. Je nach Art kann auch ein Reiz erforderlich sein, damit die Ovulation in Gang kommt. Bei Schlangen aus gemäßigten Zonen scheinen die steigenden Temperaturen ausschlaggebend zu sein, während bei tropischen Arten eher kühleres Wetter zu Beginn der Regenzeit dafür sorgt. Weibchen von Arten, die keine bestimmte Fortpflanzungszeit haben, können durch die Paarung selbst oder durch die Gegenwart eines oder mehrerer Männchen stimuliert werden. Schließlich könnte es auch ein Zusammenspiel geben zwischen den Umweltbedingungen, z.B. der Temperatur, und zusätzlicher Stimulation durch Männchen.

Befruchtung

Sobald die Eier in den Eileiter gewandert sind, können sie befruchtet werden – vorausgesetzt, es ist Sperma vorhanden. Ist kein oder kein brauchbares Sperma vorhanden, wird das Weibchen entweder unfruchtbare Eier legen oder sie resorbieren. Befruchtete Eier können nicht resorbiert werden.

Manche Schlangen können Sperma über einen längeren Zeitraum speichern und somit die Befruchtung hinausschieben. Das kann nützlich sein, wenn Männchen z.B. nur am Anfang der Fortpflanzungssaison verfügbar sind, bevor ein Eisprung stattgefunden hat. Die Befruchtung kann dann mit gespeichertem Sperma zu einem späteren Zeitpunkt erfolgen. Viele Vipern aus gemäßigten Zonen haben z.B. Anfang Juni ihren Eisprung unabhängig vom Paarungszeitpunkt, der bei manchen Arten einige Monate früher liegt. Man kann annehmen, dass Befruchtung und anschließende Entwicklung zeitlich mit wärmerem Wetter koordiniert werden, um die Entwicklung der Jungen zu beschleunigen. Auch der Zeitpunkt der Geburt ist wichtig, weil die Jungen auf saisonale Beute wie junge Echsen oder Nagetiere angewiesen sind.

Manche Arten, die mehr als 1 Gelege pro Saison produzieren, benutzen das gespeicherte Sperma, um ein 2. Gelege zu befruchten. In anderen Fällen wird das Sperma von einer Saison zur nächsten gespeichert, sodass das Weibchen fruchtbare Eier produzieren kann, auch wenn es keinen Partner findet. Die Fruchtbarkeit von Gelegen, die mit gespeichertem Sperma befruchtet wurden, ist freilich meist geringer als die von Gelegen mit frischem Sperma.

DAS SCHLANGENEI

Schlangeneier haben, wie alle Reptilieneier, sehr viel Dotter. Der Dotter enthält Fette und Kohlenhydrate, die für die Entwicklung des Embryos nötig sind. Der Embryo beginnt seine Entwicklung als eine flache, auf dem Dotter liegende Scheibe. Im Laufe seiner Entwicklung hebt er sich vom Dotter ab und fängt an, sich zu einer Schlange zu formen. Der Dotter ernährt ihn während seiner gesamten Entwicklung und wird im letzten Stadium durch einen Schlitz auf der Unterseite, der zum Zeitpunkt der Geburt als kleine Narbe sichtbar ist, vom Embryo aufgenommen.

Der Embryo ist von 2 Membranschichten umgeben. Eine wird im Eileiter der Mutter gebildet. Dazu gehört die äußere Schicht, die Schale, die Kalziumsalze enthält. Die andere, viel dünnere Membran wird vom Embryo gebildet und umfasst Amnion, Chorion und Allantois. Diese Membranen entwickeln sich meistens, nachdem das Ei gelegt wurde. Alle Membranen dienen dazu, Wasser zu speichern, und sind einer der fundamentalen Unterschiede zwischen Amphibien- und Reptilieneiern.

Zusätzlich zu Schale, Embryo und Dotter enthalten Schlangeneier eine kleine Menge Albumin und eine Luftblase. Das Albumin ist aus einer Eiweißlösung zusammengesetzt, die durch Osmose Wasser in das Ei zieht, während die Luftblase den Sauerstoff- und Kohlensäureaustausch kontrolliert und auch als Druckausgleich fungiert.

Gegen Ende der Inkubation wird durch den Embryo etwas Kalzium aus der Eischale gelöst, um das Skelett zu bilden: Um diese Zeit wird die Schale immer dünner und flexibler. Sauerstoff kann leichter eintreten, und eine Weile reicht das für den erhöhten Sauerstoffbedarf der Schlange aus. Schließlich muss sie die Schale aber verlassen, um atmen zu können.

▶ Ein australisches Diamantpython-weibchen *(Morelia spilota spilota)* mit ihren Eiern.

▼ Der innere Aufbau eines Schlangeneis.

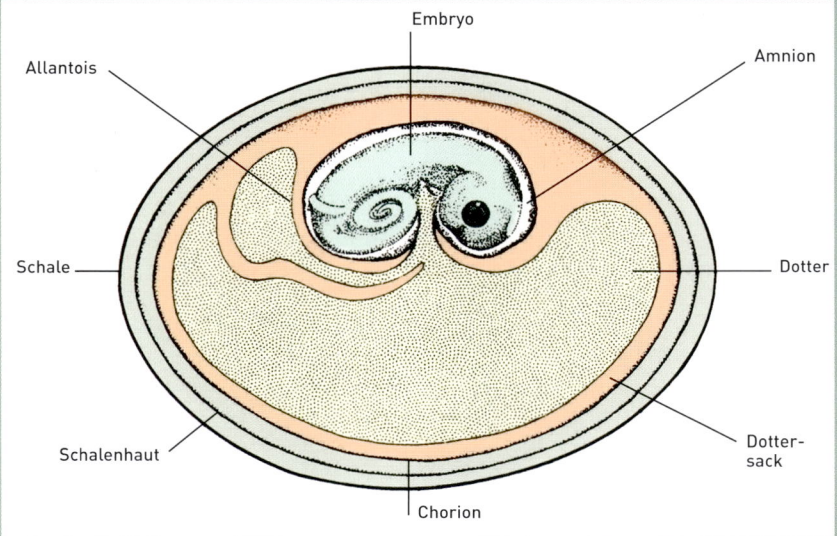

Allantois · Embryo · Amnion · Schale · Dotter · Schalenhaut · Chorion · Dottersack

▲ Die afrikanische Eierschlange speichert häufig Sperma und legt nach einer einzigen Paarung oft mehrere Gelege fruchtbarer Eier. Dieser Schlüpfling mag das Ergebnis einer Paarung sein, die mehrere Monate früher stattgefunden hat.

FORT-PFLANZUNGS-PERIODEN

DIE MEISTEN SCHLANGEN HABEN EINE BESTIMMTE FORTPFLANZUNGSSAISON, DIE UNTER DEM EINFLUSS EXTERNER FAKTOREN WIE TEMPERATUR ETC. STEHT. ANDERS ALS BEI ECHSEN GIBT ES BISHER KEINEN BEWEIS DAFÜR, DASS DER ZYKLUS VON SCHLANGEN DURCH DIE TAGESLÄNGE BEEINFLUSST WIRD. DIES SCHEINT DIE LOGISCHE FOLGE IHRES URSPRUNGS ALS GRABENDE TIERE MIT UNTERIRDISCHER LEBENSWEISE ZU SEIN, WO UNTERSCHIEDLICHE TAGESLÄNGEN WEITGEHEND UNBEMERKT BLEIBEN.

Das Fortpflanzungsverhalten sehr vieler Schlangen scheint einer ziemlich einheitlichen Sequenz zu folgen, und alle Abweichungen können als Variationen betrachtet werden. Das meiste Wissen darüber stammt von Arten aus gemäßigten Zonen, besonders Nordamerika und Europa, z. B. von Königsnattern, Rattenschlangen, Wasserschlangen, Strumpfbandnattern, Klapperschlangen und Vipern, sodass wir diese als Ausgangspunkt nehmen.

Ein typischer Zyklus bei diesen Schlangen wäre, dass im Frühling, bald nach Ende des Winterschlafes, die Paarung und kurze Zeit später die Befruchtung erfolgen, sodass die Jungen vor Ende des Sommers geschlüpft sind. Arten, die in Gegenden leben, an denen es keinen eindeutigen Winter gibt, wie in den Tropen, haben ähnliche Zyklen, diese sind aber auf die Regen- und Trockenzeiten abgestimmt. Andere Arten scheinen überhaupt keinen Zyklus zu haben, d. h. sie pflanzen sich immer dann fort, wenn sie dazu in der Lage sind, unabhängig von der Jahreszeit.

Arten aus gemäßigten Zonen

Schlangen aus gemäßigten Zonen durchlaufen in der Regel eine inaktive Phase, wenn die Durchschnittstemperaturen für sie zu niedrig sind. Je nach Ort kann dies ein mehrere Monate dauernder Winterschlaf sein, in dem sie mehr oder weniger komatös sind, oder ein kurzer Rückzug während der Kältephasen. Jedenfalls scheinen sie während dieser Zeit kein Interesse an Fortpflanzung zu haben, bis das Wetter im Frühling dauerhaft wärmer wird. Dann suchen Männchen meistens aktiv nach Weibchen.

Balz und Paarung können sofort nach dem Winterschlaf oder ein paar Wochen danach stattfinden. Jede Art hat ihr eigenes System, wobei sich manche Arten von Population zu Population unterschiedlich verhalten. Bunte Strumpfbandnattern (*Thamnophis marcianus*) z. B. paaren sich in Arizona, unmittelbar nachdem sie aus ihren Winterverstecken hervorgekrochen sind, in Texas jedoch erst 20 Tage danach.

Die Paarung im Frühjahr ermöglicht es den Weibchen, ihre Eier zu einem Zeitpunkt zu legen, wo das Wetter zum Schlüpfen noch warm genug (oder, bei lebendgebärenden Arten, sich die Jungen im Eileiter entwickeln können) und sichergestellt ist, dass die Neugeborenen bzw. Frischgeschlüpften sich auf den Weg machen und Futter suchen können. Außerdem fällt der Zeitpunkt des Schlüpfens oder der Geburt meistens mit einem Überschuss an jungen Echsen, Amphibien und Nagern zusammen, sodass die Jungen fressen und schnell wachsen können, bevor der Winter kommt.

Das Timing von Paarung und Legen kann je nach Art geringfügig verschoben sein. Die Trans-Pecos-Rattennatter (*Bogertophis subocularis*) paart sich z. B. im Sommer, einige Monate später als andere Schlangen derselben Region, und legt ihre Eier erst im Spätsommer oder Herbst. Die Jungen schlüpfen im Winter. Diese Art kommt in Südtexas und Nordmexiko vor, wo der Sommer heiß und trocken und der Winter mild ist. Andere Arten paaren sich in einer Aktivitätsperiode und gebären oder legen in der nächsten. Hier treten eigentlich 2 Systeme in Kraft. In ihrer einfachsten Form beugt die Herbstpaarung dem Mangel an einem geeigneten Partner im Frühling vor und somit dem Verlust einer Fortpflanzungssaison. Weibchen aus diesen Arten treten den Winterschlaf mit einem Vorrat von Sperma an. Dieses Sperma ist im folgenden Frühling noch aktiv und kann dazu verwendet werden, die Eier zu befruchten, die zu diesem Zeitpunkt reif sind. Hat es Gelegenheit dazu, wird sich das Weibchen jedoch im Frühling erneut paaren, weshalb die Herbstpaarung nicht immer nötig ist, um fruchtbare Eier zu produzieren.

Eine dieser Arten ist die Gekrönte Schwarzkopfnatter (*Tantilla coronata*) aus Nordamerika, deren Reproduktionszyklus von Aldridge (1992)[1] untersucht wurde.

Die Speicherung von Sperma wird auch von Arten benutzt, die weit verstreut leben und sich in der entsprechenden Jahreszeit nicht ohne Weiteres finden. Diese Arten paaren sich bei jeder Gelegenheit, und das Weibchen speichert dann das Sperma bis zum Eisprung, der möglicherweise durch Umweltreize ausgelöst wird. Das Sperma wird am unteren Ende des Eileiters in speziellen Kammern gespeichert, die Begattungstaschen genannt werden.

Während ihrer Entwicklung werden die Eier im Eileiter aufbewahrt. Bei oviparen Arten erhält jedes Ei eine pergamentartige Schale, die am unteren Ende des Eileiters produziert wird. Ganz selten befinden sich 2 Eier in 1 Schale, sodass 2 Junge schlüpfen. (Obwohl man nur diese gewöhnlich als Zwillinge bezeichnet, sind genau genommen natürlich alle Jungtiere eines Geleges Zwillinge oder Drillinge etc.) Lebendgebärende Arten produzieren keine Schale, stattdessen ist jeder Embryo von einer Membran umhüllt.

▲ Der Fortpflanzungszyklus der Bunten Strumpfbandnatter *(Thamnophis marcianus)* variiert von Ort zu Ort.

Anscheinend kann die Paarung im Spätsommer erfolgen, und das Sperma wird in der Begattungstasche am unteren Ende des Eileiters gespeichert. Im folgenden Frühjahr kann nochmals eine Paarung stattfinden. In jedem Fall hat das Weibchen brauchbares Sperma zum Zeitpunkt des Eisprungs. Die Eier werden Anfang des Sommers gelegt, und im Spätsommer haben die Weibchen wenig oder kein Sperma mehr, vielleicht weil die Eier das nicht gebrauchte Sperma mit hinaustragen, wenn sie gelegt werden. Das Weibchen muss sich wieder paaren, um seinen Spermavorrat aufzufüllen. Herbstpaarungen, bei denen Weibchen Sperma über den Winter speichern, sind auch bei Hakennasennattern *(Heterodon)* beobachtet worden. Auch diese Art paart sich nochmals im Frühling.

Herbstpaarung kommt auch bei Zwergklapperschlangen *(Sistrurus miliarius)* vor (Montgomery und Schuett, 1989),[2] und bei Massassaugas *(S. catenatus).* Letztere Art ist auch dabei beobachtet worden, wie sie sich im Frühling gepaart hat. Wahrscheinlich speichern diese viviparen Arten über den Winter Sperma, und der Eisprung findet im folgenden Frühjahr statt, wo dann entweder das gespeicherte oder frisches

Sperma zur Befruchtung der Eier verwendet wird, wie bei der Gekrönten Schwarzkopfnatter.

Andere vivipare Vipern, darunter einige Prärieklapperschlangen-Populationen *(Crotalus willardi),* paaren sich ebenfalls im Spätsommer und speichern das Sperma über den Winter. Eisprung und Befruchtung finden dann im folgenden Frühjahr statt, und die Jungen werden im Sommer

geboren (Graves und Duvall, 1993[3], und Martin, 1976[4]). Paarung im Frühjahr wurde jedoch bis jetzt bei diesen Arten nicht beobachtet.

2-jährige Fortpflanzungszyklen

Arten oder Populationen, die in kalten Gegenden leben, pflanzen sich nicht unbedingt jedes Jahr fort. Die meisten dieser Arten sind lebendgebärend, aus Gründen, die später besprochen werden. Weibchen, die Junge oder Eier tragen, sind oft nicht in der Lage zu fressen, entweder weil die Last der Jungen und die Zeit, die sie damit verbringen, sich zu wärmen, sie darin hindert, auf die Jagd zu gehen, oder weil die Jungen oder Eier so viel Platz einnehmen, dass für Nahrung keiner mehr ist. Wenn der Sommer kurz ist, wie in den nördlichen Breiten, ist das Weibchen fast während der gesamten Aktivperiode trächtig und wird in diesem Fall keine Zeit haben, ihren ursprünglichen Zustand vor Anfang des Winterschlafs zu erreichen, weshalb sie im nächsten Frühling kaum Fettreserven hat. Daher wird dann ein »Brach«-Jahr nötig, in dem sie genügend Reserven aufbauen kann, um wieder Nachkommen zu erzeugen. Es kann sogar sein, dass Schlangen in sehr hohen Breitengraden wie Nordskandinavien sich nur jedes 3. Jahr vermehren, da sie 2 Saisons brauchen, um

▼ Die Westliche Hakennasennatter paart sich sowohl im Herbst als auch im Frühling, legt ihre Eier aber stets im Frühjahr oder Frühsommer.

SPERMASPEICHERUNG BEI EINER KLEINEN KLAPPERSCHLANGE

Die Kantenkopf-Klapperschlange *(Crotalus willardi)* ist eine kleine Art und kommt nur in einigen abgelegenen Bergregionen im südlichen Arizona, in New Mexiko und im nördlichen Mexiko vor. Sie ist für diesen Lebensraum spezialisiert, und man findet sie nur in hohen Lagen, wo sie im Winter lange Phasen von Inaktivität durchläuft.

Die Paarung findet im Juli/August statt. Die Entwicklung fängt im darauf folgenden Frühjahr nach einem langen Winterschlaf an, und das Weibchen gebiert im folgenden August/September wenige Junge. Der Zeitraum zwischen Paarung und Geburt beträgt also ungefähr 14 Monate. Das schließt aus, dass das Weibchen in aufeinanderfolgenden Jahren Nachwuchs produzieren kann.

Dieser Umstand, gepaart mit der geringen Nachkommenzahl und dem anspruchsvollen Lebensraum, hat zu großer Besorgnis bezüglich ihres Überlebens geführt, insbesondere für die Unterart *C. w. obscurus.*

sich für die Fortpflanzung in der 3. zu rüsten.

Der 2-jährige Fortpflanzungszyklus kann genetisch bedingt sein oder auch nicht. Die jeweiligen Gegebenheiten, besonders die Nahrungsmenge (manchmal abhängig vom Niederschlag), werden die Häufigkeit der Fortpflanzung bedingen. Arten, die sich normalerweise nur jedes 2. Jahr fortpflanzen, wie die europäische Kreuzotter, tun dies in Gefangenschaft jährlich, wenn sie ausreichend Nahrung bekommen und eine längere Aktivitätsphase haben.

Umgekehrt führt ein Jahr mit geringem Nahrungsangebot dazu, dass nur wenige Weibchen sich im folgenden Jahr fortpflanzen, unabhängig davon, wann sie zuletzt Nachwuchs hatten. Ist die Nahrungszufuhr unzuverlässig, wird die Fortpflanzung unregelmäßig und opportunistisch sein, und der Anteil der Weibchen, die sich vermehren, kann zwischen 25 % und 75 % oder mehr schwanken. Andere Arten scheinen mehr oder weniger an 2-jährige Fortpflanzung gebunden zu sein, unabhängig von Nahrungsmenge und anderen Bedingungen. Die Gewöhnliche Tigerotter *(Notechis scutatus)* ist ein Beispiel für letzteren Artentyp.

Es gibt auch vivipare Arten, die 1- und 2-jährige Populationen haben. Die Prärieklapperschlange *(Crotalus viridis oreganus)* vermehrt sich jährlich, während verwandte Unterarten sich alle 2 Jahre fortpflanzen (Wallace und Diller, 1990[5]). Da sich diese Art im Sommer paart (siehe oben), können Weibchen das ganze Frühjahr und auch im Herbst nach der Geburt fressen und sind deshalb im nächsten Jahr fit genug, um wieder Nachwuchs zu produzieren.

Mehrfachgelege
Fälle, in denen Schlangen sich alle 2 Jahre fortpflanzen, sind gut dokumentiert, aber Beispiele von Arten, die sich mehr als 1-mal im Jahr vermehren, sind wenige bekannt. Manche Arten haben auf alle Fälle das Potenzial dazu, weil sie in Gefangenschaft oft 2 oder sogar 3 Gelege in einer Saison produzieren, vorausgesetzt, sie

▲ Schlangenzüchter haben festgestellt, dass viele Arten, z. B. die Milchschlange *(Lampropeltis triangulum campbelli)*, mehr als 1 Gelege pro Saison produzieren können.

sind wohlgenährt und in gutem Zustand. Das 2. oder 3. Gelege kann die Folge neuer Paarungen sein. In manchen Fällen legt allerdings das Weibchen im Lauf des Jahres noch ein Gelege, auch wenn nach dem 1. kein Männchen vorhanden war. Dazu muss sie von der 1. Paarung Sperma gespeichert haben.

Da es schwierig ist, einzelne Schlangen im Lauf einer Saison zu überwachen, kann man kaum sagen, wie häufig Mehrfachgelege bei frei lebenden Schlangen sind. Sehr wahrscheinlich ist es wenigstens ab und zu der Fall, wenn auch aus keinem anderen Grund als dem, dass es physiologisch möglich ist. Wenn Mehrfachgelege vorkommen, dann bei Arten, die lange Aktivitätsphasen haben.

Diese Variationen im Fortpflanzungsverhalten, die alle Arten aus gemäßigten Zonen betreffen, erinnern daran, dass jede Art ihren Zeitplan an ihre Bedürfnisse und die gegebenen Umstände anpasst. Obwohl viele Arten ähnliche Verhaltensweisen zeigen, gibt es auch solche, die ungewöhnliche und einzigartige Systeme entwickelt haben, wenn diese passender sind.

Tropische Arten

Obwohl die meisten Schlangen in den Tropen leben, wurden die für ihre Fortpflanzungssaison maßgeblichen Faktoren bislang viel weniger untersucht. Wie Schlangen der gemäßigten Zonen dürften sie ebenso auf Temperaturunterschiede reagieren, auch wenn die jahreszeitlichen Unterschiede viel subtiler sind. Die beginnende Regenzeit wird normalerweise von etwas niedrigeren Temperaturen begleitet, zumindest zu bestimmten Tageszeiten. Das mag ein fortpflanzungsauslösender Reiz sein. Auf der anderen Seite paaren sie sich vielleicht am Ende der Regenzeit, wenn die Temperaturen leicht ansteigen, sodass die Geburt oder das Schlüpfen der Jungen mit der nächsten Regenzeit zusammenfällt, wenn ausreichend Nahrung und Deckung vorhanden sind. Phillips' Sandrennnatter (Psammophis phillipsi) aus Nordafrika scheint in diese Kategorie zu passen. Die Eireifung beginnt am Ende der Regenzeit, und bis zur Mitte der Trockenzeit sind die Eier befruchtet und gelegt. Sie schlüpfen zu Beginn der nächsten Regenzeit (Butler, 1993).[6]

Der Zeitplan wird alles in allem von der Dauer der Trächtigkeit und der Länge der Regen- und Trockenzeit abhängen. Beide Faktoren sind variabel. In manchen Teilen der Tropen, in denen Regen- und Trockenzeit nicht vorhersagbar sind, befinden sich Männchen und Weibchen mehr oder weniger dauernd in Fortpflanzungsbereitschaft und reagieren auf ein größeres Nahrungsangebot oder das Absinken der Temperatur bei gelegentlichen Regengüssen.

Eines der Probleme, die Vermehrungszyklen tropischer Schlangen zu durchschauen, besteht darin, dass sie im Gegensatz zu Arten der gemäßigten Zonen selten in Gefangenschaft gehalten werden. In Menschenobhut findet man v. a. große Boas und Pythons, die sehr lange Tragzeiten haben und sich zu ganz anderen Zeiten vermehren können als kleine Arten. Wenn präparierte Exemplare seziert werden, ist es manchmal möglich, etwas über ihre Fortpflanzungsabläufe zu erfahren, indem man ihre Fortpflanzungsorgane untersucht. Die Ergebnisse fallen bei den Arten verschieden aus, wobei manche Schlangen eindeutige Fortpflanzungszeiten besitzen, andere weniger eindeutige oder verlängerte Zeiten und wieder andere überhaupt keine Muster zu haben scheinen. Regionale Unterschiede – selbst innerhalb derselben Art – sind naheliegend, besonders bei Arten mit einer Verbreitung, die sich über verschiedene Klimazonen erstreckt.

Die hispaniolische Schlange Antillophis parvifrons protenus könnte so ein Fall sein. Auf der Hauptinsel fällt der Regen im Laufe des Jahres ziemlich gleichmäßig, und es stehen ausreichend feuchte Lebensräume zur Verfügung. Hier ist die Fortpflanzungszeit verlängert und kann sich sogar über das ganze Jahr erstrecken. Wo die Art auf 2 kleinen Nachbarinseln vorkommt, gibt es saisonale Niederschläge, und die Fortpflanzungszeit der Schlangen ist mit der Regenzeit synchronisiert (Powell et al., 1991).[7]

Andere Beispiele sind nicht so deutlich. Solorzano und Cerdas (1989)[8] untersuchten die Terciopelo-Lanzenotter (Bothrops asper), die ein ziemlich großes Verbreitungsgebiet in Südamerika hat. Die Jahreszeiten sind in den verschiedenen Teilen dieses Areals unterschiedlich: In Costa Rica kommt sie auf beiden Seiten des Zentralgebirges vor, welches das Land in zwei klimatische Zonen teilt. Auf der pazifischen Seite paaren sich die Weibchen von September bis November und gebären von April bis Juni, zu Beginn der Regenzeit. Die neugeborenen Schlangen fressen Frösche, die es zu dieser Jahreszeit im Überfluss gibt. Auf der atlantischen Seite sind die Jahreszeiten fast umgekehrt, und die Paarung findet im März statt, am Ende der Regenzeit, wenn die Temperaturen steigen. Die Jungen werden von September bis November geboren, was in diesem Teil des Landes dem Beginn der Regenzeit entspricht.

Weibchen aus beiden Populationen gebären zu Beginn der Regenzeit. Doch weil sich die Dauer der Regenzeiten in den beiden Landesteilen unterscheidet, stimmt die eine Gruppe ihre Paarungszeit auf die steigenden Temperaturen am Ende der vorhergehenden Regenzeit ab, während die Mitglieder der anderen Population keine umweltbedingten Auslöser haben. Sie paaren sich, wenn die Bedingungen mehr oder weniger konstant sind, und wir wissen nicht, was sie stimuliert. Ein weiterer interessanter Unterschied zwischen den Populationen, für den es noch keine Erklärung gibt, ist der Unterschied in der Größe der Würfe: Weibchen der pazifischen Population bringen 5–40 (Durchschnitt 18,6) Junge zur Welt, während Weibchen aus atlantischen Populationen größere Würfe von 14–86 haben (Durchschnitt 41,1).

2-jährige Zyklen bei Boas und Pythons

2-jährige Zyklen kommen bei einigen größeren Boas und Pythons vor, von denen keine aus besonders kühlen Gegenden stammen. Diese Arten tragen ihre Jungen bzw. Eier bis zu 10 Monate, und oft fasten sie nahezu die gesamte Zeit. Sie hätten einfach nicht genug Zeit, sich den Rest des Jahres ausreichend zu ernähren. In Gefangenschaft können diese Arten dazu gebracht werden, sich jedes Jahr fortzupflanzen, wenn man sie direkt nach der Geburt und in der 1. Phase der Tragzeit intensiv füttert. Bei anderen Gelegenheiten können sie sich zwar jährlich paaren, aber nur jedes 2. Jahr Junge hervorbringen.

▼ Das Timing des Reproduktionszyklus und die Größe des Wurfes variieren bei der Terciopelo-Lanzenotter (Bothrops asper) je nach Standort: In manchen Gegenden von Costa Rica ist sie fruchtbarer als in anderen.

PAARUNGS-SYSTEME

DIE PAARUNGSSYSTEME IM TIERREICH, DIE AUF SCHLANGEN ANWENDBAR SIND, LASSEN SICH GROB 3 TYPEN ZUORDNEN. IM 1. FALL BLEIBEN MÄNNCHEN UND WEIBCHEN ZUSAMMEN, ENTWEDER LEBENSLÄNGLICH ODER FÜR DIE DAUER DER FORTPFLANZUNGSZEIT, UND ALLE NACHKOMMEN HABEN DEN GLEICHEN VATER UND DIE GLEICHE MUTTER (MONOGAMIE). BEIM 2. TYP PAART SICH 1 MÄNNCHEN MIT MEHREREN WEIBCHEN (POLYGAMIE), UND BEIM 3. PAART SICH 1 WEIBCHEN MIT MEHREREN MÄNNCHEN (POLYANDRIE).

Alle 3 Systeme kommen in Schlangenpopulationen vor. Lebenslange Monogamie konnte nicht nachgewiesen werden, weil es schwer ist, Schlangenpaare über Jahre hinweg zu beobachten. Es gibt jedoch Beispiele von Arten, bei denen Männchen und Weibchen während der Fortpflanzungssaison zusammenbleiben.

Polygamie und Polyandrie treten oft zusammen auf. Bei Monogamie beschränkt die Anwesenheit eines Männchens die Chancen des Weibchens, sich mit anderen Männchen zu paaren. Bei polygamen Systemen kann das Weibchen – während das erste Männchen auf die Suche nach anderen Partnern geht – von weiteren Männchen gefunden und begattet werden. Und es konnte nachgewiesen werden, dass der Nachwuchs eines Weibchens von mehr als 1 Männchen befruchtet wurde. Eine Möglichkeit, dieses Problem vom Standpunkt des Männchens aus zu umgehen, wird unten beschrieben.

Partnersuche

Wie bei der Saisonalität variieren auch die Systeme, wie Schlangen Vertreter des anderen Geschlechts suchen und umwerben, von Art zu Art und mit ihrer jeweiligen Lebensweise. Wenn Schlangen sich in großer Zahl versammeln, um gemeinsam zu überwintern, wie in den Klapperschlangen-Höhlen, findet die Paarung meistens statt, bevor die Tiere sich wieder zerstreuen, oft binnen weniger Wochen nach dem Hervorkommen. In diesem Fall ist es kein Problem, einen Partner zu finden, obwohl erhöhte Konkurrenz bedeuten kann, dass nur ein kleiner Teil der Männchen das Glück hat, Vater zu werden. Andere Arten, einschließlich solcher, die den Winter in kleinen Gruppen oder alleine verbringen, müssen in einem großen Gebiet nach Partnern suchen. Das wird durch die Produktion von Pheromonen, unsichtbaren chemischen Spuren, die von Schlangen hinterlassen werden, erleichtert. Männchen sind Experten darin, Weibchen aufzuspüren, besonders wenn diese empfänglich sind.

Schlangensammler stellen oft fest, dass manche Arten am einfachsten während der Paarungszeit auszumachen sind, dass aber unweigerlich mehr Männchen als Weibchen gefunden werden, was darauf

ERZWUNGENE KEUSCHHEIT BEI STRUMPFBANDNATTERN

Die Männchen mancher Arten benutzen eine Art Trick, um sich die Vorteile beider Systeme zu sichern. Sie benutzen sogenannte Kopulationspfropfen. Diese bestehen aus einem flüssigen Sekret, das in einem Teil der männlichen Niere hergestellt und unmittelbar nach der Ejakulation im unteren Teil des weiblichen Eileiters deponiert wird. Diese Flüssigkeit wird nach wenigen Minuten fest und bildet eine wirkungsvolle Barriere gegen weitere Befruchtungen durch andere Männchen. Das Männchen geht dann auf die Suche nach weiteren Partnerinnen, wohl wissend, dass kein anderes Männchen sein Sperma verdrängen oder verdünnen kann. Der Pfropfen, der erstmals bei einigen Strumpfbandnatter-Arten (*Thamnophis*) entdeckt wurde, bleibt 2–4 Tage sitzen, löst sich dann auf und wird von den Weibchen ausgestoßen. Es ist zweifelhaft, ob die Dauer des Verschlusses ausreicht, um eine weitere Befruchtung zu verhindern, da Weibchen mehrere Wochen lang empfänglich bleiben. Wenn aber Paarungsversammlungen wie bei Strumpfbandnattern stattfinden, sind die ersten Tagen sexueller Aktivität die anfälligsten für zusätzliche Paarungen, weil sich die Schlangen danach zerstreuen.

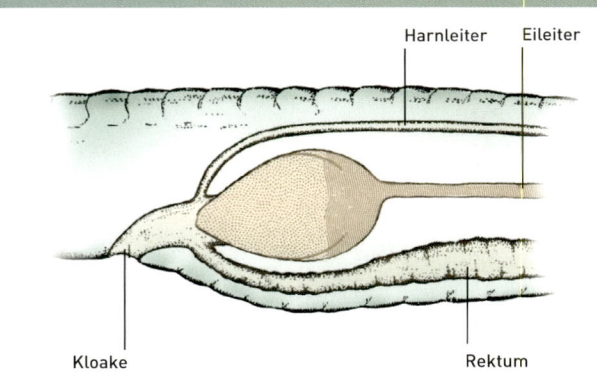

Harnleiter   Eileiter

Kloake   Rektum

▲ Männliche Strumpfbandnattern sondern ein Sekret ab, das im Eileiter des Weibchens einen Pfropfen bildet. Man nimmt an, dass dadurch Befruchtungen durch weitere Männchen verhindert werden.

▲ Schwarznacken-Strumpfbandnatter (*Thamnophis cyrtopsis occellatus*).

hindeutet, dass sich Männchen auf die Suche nach Weibchen machen, nicht umgekehrt. Weibchen bleiben also in ihrem gewohnten Territorium und werden deshalb seltener gefangen.

Balz und Paarung

Wenn Männchen und Weibchen sich begegnen, kommt es nicht unbedingt sofort zur Paarung. Obwohl die Balzrituale bei Schlangen nicht mit denen von z. B. Vögeln mithalten können, muss ein Männchen das Weibchen stimulieren, bevor es sich mit ihm paaren kann. Die Stimulation erfolgt gewöhnlich durch Körperkontakt, obwohl Geruch wahrscheinlich auch eine Rolle spielt. Während der Balz kriecht das Männchen am Rücken des Weibchens entlang und macht dabei oft regelmäßige ruckartige Bewegungen. Bei Pythons und Boas werden die Sporne des rudimentären Beckengürtels dazu benutzt, den Rücken des Weibchen zu kratzen oder zu kitzeln. Ist das Weibchen für die Paarung bereit, erlaubt es dem Männchen, ihren Schwanz zusammen mit seinem zu heben, sodass er seinen um ihren schlingen kann. Wenn sich ihre Kloaken berühren, führt das Männchen einen seiner Hemipenes in ihre Kloake ein. Die Kopulation kann einige Minuten oder Stunden andauern, je nach Schlangenart.

Sind die Schlangen einmal miteinander verbunden, können sie sich nicht ohne Weiteres wieder trennen. Beschließt eine weiterzukriechen, wird die andere mitgeschleift. Größere Weibchen sieht man oft mit kleineren Männchen im Schlepptau, aber manchmal übernimmt auch das Männchen die Führung: Lillywhite (1985)[9] berichtet von einem Schwarznattermännchen *(Coluber constrictor)*, das 5 m hoch auf einen Baum kroch und dabei ein Weibchen hinterherschleifte.

Während der Fortpflanzungszeit bleiben die Männchen mancher Arten einige Tage oder sogar Wochen bei den Weibchen. Der Zweck besteht vielleicht darin, sich die Möglichkeit mehrerer Paarungen zu sichern, sobald das Weibchen empfänglich ist. Mehrfache Kopulationen stellen sicher, dass das Sperma des Männchens das möglicher Vorgänger aussticht. Wenn das Weibchen nicht mehr empfänglich ist, lässt die Anhänglichkeit des Männchen nach, und beide gehen getrennte Wege.

Kämpfe zwischen Männchen

Während der Zeit, in der ein Männchen sich mit einem empfänglichen Weibchen befasst, können Rivalen auftreten. Das ansässige Männchen wird versuchen, sie durch ritualisierte Kämpfe zu vertreiben, bei denen jedes Männchen seinen Kopf und Vorderkörper in die Höhe reckt, den anderen umschlingt und versucht, ihn zu Boden zu drücken. Solche Kämpfe dauern je nach Stärke der Tiere unterschiedlich lang und werden auch gelegentlich durch Pausen unterbrochen. Schließlich gibt sich eines der Männchen, meistens das kleinere Exemplar, geschlagen und kriecht davon. Das siegreiche Männchen kehrt zum Weibchen zurück, das meist in der Nähe geblieben ist, und die Paarung kann stattfinden. Schlangenmännchen fügen sich gegenseitig – wenn überhaupt – nur selten ernste Verletzungen zu. In Gefangenschaft

▲ Bei manchen arborealen Arten findet die Kopulation statt, während die Partner um einen Ast geschlungen sind. Beim Grünen Baumpython *(Morelia viridis,* im Bild) und beim Grünen Hundskopfschlinger *(Corallus caninus)* umschlingen die Partner einander mit dem Schwanz, damit die Kloaken verbunden bleiben. Andere Schlangen paaren sich in gleicher Weise auf dem Boden. Die Balzrituale und Paarungsmethoden aquatischer und grabender Arten sind nicht bekannt.

kann jedoch das dominante Männchen dem unterlegenen tiefe Bisswunden beibringen, wenn dieses nicht flüchten kann. Bei manchen Boaarten benutzen Männchen ab und zu ihre Sporne, um den Rivalen zu kratzen. Kämpfe sind bei vielen Arten in der einen oder anderen Form

3 FORTPFLANZUNGSSYSTEME IM VERGLEICH:
WETTKAMPF UNTER MÄNNCHEN, WETTKAMPF IM KNÄUEL UND AUSGEDEHNTE PARTNERSUCHE

In Reaktion auf verschiedene Bedingungen entwickeln sich verschiedene Fortpflanzungssysteme: Die für eine Art beste Strategie mag für eine andere völlig ungeeignet sein. Untersuchungen haben gezeigt, dass es nicht nur Variationen zwischen den Arten gibt, sondern auch zwischen Populationen der gleichen Spezies. Obwohl es manchmal schwierig ist, genau zu erkennen, welches System wirksam ist, hat man durch detaillierte Untersuchungen mindestens 3 unterschiedliche Fortpflanzungsmuster ausmachen können.

Wettkampf unter Männchen bei Kreuzottern

Eine der ersten gründlich erforschten Arten ist die europäische Kreuzotter (*Vipera berus*), die Ian Prestt in Südengland untersuchte (*J. Zool. London*, 164: 373–418). Er stellte fest, dass Kreuzottern in Gemeinschaftshöhlen überwintern, in denen sich eine große Zahl von Männchen und Weibchen versammeln. Im Frühjahr kriechen als Erstes die Männchen hervor. Sie begeben sich zu nahe gelegenen bevorzugten Aufwärmplätzen. Dort bleiben sie mehrere Wochen und häuten sich, fressen aber nichts. Wenn schließlich die Weibchen hervorkommen, versammeln diese sich an den »Paarungsplätzen« in der Nähe, und dorthin bewegen sich dann auch die Männchen.

Es gibt viele Jahre, in denen sich nur eine kleine Anzahl von Weibchen fortpflanzt, mit dem Ergebnis, dass es oft sehr viel mehr Männchen gibt als paarungsbereite Weibchen. Die Männchen müssen dann um eine Partnerin kämpfen; manchmal kommt es dann zu den spektakulären und bekannten »Kampftänzen«, in denen sie ihre Dominanz beweisen. Die siegreichen Männchen – meist die größten – vertreiben dann die Verlierer vom Platz und paaren sich oft unmittelbar danach mit den Weibchen.

In anderen Jahren entspricht die Anzahl der empfänglichen Weibchen beinahe der der Männchen. Dann ist der Wettkampf unter den Männchen weniger intensiv, und die meisten finden unabhängig von ihrer Größe eine Partnerin.

Die Paarungszeit dauert ungefähr 4 Wochen. Danach verteilen sich Männchen und Weibchen und gehen auf Nahrungssuche. Die Weibchen gebären gegen Ende des Sommers, und Männchen, Weibchen und Jungtiere versammeln sich im Herbst wieder an den Überwinterungsplätzen.

Wettkampf im Knäuel bei der Wandernden Strumpfbandnatter

Brent Graves und David Duvall untersuchten 2 Arten, die Wandernde Strumpfbandnatter (*Thamnophis elegans vagrans*) und die Prärieklapperschlange (*Crotalus viridis*) in Wyoming (*Journal of Herpetology*, 24(4):351–356). Sie entdeckten interessante Unterschiede, und beide unterschieden sich auch von Kreuzottern.

Strumpfbandnattern verbringen den Winter in gemeinschaftlichen Überwinterungshöhlen. Die Männchen kommen immer vor den Weibchen heraus, bleiben aber in der Umgebung.

Wenn die Weibchen erscheinen, kämpfen die Männchen nicht miteinander, sondern überstürzen sich, um sich zu paaren; jedes Männchen versucht gewaltsam, andere Männchen beiseitezuschieben, um selbst kopulieren zu können, was zu großen »Paarungsknäueln« führt. Sind alle Weibchen begattet, zerstreuen sich die Geschlechter und suchen nach Nahrung; die Weibchen gebären dann später im Sommer.

▲ Kreuzottern *(Vipera berus)* versammeln sich während der Paarungszeit, wobei mehrere Männchen darum kämpfen, ein Weibchen begatten zu dürfen. Hier paart sich gerade eines mit einem größeren Weibchen, während ein anderes Männchen in der Hoffnung auf eine Chance in der Nähe bleibt.

Partnersuche bei Prärieklapperschlangen

Prärieklapperschlangen überwintern ebenfalls in Gemeinschaftshöhlen, verhalten sich aber danach etwas anders als Strumpfbandnattern. Sie kommen etwas später aus ihrem Versteck, und zwar Männchen und Weibchen gleichzeitig. Es findet zunächst keine Paarung statt, sondern jedes Geschlecht begibt sich auf Nahrungssuche. Dadurch entfernen sie sich mehrere Kilometer von der Höhle. Erst im Frühsommer beginnen die Männchen mit der Partnersuche und folgen dabei wahrscheinlich Pheromonspuren, um ein Weibchen zu finden. Weil die Weibchen so weit verstreut sind, werden sie einzeln von den Männchen entdeckt, weshalb man annimmt, dass kein Wettkampf stattfindet (wogegen er bei vielen anderen Klapperschlangenarten vorkommt). Nach ein paar Tagen der Balz erfolgt die Paarung, und Ende August endet die Paarungszeit. Kurze Zeit später machen sich beide Geschlechter auf den Weg zurück zum Überwinterungsplatz. Die Jungen werden im folgenden Frühjahr oder Sommer geboren.

beobachtet worden, einschließlich bei Boas, zahlreichen Colubriden, vielen Vipern und Grubenottern, darunter Klapperschlangen, sowie bei vielen Elapiden, v. a. australischen Arten der Gattungen *Pseudechis, Demansia, Drysdalia, Pseudonaja, Oxyuranus, Hemiaspis, Cryptophis, Notechis* und *Austrelaps*.

Da größere Männchen diese Wettkämpfe nahezu immer gewinnen, ist der evolutionäre Druck, größer zu werden, enorm stark. Große Männchen paaren sich öfter als kleine und geben somit die Gene für Körpergröße weiter. Männchen aus kämpfenden Arten sind in der Regel größer als solche aus Arten ohne Wettkampf.

Die Folge des Wettkampfs zwischen Männchen ist, dass Weibchen sich mit den stärksten Männchen paaren und dank deren »guter« Gene stärkere Nachkommen mit einer höheren Überlebenschance produzieren. Auf der anderen Seite gewinnen kleine Männchen vielleicht nie einen Wettkampf und können sich folglich nie paaren. Manchmal sieht man kleine Männchen in unmittelbarer Nähe von paarenden Schlangen, und es ist sehr wahrscheinlich, dass sie versuchen, sich mit dem Weibchen zu paaren, wenn das dominante Männchen anderweitig beschäftigt ist, z. B. sein Weibchen gegen andere Rivalen verteidigt.

Das beschriebene Verhalten trifft wohl auf viele Schlangen gemäßigter Zonen zu, obwohl nur ein kleiner Teil untersucht wurde. Bei anderen Arten findet die Paarung beiläufiger statt. Männchen suchen nach Weibchen und paaren sich mit ihnen, um sich gleich danach wieder davonzumachen. Das führt dazu, dass möglicherweise mehrere Männchen das gleiche Weibchen begatten, sodass dessen Eier mit dem Sperma verschiedener Männchen befruchtet werden. Männchen dieser Arten kämpfen selten, da sie kaum auf Rivalen treffen. Der Wettkampf verschiedener Spermien, d. h. die Frage, welches Sperma die unbefruchteten Eier als Erstes erreicht, wird dann zum ausschlaggebenden Faktor dafür, welches Männchen die meisten Nachkommen hat. Beinahe alles, was wir über Paarung und Fortpflanzungssysteme wissen, basiert auf Beobachtungen an den häufigsten und auffälligsten Arten. Es gibt noch vieles, was nicht bekannt ist, insbesondere die Methoden der Partnersuche, Balz und Paarung bei Schlangen primitiverer Familien, v. a. bei Blindschlangen und Schlankblindschlangen, die praktisch unerforscht sind.

VATERLOSE SCHLANGEN

Parthenogenese ist der wissenschaftliche Begriff für Fortpflanzung ohne Männchen. Eine Reihe von Wirbellosen hat Methoden der Parthenogenese entwickelt, ebenso einige Fische und Echsenarten. Auch bei den Schlangen wird von mehreren Arten vermutet, dass sie sich auf diese Weise vermehren.

Das bekannteste Beispiel ist die kleine Brahmanen-Wurmschlange (*Ramphotyphlops braminus*), manchmal auch »Blumentopfschlange« genannt. Obwohl es noch nie gelungen ist, diese Art in Gefangenschaft zu vermehren und damit zweifelsfrei zu beweisen, dass sie sich durch Parthenogenese vermehrt, weist vieles darauf hin. Erstens sind alle Exemplare, die jemals gefunden wurden, weiblich. Da es keine seltene Schlange ist, wäre zu erwarten, dass wenigstens ab und zu ein Männchen gefunden würde. Darüber hinaus sind aufgrund versehentlicher Einführung durch den Menschen in vielen tropischen und subtropischen Regionen Kolonien entstanden. Arten, die sich durch Parthenogenese vermehren, etablieren sich mit größerer Wahrscheinlichkeit an neuen Orten, weil 1 Individuum ausreicht, um eine neue Kolonie zu begründen.

Parthenogenese hat Vor- und Nachteile. Der Vorteil besteht darin, dass ein einziges Exemplar, selbst ein noch unreifes, genügt, um eine neue Kolonie zu begründen. Populationen, die durch Parthenogenese entstehen, tendieren zu schnellem Wachstum, da alle Individuen weiblich sind und Nachkommen produzieren können. Es gibt jedoch auch einen Nachteil: Bei der normalen (sexuellen) Vermehrung mischen sich die Gene beider Eltern und kommen in verschiedenen Kombinationen in ihren Nachkommen zum Ausdruck. Das führt zu fast unendlichen Variationen innerhalb der Population. Variationen sind wichtig, wenn Bedingungen sich ändern, weil die Wahrscheinlichkeit besteht, dass manche Individuen sich besser an die Veränderungen anpassen können. (Dies ist die Basis der natürlichen Selektion und Artbildung.)

Bei Parthenogenese sind alle Individuen identisch (Mutterklone), außer im seltenen Fall spontaner Mutation. Identisch zu sein ist schön und gut, solange die Bedingungen sich nicht ändern; früher oder später ergibt sich jedoch die Notwendigkeit, sich für das Überleben der Art an Neues anpassen zu können. Ohne Variationen können Arten nicht auf veränderte Bedingungen reagieren und laufen Gefahr auszusterben. Parthenogenese ist also kurzfristig von Vorteil, langfristig jedoch von Nachteil.

▲ Eine »Blumentopfschlange« (*Ramphotyphlops braminus*).

PAARUNGS-SYSTEME

DIE TATSACHE, DASS SCHLANGEN SPERMA SPEICHERN KÖNNEN, MACHT ES SCHWIERIG EINZUSCHÄTZEN, WIE LANGE EINE SCHWANGERSCHAFT DAUERT – OHNE DEN GENAUEN ZEITPUNKT DER BEFRUCHTUNG ZU KENNEN, IST ES NATÜRLICH UNMÖGLICH ZU BERECHNEN, WIE LANGE ES BIS ZUR GEBURT BZW. BIS ZUR EIABLAGE DAUERT, UND DIE FÄLLE, BEI DENEN WEIT AUSEINANDERLIEGENDE TRAGZEITEN ANGEGEBEN WURDEN, SIND SEHR WAHRSCHEINLICH DAS RESULTAT VON SPERMASPEICHERUNG. DARÜBER HINAUS PAAREN SICH VIELE SCHLANGEN ÜBER EINEN LANGEN ZEITRAUM UND MEHRMALS HINTEREINANDER – BEI PYTHONS UND BOAS SIND ES WOCHEN ODER MONATE. BERECHNUNGEN WERDEN MEISTENS ANHAND DER LETZTEN BEOBACHTETEN PAARUNG VORGENOMMEN, ABER DIESE METHODE IST FEHLERANFÄLLIG, DA DIE EIER SCHON BEI EINER FRÜHEREN PAARUNG BEFRUCHTET WORDEN SEIN KÖNNEN.

Die Zeitspanne von der Paarung bis zur Eiablage oder Geburt ist auch aus anderen Gründen Schwankungen unterworfen. Eierlegende Arten haben natürlich eine kürzere Tragzeit als vivipare Arten, aber selbst Eierleger können ihre Eier so lange zurückhalten, bis sie teilweise entwickelt sind. Darum ist es gefährlich zu verallgemeinern. Auch die Temperatur spielt eine Rolle, und kühles Wetter kann die Tragzeit verlängern, trotz der Bemühungen des Weibchens, so viel Wärme wie möglich zu speichern.

Gleichwohl gibt es genügend relativ fundierte Informationen über Schlangen, denen nur 1 Paarung erlaubt wurde. Die Tragzeit für viele mittelgroße Colubriden scheint konstant bei 40–50 Tagen zu liegen. Elapiden scheinen eine ähnliche Zeitspanne zu haben. Pythons brauchen in der Regel länger, manchmal sogar doppelt so lange. Das liegt teilweise an ihrer Größe, obwohl selbst kleinere Arten wie Childrens' Python und Fleckenpython *(Antaresia childreni* und *A. maculosus)* länger brauchen als Colubriden vergleichbarer Größe.

Die Tragzeiten viviparer Arten variieren ebenfalls stark. Tatsächlich sind die Schwankungen hier sogar deutlich größer, weil die Launen des Wetters über längere Zeit eine Rolle spielen. Wie wir schon gesehen haben, paaren sich manche Arten, etwa die Prärieklapperschlange *(Crotalus viridis)* und die Kantenkopf-Klapperschlange *(C. willardi),* im einen Jahr und gebären im nächsten, jedenfalls in manchen Teilen ihres Areals. Rechnet man die Monate des Winterschlafs dazu, scheint die Tragzeit sehr lange. Die meisten viviparen Arten aus gemäßigten Zonen paaren sich jedoch im Frühjahr und gebären am Ende des Sommers. Die Tragzeit dauert hier also 4–6 Monate. Tropische vivipare Arten haben ähnliche Zeitspannen.

Weibchen, die Eier tragen, müssen eine höhere Körpertemperatur aufrechterhalten, um die Entwicklung der Eier zu beschleunigen. Für tropische Arten ist das in der Regel kein Problem, aber Schlangen aus kühleren Klimazonen verbringen tendenziell sehr viel Zeit damit, sich aufzuwärmen, wenn sie trächtig sind. Dadurch setzen sie sich dem Risiko von Feindangegriffen stärker aus, was sie aber eher in Kauf nehmen als die Entwicklung zu verzögern, bis das Wetter noch kälter wird. Die Weibchen mancher Arten sind dunkler als die Männchen, und bei wenigen Arten, darunter die Madagassische Baumboa *(Sanzinia madagascariensis),* kann sich die Farbe während der Tragzeit sogar ändern, um die Wärmeaufnahme zu erhöhen und dadurch die Entwicklung zu beschleunigen.

Viele Pythonweibchen nehmen eine merkwürdige Haltung ein, wenn sie trächtig sind: Sie rollen sich so zusammen, dass möglichst viel von ihrer Bauchseite nach oben weist. Vielleicht versuchen sie, die Temperatur der Eier zu erhöhen, indem sie sie vom kalten Untergrund entfernen.

EIABLAGE UND GEBURT

WIE WIR GESEHEN HABEN, MÜSSEN EIABLAGE BZW. GEBURT ZEITLICH PASSEN, DAMIT DIE JUNGEN SCHLANGEN DANN GEBOREN WERDEN ODER SCHLÜPFEN, WENN AUSREICHEND NAHRUNG VORHANDEN IST. SIE MÜSSEN SICH AUCH IN EINER UMGEBUNG WIEDERFINDEN, IN DER SIE EINEN GUTEN START HABEN KÖNNEN. DAS WIRD IN DER REGEL DIESELBE UMGEBUNG SEIN, IN DER DIE ERWACHSENEN LEBEN. DOCH LEGEN TRÄCHTIGE WEIBCHEN AUCH GRÖSSERE ENTFERNUNGEN ZURÜCK, WENN ES VOR ORT KEINE GEEIGNETEN EIABLAGEPLÄTZE GIBT.

Lebendgebärende Arten

Die Jungen von lebengebärenden Schlangen werden in einer dünnen Membran geboren, die sie während ihrer Entwicklung im Eileiter umgeben hat. Sie müssen sich daraus befreien, bevor sie sich zerstreuen, und das geschieht meist innerhalb von Sekunden nach der Geburt, indem sie einfach herumschlängeln.

Die Geburt selbst findet meistens an einem geschützten Ort statt, vielleicht in dem Versteck, in dem das Weibchen das letzte Stadium der Tragzeit verbrachte. Dies kann ein unterirdischer Tunnel sein, eine Spalte in einem Felsen oder Baumstumpf oder eine Höhle zwischen Baumwurzeln. Manchmal werden die jungen Schlangen jedoch im Freien geboren, und vivipare arboreale Arten gebären auch im Geäst. Die Membran verhindert, dass die Neugeborenen hinunterfallen, da sie am Laub kleben bleibt. Die Geburt völlig aquatischer Arten wie der Seeschlangen ist selten beobachtet worden, findet aber immer im Wasser statt. Semiaquatische Schlangen wie die Strumpfbandnatter *(Thamnophis)* gebären jedoch nicht im Wasser.

Weibchen fressen die unfruchtbaren Eier, die bei der Geburt mit zum Vorschein kommen, und wurden auch dabei beobachtet, Totgeborene zu fressen. Man nimmt an, dass Schlangen sich nicht um ihre Jungen kümmern, hat aber bislang kaum entsprechende Untersuchungen durchgeführt. Die Weibchen halten sich

zwar oft in der Nähe der Neugeborenen auf, man weiß jedoch nicht, ob es sich dabei um Zufall handelt.

Eierlegende Arten

Ovipare Schlangen müssen einen geeigneten Platz finden, an dem sie ihre Eier ablegen, denn es braucht gewisse Grundvoraussetzungen, wenn sich die Eier bis zum Schlüpfen entwickeln sollen. Schlangeneier absorbieren während der gesamten Entwicklung Wasser, besonders im frühen Stadium der Inkubationszeit. Der Untergrund, auf dem sie liegen, muss deshalb feucht sein. Die Eier benötigen allerdings auch Sauerstoff, und ein zu nasser Untergrund würde den Gasaustausch über die Schale einschränken und die Entwicklung der Jungen negativ beeinflussen. Da die Inkubationszeit bis zu 3 Monate dauern kann, müssen die Eigenschaften des Nistplatzes sehr konstant sein. Schließlich sind Schlangeneier eine leichte Beute für Feinde, weil sie keine Pigmentierung haben; deshalb müssen sie versteckt oder vergraben werden.

Eiablageplätze

Schlangen sind solche Meister im Auftun der richtigen Eiablageplätze, dass ihre Nester von Menschen selten entdeckt werden, selbst in Gebieten, wo sie häufig sind. Vieles von dem, was wir über die Eiablage, die Größe der Gelege und die Inkubationszeit wissen, stammt aus Sezierungen präparierter Exemplare, aus dem Verhalten gefangener Schlangen oder, ganz selten, aus zufälligen Beobachtungen.

Meist befinden sich die Gelege in sicheren Verstecken, wo sie sich ohne Störung entwickeln können, bis die Jungen schlüpfen. Diese Verstecke liegen in dem Gebiet, in dem das Weibchen sich auch sonst bewegt, obwohl die Weibchen mancher Arten auch weitere Strecken

▲ Vivipare Schlangen wie die Argentinische Regenbogenboa *(Epicrates cenchria alvarezi)* werden in einer dünnen Membran geboren, die von feinen Blutgefäßen durchzogen ist. Die junge Schlange befreit sich, sobald sie geboren ist, kann aber auch bis zu 24 Stunden darin bleiben, bis sie den Dottersack absorbiert hat.

▼ Eine Gehörnte Puffotter *(Bitis caudalis)* mit einem Teil ihrer Brut.

▲ Eine weibliche Baird-Kletternatter *(Pantherophis bairdi)* bei der Eiablage.

zurücklegen, um einen Platz mit den passenden Bedingungen zu finden. Grasnattern *(Opheodrys aestivus)* z. B. wurden dabei beobachtet, wie sie ihren gewohnten Lebensraum an einem kleinen See verließen, um ihre Eier abseits vom Ufer in einer Baumhöhle abzulegen (Plummer, 1989).[10] Wahrscheinlich benutzen sie Jahr für Jahr die gleichen Höhlen,

▼ Ein Gelege der Goldenen Kronenschlange *(Cacophis squamulosus)* wurde unter einem Stein entdeckt. Schlangen verstecken ihre Eier so gut, dass man sie in der Natur sehr selten findet.

denn die Reste des vorherigen Geleges wurden darin gefunden. Ein Individuum versuchte vergeblich, in eine Höhle zu gelangen, die zu klein war, vermutlich weil durch das Wachstum des Baumes die Öffnung kleiner oder weil sie selbst etwas größer geworden war.

Plattschwänze, die einzige marine Art, die Eier legt, kommen zur Eiablage an Land. Tu et al. (1990)[11] entdeckten auf Orchid Island vor der Küste von Taiwan die Eier von *Laticauda semifasciata* und *L. laticauda* in Höhlen oberhalb des Meeresspiegels, in denen sie nicht von Salzwasser überschwemmt werden konnten. Die nötige Feuchtigkeitsmenge wurde durch tropfendes Süßwasser von der Höhlendecke gewährleistet, und dieses verdünnte auch das Salzwasser, das bei Stürmen hineingeschwemmt wurde. Die Luftfeuchtigkeit betrug 100 %, die Temperatur lag relativ konstant bei 23–26 °C. Die Eier brauchten 4–5 Monate, bis die Jungen schlüpften. Mehrere Weibchen von beiden Arten hatten dieselbe Höhle benutzt, und Eischalen von früheren Gelegen waren auch vorhanden.

Gemeinschaftsgelege
Andere Untersuchungen und einige zufällige Beobachtungen haben gezeigt,

dass bei Mangel an passenden Legeplätzen mehrere Weibchen ihre Eier an einem Ort ablegen, manchmal mehrere Jahre in Folge.

Gemeinschaftsgelege kommen nicht nur bei den o. g. Plattschwänzen vor, sondern auch bei einigen anderen Arten, z. B. der europäischen Ringelnatter *(Natrix natrix)*. Die Weibchen dieser Art suchen sich Kompost-, Mist-, Sägemehlhaufen oder Ähnliches, besonders im landwirtschaftlichen Bereich, und nutzen dabei die Wärme, die durch den Verrottungsprozess entsteht, als Bruthilfe. Oft kommen mehrere Weibchen aus der Umgebung zum selben Haufen und legen ihre mäßig großen Gelege dort ab. Die Gesamtanzahl von Eiern kann dann sogar über 1000 liegen. Da die Brutzeit bei dieser Art ziemlich gut synchronisiert ist, schlüpfen die jungen Schlangen alle innerhalb eines kurzen Zeitraums, was zu einer lokalen Schlangenexplosion führt.

Gemeinschaftsgelege kommen auch bei beiden amerikanischen Grasnatterarten vor. Riesige Gelege der Glatten Grasnatter *(Liochlorophis vernalis)* wurden gefunden, obwohl die Durchschnittsgröße für ein Gelege nur bei 5–6 Eiern liegt. Palmer und Braswell (1976)[12] berichten von einem Fall, bei dem 74 Eier der Rauen Grasnatter *(Opheodrys aestivus)* in der Verkleidung eines alten Eisschranks gefunden wurden. Da diese Art kleine Gelege von 5−6 Eiern produziert, müssen mindestens 10 Weibchen daran beteiligt gewesen sein.

Gemeinschaftliches Nisten wurde auch von einigen anderen nordamerikanischen Schlangen und von der australischen Gelbkopf-Braunschlange *(Demansia psammophis)* berichtet. Es kommt möglicherweise weit häufiger vor, als diese Einzelfälle andeuten, kann aber nicht bestätigt werden, solange nicht noch mehr Nistplätze in freier Natur gefunden werden.

Burger und Zappalorti (1991)[13] untersuchten das Nistverhalten der mittelamerikanischen Kiefernatter *(Pituophis melanoleucus melanoleucus).* Sie entdeckten, dass das Weibchen einen Tunnel in sandigem Boden gräbt, indem sie ihren Hals biegt, um die Erde auszuschaben. Sie gräbt so weit nach unten, bis sie auf eine Lage mit angemessener Feuchtigkeit stößt, und braucht dazu 2−3 Tage. Die Tunnel sind ungefähr 1,5 m lang und führen erst abwärts, steigen aber, kurz bevor sie in einer Kammer enden, wieder leicht an. In diese Kammer werden die Eier gelegt. Anscheinend benutzen die Weibchen jedes Jahr den gleichen Ort, graben die Tunnel aber neu. Nicht jedes Weibchen gräbt jedoch ihren eigenen Tunnel, und mehrere können denselben benutzen. Hier liegt es also nicht an einem Mangel an geeigneten Plätzen, sondern daran, dass sich einige Weibchen darauf spezialisieren, die Tunnel anderer zu benutzen.

Alligatorennester als Nistplatz

In Florida hat man die Eier von Schlammnattern *(Farancia abacura)* in den Nestern von Alligatoren *(Alligator mississippiensis)* entdeckt. Diese Nester bestehen aus großen Haufen verrottender Vegetation in oder in der Nähe von Sümpfen. Das Alligatorweibchen bewacht die Eier im Nest, bis sie schlüpfen. Sowohl bewohnte als auch verlassene Alligatorennester wurden von der Schlammnatter benutzt (und auch von Schildkröten).

Diese Haufen bieten eine ideale Umgebung für die Schlangeneier, und wenn sie bewohnt sind, erhalten die Schlangen obendrein einen höchst wachsamen »Babysitter«.

Ameisen- und Termitenhügel als Nistplatz

Ein anderer spezieller Nistplatztyp sollte noch erwähnt werden, der hauptsächlich von tropischen Schlangen genutzt wird. Diese Arten legen ihre Eier in Ameisen- und Termitenhügel und machen sich so die konstante Temperatur und Feuchtigkeit zunutze. Die Temperatur der inneren Kammern der Ameisenhaufen liegt bei 27−29 °C, unabhängig von den Schwankungen der Außentemperatur. Termitenhügel haben durchschnittlich 5−11 °C mehr als die Außentemperatur, weil sie so ausgerichtet sind, dass die ersten Morgen- und die letzten Abendstrahlen aufgefangen werden, wenn die Lufttemperatur niedrig ist. Ein anderer Vorteil besteht in einem gewissen Schutz vor Feinden, Bakterien- und Pilzbefall, da Ameisen und Termiten in ihren Nestern sorgfältig auf Hygiene achten.

Die Eier von mindestens 18 Schlangenarten wurden in diesem Nistplatztyp entdeckt und von Riley et al. (1985)[14] aufgelistet. Dazu gehören 2 Blindschlangen, die beide Termitenhügel benutzen, und 1 Elapide, die Korallenotter *(Micrurus frontalis),* die Ameisenhügel benutzt. Alle anderen Arten sind Colubriden, darunter 2 Arten, *Liophis obtusus* und *Philodryas patagoniensis,* die allein für 146 Gelege in 83 Nestern in Uruguay verantwortlich waren. Die meisten Colubriden ziehen Ameisen- den Termitenhügeln vor, wahrscheinlich deshalb, weil die Jungen Schwierigkeiten hätten, aus letzteren herauszukommen, da Termiten ihre Nester aus Lehm bauen, der sehr hart wird, und jeden Schaden an der

Oberfläche sofort reparieren. Gleichwohl hat man Eier der Colubride *Adelphicos quadrivirgatus* in einem Termitennest gefunden, das 1−1,5 m über dem Boden in einem Baum hing (Pedrez-Hidareda und Smith, 1989)[15]. Diese Schlange ist eine kleine Art mit spitzer Schnauze und schlankem Körper und somit wohl besser angepasst, sich ihren Weg in Termitennestern zu suchen, als viele andere Colubriden. In Java entdeckte man auch die Eier von 2 Nachtbaumnatter-Arten *(Boiga drapiezii* und *B. jaspidea)* in Termitennestern.

Die Eier der Südafrikanischen Hausschlange, *Lamprophis fuliginosus)* wurden auch an etlichen anderen Nistplätzen gefunden, doch scheinen viele Arten ausschließlich in Termitenhügel zu legen. In der Karibik und in Südamerika gibt es auf dem Regenwaldboden häufig große Hügel von Blattschneiderameisen der Gattungen *Acromyrmex* und *Atta.* Die meisten Schlangeneier hat man dort in den mittleren Kammern entdeckt, wo die Ameisen die Pilze züchten, von denen sie sich ernähren.

Eine andere Schlange, die eine starke Verbindung zu Termitenhügeln hat, ist der Südpython *(Antaresia perthensis),* der als Beutetier den Gecko *Gehyra pilbara* hat, der seine Eier ebenfalls in solche Nester legt. Eier von *A. perthensis* sind jedoch dort nicht gefunden worden.

▼ Die Schlammnatter *(Farancia abacura)* produziert wahrlich enorme Gelege: Über 100 Eier hat man gezählt.

Gelege- bzw. Wurfgröße

Im Allgemeinen liegt die Größe von Schlangengelegen bzw. -würfen zwischen 1 und über 100, doch nur wenige Arten produzieren mehr als 100. Dazu gehören 3 Pythons, der Tiger-, Felsen- und Netzpython *(Python molurus, P. sebae* und *P. reticulatus),* und 2 Vipern, die Puffotter und die Gewöhnliche Lanzenotter *(Bitis arietans* und *Bothrops atrox).* Die übrigen 4 Arten sind alle Colubriden: die Schlammnatter *(Farancia abacura),* die Grüne Schwimmnatter *(Nerodia cyclopion),* die Maulwurfsnatter *(Pseudaspis cana)* und die Gewöhnliche Strumpfbandnatter *(Thamnophis sirtalis).* Der größte bekannte Wurf einer einzelnen Schlange war der einer Puffotter aus dem Dvur-Kralove-Zoo in Tschechien, die 157 Junge gebar. Die Schlange war 1,1 m lang.

Diese Berichte sind alle Ausnahmen, und Gelege oder Würfe mit mehr als 50 Eiern bzw. Jungen sind für Schlangen ungewöhnlich. Bemerkenswert ist, dass von den 9 oben erwähnten Arten

3 sehr große Pythons sind, 2 große Vipern und 3 große Colubriden. Lediglich die Strumpfbandnatter ist von durchschnittlicher Größer oder kleiner.

Sehr kleine Schlangen produzieren sehr kleine Gelege bzw. Würfe. Familien wie Typhlopidae und Leptotyphlopidae und auch eine Reihe von kleinen Colubridae legen manchmal nur 1 Ei und haben durchschnittliche Gelegegrößen von 2–3 (obwohl bei australischen Blindschlangen Gelege mit 34 Eiern gefunden wurden). Diese Beispiele sind die Extreme, und die Mehrheit der Gelege umfasst zwischen 3 und 16 Eiern. Die durchschnittliche Gelegegröße liegt bei 7, wenn man alle Schlangen in Betracht zieht.

Je größer Weibchen werden, desto größer ist die Menge an Eiern oder Jungen. Eine durchschnittliche Colubride wie z. B. eine Kornnatter *(Pantherophis guttatus)* produziert im 1. Jahr ungefähr 6 Eier und steigert sich dann stetig, bis sie als ausgewachsene Schlange ungefähr 20 Eier legt. Tiere, die ungewöhnlich viele Nachkommen erzeugen, sind wahrscheinlich sehr alte, große Exemplare.

Größe und Form von Eiern

Eine zylindrische und schlanke Körperform ist nicht ideal zum Eiertragen. Schlangen legen deshalb im Vergleich zu den ihnen nah verwandten Echsen relativ kleine Eier. Da die Eier kleiner sind, können sie jedoch mehr produzieren, und deshalb legen Schlangen wahrscheinlich einer größere Anzahl von kleineren Eiern als Echsen, die wenige relativ große Eier hervorbringen.

Die Größe der Eier ist natürlich von der Größe der Art abhängig. Im Mittel beträgt der Reproduktionsoutput eines Weibchens (das Gewicht ihres Geleges oder ihrer Brut) ungefähr 20 % ihres eigenen Körpergewichts. Diese Zahl wird manchmal als relative Gelegemasse oder einfach RGM bezeichnet. Produziert also die Schlange eine durchschnittliche Gelegegröße von z. B. 7 Eiern, hat jedes Ei ungefähr 3 % ihres Gewichtes.

Schlangen gleicher Größe neigen dazu, Eier gleicher Größe zu produzieren. Es gibt jedoch Ausnahmen. Nah verwandte Arten lassen manchmal verschiedene Strategien erkennen. Die Weibchen 2 verschiedener Arten können sich »entscheiden« (im evolutionären Sinn), ihren Reproduktionsoutput unterschiedlich zu verteilen, sodass die eine wenige, aber große Eier legt, die andere hingegen eine größere Anzahl kleinerer. Selbst innerhalb derselben Art produzieren Vertreter mancher Populationen oder Unterarten unterschiedlich große Eier.

Betrachtet man Schlangen als Ganzes, dann legen kleine und sehr schlanke Schlangen eher Gelege von wenigen, aber größeren Eiern. Die europäische Leopardnatter *(Zamenis situla)* ist eine der kleinsten ihrer Gattung und produziert 3–6 große, längliche Eier, während andere Vertreter der Gattung Gelege von manchmal über 20 haben.

Warum aber haben kleine Schlangen vergleichsweise große Junge? Vielleicht gibt es eine Grenze, unter der junge Schlangen nicht existieren können. Vielleicht hätten sie Probleme mit der Nahrungssuche, mit Feinden oder mit dem Aufrechterhalten einer angemessenen Körpertemperatur, wenn sie unter dieser Größe lägen. Kleine Schlangenarten müssen also relativ große Nachkommen produzieren, auch wenn es dann nur wenige sind. Da, wie wir bereits gesehen haben, schlanke Tiere und große Eier nicht gut zusammenpassen, müssen sie einen anderen Weg finden. Die Lösung besteht in langen, schlanken, wurstförmigen Eiern, die der Körperform angepasst sind; kleine Schlangen und schlanke Baumschlangen legen in der Tat längliche Eier, große Schlangen runde. Dazwischen bewegen sich die Arten, die bereits mit der Fortpflanzung beginnen, wenn sie noch klein sind, und später weiterwachsen. Sehr oft sind die Eier dieser Arten bei jungen Tieren länglich und rund, wenn sie größer geworden sind.

▼ Ein Teil des Geleges einer massigen Schlange (einer Baird-Kletternatter, *Pantherophis)* und das Gelege einer schlankeren Schlange (einer jungen Milchschlange, *Lampropeltis triangulum).* Wegen ihrer geringeren Körpergröße kann die Milchschlange nur Eier mit kleinem Durchmesser legen; damit gesunde Jungtiere darin ausreichend Platz haben, müssen sie deshalb länglich sein. Die dickere Kletternatter kann rundere Eier mit größerem Durchmesser legen.

ENTWICKLUNGS-DAUER

SCHLANGENEIER ENTWICKELN SICH NUR, WENN DIE BEDINGUNGEN STIMMEN. DAZU GEHÖREN EINE BESTIMMTE FEUCHTIGKEIT DES UNTERGRUNDS UND EINE ANGEMESSENE TEMPERATUR. DIE IDEALE TEMPERATUR SCHEINT FÜR ARTEN GEMÄSSIGTER ZONEN BEI ETWA 28 °C UND FÜR TROPISCHE ARTEN (EINSCHLIESSLICH PYTHONS) ETWAS HÖHER ZU LIEGEN. ARTEN GEMÄSSIGTER ZONEN VERMEHREN SICH AUCH BEI VIEL NIEDRIGEREN TEMPERATUREN, WAS ABER DIE ENTWICKLUNG VERLANGSAMT UND DEN SCHLUPF VERZÖGERT. AUS EIERN, DIE DEUTLICH HÖHEREN ODER NIEDRIGEREN TEMPERATUREN ALS DEN IDEALEN AUSGESETZT SIND, SCHLÜPFEN KLEINERE UND SCHWÄCHERE JUNGE. TROPISCHE SCHLANGEN SIND IN DIESER HINSICHT, WIE ZU ERWARTEN, EMPFINDLICHER.

Nach der Eiablage nehmen die Eier an Größe zu, besonders unmittelbar nachdem sie gelegt wurden, und v. a. im Umfang, weniger in der Länge; zum Zeitpunkt des Schlüpfens wiegen sie 50 % mehr. Das liegt größtenteils an der Wasseraufnahme über die semipermeable Schale, die für die Entwicklung des Embryos nötig ist. Ist die Feuchtigkeit des Untergrunds zu gering, nimmt das Wasser im Ei ab, und der Embryo dehydriert.

Elterliche Fürsorge
Schlangen zeigen sehr selten elterliche Fürsorge. Wenn sie vorkommt, dann ausschließlich bei Weibchen. Außerdem ist sie auf eierlegende Arten beschränkt. Soweit man weiß, zeigen lebendgebärende Arten überhaupt kein Interesse an ihren Nachkommen.

Brüten bei Pythons
Obwohl elterliche Fürsorge in einigen Schlangenfamilien vorkommt, ist sie nirgends so ausgeprägt wie bei Pythons. Pythonweibchen stapeln ihre Eier zu einem pyramidenförmigen Haufen und umschlingen diesen. Dieses Brüten hat sich wahrscheinlich aus der Fähigkeit entwickelt, die Eier gegen Feinde zu

schützen – Pythons sind in der Regel große und starke Tiere, die sehr wohl in der Lage sind, kleinere Räuber zu vertreiben. An einem bestimmten Punkt der Evolution wurde die Temperaturregelung dann wohl zu einem entscheidenden Faktor.

Die Weibchen mindestens 1 Pythonart können selbst etwas metabolische Wärme erzeugen: Das ist der einzige Fall, in dem Schlangen endotherm werden. Äußere Anzeichen dieses Prozesses sind krampfhafte Zuckungen der Muskulatur. Brütende Pythons scheinen in regelmäßigen Abständen zu zittern. Der zeitliche Abstand zwischen den Zitteranfällen hängt mit der Temperatur zusammen – je niedriger, desto öfter.

Tigerpythonweibchen halten die Temperatur ihrer Eier bei 32–33 °C, bis zu 7 °C höher als die Lufttemperatur. Obwohl alle Pythonarten ihre Eier bebrüten und einige von ihnen auch zittern, ist fraglich, ob auch alle ihre Körperwärme erhöhen. In den meisten Fällen konnte ein Temperaturanstieg innerhalb des Eierhaufens nicht nachgewiesen werden; immerhin könnte das Brutverhalten Wärmeverluste verringern. Außerdem ermöglicht die dunkle Farbe des Weibchens die Aufnahme von Strahlungswärme, die sie auf ihre hellen Eier übertragen kann. Jedenfalls sind Pythoneier signifikant empfindlicher gegenüber Temperaturschwankungen als andere Schlangeneier; schon geringe Temperaturabfälle können zu schwach entwickelten Jungen mit abnormer Pigmentierung führen. Bei oder unter 23 °C entwickeln sie sich gar nicht mehr.

Das Hüten von Eiern bei anderen Schlangen
Andere Schlangen legen sich nur aus Schutzgründen um ihre Eier; es gibt keinen Hinweis darauf, dass sie die Temperatur regulieren können. Zu den sich so verhaltenden Arten gehört die Königskobra (Ophiophagus hannah), die ungewöhnlicherweise ein Nest baut, indem sie mit ihren Schlingen trockene Pflanzenteile zusammenscharrt. Dann legt sie sich um ihre Eier, bis die Jungen geschlüpft sind. Andere asiatische Kobraarten (Naja) bleiben zumindest für einen Teil der Inkubationszeit bei ihren Eiern. Gefleckte Schafstecher (Psammophylax rhombeatus) aus Südafrika legen ihre Eier in eine Bodenvertiefung und legen sich dann darum. Ein ähnliches Verhalten

▲ Selbst kleine Pythonarten wie dieser Childrens Python (Antaresia childreni) bebrüten ihre Eier, indem sie sie während der Inkubationszeit umschlingen, um sie vor Feinden zu schützen und – zumindest in einigen Fällen – die Temperatur zu regulieren.

zeigt der verwandte Graubauch-Schafstecher (P. variabilis) dort, wo er ovipar ist (diese Art kann auch vivipar sein, siehe S. 159). Die chinesische Colubride Sinonatrix percarinata hütet ebenfalls ihre Eier; wie Psammophylax rhombeatus gehört sie zu den Gattungen, in denen es auch vivipare Arten gibt.

Andere Arten, die ihre Eier in gewissem Umfang schützen, sind Vertreter der Gattung Elaphe, die nordamerikanische Schlammnatter (Farancia abacura) – die ihre Eier manchmal in Alligatorennester legt – und die Texas-Schlankblindschlange (Leptotyphlops dulcis). Als letztes Beispiel sei eine Vipernart genannt, die Malaysische Mokassingrubenotter (Calloselasma rhodostoma), die Gelege mit ungefähr 20 Eiern ablegt und sich die gesamte Inkubationszeit von etwa 40 Tagen darum herumlegt.

Obwohl das Bewachen von Eiern unter Schlangen selten ist, kommt es bei mindestens 5 Familien vor: den Leptotyphlopidae, Boidae, Colubridae, Elapidae und Viperidae. Da es aber, besonders bei den Colubridae, einen riesigen Anteil von Schlangen gibt, über die man wenig weiß, ist es möglicherweise weiter verbreitet, als wir ahnen.

DAS SCHLÜPFEN

DIE JUNGSCHLANGEN SCHLÜPFEN, SOBALD SIE VOLLSTÄNDIG ENTWICKELT SIND UND DEN DOTTERSACK ABSORBIERT HABEN. DA DIE SCHALE NICHT VIEL KALZIUM ENTHÄLT, SONDERN AUS EINER PERGAMENTARTIGEN SUBSTANZ BESTEHT, MUSS SIE EHER AUFGE-SCHLITZT ALS AUFGEBROCHEN WERDEN. DIE JUNGEN SCHLANGEN ENTKOMMEN DEM EI MIT HILFE EINES DORNARTIGEN FORSTSAT-ZES AN IHRER SCHNAUZE, ÜBLICHERWEISE EIZAHN GENANNT. WAS EINE JUNGSCHLANGE DAZU STIMULIERT, IHRE SCHALE VON INNEN AUFZUSCHLITZEN, IST NOCH NICHT UNTER-SUCHT WORDEN, DÜRFTE ABER DEN MECHA-NISMEN VON VÖGELN UND SCHILDKRÖTEN ÄHNLICH SEIN.

Im Laufe der Embryonalentwicklung steigt der Sauerstoffbedarf. Anfangs genügt die Sauerstoffmenge, die durch die durch-lässige Haut passiert, doch irgendwann reicht das nicht mehr. Das Jungtier be-ginnt unruhig zu werden, dreht und wen-det sich in seiner Schale und drückt mit seiner Schnauze gegen die Innenwand. Der winzige Eizahn an der Schnauzen-spitze zerschneidet dann die Schale. Meistens werden mehrere lange Schlitze gemacht. Offenbar schlitzen Schlangen ihre Schale zu jeder beliebigen Tages- oder Nachtzeit – da die Eier meistens vergra-ben oder in Höhlen abgelegt sind, spielt es ohnehin keine Rolle.

Nach ihrem ersten Durchbruch ruhen die Schlüpflinge erst einmal. Oft strecken sie ihren Kopf aus einem der Schlitze, zögern aber noch, ihre Schale zu verlassen. Wenn sie gestört werden, ziehen sie den Kopf zurück und verschwinden wieder, manchmal für mehrere Stunden. Es kann 2 Tage oder mehr dauern, bis sie die Schale nach dem Aufschlitzen endgültig verlassen. Wenige Tage nachdem sie ge-schlüpft sind, zerstreuen sie sich, können aber auch im Nest bleiben, bis sie sich, meisten innerhalb der 1. Woche, häuten. Man weiß nicht, ob Geschwister später untereinander Kontakt halten oder ob sie zwischen verwandten und nicht verwand-ten Schlangen unterscheiden können.

▲ Schlüpfende Taipans (Oxyuranus scutellatus).

◀ Eine Haken-nasennatter (Heterodon nasicus) schlüpft aus dem Ei, in dem sie sich über mehrere Wo-chen entwickelt hat.

◀ Bibrons Blind-schlange (Typhlops bibronii) legt dünn-wandige Eier, aus denen die Jung-schlangen inner-halb von Tagen schlüpfen.

▲ 2 Kornnattern *(Pantherophis guttatus)* verlassen ihre Eier. Jungtiere eines Geleges schlüpfen erstaunlicherweise meistens zeitgleich.

WACHSTUM UND ENTWICKLUNG

WIE SCHNELL SCHLANGEN WACHSEN, IST GRÖSSTENTEILS GENETISCH PROGRAMMIERT, UND DABEI SPIELEN MEHRERE FAKTOREN EINE ROLLE: WIE GROSS SIE BEIM SCHLÜPFEN SIND, WIE EFFEKTIV SIE NAHRUNG ASSIMILIEREN UND WIE GROSS SIE ALS ERWACHSENE WERDEN. UMWELTFAKTOREN, EINSCHLIESSLICH DER NAHRUNGSMENGE UND DER KLIMATISCHEN BEDINGUNGEN (INSBESONDERE DER LÄNGE DER AKTIVEN JAHRESZEIT), SOWIE IHRE ANFÄLLIGKEIT FÜR PARASITEN UND KRANKHEITEN SPIELEN EBENFALLS EINE ROLLE. DA ES INNERHALB ALL DIESER KATEGORIEN ENORME SCHWANKUNGEN GIBT, SIND VERALLGEMEINERUNGEN BEZÜGLICH DER WACHSTUMSRATE WENIG SINNVOLL.

Mit Erreichen der Geschlechtsreife sind die meisten höheren Tiere mehr oder weniger ausgewachsen. Schlangen hingegen wachsen in der Regel weiter; sie erreichen ihre Geschlechtsreife unabhängig von ihrer maximalen Größe. Als grobe Richtlinie kann man sagen, dass Schlangen sich fortzupflanzen beginnen, wenn sie ungefähr die Hälfte ihrer potenziellen Maximalgröße erreicht haben. Manche Individuen erreichen diese natürlich nie, weil sie vorher sterben. Andere leben lange und werden trotzdem nicht so groß wie ihre Artgenossen. Das kann an qualitativen oder quantitativen Nahrungsunterschieden liegen oder am Geschlecht. (Das Thema Sexualdimorphismus und Körpergröße wird weiter unten behandelt.)

Die Geschlechtsreife erreichen Schlangen nach weniger als 1 Jahr oder nach 4–5 Jahren. Bei den meisten untersuchten Arten reifen Männchen früher und sind dann noch kleiner als Weibchen, auch wenn sie letztendlich größer werden. Manchmal erreichen Männchen und Weibchen die Geschlechtsreife im gleichen Alter, es gibt aber keine Arten, bei denen Weibchen früher als Männchen fortpflanzungsfähig sind. Der Grund dafür ist, dass größere Weibchen mehr Junge produzieren können, während die Anzahl, die ein Männchen produzieren kann, nicht an seine Größe gekoppelt ist. Deswegen liegt es im Interesse der Weibchen zu warten, bis sie die entsprechende Größe erreicht haben, bevor sie sich fortpflanzen. Die Reproduktion stellt für Weibchen auch einen viel größeren Energieverlust dar, hauptsächlich in Bezug auf die Entwicklung der Jungen, aber auch, weil sie während der Trächtigkeit oft nicht fressen. Beginnen sie zu früh, Nachkommen zu produzieren, besteht die Gefahr, dass sie sich nicht wieder erholen und ihre künftigen Fortpflanzungschancen verringern.

Eine weitere Regel ist, dass kleine Arten unter gleichen klimatischen Bedingungen früher reifen als große und lebendgebärende später als eierlegende Arten.

All diese Faktoren deuten darauf hin, dass Weibchen großer, lebendgebärender Arten aus kühlen Gegenden am spätesten geschlechtsreif werden. Das scheint auch zuzutreffen. Die Weibchen einiger großer, in Höhenlagen lebender Vipernarten werden z. B. erst mit 4 Jahren oder später fortpflanzungsfähig, Männchen etwas früher. Umgekehrt wären dann Arten, die sich am frühesten vermehren können, kleine, eierlegende tropische Arten. Das scheint ebenfalls zuzutreffen. Obwohl es darüber kaum Informationen gibt, erreichen manche Arten dieser Kategorie die Geschlechtsreife innerhalb 1 Jahres.

In Gefangenschaft können ausreichende Nahrung, weniger Krankheiten und Parasiten und eine längere Aktivitätsphase dazu führen, dass die Reife früher eintritt. Die am häufigsten gehaltenen Colubriden, darunter Königsnattern (Lampropeltis) und amerikanische Rattenschlangen (Pantherophis), können dazu gebracht werden, innerhalb von 2 Jahren heranzureifen, sodass sie im 2. Sommer Nachwuchs hervorbringen, auch wenn frei lebende Exemplare 3−4 oder mehr Jahre dazu brauchen. Selbst große Arten wie die Abgottboa (Boa constrictor) und der Tigerpython (Python molurus) haben die Geschlechtsreife innerhalb von 2 Jahren erreicht. Andere Arten dieser Familien sind dagegen weniger flexibel: Sie scheinen erst nach 3−4 Jahren fortpflanzungsfähig, unabhängig davon, wie gut sie gefüttert werden oder wie schnell sie wachsen.

FORT-PFLANZUNGS-STRATEGIEN

WIR HABEN BETRACHTET, WIE MÄNNCHEN UND WEIBCHEN ZUSAMMENKOMMEN UND WAS DANACH GESCHIEHT. DER FOLGENDE ABSCHNITT BEFASST SICH MEHR MIT DEN EVOLUTIONÄREN ASPEKTEN DER REPRODUKTION, BESONDERS MIT DEN VERSUCHEN, EINIGE DIESER VARIATIONEN ZU ERKLÄREN.

Das Problem der Optimierung reproduktiver Bemühungen hat viele Facetten. Jedes Individuum versucht möglichst viele gesunde Junge zu produzieren, und die Vorteile, die es durch physiologische oder Verhaltensänderungen gewinnt, breiten sich innerhalb der Population mit den entsprechenden Genen aus. Die beste Reproduktionsstrategie besteht jeweils darin, so viele Nachkommen wie möglich zu erzeugen. Allerdings ist eine Strategie, die für die eine Art funktioniert, nicht unbedingt für eine andere tauglich, da die Umstände verschieden sein können.

Es sollte sich von selbst verstehen, dass Begriffe wie »Entscheidung«, »Wahl« oder »Ausgleich« hier als gängige Umgangssprache benutzt werden, nicht, weil einzelne Schlangen sie vornehmen. Ein Vipernweibchen »entscheidet« nicht, ob es Eier legen oder Junge gebären will.

Diese Entscheidung ist bereits durch natürliche Selektion getroffen. Hätten ihre Vorfahren eine »falsche« Entscheidung getroffen, gäbe es keine Nachkommen. Da es Nachkommen gibt, können wir annehmen, dass sie die »richtige« Entscheidung getroffen haben.

Eierlegen versus lebendgebären

Von den 4 Reptilienordnungen (Testudines, Rhynchocephalia, Crocodylia und Squamata) hat nur die letztgenannte Viviparität entwickelt. Primitivere Schlangen legen jedoch Eier, deshalb kann die Fähigkeit, lebend zu gebären, als ein System betrachtet werden, das sich durch selektiven Druck entwickelt hat. Die Entwicklung zur Viviparität beginnt mit dem Zurückhalten der Eier. Die Weibchen mancher Arten behalten die Eier in ihrem Körper, bis die Embryos gut entwickelt sind und die Inkubationszeit nur noch kurz ist. So legt die Glatte Grasnatter (Liochlorophis vernalis) teilweise entwickelte Eier; im südlichen Teil ihres Verbreitungsgebietes, in der Gegend von Chicago, brauchen sie dann noch ungefähr 30 Tage, im nördlichen Michigan dagegen schlüpfen die Jungen manchmal schon nach 4 Tagen. In der Tat schlüpfen sie unter bestimmten Bedingungen bisweilen, bevor die Eier gelegt werden. Obwohl sie also an sich ovipar sind, kann man solche Arten als Zwischenstufe

▼ Die europäische Glattnatter (Coronella austriaca) ist eine lebendgebärende Art, während der andere europäische Vertreter dieser Gattung Eier legt. Dies ist eine Anpassung an das kühlere Klima, in dem die Glattnatter lebt.

betrachten: Sie befinden sich auf dem evolutionären Weg zur Viviparität.

Die Grenze zwischen ovipar und vivipar ist deshalb fließend, und nah verwandte Arten können sich in ihrem Reproduktionsmodus unterscheiden. Ein gutes Beispiel dieser reproduktiven Flexibilität ist die afrikanische Schafstechergattung *(Psammophylax).* 2 der 3 Arten, *P. tritaeniatus* und *P. rhombeatus,* legen Eier, während die 3., *P. variabilis,* ihrem Namen (variabilis) alle Ehre macht: Die eine Unterart, *P. v. multisquamis,* legt Eier, die andere, *P. v. variabilis,* ist lebendgebärend. Eine der oviparen Arten, *P. rhombeatus,* bewacht ihre Eier. Ein weiteres Beispiel sind 2 europäische Glattnatterarten *(Coronella): C. girondica* legt Eier, während *C. austriaca* vivipar ist. Eine 3. Art dieser Gattung *(C. brachyura)* lebt in Asien und ist ovipar. Dann gibt es die südamerikanische Colubride *Helicops angulatus,* die je nach Vorkommen ovipar oder vivipar sein kann. Andere Vertreter ihrer Gattung sind ovipar.

Ob Schlangen Eier legen oder fertige Junge gebären, ist eine ökologische »Entscheidung«, die Vor- und Nachteile hat, welche sorgfältig abgewogen werden müssen. Der Grund für die Entwicklung von Viviparität und somit ihre Vorteile werden verschieden erklärt. Mit anderen Worten, es muss einen Ausgleich geben zwischen Kosten und Gewinn. Die Gründe für die Entwicklung von Viviparität lassen sich in mehrere Kategorien einteilen. Diese Kategorien – Klima, Lebensweise, Lebensraum und Herkunft – hängen und wirken oft zusammen. Deshalb ist es manchmal schwer zu erkennen, welche Faktoren die letztlich entscheidenden sind.

Klima

Der wichtigste Faktor ist vermutlich die Temperatur. Schlangen in kalten Klimaten, entweder in hohen Breitengraden oder Höhenlagen, sind in der Regel vivipar. Die Gründe dafür liegen auf der Hand: Reptilieneier sind vollkommen auf äußere Wärmequellen angewiesen, und ihre Entwicklungsgeschwindigkeit ist bei niedrigen Temperaturen viel langsamer als bei höheren. Ist die Temperatur zu niedrig (wobei das genaue Maß von der Art abhängt), hört die Entwicklung ganz auf, und der Embryo stirbt.

Eierlegende Weibchen müssen sich auf das Wetter verlassen. Wo es konstant warm ist, entwickeln sich die Eier nor-

mal, und die Jungtiere schlüpfen in angemessener Zeit. In kalten Gegenden oder wo es unvorhersehbare Kälteeinbrüche gibt, würde die Entwicklung der Eier aufhören oder so langsam verlaufen, dass die Jungtiere zu einer Zeit schlüpfen, in der die Temperaturen schon zu niedrig zum Überleben sind. Unter diesen Umständen ist es für Weibchen vorteilhaft, Eier in ihrem Körper zurückzuhalten, sodass sie die Temperaturen optimieren können, indem sie sich aufwärmen bzw. vor Kälte schützen. Sie also legen entweder, wenn die Eier bereits weit entwickelt sind, oder warten, bis die Jungen geschlüpft sind und lebend geboren werden können.

Bei allen o. g. Beispielen *(Psammophylax, Coronella* und *Helicops)* kommen die lebendgebärenden Arten immer aus kühleren Regionen als die eierlegenden. Weitere Beispiele stützen diese Theorie.

Auch wie häufig sich eine Art fortpflanzt, hängt mit dem Klima zusammen. Wenn eine Art aufgrund des Klimas die Möglichkeit hat, sich mehr als 1-mal im Jahr zu vermehren, ist zu erwarten, dass sie Eier legt, da das Weibchen schneller für eine 2. Fortpflanzung bereit ist, wenn sie die Jungen nicht austragen muss. Arten, die sich nur 1-mal im Jahr fortpflanzen (z. B. weil die Aktivitätsphase kurz ist), würden davon nicht im gleichen Maß profitieren. Da mehrfache Fortpflanzung sich wahrscheinlich sowieso auf tropische oder subtropische Arten beschränkt, lässt sich die Wichtigkeit dieses Faktors nicht abschätzen.

Lebensweise

Andere Faktoren, die bei der Entwicklung von Viviparität eine Rolle spielen,

▲ Aktive, schlanke Schlangen wie die Kutschenpeitschennatter *(Masticophis flagellum)* sind in der Regel ovipar, weil sie sich schnell bewegen und oft fressen müssen: Sie können es sich nicht leisten, Embryos mit sich herumzuschleppen. Schwere Schlangen, die meistens auf der Stelle liegen und ihrer Beute auflauern, sind öfter vivipar: Die Extralast der Jungen beeinflusst ihre Aktivitäten kaum.

sind die Verteidigungs- und Jagdmethoden. Weibchen, die ihre Eier zurückhalten, beschränken sich in ihrer Beweglichkeit. Das trifft für manche Arten mehr zu als für andere. So verlassen sich große, schwere, inaktive Schlangen wie einige Vipernarten mehr auf Tarnung, sowohl für ihren Schutz als auch bei der Jagd. Die Extralast einer sich entwickelnden Brut ist für sie kein so großer Nachteil wie für eine schlanke, agilere Art, die mehr auf Geschwindigkeit und Beweglichkeit setzt, um ihren Feinden zu entkommen und Beute zu machen. Alle in Kapitel 5 genannten tagaktiven, schnellen Jäger *(Coluber, Demansia, Masticophis* und *Psammophis)* sind beispielsweise ovipar.

Entsprechend wäre zu erwarten, dass grabende Schlangen, die sich nicht ganz so viel um Feinde sorgen müssen, ebenfalls vivipar sind. Leider lässt sich das hier nicht eindeutig erkennen, weil viele von ihnen primitiven Familien wie Typhlopidae und Leptotyphlopidae entstammen, bei denen sich Viviparität nicht entwickelt hat: Ihnen steht die Option des Lebendgebärens nicht zur Verfügung. Außerdem sind die meisten grabenden Arten tropisch, sodass die Vorteile des Eierlegens ohnehin überwiegen. Manche Familien grabender Schlangen, etwa die

Schildschwänze (Uropeltidae) und ihre Verwandten, sind tatsächlich vivipar.

Lebensraum

Bei bestimmten Schlangengruppen kann sich Viviparität aufgrund des Lebensraums entwickeln: Dieser Faktor kann wichtiger sein als z. B. das Klima. Es gibt Arten, die in einer Umwelt leben, in der es keine geeigneten Nistplätze gibt, etwa völlig aquatische Arten. Eierlegen würde für diese Schlangen bedeuten, ihren gewohnten Lebensraum zu verlassen und sich Feinden auszusetzen. Die meisten aquatischen Arten sind deshalb, unabhängig von ihrer Verbreitung, vivipar. Die einzigen nennenswerten Ausnahmen sind die Plattschwänze aus der Unterfamilie Laticaudinae, die das Meer verlassen müssen, um ihre Eier an Land zu legen.

Manche Baumschlangen sind in der gleichen Lage. Wenn sie semiarboreal sind, kann Oviparität vorteilhaft für sie sein, da die meisten Baumschlangen lang und schlank sind und deshalb zum frühestmöglichen Zeitpunkt ihre Eier abladen wollen. Kommen sie jedoch nie auf den Boden, wäre Viviparität die beste Lösung. Arten dieser Kategorie sind z. B. die Peitschennattern (*Ahaetulla*) aus Asien, die Eier mit weit entwickelten Embryonen legen.

Abstammung

Zu guter Letzt kann Viviparität auch ein Erbe der Vorfahren sein. Die Stärke des Selektionsdrucks bedingt, in welchem Maß eine bestimmte Art von ihren Verwandten abweicht, jedoch scheinen manche Abstammungslinien in puncto Viviparität flexibler als andere.

3 Familien grabender Schlangen, Anomalepididae, Typhlopidae und Leptotyphlopidae, sind alle ovipar.

Alle Boiden sind vivipar, mit Ausnahme der Calabarzwergboa (*Calabaria reinhardtii*) und möglicherweise 2 Sandboaarten, während alle Pythons ovipar sind, unabhängig von ihrer Größe oder ihrem Lebensraum. All diese Arten scheinen also wenig flexibel bezüglich ihrer Fortpflanzungsweise, und es ist besonders interessant, wenn ökologische Parallelarten die Strategie ihrer Vorfahren beibehalten: Der Grüne Hundskopfschlinger aus Südamerika ist vivipar, während der Grüne Baumpython aus Südostasien ovipar ist, trotz ihrer Ähnlichkeit in Aussehen und Lebensstil.

▲ Die meisten Boas sind vivipar. Diese Vermehrungsart ist weit verbreitet in dieser Familie, in der selbst relativ schlanke Arten wie die Madagassische Baumboa (*Sanzinia madagascariensis*) lebendgebärend sind.

Die Familie der Pythons ist besonders interessant, da ihre Mitglieder sich konträr zur Regel verhalten, wonach große, schwere Schlangen vivipar sind: Viele Pythons fallen in diese Kategorie, ohne dass sich Viviparität entwickelt hat. Anscheinend nutzen Pythons ihre Körpergröße in andere Weise. Weibchen bebrüten ihre Eier während der gesamten Inkubationszeit. Das Brüten hat insofern Ähnlichkeit mit Viviparität, als die Embryos beim Weibchen bleiben, das sie beschützt und in gewissem Umfang ihre Umweltbedingungen kontrolliert. Das Brüten könnte sich als Alternative zur Viviparität entwickelt haben.

Bei den Colubriden sind einige Arten nur aufgrund weniger Exemplare bekannt, von denen viele ungeklärte Verwandtschaftsbeziehungen haben, sodass Reproduktionsmuster schwer zu erkennen sind. Manche Unterfamilien sind einigermaßen beständig: So sind Homalopsinae erwartungsgemäß alle aquatisch und lebendgebärend. Natricinae tendieren ebenfalls dazu, aquatisch oder semiaquatisch zu sein, hier ist jedoch Viviparität häufig, obwohl manche Arten Eier legen. Andere Unterfamilien sind uneinheitlicher, und wie schon erwähnt bevorzugen Arten der gleichen Gattung oder selbst Individuen einer Art manchmal verschiedene Reproduktionsmethoden. Wo Variationen vorkommen, leben die viviparen Arten, Unterarten oder Populationen offensichtlich in kühleren Gegenden als ihre oviparen Gegenstücke.

Unter Elapiden scheint Oviparität die Regel zu sein, besonders bei afrikanischen und asiatischen Arten. Die meisten sind schlanke Schlangen, die aktiv jagen und sich in ihrer Verteidigung eher auf Flucht als auf Tarnung verlassen, und sie kommen meistens aus tropischen Regionen. Ausnahmen sind die afrikanischen Speikobras (*Hemachatus haemachtus*), die vivipar sind, vielleicht weil sie in kühleren Gegenden leben als andere Kobras, und einige australische Elapiden, besonders die im südlichen Teil des Kontinents. Die Todesotter ist ein interessanter Fall, denn obwohl sie eine Elapide ist, hat sie eine Nische eingenommen, die normalerweise von Vipern besetzt wäre, wenn es sie gäbe. Sie ist kurz, stämmig und lauert gut getarnt ihrer Beute auf. Viviparität ist die natürliche Folge dieser Übereinstimmung.

Vipern sind tendenziell vivipar, weil sie dickleibig sind und ihrer Beute auflauern. Außerdem stammen viele Arten aus kalten Gegenden. Beispielsweise vermehren sich alle *Vipera*-Arten und afrikanischen *Bitis*-Arten auf diese Weise. Doch es gibt viele Ausnahmen. Alle Krötenvipern (*Causus*) sind ovipar, ebenso die großen eurasischen Arten *Macrovipera lebetina* und *M. schweizeri* sowie Russell's

Viper. Auch die Afrikanische Hornviper *(Cerastes cerastes)* ist ovipar, vielleicht wegen ihrer besonderen Art der Fortbewegung – durch Seitenwinden –, obwohl die nordamerikanischen Seitenwinder, die einen ähnlichen Lebensstil haben, vivipar geblieben sind (wie andere Klapperschlangen). Zur afrikanischen und asiatischen Gattung der Sandrasselottern *(Echis)* gehören ovipare und vivipare Arten.

Grubenottern sind in Nord- und Südamerika alle vivipar, mit der einzigen Ausnahme des Buschmeisters *(Lachesis)*. Außerdem kommen sie in Asien vor, wo

▶ Einige Vipern, hier eine Westafrikanische Krötenviper *(Causus maculatus)*, legen Eier.

▽ Die Westliche Buschviper *(Atheris chloroechis)* aus dem tropischen Afrika ist wie die meisten höher entwickelten Vipern vivipar.

▲ Wie die meisten Vipern ist die amerikanische Kupferkopfotter *(Agkistrodon contortrix)* vivipar.

▶ Vertreter der Gattung *Trimeresurus* wie die Sri-Lanka-Bambusotter *(T. trigonocephalus)* sind vivipar, während verwandte Arten, besonders terrestrische, Eier legen.

ihre Reproduktionsmethoden verschieden sind. Die meisten asiatischen Grubenotter, etwa *Trimeresurus* und *Protobothrops,* sind vivipar, einige nah verwandte, aber terrestrische Arten legen jedoch Eier. Dazu gehören die Vertreter der Gattung *Ovophis* (wörtlich »Eierschlange«), die Malaysische Mokassingrubenotter *(Calloselasma rhodostoma)* und die chinesische Nasenotter *(Deinagkistrodon acutus).*

Elterlicher Aufwand

Elterlicher Aufwand ist die Bezeichnung für die von den Eltern in die Produktion der Nachkommen investierten »Mühen«. Sie deckt alle Stadien der Reproduktion ab, einschließlich der Nahrungsmenge, die in die Produktion von Sperma oder

Eier fließt, die Energie, die zur Suche eines Partners und die Balz aufgewendet wird, und die Zeit, die Produktion und Aufzucht der Jungen benötigen.

Der elterliche Aufwand ist bei weiblichen Schlangen einfacher zu messen als bei vielen anderen Tiergruppen, da Brutfürsorge fast nicht vorkommt (die wenigen Ausnahmen werden weiter unten behandelt). Männchen haben weniger Aufwand bei der Produktion von Geschlechtszellen (Sperma) als Weibchen, die relativ große Eier produzieren. Der energetische Hauptbeitrag kommt daher von den Weibchen. Das kann als Nachteil für Weibchen eingestuft werden, für Männchen gibt es aber auch Nachteile.

Während jedes Weibchen einer Population sich mit ziemlicher Sicherheit zumindest 1-mal im Leben fortpflanzt, kann man annehmen, dass manche Männchen nie dazukommen. Andere hingegen erzeugen viele Nachkommen, indem sie sich jedes Jahr mit vielen Weibchen paaren. Das liegt an der sexuellen Selektion, bei der dominante Männchen oder Männchen, die besonders fähig sind, Partnerinnen zu finden, mehr Weibchen begatten als andere, untergeordnete. Dominanz, wenn sie existiert, wird durch den Wettkampf zwischen Männchen hergestellt und scheint bei einigen Boidae, Colubridae, Elapidae und Viperidae vorzukommen, wenn auch nicht bei allen Arten dieser Familien. In anderen Familien hat sich sexuelle Selektion der einen oder anderen Art noch nicht etabliert.

Elterlicher Aufwand ist bei Männchen schwer zu messen. Man müsste die Menge an Energie betrachten, die jedes Männchen darauf verwendetet, eine Partnerin zu suchen und zu verteidigen, und die Nahrungsmenge, auf die es während dieser Aktivitäten verzichtet. Die Partnersuche kann es für Feinde anfälliger machen, denn wie schon erwähnt erregen Männchen, die dabei weite Strecken zurücklegen, die Aufmerksamkeit von Feinden eher als Weibchen der gleichen Arten.

Der weibliche Reproduktionsaufwand lässt sich teilweise dadurch bestimmen, dass man den Anteil des Körpergewichtes misst, den Weibchen an ihre Eier oder Jungen weitergeben. Dies wird in der Regel als relatives Gelegegewicht (RGG) bezeichnet. Je größer Weibchen werden, desto mehr Ressourcen stehen ihnen für den Reproduktionsaufwand zur Verfügung. Sie können diese auf 2 Arten einsetzen: Entweder indem sie mehr oder indem sie größere Nachkommen produzieren. Dies ist ein weiteres Beispiel für einen Ausgleich, bei dem es abzuwägen gilt: Ist es besser, viele kleine Nachkommen zu erzeugen oder wenige große?

Das RGG liegt bei den meisten Schlangen ungefähr bei 20 %; ein Weibchen das 1 kg wiegt, produziert Nachkommen, die bei der Geburt im Schnitt ein Gesamtgewicht von 200 g haben. Die Weibchen mancher Arten betreiben jedoch deutlich mehr oder auch weniger Reproduktionsaufwand. Warum?

Die Reproduktionsart spielt eine Rolle: Vivipare Schlangen haben im Schnitt ein niedrigeres RGG als ovipare Arten. Das legt nahe, dass der übrige Aufwand (ausgenommen Gewicht) höher ist, vielleicht weil sie länger trächtig und deshalb anfälliger für Feinde sind.

Vivipare Seeschlangen haben sogar noch niedrigere RGG als andere vivipare Schlangen, wahrscheinlich weil sie in ihrem Körper ein Auftriebsorgan tragen, was weniger Platz für Embryos lässt.

Im Allgemeinen haben kleine Schlangen ein höheres RGG als größere. Das ist schwierig zu erklären, hängt aber möglicherweise mit der Lebenserwartung zusammen. Große Schlangen leben länger. Ihr Reproduktionsaufwand in 1 Jahr muss gegen ihre Überlebenschancen bis zum nächsten Jahr abgewogen werden. Wenn sie zu viel Aufwand in die Reproduktion stecken, überleben sie vielleicht nicht. Die Wahrscheinlichkeit, dass kleine Schlangen sterben oder getötet werden, bevor sie eine weitere Fortpflanzungsgelegenheit bekommen, liegt höher, und somit ist es vielleicht in ihrem Interesse, möglichst viele Junge zu produzieren, solange sie können.

Mehr oder größere Junge?
Dies ist eine weitere »Entscheidung«, die getroffen werden muss. Geht man davon aus, dass ein Weibchen nur eine begrenzte Menge an Energie hat, die sie in die Reproduktion stecken kann – wie soll diese verteilt werden? Je größer sie wird, desto mehr Junge kann sie produzieren, oder sie produziert die gleiche Anzahl, aber größere Junge, oder sie geht einen Kompromiss ein: etwas mehr Junge, von denen jedes etwas größer ist. Bei den meisten Arten, die untersucht wurden, scheint das Weibchen als größte Überlebenschance einen solchen Kompromiss anzustreben.

Unterschiede zwischen den Arten sind weit komplizierter. Nahe verwandte Arten von ungefähr gleicher Größe können unterschiedliche Strategien anwenden: Legen die einen eine größere Anzahl kleinerer Eier, produzieren die anderen eine kleinere Anzahl größerer Eier. Die Differenzen können durch die unterschiedlichen Nahrungsgewohnheiten der Jungen entstehen. Arten, die Beutetiere unterschiedlicher Größe fressen, etwa Frösche, können sich kleinere Nachkommen leisten, die trotzdem eine gute Überlebenschance haben. Es zahlt sich für das Weibchen vielleicht aus, viele kleine Eier zu legen. Bei großen Beutetieren, z. B. Säugetieren, kann es dagegen sein, dass zu kleine Nachkommen nicht genug Nahrung finden und sterben. In diesem Fall ist es besser, weniger, aber größere Eier zu legen.

Sexualdimorphismus
Das unterschiedliche Verhalten von Männchen und Weibchen spiegelt sich auch in ihrem Erscheinungsbild. Sehen Männchen und Weibchen unterschiedlich aus, nennt man sie sexuell dimorph.

Innere Unterschiede, die nicht sichtbar sind, betreffen meistens die Fortpflanzungsorgane (siehe unten) und werden als primäre Geschlechtsmerkmale bezeichnet. Sekundäre Geschlechtsmerkmale sind nicht unmittelbar an der Fortpflanzung beteiligt, obwohl manche im Fortpflanzungsverhalten durchaus eine Rolle spielen können.

Bei Schlangen zeigt sich in der Regel weniger Sexualdimorphismus als bei anderen Tieren wie etwa Vögeln. Das liegt größtenteils daran, dass visuelle Reize bei der Schlangenbalz kaum eine Rolle spielen. Es gibt jedoch diverse subtilere Unterschiede zwischen den Geschlechtern, obwohl sie nicht generell in allen Arten oder Familien vorkommen.

Größenunterschiede
Es gibt 2 Faktoren, die die Größe von Schlangen maßgeblich beeinflussen. Weibchen können mehr Nachkommen produzieren, wenn sie größer sind, während für Männchen Größe in reproduktiver Hinsicht bedeutungslos ist, da sie keine Eier oder Junge tragen. Bei Arten, bei denen sich Männchen bekämpfen, sind größere Männchen in der Regel erfolgreicher als kleine. Männchen kön-

nen aber selbst in diesem Fall kleiner als Weibchen sein, da die Vorteile, größer zu sein, für Weibchen wichtiger sind als für Männchen. Behält man diese beiden Punkte im Auge, wäre zu erwarten, dass Männchen aus kämpfenden Arten im Vergleich zu Weibchen größer sind als solche aus Arten, die nicht kämpfen.

Vergleicht man die Größen von Männchen und Weibchen einer Art, müsste folglich zu erkennen sein, in welcher Rivalenkampf stattfindet. Das scheint im Allgemeinen auch möglich, abgesehen von der Schwierigkeit, die Größen von Schlangen überhaupt zu vergleichen, da sie lebenslang wachsen. Bei manchen Arten, in denen Kämpfe stattfinden, werden Männchen letztendlich größer als Weibchen – z. B. bei Klapperschlangen, australischen Kutscherpeitschennattern *(Demansia)* und in manchen Populationen australischer Tigerottern *(Notechis scutatus)* –, auch wenn sie zu Beginn der Geschlechtsreife noch kleiner sind. Bei Arten, in denen Kämpfe mit ziemlicher Sicherheit nicht stattfinden, wie etwa bei Schlankblindschlangen, sind Weibchen größer als Männchen.

Unterschiede der Körperform
Die Weibchen einer Art sind oft schwerer als die Männchen vergleichbarer Größe. Das ist bei vielen Vipern offen-

sichtlich, einschließlich Grubenottern, und auch bei manchen Boiden wie *Boa constrictor.* Ein größerer Umfang ist für Weibchen von Vorteil, da dadurch mehr Platz für Eier und Junge zur Verfügung steht. Auch die relative Schwanzlänge ist bei Männchen und Weibchen meistens deutlich verschieden, wobei die Männchen den längeren Schwanz haben. Das liegt an den Hemipenes der Männchen, die an der Schwanzwurzel untergebracht

▲ Bei der Grünen Schwimmnatter *(Nerodia cyclopion)* sind die Männchen deutlich kleiner und fechten keine Rivalenkämpfe aus.

▼ Der Unterschied zwischen Männchen (unten) und Weibchen (oben) ist bei *Langaha nasuta* deutlich zu erkennen, doch der Grund für ihre merkwürdigen Fortsätze ist nicht bekannt.

werden müssen, wenn sie eingezogen sind.

Weniger leicht zu erklären ist die Tatsache, dass Weibchen oft einen größeren Kopf haben als Männchen oder eine andere Kopfform. Die Unterschiede fallen besonders bei semiaquatischen natricinen Schlangen auf, einschließlich *Nerodia* und *Thamnophis* aus Nordamerika und *Natrix tessellata* aus der Türkei. Sie kommen aber auch bei anderen Schlangen vor. Dieser Unterschied kann vom Augenblick der Geburt an sichtbar sein. In manchen Fällen hängt es wohl mit den unterschiedlichen Beutetieren männlicher und weiblicher Jungschlangen zusammen.

Andere Unterschiede der Kopfform betreffen diverse »Verzierungen«, die von manchen Schlangen getragen werden, beispielsweise die merkwürdigen Auswüchse auf den Schnauzen der madagassischen Schlangen der Gattung *Langaha*, die bei Weibchen sehr ausgeprägt sind. Manche männlichen Baumschlangen, darunter *Ahaetulla pieta* und *Bothrops moojeni*, haben größere Augen als Weibchen, und bei mindestens 2 Arten der südamerikanischen Gattung *Imantodes* haben die Männchen längere Zungen.

Bei Kobras der Gattung *Naja* tragen männliche *Naja naja*, *N. samarensis* und *N. oxiana* längere Giftzähne als weibliche. 2 dieser Arten speien Gift, *N. naja* jedoch nicht. Bei einer anderen Art, *N. philippinensis*, haben Männchen kurze Öffnungen in ihren Giftzähnen – wie Arten, die speien, Weibchen jedoch lange; leider ist nicht bekannt, ob beide Geschlechter dieser Art speien.

Manche Arten weisen kleinere Unterschiede im Bau der Schuppen auf. So haben die Männchen einiger nordamerikanischer Schwimmnattern *(Nerodia)* und Strumpfbandnattern *(Thamnophis)* kleine, warzenartige Tuberkel am Kinn. Diese dienen vielleicht der Stimulation der Weibchen während der Paarung, wenn die Männchen sie der Länge nach mit dem Kinn reiben. Bei diesen und einigen anderen Arten haben Männchen eine Anzahl stark gekielter Schuppen im Bereich der Kloake. Diese könnten ihnen helfen, die Öffnung der Weibchen bei der Paarung zu finden, oder sie ermöglichen es ihnen, während der Kopulation einen besseren Halt zu haben. Ähnliche Schuppen kommen bei manchen Seeschlangen vor, wobei ihre Funktion unklar ist.

Bei Boas und Pythons haben Männchen verkümmerte Gliedmaßen in Form von Sporen zu beiden Seiten der Kloake. Diese werden zur Stimulation der Weibchen bei der Paarung eingesetzt, manchmal aber auch, um andere Männchen beim Kämpfen zu verletzen. Weibchen können ebenfalls Sporen haben, jedoch sind diese oft kleiner. Bei manchen Arten oder in bestimmten Populationen fehlen die Sporen völlig. Bei Tropidophiden besitzen nur die Männchen Sporen. In der Tat haben weibliche *Ungaliophis continentalis* und *U. panamensis* jegliche Reste ihres hinteren Gliedmaßengürtels verloren.

Färbung

Unterschiede in der Färbung von Männchen und Weibchen kommen bei Schlangen kaum vor, und wenn, dann sehr subtil. Bei einigen europäischen Vipern *(Vipera)* sind Männchen greller gezeichnet als Weibchen, meistens infolge einer helleren Hintergrundfarbe. Shine und Madsen (1994)[16] vermuten den Grund für diesen Unterschied darin, dass Männchen sich schneller als Weibchen bewegen, besonders im Frühling, wenn sie die Weibchen verteidigen, und dass die Zeichnungen ihnen unter diesen Umständen dabei helfen, Feinde zu irritieren, weil sie »flimmern«. Weibchen bleiben mehr an einem Ort und verlassen sich auf Tarnung, deswegen haben sich ihre Zeichnungen anderes entwickelt.

In manchen Populationen Afrikanischer Baumschlangen *(Dispholidus typus)* sind Männchen ebenfalls greller gefärbt als Weibchen und zeigen eine große Farbenvielfalt – hellgrün, rot oder rosa, gelb oder sogar blau, manchmal mit schwarz geränderten Schuppen oder Flecken, während andere einfarbig sind. Weibchen sind in der Regel nur braun oder olivfarben. Die Felsenklapperschlange *(Crotalus lepidus klauberi)* zeigt in manchen Gegenden Dimorphismus, wobei die Männchen einen grünlichen Schimmer haben, während Weibchen grau sind. In anderen Populationen sind beide Geschlechter gleich gefärbt. Bei *Bothrops asper* können junge Männchen leuchtende Schwanzspitzen haben, Weibchen jedoch nicht. Beide Geschlechter benutzen ihren Schwanz anscheinend, um Beute anzulocken.

Anmerkungen

1. Aldridge, R. D. (1992), »Oviductal anatomy and seasonal sperm storage in the southeastern crowned snake *(Tantilla coronatum)*«, *Copeia*, 1992(4):1103–1106.

2. Montgomery, W.B. and Schuett, G. W. (1989), »Autumnal mating with subsequent production of offspring in the rattlesnake *Sistrurus miliarius streckeri*«, *Bull. Chi, Herp. Soc.*, 24(11):205–207.

3. Graves, B. M. and Duvall, D. (1993), »Reproduction, rookery use and thermoregulation in free-ranging, pregnant prairie rattlesnakes, *Crotalus viridis*«, *Journal of Herpetology*, 27(4):33–41.

4. Maruin, B. E. (1976), »A reproductive record for the New Mexican ridge-nosed rattlesnake *(Crotalus willardii obscurus)*«, *Bulletin Maryland Herpetological Society*, 12(4):126–128.

5. Wallace. R. L. and Diller, L. V. (1990), »Feeding ecology of the rattlesnake. *Crotalus viridis oreganus*, in northern Idaho«, *Journal of Herpetology*, 24(3):246–253.

6. Butler, J. A. (1993), »Seasonal reproduction in the African olive grass snake, *Psammophis phillipsi*«, *Journal of Herpetology*, 27(2):144–148.

7. Powell, R., Maxey, S. A., Parmerlee, J. S. and Smith, D. D. (1991), »Notes on the reproductive biology of a montane population of *Antillophis parvifrons protenus* from the Dominican Republic«, *Journal of Herpetology*, 25(1):121–122.

8. Solorzano, A. and Cerdas, L. (1989), »Reproductive biology and distribution of the terciopelo, *Bothrops asper* in Costa Rica«, *Herpetologica*, 45(4):444–450.

9. Lillywhite. FL B. (1985). »Trailing movements and sexual behaviour in *Coluber constrictor*«, *Journal of Herpetology*. 19(2):306–308.

10. Plummer, M. V. (1989), »Observations on the nesting ecology of green snakes *(Opheodryas aestivus)*«. *Herp. Review*, 20(4):87–89.

11. Tu, M. C., Fong, S. C. and Lue, K. Y. (1990), »Reproductive biology of the sea snake, *Laticauda semifasciata* in Taiwan«. *Journal of Herpetology*, 24(2):119–126.

12. Palmer, W. M. and Braswell, A. L. (1976), »Communal egg-laying and hatchlings of the rough green snake, *Opheodrys aestivus*«, *Journal of Herpetology*, 10(3):257–259.

13. Burger, J. and Zappalorti, R. T. (1991), »Nesting behaviour of pine snakes *(Pituophis m. melanoleucus)* in the New Jersey Pine Barrens«, *Journal of Herpetology*, 25(2): 152–160.

14. Riley, J., Stimson, A. F. and Winch, J. M. (1985), »A review of squamata ovipositing in ant and termite nests«, *Herp. Review*, 16(2):38–43.

15. Pedrez-Hidareda, G. and Smith, II. M. (1989), »Termite nest incubation of the Mexican colubrid snake *Adelphicos quadrivirgatus*«, *Herp. Review*, 20(1):5–6.

16. Shine. R and Madsen, T. (1994), »Sexual dichromatism in snakes of the genus *Vipera*: a review and a new evolutionary hypothesis«, *Journal of Herpetology*, 28(1):114–117.

KAPITEL 8
SCHLANGEN UND MENSCHEN

Die uralten Wechselbeziehungen zwischen Menschen und Schlangen sind ein interessantes Studienobjekt. Vieles davon gehört jedoch ins Fachgebiet der Anthropologie und kann daher in einem Buch über Schlangen nur am Rande gestreift werden. Insofern hier nur ein kurzer Überblick.

Die afrikanische Braune Hausschlange hält sich oft in landwirtschaftlichen Gebäuden auf und macht sich dort durch den Fang von Nagetieren nützlich.

SCHLANGEN-MYTHEN UND SCHLANGEN-VEREHRUNG

SCHLANGEN HABEN MENSCHEN SCHON IMMER FASZINIERT UND SIND IN VIELEN KULTUREN DER WELT OBJEKTE VON ANGST UND VEREHRUNG.

Schlangen in alten Kulturen

Die frühesten Zeugnisse für das menschliche Interesse an Schlangen sind Höhlenmalereien in Südeuropa, die manchmal mehr als 30 000 Jahre zurückdatiert werden. Auch Ritzzeichnungen und Gravuren in Knochen- oder Holzstücken aus dieser Zeit wurden gefunden. Jüngeren Datums sind Fels- und Höhlenmalereien mit Schlangendarstellungen von Volksstämmen, deren Lebensweise sich über Jahrtausende wenig verändert hat. Dazu gehören Zeichnungen von Buschmännern im südlichen Afrika und von australischen Aborigines. Letztere verzierten bei bestimmten Zeremonien auch ihre Körper mit stilisierten Schlangen.

Zwar weiß man über die Hintergründe prähistorischer Schlangendarstellungen wenig, aber die Gründe für die Zeichnungen der Aborigines sind gut bekannt, weil sie noch in Gebrauch sind. Schlangen spielen in der Mythologie dieser Menschen verschiedene Rollen. Ihre Bedeutung als Nahrungsmittel ist ebenso offensichtlich wie die Regelmäßigkeit, mit der sie zur Regenzeit in großen Mengen aus scheinbar lebensfeindlichen Regionen erscheinen. Die mit Schlangen verbundenen Riten sollen daher wohl ihre Fruchtbarkeit erhöhen, sei es, um die eigene Ernährung sicherzustellen, sei es, um Regen herbeizurufen. Die Regenbogenschlangen gehören zu den eindrücklichsten Schlangendarstellungen in der Mythologie. Sie leben in der Trockenzeit tief in permanenten Wasserlöchern, verlassen diese aber in der Regenzeit, um als Regenbogen in den Himmel zu steigen. Die Bedeutung eines solchen Hüters der natürlichen Wasservorräte wird verständlich, wenn man an die Trockenheit im Inneren Australiens denkt. Die Schlangenzeichnungen werden daher mit jedem Beginn der Regenzeit sorgfältig erneuert. Weit verbreitet ist auch die Verehrung von Schlangen im Rahmen religiöser Zeremonien. Sie war in Afrika üblich, wobei dem Python besondere

▲ Die Äskulapnatter *(Zamenis longissimus)* ist nach dem griechischen Gott der Heilkunst, Asklepios, benannt.

▶ Der Äskulapstab, um den sich eine Schlange windet, gilt weltweit als Symbol des Ärztestandes.

Bedeutung zukam, und afrikanische Sklaven brachten sie nach Haiti, wo daraus der heute noch praktizierte Voodookult entstand.

In Indien verehrt man von alters her die Kobra. Schlangengottheiten in Form von »Nagas« oder deren Frauen, den »Naginis«, werden mit dem täglichen Dorfleben verbunden und können gut oder böse sein. Früher wurden ihnen zur Beschwichtigung Menschenopfer gebracht.

In China nimmt der Drache die Stelle der indischen »Nagas« ein. Auch wenn er Beine besitzt, hat er seinen Ursprung doch in der Schlangenverehrung und soll wie diese Macht über verschiedene Naturphänomene besitzen, beispielsweise den Regen.

Von den alten Ägyptern nimmt man an, dass sie die »Aspis« in ihren Häusern und Tempeln hielten. Nach Zeichnungen und Beschreibungen zu schließen, handelte es sich wahrscheinlich um Kobras, auch wenn heutzutage mit der Aspisviper *(Vipera aspis)* eine andere Schlange diesen Namen trägt, die nicht in Nordafrika beheimatet ist. Wie in anderen Kulturen brachten die Ägypter Schlangen mit Regen und Fruchtbarkeit in Verbindung. Eine sich aufrichtende Kobra

▶ Diese Wandmalerei australischer Aborigines zeigt neben anderen Tieren und Symbolen auch eine Schlange.

mit vergrößertem Hut war das Symbol ihrer Göttin Ejo, und ein ähnliches Symbol war in den Kopfschmuck des Pharao eingearbeitet.

Auch den Griechen, Römern und Minoern waren Schlangen heilig. Viele ihrer Götter erschienen als oder mit Schlangen, auch wenn Herkules als Schlangentöter berühmt wurde. Die Orakelschlange Gaia wurde im Kampf von Apollo besiegt, doch ihre Weisheit war durch das Orakel von Delphi – den Nabel der Welt – weiterhin von Nutzen. Der Gattungsname der Echten Sandboas, *Eryx,* erinnert an einen magischen Speer, der sich, an die Flanken des Olymp geworfen, in eine Schlange verwandelte.

Es gibt viele weitere Legenden und Mythen über Schlangen und ihre Verbindung mit Göttern, von denen sich v. a. eine bis heute gehalten hat. Es ist der weit verbreitete Glaube, Schlangen seien unsterblich, abgeleitet von der regelmäßigen Häutung, was in früheren Zeiten als Wiedergeburt angesehen wurde. Aus diesem Grund wird der griechische Gott Asklepios (dt. Äskulap) als Mann mit einer Schlange als Stab dargestellt. Das Zeichen der 2 einander umwindenden Schlangen ist heute noch Symbol der medizinischen Berufe. Die Schlange, die man am häufigsten mit Äskulap assoziiert, ist die europäische Äskulapnatter *(Zamenis longissimus).* Dass sie heute mehrere, voneinander getrennte Verbreitungsgebiete in Europa hat, wird auf die Einführung der Art in Römische Bäder und Heilquellen in verschiedenen Teilen des Römischen Weltreichs zurückgeführt.

In der Neuen Welt verband man wie in der Alten Schlangen mit Regen. Nordamerikanische Indianer hatten aus diesem Grund große Achtung vor Schlangen, und in den ariden Teilen des Kontinents gab es z. T. Regentänze mit lebenden Schlangen. Die Tänze der Hopi sind am besten dokumentiert, weil sie noch in jüngerer Vergangenheit praktiziert wurden. Nach dem Tanz wurden die Schlangen in Erdspalten entlassen in der Hoffnung, dass sie die Gebete der Indianer zu den Regengöttern trügen. Die Tiere wurden hier also nicht als Götter verehrt, sondern als Boten benutzt. Es ist nicht schwer zu verstehen, wie Schlangen, die in unterirdischen Höhlen leben und nur bei ihnen zusagenden Bedingungen nach oben kommen, mit der Unterwelt und den Kräften der Natur in Verbindung gebracht werden.

In Mittelamerika schmückten die Azteken und Mayas ihre Tempel und Monumente mit übergroßen Darstellungen stilisierter

DAS SCHLANGENFEST VON COCULLO

Domingo des Guzmán, ein Spanier und Gründer des Dominikanerordens, lebte von etwa 1170 bis 1221 n.Chr. 1215 reiste er durch die Abruzzen und predigte zu den ketzerischen Albigensern, die vom römisch-katholischen Glauben abwichen. Die Albigenser hatten als Symbol eine Schlange, gegen deren Gift der hl. Dominikus immun gewesen sein soll, weshalb er heute mit Schlangen in Verbindung gebracht wird.

Im Dorf Cocullo wird Dominikus noch alljährlich mit einer Prozession geehrt, bei der man sein Bildnis – behangen mit Schlangen – durch die Straßen trägt. Das Fest des hl. Dominikus, auch »Schlangenfest« genannt, findet Anfang Mai statt. Es beginnt am Morgen mit einer Messe zu Ehren des Heiligen. Mittags wird dann das Kirchenportal aufgestoßen und seine Statue aus der Kirche auf den Dorfplatz getragen. Während sie auf dem Dorfplatz steht, kommen Leute aus der Gegend und legen lebende Schlangen um Kopf und Körper des Dominikus. Es handelt sich um die Vierstreifennatter *(Elaphe quatuorlineata),* eine große, beeindruckende Colubride, die in der Gegend vorkommt. Jede Schlange wird mit einem farbigen Punkt auf dem Kopf markiert.

Dann wird die Sänfte mit der Statue in einer Prozession durch die Straßen getragen. Pfarrer und Bürgermeister gehen voran, gefolgt von jungen Frauen in Tracht. Die Sänfte tragen Männer aus dem Ort, geleitet von festlich herausgeputzen Polizisten, die als Kopfbedeckung Dreispitze mit schwarzen und roten Federn tragen. Nachdem die Prozession, begleitet von Einwohnern und Touristen, ihren Weg durch das Dorf beendet hat, werden die Schlangen wieder freigelassen oder an Touristen verkauft.

Schlangen, oft von grauenhafter Gestalt. Auch wenn man nicht weiß, welche Rolle Schlangen in ihrer Kultur oder Religion spielten, war es sicherlich eine bedeutende. Auch wurden wichtige Gottheiten oft mit Schlangen gezeigt: in Form von Umhängen, Röcken oder Gürteln bzw. schlangenförmigen Stäben.

Keine Religion hat unserem Schlangenbild wohl mehr Schaden zugefügt als die christliche. Als Symbol vieler heidnischer Kulte und Kulturen war die Schlange hier ein willkommener Sündenbock. Sie wurde Synonym für das Böse, geprägt durch den Vorfall im Garten Eden. Noch heute werden in einigen Gegenden, besonders im Mittelmeerraum, Schlangen als etwas fundamental Böses betrachtet und gnadenlos verfolgt, ob giftig oder ungiftig.

Legenden und Aberglaube

Viel von dem alten Aberglauben und den Vorurteilen um Schlangen existiert noch heute. Es gibt Hunderte, wenn nicht Tausende solcher Geschichten in aller Welt – meist ohne irgendeine wissenschaftliche Basis. Dennoch sind sie wichtig für Menschen, die in ihrem Alltag häufig auf wild lebende Schlangen treffen.

Über Jahrhunderte glaubten die Menschen, alle anderen Lebewesen auf der Erde wären ihnen zum Nutzen geschaffen worden. Man musste nur herausfinden, worin dieser Nutzen bestand. Aufgrund ihrer hohen symbolischen und wirklichen Eigenschaften wurden Schlangen von Medizinmännern, Kräuterkundigen, Quacksalbern und Heilern aller Herren Länder gründlich untersucht.

Traditionelle Heilmittel verwenden verschiedenste Teile des Schlangenkörpers, auch die abgestreifte Haut. Zu den Beschwerden, die damit geheilt werden sollen, gehören Rheuma, Halsschmerzen sowie Kopf- und Rückenschmerzen. Schlangenhäute wurden manchmal verwendet, um Entbindungen zu erleichtern, ebenso die Gallenblase von Schlangen. Schlangenfleisch wurde zur Verbesserung der Gesichtsfarbe eingesetzt und Schlangenfett zur Behandlung von Haarausfall. Die Chinesen aßen Schlangenfleisch vorbeugend gegen Tuberkulose sowie Seeschlangen zur Abwehr von Malaria und Epilepsie. Klapperschlangenöl wurde in Nordamerika viel von Wanderheilern verkauft, v. a. zum Kurieren von Rückenleiden und Steifheit, aber auch bei Zahnschmerzen, Taubheit, gegen Gerstenkörner, Flechtengrind und Moskitostiche. Darüber hinaus sollten Arzneien aus verschiedenen Schlangenpräparaten angeblich gegen Pest, Masern, Pocken, Lepra u. Ä. helfen. Die Liste scheint fast endlos!

Schlangengift wird in der Medizin sehr geschätzt, da ihm viele besondere Eigenschaften nachgesagt werden. Über die Verwendung wird derzeit in verschiedene Richtungen geforscht. Einige der behaupteten Wirkungen sind freilich abstrus. Aber getrocknetes Gift der Kettenviper wirkt nachweislich als Blutgerinnungsmittel und wurde noch vor Kurzem bei schweren Blutungen und gegen die Bluterkrankheit eingesetzt. Gleiches gilt für das Gift der Kobra, das in bestimmten Fällen schmerzlindernd wirkt.

Schlangenbisse sind immer eine Gefahr, wo giftige Schlangen häufig sind. Auch wenn die Angst der Menschen berechtigt ist, gab es – und gibt es noch – viel Aberglaube um die Macht giftiger Schlangen. Manche Volksgruppen glauben, dass Schlangen ihr Gift über große Entfernungen verspritzen, und der mythische Basilisk konnte angeblich mit einem einzigen Blick seiner feuerroten Augen töten. Es wurde auch behauptet, Schlangen könnten mit ihrem Schwanz stechen. Dieser Mythos beruht wohl darauf, dass einige Arten zugespitzte Schwanzenden besitzen, die sie bei Bedrohung in die menschliche Haut bohren. Manche Arten, v. a. die grabenden, haben stumpfe Schwänze, die mit dem Kopf verwechselt werden können. Aber keine dieser Arten ist giftig. Als Schutz vor Schlangenbissen waren Zauber und Talismane weit verbreitet, wobei oft Schlangenteile wie Zähne oder Haut verwendet wurden. Noch vor Kurzem legte man in Nordamerika Bänder

aus Haaren um Camps, weil man glaubte, Schlangen würden diese nicht überqueren. Auch von Pflanzen, z. B. der Esche, wurde behauptet, sie würden Schlangen abweisen, ebenso Asche oder Extrakte vieler Pflanzen. Selbst dem menschlichen Speichel wurde eine solche Wirkung nachgesagt.

Verschiedene Stämme behaupteten, gegen Schlangenbisse immun zu sein, und viele betätigten sich als Schamanen, um andere Menschen von Schlangenbissen zu heilen. Cleopatra soll von den Schamanen zweier Stämme behandelt worden sein, um ihr Leben zu retten, nachdem sie sich selbst einen Vipernbiss zugefügt hatte. Viele angebliche Heilmittel beruhen auf Teilen des Verursachers, z. B. der in Wein eingelegte Kopf einer Aspisviper oder eine Brühe aus Schlangen. Diesen Mitteln vertraute man in Europa bis ins 19. Jahrhundert. Das verbreitetste Gegenmittel bei Schlangenbissen war jedoch das Aussaugen der Wunde, was auch eine natürliche Reaktion des Menschen ist. Es kann hilfreich sein, zumal Schlangengift relativ harmlos ist, wenn man es schluckt. Verschiedenste Mittel wurden benutzt, um das Gift aus dem Körper zu ziehen – poröse Steine, Stücke angebrannter Knochen und Wickel aus verschiedenen Naturprodukten.

Das Ausbrennen der Wunden wurde häufig benutzt, um die Ausbreitung des Schlangengiftes zu verhindern, ebenso das Abbinden oder – besonders drastisch – Amputieren ganzer Körperteile. Da nur ein kleiner Teil der Schlangenbisse lebensgefährlich ist, kann man sich ausmalen, wie viele dieser Verstümmelungen überflüssig waren.

In neuerer Zeit wurde angenommen, Alkohol würde dem Gift von Schlangen entgegenwirken, und daraus entwickelte sich – aus durchsichtigen Gründen – eine beliebte Heilmethode. Dem Patienten verabreichte man genug Alkohol, um ihn betrunken zu machen, und es gibt viele Geschichten von vorgetäuschten Bissen und prophylaktischen Behandlungen. Vor einigen Jahren erzählte ein Australier bei einem Fernsehinterview, ein Schluck Whisky (ein Whiskyrausch?) sei die beste Kur bei Schlangenbissen, und fügte hinzu, man müsse den Whisky vor dem Biss trinken! In Wirklichkeit verstärkt Alkohol eher die Wirkung des Gifts, weil er den Blutkreislauf anregt, und die empfohlenen riesigen Mengen könnten durchaus zum Tod des Patienten führen, bevor das Gift überhaupt zur Wirkung gelangt.

HEUTIGE EINSTELLUNGEN GEGENÜBER SCHLANGEN

DIE HEUTIGE HALTUNG GEGENÜBER SCHLANGEN IST SEHR UNTERSCHIEDLICH. WÄHREND IN DER WESTLICHEN WELT DAS BEWUSSTSEIN FÜR DEN WERT DER NATUR ALLGEMEIN GESTIEGEN IST, GIBT ES IMMER NOCH EIN GRUNDLEGENDES MISSTRAUEN GEGENÜBER SCHLANGEN. DIES RÜHRT SICHERLICH TEILWEISE VON DER TATSACHE HER, DASS VIELE ARTEN EINEN SCHNELLEN UND SPEKTAKULÄREN TOD HERBEIFÜHREN KÖNNEN, WIRD ABER AUCH DURCH EINE IRRATIONALE ABSCHEU GEFÖRDERT.

Vorurteile

Schlangen rangieren unter den unbeliebtesten Tieren noch vor Spinnen, Küchenschaben oder Ratten. Dabei haben die meisten Menschen, die sich vor ihnen fürchten, noch nie eine frei lebende Schlange gesehen, und noch weit weniger wurden schon einmal von einer Schlange gebissen. Der Vorfall im Garten Eden hat gewiss viel zur negativen Einstellung gegenüber diesen Tieren beigetragen. Bekannte Redewendungen wie »falsche Schlange« und »mit gespaltener Zunge sprechen« verfestigen die Vorurteile.

Ein gesunder Respekt vor Schlangen ist sicherlich richtig, besonders, wo man mit giftigen Arten rechnen muss, aber es gibt keinen Grund, sie zu hassen, und erst recht keine Entschuldigung dafür, sie zu verfolgen. Interessanterweise haben kleine Kinder selten Angst vor Schlangen.

Schlangenbisse

Schlangenbisse stellen nur in wenigen Teilen der Welt ein ernstes Problem dar, meist in ländlichen tropischen Gegenden. Dafür sind mehrere Faktoren verantwortlich. Zunächst sind giftige Schlangen in tropischen Bereichen relativ häufig. Weiterhin schützen viele Landarbeiter dort ihre Füße und Unterschenkel zu wenig. Schließlich ist die medizinische Versorgung oft schlecht, und die Menschen nutzen sie nur widerstrebend bzw. vertrauen traditionellen »Heilmethoden«.

Die Sandrasselotter (*Echis carinatus*) gilt allgemein als die gefährlichste Schlange der Welt. Grund dafür ist ihre Verbreitung über weite Teile Afrikas und Asiens, wo sie zudem sehr häufig ist. Sie vertraut meist ihrer Tarnung, weshalb man leicht auf sie tritt. Gleichzeitig hat sie eine aggressive Natur und zögert niemals, zuzubeißen, wenn sie in Bedrängnis ist. Weitere gefährliche Arten sind u. a. die Kettenviper *(Daboia russellii)* in Asien, die Puffotter *(Bitis arietans)* in Afrika, die Malaysische Mokassingrubenotter *(Calloselasma rhodostoma)* in Asien und die Gewöhnliche Lanzenotter *(Bothrops atrox)* in Zentral- und Südamerika. Es ist bemerkenswert, dass viele der gefürchteteren Giftschlangen – Mambas, Kobras, Taipane, Klapperschlangen und Buschmeister – nicht auf dieser Liste stehen. Auch wenn diese Arten eine beträchtliche Zahl von Todesfällen verursachen, sind sie nicht so bedeutend wie generell angenommen. Das mag daran liegen, dass sie relativ selten sind (z. B. Buschmeister, Taipane) oder in Gegenden vorkommen, wo die Menschen gut geschützt sind (Klapperschlangen und wiederum Taipane). Andere giftige Arten sind scheu und beißen selten, außer bei extremer Provokation. Das trifft auch für viele der weniger gefährlichen Arten zu, wie die europäischen Vipern, viele kleinere Klapperschlangen, Korallenottern und Kobras.

Die Wirkung eines Schlangenbisses auf den Menschen hängt von der jeweiligen Art ab. Viele Bisse verursachen nur leichte Verletzungen und haben keine ernsthaften Auswirkungen. Sie bewirken nur leichte Symptome, die ohne Behandlung nach einigen Tagen oder Stunden wieder verschwinden. Ernst zu nehmende Schlangenbisse verursachen dagegen oft beängstigende Symptome. Diese können lokal begrenzt sein, so bei Schlangen, die hämotoxische (auf das Blut wirkende) Gifte produzieren (v. a. Vipern, Colubriden mit nach hinten stehenden Giftzähnen), aber – wie bei Schlangen mit neurotoxischen Giften – auch den ganzen Körper betreffen (v. a. Kobras).

Bisse von hämotoxischen Arten verursachen örtliche Schmerzen, die oft schnell und heftig auftreten. Schwellungen und Verfärbungen erfolgen häufig innerhalb von Minuten und können sich von den betroffenen Gliedmaßen bis zum Rumpf ausbreiten. Durch Zerstörung der Blutgefäße werden innere Blutungen verursacht, die durch eine Schädigung des Blutgerinnungsstoffes noch verstärkt werden können. In anderen Fällen wird ein Verklumpen des Blutes bewirkt, was zu Thrombose führt. Als Extrem können irreversible Gewebeschäden auftreten, die zu Wundbrand oder sogar zum Tod führen. Der Tod tritt häufig durch die Schädigung innerer Organe oder absackenden Blutdruck ein.

SCHLANGENBISSE

Es gibt kaum Statistiken über Schlangenbisse. In Ländern ohne flächendeckende medizinische Versorgung bleiben viele Fälle unbekannt. Auch Angaben über die verursachende Spezies sind oft vage.

Eine neuere Schätzung geht von jährlich ca. 25 000 Todesfällen durch Schlangenbisse aus. Schätzungsweise passieren mehr als die Hälfte davon in Indien und Birma. Dort gibt es eine dichte Landbesiedelung, oftmals schlechte medizinische Versorgung, und einige potenziell tödliche Schlangenarten sind häufig. Man nimmt an, dass die Kettenviper für etwa 10 000 Bisse und 1000 Tote allein in Birma verantwortlich ist. Weitere gefährliche Arten der Region sind Sandrasselotter, verschiedene Grubenottern, Kobras und Kraits.

Zahlen für Südamerika lassen sich schwer schätzen. Unter den Waorani in Ecuador werden schätzungsweise fast 5 % der Todesfälle durch Schlangenbisse verursacht und beinahe 80 % der Bevölkerung einmal im Leben von einer Schlange gebissen. In anderen Teilen Südamerikas werden ungefähr 0,5 % der Bevölkerung jährlich von einer Schlange gebissen, und nur ein Bruchteil davon ist tödlich. Die Zahlen für Afrika weisen auf eine ähnliche Rate hin.

Todesfälle durch Schlangenbisse in westlichen Gesellschaften sind weit weniger häufig. Schlangen sind dort aus städtischen wie ländlichen Gegenden fast verschwunden, auch ist die Bevölkerung besser informiert und geschützt und die medizinische Versorgung auf einem hohen Stand. In Australien, das mehr giftige als ungiftige Schlangenarten hat, gibt es im Jahr durchschnittlich weniger als 10 Todesfälle. Dagegen werden in Nordamerika, mit lediglich einigen Arten giftiger Klapperschlangen, etwa 15 Menschen jährlich Opfer von Schlangenbissen. Eine ähnliche Zahl wird für Europa genannt, wo die meisten gefährlicheren Vipernarten im Süden und Osten leben. In dieser Zahl sind allerdings einige Fälle von sorglosen Schlangenhaltern und überflüssigen Heldentaten enthalten.

▲ Die Kettenviper *(Daboia russellii)* ist in Südostasien für viele tödliche Schlangenbisse verantwortlich.

Bisse von neurotoxischen Arten haben wenig oder gar keine örtlichen Auswirkungen. Stattdessen werden die Muskeln schlaff, was im frühen Stadium zu herabhängenden Augenlidern führt. Es folgt eine Lähmung, oft verbunden mit Atemschwierigkeiten. In Extremfällen kann es zum Tod durch Ersticken kommen.

Seeschlangen beißen selten Menschen, und ihr Giftapparat ist nicht für tiefe Bisse geeignet. Fischer sind in einigen Teilen der Welt gefährdet, weil die Schlangen sich oft in Netzen verfangen. Ihr Gift wirkt auf die Muskeln, und zu den Symptomen gehören Schwellungen, Muskelschmerzen und Muskelkrämpfe. Die Muskelzellen werden zerstört und setzen Kalziumionen frei. Dies kann zum Tod durch Herzstillstand führen.

In anderen Fällen kommt es zum Tod durch Atemstillstand.

Colubriden werden nicht zu den besonders gefährlichen Arten gezählt. Von mindestens 3 Arten sind aber dennoch Todesfälle bekannt: Afrikanische Baumschlange *(Dispholidus typus)*, Kapvogelnatter *(Thelotornis capensis)* und Tigernatter *(Rhabdophis tigrinus)*. Ihr Biss verursacht ähnliche Symptome wie der von Vipern, mit örtlicher Gewebeschädigung, Blutungen, Blutergüssen und verminderter Blutgerinnung. Der Tod durch den Biss einer Afrikanischen Baumschlange tritt meist innerhalb von 24 Stunden ein aufgrund von Atemstillstand. Bei den anderen beiden Arten kann es noch mehrere Tage oder sogar Wochen nach dem Biss zum Tod durch Nierenversagen kommen.

BEHANDLUNG VON SCHLANGENBISSEN

Die wirkungsvollste Behandlung gefährlicher Schlangenbisse ist der Einsatz von Gegengift. Zu dessen Herstellung benötigt man zunächst das Gift, zu dessen Gewinnung die Schlange »gemolken« wird: Ihre Giftzähne werden über den Rand eines Glases gehalten und die Giftdrüsen massiert, bis sie Gift abgeben. Dieses wird in kleinen Mengen und regelmäßigen Abständen anderen Tieren injiziert, meist Pferden, aber auch Rindern, Schafen oder Ziegen, bis sie immun sind. Aus dem Blut der Tiere werden dann die Antikörper zur Behandlung der Schlangenbisse isoliert.

Gegengifte werden in Labors auf der ganzen Welt hergestellt. Manche produzieren nur Antiserum gegen lokal häufige Schlangenarten, andere eine ganze Palette zum Verkauf in andere Länder, an Zoos etc. Die meisten Gegengifte sind aufgrund der aufwendigen Herstellung teuer. Die Preisspanne reicht etwa von 20 bis 700 € pro Ampulle, je nach Art. Bei schweren Bissen kann die Injektion mehrerer Ampullen notwendig sein. Die Lagerungsfähigkeit der Seren beträgt oft nur 2–3 Jahre. Daher kann in Ländern mit vielen Schlangenbissen, etwa in Papua-Neuguinea, die Bereitstellung von Gegengift einen beträchtlichen Teil des jährlichen Gesundheitsbudgets verschlingen.

Gegengifte können gegen verschiedene Schlangengifte, nur ein bestimmtes Gift oder eine Gruppe eng verwandter Gifte wirksam sein. Mehrfach wirksame Gegengifte sind in Gegenden sinnvoll, wo es viele verschiedene giftige Schlangen gibt und die den Biss verursachende Art nicht immer festgestellt werden kann. Die Spannweite der Arten, für die das Gegengift wirkt, kann begrenzt sein auf Schlangen, die ähnliche Gifte haben, z. B. einige gefährliche Klapperschlangen

(*Crotalus*) oder Korallenottern. Andere Gegengifte wirken bei 2 oder mehr ganz verschiedenen Arten. Es handelt sich um Mixturen, um die gefährlichsten Spezies einer Region abzudecken, egal welche Art von Gift sie produzieren. Beispiele sind die Gegengifte für Kettenviper und Brillenschlange (hergestellt von Central Hills Research, Kasauli, Indien) oder Brillenschlange, Indischen Krait, Kettenviper und Sandrasselotter (hergestellt vom Serum Institute of India).

Spezifische Gegengifte, z. B. Anti-Buschmeister, Schwarzotter-Gegengift, Mamushi-Gegengift (gegen *Gloydius halys*), sind für Bisse gedacht, bei denen die verursachende Art eindeutig bekannt ist. Allerdings können sie auch bei Bissen ähnlicher Schlangen helfen.

Gegengifte sollten nur von qualifiziertem medizinischem Personal verabreicht werden, da sie gefährliche Nebenwirkungen haben können. Speziell gegen von Pferden gewonnene Seren sind manche Leute allergisch, und der dadurch entstehende Schock kann gefährlicher sein als der Biss. Da das Serum intravenös verabreicht werden muss, bestehen zusätzlich Gefahren durch Infektion oder Verletzung bei unerfahrenen Anwendern.

In der Praxis ist Gegengift meist nicht notwendig, außer in Fällen von schwerwiegenden Bissen. In einem Informationsblatt der Liverpool School of Tropical Medicine heißt es, 30 % der Vipernbisse, 50 % der Bisse von Elapiden und 80 % der Seeschlangenbisse verursachen keine klinischen Symptome, da die Schlangen bei Verteidigungsbissen oft kein Gift spritzen. Lokale Symptome werden von 80 % der gefährlichen Vipernbisse und 50 % der Bisse von Speikobras verursacht. Systemische Symptome wie Zahnfleischbluten, Schock, Atem- und

Herzprobleme treten bei 40 % der Vipernbisse auf sowie bei 20 % der Elapidenbisse und 20 % der Bisse von Seeschlangen. Natürlich sind nicht alle diese Bisse tödlich, und in den meisten Fällen erfolgt die Heilung von selbst. Die Todesrate bei nicht behandelten Schlangenbissen liegt bei ungefähr 1 % bei Vipern, 5 % bei Elapiden und 10 % bei Seeschlangen. Dabei handelt es sich um verallgemeinerte Schätzungen. In manchen Teilen der Welt, wo die gefährlicheren Arten leben, ist die Todesrate wahrscheinlich höher.

Im Fall eines Schlangenbisses sollte immer medizinische Hilfe aufgesucht werden. Erste-Hilfe-Maßnahmen sollten sich darauf beschränken, den Patienten zu beruhigen. Vermeiden Sie Bewegungen, besonders der betroffenen Gliedmaßen, damit das Gift nicht unnötig schnell im Körper verteilt wird. Ein Abbinden wird nicht mehr empfohlen, auch nicht das Aufschneiden oder Aussaugen der Wunde. Die wirksamste Erstmaßnahme besteht in einer elastischen Binde um die betroffene Gliedmaße. Dadurch wird die Durchblutung vermindert und die Wirkung des Giftes um einige Stunden verzögert. In dieser Zeit sollte es möglich sein, medizinische Fachleute aufzusuchen. Bei richtiger Behandlung darf man mit völliger Genesung rechnen.

NUTZUNG VON SCHLANGEN DURCH MENSCHEN

SCHLANGEN WERDEN, VERGLICHEN MIT ANDEREN TIERGRUPPEN, NUR SEHR GERINGFÜGIG WIRTSCHAFTLICH GENUTZT. NUTZUNGEN BESCHRÄNKEN SICH AUF EINZELNE REGIONEN ODER WENIGE ARTEN.

Nahrung

Schlangen werden, wenn auch nicht so viel wie früher, von einigen ursprünglichen Volksstämmen gegessen. Sie sind leicht zu fangen und zu töten. Obwohl sie oft nur wenig Fleisch liefern, bilde(te)n sie in Gegenden und Zeiten, wo andere Tiere selten oder schwer zu fangen sind, eine wichtige Nahrungsquelle. Die australischen Aborigines z. B. essen alle Arten von Schlangen, besonders gerne Pythons. In Teilen Afrikas wird der Felsenpython sehr geschätzt, Anakondas und Boas stehen manchmal in Südamerika auf dem Speiseplan.

In Asien werden Schlangen gerne verzehrt, auch von der städtischen Bevölkerung. Besonders geschätzt sind Seeschlangen. Aber man isst auch viele andere Arten, einschließlich Kobras und Kraits. In Kambodscha werden Wassertrugnattern tonnenweise an Zuchtkrokodile verfüttert und auch gegessen. In Hongkong gelten Gallenblasen von Schlangen als kräftigend. Sie werden oft lebenden Schlangen entnommen und im Ganzen geschluckt. Andere Körperteile von Schlangen sind als Aphrodisiakum oder Heilmittel begehrt. In der chinesischen Provinz Kanton ist das Essen von Schlangen allgemein üblich. Verschiedene Arten, besonders Pythons, werden dort auf Märkten zu hohen Preisen verkauft.

In Nordamerika wurden von den frühen Siedlern Klapperschlangen gegessen, allerdings nur in Notzeiten. Vorurteile kamen hier den Schlangen zu Hilfe. Andererseits wird Klapperschlangenfleisch in Dosen noch heute verkauft. Es stammt oft von Tieren, die in großen Treibjagden getötet wurden.

Schlangen in der Unterhaltungsbranche

Der Unterhaltungswert von Schlangen ist nicht zu übersehen. Ekel vor den Tieren ist oft gepaart mit Faszination. Schlangenbeschwörer, Schlangentänzerinnen und Beiprogramme von Shows nutzen diese Eigenart der menschlichen Natur.

Schlangenbeschwörer finden sich in Nordafrika, dem Nahen Osten und Indien. Ihre Wurzeln gehen wahrscheinlich auf das alte Ägypten zurück, wo die Macht über Schlangen als eine göttliche Gabe galt. Das Geheimnis der Schlangenbeschwörung beruht in Wahrheit auf einer genauen Kenntnis des Verhaltens von Schlangen. Versierte Schlangenbeschwörer arbeiten mit nicht manipulierten, hochgiftigen Arten, und tödliche Unfälle sind bekannt. Weniger ambitionierte Vorführer entfernen den Schlangen die Giftzähne, nähen ihnen das Maul zu, melken regelmäßig das Gift oder verwenden ungiftige Arten. Die für Schlangenbeschwörungen gebräuchlichste Art ist die Kobra, deren charakteristische Haltung sie sofort erkennbar macht. Wo sie vorkommt, wird die Königskobra bevorzugt. Man begegnet aber auch anderen Schlangen, etwa Pythons und Vipern.

Andere Schlangendarbietungen sind mit exotischen Tänzen oder verschiedenen Arten von Kabarett verbunden. Dabei werden bevorzugt große Pythons eingesetzt, weil sie beeindruckend und leicht zu handhaben sind. Amerikanische Schlan-

TREIBJAGD AUF KLAPPERSCHLANGEN

Die Geschichte der Klapperschlangenjagden reicht mindestens bis 1680 zurück. Damals waren in Massachusetts Männer für 2 Schilling pro Tag beauftragt, Klapperschlangen zu töten. Diese Art der Dezimierung wurde ab 1740 durch einen bestimmten Tag im Jahr abgelöst, an dem sich alle Männer trafen, um so viele Klapperschlangen wie möglich zu töten. Diese Klapperschlangenjagden hatten den Zweck, die Schlangen in besiedelten Gebieten auszurotten, damit die Siedler, ihre Familien und ihr Vieh sicherer waren.

Mit dem Wachsen der Siedlungen wurden die Schlangenjagden mehr und mehr zum Sport, mit Preisen für das Erlegen der meisten Schlangen. Die Aufzeichnungen eines Wettbewerbes in Iowa 1849 belegen, dass 2 Männer jeweils 90 Klapperschlangen in anderthalb Stunden töteten und übers Jahr insgesamt 3750 Tiere umgebracht wurden.

»Rattlesnake Round-ups« wurden ein beliebter Sport in vielen Gegenden – auch dort, wo die Schlangen kaum oder gar keine Bedrohung für Mensch und Nutztiere darstellten. Sie entwickelten sich zu einer Art Volksfest, wo Zuschauer das Geschehen bei einem Picknick verfolgten. Örtliche Behörden und Wohlfahrtsverbände unterstützten die Veranstaltungen oft, um Geld einzunehmen und für Unterhaltung zu sorgen. So gab es z. B. Vorführungen über den Umgang mit Klapperschlangen, an deren Ende die Schlangen umgebracht und Häute sowie Fleisch verkauft wurden.

Leider finden Klapperschlangenjagden noch heute in verschiedenen USamerikanischen Bundesstaaten statt. Das berüchtigtste ist in Sweetwater, Texas, wo innerhalb von 16 Jahren 70 773 Schlangen getötet wurden. Andere Zahlen weisen z. B. 751 getötete Waldklapperschlangen *(Crotalus h. horridus)* in 9 Jahren, bei Jagden in Morris, Pennsylvania, aus oder 3205 Tiere in 17 Jahren durch den »Keystone Reptile Club«, ebenfalls in Pennsylvania.

In den ersten Jahren wurden die Klapperschlangen im offenen Gelände gefangen, genau zu der Zeit, wenn sie nach der Überwinterung aus ihren Bauen kommen und bevor sie sich wieder verstecken. Später wurden die Winterquartiere teilweise mit Dynamit gesprengt. Heute besteht eine gängige Methode darin, Benzin in die Baue und Höhlen zu gießen, um die Schlangen herauszutreiben. Dieses Verfahren ist besonders verabscheuenswert, weil viele Klapperschlangen in den Höhlen bleiben und dort zusammen mit harmlosen Schlangen und anderen Tieren, die dort Unterschlupf suchten, einen grausamen Tod sterben.

WAS PASSIERT MIT ALL DEN SCHLANGEN?

Die Ausbeutung und Verfolgung von Schlangen hat viele Formen. Dabei ist es oft kaum möglich, die Auswirkungen auf Schlangenpopulationen zu quantifizieren. Beispielsweise ist die Zahl der Tiere, die durch Lebensraumverlust, für medizinische Zwecke, als Nahrung, aus Vorurteilen und auf den Straßen getötet werden, nicht feststellbar. Wenn Schlangen dagegen in den Handel kommen, kennt man die Zahl der Tiere durch die notwendigen Genehmigungen nach dem Artenschutzabkommen in etwa. Allerdings werden nicht alle gehandelten Tiere erfasst, da manche Arten nicht meldepflichtig sind und auch nicht alle Staaten das Abkommen unterzeichnet haben. Außerdem ist der Weg von Schlangen und Schlangenprodukten um die Welt oft schwer zu verfolgen, sodass manche Produkte gar nicht, andere dagegen mehrmals erfasst werden. Auch können mehrere Artikel aus Schlangenleder von derselben Haut stammen.

In den meisten europäischen Staaten wird der Handel mit Schlangen durch die Umweltministerien kontrolliert. Die genauen Import- und Exportzahlen für einzelne Staaten sind seit der Aufhebung der Zollgrenzen innerhalb der EU 1993 schwierig zu ermitteln. Die für Großbritannien festgestellten Zahlen geben eine Vorstellung vom Handelsvolumen und von den Zwecken, für die Schlangen verwendet werden: So wurden 1992 rund 350 000 Schlangen, Schlangenhäute oder Schlangenprodukte nach Großbritannien importiert, davon etwa 230 000 Häute, 112 000 Fertigprodukte (meist Schuhe, Stiefel und Handtaschen) und ca. 3500 lebende Schlangen, vermutlich für Haustierhandel, Zoos und Forschungslabors.

Eingeführt wurden meist asiatische Schlangen, ca. 133 500 Gebänderte Rattennattern (Ptyas mucosus), davon die meisten (125 000) als Häute, ca. 64 500 Netzpythons (Python reticulatus), davon mehr als 58 000 als Häute, 53 500 Gekielte Kletternattern (Elaphe carinata), davon über 48 000 Produkte aus Schlangenhaut, und fast 42 000 Rattenschlangen (Zaocys dhumnades), davon über 27 500 Produkte aus Schlangenhaut. Weiterhin wurden fast 16 500 Häute der Javanischen Warzenschlange (Acrochordus javanicus) importiert und fast 38 000 Waren von anderen Arten: als Produkte aus Schlangehaut (22 000), Häute (12 000) oder lebende Schlangen (3500). Die »anderen Arten« umfassen eine große Spanne, einige davon wurden nur in 1–2 Exemplaren eingeführt, andere stammen aus Zucht. Im selben Zeitraum – 1992 – wurden fast 40 000 Häute oder Produkte aus Häuten wieder in andere Teile der Welt exportiert.

Wie aufgrund der genannten Arten zu erwarten, stammen die meisten nach Großbritannien eingeführten Schlangen aus Asien, v. a. Indonesien, Hongkong und Singapur. Viele der Häute und Produkte aus den beiden letztgenannten Ländern kamen aus China.

Wenn man bedenkt, dass die genannten Zahlen den Handel nur eines Landes in nur einem Jahr betreffen, kann man sich kaum vorstellen, dass die betroffenen Schlangenarten überhaupt noch existieren.

▲ Die Gebänderte Rattennatter (Ptyas mucosus) leidet besonders unter dem Handel mit Häuten.

genshows, früher häufig an Rastplätzen entlang den Überlandstraßen gezeigt, sind selten geworden. Eine Besonderheit ist der Schlangentempel von Penang in Malaysia, wo Waglers Lanzenottern (Tropidolaemus wagleri) als »Requisite« für Touristen benutzt werden, die sie gegen ein Trinkgeld fotografieren. Die Schlangen sind normalerweise tagsüber träge und wahrscheinlich zusätzlich durch die Umgebung irritiert. Sie werden nicht artgerecht gehalten, und ständig müssen Todesfälle durch neu gefangene Tiere ersetzt werden.

Schlangen als Haustiere

Der Handel mit Schlangen als Haustier nimmt zu. Zehn-, wenn nicht gar Hunderttausende von Schlangen gehen jedes Jahr über den Ladentisch, um Schlangenliebhabern Freude zu machen. Eine geringere, aber ebenfalls erhebliche Anzahl von Schlangen wird zur Ausstellung in Zoos und Schlangenparks gesammelt. Glücklicherweise geht der Trend weg von aus der Natur gefangenen Tieren hin zu gezüchteten. In Nordamerika und Europa werden inzwischen durch mehrere Unternehmen jährlich viele Tausend junge Schlangen erbrütet, um die Nachfrage zu bedienen. Dazu kommen unzählige nebenberufliche Züchter, die Schlangen in unterschiedlicher Zahl vermehren. Trotzdem gibt es immer noch Handel mit wild lebenden Schlangen, sei es, weil bestimmte Arten sich in Gefangenschaft nur schwer in ausreichender Zahl vermehren lassen, sei es, weil entsprechende Kosten höher wären als der dürftige Lohn, den Schlangensammler in den Herkunftsländern bekommen.

Der Handel mit Wildtieren wird durch das Washingtoner Artenschutzabkommen vom 1. Juli 1975 geregelt. Die Mitgliedsstaaten erlauben die Einfuhr oder Ausfuhr von Schlangen oder anderen Tieren nur, wenn damit das Fortbestehen der Art nicht gefährdet wird. Viele seltene Schlangenarten werden durch das Abkommen streng geschützt, andere in diesem Rahmen genau beobachtet. Für den Bestand der meisten Arten hat das Sammeln von Schlangen für Liebhaber wohl keine ernsthaften Folgen. Allerdings gibt es bisher kaum Untersuchungen über wilde Populationen, aus denen regelmäßig entnommen wird. Begehrte Arten sind sicherlich stärker gefährdet als andere, obwohl viele davon gezüchtet werden. Genaue Zahlen über den Handel mit Wildfängen sind schwer zu ermitteln. Seitdem es das Artenschutzabkommen gibt, wird der Handel besser registriert.

Schlangenhäute

Die Farben und Muster von Schlangenhäuten sowie ihr Seltenheitswert machen sie in der Modeindustrie gefragt. Zahlen hierzu sind allerdings noch schwieriger zu schätzen als beim Handel mit lebenden Schlangen. Die wichtigsten Märkte für Produkte aus Schlangenhaut sind Nordamerika, Europa und Japan. Am meisten verwendet werden 2 große Pythonarten, der Netzpython (*Python reticulatus*) und der Tigerpython (*P. molurus*), 2 Anakondaarten und die Abgottboa (*Boa constrictor*). Allein mit diesen Spezies macht die Modeindustrie in den USA jährlich mehrere Millionen Dollar Umsatz. Andere Arten, etwa Warzenschlangen (*Acrochordus*) und die Gebänderte Rattennatter (*Ptyas mucosus*), wurden ebenfalls stark genutzt. Letztere nimmt in mehreren Gegenden ab, wo sie früher häufig war. Die Handelsstatistiken geben keine Individuenzahlen an, sondern die exportierte Menge in Kilogramm. In letzter Zeit machen sich einige Länder, darunter Indien und Sri Lanka, Sorgen über die Auswirkungen des Handels mit Schlangenhäuten und haben ihn daher untersagt.

Schlangen in der Forschung

Auch die Wissenschaft trägt oder trug in manchen Fällen Verantwortung für die Dezimierung der Schlangenbestände. Museen und Universitäten sind oft vollgestopft mit konservierten Schlangen, von denen viele niemals wissenschaftlich untersucht oder auch nur bestimmt wurden. Im 19. Jahrhundert sammelten Zoologen unzählige Tiere und schickten sie ihren Sponsoren in Europa und Nordamerika. Manchmal wurden dabei nicht einmal die Funddaten notiert, was die Präparate wissenschaftlich praktisch wertlos macht. Da jedes Museum an einem möglichst umfassenden Artenbestand interessiert ist, wurden viele Sammlungen doppelt angelegt. Verantwortungsbewusste Wissenschaftler nutzen bereits präparierte Tiere oder Untersuchungsmethoden, bei denen die Tiere keinen ernsthaften Schaden nehmen.

SCHLANGEN-SCHUTZ

GEFÄHRDUNG UND RÜCKGANG VIELER SCHLANGENARTEN HABEN MEHRERE URSACHEN. EINIGE WURDEN BEREITS UNTER »NUTZUNG VON SCHLANGEN DURCH MENSCHEN« BESCHRIEBEN. ANDERE BEDROHUNGEN SIND DIE LEBENSRAUMVERNICHTUNG, DIE MIT ABSTAND WICHTIGSTE GEFÄHRDUNGSURSACHE, UND UMWELTVERSCHMUTZUNG; LETZTERE KANN SCHLANGEN ENTWEDER DIREKT ODER ÜBER IHRE NAHRUNG TÖTEN.

Dass viele Schlangenarten Schutz brauchen, steht für die meisten Biologen außer Frage. In der breiten Bevölkerung hat der Schutz von Schlangen dagegen einen niedrigen Stellenwert. Dies liegt sicherlich zum großen Teil an Vorurteilen und dem Hintergedanken »Was nützen Schlangen schon?«. Wo Schlangen einen gewissen Schutz erfahren, geschieht dies meist durch Zufall, weil sie in einem Gebiet leben, das aufgrund anderer – ansprechenderer – Arten unter Schutz gestellt wird. Dies betrifft z. B. Nationalparks und Naturschutzgebiete, von denen es viele in Nordamerika und Europa sowie zunehmend auch in anderen Teilen der Welt gibt.

Schutz in einzelnen Ländern

Gesetze und Verordnungen zum Schutz von Schlangen sind selten auf bestimmte Arten bezogen. Allerdings führen die Gesetze vieler US-amerikanischer Bundesstaaten Schlangen auf, die dort geschützt sind. In Massachusetts beispielsweise ist es verboten, 4 Arten zu töten oder sonst zu beeinträchtigen: Wurmnatter (*Carphophis amoenus*), Kükennatter (*Elaphe obsoleta*), Waldklapperschlange (*Crotalus horridus*) und Kupferkopfotter (*Agkistrodon contortrix*). Andere Staaten haben ähnliche Gesetze, um seltene oder im Rückgang begriffene Arten zu schützen. Gegen die Zerstörung der Lebensräume wird allerdings meist wenig getan. Nur selten werden Baumaßnahmen wegen einer gefährdeten Schlangenart untersagt. Gegen den Straßentod von Schlangen kann man keine Gesetze erlassen, und manche Gesetze zum Schutz von Schlangen sind nur Lippenbekenntnisse. Ein wenig effizienter Schutz gilt z. B. in Australien für alle

durch ein Exportverbot belegten Schlangenarten, und auch in anderen Teilen der Welt existieren derartige Restriktionen.

Der Schutz spezieller Arten unterscheidet sich vom Flächenschutz, bei dem alle Arten eines Gebietes geschützt sind. Die albinotischen Inselkletternattern (*Elaphe climacophora*), die in der Stadt Iwakumi, Präfektur Yamaguchi in Japan, leben, sind als nationales Denkmal geschützt. In China stehen die Halysottern (*Gloydius halys*) auf der »Schlangeninsel«, 40 km südlich von Lushun (Halbinsel Liaoning), unter Schutz. Die Tiere besiedeln die kleine Insel mit ca. 13 000 Exemplaren in großer Dichte.

Eine bemerkenswerte Kehrtwende vollzog die griechische Regierung, als sie 1977 die endemische Milosotter (*Macrovipera schweizeri*, früher: *Vipera lebetina schweizeri*) unter Schutz stellte. Für die auf Milos und einigen Nachbarinseln der Kykladen vorkommende Schlange wurde früher ein Kopfgeld von 10 Drachmen je getötetem Exemplar bezahlt. In den USA sind einige Schlangen bundesweit geschützt, z. B. die Indigonatter (*Drymarchon corais*), die San-Francisco-Strumpfbandnatter (*Thamnophis sirtalis tetrataenia*), die Lake-Erie-Schwimmnatter (*Nerodia sipedon insularum*) und die

▲ Viele natürliche Lebensräume wurden durch landwirtschaftliche Nutzflächen ersetzt.

▲ Lebensraumvernichtung durch Abholzung tropischer Regenwälder.

TOD AUF DER STRASSE

In vielen Teilen der Welt sind Autofahrer verantwortlich für den Tod zahlreicher Schlangen. Ihre lang gestreckten Körper und die relativ langsame Fortbewegung machen sie auf der Straße zu leichten Zielen, ob absichtlich oder unabsichtlich. Noch dazu halten sich viele Schlangen auf ihren nächtlichen Streifzügen gerne auf dem warmen Asphalt auf. Straßen, die durch ausgeprägte Schlangenlebensräume führen, sind häufig regelrecht übersät mit Kadavern. Autofahrer versuchen oft absichtlich, Schlangen zu überfahren, und geraten dabei manchmal auf das Bankett oder sogar auf die Gegenfahrbahn. Einige Unfälle wurden dadurch schon verursacht. Untersuchungen haben sogar gezeigt, dass Autofahrer manchmal anhalten und zurücksetzen, um eine Schlange zu überfahren,

▲ Eine harmlose Maulwurfsnatter *(Pseudaspis cana)* als Verkehrsopfer in Südafrika.

und dies oft mehrfach, um sicherzustellen, dass sie auch tot ist.

Zwei aktuelle Studien behandeln dieses Problem: Bush, Browne-Cooper und Maryan zählten tote Schlangen auf verschiedenen Abschnitten von 2 Highways in Australien (Herpetofauna 21 (2) :23–24). Die Straßen führen mehrfach durch naturbelassene Bereiche, die als Rückzugsräume für Flora und Fauna innerhalb der stark landwirtschaftlich genutzten Region dienen. Auf weniger als 9000 km fanden die Autoren insgesamt 396 tote Reptilien, darunter 109 Schlangen 12 unterschiedlicher Arten (4 Python- und 8 Elapidenarten).

In einer anderen Studie untersuchten P. Rosen und C. Lowe die US-amerikanischen Highways 85 und 86, die das »Organ Pipe Cactus National Monument« im südlichen Arizona durchqueren (Biological Conservation 68:143–148). Die Gegend ist weithin bekannt für ihre reiche Herpetofauna, darunter die Sonora-Schaufelnasenschlange *(Chionactis palarostris)* und eine Rosenboa-Unterart *(Charina trivirgata trivirgata)*, die sonst nirgendwo in den USA vorkommen. Mehrere andere seltene Arten, z. B. die Sattel-Blattnasennatter *(Phyllorhynchus browni)*, haben ebenfalls ihren Verbreitungsschwerpunkt in der Region. Auf einer Strecke von rund 15 000 km zählten die Autoren 368 Schlangen in 20 verschiedenen Arten. Von diesen waren mehr als 2/3 tot.

Berücksichtigt man übersehene Kadaver, v. a. kleiner Arten, sowie von Aasfressern bereits beseitigte, wird deutlich, dass stark befahrene Straßen weltweit für den Tod Hunderttausender Schlangen jährlich verantwortlich sind. Darüber hinaus queren Straßen oft Schutzgebiete, wie bei den genannten Studien, was die Konflikte zwischen Straßennutzern und den frei lebenden Tieren verschärft.

New-Mexiko-Kantenkopf-Klapperschlange *(Crotalus willardi)*. Viele andere Arten genießen in Teilen ihres Verbreitungsgebietes Schutz. Gleiches gilt in Europa: Arten sind in manchen Gegenden häufig, aber in Teilregionen – z. B. am Rande ihrer Verbreitungsgebiete – selten und dort geschützt. Innerhalb der EU-Staaten genießen alle Schlangenarten gleichermaßen gesetzlichen Schutz. Auch der Handel mit vielen außereuropäischen Arten ist streng geregelt (siehe unten).

Internationaler Schutz

Die Weltnaturschutzunion (IUCN) stuft 10 Schlangenarten als global »stark gefährdet« ein, 20 als »gefährdet« und viele weitere als »potenziell gefährdet« Die Anzahl der gefährdeten Arten ist in den letzten 10 Jahren deutlich gestiegen und wird zweifellos weiter steigen, da verbreitete Arten zu seltenen und seltene zu gefährdeten werden.

Die 2. wichtige Vereinbarung, die sich mit dem Schutz von Reptilien befasst, ist das Washingtoner Artenschutzabkommen (CITES), das von den Vereinten Nationen verwaltet wird und den internationalen Handel mit Pflanzen und Tieren regelt, um deren übermäßige Dezimierung zu verhindern. CITES trat 1975 in Kraft und wurde bis heute von etwa 170 Staaten unterzeichnet. Von den 33 000 erfassten Arten sind 233 Schlangen, darunter alle Boas, Pythons sowie Erd- und Waldboas (Tropidophiidae). Der Handel mit diesen Arten ist je nach Gefährdung eingeschränkt oder verboten. Dazu werden verschiedene »Anhänge« geführt. So sind alle 3 Madagassischen Boas als durch den Handel gefährdet eingestuft und in Anhang I aufgenommen, der höchsten Schutzkategorie. Die meisten Schlangen findet man in Anhang II. Bei ihnen ist ein gewisser Handel erlaubt, der jedoch ständig beobachtet wird, um zu sehen, ob weitere Maßnahmen notwendig sind. Anhang III enthält Arten, die nur in den Teilen ihres Verbreitungsgebietes geschützt sind, wo sie als besonders gefährdet angesehen werden. Wer CITES-Arten importieren will, braucht eine Genehmigung der zuständigen Behörde.

Dodd (1987)[1] nennt 186 Schlangenarten, die Schutzmaßnahmen benötigen. Einige davon sind evtl. gar nicht selten, werden aber aufgrund ihrer scheuen Lebensweise oder entlegenen Lebensräume wenig gesammelt. Andere waren vielleicht von Natur aus schon immer selten und werden dies auch bleiben. Andererseits gibt es zweifelsohne viele weitere gefährdete Arten, die nicht auf der Liste stehen, sodass die Zahl keinesfalls zu hoch gegriffen scheint.

Der Schutz von Schlangen ist auf verschiedene Weise möglich. Eine naheliegende Maßnahme ist, kommerzielles Sammeln zu verbieten. Dies kann helfen, die Flut von Tieren einiger Arten, die in den Liebhaberhandel kommen, zu vermindern. Ein anderer Bereich ist das Sammeln von Schlangen zur Lederproduktion, der ebenfalls kontrolliert werden könnte. Regelungen hierzu gibt es bereits, sie gehen jedoch wohl nicht weit genug. Aber selbst mit strengeren Restriktionen lassen sich nur einzelne Schlangen vor einzelnen Sammlern schützen. Viel effektiver und logischer ist der Schutz der Lebensräume. Dazu ist die Ausweisung von Schutzgebieten nötig, wo seltene Arten vorkommen. Wirkungsvolle Schutzgebiete müssen relativ groß sein, um ein dauerhaftes Überleben der Arten zu sichern. Dennoch können kurzfristig auch kleine Gebiete für den Fortbestand einer Art wichtig sein.

Zuchtmaßnahmen

Viele Schlangenarten werden in großer Zahl von Menschen gezüchtet. Ziel dabei ist oft, Tiere für andere Schlangenhalter verfügbar zu machen. Gleichzeitig reduzieren sich dadurch die Verluste in natürlichen Populationen durch Sammler, sodass die Zucht indirekt auch dem Erhalt der Arten dient. Programme zur Züchtung von Schlangen können sinnvoll sein, wenn die Lebensräume bestimmter Arten stark gestört oder bereits völlig verschwunden sind. Allerdings sollte es dabei letztendlich das Ziel sein, die Art wieder in ihrem natürlichen Lebensraum zu etablieren. Nach Möglichkeit sollten auch die genetischen Eigenheiten einzelner Rassen erhalten bleiben, d. h. Kreuzungen von Tieren unterschiedlicher Populationen vermieden werden.

Es gibt bisher nur wenige Beispiele für eine erfolgreiche Wiederansiedlung von Schlangen. Offenbar gelungen ist es beim Felsenpython (Python sebae) in der Provinz Ostkap von Südafrika, wo die Art seit 1927 erloschen war. Die beeindruckende Schlange wird von den Farmern geschätzt, da sie sich weitgehend von Rohrratten ernährt. Die Östliche Indigonatter (Drymarchon corais couperi) wurde in Teilen der südöstlichen USA wiederangesiedelt. Dazu wurden Jungtiere bis zu einer Größe aufgezogen, wo sie weniger empfindlich sind, und dann in Freiheit entlassen.

Ein gewisser Erfolg konnte bei der stark gefährdeten Arubaklapperschlange (Crotalus unicolor) erreicht werden. Diese Art ist Teil eines Artenhilfsprogramms der American Zoo and Aquarium Association (AZA). Dabei arbeiten verschiedene Institutionen zusammen, um wirkungsvolle Zuchtmaßnahmen zur Unterstützung gefährdeter Arten durchzuführen. Gezüchtete Populationen vieler anderer Schlangenarten werden in Zuchtbüchern von Zoos in Nordamerika, Europa, Australien und anderswo dokumentiert. Viele Schlangen vermehren sich bereitwillig in Gefangenschaft, und binnen weniger Jahre können große Bestände aufgebaut werden. Beispielsweise wird die San-Francisco-Strumpfbandnatter (Thamnophis sirtalis tetrataenia), eine erstaunlich bunte Strumpfbandnatter, deren Lebensraum weitgehend verschwunden ist, von Schlangenliebhabern und Zoos in Amerika und Europa gezüchtet. Die gezüchteten Bestände der sehr attraktiven und anpassungsfähigen Dumerils Boa (Acrantophis dumerili) übersteigen womöglich die natürlichen Vorkommen in Madagaskar. Pläne, die Überlebenschancen solcher Arten durch Zuchtprogramme zu verbessern, hängen von einer erfolgreichen Zucht bei Vermeidung von Inzucht sowie von der Möglichkeit ab, sich in ihren Lebensräumen dauerhaft zu behaupten. Eine Reihe von Arten stammt aus Lebensräumen, die so stark geschädigt sind, dass eine Wiederansiedlung ohne Maßnahmen vor Ort kaum möglich sein dürfte. Eine seltene Erfolgsgeschichte ist die der Round-Island- oder Kielschuppenboa (Casarea dussumieri): Die Art wurde erfolgreich im Zoo von Jersey gezüchtet und der Lebensraum durch Vernichtung fremder Pflanzen und Neuanpflanzung heimischer verbessert. Zusätzlich wurde eine ständige Beobachtungsstation auf der Insel eingerichtet.

▲ Die Arubaklapperschlange (Crotalus unicolor) ist Gegenstand eines Zuchtprogramms mit dem Ziel, die Insel, auf der sie fast ausgerottet wurde, wieder zu besiedeln.

Aufklärung

Vielleicht das beste Mittel zum Schutz von Schlangen ist umfassende Aufklärung. Solange die Vorurteile gegenüber Schlangen überwiegen, werden Menschen kaum bereit sein, Raum für den Erhalt der Tiere bereitzustellen. Zoos und Schlangenparks spielen daher eine wichtige Rolle, und in den letzten Jahren ist bereits ein gewisser Bewusstseinswandel zu bemerken. Auch Vereinigungen von Schlangenliebhabern können hierbei mitwirken, indem sie seriöse Vorführungen für das breite Publikum organisieren.

▼ Die Dumerils Boa (Acrantophis dumerili), eine bedrohte Art Madagaskars, wird in zoologischen Instituten und privaten Sammlungen zahlreich vermehrt.

SCHLANGEN-FORSCHUNG

DIE BEOBACHTUNG VON SCHLANGEN IST EIN ZWEIG DER HERPETOLOGIE. DIESER BEGRIFF KOMMT VON DEN GRIECHISCHEN WÖRTERN »HERPETON«, WAS SO VIEL WIE »KRIECHENDES DING« BEDEUTET, UND »LOGOS«, ÜBERSETZT »WISSEN, VERSTAND«. HERPETOLOGIE IST ALSO DAS STUDIUM KRIECHENDER DINGE ODER – HEUTE ETWAS GENAUER – DIE ERFORSCHUNG VON REPTILIEN UND AMPHIBIEN.

Die Geschichte der Herpetologie

1989 veröffentlichte die Society for the Study of Amphibians and Reptiles die von Kraig Adler herausgegebenen »Beiträge zur Geschichte der Herpetologie«.[2] Dieses Buch sollte jeder lesen, der sich für die Koryphäen der herpetologischen Forschung und die dazugehörige Literatur interessiert. Die folgenden Ausführungen stützen sich wesentlich auf diese Veröffentlichung.

Ernsthafte Schlangenforschung gibt es schon seit mehreren Jahrhunderten. Früheste Studien wie die von Aristoteles beschäftigten sich mehr mit der Klassifizierung von Tieren, und sie stellten die Schlangen bereits zu den Reptilien. Gessners »Serpentium Natura«, eine Abhandlung über Schlangen und Skorpione, erschien posthum 1587. Der Italiener Francesco Redi befasste sich in den 1660er-Jahren als Erster experimentell mit Viperngift. Mehrere Bücher des späten 17. und frühen 18. Jahrhunderts widmeten sich dem Thema aus der Perspektive der Schlangenhaltung, wobei die Grenzen zwischen Fakten und Vermutungen oft verschwammen.

Carl von Linné veröffentliche zwischen 1735 und 1766 mehrere Ausgaben seiner »Systema Natura« und stellte die Reptilien mit den Knorpelfischen zur Ordnung »Amphibia«. Linnés wichtigster Beitrag lag jedoch in der Entwicklung des binomialen Systems, nach dem heute alle Pflanzen und Tiere benannt werden. Linné beschrieb viele Schlangenarten, einschließlich der Abgottboa, der Anakonda und vieler anderer großer, südamerikanischer Schlangen, und begründete die Gattung *Coluber*. Sein Name für die Abgottboa, *Boa constrictor,* gilt noch heute, während viele andere von ihm benannte Arten neu eingeordnet wurden.

Mit der Entdeckung der Neuen Welt und den Reisen von Naturforschern im 19. Jahrhundert wurden zahlreiche neue Arten entdeckt und beschrieben, wodurch Linnés System aus den Fugen geriet. Der Franzose Constantin Duméril sorgte mit seiner »Erpétologie Général ou Histoire Naturelle Complète des Reptiles« (1834–1854) für neue Ordnung. Er fasste die Gattungen in natürlichen Gruppen zusammen und beschrieb 1393 Arten, viele mit Illustrationen. Nach seinem Tod wurde sein Werk von seinem Sohn fortgeführt, der sein Nachfolger am Naturhistorischen Museum in Paris wurde.

Die Reptilienliteratur explodierte jetzt geradezu, einschließlich der Arbeiten über Schlangen; viele neue Arten wurden in rascher Folge beschrieben. Zu den großen Herpetologen der Zeit gehörten John Edwards Holbrook, Louis Agassiz, Spenser Fullerton Baird und Edward Drinker Cope in Nordamerika sowie John Edward Gray, Thomas Bell und George A. Boulenger in England. Manche dieser Männer zeichneten sich durch eine bemerkenswerte Zahl von Veröffentlichungen aus. Cope allein verfasste nahezu 1400 Titel, meist über fossile Reptilien und Amphibien, aber auch viele Beiträge zu neuen Arten aus Nordamerika und Mexiko. Neben der Benennung und Beschreibung neuer Arten befasste er sich mit Reptilienanatomie und führte einige der noch heute verwendeten Bestimmungsmerkmale ein, etwa die Beschaffenheit der Lungen und die Anatomie der Schlangen-Hemipenes. In Europa veröffentlichte Boulenger zahlreiche Kataloge über Reptilien und Amphibien, eine gigantische Arbeit, die 8469 Arten umfasste. Die Schlangen wurden in 3 Bänden behandelt, die zwischen 1893 und 1896 erschienen.

Alexander Strauch war der erste ernsthafte russische Herpetologe, und die reiche Schlangenfauna Australiens wurde erstmals gründlich von Gerhard Krefft erforscht, einem gebürtigen Deutschen, der zuerst in die USA und dann nach Australien emigrierte. Sein Werk »Snakes of Australia« erschien erstmals 1869 und wurde erst 1984 wieder nachgedruckt. Die Schlangen anderer Länder wurden oft von Ausländern erforscht. Allen voran Frank Wall, ein englischer Militärarzt, der in verschiedenen Teilen Indiens, Burmas und Sri Lankas lebte. Er veröffentliche mehrere wichtige Artikel im »Journal of the Bombay Natural History Society« und schrieb einige Bücher, darunter »The Poisonous Snakes of our British Indian Dominions« (1907) und »Ophidia Traponica or the Snakes of Ceylon« (1921). Dieses Werk besticht durch seine genauen und ausführlichen Beobachtungen der Lebensweise der beschriebenen Arten.

Viele der frühen Schlangenbücher sind wissenschaftliche Abhandlungen, oft in einer Weise geschrieben, die dem Laien die Lektüre erschwert. Mit Beginn des 20. Jahrhunderts erschienen zunehmend auch populäre Schlangenbücher für den Amateurnaturforscher und ein breiteres Publikum. Diese Tradition begann in Nordamerika mit Büchern wie »The Reptile Book« (1907), das 1936 in verbesserter Auflage als »The Reptiles of North America« erschien, und mit »The Snakes of the World« (1931), beide von Raymond L. Ditmars, Kurator für Reptilien am Bronx Zoo. Eine populäre Übersicht über die Schlangen Europas schrieb George Boulenger mit »The Snakes of Europe« (1913).

Bücher wie diese haben zur Popularisierung der Herpetologie beigetragen und eine neue Generation engagierter Schlangen-Amateure und -Wissenschaftler hervorgebracht. In der zweiten Hälfte des 20. Jahrhunderts hatte sich die Herpetologie etabliert. Viele Wissenschaftler arbeiten nun in den verschiedensten Bereichen, einschließlich Taxonomie, Anatomie, Physiologie und Ökologie der Reptilien.

Forschungsbereiche

Während sich die frühen Herpetologen vor allem mit der Systematik von Schlangen beschäftigten und so die Grundlagen für ihre weiteren Forschungen legten, geht die neuere Entwicklung mehr in eine Diversifizierung spezieller Disziplinen. Systematik spielt natürlich weiterhin eine Rolle und dient den beiden wichtigen Zwecken, Arten zu benennen, um darüber mit Kollegen präzise kommunizieren zu können, und die verschiedenen Arten, Gattungen und Familien so natürlich zu gruppieren, dass sich darin ihre Entwicklung und Verwandtschaft widerspiegeln.

Obwohl Taxonomie hauptsächlich in Museen betrieben wird, sind doch viele Taxonomen auch Freilandforscher, die in wenig erforschten Gegenden nach neuen Arten und Unterarten suchen. Leider gibt es heute nur noch wenige unerforschte Regionen, es gibt aber noch viele, die nur oberflächlich bekannt sind, und man stößt immer wieder, oft unerwartet auf neue

Arten, selbst in Ländern, die als herpetologisch gut bekannt gelten. Die Entdeckung eines riesigen Pythons, *Morelia oenpelliensis*, im nördlichen Australien erst 1977 ist ein gutes Beispiel.

Andere Teile der Welt sind aus verschiedenen Gründen kaum zugänglich und bergen nahezu sicher noch interessante wissenschaftliche Entdeckungen. Zu diesen Gebieten gehören weite Teile des tropischen Afrikas, Teile des Mittleren Ostens und entlegene Regionen Südamerikas.

Weitere neue Arten können entdeckt werden, indem man ganze Serien von Exemplaren, die man früher 1 Art zugeordnet hat, die jedoch kleine, aber signifikante Unterschiede aufweisen, genauer unter die Lupe nimmt. Auf diese Weise wurden in den letzten Jahren die meisten neuen Arten »entdeckt«. Freilich kann auch das Gegenteil passieren, dass sich nämlich als verschiedene Arten eingestufte Schlangen bei genauerer Betrachtung als Vertreter einer Art entpuppen. So besteht Taxonomie vielfach aus dem Trennen und Zusammenfügen von Arten, Gattungen und Familien, sehr zum Ärger von Amateur-Herpetologen, die weder Zeit noch Lust haben sich mit den neuesten Änderungen zu befassen.

Die Anatomie der Schlangen ist im Großen und Ganzen ziemlich gefestigt. Ungewöhnliche Organe wie das Jakobsonsche Organ, die wärmeempfindlichen Grubenorgane und die Hemipenes der Männchen sind gut erforscht. Zu den für die Systematik wichtigen Details gehören die Struktur des Schädels oder Anordnung und Bau der Schuppen.

Biochemiker sind von Zusammensetzung und Wirkung der Schlangengifte fasziniert, auch unter medizinischen Aspekten. Biochemische Unterschiede der Gifte und des Blutes haben sich aber ebenfalls als nützliche taxonomische Merkmale herausgestellt. Die Physiologie der Schlangen wurde meist unter dem Aspekt der Thermoregulation erforscht, die Reproduktionsbiologie ist aber gleichfalls von Bedeutung.

Verhalten und Ökologie der Schlangen waren lange vernachlässigte Forschungsbereiche. Das hängt mit den Schwierigkeiten zusammen, Schlangen im Freiland zu beobachten, da sie einen großen Teil der Zeit verborgen leben und durch Beobachter leicht gestört werden. Viel von dem, was wir über Schlangenverhalten wissen, beruht auf Zufallsbeobachtungen von Aktivitäten wie Fressen oder Paarung. Mit solchen Methoden dauert es freilich ewig, bis man zu einem verlässlichen Datenmaterial über das Verhalten von Schlangen im Freiland kommt. Beobachtungen an gefangenen Schlangen, obwohl nützlich, lassen sich schwer mit wildem Verhalten vergleichen.

▲ Der Oenpellipython (*Morelia oenpelliensis*), eine keineswegs kleine Schlange, wurde erst 1977 in Nordostaustralien entdeckt.

Eine Methode besteht darin, Schlangen zu fangen und zu markieren, gewöhnlich durch Beschneiden einiger Bauchschuppen zu individuell erkennbaren Mustern, sodass man Wiederfänge auch noch nach Jahren erkennt. Auf diese Weise lassen sich Wachstumsraten, Ortsveränderungen und Brutverhalten studieren. Viel hängt aber vom Zufall ab, etwa ein bestimmtes Tier später wiederzufinden. Effektiv ist das nur bei hohen Populationsdichten an speziellen Plätzen.

Die Verfügbarkeit hoch entwickelter elektronischer Geräte zur telemetrischen Verfolgung von Schlangen hat solche Freilandarbeiten revolutioniert. Die Schlangen werden gefangen und bekommen einen kleinen Sender implantiert, dessen Signal ihren Aufenthaltsort verrät. Auch kann man damit die Körpertemperatur messen. Eine ganze Anzahl von Schlangenarten wurde mit dieser Methode schon untersucht, v. a. in Australien und Nordamerika. Dabei konnten interessante Erkenntnisse gewonnen werden.

Obwohl die Forschung größtenteils darauf ausgerichtet ist, mehr über Schlangen per se zu erfahren, werden auch weiterreichende biologische Prinzipien unter-

TELEMETRIE

Eines der größten Probleme bei der Erforschung von Schlangen war in der Vergangenheit die Schwierigkeit, ihr Verhalten in natürlicher, ungestörter Umgebung zu beobachten. Ein Großteil des vorhandenen Wissens stammt aus Zufallsbeobachtungen oder aus der Gefangenschaft.

Die Entwicklung miniaturisierter elektronischer Systeme hat hier erhebliche Fortschritte gebracht. Kleine Sender können an Schlangen angebracht und ihre Bewegungen in den folgenden Monaten oder sogar Jahren verfolgt werden. Der Sender enthält eine Batterie, die genug Energie für ein Signal alle paar Sekunden liefert. Zusätzlich kann man die Temperatur der Schlange abfragen, was allerdings die Lebensdauer der Batterie verkürzt. Auch der Sendebereich lässt sich – auf Kosten der Batterie – vergrößern. Größere Batterien können aber nur bei größeren Schlangen verwendet werden.

Ein typisches Telemetriesystem besteht aus einer 3–4 cm langen Senderkapsel mit einem Durchmesser von 10 mm oder weniger. Für eine mittelgroße Schlange entspricht dies nicht einmal der »Ladung« einer mittleren Mahlzeit. Man kann den Sender durch Zwangsfütterung einführen, dann wird er aber im Mittel nach 4–12 Tagen wieder ausgeschieden. Eine Alternative ist die Implantation des Senders unter die Haut, was einen kleinen Schnitt erfordert. Nachdem dieser verschlossen wurde und die Schlange aus der Betäubung erwacht ist, wird sie am Fundort wieder entlassen.

Anschließend kann die Schlange geortet werden. Eine Antenne empfängt die Signale als Serie von Piepstönen, die lauter werden, wenn die Antenne auf die Schlange gerichtet wird. Es gibt verschiedene Antennen, um z. B. den Aktionsradius der Schlange über größere Strecken zu erfassen oder ihre genaue Position festzustellen.

Viele Informationen solcher Untersuchungen sind auf andere Weise kaum zu erbringen. So kann man tägliche und jährliche Aktivitätsmuster erfassen, zu verschiedenen Jahreszeiten bevorzugte Lebensräume ermitteln und die Aktivitätsmuster von Männchen mit denen von Weibchen und Jungtieren vergleichen. Und langfristig können Wachstum und Vermehrung verfolgt werden.

Das alles dient dazu, mehr über das Leben von Schlangen zu erfahren, und es kann ein wirksames Instrument zum Schutz dieser faszinierenden Tiere sein.

▲ Telemetrische Ortung einer Schlange.

▲ Implantieren eines Senders.

sucht. Evolutionäre Ökologie ist die Bezeichnung für Studien an verschiedenen Aspekten tierischen Verhaltens, mit denen Voraussagen über mögliche Reaktionen unter verschiedenen Bedingungen getestet werden können. Vögel und Insekten werden schon lange in dieser Weise untersucht, da sie relativ leicht zu beobachten sind. Doch Schlangen haben Eigenschaften, die sie in mancher Hinsicht ebenfalls

geeignet erscheinen lassen. Als biologische Modelle für Aspekte der Thermoregulation, des Jagd- und Fressverhaltens sowie für Fortpflanzungsstrategien können sie Beiträge zum Verständnis von Verhaltensevolution liefern.

Die Rolle des Amateurs

Das Studium von Tieren, v. a. solcher, denen wenig oder kein wirtschaftliches

Interesse gilt, war lange Zeit fast ausschließlich Liebhabern vorbehalten. Frühe Naturforscher waren oft wohlhabende Personen, die ihre Reisen und Studien selbst finanzierten und meist auch ihre Veröffentlichungen bezahlten. Charles Darwin, der einen solchen »gentleman naturalist« verkörperte, brachte – obwohl nicht speziell auf dem Gebiet der Herpetologie tätig – von seiner Reise auf der »Beagle«

viele neue Reptilien- und Amphibienarten mit, darunter Schlangen.

In neuerer Zeit war es der große amerikanische Amateurherpetologe Laurence M. Klauber, ein gelernter Elektroingenieur, der nicht nur rund 50 neue Reptilienarten und -unterarten entdeckte, sondern auch ausführlich die Lebensweise vieler Schlangen der südwestlichen USA beschrieb. Er entwickelte mehrere statistische Verfahren zur Analyse großer Datenmengen, stellte eine Sammlung von über 35 000 Präparaten zusammen und erfand die Methode, mit dem Auto über Wüstenstraßen zu fahren, um Schlangen zu finden und zu fangen, eine Technik, die noch immer als die beste angesehen wird, das Artenspektrum großer Gebiete zu erfassen. Sein Spezialgebiet waren Klapperschlangen, und er veröffentliche viele Arbeiten über ihre Lebensweise und Verbreitung, zusammengefasst in seinem 2-bändigen Werk »Rattlesnakes« (1956), wohl eine der besten Monografien, die jemals über eine einzige Tiergruppe geschrieben wurden.

Seit Klauber hat kein Amateur mit solcher Hingabe das Wissen über Schlangen gemehrt. Doch trägt die ständig wachsende Zahl von Amateurherpetologen dazu bei, nützliche Beobachtungen an Lebensweise, Verbreitung, Vermehrung und Fressgewohnheiten von Schlangen zu sammeln, sei es durch Haltung der Tiere oder durch regelmäßige Freilandbeobachtungen – meist der privaten Freizeit abgerungen und unweigerlich selbst finanziert.

Trotz dieses fruchtbaren Zusammenwirkens von Liebhabern und Wissenschaftlern gibt es immer noch viele Bereiche, in denen selbst grundlegende Informationen über Schlangen fehlen. Beobachtungen von Amateurherpetologen werden regelmäßig in den Organen entsprechender Gesellschaften veröffentlicht, und selbst Wissenschaftsjournale publizieren Berichte von Liebhabern, sofern sie gut geschrieben, neu und gründlich recherchiert sind.

BRUSHER MILLS

Henry »Brusher« Mills, 1838 im New Forest, Hampshire (England), geboren, wurde eine Berühmtheit in jener Gegend, in der er fast lebenslang den Beruf eines Schlangenfängers ausübte. Er soll zwischen 5000 und 6000 Schlangen gefangen haben, mit denen er v. a. Zoos belieferte, die damit andere Schlangen fütterten. Andere Tiere gingen an Sammler oder wissenschaftliche Labors, wo man ihr Gift verwendete oder Schlangenfett gewonnen wurde, das angeblich Heilzwecken diente.

Obwohl es keine Aufzeichnungen gibt, waren die meisten gefangenen Schlangen sicher Kreuzottern *(Vipera berus)*, die häufigste Art in jenem Gebiet. Er fing sie mit dem traditionellen, gegabelten »Schlangenstock«, obwohl er auch dafür bekannt war, sie mit der Hand zu greifen, ohne gebissen zu werden. Neben dem Stock trug er stets einen Segeltuchbeutel und einen Eimer mit sich, in die er seine Beute steckte.

Brusher Mills wurde eine Touristenattraktion, und als immer mehr Besucher in den New Forest kamen, besserte er sein Einkommen mit Schlangenausstellungen und Vorführungen seiner Fangtechniken auf. Er war auch bekannt dafür, dass er in belebten Straßen heimlich eine Schlange freiließ, um sie später – nachdem sie genügend Panik erzeugt hatte – wieder einzufangen, was ihm Dank und Trinkgelder einbrachte.

20 Jahre lebte Brusher Mills in einer kleinen Hütte ähnlich denen, wie sie damals Köhler bewohnten. Wenn er nicht auf Schlangenjagd war, vertrieb er sich die Zeit mit Kricket, wobei er die Aufgabe übernahm, zwischen den Spielzeiten das Spielfeld von Lyndhurst zu kehren, was ihm den Spitznamen Brusher (= Feger) eintrug.

Er starb 1905, kurz nachdem er von den Behörden gezwungen worden war, seine Köhlerhütte zu verlassen. Er wurde auf dem Dorffriedhof von Brockenhurst beerdigt. Die Wirtschaft »Railway Inn«, in der er Stammgast gewesen war, wurde 1993 in »The Snakecatcher« umbenannt.

▲ Eine alte Postkarte mit Brusher Mills im New Forest.

SCHLANGEN IN MENSCHEN-OBHUT

MENSCHEN HALTEN SCHLANGEN AUS VER-SCHIEDENEN GRÜNDEN: ZUR ÖFFENTLICHEN AUSSTELLUNG IN ZOOS, ZU FORSCHUNGSZWE-CKEN, FÜR DIE KOMMERZIELLE ZUCHT – ODER EINFACH, WEIL SIE SIE MÖGEN. DIE MÖGLICH-KEITEN EINER ARTGERECHTEN HALTUNG HABEN SICH IN DEN LETZTEN 20 JAHREN STARK VER-BESSERT, UND VIELE TIERE VERMEHREN SICH INZWISCHEN AUCH UNTER KÜNSTLICHEN BE-DINGUNGEN REGELMÄSSIG.

Es gibt mehrere hervorragende Bücher, die sich im Detail damit beschäftigen, wie man Schlangen in Gefangenschaft hält und ver-mehrt. Daher soll dieses Kapitel nur einen Überblick geben, ohne auf einzelne Arten einzugehen. Einige kurze Hinweise hierzu finden Sie im letzten Kapitel.

Es ist wichtig, die Biologie von Schlan-gen zu verstehen. Da sie keine domesti-zierten Haustiere sind, wird ihr Verhalten immer noch von natürlichen Instinkten bestimmt. Hält man sie unter Bedingun-gen, in denen sie kein normales Verhalten entwickeln können, führt dies zu Stress und in der Folge zu schlechter Gesundheit oder sogar zum Tod. Das bedeutet nicht, dass ihre Terrarien genaue Nachbildungen der Lebensräume sein müssen, aus denen sie stammen. Aber bestimmte Umgebungs-merkmale wie Wärme, Licht, Rückzugs-möglichkeit und eine naturgemäße Ernäh-rung müssen stimmen. Auch sind Schlan-gen keine Streicheltiere. Einige mögen den Eindruck erwecken, sie würde gerne in die Hand genommen; doch wahrscheinlich ist dies eher auf die Wärme der menschlichen Hand zurückzuführen als auf die seelische Zuwendung durch den Menschen.

Auch wenn Schlangen nicht auf mensch-liche Zuwendung reagieren, zeigen sie doch Reaktionen auf bestimmte Reize. Dabei haben Hobbyschlangenhalter oft bessere Chancen, Verhaltensweisen genau zu beobachten, als professionelle Herpe-tologen. Aus diesem Grund sollten ge-naue Aufzeichnungen aufbewahrt werden, besonders wenn es sich um ungewöhn-liches Verhalten oder sehr seltene Arten handelt. Interessante Beobachtungen sollte man an eine der herpetologischen Fach-zeitungen oder Rundbriefe melden.

Die Anschaffung von Schlangen

Schlangen können über verschiedene Quellen bezogen werden. Am häufigsten bilden andere Reptilienfreunde, die auf-grund erfolgreicher Zucht einen Über-schuss an Tieren haben und diese verkau-fen oder tauschen, die erste Anlaufstelle für neue Schlangenhalter. Auf diesem Weg zu einer Schlange zu gelangen hat viele Vor-teile gegenüber einem Tier aus der Natur, u. a. die Wahrscheinlichkeit, dass das Tier keine Krankheiten oder Parasiten hat, und die bereits vorhandene Gewöhnung an Gefangenschaft. Ratschläge zur Pflege und Zucht bekommt man vom Züchter beim Kauf gratis dazu.

Als Alternative können Schlangen aus der Natur entnommen werden, entweder, indem man sie selbst sammelt, oder über einen Tierhändler. (Das ist in Deutschland allerdings nicht möglich, da alle hier leben-den Arten unter Schutz stehen – Anm. d. Übers.) Die Nachteile dieser Methode lassen sich aus dem vorangehend Gesagten schließen. Zu bedenken ist zudem, dass die Tiere bei Händlern teilweise oft bereits wochen- oder monatelang unter nicht optimalen Bedingungen verbracht haben. Dabei werden sie eventuell mit Arten aus anderen Erdteilen zusammen gehalten und können von diesen Krankheiten oder

▼ Es gibt viele Farbvarianten der Kornnatter. Die abgebildete hat keine roten und wenig schwarze Farbpigmente und wird manchmal als »Geisterkornnatter« bezeichnet.

Parasiten übernehmen, denen gegenüber sie wenig widerstandsfähig sind.

Häufig gibt es Restriktionen für das Fangen wild lebender Schlangen, v. a. bei seltenen Arten oder in Schutzgebieten. Auch bei der Einfuhr von Schlangen, die im Ausland gefangen wurden, existieren Einschränkungen. Jedes Land hat hierzu eigene Regelwerke. Jeder, der Schlangen fängt, ist verpflichtet sicherzustellen, dass die Gesetze eingehalten werden und die notwendigen Papiere in Ordnung sind.

Welche Art ist die richtige?

Von den ungefähr 2500 beschriebenen Schlangenarten eignet sich nur ein geringer Teil zur Haltung in Menschenobhut. Viele Arten sind zu klein, zu groß, zu gefährlich oder zu selten, um in Frage zu kommen. Manche haben eine besondere Ernährungsweise, der in Gefangenschaft nicht entsprochen werden kann. Andere Arten leben versteckt oder sind unscheinbar gefärbt oder beides, sodass eine Haltung in Gefangenschaft – gelinde gesagt – langweilig ist, sofern sie nicht speziellen Studien dienen.

Die beliebtesten Schlangen finden sich unter den Boas, Pythons und Colubriden. Bei einigen Boas und Pythons macht jedoch die Größe Probleme: Wenn Sie eine junge Schlange kaufen, stellen Sie sicher, dass Sie das Tier auch ein paar Jahre später, bei voller Größe, noch beherbergen können. Andere Arten dieser Familien sind selten oder gefährdet und sollten nur von verantwortungsbewussten und erfahrenen Spezialisten gehalten werden, wo gute Aussichten für eine erfolgreiche Zucht gegeben sind. Einige wenige Arten sind aggressiv und werden normalerweise von Amateuren nicht in Betracht gezogen, da diese ja eine Schlange wollen, mit der man ohne Angst vor Verletzungen umgehen kann.

Unter den Colubriden findet man die am besten geeigneten Arten in den Gattungen Kletternatter (*Elaphe* und *Pantherophis*), Königsnatter (*Lampropeltis*) und Kiefern-/Bullennatter (*Pituophis*). Alle Arten dieser Gattungen fressen Nagetiere. Sie treten in verschiedenen Farben und Formen auf, oft sogar innerhalb 1 Art, sodass eine abwechslungsreiche Sammlung entstehen kann. Alle Arten werden häufig gezüchtet, und man sollte daher nicht den Handel mit Wildtieren fördern, indem man importierte Tiere kauft. Es gibt viele weitere Colubriden, die der Überlegung wert sind, v. a. da ihr Futter fertig zu be-

kommen ist (die meisten Halter greifen auf Mäuse und Ratten zurück), sie sich gut an Gefangenschaft anpassen und bei denen es sich nicht um gefährdete oder sonst beschränkte Arten handelt.

Es ist möglich, Schlangen auch anderer Familien zu halten, aber viele haben Nachteile. Die primitiven Schlangen sind nicht oft erhältlich, und da die meisten in Erdlöchern leben, stellen sie besondere Anforderungen (und lassen sich selten blicken). Ihre Fressgewohnheiten sind ebenso unpraktisch, es sei denn, Sie haben riesige Mengen an Termiten und ähnlichen kleinen Wirbellosen zur Hand. Exemplare aus den kleinen Familien – Acrochordidae, Loxocemidae, Xenopeltidae, Aniliidae, Uropeltidae – sind nicht leicht zu bekommen. Allerdings lassen sich *Loxocemus* und *Xenopeltis* oft gut in Gefangenschaft halten. Potenziell gefährliche, giftige Colubriden, Elapiden und Vipern sollten von wenig erfahrenen Hobbyherpetologen nicht in Betracht gezogen werden. Auch gibt es oft gesetzliche Einschränkungen für das Halten gefährlicher Schlangen. Genehmigungen werden nur an Personen vergeben, die entsprechende Möglichkeiten und das nötige Wissen nachweisen, um die Schlangen so zu halten, dass sie keine Gefahr für sie selbst oder die Öffentlichkeit darstellen.

Unterbringung

Schlangen brauchen nicht unbedingt große Terrarien. Viele Arten verbringen einen großen Teil ihres Lebens zusammengerollt in einer Vertiefung unter einem Felsen oder in einem Baumloch und verlassen diese Orte nur, wenn Hunger oder der Fortpflanzungstrieb sie überkommen. Wenn diese Arten mit allem Notwendigen versorgt werden, sind sie normalerweise selbst mit einem Terrarium zufrieden, das weniger als ihre Körperlänge misst. Aktivere Arten, besonders wenn sie nervös oder aggressiv sind, geraten in Stress, wenn sie bei jeder schnellen Bewegung gegen ihren Käfig stoßen. Sie benötigen wesentlich größere Behausungen. Daher lassen sich viele der tagaktiven, jagenden Arten in der Praxis schlecht in Gefangenschaft halten.

Schlangenterrarien können ganz unterschiedlich aussehen. Eine einfache Variante basiert auf einem Aquarium, bei dem der Deckel so modifiziert wurde, dass ein Entweichen verhindert wird und für genügend Luftaustausch gesorgt ist. Diese Terrarien kann man fertig, mit entsprechendem Deckel, in unterschiedlichen Größen kau-

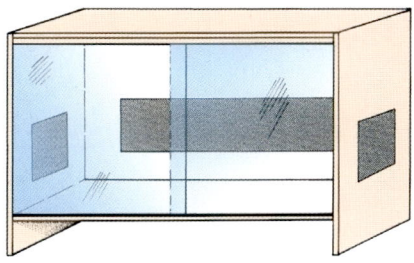

▲ Ein einfaches, aber gut funktionierendes Schlangenterrarium mit Lüftungsgittern in Rück- und Seitenwänden und einer aufschiebbaren Glasfront.

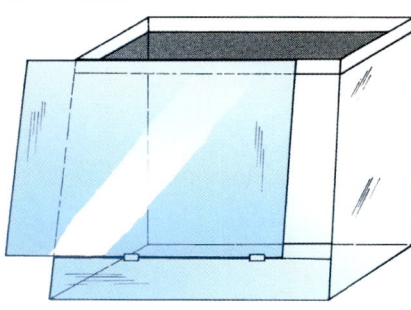

▲ Ein Schlangenterrarium völlig aus Glas mit abnehmbarer Front.

fen oder selbst herstellen. Bei Eigenproduktion können Form und Größe in einem gewissen Maß an die zu beherbergenden Tiere oder einen bestimmten Platz zu Hause angepasst werden. Die Sicherheit spielt insbesondere bei giftigen oder aggressiven Schlangen eine wichtige Rolle. In diesem Fall sollte eine verschließbare Konstruktion erwogen werden.

Eine etwas bessere Konstruktion besteht aus einem Glas- oder Holzgehäuse mit aufschiebbaren Glastüren. Neben dem Vorteil der besseren Zugänglichkeit ist auch eine deutlich bessere Durchlüftung zu erwarten, da die Luft von unten eintreten kann. Weiterhin können diese Behälter gestapelt werden. Auch diese Terrarien lassen sich, in gewissen Grenzen, in der Größe ihrem Zweck anpassen. Zudem ist es oft einfacher, Heizung, Beleuchtung u. Ä. am Behälter anzubringen, wenn dieser wenigstens teilweise aus Kunststoff oder Holz besteht. Die Glastüren können verkeilt oder sogar verschlossen werden, um ein Entweichen der Schlange zu verhindern. Vor allem nach dem Reinigen der Behausung sollte man darauf achten, dass die Türen gut geschlossen sind. Vergisst man dies, bearbeitet die Schlange die Öffnung oftmals so lange, bis sie sich entweder das Maul verletzt oder die Öffnung aufweitet und entkommt.

▲ Die Zweiflecknatter *(Elaphe bimaculata)* wurde früher in großer Zahl importiert und im Zoohandel verkauft. Die meisten Tiere starben in der Hand unerfahrener Halter und Händler.

Wenn hohe Terrarien für baumbewohnende Schlangen benötigt werden, sind verschiebbare Glastüren oft schlecht möglich, und man muss sich anderweitig helfen. Manchmal ist eine abnehmbare Front eine gute Lösung. Der Behälter kann dann so konstruiert werden, dass er leicht nach hinten ansteigt, um die Scheibe in Position zu halten (zusätzlich sollten Sicherungsklemmen verwendet werden). Bei großen Terrarien kann die Frontscheibe aus Sicherheitsgründen in Kunststoff statt in Glas ausgeführt sein.

Für große herpetologische Sammlungen oder wo Schlangen nur für wissenschaftliche oder kommerzielle Zwecke gehalten werden, finden große Kunststoffbehälter Verwendung. Sie lassen sich leicht reinigen und können in großer Anzahl in einer Art Regalsystem mit eingebauter Heizung ge-

stapelt werden. Solche Terrarien sind auch geeignet, um junge Schlangen vorübergehend zu beherbergen und neu angeschaffte Tiere in Quarantäne zu nehmen.

Heizung und Beleuchtung
Weil Schlangen ihre Körpertemperatur nicht selbst erzeugen können, sind sie vollständig auf äußere Wärmequellen angewiesen. In Gefangenschaft bedarf es daher einer elektrischen Heizung bestimmter Bauform. Die Kontrolle der Temperatur ist einer der wichtigsten Aspekte bei der Haltung von Schlangen. Verschiedene Schlangenarten haben oft unterschiedliche Temperaturbedürfnisse, und selbst das gleiche Individuum kann zu unterschiedlichen Tages- oder Jahreszeiten unterschiedliche Temperaturen bevorzugen. Da es unmöglich ist, genau zu wissen, welche Schlange zu welcher Zeit an welchem Tag welche Temperatur braucht, muss man Wahlmöglichkeiten anbieten. Das wird sehr einfach erreicht, indem man die gesamten Heizvorrichtungen an einem Ende des Terrari-

ums installiert. Dadurch entsteht ein Temperaturgefälle, und die Schlange kann sich den Platz suchen, der ihrem Temperaturbedürfnis am besten entspricht. Die Temperatur sollte im wärmsten Teil des Terrariums etwa 30 °C betragen, im kühlsten etwa 20 °C. Diese Spanne ist für die meisten Arten des tropischen und des gemäßigten Klimas unter normalen Bedingungen passend. Es macht nichts, wenn die Temperatur über Nacht etwas abfällt; das ist der Gesundheit sogar förderlich.

Das bevorzugte Mittel, um die meisten Arten von Schlangen mit Wärme zu versorgen, ist eine Heizmatte oder ein Heizkissen unter dem Terrarium. Da sich solche mit Schwachstrom betriebenen Geräte unter dem Käfig platzieren lassen, vermeidet man Stromkabel im Inneren. Sie geben sanfte, gleichmäßige Wärme ab und erwärmen, wenn man nur einen Teil des Terrariums darüberstellt, ein Ende, während das andere kühl bleibt. Ein Thermostat ist oftmals nicht notwendig, allerdings sollten die Anweisungen des Herstellers genau gelesen werden. Eine Alternative ist die Installation wärmeabstrahlender Lichtquellen im Deckel des Terrariums, entweder in Form von Glühlampen oder Infrarotstrahlern. Beide Varianten sind besonders geeignet für größere Schlangen und größere Behausungen. Glühlampen haben jedoch einen deutlichen Nachteil: Sie geben nur Wärme, wenn sie leuchten, und die Schlangen kühlen daher entweder nachts aus oder sind ständigem Licht ausgesetzt. Werden Glühlampen in Verbindung mit einem Thermostat eingesetzt, verschlechtert sich die Situation noch: Das Licht geht immer wieder an und aus, am Tag und in der Nacht. Infrarotlampen gibt es in verschiedenen Formen, einschließlich starker Keramikheizungen, die hauptsächlich für die Landwirtschaft entwickelt wurden, und weniger starker speziell für die Haltung von Reptilien. Bevor man Geräte kauft und einbaut, sollte man sich über alle Möglichkeiten informieren und das für die jeweilige Situation beste System wählen.

Künstliche Beleuchtung ist nicht unbedingt notwendig für Schlangen, es sei denn, sie werden in einem Raum ohne Tageslicht gehalten. Es gibt keine Anhaltspunkte dafür, dass die Tageslänge großen Einfluss auf das Fress- oder Fortpflanzungsverhalten der Tiere hat. Die Temperatur in Verbindung mit ihrem inneren biologischen Rhythmus ist viel entscheidender. Beleuchtung kann bei Schlangen Verwendung finden, die öffentlich gezeigt werden, um die Wirkung des Terrariums zu steigern. Allerdings muss gesagt werden, dass die häufig gehaltenen Arten grelles Licht scheuen und sich daher gewöhnlich verstecken, wenn ihr Terrarium zu hell ist. Allerdings gibt es einige tagaktive Schlangen, die sich – ebenso wie tagaktive Echsen – gerne unter die Wärmequelle eines Lichtspots legen.

Ernährung

Sofern die Arten wohlüberlegt ausgewählt werden, stellt die Ernährung in der Regel kein Problem dar. Die meisten der beliebten Schlangen ernähren sich während ihres ganzen Lebens von Nagetieren. Lediglich die Größe der Futterstücke variiert entsprechend ihrem Alter. Nager wie Mäuse und Ratten können zur Futterversorgung der Schlangen selbst gezüchtet werden. Das ist zwar meist nicht gerade eine Lieblingsaufgabe von Schlangenhalten, da es viel Zeit und Platz erfordert. Es bietet aber den Vorteil einer verlässlichen, billigen Futterversorgung und, was vielleicht noch wichtiger ist, Futter unterschiedlicher Größe, so dass eine Sammlung unterschiedlicher Schlangen mit passender Beute versorgt werden kann. Kleinere Schlangensammlungen hingegen füttert man besser mit gefrorenen Nagern, die en gros gekauft, im Gefrierschrank gelagert und nach Bedarf aufgetaut werden.

Schlangen, die andere Beute als Nagetiere benötigen, sind nicht so einfach zu halten. Die Amerikanischen Strumpfbandnattern, Bandnattern und Wasserschlangen (*Thamnophis* und *Nerodia*) und die Europäischen Wasserschlangen *(Natrix)* können manchmal dazu gebracht werden, Streifen rohen Fischs, kleine, gefrorene Fische oder Alternativen wie Regenwürmer (Strumpfbandnatter) oder Nagetiere anzunehmen. Diese Nahrung ist allerdings weniger ausgewogen, und es kann nötig sein, mit Vitamin- und Mineralzusätzen, v. a. Vitamin D und Kalzium, zu experimentieren.

Für andere Arten ist es vielleicht möglich, regelmäßig kleine Echsen, Amphibien oder Fische zur Fütterung zu bekommen. Diese Beutetiere aus der Natur zu entnehmen sollte aber unterbleiben und birgt zudem die Gefahr, dass Parasiten eingeschleppt werden. Gefrorene Echsen und Frösche sind manchmal über Reptilienhändler zu beziehen, die bei diesen Tieren oft hohe Verluste haben. Jeder muss sein Gewissen selbst erforschen, ob er diese Futterquelle nutzen will oder nicht.

▼ Nur wenige insektenfressende Schlangen werden im Zoohandel angeboten. Eine Ausnahme ist die Raue Grasnatter *(Opheodrys aestivus)*, die sich aber leider in Gefangenschaft nur selten vermehrt.

Schlangen, die sich von Wirbellosen ernähren, finden bei Amateur- und Profiherpetologen wenig Beachtung. Hier ist aber Gelegenheit, einige interessante Dinge über die Natur dieser wenig bekannten Arten beizutragen. Es gab zwar schon recht gute Erfolge bei der Haltung von Arten wie Schaufelnasenschlangen *(Chionactis),* Nordamerikanischen Bodenschlangen *(Sonora),* Ringhalsnattern *(Diadophis)* und Grasnattern *(Opheodrys).* Aber keine dieser Arten wird oft gehalten oder vermehrt, und Exemplare aus Zucht sind selten erhältlich.

Abgesehen von den bereits erwähnten fischfressenden Arten sind Mineral- und Vitaminzusätze normalerweise nicht nötig, sofern die Nager oder Echsen fressenden Tiere natürlich ernährt werden.

Züchtung

Die Vermehrung von Schlangen in Gefangenschaft ist aus mehreren Gründen sinnvoll. Zunächst, weil durch die Zucht begehrter Arten der Druck auf natürliche Populationen vermindert wird. Auch sind einige Arten geschützt und wären ohne Zucht nicht für Herpetologen verfügbar. Die Fortpflanzung in Menschenobhut ermöglicht zudem wertvolle Beobachtungen, die bei frei lebenden Schlangen schwierig sind. Auch wenn solche Informationen mit Vorsicht zu behandeln sind, stammen Daten über die Größe von Gelegen, Brutzeiten, Häufigkeit der Brut usw. gewöhnlich von Schlangenhaltern. Die Fortpflanzung in Gefangenschaft zeigt auch an, dass den Schlangen die Haltungsbedingungen zusagen. Schlangen in schlechtem Gesundheitszustand oder einer Umgebung, die ihren Ansprüchen nicht genügt, vermehren sich nicht.

Die Vermehrung in Gefangenschaft ermöglicht zudem gezielte Züchtungsversuche. Diese können natürliche Varianten der Färbung oder Zeichnung betreffen und sind oft der einzige Weg, die genetischen Gesetzmäßigkeiten solcher Varianten richtig zu erforschen. Andererseits können durch gezielte Zucht zufällige Farbmutanten vermehrt werden. So gibt es beliebte Schlangen wie die Kornnatter *(Pantherophis guttatus)* und den Dunklen Tigerpython *(Python molurus bivittatus)* heute in einer Fülle von Farben und Zeichnungen.

In der Praxis ist die Schlangenzucht nicht schwierig, da sie sich bei artgerechter Haltung von selbst ergibt. Wenn männliche und weibliche Schlangen zusammenkommen und in guter Verfassung sind, vermehren sie sich in der Regel. Für manche Spezies muss man die Umgebung etwas anpassen, damit sie sich zur Fortpflanzung entschließen, wohingegen andere sich unter fast allen Bedingungen vermehren.

Es ist wichtig, die natürliche Fortpflanzungszeit von Arten, die man züchten will, zu kennen, sofern es eine solche gibt. Wie in Kapitel 7 beschrieben, können sich Schlangen saisonal oder asaisonal vermehren. Saisonale Arten vermehren sich entweder im Frühjahr oder Sommer (die meisten Colubriden der gemäßigten und subtropischen Gebiete) oder im Winter (die meisten tropischen Boas und Pythons).

◀ Unter den größeren Arten eignet sich der Dunkle Tigerpython *(Python molurus bivittatus)* besonders zur Gefangenschaftshaltung. Er ist in verschiedenen Farbvarianten erhältlich, die durch selektive Züchtung entstanden. Die häufigste ist ein Albino, »Goldpython« genannt.

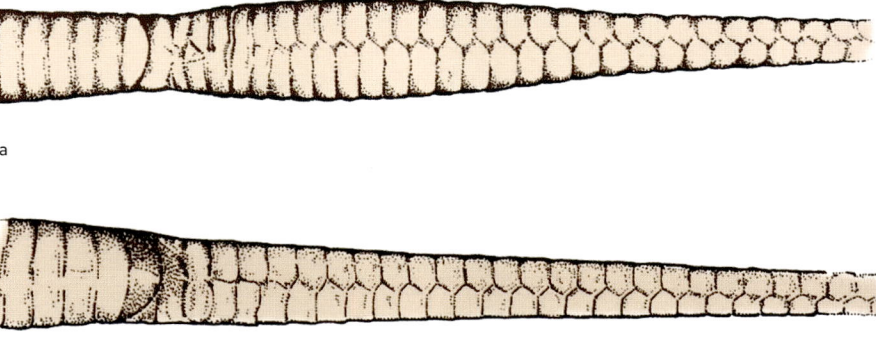

a

b

▲ Die eingezogenen Hemipenes männlicher Schlangen können eine Verdickung an der Schwanzbasis hervorrufen (a); außerdem ist ihr Schwanz häufig länger als bei weiblichen Tieren (b).

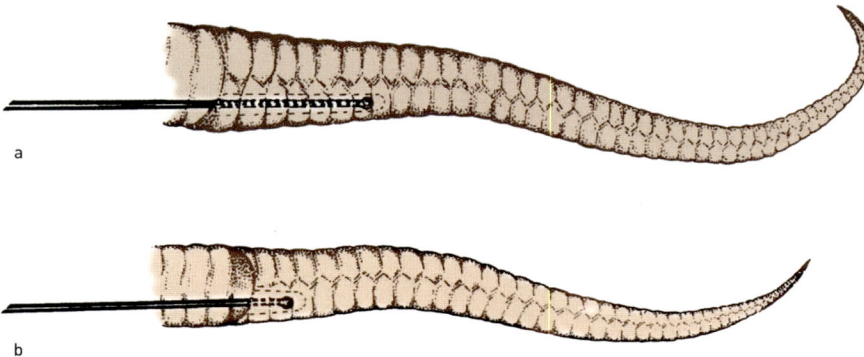

▲ Die eingezogenen Hemipenes männlicher Schlangen können mit einem glatten Stäbchen passender Größe vorsichtig ertastet werden. Das Stäbchen lässt sich bei männlichen Tieren meist mehr als 5 Schuppen weit einführen (a), bei weiblichen nur 2 oder 3 (b).

Geschlechtsbestimmung

Auch wenn bei manchen Arten gewisse äußerliche Unterschiede zwischen den Geschlechtern bestehen (z. B. Farbe), kann dadurch das Geschlecht nicht immer sicher bestimmt werden. In der Regel lassen sich erwachsene männliche Tiere durch ihren längeren Schwanz und die größere Zahl der Schwanzschuppen erkennen. Auch ist die Schwanzbasis oft deutlich verdickt, verglichen mit den entsprechenden weiblichen Schlangen. Dies rührt von den beiden Hemipenes her, die umgekehrt in einem Paar sich zur Kloake öffnenden Taschen liegen. Zur sicheren Diagnose können die Hemipenes mit einem passenden Metall- oder Plastikstab untersucht werden: Bei männlichen Tieren lässt sich der Stab weit in die Schwanzbasis einführen, bei weiblichen fast gar nicht. Die Sonde sollte mit Wasser, flüssigem Paraffin oder Vaseline befeuchtet und sehr vorsichtig in eine der Öffnungen geschoben werden. Es hilft manchmal, den Stab beim Einführen langsam zwischen Daumen und Zeigefinger zu drehen, und es darf nur minimaler Druck angewendet werden. Wenn der Stab nur 2–3 Schuppen weit eingeführt werden kann, handelt es sich wahrscheinlich um ein Weibchen. Zur Sicherheit sollte die andere Seite ebenfalls getestet werden. Passt der Stab 6 oder mehr Schuppen weit hinein, ist die Schlange fast sicher männlich. Man sollte dann den Stab nicht weiter einführen, um Verletzungen zu vermeiden, wenn die Schlange plötzlich zuckt. Diese Methode ist, gekonnt ausgeführt, sehr verlässlich. Allerdings sind manche Arten aufgrund ihrer kurzen Hemipenes etwas schwierig zu bestimmen, zumal Männchen wie Weibchen Moschusdrüsen an der Schwanzbasis besitzen, in die der Stab ebenfalls hineinrutschen kann und deren Tiefe sich nur wenig unterscheidet.

Die Untersuchung sehr junger Schlangen wird nicht empfohlen, da die Sonde dann so dünn sein muss, dass man die Schlange leicht damit verletzt. Eine bessere und ebenso verlässliche Methode besteht darin, die Hemipenes durch Druck auf die Schwanzbasis auszustülpen (bekannt als »Popping«). Die Schwanzbasis wird umgriffen, und mit dem Daumen werden die Hemipenes vorsichtig aus der Kloake gedrückt. Männliche Tiere erkennt man an den vorgestülpten Hemipenes sehr gut. Bei weiblichen stülpen sich oft die Hemiklitores aus, die aber kürzer sind und am Grund einen kleinen roten Punkt haben. Diese Methode verlangt Übung und wird von manchen Haltern besser beherrscht als von anderen. Einmal gelernt, kann das Verfahren sehr zuverlässig benutzt werden, und der Stab-Test ist nur noch in Zweifelsfällen nötig.

Ist das Geschlecht einer Schlange einmal bestimmt, sollte es vermerkt werden, damit das Tier den Test nur einmal erdulden muss. Die individuelle Identifizierung kann in Form einer Notiz oder Skizze besonderer Zeichnungen oder Schuppenmuster auf der jeweiligen Karteikarte erfolgen.

Haltungsbedingungen

Schlangen vermehren sich nur, wenn sie sich wohlfühlen. Sie sollten gut ernährt, aber nicht überfüttert sein und frei von Krankheiten oder Parasiten. Saisonale Brüter müssen zur richtigen Zeit zusammengebracht werden. Dabei ist zu beachten, dass bei Schlangen aus der südlichen Hemisphäre der biologische Rhythmus umgekehrt ist: Winter im Süden ist Sommer im Norden und umgekehrt. Winterbrüter aus Südafrika z. B. vermehren sich im Norden im Sommer. So kann es auch nötig sein, das Temperaturregime im Terrarium umzukehren, d. h. im Sommer zu kühlen und im Winter zu heizen. In Gefangenschaft geborene Schlangen scheinen sich den örtlichen Bedingungen in der 1. Generation anzupassen, sodass umständliche Temperaturveränderungen kaum noch nötig sind.

Arten, die sich im Frühjahr fortpflanzen, brauchen evtl. eine Kühlphase. Wie wichtig dies ist, hängt von ihrer Herkunft ab: Schlangen aus Kanada oder Nordeuropa brauchen meist eine längere und stärkere Kühlung als Arten aus Florida oder dem Mittelmeerraum. Die Heizung kann bei winterharten Arten entfernt werden, wenn sie in gutem Zustand sind. Die Fütterung sollte aber spätestens 10 Tage vorher eingestellt werden, damit der Verdauungstrakt für die Winterruhe leer ist. Manche Tiere stellen die Nahrungsaufnahme ohnehin im Spätsommer oder Frühherbst ein. In dieser Zeit müssen sie kühl gehalten werden, da sie sonst zu viel Gewicht verlieren. Schlangen brauchen auch in der kühlen Periode Trinkwasser. Manche Arten bleiben recht aktiv und häuten sich sogar, wahrscheinlich weil ihre Umgebung nicht so kühl ist wie in der Natur. Dadurch nehmen sie allerdings keinen Schaden.

Paarung

Einige Schlangenzüchter halten die Geschlechter getrennt und bringen sie erst zusammen, wenn sie »reif« erscheinen. Andere ziehen es vor, die Schlangen dauernd als Paare oder Gruppen zu halten und Partnerwerbung und Paarung dem natürlichen Lauf zu überlassen.

Kühl gehaltene Schlangen sollten ein paar Tage vor der Zusammenführung wieder erwärmt werden. Manche Züchter geben beiden Geschlechtern 2 oder 3 Mahlzeiten vor der Paarung, andere warten die Frühjahrshäutung ab. Alle Varianten scheinen gleich gut zu funktionieren, solange die Schlangen sich wohlfühlen. Wo weibliche und männliche Tiere nur zur Paarung zusammengebracht werden, erfolgt diese oft sofort. Dennoch ist es ratsam, die Tiere noch eine Weile beisammen zu lassen oder nach ein paar Tagen nochmals zusammenzubringen, damit die Paarung mehrmals stattfinden kann. Die Fruchtbarkeit ist dadurch größer, v. a. bei Boas und Pythons. Wenn das Weibchen anfängt, durch die Eier dicker zu werden, kann man das Paar trennen. Das Männchen kann dann zur Begattung anderer Weibchen verwendet werden.

Eiablage oder Geburt

Hier gibt es unterschiedliche Abläufe, je nach den Fortpflanzungsgewohnheiten der Art. Vipern können sich selbst überlassen bleiben, die Geburt findet ohne fremde Hilfe statt. Es ist nur dafür zu sorgen, dass der Käfig ausbruchsicher ist, denn die Jungtiere sind ja viel kleiner als ihre Mutter. Einige Arten mögen es, wenn man ihnen für die Geburt einen Kasten mit feuchtem Moos als Versteck gibt. Es ist aber nicht unbedingt notwendig.

Eierlegende Arten benötigen einen passenden Ablageplatz. Ansonsten halten sie evtl. ihre Eier zurück oder legen sie an unpassenden Stellen ab, z. B. in der Trinkschale, wo sie zugrunde gehen. Colubriden zeigen die bevorstehende Eiablage an, indem sie sich 6–12 Tage vorher häuten. Dann sollte ein geeigneter Behälter mit einer Schicht feuchtem Substrat (Moos, Torf o. Ä.) in den Käfig gestellt werden. Das Weibchen wird diesen regelmäßig aufsuchen und, wenn alles gut geht, ihre Eier dort ablegen.

Brutzeit und Schlüpfen

Die weiblichen Tiere bleiben oft noch einige Tage bei ihrem Gelege. Pythons rollen sich um das Gelege und verbringen dort wenn möglich die ganze Brutzeit. Andernfalls sollten die Eier baldmöglichst entfernt und in einen Brutkasten mit sauberem Substrat und der richtigen Temperatur gelegt werden. Als Substrat wird meist Vermiculit verwendet, da es über lange Zeit genügend Feuchtigkeit behält und als anorganisches Material keinen Nährboden für Bakterien oder Schimmel bietet. Etwas gröberes Vermiculit ist am besten geeignet. Es sollte erst gut mit sauberem Wasser getränkt und dann vorsichtig ausgedrückt werden. Eine 5–10 cm starke Schicht von feuchtem Vermiculit wird in einen sauberen Plastikbehälter gegeben. Die Schichtstärke ist wichtig, damit die Eier nicht mit verbliebenem Wasser in Kontakt kommen, sondern allseitig Luft um sie zirkuliert. Pythoneier benötigen ein etwas trockeneres Substrat als die Eier von Colubriden. Im Allgemeinen ist ein Verhältnis von 3 Gewichtsteilen Wasser zu 4 Gewichtsteilen Vermiculit zu empfehlen. Allerdings sollte man etwas experimentieren, denn Vermiculit unterschiedlicher Herkunft verhält sich unterschiedlich.

Die Eier werden leicht in das Substrat eingedrückt, aber nicht vergraben. Wenn die Eier aneinanderhaften, sollte man nicht versuchen, sie zu trennen, und den Klumpen so legen, dass die größtmögliche Anzahl Eier Kontakt mit dem Substrat hat. Eventuell muss das Substrat leicht angehäufelt werden. Der Brutbehälter sollte durch mehrere kleine Löcher belüftet werden. Zu großer Luftaustausch führt zu einem schnellen Austrocknen, zu geringer zu Sauerstoffmangel und in der Folge zu toten oder schlecht entwickelten Jungtieren.

Für Colubrideneier werden 28 °C als Bruttemperatur empfohlen. Bei Pythoneiern hat man in der Regel mit 30–32 °C gute Erfolge. Die Brutzeit ist je nach Art unterschiedlich. Die meisten der häufig gezüchteten Colubriden schlüpfen nach 60–90 Tagen, manche auch schon früher. Pythons schlüpfen meist nach 60 Tagen oder etwas vorher. Normalerweise schlüpfen die Eier eines Geleges zur gleichen Zeit, vorausgesetzt, sie haben alle die gleiche Wärme bekommen. Falls ein Teil des Geleges bereits schlüpft, während andere Eier noch nicht aufbrechen, ist es vorteilhaft, diese vorsichtig aufzustechen, um den jungen Schlangen beim Schlüpfen zu helfen. Oft sind diese Nachzügler tot oder schwach, aber gelegentlich können sie gerettet werden.

Anmerkungen

1. Dodd, C. K. (1987), »Status, conservation and management«, in *Snakes: Ecology and Evolutionary Ecology* (edited by R. A. Seigel, J. T. Collins and S. S. Novak), Macmillan Publishing Company, New York.
2. Adler, K., *Contributions to the History of Herpetology*, Society for the Study of Amphibians and Reptiles, Oxford, Ohio, 1989.

Die Jungtiere sollten aus dem Behälter genommen und einzeln untergebracht werden. Die meisten Züchter benützen dazu kleine Plastikschachteln mit sauberen Papiertüchern als Untergrund. Eine Wasserschale ist unentbehrlich, und manche Arten mögen zusätzlich kleine Schachteln als Versteck. Die meisten Jungtiere häuten sich 1 Woche nach dem Schlüpfen und beginnen danach zu fressen. Bei Pythons und Boas kann es hingegen mehrere Wochen bis zur 1. Häutung dauern, und sie beginnen bereits vorher mit dem Fressen.

▼ Schlangeneier werden gewöhnlich in einem absorbierenden und inerten Material wie Vermiculit künstlich erbrütet.

KAPITEL 9
SYSTEMATIK

Es gibt wohl kaum ein anderes Gebiet der Biologie, das so viel Frustration erzeugt – besonders unter Amateurnaturkundlern – wie die Systematik oder Taxonomie. Und dennoch ist dieses Fach von großem Wert, nicht nur, weil es den (internationalen) Informationsaustausch erleichtert, sondern auch, weil es uns etwas über die Verwandtschaftsbeziehungen zwischen den verschiedenen Tieren verrät: Sobald man sich mit einer Tiergruppe beschäftigt, braucht man eine Methode, nach der man die verschiedenen Untergruppen sinnvoll gliedern und benennen kann.

Die mexikanische Cedrosklapper-schlange gehört zu den Arten, die in den letzten Jahren umbenannt wurde, von Crotalus exsul zu Crotalus ruber.

Die Systematik besteht aus 2 Disziplinen: Klassifikation und Nomenklatur. Die Klassifikation umfasst die Erforschung von Verwandtschaftsverhältnissen und die Zuordnung zu taxonomischen Gruppen. Solche Gruppen werden Taxa genannt (Einzahl: Taxon). Die Nomenklatur besorgt die Benennung dieser Gruppen.

Die Klassifikation muss vorausgehen, um die Gruppen zu bestimmen. Erst wenn der Taxonom sicher ist, die bestmögliche Einordnung aufgrund der verfügbaren Daten gefunden zu haben, kann die Gruppe benannt werden: Klassifikation vor Nomenklatur.

Kapitel 1 handelte davon, wie sich Schlangen aus ihren Vorstufen entwickelt haben. Im Verlauf der Evolution brachen immer wieder Artengruppen von den Hauptpopulationen weg, es entwickelten und diversifizierten sich Seitenäste, aus denen über Unterarten und Arten im Lauf der Zeit neue Gattungen und Familien hervorgehen konnten. Weitere wichtige Ebenen des wissenschaftlichen Ordnungssystems sind Ordnung, Klasse, Stamm – alle der Familie übergeordnet. Manchmal werden noch Zwischenebenen eingezogen: Unterordnung, Unterfamilie, Unterart etc.

Die bekannteste Ebene ist die der Arten. Das Konzept der Arten ist nicht leicht zu verstehen, da es keine allgemein anerkannte Definition des Begriffs gibt. (Darum streiten sich Taxonomen oft lange darüber, ob ein bestimmtes Tier dieser oder jener Art angehört.) Verbreitet ist die Ansicht, wonach eine Art durch Populationen bestimmt wird, deren Angehörige sich genetisch vermischen und fruchtbare Nachkommen haben. Tiere verschiedener Arten vermischen (kreuzen) sich gewöhnlich nicht. Wenn sie es doch tun, nennt man ihre möglicherweise sterilen Nachkommen Hybriden oder Artbastarde. Obwohl es zahlreiche Ausnahmen dieser Regel gibt, auch bei Schlangen, ist es im Augenblick wohl die beste Definition.

Tiere der gleichen Art sehen gewöhnlich gleich aus, es kann aber Unterschiede zwischen Alt- und Jungtieren sowie zwischen den Geschlechtern geben. Wenn Arten über ein großes Gebiet verbreitet sind, können lokale Unterschiede in Färbung und Musterung vorkommen, die man dann als Unterarten einstufen kann. Unterarten können sich kreuzen, was aber gewöhnlich durch große Entfernungen verhindert wird. Wo die Areale von Unterarten ineinander übergehen, können die Tiere Merkmale beider Subspezies aufweisen, man spricht dann von Übergangsformen. Wo Unterarten durch Gebirge oder Meere voneinander getrennt sind, kommt es zu keinen Mischpopulationen. Dauert dies lange genug, können sich aus den Unterarten echte eigene Arten entwickeln. Da es für diesen »Umschlagpunkt« keine festen Kriterien gibt, sind solche Entscheidungen oft umstritten.

Die oben beschriebene Gruppenhierarchie – Unterart, Art, Gattung, Familie etc. – dient 2 Zwecken. Vor allem spiegelt sie den unterschiedlichen Grad evolutionärer Divergenz wider. Außerdem dient sie als Gedankenstütze: Man kann sich die taxonomischen Hierarchien wie ineinandergesteckte Schachteln vorstellen: Die größte Schachtel, die alle anderen umschließt, ist in unserem Fall die Unterordnung der Schlangen. Darin befinden sich die 18 kleineren Schachteln der 18 Schlangenfamilien. In diesen wiederum liegen die Schachteln der zu jeder Familie gehörenden Gattungen (Genera) und darin schließlich Arten und danach Unterarten bis hinunter zum einzelnen Tier. Taxonomen entscheiden, welche kleinere Schachtel in welche größere gehört. Problematisch wird es, wenn individuelle Schlangen nicht ohne Weiteres in eine der Schachteln passen.

Seit den 1990er-Jahren haben neue Techniken zur Bestimmung von Verwandtschaften zu einer Revolution geführt. Dazu gehören DNA-Kartierung, Computerprogramme zur Auswertung großer Datenmengen und ein besseres Verständnis dafür, welche Merkmale am besten geeignet sind, Entwicklungslinien zu erkennen. Dadurch ist ein wesentlich besseres Bild davon entstanden, wer mit wem und wie nah verwandt ist. Nichtsdestotowenig gibt es immer noch bedauerliche Erkenntnislücken.

KLASSIFIKATION

DAS PROBLEM HÖHERER KLASSIFIKATION BESTEHT DARIN, DASS DIE VERWENDETEN MERKMALE NICHT UNBEDINGT GEWINNEN UND VERLUSTEN DER ANPASSUNG ENTSPRECHEN. ARTEN GANZ UNTERSCHIEDLICHER HERKUNFT KÖNNEN SICH ÄHNLICH SEHEN, WENN IHRE LEBENSWEISE ÄHNLICH IST. MEHRERE BEISPIELE SOLCHER KONVERGENZ WURDEN GEGEBEN. ANDERERSEITS KÖNNEN SICH ARTEN GLEICHER HERKUNFT SEHR UNTERSCHIEDLICH ENTWICKELN, WENN SIE VERSCHIEDENE ÖKOLOGISCHE NISCHEN BESETZEN.

So können Boas lang und schlank sein, wenn sie auf Bäumen leben, aber auch – als grabende Arten – kurz und kräftig. Woran erkennen wir also, dass beide Arten Boas sind? Gleiches gilt für Vipern und andere. Herpetologen, die versuchen, Schlangenarten größeren Gruppen zuzuordnen, müssen nach Merkmalen suchen, die weniger dem Anpassungsdruck unterliegen als Form, Größe, Farbe etc. Außerdem sollten die Merkmale nicht unmittelbar mit der speziellen Lebensweise zusammenhängen. All das erfordert Studien, die unter die Oberfläche gehen, um nach Merkmalen wie Beckengürtel, coronoiden Unterkieferknochen, Wirbelfortsätzen (Hypapophysen), bestimmten Muskeln, bestimmten inneren Organen und neuerdings nach Proteinen und Chromosomen zu suchen.

Keines dieser Merkmale ist zur Bestimmung einer lebenden Schlange in der Hand geeignet, noch weniger einer, die rasch zwischen Vegetation davongleitet. Für die meisten Gegenden der Welt gibt es Feldführer oder Bestimmungsschlüssel, um die Artnamen wenigstens häufigerer Schlangen festzustellen. Schwierigere Arten bedürfen aber genauerer Untersuchung, sogar der Sektion, etwa bei Echten Blindschlangen *(Typhlops)* und Schlankblindschlangen *(Leptotyphlops)*. Gewöhnlich ist die Bestimmung von Schlangen freilich nicht sonderlich problematisch. Doch wie finden wir, nach Identifizierung der Art, die zugehörige Familie oder Unterfamilie? Und spielt das überhaupt eine Rolle? Für den landläufigen Naturfreund eher nicht. Für den Herpetolo-

gen ist die höhere Klassifikation jedoch wichtig, um die verwandtschaftlichen Zusammenhänge herzustellen.

Bisher waren die Kriterien, nach denen man Schlangen der gleichen Gattung oder Familie zustellte, eher vage definiert. Das liegt auch daran, dass Evolution nicht sprunghaft, sondern kontinuierlich erfolgt. Die Variationen innerhalb einer Population mögen so groß sein, dass Individuen der Extreme sehr verschieden aussehen können, alle Übergänge aber vorhanden sind. In solchen Fällen repräsentieren sie nicht verschiedene Arten, sondern nur eine sehr variable Art. Werden jedoch Populationen der Extreme voneinander und vom Mittelfeld isoliert, können sie sich in verschiedenen Richtungen weiterentwickeln und echte eigene Arten bilden.

Wenn einzelne Schlangen zum ersten Mal gesammelt, präpariert und wissenschaftlich bearbeitet werden, ist oft nicht klar, ob es intermediäre Formen gibt. Werden solche später gefunden, muss man oft frühere Zuordnungen korrigieren. Allerdings hängt die Beurteilung darüber, welche Unterschiede nötig sind, um eine neue Art zu konstituieren, auch vom einzelnen Taxonomen ab: Manche bevorzugen viele Arten mit wenig Variationsbreite, andere das Gegenteil. Ähnliche Auseinandersetzungen gibt es auf höheren Ebenen, etwa bei der Frage, ob Boas und Pythons sich ausreichend unterscheiden, um verschiedenen Familien zugeordnet zu werden.

Mit jedem neuen Befund kann eine Korrektur des Ordnungssystems erforderlich werden. Damit können Namensänderungen verbunden sein. Wenn all dies verwirrend erscheint, muss daran erinnert werden, dass die Namen von Gattungen, Arten, Unterarten etc. Menschenwerk sind. Die Natur kümmert sich nicht um menschliche Regeln, und alle Schwierigkeiten, denen wir auf diesem Gebiet begegnen, liegen in dem von uns geschaffenen System selbst.

Es gibt wahrscheinlich kein Gebiet der Biologie, in dem die Probleme der höheren Klassifikation größer sind als bei den Schlangen. Fragen, die von einer Taxonomengeneration gelöst schienen, tauchen erneut auf, wenn die folgende Generation mit ausgefeilteren Methoden ans Werk geht. Letztendlich sind aber die akademischen Argumente um die relative Wichtigkeit irgendeines dubiosen Merkmals für den normalen Herpetologen von geringer Bedeutung. Wichtig ist allein ein einigermaßen dauerhaftes System, das für jedermann verständlich ist.

NOMENKLATUR
DIE BENENNUNG VON SCHLANGEN

DIE KLASSIFIKATION VON SCHLANGEN IN EINEM LOGISCHEN SYSTEM WÄRE VON GERINGEM NUTZEN, WENN NICHT AUCH DIE NAMENGEBUNG SINNVOLLEN REGELN FOLGTE. NOMENKLATUR IST DAS FACHGEBIET DER BENENNUNG.

Es gibt 2 Typen von Schlangennamen: gewöhnliche oder Volks- bzw. Vulgärnamen und wissenschaftliche Namen. Vulgärnamen sind für den Hausgebrauch nützlich, haben aber Nachteile. Sie können sogar innerhalb eines Sprachraums regional recht unterschiedlich sein. So wird die nordamerikanische Kornschlange entweder Corn Snake oder Red Rat Snake, aber auch Rosy Rat Snake und Great Plaines Rat Snake genannt – wobei die beiden ersten Namen dieselbe Art bezeichnen, während sich die beiden letzten auf Unterarten beziehen, von denen eine nicht mehr anerkannt wird. Wissenschaftliche Namen sind weniger variabel. Allerdings wurde der für die Kornnatter früher übliche Gattungsname *Elaphe* in *Pantherophis* umbenannt und entsprechend die Kornnatter von *Elaphe guttata* in *Pantherophis guttata*. Solche Namen werden von Herpetologen der ganzen Welt verstanden.

Dieses System der Nomenklatur, in dem jede Art einen latinisierten Namen erhält, wurde erstmals von Carl von Linné (Linnaeus) in seinem 1753 veröffentlichten »Species Plantarum« verwendet. Es fand weithin Anerkennung und ist das heute übliche.

Grundsätzlich bekommt jede Art 2 Namen (binominale Nomenklatur), zuerst den Gattungsnamen, dann den Artnamen. Für Unterarten wird ein 3. Name angehängt; die Grundeinheit der Klassifikation bleibt aber die Art. Während der Gattungsname immer mit einem Großbuchstaben beginnt, schreibt man den Artnamen immer klein, auch wenn er sich auf einen Eigennamen bezieht. Gelegentlich wiederholt der Artname den Gattungsnamen, etwa bei der Ringelnatter *(Natrix natrix)* oder bei der Wüstenhornviper *(Cerastes cerastes)*; solche Namen nennt man Tautonyme. Wo Unterarten benannt werden, muss eine von ihnen die »Nominatform« sein, nach der die Art benannt ist; bei ihr ist der 3. Name eine Wiederholung des 2. Die Nominatform der Ringelnatter heißt also *Natrix natrix natrix* und bezeichnet die Unterart der namensgebenden Population. Wo es keine Unterarten gibt, ist die trinominale Nomenklatur inkorrekt.

Der gesamte Name wird gewöhnlich kursiv geschrieben. Schließlich fügt man in gerader Schrift (manchmal abgekürzt) häufig den Namen (und das Datum) dessen an, der die Art erstmals beschrieben, benannt und veröffentlicht hat. Wo dies in Klammern steht, wurde der Namen der Erstbeschreibung aufgrund neuerer Zuordnung der Art später geändert. Beispielsweise wurde die Abgottboa 1758 von Linné *Boa constrictor* genannt. Der Name gilt heute noch und kann geschrieben werden als »*Boa constrictor* Linné, 1758«. Auch der Tigerpython wurde ursprünglich von Linné benannt, jedoch der Gattung *Coluber* zugerechnet. Nachdem die Art einer anderen Gattung unterstellt wurde, lautete ihr voller Name »*Python molurus* (Linné, 1758)«. Manche Arten wurden mehrmals umbenannt, doch der Name des Erstbeschreibers wird weiterhin in Klammern angeführt. Nicht mehr verwendete Namen nennt man Synonyme.

Die Beschreibung neuer Arten

Neu entdeckte Arten müssen in der wissenschaftlichen Literatur fachgerecht beschrieben und benannt werden. Er gibt zahlreiche Regeln, nach denen neue Arten beschrieben werden müssen, um Verwirrung und Doppelbeschreibung zu vermeiden. Die neuen Namen müssen auch grammatisch korrekt sein. Die einzelnen Autoren bevorzugen unterschiedliche Beschreibungen neuer

Arten. Der Name kann das Aussehen des Tiers – *scalaris* (= Leiter) etwa bezieht sich auf die leiterähnliche Rückenzeichnung von *Rhinechis scalaris* – oder seine Lebensweise beschreiben – z. B. *natrix* (= Schwimmerin). Er kann auch den Ort bezeichnen, an dem das Tier gefunden wurde *(Arizona elegans),* oder an den Sammler erinnern, so bei der Feaviper *(Azemiops feae),* nach dem europäischen Forschungsreisenden M. L. Fea, der die Schlange zum 1. Mal in China sammelte.

Mehrere Schlangennamen können den gleichen Wortstamm enthalten, besonders wenn sie auf klassischen Sprachen beruhen. Viele enthalten etwa das Wort »ophis«, das sich vom altgriechischen Namen für Schlange herleitet. *Cylindrophis* bedeutet »zylindrische Schlange« und *Tropidophis* »gekielte Schlange«. Andere Schlangen sind nach mythischen Wesen benannt, darunter Python, das legendäre Ungeheuer der griechischen Mythologie, das Apoll im Parnass tötete.

Jede Art muss einer Familie zugeordnet werden. Wenn eine neue Art in keine der bestehenden Familien passt, muss eine neue begründet werden – was aber nur noch sehr selten geschieht. Familiennamen beginnen mit einem Großbuchstaben und tragen die Endung -idae. Manche Familien werden in Unterfamilien unterteilt. Man schreibt sie ebenfalls groß, aber ihre Endung ist -inae.

Der Typus in der Systematik

Ein weiterer Aspekt von Nomenklatur, der manchmal Probleme verursacht, ist die Bezeichnung »Typus«; sie hat verschiedene Bedeutungen:

Typusexemplar
Dabei handelt es sich um das originale Individuum, das der Beschreibung einer Art oder Unterart zugrunde lag. Wenn es sich dabei um das Exemplar handelt, auf das sich der Autor bei der Erstbeschreibung direkt bezog, wird dieses Holotypus genannt. Solche Exemplare werden in großen Museumssammlungen aufbewahrt, wo sie für spätere Untersuchungen zur Verfügung stehen.

Typuslokalität
Die Stelle, an welcher das Typusexemplar gesammelt wurde.

Typusart
Dieser Begriff wird im Zusammenhang mit Gattungen verwendet und bezieht sich auf die Art, mit der die Gattung begründet wurde. So ist *Boa constrictor* die Typusart der Gattung *Boa* (und auch ihr einziger Vertreter).

Typusgattung
Als Typusgattung bezeichnet man diejenige Gattung, die als Standardbezug für eine Familie dient. So ist die Typusgattung der Colubridae die Gattung *Coluber*. Probleme entstehen manchmal dann, wenn ein Gattungstypus einer anderen Familie zugrunde gelegt wird. Das geschah im Fall der Gattung *Elaps,* die der Gattungstypus der Kobras und ihrer Verwandten, der Elapidae, war. Als diese Gattung den Atractaspididae zugeordnet wurde, änderte man ihren Namen in *Homoroselaps,* um nicht den Familiennamen ändern zu müssen, was viel größere Verwirrung gestiftet hätte. (Inzwischen wurde die Gattung aber wieder zu den Elapidae gestellt.)

Generell kann eine einmal benannte Art nicht mehr umbenannt werden. (Die einzige Ausnahme betrifft Namen, die bereits vergeben waren.) Das verursacht manchmal Verwirrung, wenn der Name unzutreffend oder falsch geschrieben ist. So wurde die Russellviper zu Ehren von Dr. Patrick Russell benannt, der im 18. Jahrhundert in Indien Pionierarbeit an Schlangen und ihrem Gift leistete. Aufgrund eines Schreibfehlers wurde ihr jedoch der wissenschaftliche Name *Coluber* (später in *Daboia* geändert) *russelii* gegeben, mit nur 1 »l«. Obwohl fehlerhaft, kann dies nicht mehr geändert werden. Ähnlich bei der zu den Schildschwänzen zählenden Art *Pseudotyphlops philippinus,* die auf Sri Lanka, aber nicht auf den Philippinen vorkommt, wie ihr Beschreiber (Cuvier) irrtümlich glaubte.

◀ Wissenschaftliche Namen, bei denen der Gattungsname im Artnamen wiederholt wird, nennt man Tautonyme. Hier eine Ringelnatter *(Natrix natrix)*, die von Linné 1758 als *Coluber natrix* beschrieben wurde. Spätere Untersuchungen ergaben, dass sie nicht mit anderen Arten der Gattung *Coluber* näher verwandt ist, sodass man sie 1768 *Natrix vulgaris* nannte. Nach einem kurzen Gastspiel in der Gattung *Tropidonotus* wurde sie schließlich 1907 von Stejneger *Natrix natrix* genannt.

KAPITEL 10
ORDNUNGSSYSTEM DER SCHLANGEN

DIE SCHLANGENFAMILIEN – EINE ÜBERSICHT

Familie	Zahl der Gattungen	ungefähre Artenzahl	Seite
Scolecophidia			
Anomalepididae	4	16	196
Leptotyphlopidae	2	95	197
Typhlopidae	5	235	197
Alethinophidia			
Anomochilidae	1	2	198
Aniliidae	1	1	199
Cylindrophidae	1	10	199
Uropeltidae	8	47	200
Loxocemidae	1	1	201
Xenopeltidae	1	2	202
Boidae	11	43	202
Pythonidae	7	35	208
Bolyeriidae	2	2	212
Tropidophiidae	4	28	214
Xenophidiidae★	1	2	215
Caenophidia			
Acrochordidae	1	3	216
Viperidae	36	263	217
Atractaspididae	11	69	226
Colubridae	310	1881	228
Elapidae	59	140	255

★ Die Xenophidiidae sind eine neue, auf der Beschreibung nur weniger Exemplare beruhende Familie, weshalb einige Fachleute sie als vorläufig betrachten.

Waglers Lanzenotter *(Tropidolaemus wagleri)* ist die einzige Art ihrer Gattung.

WIE GROSS UND WIE KLEIN?

Obwohl die Größe von Schlangen die meisten Menschen besonders interessiert, ist sie nicht leicht festzustellen. Maximalgrößen, wie sie in vielen Büchern angegeben sind, können sich auf individuelle Sonderfälle beziehen und haben keinerlei Bezug zur durchschnittlichen Größe. Außerdem weiß man über manche Schlangenarten sehr wenig, also auch nicht, ob es noch größere oder kleinere Exemplare gibt. In Extremfällen, in denen nur 1 Exemplar vorliegt, sind maximale und minimale Größe identisch!

Aus diesen Gründen habe ich mich entschlossen, Annäherungswerte zu geben. In den folgenden Gattungsbeschreibungen werden die Kategorien »sehr klein«, »klein«, »mittelgroß«, »groß« und »sehr groß« verwendet, um die Größe der Vertreter jeder Gattung zu beschreiben. Diese Größenklassen entsprechen ungefähr folgenden Maßen:

Sehr klein	unter 30 cm
Klein	30–75 cm
Mittelgroß	76–150 cm
Groß	150–300 cm
Sehr groß	über 300 cm

Bei artenreichen Gattungen können die Größen stärker variieren; hier müssen Größenbereiche angegeben werden, z. B. klein bis mittelgroß.

Natürlich ist die Länge nicht das einzige Maß für die Größe. Oft wird versucht, einen Eindruck von der relativen Masse einer Schlange zu geben, indem man die allgemeine Körperform mit Begriffen wie massig oder schlank beschreibt, was eine vernünftige Vorstellung der entsprechenden Schlange ermöglicht.

ANOMALEPIDIDAE
AMERIKANISCHE BLINDSCHLANGEN

DIE VERTRETER DER ANOMALEPIDIDAE (MANCHMAL – SPRACHLICH FALSCH – AUCH ANOMALEPIDAE GENANNT) GEHÖREN ZU DEN PRIMITIVSTEN SCHLANGEN. OBWOHL IHNEN EIN BECKENGÜRTEL FEHLT, SIND SIE ZWEIFELLOS NAH VERWANDT MIT DEN SCHLANKBLINDSCHLANGEN. ALLE SIND KLEIN, MIT ZYLINDRISCHEM KÖRPER, GLATTEN, GLÄNZENDEN SCHUPPEN UND KURZEM SCHWANZ. SIE BESITZEN LANGE, SCHMALE, GELENKIG VERBUNDENE UNTERKIEFER MIT JE 1 KLEINEN ODER GAR KEINEM ZAHN. MEIST SIND SIE BRAUN ODER SCHWARZ, UND MANCHE ARTEN HABEN EINEN WEISSEN ODER GELBEN KOPF UND SCHWANZ.

Alle sind grabende Arten, die man kaum je oberirdisch sieht, und ernähren sich von Termiten oder anderen weichen Wirbellosen. Über ihre Biologie ist kaum etwas bekannt, man nimmt aber an, dass sie Eier legen. Es werden 4 Gattungen anerkannt, das Verbreitungsgebiet der Familie beschränkt sich auf Mittel- und Südamerika.

Anomalepis 4 Arten in Mittel- und Südamerika. Sie tragen je 1 Zahn in den beiden Unterkieferhälften.

Helminthophis 3 Arten in Mittel- und im nördlichen Südamerika. Zahnlos.

Liotyphlops 7 Arten in Mittel- sowie im nördlichen und östlichen Südamerika. 1 Zahn im Unterkiefer

Typhlophis 2 Arten im nordöstlichen Südamerika. Zahnlos.

◀ Verbreitung der Anomalepididae.

LEPTOTYPHLOPIDAE
SCHLANKBLIND-SCHLANGEN

DIE SCHLANKBLINDSCHLANGEN UMFASSEN ETWA 95 ARTEN IM SÜDEN DER USA (TEXAS UND KALIFORNIEN), IN MITTEL- UND SÜDAMERIKA, IN GANZ AFRIKA, AUF DER ARABISCHEN HALBINSEL UND IN TEILEN DES NAHEN OSTENS. ES SIND KLEINE, SCHLANKE SCHLANGEN MIT GLATTEN, GLÄNZENDEN SCHUPPEN. SIE HABEN EINEN GUT ENTWICKELTEN BECKENGÜRTEL UND MANCHE ARTEN RUDIMENTÄRE BEINE IN FORM VON SPORNEN. IHRE STARREN OBERKIEFER SIND ZAHNLOS, DER UNTERKIEFER IST KURZ UND AUF ETWA HALBER SCHÄDELLÄNGE EINGELENKT. LINKE LUNGE UND LINKER EILEITER FEHLEN. IHRE AUGEN SIND KLEIN UND STATT VON EINER »BRILLE« NUR VON 1 SCHUPPE BEDECKT. DIE MEISTEN SIND SILBRIG-ROSA, EINIGE ABER AUCH STÄRKER PIGMENTIERT.

Alle Arten leben unterirdisch, an der Oberfläche sieht man sie nur gelegentlich bei Nacht oder wenn sie von starkem Regen ausgeschwemmt wurden. Sie leben ausschließlich von Termiten und ihren Larven und produzieren Duftstoffe, die die Termitensoldaten daran hindern, sie anzugreifen. Wegen ihrer kleinen Mäuler packen sie den weichen Hinterleib größerer Insekten und saugen ihren Inhalt aus. Es gibt 2 Gattungen.

Leptotyphlops Diese größte Gattung enthält bis auf 1 Ausnahme sämtliche Arten der Familie. Ihr Areal deckt sich mit dem der Familie. Bewohnt eine Vielfalt von Lebensräumen einschließlich halbtrockener Regionen. Man findet sie gewöhnlich in Termitenbauten, von deren Bewohnern sie sich ernähren. Sie legen kleine Gelege winziger Eier, die bei manchen Arten nur reiskorngroß sind; zumindest die Texas-Schlankblindschlange ringelt sich um ihr Gelege.

Rhinoleptus Monotypische Gattung mit nur der westafrikanischen *R. koniagui*. Sie unterscheidet sich durch ihre hakenartige Rostralschuppe und ihre relative Größe von 50 cm. Über ihre Biologie ist wenig bekannt.

▼ Verbreitung der Leptotyphlopidae.

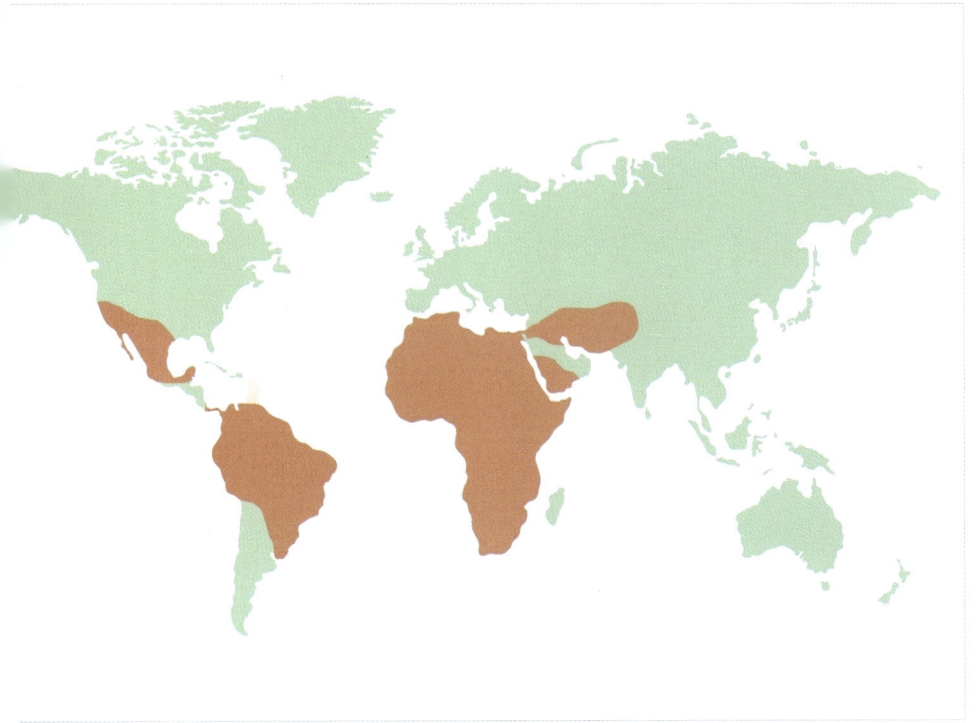

TYPHLOPIDAE
BLINDSCHLANGEN

EINE RELATIV GROSSE FAMILIE MIT FAST 200 ARTEN, DIE ÜBER NAHEZU DIE GESAMTE TROPISCHE UND SUBTROPISCHE WELT VERBREITET IST, EINSCHLIESSLICH GANZ AUSTRALIEN UND MEHRERER INSELGRUPPEN. ES SIND SEHR KLEINE BIS KLEINE SCHLANGEN MIT GLATTEN, GLÄNZENDEN SCHUPPEN UND RUDIMENTÄREN AUGEN, DIE VON SCHUPPEN BEDECKT SIND. SIE HABEN ZYLINDRISCHE KÖRPER UND KURZE SCHWÄNZE. DIE MEISTEN ARTEN SIND SEHR SCHLANK, ABER ES GIBT AUCH EINIGE GRÖSSERE, ROBUSTERE ARTEN. SIE HABEN EINEN BECKENGÜRTEL UND NUR 1 OVIDUKT. DIE LINKE LUNGE IST ZURÜCKGEBILDET ODER FEHLT GANZ, DIE RECHTE IST EINE TRACHEALLUNGE. IHRE OBERKIEFERZÄHNE SIND AUF DIE MAXILLEN BEGRENZT UND FEHLEN DER PRÄMAXILLE. DER UNTERKIEFER IST ZAHNLOS UND STARR. DIE MEISTEN ARTEN SIND BLASS GEFÄRBT, OFT ROSA, ANDERE BRAUN, SCHWARZ ODER GRAU.

Blindschlangen leben ausschließlich unterirdisch, fressen Ameisen und Termiten sowie deren Larven und wahrscheinlich auch andere weichleibige Insekten. Trotz der weiten geographischen Verbreitung wird die Familie bisher nur in 3 Gattungen unterteilt; in Kürze werden aber wohl weitere beschrieben, darunter solche aus Madagaskar.

Acutotyphlops 4 Arten auf den Salomoninseln und dem Bismarckarchipel; früher zählte man sie zur Gattung *Typhlops.*

Cyclotyphlops Monotypische Gattung mit der 1994 aus Sulawesi stammenden Art *C. deharvengi.* Sie ist einmalig unter Schlangen durch 1 große runde Schuppe in der Kopfmitte, die von kleineren Schuppen umgeben ist und möglicherweise ein Parietalauge bedeckt.

Ramphotyphlops Etwa 60 Arten, die früher zur heute nicht mehr bestehenden Gattung *Typhlina* gerechnet wurden. Die Gattung kommt ursprünglich nur in der Alten Welt vor, man findet sie von Indien über Südostasien, auf vielen südpazifischen Inseln, von Neuguinea bis nach Australien. Die Brahmanenwurmschlange *(R. braminus)* vermehrt sich parthenogenetisch und wurde in viele Teile der Welt eingeführt, u.a. nach Australien, Südafrika, Mittelamerika und Florida. Man nennt sie auch »Blumentopfschlange«, weil sie so häufig mit Containerpflanzen eingeschleppt wird. Von mehreren Arten kennt man nur 1–2 Exemplare.

Die Beschreibung der *Ramphotyphlops*-Arten entspricht der Familienbeschreibung. Die Männchen dieser Gattung sind einmalig durch ein solides Teilstück ihres vorstreckbaren Kopulationsorgans, im Gegensatz zu den weichen, schlauchartigen Strukturen, die man sonst bei Schlangen findet. Manche Arten sind recht farbig, besonders dort, wo der Boden rot oder gelb ist. Etliche leben in Termitenbauten, wo sie sich durch ein Netzwerk von Gängen bewegen und sich wahrscheinlich von den Insekten und Larven ernähren. Sofern bekannt, legen alle Arten kleine Gelege länglicher Eier.

Rhinotyphlops Etwa 30 Arten, die derzeit überprüft werden. Die Gattung wird von manchen Fachleuten nicht anerkannt, die sie der Gattung *Typhlops* zuordnen möchten. Andererseits unterscheiden sie sich von diesen durch eine waagrechte Kante ihrer Rostralschuppe. Die meisten Arten findet man in Afrika südlich der Sahara, 1 Art *(R. simoni)* lebt im Nahen Osten, 2 Arten in Asien. Ihre Lebensweise gleicht der anderer Typhlopidae: Sie ernähren sich von Termiten und anderen weichleibigen Wirbellosen, und ihre Gelege bestehen aus winzigen Eiern.

Typhlops Etwa 140 Arten in Mittel- und Südamerika, in ganz Afrika südlich der Sahara, im Nahen Osten und Südasien. Nur 1 Art *(T. vermicularis)* erreicht Europa auf dem Balkan. Es sind sehr kleine bis kleine (ausnahmsweise mittelgroße) grabende Schlangen, gewöhnlich grau, bräunlich oder rosa und ähneln Regenwürmern. Einige Arten tragen schwarze Zeichnungen auf hellgrauem oder rosa Untergrund. Sie ernähren sich wahrscheinlich hauptsächlich von Termiten, Ameisen und deren Larven. Soweit bekannt, legen alle Arten Eier mit Gelegen bis zu 60 Eiern (z.B. *T. schlegelii),* gewöhnlich aber weniger als 10. Die Eier können vom Weibchen zurückgehalten werden, bis sie gut entwickelt sind (z.B. bei Bibrons Blindschlange, *T. bibronii)* und nach 5–6 Tagen schlüpfen. Von *T. diardi* aus Indien und Südostasien heißt es, sie behalte ihre Eier bis zum Schlüpfen im Körper.

ANOMOCHILIDAE
WÜHLSCHLANGEN

FRÜHER MIT DEN WALZENSCHLANGEN UNTER DEN UROPELTIDAE VEREINT, BETRACHTET MAN SIE HEUTE ALS EIGENE FAMILIE. SIE STEHEN OFFENBAR ZWISCHEN DEN SCOLECOPHIDIAE UND DEN HÖHER ENTWICKELTEN SCHLANGEN.

Anomochilus 2 Arten: *A. leonardi* mit 5 Belegstücken von der malaysischen Halbinsel und 1 aus Sabah/Borneo sowie *A. weberi,* der Sumatrawühlschlange, mit 1 Belegstück aus Sumatra und 1 aus Kalimantan/Borneo. Es sind kleine Schlangen mit zylindrischem Körper und kleinem Kopf. Sie leben in Regenwäldern und scheinen in Schlamm zu wühlen, doch bei so wenigen Belegen sind alle Informationen spekulativ. Wahrscheinlich eierlegend (ovipar).

▼ Verbreitung der Typhlopidae.

▶ Die Schnabelblindschlange *(Rhinotyphlops schinzi),* ein Vertreter der Typhlopidae aus den trockeneren Teilen Afrikas.

ANILIIDAE
ROLLSCHLANGEN

DIESE FAMILIE ENTHÄLT NUR 1 ART. SIE HAT EINEN BECKENGÜRTEL UND RUDIMENTÄRE BEINE. DIE KLEINEN AUGEN SIND NICHT VON EINER »BRILLE« BEDECKT, SONDERN VON JE 1 GROSSEN DURCHSICHTIGEN SCHUPPE. DIE BAUCHSCHUPPEN SIND KAUM GRÖSSER ALS DIE RÜCKENSCHUPPEN, UND DER KÖRPER IST ZYLINDRISCH. DER SCHÄDEL IST KAUM DEHNBAR, DER UNTERKIEFER NUR GERINGFÜGIG, DER OBERKIEFER GAR NICHT. DIE LINKE LUNGE IST WIE BEI HÖHEREN SCHLANGEN ZURÜCKGEBILDET. SO VEREINIGT DIESE ART MERKMALE PRIMITIVER SCHLANGEN (TYPHLOPIDAE ETC.) MIT SOLCHEN DER HÖHER ENTWICKELTEN FAMILIEN (COLUBRIDAE ETC.).

▶ Verbreitung der Aniliidae.

▼ Die südamerikanische Korallenrollschlange *(Anilius scytale)* ist die einzige Art der Familie Aniliidae.

Anilius Monotypische Gattung mit der Korallenrollschlange *(A. scytale)* aus dem Amazonasbecken als einziger Art. Eine mittelgroße Schlange mit markanten schwarzen und roten Ringen, deretwegen man sie auch als »Falsche« Korallenschlange bezeichnet. Eine grabende Art feuchter Lebensräume wie Regenwäldern und locker bewaldeter Flächen. Sie ist hauptsächlich nachtaktiv und ernährt sich wohl von kleinen Wirbeltieren einschließlich kleiner Schlangen. Vermutlich lebendgebärend.

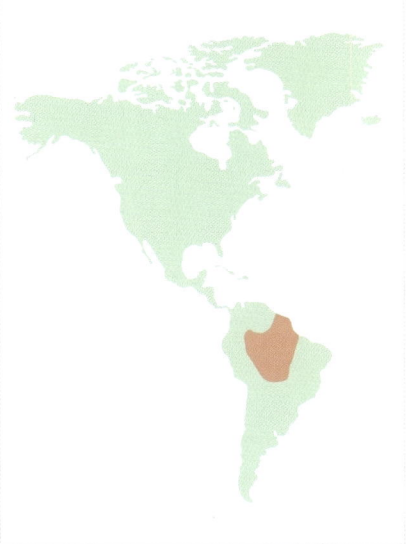

CYLINDROPHIDAE
WALZENSCHLANGEN

10 ARTEN, DIE AUF SRI LANKA, IN INDIEN, BURMA BIS INDOCHINA UND TEILEN VON INDONESIEN ZU FINDEN SIND. KLEINE BIS MITTELGROSSE SCHLANGEN MIT ZYLINDRISCHEM KÖRPER, ABER AUFFALLEND ABGEFLACHTEM SCHWANZ.

Cylindrophis Meist grabende Schlangen feuchter Lebensräume. Der flache Kopf ist klein, ebenso die Augen. Bei Bedrohung heben sie den Schwanz und warnen mit dessen leuchtend gefärbter Unterseite. Gleichzeitig verstecken sie den Kopf in ihren Körperschlingen. Über ihre Biologie und Nahrung ist wenig bekannt, einige Arten leben jedenfalls von anderen grabenden Schlangen. Bis zu 15 Junge kommen lebend zur Welt (vivipar).

UROPELTIDAE
SCHILDSCHWÄNZE

DIE SCHILDSCHWÄNZE UNTERSCHEIDEN SICH VON DEN WALZENSCHLANGEN DURCH FEHLENDEN BECKENGÜRTEL. ALLE 47 ARTEN SIND WÜHLSCHLANGEN MIT STARREM SCHÄDEL UND KIEFER.

Der Kopf ist schmal und zugespitzt und wird zum Bohren von Erdgängen benutzt. Durch Modifikation der ersten Wirbel können sie ihren Hals scharf abwinkeln, was sie offenbar dazu nutzen, Erdgänge durch seitliches Schlagen zu erweitern. Die spezialisierte Art der Fortbewegung dieser Schlangen wird an anderer Stelle beschrieben. Die Augen werden statt von einer »Brille« von 1 großen polygonalen Schuppe bedeckt, die Kiefer sind zahnlos. Die linke Lunge ist sehr klein. Das interessanteste Merkmal der Vertreter dieser Familie ist ihr Schwanz. Dieser endet in einer 1- oder 2-spitzigen Schuppe, die schiefstehen und von gekielten Schuppen oder Höckern bedeckt, aber auch konisch und von rauer Oberfläche sein kann. Direkt darunter befindet sich eine knöcherne Platte. Die 8 Gattungen sind auf Indien und Sri Lanka beschränkt.

Brachyophidium Monotypische Gattung mit der einzigen Art *B. rhodogaster* aus Südindien. Eine sehr kleine Schlange, deren Schwanz weniger in einem Schild als in einem Dorn endet. Vermutlich vivipar, sonst aber kaum erforscht.

Melanophidium 3 südindische Arten. Seltene, mittelgroße Schlangen, die in bewaldeten Bergregionen leben und über die wenig bekannt ist. Vivipar.

Platyplecturus 2 Arten: *P. trilineatus,* die in Südindien endemisch ist, und *P. madurensis* aus Südindien und Sri Lanka. Kleine Schlangen, deren Schwänze in einem Dorn enden. Vivipar.

Plecturus 4 südindische Arten. Kleine Schlangen mit paarigem Dornenschwanzende. Wenig bekannt, Vivipar.

Pseudotyphlops Monotypische Gattung mit der einzigen Art *P. philippinus* aus Sri Lanka (der Artname wurde versehentlich vergeben). Eine kleine Schlange, bei der der Schwanz in einer runden, rauen Platte endet, die von einem Dornenring umgeben ist. Lebt in feuchten Böden, besonders auf landwirtschaftlichen Flächen. Ernährt sich wohl von Regenwürmern. Vivipar.

Rhinophis 12 Arten, die in Südindien und Sri Lanka leben. Kleine Schlangen mit großen, von Höckern bedeckten Schwanzschuppen. Sie bewohnen verschiedene Lebensräume, darunter modernde Vegetation und Holzmulm sowie versumpfte Abzugsgräben. Man findet sie oft in kleinen Kolonien; sie ernähren sich hauptsächlich von Regenwürmern und sind vivipar.

Teretrurus Monotypische Gattung mit der einzigen Art *T. sanguineus* aus Südindien. Eine sehr kleine Schlange, über die man fast nichts weiß. Vermutlich vivipar.

Uropeltis 23 Arten, davon 3 auf Sri Lanka, der Rest in Südindien. Sehr kleine bis kleine Schlangen mit kleinen Schwanzschuppen und 2 Dornen am Schwanzende. Leben vermutlich von Regenwürmern und sind vivipar.

▶ Schwarzbauch-Schildschwanz *(Uropeltis melanogaster)* aus dem zentralen Hügelland von Sri Lanka.

▼ Verbreitung der Uropeltidae.

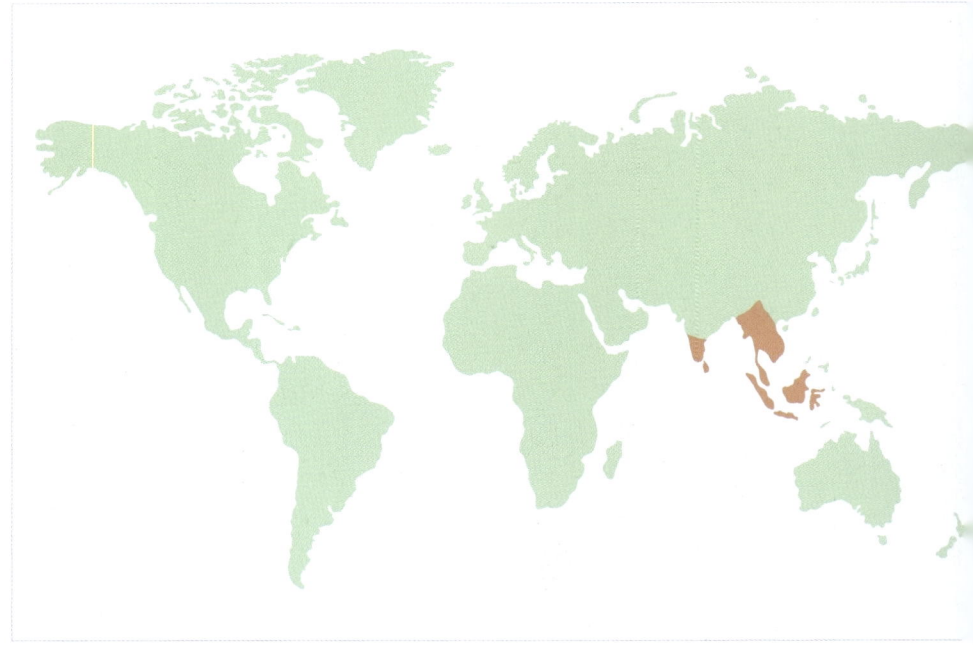

LOXOCEMIDAE
SPITZKOPFPYTHONS

DER MITTELAMERIKANISCHE SPITZKOPF-PYTHON BILDET EINE EIGENE FAMILIE. MAN RECHNETE IHN FRÜHER ZU DEN BOIDAE UND NENNT IHN AUCH MEXIKANISCHE GRAB-SCHLANGE. EIN AUS 2 KNOCHEN BESTEHEN-DER BECKENGÜRTEL IST VORHANDEN, DIE LINKE LUNGE IST ETWA HALB SO GROSS WIE DIE RECHTE.

Loxocemus Monotypische Gattung mit *L. bicolor*. Die Art kommt in Mexiko und angrenzenden Gebieten Mittelamerikas vor. Eine mittelgroße Schlange mit stäm-migem Körper und großen Schuppen auf dem Kopf. Die Körperschuppen sind glatt, leicht irisierend und bilden oft unregelmäßige, weiße, manchmal aus-gedehnte Flecken. Im Übrigen ist die Oberseite braun, die Unterseite weiß. Eine halbgrabende, überwiegend nacht-aktive Art. Über ihr Verhalten ist wenig bekannt. Der Verzehr von Eiern und Jungen von Schildkröten und Leguanen wurde beobachtet, doch aus ihrem Ver-halten in Gefangenschaft lässt sich schlie-ßen, dass vielerlei Wirbeltiere auf der Beuteliste stehen. Eierlegend (ovipar).

■ *Gefangenschaft:* Leicht in einem Terra-rium mit einer dicken Torf- oder Moos-schicht zu halten, in der sie sich ver-kriechen können. Man kann auch eine Unterschlupfecke mit gleichem Material anbieten. Kleine Nager werden gern genommen. Die Tiere sind friedlich und leicht zu handhaben. Vermehrung gelingt allerdings fast nie.

▲ Verbreitung der Loxocemidae.

▼ Ein ungewöhnliches Exemplar des Spitz-kopfpythons *(Loxocemus bicolor)*, bei dem nur wenig schwarzes Pigment ausgebildet ist.

XENOPELTIDAE
ERDSCHLANGEN

DIE FAMILIE DER XENOPELTIDAE UMFASST NUR 2 ARTEN: DIE REGENBOGEN-ERDSCHLANGE *(XENOPELTIS UNICOLOR)* UND *X. HAINANENSIS.* DIESE ARTEN – UND DAMIT DIE FAMILIE – SIND AUF SÜDOSTASIEN UND AUF SÜDCHINA BESCHRÄNKT. SIE HABEN WEDER BECKENGÜRTEL NOCH ENTSPRECHENDE SPORNE, UND IHRE LINKE LUNGE IST NUR HALB SO GROSS WIE DIE RECHTE.

Xenopeltis Informationen über die Biologie der 1972 beschriebenen chinesischen Art *X. hainanensis* sind rar; man nimmt aber an, dass ihre Gewohnheiten denen der Regenbogen-Erdschlange *(X. unicolor)* ähneln, die besser bekannt ist. Eine grabende Art, die man selten oberirdisch sieht. Man findet sind sie in vielerlei Lebensräumen, einschließlich lockerer Waldungen, aber auch auf Brachland in Vorstädten. Es ist eine mittelgroße Schlange mit zylindrischem Körper, oben dunkel, unten weißlich. Die Schuppen sind glatt und poliert und irisieren mehr als die anderer Schlangen. Kopf und Schnauze sind flach und schaufelförmig, die Augen klein. Sie ist vorwiegend nachtaktiv und lebt von Kleinsäugern, Amphibien und Reptilien, einschließlich anderer Schlangen. Sie ist ovipar.

■ *Gefangenschaft:* Die chinesische Art ist in Gefangenschaft unbekannt. *Xenopeltis unicolor* ist eine ziemlich spezialisierte Schlange, die nicht oft zum Kauf angeboten wird. Wildfänge können in schlechtem Zustand sein, nach ihrer Akklimatisation geht es ihnen aber meist gut, und sie sind leicht zu halten. Man sollte ihr Terrarium mit einer leicht feuchten, dicken Schicht aus Torf oder Moos ausstatten. Sie werden die meiste Zeit darin verbringen und nur nachts hervorkommen, um kleine Nager zu nehmen. In einigen Fällen haben sie sich fortgepflanzt. Das Gelege besteht aus bis zu 10 Eiern. Die Jungen sind klein und müssen anfangs ggf. zwangsgefüttert werden, andere nehmen neugeborene Mäuse. Sobald sie selbst fressen, entwickeln sie sich rasch und problemlos.

▼ Verbreitung der Xenopeltidae.

BOIDAE
BOAS

EINE SCHWIERIGE SCHLANGENGRUPPE, DIE ABER SOWOHL FÜR MYTHOLOGEN WIE FÜR HERPETOLOGEN VON GROSSEM INTERESSE IST. MANCHE FORSCHER HALTEN BOAS UND PYTHONS FÜR VERTRETER DERSELBEN FAMILIE (BOIDAE), WÄHREND ANDERE DIE PYTHONS EINER EIGENEN ZURECHNEN (PYTHONIDAE). ICH SCHLIESSE MICH LETZTEREN AN UND BEHANDLE SIE ALS 2 FAMILIEN – WOHL WISSEND, DASS DIES NICHT GENERELL SO GEHANDHABT WIRD.

Die verschiedenen Argumente für unterschiedliche Ordnungssysteme werden in folgenden wichtigen Artikeln dargelegt:

Kluge, A. (1991), *Boine snake phylogeny and research cycles,* Misc. Publ. Mus. Zool. Univ. Michigan, 178:iv+ 58 pages.

Kluge, A. (1993), *Calabaria and the phylogeny of erycine snakes,* Zool. Journal of the Linnean Society, 107:293–357.

McDowell, S. M. (1987), *Systematics, in Snakes, Ecology and Evolutionary Biology,* pp. 3–50, edited by R. A. Seigel, J. T. Collins and S. S. Novak, Macmillan Publishing Company, New York.

Underwood, G. (1976), *A systematic analysis of boid snakes,* in Morphology and Biology of Reptiles, pp. 151–175, edited by A. d'A. Bellairs and C. B. Cox, Linnean Society Symp. Series 3, Academic Press, London.

DIE BOAS (BOIDAE)

Früher gehörten zu den Boidae nicht nur die Boas und Pythons, sondern auch die Erd- oder Waldboas, die jetzt die Tropidophiidae bilden, und die Bolyerschlangen, denen man heute ebenfalls eine eigene Familie (Bolyeriidae) zubilligt. Derzeit bestehen die Boidae aus 2 Unterfamilien, 12 Gattungen und 43 Arten. Ihre Vorkommen liegen in Nord- und Südamerika, Afrika, Madagaskar und Asien, nicht aber in Australien. 1 Art lebt am Rand ihres Areals in Südosteuropa. Alle Vertreter der Familie bis auf 1 oder 2 sind lebendgebärend (vivipar).

Die Familie wird in 2 deutlich unterscheidbare Unterfamilien unterteilt, die Boinae und die Erycinae, Letzterer gehören kleine, grabende Formen an. Zuerst zu den Boinae.

Boinae

7 Gattungen gehören dieser Unterfamilie an. Einige Vertreter besitzen wärmeempfindliche Grubenorgane, die zwischen den Labialschuppen liegen, nicht in den Schuppen wie bei den Pythons.

Acrantophis Die 2 Arten dieser Gattung leben auf Madagaskar und besitzen keine Grubenorgane. *A. madagascariensis* ist die Madagaskarboa, *A. dumerilii* ist die Dumerils Boa (beide früher zur Gattung *Boa* gerechnet). Beides sind Schlangen mit schwerem Körper, die oberflächlich der Abgottboa ähneln, aber komplizierter gezeichnet sind. Dumerils Boa wird höchstens 2 m lang, während die Madagaskarboa fast 3 m erreicht. Beide ernähren sich von Vögeln und Kleinsäugern und bevorzugen feuchte Habitate, meist in der Nähe von Bächen und Flüssen. Dumerils Boa kommt nur im Süden und Südwesten der Insel vor, während *A. madagascariensis* im Norden und Osten lebt. Beide gelten als bedrohte Arten (CITES-Anhang I).

■ *Gefangenschaft:* Beide Arten gedeihen gut unter tropischen Bedingungen und bei einer Nahrung aus Nagern. *A. madagascariensis* wird seltener gehalten, da sie sich in Gefangenschaft nur selten und sparsam fortpflanzt, mit Würfen von 8 im Vergleich zu 20 bei *A. dumerilii*.

Boa (Boas) Diese Gattung besteht aus nur 1 Art, der Abgottboa *(B. constrictor)*. Sie besitzt keine Grubenorgane und scheint trotz der geographischen Trennung näher mit *Acrantophis* verwandt zu sein als mit anderen Boagattungen. Die Art ist so bekannt, dass eine Beschreibung überflüssig erscheint, allerdings besteht viel Verwirrung über geographische Formen und Unterarten. Zeitweise unterschied man bis zu 9 Unterarten, jedoch sind die Unterschiede schwer bis gar nicht quantifizierbar. Die argentinische Form *B. c. occidentalis* ist von den Festlandformen die deutlichste. Namen wie »Kolumbianische Rotschwanzboa«, die von Hobby-Schlangenhaltern bestimmten Farbvarianten gegeben werden, tragen nur zur Verwirrung bei, da Exemplare der verschiedensten Regionen rötliche Schwänze aufweisen und kein Unterartenmerkmal sind.

Das Verbreitungsgebiet ist wahrlich enorm und reicht von Argentinien im Süden bis zur Nordwestküste Mexikos im Norden *(B. c. imperator)*. Es ist v. a. eine Regenwaldart, die auf Lichtungen und an Waldrändern lebt, aber auch in halbtrockenen Dornbuschlandschaften der Sonora und in trockenen Tropenwäldern Mittelamerikas. Sie kommt außerdem auf verschiedenen Inseln vor, sowohl auf Trinidad, Tobago, Dominica (Unterart *nebulosa*) und St. Lucia (Unterart *orophias*) in der Karibik als auch auf kleineren Inseln vor den Küsten von Honduras. *B. c. sabogae* lebt auf Saboga. Eine nicht benannte und wohl nicht mehr wild vorkommende Zwergform stammt aus Cayos Cochinos vor der Küste Honduras und ist bekannt als Hog Island Boa.

Die Abgottboa kann bis 4 m lang werden, die meisten Exemplare sind aber deutlich kleiner. Als Generalist ernährt sie sich von Säugern und Vögeln und kann arboreal leben, wo große Bäume wachsen. Sie ist aber gleichermaßen auf dem Boden zu Hause, und man trifft sie häufig an Flüssen, im Wasser oder am Ufer. Oft begegnet man ihr auch in der Nähe menschlicher Siedlungen.

■ *Gefangenschaft:* Abgottboas gehören zu den beliebtesten und unkompliziertesten Großschlangen. Die Unterbringung muss ihrer Größe entsprechen, doch davon abgesehen macht sie kaum Schwierigkeiten. In Gefangenschaft geborene Exemplare sind im Regelfall weniger aggressiv und passen sich leichter an als Wildfänge. Sie nehmen gewöhnlich problemlos tote Nager, manche Individuen bevorzugen aber Vögel. Dies trifft besonders auf einige der kleinen Inselrassen zu, aber auch hier machen in Gefangenschaft geborene Tiere kaum Probleme. Wo die Temperatur das ganze Jahr über konstant gehalten wird, paaren sie sich zu allen Jahreszeiten. Ansonsten liegt die Paarungszeit in den kühleren Wintermonaten. Bis zu 50 lebende Junge werden nach einer temperaturabhängigen Tragzeit von 5−8 Monaten geboren.

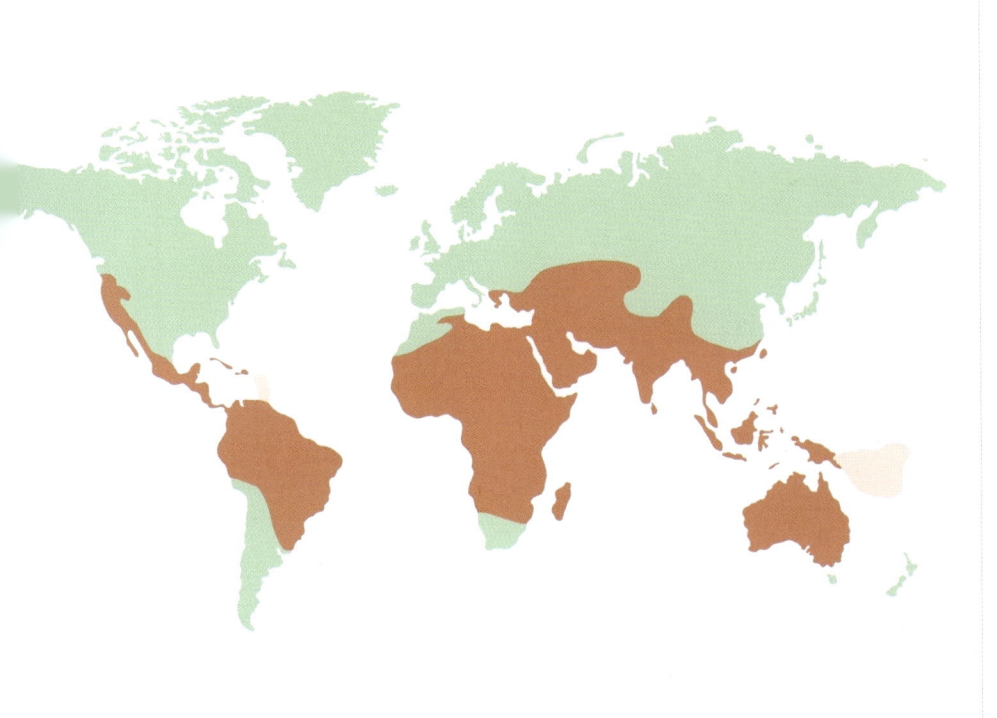

◄ Verbreitung der Boidae.

Candoia (Pazifikboas) Diese Gattung enthält 3 Arten in Neuguinea und auf benachbarten Inseln. Ihre Körperschuppen sind kräftig gekielt, den Kopf bedecken zahlreiche kleine Schuppen. Keine Art besitzt Grubenorgane. Gattungstypisch ist eine flache, gewinkelte Rostralschuppe, die der Schnauze ein eckiges Profil verleiht. Zwischen den Arten bestehen große Unterschiede in Größe und Färbung. Das lässt sich teilweise auf ihre verstreute Verbreitung auf vielen Inseln zurückführen. Doch auch innerhalb lokaler Gruppen treten sehr verschiedene Farben und Muster auf. Bei *C. carinata* findet man lang- und kurzschwänzige Populationen, und es gibt gewisse Beziehungen zwischen Schwanzlänge und Verbreitung. Die 3 Arten gehen zweifellos auf einen gemeinsamen Vorfahren zurück und sind ein Beispiel für adaptive Radiation: *C. aspera*, die kleinste Art, ist kurz und stämmig, mit einem kurzen Greifschwanz. Sie lebt terrestrisch und teilweise grabend. *C. bibroni* ist lang und

schlank mit einem ausgeprägten Greifschwanz und lebt arboreal. *C. carinata* ist von mittlerer Körperform, lebt terrestrisch und arboreal, aber klettert weniger als *C. bibroni*.

■ *Gefangenschaft:* Alle Arten sind leicht zu halten, brauchen aber ein dunkles, ruhiges Terrarium mit Unterschlupfmöglichkeiten. Erwachsene fressen gewöhnlich problemlos, Jungtiere weigern sich manchmal, Nager zu nehmen. *C. carinata* bringt bis zu 100 lebende Junge zur Welt. Auch die beiden anderen haben recht zahlreichen Nachwuchs, und die Neugeborenen sind in allen Fällen sehr klein.

Corallus (Hundskopfboas) Wenigstens 6, wahrscheinlich 8 Arten, obwohl Cropans Baumboa (*C. cropanii*) oft der Gattung *Xenoboa* zugerechnet wird. Alle leben in Süd- und Mittelamerika und sind schlanke, arboreale Schlangen. Sie besitzen große, senkrechte Grubenorgane in ihren Labial- und Rostralschuppen. Der Grüne Hundskopfschlinger (*C. caninus*) ist die bekannteste Art. Er lebt ausschließlich arboreal und gleicht sowohl in Erscheinung als auch Verhalten dem Grünen Baumpython (*Morelia viridis*) aus

Asien. Er wird 2 m lang und im Alter leuchtend grün, aber die Jungen sind bei der Geburt ziegelrot oder mattorange und beginnen erst nach einigen Monaten, grün zu werden. Sein Körper ist seitlich abgeflacht, die Nahrung besteht hauptsächlich aus Nagern, gelegentlich Echsen und selten Vögeln. Er besitzt lange, gebogene Zähne, um die Beute festzuhalten.

Die Geringelte Hundskopfboa (*C. annulatus*) ist in Mittelamerika und spärlich im nördlichen Südamerika verbreitet, wo sie eine ähnliche Art (oder Unterart), *C. blombergi,* in Ecuador ersetzt. Cropans Baumboa (*C. cropanii*) ist der seltenste und am wenigsten bekannte Vertreter der Gattung und vielleicht die seltenste Großschlange der Welt. Man kennt nur 3 Exemplare vom schrumpfenden Küstenregenwald bei São Paulo, Brasilien.

Die restlichen 3 Baum- oder Hundskopfboas sind problematischer. Die Amazonasbaumboa (*C. hortulana*) erreicht die Länge des Hundskopfschlingers, ist aber schlanker. Die Individuen sind sehr unterschiedlich gezeichnet. Man findet sie im gesamten Amazonasbecken und

▼ Junge Amazonasbaumboa *(Corallus hortulanus).*

im nördlichen Südamerika. Weiter westlich, von Venzuela bis Costa Rica sowie auf Trinidad und Tobago, wird sie durch die ähnliche *C. ruschenbergeri* ersetzt, was nicht immer anerkannt wird. Cooks Baumboa (*C. cookii*) und eine mögliche weitere Art, *C. grenadensis,* kommen in der Karibik vor. All diese Arten wurden oft unter dem Namen *C. enhydris* zusammengefasst, ein Name, der heute nicht mehr gilt. Die Probleme liegen in der Artabgrenzung bei Populationen mit großer Variationsbreite in Färbung und Zeichnung sowie dem Mangel an Material aus manchen Gegenden.

■ *Gefangenschaft:* Der Hundskopfschlinger ist die am häufigsten gehaltene Baumboa-Art, gefolgt von der Amazonasbaumboa und der Geringelten Baumboa, die kaum zu bekommen ist. Alle Arten sind tropisch und benötigen eine konstant hohe Temperatur um 25–30 °C. Da sie arboreal leben, brauchen sie große Terrarien, sodass sie sich auf Ästen hoch über dem Boden zusammenrollen können. Das gilt besonders für den Hundskopfschlinger, der sich mit der Nahrungsaufnahme schwer tut, wenn er beim Schlucken der Beute nicht hängen kann. Fortpflanzung ist zu allen Jahreszeiten möglich, am häufigsten aber im Winter. Die Tragzeit dauert etwa 6 Monate, und es sind Würfe von bis zu 20 bekannt. Die Pflege der anderen Arten ist ähnlich. *C. hortulanus* hat sich wiederholt vermehrt mit Würfen von bis zu 15 Jungen. Manchmal gibt es Schwierigkeiten beim Füttern der Jungen mit kleinen Nagern, während Echsen stets genommen werden.

Epicrates (Schlankboas) 10 Arten, die in der Karibik vorkommen (9 Arten) und 1 Art auf dem südamerikanischen Festland. Dies ist die Regenbogenboa (*E. cenchria*), die man in 9 Unterarten aufteilt, von denen die kolumbianische Form manchmal als eigene Art (*E. maurus*) angesehen wird. Manche Arten, etwa *E. cenchria,* haben Grubenorgane in den unteren und oberen Labialschuppen. Bei *E. angulifer* sind sie sehr flach, während sie *E. gracilis* und *E. exsul* vollständig fehlen. Wahrscheinlich besteht eine Beziehung zum Beutetyp; die Arten mit den Grubenorganen sind die größeren, die endotherme Tiere (Vögel, Fledermäuse und andere Kleinsäuger) fressen, während die kleineren Arten ohne Grubenorgane hauptsächlich Echsen und Frö-

sche nehmen. 2 Formen scheinen sich nur von Reptilien zu ernähren, *E. m. monensis* und *E. gracilis.*

Epicrates ist die größte Boagattung, hauptsächlich weil sie über alle karibischen Inseln verbreitet ist, was zu vielerlei Spezialisierungen geführt hat. Viele Arten sind auf kleinen Inseln endemisch – mit trüber Zukunft. Von den 10 Arten hat man viele in 2 oder mehr Unterarten geteilt. *E. cenchria,* die einzige auf dem Festland (und auf Trinidad und Tobago) lebende Art, hat ein riesiges Verbreitungsgebiet, das von Kolumbien (Unterart *maurus*) im Norden bis ins nördliche Argentinien (Unterart *alvarezi*) im Süden reicht und vom Pazifik bis zum Atlantik. Die Art wird, wie die 5 weiteren großen Arten der Gattung, in manchen Gegenden bis zu 2 m lang und erweist sich überwiegend als Generalist. 4 der karibischen Arten, *E. angulifer, E. inornatus, E. striatus* und *E. subflavus,* sind auch ziemlich groß: im Fall von *E. angulifer* bis 4 m lang, bis 2 m die anderen. Die 5 kleinen Arten, *E. chrysogaster, E. exsul, E. fordi, E. gracilis* und *E. monensis,* erreichen nur 1 m. Sie neigen zum Leben auf Bäumen und sind ziemlich schlank; keine von ihnen weist aber ein so hohes Maß an Anpassung auf wie etwa *Corallus*-Arten. Die Puerto-Rico-Boa (*E. inornatus*) wird von der IUCN als stark gefährdet eingestuft, die jamaikanische Art *E. subflavus* als gefährdet. Beide stehen in Anhang I bei CITES, ebenso die Mona-Island-Schlankboa (*E. m. monensis*). Die Biminiboa (*E. striatus fosteri*) ist ebenfalls stark bedroht, während die Virgin-Islands-Boa (*E. m. granti*) zwar auf mehreren kleinen Inseln vorkommt, aber nirgends häufig ist.

■ *Gefangenschaft:* Die Regenbogenboa (*E. cenchria*) ist die am häufigsten gehaltene Art, besonders die brasilianischen, kolumbianischen und argentinischen Unterarten (*E. c. cenchria, E. c. maurus, E. c. alvarezi*). Sie sind alle leicht zu halten, vermehren sich unter relativ einfachen Bedingungen und nehmen problemlos Kleinsäuger. Die argentinische Unterart braucht vielleicht etwas kühlere Bedingungen als die anderen und eine deutlich längere kühle Periode, um die Fortpflanzung anzuregen. Bei allen 3 Arten findet die Paarung während der kühleren Monate statt, und die Jungen kommen – je nach Temperatur – etwa 6 Monate später zur Welt. Die Würfe können in Ausnahmefällen bis zu 30 Junge umfassen, die

argentinische Unterart hat jedoch erheblich kleinere Würfe und größere Junge. Die Jungen der meisten Formen sind deutlich leuchtender gefärbt als die Alttiere – das gilt besonders für *E. c. maurus,* deren Junge oft kaum von denen *E. c. cenchria* zu unterscheiden sind; später werden sie ziemlich einheitlich braun. Bei *E. c. alvarezi* sind Jung- und Alttiere gleich gezeichnet.

Von den anderen Arten wird *Epicrates striatus* gelegentlich von Liebhabern gehalten, während die seltene Jamaikaschlankboa (*E. subflavus*) und die Virgin-Islands-Schlankboa (*E. monensis*) Teil von Aufzuchtprogrammen sind, um die Wildpopulationen zu stärken. Die kleinen Arten sind schwieriger zu halten, da sie sich – speziell in der Jugend – hauptsächlich von Echsen ernähren.

Eunectes (Anakondas) Diese südamerikanische Gattung besteht aus 4 Arten, von denen 2 ziemlich bekannt sind: die Große Anakonda (*E. murinus*) und die Gelbe Anakonda (*E. notaeus*). Die beiden anderen sind die De-Schauensee-Anakonda (*E. deschauenseei*) von der brasilianischen Marajo-Insel und dem angrenzenden Festland und die erst kürzlich beschriebene Benianakonda (*E. beniensis*) aus Bolivien. Keine dieser Arten verfügt über Grubenorgane.

Eunectes murinus ist die größte Schlange der Welt, sie wird mehr als 9 m lang. Diese Länge kann allenfalls vom Netzpython übertroffen werden, der aber weit schlanker ist. Das Verbreitungsgebiet erstreckt sich über weite Teile des tropischen Südamerikas einschließlich der Insel Trinidad. Es ist eine halbaquatische Art, die Sümpfe und langsam fließende Flüsse bewohnt und selten von Wasser entfernt lebt. In Gefangenschaft wurde sogar Geburt unter Wasser beobachtet. Zu ihrer Beute gehören Süßwasserschildkröten und kleine südamerikanische Alligatoren (Kaimane) sowie Säuger und Vögel. Anakondas sind aggressiv und gefährliche Schlangen, die zweifellos auch Menschen überwältigen und fressen.

Die Gelbe Anakonda (*E. notaeus*) ist viel kleiner und wird nur halb so groß und schwer wie ihre Verwandte. Auch sie ist sehr an Wasser gebunden, jedoch ist ihr Verbreitungsgebiet auf das südliche Amazonasbecken beschränkt.

■ *Gefangenschaft:* Die größere der beiden Arten wird wegen ihrer Größe und

▲ Die Gelbe Anakonda (Eunectes notaeus) aus Südamerika.

Angriffslust selten gehalten. Die Gelbe Anakonda wird in begrenztem Umfang gehalten und vermehrt. Sie wird nur selten zahm, nimmt aber anstandslos Nager. Paarungszeit sind die kühleren Monate, die Tragzeit beträgt 6 Monate oder mehr, je nach Temperatur. Die Würfe bestehen aus bis zu 20 Jungen.

Sanzinia Die monotypische Gattung enthält nur die Madagaskarbaumboa *(S. madagascariensis)*. Diese arboreale Art besitzt auffällige Grubenorgane in den Labialschuppen. Ihre Färbung ist recht variabel, hält sich aber meist im Bereich von Grüntönen. Auf Teilen der Insel findet man noch eine größere, braun und gelb gefärbte Form. Baumboas gehören zu den häufigsten Schlangen auf Madagaskar, die Entwaldung hat jedoch geeignete Lebensräume massiv reduziert. Die Art wird im CITES-Anhang I geführt.

■ *Gefangenschaft:* Trotz ihrer Seltenheit wird die Art wegen ihrer attraktiven Färbung und ruhigen Wesensart sehr geschätzt. Die Ernährung mit Nagern ist problemlos, und auch die Fortpflanzung

gelang wiederholt. Nach einer Tragzeit von 6–8 Monaten werden 4–16 Junge geboren. Diese sind rot und nehmen im Lauf des 1. Jahres die grünliche Färbung der Adulten an.

Erycinae
Diese Gruppe besteht aus 4 Gattungen und 15 Arten. Alle eryzinen Boas sind kleine, grabende oder halbgrabende Arten mit vielen der typischen Anpassungen unterirdisch lebender Schlangen, wie zylindrischer Körperform, glatten Schuppen, breitem Kopf (bei einigen Arten mit nach oben gerichteten Augen) und kurzem Schwanz. Der Schwanz kann als Ablenkung von Angriffen auf den Kopf eingesetzt werden.

Calabaria Monotypische Gattung mit der Calabarzwergboa *(C. reinhardtii)* aus Westafrika. Die Art wurde unter gleichem Namen früher den Pythons zugerechnet, auch weil sie Eier legt. Sie ist eine kleine, zylindrische Grabschlange mit kurzem Schwanz, glatten Schuppen und kleinen Augen. Die variable Färbung ist meist braun oder rötlich mit unregelmäßigen schwarzen Flecken. Der Schwanz ist ungewöhnlich stumpf und gerundet und wird bei Bedrohung als Kopfattrappe eingesetzt. Sonst ist wenig über die Lebensweise bekannt.

Charina 2 Arten: Beide, die Gummiboa *(C. bottae)* und die Dreistreifen-Rosenboa *(C. trivirgata)*, früher der Gattung *Lichanura* zugeordnet, leben im westlichen Nordamerika. Die Gummiboa wird nur 75 cm lang. Ihr Areal erstreckt sich von British Columbia/Kanada bis nach Südkalifornien. Stellenweise findet man sie in Höhen bis 3000 m, da sie kühl-feuchtes Klima liebt. Man unterscheidet 3 Unterarten. Obwohl primär eine unterirdisch lebende Schlange, wurde sie auch in niedriger Vegetation und auf Baumstümpfen gefunden. Sie ernährt sich überwiegend von kleinen Säugern, aber auch von Amphibien und kleinen Schlangen. Nach einer Tragzeit von 3–4 Monaten kommen 3–8 Junge zur Welt. Es gibt Hinweise, dass die Weibchen sich nur alle 2–3 Jahre fortpflanzen.

Die Dreistreifen-Rosenboa lebt in den trockeneren Gebieten der südwestlichen USA und in Nordwestmexiko. 4–5 Unterarten wurden beschrieben. Sie bewohnt Felsen und wird selten weiter davon entfernt angetroffen. In all ihren Formen ist die Art längsgestreift, Deutlichkeit und Farbe der Streifen variieren aber stark nach Ort und Unterart. Die Tiere werden knapp über 1 m lang und ernähren sich hauptsächlich von Nagern. Gewöhnlich werden 3–5 Junge geboren, aber auch Würfe mit bis zu 12 Jungen sind bekannt.

■ *Gefangenschaft:* Die Gummiboa wird wegen ihrer Seltenheit – und weil sie unter Schutz steht – selten gehalten. Sie braucht nicht zu warme Bedingungen und ein Substrat, in dem sie sich verkriechen kann. Gelegentliches leichtes Befeuchten des Substrats scheint vorteilhaft. Im Winter fressen die Tiere – unabhängig von der Temperatur – kaum. Die Dreistreifen-Rosenboa wird hingegen häufig gehalten. Nachzuchten fressen willig und wachsen schnell. Da dies eine Art des gemäßigten Klimas ist, sollte man ihr keine konstant hohen Temperaturen bieten. Es empfiehlt sich ein Temperaturgradient mit der Wärmequelle nur an einem Terrarienende. Im Winter bedarf es keiner Heizung, sofern die Temperatur nicht unter 10 °C sinkt. Nach einer Tragzeit von etwa 5 Monaten kommen die Jungen im Frühling zur Welt. Neugeborene verweigern gelegentlich die Nahrungsaufnahme. Dauert dies länger an, stellt man am besten die Beheizung ein und erlaubt den Tieren bei niedriger

Temperatur bis zum nächsten Frühjahr zu ruhen.

Eryx (Sandboas) 9 Arten in Nordafrika, dem Nahen Osten, in Zentralasien und Indien. Die Westliche Sandboa *(E. jaculus)* ist die einzige in (Südost-)Europa vorkommende Boa. Die Vertreter der Gattung sind kleine, grabende Arten trockener Regionen. Sie haben einen stämmigen, zylindrischen Körper und stumpfen Schwanz. Ihr Kopf ist so breit wie der

Körper und geht halslos in diesen über. Die Augen stehen hoch am Kopf, besonders bei der Arabischen Sandboa *(E. jaykari)*. Die größte Art, *E. johnii*, wird etwa 1 m lang, mehrere Arten erreichen aber nur knapp die Hälfte, so *E. miliaris* und *E. tataricus*. Die meisten sind tarnfarben in braunen, gelben, orangefarbenen oder rötlichen Schattierungen, je nach dem Boden ihres Habitats. Nur die nördlich und nordwestlich des Kaspischen Meeres lebende Unterart der

Wüstensandboa *(E. miliaris nogaiorum)* ist kräftig schwarz gesprenkelt. Alle Sandboas fressen Kleinsäuger, denen sie halb vergraben auflauern. Bei Gelegenheit werden wohl auch Echsen, Vögel und andere Tiere genommen. Von der zentralasiatischen *E. elegans* und der nordafrikanischen *E. somalicus* sind nur wenige Exemplare bekannt.

■ *Gefangenschaft:* Alle verfügbaren Arten gedeihen in Gefangenschaft unter verschiedenen Bedingungen gut. Sie brauchen ein geeignetes Substrat (nicht unbedingt Sand), in dem sie sich vergraben können. Alle Arten nehmen Nager von entsprechender Größe. Nur die auf den griechischen Inseln lebende Zwergform *E. jaculus turcicus* scheint auf kleine Echsen spezialisiert zu sein. Die Paarung findet im Frühjahr statt, die Jungen kommen 4–6 Monate später zur Welt. Pro Wurf können (bei *E. tataricus*) bis zu 30 Junge geboren werden, gewöhnlich sind es um die 10.

Gongylophis (Sandboas) 3 Arten, die man früher zu *Eryx* stellte. Das sind die Ostafrikanische Sandboa *(G. colubrinus)*, die Rauschuppige (oder Rauschwänzige) Sandboa *(G. conicus)* und Müllers Sandboa *(G. muelleri)*. Die Verbreitung der Gattung reicht von Ostafrika bis Indien und Sri Lanka mit einer größeren Lücke im Nahen Osten.

■ *Gefangenschaft:* Hier gilt das für die *Eryx*-Arten Gesagte. *G. colubrinus* und *G. conicus* gehören zu ansehnlichsten und beliebtesten Sandboas.

◀ (oben) Die westafrikanische Calabarzwergboa *(Calabaria reinhardtii)* wurde früher zu den Pythons gezählt.

◀ Die Dreistreifen-Rosenboa *(Charina trivirgata)* ist u. a. auf der Baja California, Mexiko, anzutreffen.

PYTHONIDAE
PYTHONS

Wie bereits erwähnt, zählte man früher die Pythons zu den Boidae. Sie unterscheiden sich von den Boas hauptsächlich durch die Anordnung ihrer Schädelknochen und auch durch ihre Verbreitung und ihr Fortpflanzungsverhalten.

Pythons sind auf die Alte Welt beschränkt, fehlen aber auf Madagaskar. Ihr Evolutionszentrum scheint in Afrika und Australasien zu liegen. Alle Arten legen Eier, und mehrere Arten bewachen sie bis zum Schlüpfen. Viele Arten sind gut bekannt, darunter 4 der 6 sogenannten Riesenschlangen. Andere Arten werden nur mittelgroß. Pythons ernähren sich von einer Vielfalt warmblütiger Beute sowie von Amphibien und anderen Reptilien. Manche Arten haben Grubenorgane in den Schuppen der Schnauzenränder. Vorkommen oder Fehlen der Grubenorgane, Größe und Anordnung der Schuppen auf der Kopfoberseite und das Fehlen von Zähnen in den Prämaxillen gehören zu den am häufigsten verwendeten Klassifikationsmerkmalen.

Taxonomisch bietet die Familie ein chaotisches Bild, was die australasiatischen Arten anbelangt. Es gibt mindestens 5 Gattungen, aber manche Spezialisten fordern eine Erweiterung auf mindestens 7. Wir nehmen hier eine konservative Position ein und stellen 6 anerkannte Gattungen vor und werfen einen kurzen Blick auf andere Einteilungen.

Antaresia (Südpythons) 4 kleine, braune australische Pythons. Ihre Lebensweise gleicht weitgehend der mittelgroßer Colubriden (die in weiten Teilen Australiens fehlen), sie sind überwiegend nachtaktiv. Der Ameisenhügelpython *(A. perthensis)* ist der kleinste Python der Welt, man findet ihn oft in Termitenbauten. Die anderen 3, Childrens Python *(A. childreni)*, Fleckenpython *(A. maculosa)* und Stimsons Python *(A. stimsoni)*, sind nur wenig größer und zeigen variablere Lebensweisen.
■ *Gefangenschaft:* Leicht zu halten und zu vermehren, mit Ausnahme von *A. perthen-*

sis, die kaum zu bekommen ist. Auch *A. stimsoni* ist selten. Die beiden anderen können wie mäusefressende Colubriden gehalten werden, vertragen im Winter jedoch nur wenig kühlere Temperaturen. Die Paarung findet gewöhnlich während oder am Ende des Winters statt. Die Weibchen ringeln sich in typischer Pythonweise um ihr Gelege. Man kann die Eier zum künstlichen Erbrüten entnehmen.

Aspidites (Schwarzkopfpythons) Eine klar abgrenzbare Gattung mit 2 mittelgroßen, in Australien endemischen Pythons. Sie sind charakterisiert durch fehlende Grubenorgane, große, symmetrische Schuppen auf der Kopfoberseite und fehlende Zähne in den Prämaxillen. Die größten sind der Schwarzkopfpython *(A. melanocephalus)* und Ramsays Schwarzkopfpython oder Woma *(A. ramsayi)*. Beide werden bis zu 2,5 m lang, im Durchschnitt allerdings nur etwa 1,5 m. Die beiden Arten sehen ziemlich ähnlich aus, abgesehen vom schwarzen Kopf und Hals von *A. melanocephalus*. Letzterer bewohnt mehr die nördlichen Teile Australiens, von der Nordküste bis ins trockenere Landesinnere. Der Woma ist hingegen auf die Wüstenregionen Zentralaustraliens begrenzt. Beide ernähren sich von Reptilien, einschließlich anderer Schlangen, sowie von vielerlei Vögeln und Säugetieren.
■ *Gefangenschaft:* Außerhalb Australiens sieht man diese Pythons selten. Offensichtliche Haltungsprobleme gibt es aber nicht, und beide Arten haben sich in Gefangenschaft fortgepflanzt. Sie paaren sich hauptsächlich im Winter, zwischen Dezember und Mai in der nördlichen Hemisphäre. Obwohl sie in Gefangenschaft Nager annehmen, fressen *Aspidites* auch Schlangen, was zu Kannibalismus führen kann. Darum hält man sie am besten getrennt, außer zur Paarung.

Bothrochilus (Zwergpythons) Nur 1 Art, der Zwergpython *(B. boa)* vom Bismarckarchipel. Die Jungen sind mit ihren schwarzen und lachsroten oder orangefarbenen Ringen erstaunlich schön. Später werden sie dunkler, und manche Erwachsene lassen nichts mehr von der Jugendzeichnung erkennen. Sie werden 100 bis 140 cm lang. Früher zu *Liasis* gezählt.
■ *Gefangenschaft:* Können wie die meisten Pythons behandelt werden. Sie leben am Boden, sodass keine hohen Terrarien

erforderlich sind. Hohe Feuchtigkeit bekommt ihnen gut. Da sie sich gern verstecken, sollte man ihnen einen teilweise mit feuchtem Moos gefüllten Unterschlupf bieten.

Leiopython Mit der einzigen Art des Weißlippenpythons *(L. albertisii)* aus Neuguinea, Teilen Indonesiens und von Inseln der Torresstraße. Eine lange, schlanke Art mit schmalem Kopf. Es gibt mehrere Farbvarianten, eine davon schwarz mit weißen Schuppen am Schnauzenrand, eine andere mit schwarzem Kopf und goldbraunem Körper und Schwanz. Alle sind attraktiv, aber aggressiv. Die Art ist nachtaktiv und lebt in feuchten Wäldern, oft in der Nähe von Flüssen und Sümpfen. Sie wird bis 3 m lang. Früher zählte man sie zur Gattung *Liasis*.
■ *Gefangenschaft:* Wegen ihres hübschen Aussehens beliebt, aber wegen ihres unberechenbaren Temperaments oft schwer zu kontrollieren. Eine Gattung für erfahrene Züchter und vielversprechend in den richtigen Händen.

Liasis (Wasserpythons) Eine Gattung mit bisher 11 Arten, die aber kürzlich durch Verschiebungen und Schaffung neuer Gattungen auf 3 reduziert wurden. Übrig blieben der Braune Wasserpython *(L. fuscus)*, der Timorwasserpython *(L. mackloti)* und der Olivbraune Wasserpython *(L. olivaceus)*. Sie leben in Australien, Papua-Neuguinea und Teilen Indonesiens. Es sind mittelgroße Schlangen mit bis zu 3 m Länge, etwas mehr bei *L. olivaceus*. Meist graubraun oder oliv gefärbt. Sie bevorzugen feuchtes Mikroklima.
■ *Gefangenschaft:* Nur für den engagierten Schlangenzüchter geeignet, da nicht sonderlich attraktiv, aber interessant. Gewöhnlich wehren sie sich gegen Handling, können beißen, sich winden oder einen mit Darminhalt bespritzen. Zumindest unangenehm. Die meisten fressen Nager oder Geflügel.

Morelia (Rautenpythons) Eine australasiatische Gattung, die im Lauf der Jahre systematisch vielfach herumgeschoben wurde. Sie bestand einmal nur aus dem Diamantpython *(M. spilota)* und seinen Formen, gegenwärtig umfasst sie mindestens 8 Arten und 1 Aspiranten. Neben Teppich- und Diamantpython (beides Formen von *M. spilota*) gehören zu den anerkannten Vertretern der Amethystpython *(M. amethistinus)* aus Indonesien,

Boelens Rautenpython *(M. boeleni)* aus Neuguinea, Bredls Python *(M. bredli)* aus Zentralaustralien, der Rauschuppen-Rautenpython *(M. carinata)* von der australischen Kimberley-Region, Kinghorns Python *(M. kinghorni),* Oenpellirautenpython *(M. oenpelliensis)* aus Nordaustralien und der Grüne Baumpython *(M. viridis)* aus dem nördlichsten Australien (Kap York), Papua-Neuguinea und verschiedenen indonesischen Inseln. 3 weitere Arten wurden aus Indonesien beschrieben *(M. clastolepis, M. nauta* und *M. tracyae),* doch ist hier noch viel zu tun, da die vielen kleinen Inselpopulationen stark variieren.

Alle Arten dieser Gattung besitzen Grubenorgane in ihren Labial- und Rostralschuppen. Die Schuppen auf der Kopfoberseite können klein und unregelmäßig sein (etwa bei *M. carinata, M. spilota* und *M. viridis),* aber auch groß und regelmäßig angeordnet wie bei *M. amethistinus* und *M. oenpelliensis.* Die

Körperschuppen sind glatt oder leicht gekielt, mit der bemerkenswerten Ausnahme von *M. carinata* (kräftig gekielt). Alle diese Pythons sind mittelgroß bis groß, die größten Arten im Mittel 3,5 m und bis über 4 m lang.

Der Grüne Baumpython *(M. viridis)* wurde erst kürzlich dieser Gattung zugeordnet und vertrat früher die Gattung *Chondropython,* die nicht mehr existiert. Er ist eine arboreale Regenwaldart, die nur zum Eierlegen auf den Boden kommt. Die Jungen sind gelb oder orange, nehmen aber im Lauf des 1. Jahres die grüne Färbung der Alttiere an. Neben einheitlich grünen Individuen gibt es auch solche, die eine weiße Zeichnung entlang der dorsalen Mittellinie aufweisen. Andere haben verstreute Gruppen gelber Schuppen, und die verschiedenen Inselpopulationen scheinen zu variieren. Bemerkenswert ist die Ähnlichkeit mit dem Grünen Hundskopfschlinger *(Corallus caninus)* aus Südamerika.

■ *Gefangenschaft:* Teppichpython und Grüner Baumpython sind für Züchter die bei Weitem interessantesten. Der Teppichpython tritt in zahlreichen regionalen Farbvarianten auf, von denen einige als Unterarten anerkannt werden. Die Formen aus Queensland und Irian Jaya sind die ausgeprägtesten und begehrtesten. Die Haltung der Art ist ganz unkompliziert. Sie kann aggressiv sein, wird aber bald zahm und ist hinsichtlich Temperatur etc. wenig anspruchsvoll. Sie frisst Kleinsäuger, wobei manche Individuen speziell Vorlieben etwa für Ratten oder Mäuse entwickeln. Teppichpythons werden in vielen Teilen Australiens und anderswo gezüchtet. Ausgewachsene Weibchen legen etwa 20 Eier. Haltung

◄ Eine besonders farbige Form des Teppichpythons (Morelia spilota cheynei) aus Queensland, Australien.

▼ Boelens Rautenpython (Morelia boeleni) aus den Berglandregionen Neuguineas.

und Zucht des vielleicht noch attraktiveren Bredels Python ist ähnlich einfach. Anders als diese hat der Amethystpython weniger Anhänger, die sich an interessanten und attraktiven Formen aus Indonesien begeistern, von denen einige oben als neue Arten genannt wurden. Manche sind kleiner und daher für Gefangenschaft besonders geeignet, und manche sind sanftmütiger als der unberechenbare Amethystpython.

Der Grüne Baumpython wird ebenfalls weithin gehalten und gezüchtet, und seine Beliebtheit ist durchaus begründet. Er braucht ein großes Terrarium mit einer Plattform im oberen Teil, wo er bequem lagern und den Kopf in Lauerstellung hängen lassen kann. Er frisst Nager und Geflügel, Neugeborene erfordern aber anfangs manchmal Sonderbehandlungen. Die meisten Exemplare sind mäßig aggressiv und lassen sich nicht ohne Weiteres anfassen, was mit ihrer allgemeinen Stressanfälligkeit zu tun hat. Fortpflanzung ist regelmäßig zu erreichen. Die meisten Paarungen fallen in die kühleren Monate (September bis

Dezember). Die Gelege schwanken zwischen 4 und 20. Für beste Schlupferfolge brauchen die Eier viel zirkulierende Luft. Nur wenige Züchter überlassen die Eier den Weibchen, obwohl das gute Resultate bringt.

Python (Pythons) Eine bekannte (und relativ stabile) Gattung mit bis zu 10 Vertretern in Afrika sowie Süd- und Südostasien. Der Netzpython *(P. reticulatus)* und

der Tigerpython *(P. molurus)* sind die beiden größten Schlangen Asiens, während der Felsenpython *(P. sebae)* die größte Schlange Afrikas ist. Daneben gibt es einige kleine, stämmige Arten wie den Königspython *(P. regius),* den Angolapython *(P. anchietae)* und den Blutpython *(P. curtus)* aus Südostasien. Letzterer wird gewöhnlich in 3 Arten unterteilt: Borneo-Kurzschwanzpython *(Python breitensteini),* Malaysischer Kurzschwanzpython

(Python brongersmai) und Sumatra-Kurzschwanzpython *(P. curtus).* Manche Experten halten sie jedoch für regionale Formen (Unterarten) einer einzigen Art. Eine weitere »neue« Art ist *P. natalensis* aus dem östlichen und südlichen Afrika, die man früher dem Felsenpython zugerechnet hatte. Alle Vertreter der Gattung haben Grubenorgane in den Labial- und Rostralschuppen. Der Timorpython *(P. timoriensis)* ist mittelgroß und am wenigs-

▲ Malaysischer Kurzschwanzpython *(Python brongersmai).*

◄ Borneo-Kurzschwanzpython *(Python breitensteini).*

ten bekannt. Er kommt nur auf der Insel Timor vor und scheint sowohl geographisch wie morphologisch ein Bindeglied zwischen den nordaustralischen (wie *Morelia kinghorni*) und den südostasiatischen Pythons (wie *P. reticulans*) zu sein.

■ *Gefangenschaft:* Pythons dieser Gattung sind gut zu halten. Der Königspython *(P. regius)* ist zurzeit eine der populärsten Schlangen und wird in zahlreichen Farbvarianten gezüchtet, meist Zufallsmutationen. »Normale« Königspythons sind dennoch die beste Wahl, sofern sie aus Zuchten stammen, da sie klein und sanftmütig sind und sich gut eingewöhnen. Die sehr großen Arten stellen besondere Anforderungen, und man kann sie nur Haltern empfehlen, die über entsprechende Einrichtungen verfügen. Abgesehen vom Größenproblem sind die Vertreter der Gattung anspruchs- und problemlos. Der Burmapython *(Python molurus bivittatus)* wird in vielen Farbvarianten gezüchtet. Diese Art legt 30 bis 50 Eier, und Weibchen sind in Gefangenschaft oft gute Mütter, die ihr Gelege während der gesamten Entwicklung beschützen. Der afrikanische Felsenpython und der Netzpython sind von weniger freundlichem Naturell und Besonderheiten, da seltener gehalten und gezüchtet. Die verschiedenen Formen oder Arten der Kurzschwanzpythons sind oft sehr gut zu halten, brauchen aber große Terrarien. Wildfänge sind regelmäßig stark parasitiert sowie aggressiv, Tiere aus Zuchten haben diese Nachteile nicht und sind unendlich viel leichter zu halten. Der Timorpython wird selten gehalten, der Angolapython nahezu nie.

BOLYERIIDAE
BOLYERSCHLANGEN

DIESE KLEINE FAMILIE ENTHÄLT NUR 2 AR-TEN, DIE AUSSCHLIESSLICH AUF DER WINZI-GEN INSEL ROUND ISLAND IM INDISCHEN OZEAN VORKOMMEN. SIE WERDEN OFT ZU DEN BOIDAE GESTELLT, MANCHMAL AUCH ZU DEN TROPIDOPHIIDAE, MIT DENEN SIE VIEL ÄHNLICHKEIT HABEN. DASS MAN SIE EINER EIGENEN FAMILIE ZUORDNET, HÄNGT MIT DEN GELENKIG VERBUNDENEN MAXILLEN ZUSAM-MEN SOWIE MIT DEM FEHLEN EINES BECKEN-GÜRTELS, DEN ALLE ANDEREN BOIDEN-GRUPPEN AUFWEISEN; AUSSERDEM IST DIE LINKE LUNGE STARK REDUZIERT, OBWOHL EINE TRACHEALLUNGE FEHLT.

Bolyeria Enthält nur die Round-Island-Boa *(B. multicarinata)*, die wahrscheinlich ausgerottet wurde; ein letztes Individuum wurde 1975 festgestellt. Es handelt sich vermutlich um eine grabende Art, trotz des langen, verjüngten Schwanzes. Viel mehr weiß man nicht, nicht einmal, ob sie vivipar ist oder Eier legt wie ihre Schwesterart.

Casarea Besteht ebenfalls nur aus der Mauritiusboa *(C. dussumieri)*. Diese Art hat kräftig gekielte Schuppen und einen schmalen Kopf. Sie scheint sich ausschließlich von den beiden Echsenarten zu ernähren, die mit ihr die Insel teilen. Obwohl gewöhnlich als »Boa« betrachtet, legt sie Eier, in Gefangenschaft 3 bis 10 Stück.

▶ (gegenüber oben) Round Island aus der Luft.

▶ (gegenüber unten) Die Mauritiusboa *(Casarea dussumieri)*.

◀ ▲ (oben) Verbreitung der Bolyeriidae, mit Detailkarte (links).

DIE BOAS VON ROUND ISLAND

Round Island ist eine kleine Vulkaninsel vor der Nordküste von Mauritius im Indischen Ozean. Obwohl sie nur 151 Hektar groß ist, bildet sie das gesamte Verbreitungsgebiet von 2 boaartigen Schlangen, den einzigen Vertretern der Bolyeriidae (die manchmal den Boidae oder Tropidophiidae zugeordnet werden). Diese beiden Arten sind die Round-Island-Boa *(Bolyeria multicarinata)* und die Mauritiusboa *(Casarea dussumieri)*.

Ziegen und Kaninchen, die man im 19. Jahrhundert hier ansiedelte, brachten die gesamte Flora und Fauna der Insel an der Rand der Ausrottung. Neben den Boas gibt es 2 weitere endemische Reptilien auf der Insel, 1 Gecko *(Phelsuma guentheri)* und 1 Skink *(Leiolopisma telfairi)* sowie mehrere endemische Pflanzenarten.

1976 wurden mit einem Programm zur Vernichtung der Ziegen Hilfsmaßnahmen eingeleitet. Die Ausrottung der Kaninchen folgte im nächsten Jahrzehnt. Endemische Gehölze und ihr Unterwuchs konnten sich durch die Vertreibung ihrer Feinde regenerieren, auch die Reptilienfauna erholte sich langsam wieder. Leider kam die Rettung für *Bolyeria* wohl zu spät. Das letzte lebende Exemplar wurde 1975 auf der Insel gefangen – seither kein Zeichen mehr. Als grabende Art ist (oder war) sie besonders gefährdet, da durch den Verlust der Vegetation die dünne Erdschicht, die sich auf der Felseninsel angesammelt hatte, rasch erodierte. Falls *Bolyeria* überlebt hat, dann in einer der Felsspalten, in denen sich etwas Laubstreu und Erde gehalten haben mag. Eine Wiederentdeckung der Round-Island-Boa erscheint freilich zunehmend illusorisch.

Die Mauritiusboa *(Casarea dussumieri)* hat auf die Hilfe von Naturschützern positiv reagiert. Ihre Zahl hat deutlich zugenommen, teils wegen der dichter werdenden Vegetation, zwischen der sie lebt, teils auch, weil die Zahl der kleinen Geckos und Skinke zunimmt, von denen sie sich hauptsächlich ernährt. Außerdem wird die Art im Zoo von Jersey erfolgreich vermehrt.

Seit 2000 läuft ein größeres Projekt, das von der Global Environmental Agency (GEA) der Weltbank finanziert und vom Mauritian Wildlife Fund organisiert wird. Teil dieses Projekts ist die Errichtung einer nachhaltigen Feldforschungsstation, von der aus ganzjährig die Vernichtung fremder und die Pflanzung indigener Vegetation betrieben werden kann. Auch die Reptilienbestände werden regelmäßig erfasst, u. a. mithilfe eines Markierungsprogramms, um die Zahl der Mauritiusboas abzuschätzen.

TROPIDOPHIIDAE
ERD- ODER WALDBOAS

VERTRETER DIESER FAMILIE ZÄHLTE MAN FRÜ-
HER ZU DEN BOIDAE (DAHER »WALDBOAS«),
ZEITWEISE AUCH ZU DEN BOLYERSCHLANGEN.
SIE UNTERSCHEIDEN SICH V. A. DURCH EINE
GUT ENTWICKELTE TRACHEALLUNGE, DIE SO-
WOHL DEN ECHTEN BOAS ALS AUCH DEN
BOLYERSCHLANGEN FEHLT. DIE LINKE LUNGE
IST STARK REDUZIERT, UND DIE WEIBCHEN
MANCHER ARTEN BESITZEN KEINEN BECKEN-
GÜRTEL. IHRE OVALEN PUPILLEN STEHEN
SENKRECHT. ES SIND NACHTAKTIVE, VER-
STECKT IN DER LAUBSTREU VON WÄLDERN
UND UNTER MODERNDEN STÄMMEN LEBENDE
TIERE. ALLE ARTEN SIND VIVIPAR. DIE FAMILIE
ENTHÄLT 26 ARTEN IN 4 GATTUNGEN UND
KOMMT NUR IN DER KARIBIK UND MITTEL-
UND SÜDAMERIKA VOR. AUFGRUND IHRER
HEMIPENISMORPHOLOGIE TEILT MAN SIE IN
2 UNTERFAMILIEN MIT JE 2 GATTUNGEN.

TROPIDOPHEINAE

Die Arten dieser Unterfamilie haben
kurze, kräftige Greifschwänze. Der Körper ist dicklich und fast zylindrisch, die
Schuppen sind glatt oder gekielt.

Trachyboa (Rauschuppenboas) 2 Arten:
T. boulengeri und *T. gularis.* Man nennt sie
wegen ihrer rauen Schuppen Rauschuppenboas. Über ihren Augen stehen kleine
Schuppen vor. Man findet sie nur in
den Flachlandregenwäldern des südlichen
Mittelamerikas und des nördlichen Südamerikas bis Ecuador. Sie sind dunkel
gefärbt und leben am Boden. Man sieht
sie selten und weiß wenig über sie. In
Gefangenschaft wurden 6–7 Junge geboren.

Tropidophis (Erdboas) 21 Arten, von
denen 18 auf verschiedenen karibischen
Inseln anzutreffen sind, 15 allein auf Kuba.
Die restlich 3 leben in Südamerika, südlich bis Peru *(T. taczanowskyi)*, Ecuador
(T. battersbyi) und Sao Paulo *(T. paucisquamis)*. Es sind kleine bis mittelgroße
Schlangen zwischen 30 und 100 cm lang.
Alle Arten sind opportunistische nächtliche Jäger, die Frösche, Echsen und kleine
Nager erbeuten. Manche Arten pressen
unter Stress Blut aus Augen und Mund,
eine unter Schlangen wohl einmalige
Verteidigungsstrategie. Manche haben
leuchtend gefärbte Schwanzspitzen, die
sie wohl als Köder verwenden. Viele
Arten und Unterarten haben nur sehr
kleine Verbreitungsgebiete (z. B. eine
kleine Insel), und manche sind selten und
wurden nur vereinzelt gesammelt.

▼ Die Haiti-Erdboa *(Tropidophis haetianus).*

▲ Verbreitung der Tropidophiidae.

XENOPHIDIIDAE

1988 FAND EIN AMATEURHERPETOLOGE IN EINEM KLEINEN TIEFLANDREGENWALD EINIGE KILOMETER NÖRDLICH KUALA LUMPURS (MALAYSIA) EINE UNGEWÖHNLICHE KLEINE SCHLANGE. ERST 1993 WURDE SIE NÄHER UNTERSUCHT, UND MAN STELLTE EINE NEUE ART FEST, DIE MAN ZU EINER ANDEREN UNBESTIMMTEN SCHLANGE IN BEZIEHUNG SETZTE, DIE 1987 IN SABAH (BORNEO) GEFUNDEN WURDE.

Die beiden neuen Arten wurden zur neuen Gattung *Xenophidion* zusammengefasst, die man auf Deutsch Stachelkiefernattern nennt. Die Schlange von Kuala Lumpur erhielt den lateinischen Namen *X. schaeferi,* die Schlange von Borneo *X. acanthognathus.* Sie wurden provisorisch zu den Colubridae gestellt. Spätere Studien wiesen indes darauf hin, dass sie wahrscheinlich keine Colubriden sind, sondern primitiveren Arten nahestehen, speziell den karibischen Erd- oder Waldboas (Zwergboas, Tropidophiidae) und den Bolyeridae von Round Island im Indischen Ozean. Darum stellte man die Stachelkiefernattern in eine neue Familie, die Xenophidiidae. Weitere Untersuchungen legten eine nähere Verwandtschaft mit den Bolyerschlangen nahe (von denen eine Gattung ausgestorben ist), was andere aber nicht als zwingend ansehen.

Keine der beiden Arten wurde nach ihrer Entdeckung noch einmal gesammelt, und jede Art ist nur durch 1 einziges Präparat vertreten, sodass das Rätsel ihrer Zugehörigkeit wohl erst nach weiteren Funden gelöst werden kann.

■ *Gefangenschaft:* Diese Schlangen werden kaum in Gefangenschaft gehalten, nur *T. melanurus* in geringem Umfang gezüchtet. Sie brauchen ein Substrat, in das sie sich eingraben können, oder viele kleine Unterschlüpfe. Mäßige Feuchtigkeit ist zu bieten. Paarungszeit ist das zeitige Frühjahr, die Jungen kommen 6 bis 9 Monate später zur Welt. Sie brauchen anfangs kleine Echsen oder Frösche, sollen aber auch kleine Fische nehmen. Später akzeptieren sie Mäusenestlinge, die sie würgen.

UNGALIOPHEINAE
Diese Unterfamilie enthält nur 3 Arten in 2 Gattungen. Sie wird manchmal auch als eigene Familie (Ungaliophiidae) betrachtet.

Exiliboa Monotypische Gattung mit nur der Oaxacazwergboa *(E. placata)* aus Südmexiko. Eine seltene, wenig erforschte Schlange kühler, bergiger Nebelwälder. Sie ist einfarbig glänzend schwarz mit nur geringer heller Gesichtszeichnung. Über Nahrung, Verhalten und Fortpflanzung ist nichts bekannt.

Ungaliophis Mit den 2 mittelamerikanischen Arten *U. continentalis* und die Panamabananenboa *(U. panamensis).* Man nennt sie Bananenboas, da sie mit Bananen verschleppt werden. Sie unterscheiden sich von anderen Familienvertretern durch eine große, auffällige Internasalschuppe. Es sind kleine bis mittelgroße Schlangen, selten bis 1 m lang, überwiegend arboreal und nachtaktiv. Die natürliche Nahrung besteht wohl vorwiegend aus kleinen Echsen und Fröschen. *U. continentalis* hat in Gefangenschaft kleine Würfe zur Welt gebracht.

■ *Gefangenschaft: U. continentalis* wird gelegentlich gehalten. Sie stellt keine besonderen Ansprüche, braucht aber Unterschlüpfe. Alttiere nehmen junge Mäuse, kleine Jungtiere sind manchmal problematisch.

ACROCHORDIDAE
WARZENSCHLANGEN

DIE WARZENSCHLANGEN UNTERSCHEIDEN SICH VON ANDEREN SCHLANGENFAMILIEN DURCH EINE KOMBINATION UNGEWÖHNLICHER MERKMALE. SIE SIND HOCH SPEZIALISIERT FÜR EIN LEBEN IM WASSER UND KOMMEN NUR IN TROPISCHEN BINNENGEWÄSSERN, FLUSSMÜNDUNGEN UND AN MEERESKÜSTEN VOR. AN LAND SIND SIE PRAKTISCH HILFLOS UND SCHEINEN DAS WASSER NIE FREIWILLIG ZU VERLASSEN. SIE BESITZEN NUR 1 LUNGE, JEDOCH IST DIE TRACHEALLUNGE KRÄFTIG ENTWICKELT. BECKENGÜRTEL FEHLEN, UND DIE UNTERKIEFER SIND WIE BEI DEN COLUBRIDEN DEHNBAR.

Wenn diese Schlangen tauchen, können sie die Nasenöffnungen mithilfe einer Klappe im Gaumen schließen. Auch die Lingua fossa (die Kerbe im Oberkiefer, durch die die Zunge vorgestreckt wird) kann durch einen Wulst des Unterkiefers verschlossen werden. Die Haut ist lose und hängt in Falten, besonders wenn die Schlangen aus dem Wasser genommen werden. Die Schuppen sind – im Gegensatz zu denen anderer Schlangen – klein, körnig und nicht überlappend; ihr deutscher Name bezieht sich darauf. Außerdem hat die Haut mikroskopische, haarähnliche Borsten, deren Funktion unbekannt ist. Die Familie besteht nur aus 1 Gattung.

Acrochordus (Warzenschlangen) 3 Arten mit großem Verbreitungsgebiet, von Indien über Indochina und Südostasien bis in die Südpazifikregion und nach Nordaustralien. Die Javanische Warzenschlange *(A. javanicus)* findet man in Binnengewässern Asiens. In Neuguinea und Australien wird sie ersetzt durch die Arafurawarzenschlange *(A. arafurae)*. Die Indische Warzenschlange *(A. granulatus)* mag auch in Binnengewässern vorkommen, lebt aber v. a. in Mangrovewäldern, Flussmündungen und Küstengewässern der gesamten Region. Warzenschlangen sind mittelgroße bis große Schlangen, deren größte, *A. javanicus,* bis 2,5 m lang werden kann; man nennt sie manchmal Elephantenrüsselschlange. 2 Arten sind oberseits braun oder grau, unterseits schmutzigweiß. Alle Arten leben von Fisch und sind vivipar.

■ *Gefangenschaft:* Warzenschlangen werden wegen ihrer besonderen Ansprüche kaum in Gefangenschaft gehalten; man sollte sie auch nicht sammeln. Sie bräuchten sehr große, beheizte Aquarien und ein ständiges Angebot an lebenden Fischen. Fortpflanzung konnte in Gefangenschaft nicht erreicht werden.

▲ Verbreitung der Acrochordidae.

▼ Javanische Warzenschlange *(Acrochordus javanicus).*

VIPERIDAE
VIPERN

DIE VIPERN BILDEN EINE WOHLDEFINIERTE UND HOCH ENTWICKELTE FAMILIE, DEREN VERTRETER IM TROPISCHEN BEREICH NAHEZU WELTWEIT VORKOMMEN, MIT AUSNAHME VON MADAGASKAR UND AUSTRALIEN. BESONDERS TYPISCH SIND DIE BEIDEN VERKÜRZTEN OBERKIEFERKNOCHEN (MAXILLEN) MIT JE 1 LANGEN GIFTZAHN. JEDE MAXILLE IST GELENKIG, SODASS DIE ZÄHNE IN RUHE ZURÜCKGELEGT WERDEN KÖNNEN. JEDER ZAHN ENTHÄLT EINEN KANAL, DURCH DEN DAS GIFT GEPRESST WIRD.

Vipern sind kurz und stämmig und haben breite Köpfe. Ihre Schuppen sind gewöhnlich stark gekielt (außer bei Krötenvipern), und der Kopf ist von kleinen unregelmäßigen Schuppen bedeckt; auch hier bilden die Krötenvipern und einige andere Ausnahmen. Sie leben hauptsächlich terrestrisch oder arboreal, es gibt aber auch einige grabende und semiaquatische Arten. Ob sie tag- oder nachtaktiv sind, hängt von ihrer Verbreitung

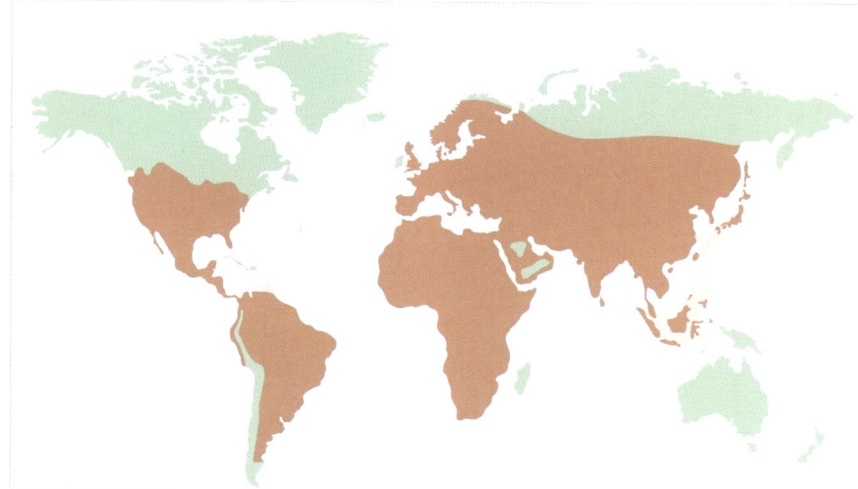

ab: Mehrere Arten leben in kalter Umgebung und sind dann meist tagaktiv. Viele sind gut getarnt und lauern ihrer Beute auf, die hauptsächlich aus Warmblütern besteht; manche fressen aber auch Reptilien und einige auch Insekten. Die meisten Arten sind vivipar, einige legen Eier.

Die Familie wird in 4 Unterfamilien unterteilt: Viperinae (Echte Vipern) und Crotalinae (Grubenottern) sind artenreich, während Azemiopinae und Causinae nur wenige Spezies enthalten. Die Crotalinae besitzen als einzige Schlangen 1 Paar großer Grubenorgane zwischen Auge und Nasenöffnung.

▲ Verbreitung der Viperidae.

AZEMIOPINAE Feavipern

Diese Unterfamilie enthält nur 1 Art. Sie besitzt keine Grubenorgane und unterscheidet sich durch Besonderheiten des Schädels von Echten Vipern.

Azemiops (Feavipern) Einzige Art *A. feae*. Diese seltene und wenig bekannte Schlange lebt in Nebelwäldern der Himalajaausläufer Burmas, Tibets sowie Zentral- und Südchinas. Es ist eine mittelgroße Schlange mit glatten Rückenschuppen, großen Schuppen auf dem Kopf und kurzen Giftzähnen. Ihr Farbmuster ist besonders auffällig und besteht aus schmalen rötlichen Ringen auf dunkelgrauem oder schwarzem Grund. Auch der Kopf ist orange. Sie ist eine terrestrische Art, die im Bergland bis in Höhen von 2000 m vorkommt und im Winter ruht. Sie lebt von Kleinsäugern und wahrscheinlich anderer Beute. Sonst weiß man wenig über ihre Biologie.

CAUSINAE Krötenvipern

Eine Unterfamilie mit nur 1 afrikanischen Gattung. Eine primitive Viper mit langen Schuppen auf der Kopfoberseite.

Causus (Krötenvipern) 6 Arten in Afrika, südlich der Sahara. Kleine bis mittelgroße Schlangen mit mäßig stämmigem Körper. Sie haben glatte bis schwach

◀ Die Feaviper *(Azemiops feae)* ist ein primitiver und ungewöhnlicher Vertreter der Vipernfamilie aus China.

gekielte Schuppen und einen kurzen
Schwanz. Die Schnauzenkrötenviper
(*C. defilippi*) besitzt eine aufgeworfene
Schnauze, während die anderen Arten
einen stumpfen Schädel haben. Es sind
nachtaktive Schlangen, die in Wäldern
oder Grasland leben und sich von
Amphibien, speziell Kröten, ernähren.
Trotz großer Giftdrüsen ist ihr Gift nicht
stark und ihr Biss für Menschen gewöhnlich ungefährlich; es hat aber auch
schon Todesfälle gegeben. Sie sind ovipar
mit Gelegen von über 20 Eiern bei einigen Arten.

VIPERINAE Echte Vipern

Vertreter der Viperinae findet man in
Europa, Asien und Afrika, nicht aber auf
Madagaskar. Sie besitzen keine Grubenorgane und neigen zu relativ kurzen,
schweren Körpern. Ihr Kopf ist breit
und mit kleinen Schuppen bedeckt, der
Schwanz kurz. Sie bewohnen verschiedene Lebensräume und können tag-
oder nachtaktiv sein. Nach konservativer
Systematik lassen sich 12 Gattungen und
etwa 74 Arten unterscheiden.

Adenorhinos Diese Gattung enthält nur
die afrikanische Art *A. harbouri*. Man
zählte sie früher zur Gattung *Atheris*.
Man weiß wenig über sie, vermutlich
vivipar.

Atheris (Buschvipern) 12 Arten aus Zen-
tral- und Westafrika. Kleine bis mittelgroße Schlangen mit stark gekielten
Schuppen. Viele kleine Schuppen auf
der Kopfoberseite. Hauptsächlich arboreal in tropischen Wäldern, 2 Arten leben
terrestrisch. Die Hauptnahrung bilden
wohl Frösche, Echsen, kleine Vögel und
Säuger. Vivipar mit Würfen bis zu 10
Jungen.
■ *Gefangenschaft:* Kaum zu bekommen
und aus unbekannten Gründen schwierig zu halten. Sie brauchen ein großes
Terrarium mit Geäst zum Klettern und
Feuchtigkeit. Die Fütterung kann Probleme machen, da nicht alle Arten Nager
nehmen und Alternativen (Echsen. Frösche) schwer zu bekommen sind. Fortpflanzung in Gefangenschaft ist selten.

Bitis (Puffottern) 16 Arten südlich der
Sahara. Kleine bis große (meist mittelgroße), oft kräftig gebaute Schlangen mit
breitem, dreieckigem Kopf. Alle Arten
leben am Boden und die aus Wüstenregionen – von denen die Zwergpuff-

▲ (ganz oben) Westafrikanische Krötenviper
(*Causus maculatus*).

▲ (oben) Die Rautenkrötenviper (*Causus
rhombeatus*) lebt in weiten Teilen Afrikas südlich der Sahara und frisst bevorzugt Kröten.

▶ (gegenüber, oben) Eine junge Puffotter
(*Bitis arietans*).

▶ (gegenüber, unten) Wüstenhornviper
(*Cerastes cerastes*).

otter *(B. peringueyi)* die bekannteste ist – sind effiziente Seitenwinder. Weitere Lebensräume sind Berge, Felshügel, Wälder und Flussufer. Die kleinen Arten ernähren sich v. a. von Echsen, die größeren von Vögeln und Säugern. Die größeren Arten tragen Tarnfarben und sind ausgesprochene Ansitzjäger, während kleinere Arten sich gern in Sand oder lockere Erde eingraben, um auf Beute zu lauern. Alle Arten sind gefährlich, besonders die größeren wie die Puffotter *(B. arietans)* und die Gabunviper *(B. gabonica).* Vivipar mit Würfen von 4 bis fast 100 Jungen. Von einer Puffotter sind 154 Junge nachgewiesen.

■ *Gefangenschaft:* Werden wegen ihrer Gefährlichkeit nicht oft gehalten. Allerdings fühlen sich die meisten Arten in Gefangenschaft wohl, mit Ausnahme der Nashornviper *(B. nasicornis),* die sich als ziemlich heikel erwiesen hat. Die kleinen Arten müssen wohl mit Echsen gefüttert werden. Die Puffotter und in geringerem Maße auch die Gabunviper vermehren sich ziemlich regelmäßig in Gefangenschaft, und die Jungen sind leicht aufzuziehen.

Cerastes (Afrikanische Hornvipern) 3 Arten in Nordafrika und dem Nahen Osten. Kleine Vipern mit mäßig schlankem Körper, breitem Kopf und runder Schnauze. Die Wüstenhornviper *(C. cerastes)* und die Arabische Hornviper *(C. gasperetti)* können über den Augen auffällige Hörner oder Dornen tragen, die aber in manchen Populationen klein sind oder fehlen. Der Avicennaviper *(C. vipera)* fehlen solche Hörner. Die Tiere leben ausschließlich in Wüsten mit feinem Sand, auf dem sie sich durch Seitenwinden fortbewegen. Sie lauern auf Beute, bis auf die Augen im Sand eingegraben. Echsen machen wohl ihre Hauptnahrung aus, daneben Kleinsäuger. Sie besitzen geriefte Seitenschuppen, mit denen sie bei Störung ein rasselndes Geräusch erzeugen. Aggressiv und für Menschen gefährlich, obwohl ihre Bisse selten tödlich sind. Ovipar mit Gelegen von bis zu 25 Eiern.

■ *Gefangenschaft:* Die Wüstenhornviper *(C. cerastes)* verträgt Gefangenschaftshaltung gut, sofern sie bereit ist, Nager zu fressen. Sie braucht genügend Sand, um sich darin eingraben zu können.

Daboia (Orientalische Ottern) Mit der einzigen Art der Kettenviper *(D. russelii),*

▲ Die Stülpnasenotter (*Vipera lastastei*), eine kleine Schlange Spaniens, Portugals und Nordafrikas.

die von Sri Lanka und Indien über Südostasien bis Südchina weit verbreitet ist. Die Form *D. r. formosensis* lebt auf Taiwan, weitere Formen auf den indonesischen Inseln, so *D. r. siamensis* auf Java und Sumatra und *D. r. limitis* auf Flores und Timor. Es ist eine gefährlich giftige Art, die in Asien wahrscheinlich für mehr Todesfälle verantwortlich ist als jede andere Art. Hübsch gezeichnet und gut getarnt, wenn in Falllaub oder Vegetation ruhend. Das Gift der Art unterscheidet sich je nach Vorkommen und verursacht verschiedene Symptome, die oft tödlich enden, wenn nicht rasch und richtig behandelt.

Echis (Sandrasselottern) 6–8 Arten in Nord- und Westafrika, im Nahen Osten, in Indien und Sri Lanka. Kleine bis mittelgroße Schlangen mit stark gekielten Schuppen. Bei Bedrohung rollen sie sich auf und erzeugen mit ihren Schuppen ein rasselndes Geräusch. Meist in

trockener Umgebung, einschließlich Sandwüsten, wo sie sich seitenwindend fortbewegen. Nahrung: Echsen und Kleinsäuger. Für Menschen gefährlich wegen ihres Vorkommens in Siedlungen und ihrer Aggressivität. In manchen Gegenden sind sie für die meisten Todesfälle durch Schlangenbisse verantwortlich. Vivipar mit kleinen Würfen.

Eristicophis (McMahonvipern) Enthält nur die McMahonviper (*E. mcmahoni*) aus Afghanistan und Nordpakistan. Sie lebt in Sanddünenwüsten und versteckt sich schnell durch Einrütteln im Sand, wahrscheinlich nacht- oder dämmerungsaktiv; Beute sind Echsen und Kleinsäuger. Obwohl friedfertig, potenziell für Menschen gefährlich. Selten gefangen und ziemlich unbekannt.

Macrovipera (Großvipern) Seit kurzem wieder verwendete Gattung mit 4 Arten, die man zu *Vipera* gestellt hatte. Man findet sie in Nordafrika, Südosteuropa und Westasien: Die Milosotter (*M. schweizeri*) kommt nur auf einigen kleinen Inseln der Zykladen vor. Die anderen Arten sind Wüstengroßviper (*M. deserti*), Levanteotter (*M. lebetina*) und Atlasotter (*M.*

mauretanica). Mittelgroße Schlangen mit dickem Körper und breitem, mit kleinen Schuppen bedecktem Kopf. Leben terrestrisch hauptsächlich von Kleinsäugern. Ihr Gift ist stärker als das von *Vipera*-Arten, und sie sind potenziell für Menschen gefährlich. Anders als *Vipera*-Arten sind sie ovipar.

Montatheris Enthält nur die Kenianische Bergviper (*M. hindii*). Eine ungewöhnliche terrestrische Viper des kenianischen Hochlandes, die dort Moore zwischen 2700 und 3800 m Höhe bewohnt. Sie wurde früher zu *Vipera*, *Bitis* und *Atheris* gestellt. Eine tagaktive Art (da es nachts zu kalt ist), die von Echsen, Fröschen und wohl auch von kleinen Nagern lebt. Sie ist stellenweise recht häufig, aber nur an sonnigen Tagen aktiv. Vivipar mit kleinen Würfen.

Montaspis Enthält nur die Cremefleckige Bergschlange *M. gilvomaculata* aus Südafrika. Sie sieht nicht sehr vipernartig aus — und ist vielleicht auch keine. Ihre Verwandtschaft ist umstritten. Sie wurde 1988 hoch in den Drakensbergen gefunden. Sie lebt versteckt und jagt Frösche in Röhrichten und anderer Vegetation am Ufer von Bergflüssen. Gilt als ungefährlich für Menschen.

Pseudocerastes Enthält nur die Persische Trughornviper *(P. persicus)* aus dem Nahen Osten. Von ihren zahlreichen geographischen Rassen werde einige auch als eigene Arten angesehen. Mittelgroße Schlangen mit mäßig schwerem Körper und gekielten Schuppen. Eine Gruppe aufstehender Schuppen bilden über den Augen ein Horn, das aber nicht dornförmig ist wie bei *Cerastes.* In geeignetem Gelände bewegen sie sich durch Seitenwinden fort. Beute sind Echsen. Vivipar.

Vipera (Echte Vipern) Gegenwärtig etwa 27 anerkannte Arten, verbreitet vom nördlichen Skandinavien, wo die Kreuz-

otter bis an den Polarkreis vorkommt, bis China und Korea. 1–2 Arten leben in Nordafrika. Viele Arten kommen in der Türkei und dem Nahen Osten vor; dort wurden auch die neuesten Entdeckungen gemacht: Wagners Bergotter *(V. wagneri)* wurde 1984 beschrieben, die Pontische Viper *(V. pontica)* und *V. albizona* erst 1990. Sie bevorzugen Gebirge wie mehrere europäische Arten auch: die Aspisviper *(V. aspis)* in den Alpen und anderen Gebirgen Mitteleuropas, die Wiesenotter *(V. ursinii)* in verstreuten Regionen in Süd- und Osteuropa sowie in Westasien etc. Andere Arten leben in einer Vielfalt von Lebensräumen, einschließlich trockener mediterraner Gebiete, Heiden, Moore und lockerer Waldungen. Die Kreuzotter *(V. berus)* ist am weitesten verbreitet, während andere Arten oft nur sehr kleine Areale besiedeln und entsprechend durch Lebensraumzerstörung bedroht sind. Es sind kleine bis mittelgroße Schlangen mit mäßig dickem Körper. Der Kopf kann von vielen kleinen

Schuppen bedeckt sein, so bei der Sandviper *(V. ammodytes),* oder von großen Schuppen, wie bei *V. berus.* Manche Arten haben aufgeworfene oder hornartige Schnauzen, die von Gruppen kleiner Schuppen gebildet werden. Hauptsächlich terrestrisch, auch wenn manche Arten gelegentlich klettern. Beutetiere sind Echsen und Kleinsäuger und wohl auch Wirbellose. Das Gift der europäischen Arten ist nicht sonderlich toxisch, und obwohl gering gefährlich für Menschen, gibt es nur wenige Todesfälle.

■ *Gefangenschaft:* Mehrere Arten werden regelmäßig gehalten und gezüchtet, speziell in Europa. Sie passen sich gut an und sind meist unproblematisch, obwohl das Füttern von Jungtieren und kleinen Arten manchmal Schwierigkeiten bereitet, da ihre natürliche Nahrung Echsen sind. Europäische und nahöstliche Arten pflanzen sich regelmäßig fort; die Paarung ist im Frühjahr, die Geburt im Spätsommer. Die Jungen sind leicht aufzuziehen, sobald sie einmal fressen.

▼ Wagners Bergotter *(Vipera wagneri)* aus der Türkei.

CROTALINAE Grubenottern

Zu den Vertretern dieser Unterfamilie gehören Klapperschlangen und andere Grubenottern Nord- und Südamerikas sowie eine Gruppe von Gattungen in Südostasien. Sie tragen an beiden Seiten des Kopfes je ein deutliches Grubenorgan, knapp unter einer Linie zwischen Nasenöffnung und Auge. Es ist größer als das Nasenloch, und die begrenzende Membran ist gut sichtbar. Alle Grubenottern sind potenziell gefährlich. Überwiegend vivipar, doch einige Arten legen Eier.

Agkistrodon (Dreieckskopfottern) 4 Arten aus Nord- und Mittelamerika. Mittelgroße Schlangen mit gekielten Schuppen, breitem, dreieckigem Kopf und spitzer Schnauze. Sie bewohnen verschiedene Lebensräume, von Sümpfen bis zu Wüsten. Die Wassermokassinotter (*A. piscivorus*) lebt in den Küstengewässern der Florida Keys und geht manchmal in Seevogelkolonien auf Jagd, während die Kupferkopfotter (*A. contortrix*) eine Schlange der Wälder, felsigen Hügel und schattigen Schluchten ist. Die beiden anderen Arten sind die Mexikanische Mokassinotter oder Cantil (*A. bilineatus*) und *A. taylori,* beide aus Mexiko.

Atropoides (Springvipern) 3 Arten von kurzer, kräftiger Statur, die Springvipern genannt werden, weil sie oft so kräftig zustoßen, dass sie regelrecht vorwärtsfliegen. In feuchten Wäldern Mittelamerikas, von Südmexiko bis Panama. Alle 3 Arten gehörten früher zu *Bothrops*. Lebendgebärend.

Bothriechis (Palmlanzenottern) 8 Arten, von denen 6 in Mittelamerika leben. Die Greifschwanz-Lanzenotter (*B. schlegeli*), eine polymorphe Art mit hornartigen Schuppen über dem Auge, kommt auch im Norden Südamerikas vor. Es sind mittelgroße, schlanke, arboreale Schlangen mit gekielten Schuppen und Greifschwanz. Die meisten sind grün, *B. schlegeli* auch gelb oder orange, und leben in tropischen Bergwäldern von Echsen, Fröschen, kleinen Vögeln und Säugern. Ihre Bisse verursachen örtliche Schmerzen und Schwellungen, sind aber meist nicht tödlich. Vivipar.

Bothriopsis 8 Arten aus Süd- und Mittelamerika. Kleine bis große, schlanke Arten, meist arboreal in verschiedenen Wäldern, manche sehr selten und wenig erforscht. Wahrscheinlich vivipar.

▼ Eine Schwarzfleckige Palmotter (*Bothriechis nigroviridis*) aus Mittelamerika.

▲ Die Grüne Jararaca (*Bothriopsis bilineata*) ist im Amazonasbecken zu Hause.

▼ Bajaklapperschlange (*Crotalus enyo*).

ides) aus Argentinien ist die südlichste Schlange. Es sind kleine bis große Arten mit mäßig kompaktem Körper und gekielten Schuppen, wohl alle terrestrisch, aber gelegentlich kletternd; Beute sind vielerlei Wirbeltiere. Gefährlich wegen ihres Vorkommens und ihrer Aggressivität. *Bothrops*-Arten sind für die meisten Toten durch Schlangenbiss in Südamerika verantwortlich. Vivipar.

Calloselasma Enthält nur die Mokassingrubenotter *(C. rhodostoma)* aus Indochina, Malaysia und Java. In ihrem Areal offenbar häufig. Hoch aggressiv. Meist nachtaktiv. Ernährt sich von kleinen Wirbeltieren. Ungewöhnlich unter asiatischen Grubenottern: Sie legen Eier, mit Gelegen von 20–40 Eiern. Das Weibchen ringelt sich um das Gelege, wohl um es zu beschützen.

Cerrophidion 4 Arten kleiner Vipern, von denen 3 auf Mexiko beschränkt sind, während die 4. *(C. godmani)* auch bis Panama geht. Meist tagaktive Hochlandarten, die man früher anderen Gattungen zuordnete. Vivipar.

Crotalus (Klapperschlangen) Die bekannteste Gattung der Grubenottern. 29 Arten von Kanada bis Argentinien umfassen alle Klapperschlangen außer den 3 *Sistrurus*-Arten. Vielerlei Anpassungen, jedoch keine arboreale Arten. Typische Wüstenspezies, doch einige auch in feuchterer Umgebung, sogar in Regenwäldern, andere in Busch- und Grasland. Je nach Vorkommen und Jahreszeit tag- oder nachtaktiv – selbst nachtaktive Arten werden in kühlen Zeiten tagaktiv. Beute sind vielerlei kleine Wirbeltiere, Echsen, bodenbrütende Vögel und Säuger bis Kaninchengröße. Alle Arten sind vivipar mit unterschiedlicher Wurfgröße.
■ *Gefangenschaft:* Mehrere der häufigeren Arten werden von Spezialisten gehalten. Sie sind in der Regel problemlos, müssen aber stets trocken gehalten werden. Manche Arten brauchen im Winter niedrigere Temperaturen.

Deinagkistrodon Enthält nur die Chinesische Nasenotter *(D. acutus)* aus Südchina und Taiwan. Eine große, schwere Art mit charakteristisch aufgeworfener Schnauze. Lebt in waldigem Bergland. Das Beutespektrum reicht von Amphibien, Echsen, Schlangen bis zu Klein-

Bothrops (Amerikanische Lanzenottern) Früher gehörten hierzu nahezu alle mittel- und südamerikanischen arborealen Grubenottern, heute nur noch 31 Arten. 3 Arten nur auf karibischen Inseln. Die Gewöhnliche Lanzenotter *(B. atrox)*, eine gefährliche Art, ist über weite Teile des nördlichen Südamerikas verbreitet. Die Patagonienlanzenotter *(B. ammodyto-*

▲ Die Indische Nasenotter *(Hypnale hypnale)*, eine kleine, aber hitzige Grubenotter aus Indien und Sri Lanka.

säugern. Eine höchst giftige Art, die oft menschliche Todesopfer fordert: Die lokale Bezeichnung »100-Schritt-Schlange« bezieht sich auf den Weg, den ein Opfer noch zurücklegen kann. Ovipar, wie *Calloselasma,* die Weibchen bewachen bis zu 20 Eier.

Gloydius (Halysottern) 10 Arten asiatischer Grubenottern, die man früher zur Gattung *Agkistrodon* stellte (die jetzt auf Arten der Neuen Welt beschränkt ist). Terrestrisch und tagaktiv. *G. halys* erreicht – zumindest theoretisch – Osteuropa. Mehrere Gebirgsarten, besonders *G. himalayanus* und *G. monticola.* Vivipar.

Hypnale (Ceylonnasenottern) 3 Arten in Sri Lanka und Südwestindien. Eine davon, *H. wali,* könnte eine Unterart von *H. nepa* sein. Es sind kleine Schlangen mit kurzem Schwanz und gekielten Schuppen, die in trockener und feuchter Umgebung, oft in Wäldern, manchmal in Siedlungen leben. Beute sind Frösche,

Echsen, Schlangen, Reptilieneier und Kleinsäuger. Obwohl giftig und für Menschen gefährlich, sind sie wenig aggressiv. Vivipar mit bis zu 17 Jungen.

Lachesis (Buschmeister) 4 Arten aus Mittel- und Südamerika. Bis vor kurzem nur 1 Art, der Buschmeister *(L. muta),* mit mehreren geographischen Rassen, die inzwischen den Artstatus erhielten: *L. stenophrys* vom atlantischen Tiefland Costa Ricas und Panamas bis zur Pazifikküste im Süden Panamas und in Kolumbien, *L. melanocephala* aus einer isolierten Region des pazifischen Tieflands von Costa Rica, *L. muta* mit dem größten Areal im Amazonasbecken und in Guyana sowie *L. rhombeata* von den atlantischen Wäldern Südostbrasiliens. Buschmeister sind die größten Grubenottern, sie werden über 3 m lang. Sie bewohnen nur ungestörte Wälder und leiden sehr unter Abholzungen. Trotz ihrer Größe und ihres wirksamen Giftes sind Todesfälle selten, da die Tiere friedfertig und scheu sind. Ungewöhnlich unter amerikanischen Grubenottern: Sie legen Eier.

Ophryacus 2 mexikanische Arten: *O. melanurus* und die Mexikanische Horn-

otter *(O. undulatus).* Kleine, ziemlich stämmige Vipern mit sehr begrenzter Verbreitung in den kühlen Hochländern Zentralmexikos. Beide Arten tragen Hörner über den Augen. Tagaktiv und vivipar.

Ovophis (Gebirgsgrubenottern) 4 asiatische Arten, die früher zu *Trimeresurus* gezählt wurden. Ihre Verbreitung reicht von Bangladesh, Indonesien, Vietnam bis China und Japan. Düster gefärbte, terrestrische Arten, die, im Gegensatz zu den verbliebenen *Trimeresurus*-Arten, Eier legen.

Popeia Einzige Art *P. inornata,* die erst 2004 beschrieben wurde und von Malaysia und Borneo stammt. (Früher *Trimeresurus popeiorum.)*

Porthidium (Hakennasen-Lanzenottern) 8 Arten in Mittel- und im nördlichen Südamerika. Nur *P. hyoprora* lebt im Amazonasbecken. Es sind kleine bis mittelgroße terrestrische Grubenottern, einschließlich einiger stämmiger »Springvipern« wie *P. nummifer.* Neben stämmigen auch schlankere Arten. Meist nachtaktiv, aber mehrere Arten sind wenig erforscht.

Gefährlich, aber meist nicht tödlich. Vivipar.

Protobothrops (Asiatische Lanzenottern) 8 Arten, die früher zu *Trimeresurus* gezählt wurden. Einige sind wenig bekannt, andere häufig. *P. flavoviridis* ist die berühmt-berüchtigte »Habu« der japanischen Riukiuinseln, der die zweifelhafte Ehre gebührt, die global höchste Rate an Schlangenbissen zu verursachen. Manche Arten sind ovipar, andere vivipar.

Sistrurus (Zwergklapperschlangen) Die 3 Arten heißen Massasauga *(S. catenatus),* Zwergklapperschlange *(S. miliaris)* und Mexikanische Zwergklapperschlange *(S. ravus).* Sie leben in Nordamerika und Mexiko. Obwohl sie Rasseln haben, unterscheiden sie sich von *Crotalus*-Arten durch große Schuppen auf der Kopfoberseite. Sie bewohnen verschiedene Lebensräume, von Feuchtgebieten über Nadelwälder bis zu Wüsten und Nebelwäldern, je nach Art und Ort. Alle sind terrestrisch und fressen Echsen und Nager. Ihre Bisse sind schmerzhaft, aber gewöhnlich nicht lebensgefährlich. Vivipar.

Triceratolepidophis Enthält nur die Art *T. sieversorum,* eine Grubenotter aus Vietnam. Diese Art wurde erst 2000 beschrieben, aufgrund eines Exemplars aus den Annam-Bergen in Vietnam. Sie hat 2 Augen»hörner«; der lateinische Name bezieht sich auf die 3-hörnigen Schuppenkiele. Inzwischen sind mehr Tiere bekannt und werden bereits gezüchtet.

Trimeresurus (Bambusottern) Eine verwirrende Gattung mit 30−40 Arten, obwohl viele Arten bereits anderen Gattungen zugeordnet wurden. *Popeia* ist eine davon (siehe oben), doch es gibt 5 weitere *(Cryptelytrops, Himalayophis, Parias, Peltopelor* und *Viridovipera).* Sie sind über Süd- und Südostasien verbreitet. Es handelt sich um kleine bis mittelgroße Vipern mit breitem Kopf und mäßig stämmigem Körper. Die meisten sind arboreal, einige aber auch terrestrisch. Sie leben in Regenwäldern, Nebelwäldern, Mangrovesümpfen und Gebirgen. Manche findet man häufig um menschliche Siedlungen. Die baumbewohnenden Arten sind oft grün, die terrestrischen meist braun mit verschiedenen Zeichnungen. Sie ernähren sich von Echsen, Fröschen, Kleinsäugern und möglicherweise von Vögeln. Ihre Bisse sind schmerzhaft und potenziell gefährlich, sie verursachen zumindest Gewebeschäden. Wohl alle Arten sind vivipar.

■ *Gefangenschaft:* Mehrere der arborealen Arten werden in Gefangenschaft gehalten. Sie gewöhnen sich meist gut ein und sind in großen Terrarien mit Ästen zum Rasten leicht zu halten. Eine tropische Temperatur von 20−30 °C sollte geboten und gelegentlich Wasser versprüht werden. Alttiere fressen Nager, kleine Jungtiere brauchen Frösche oder Echsen.

Tropidolaemus 2 Arten: Waglers Grubenotter *(T. wagleri),* die in Südostasien weit verbreitet und bekannt ist als die in Schlangentempeln gehaltene Art, und die Huttongrubenotter *(T. huttoni),* von der nur 2 Exemplare von 1940 aus Südindien

▼ McGregor-Grubenviper *(Trimeresurus mcgregori).*

vorliegen. Waglers Grubenottern variieren farblich, abhängig von Geschlecht
und Alter. Vivipar.

Zhaoermia Mit der einzigen Art der
Mangshangrubenotter (*Z. mangshanen-
sis)*, die 1990 beschrieben und zunächst
der Gattung *Trimeresurus* zugeordnet
wurde. Eine seltene, grüne, terrestrische
Art aus einem kleinen Waldgebiet in
den Nan-Ling-Bergen Chinas. Angeblich spuckt sie Gift, was in der Vipernfamilie einmalig wäre, wenn es stimmt.
Ovipar.

▶ (gegenüber) Duerdens Erdviper (*Atractaspis
duerdeni)* aus Südafrika, ein Vertreter der
kleinen und wenig erforschten Familie Atractaspididae.

▼ Waglers Grubenotter (*Tropidolaemus
wagleri)*, eine südafrikanische Viper.

ATRACTASPIDIDAE
ERDVIPERN

DIE ATRACTASPIDIDAE SIND EINE PROBLEMA-
TISCHE GRUPPE DER COLUBRIDENARTIGEN
SCHLANGEN AFRIKAS UND DES NAHEN
OSTENS. DIE FAMILIE ENTHÄLT SCHLANGEN,
DIE GEWISSE GEMEINSAMKEITEN HABEN,
DENEN ABER KEIN WIRKLICH EINHEITLICHES
MERKMAL EIGEN IST. ES KÖNNTEN DURCHAUS
MEHRERE LINIEN IM SPIEL SEIN. DESHALB
GAB ES ERHEBLICHE MEINUNGSUNTER-
SCHIEDE DARÜBER, WO DIE VERSCHIEDENEN
GATTUNGEN INS SCHLANGENSYSTEM EINZU-
ORDNEN SEIEN. MAN HAT SIE ABWECHSELND
ZU DEN COLUBRIDEN, VIPERN ODER ELAPIDEN
GESTELLT. GEGENWÄRTIG NEIGT MAN DAZU,
SIE ENTWEDER ALS UNTERFAMILIE DER
COLUBRIDAE ODER ALS EIGENE FAMILIE ZU
BETRACHTEN. WENN MAN SICH FÜR EINE
EIGENE FAMILIE ENTSCHEIDET, WAS WAHR-
SCHEINLICH IST, WIRD MAN WEITERHIN
UNEINS SEIN, WELCHE GATTUNGEN MAN IHR
ZUORDNEN SOLL UND WELCHE BEI DEN COLU-
BRIDAE BLEIBEN SOLLEN.

Die Atractaspididae (wie hier definiert)
enthalten 10 Gattungen. Vertreter der
Gattung *Atractaspis* sind giftig und besitzen Duvernoydrüsen, die wie nach hinten in den Vorderkörper reichen. Der
giftproduzierende Apparat variiert aber
von Gattung zu Gattung. *Atractaspis* besitzt große aufrichtbare Giftzähne im
vorderen Oberkiefer und keine weiteren Zähne. *Amblyodipsas, Chilorhinophis,
Macrelaps* und *Xenocalamus* haben alle
kurze Oberkiefer mit 3–5 normalen
Zähnen und 1 Paar Giftzähne unter den
Augen. Die meisten Vertreter der spezialisierten Gattung *Aparallactus* haben
ebenfalls vergrößerte Giftzähne unter
den Augen. Die Giftzähne haben je nach
Art eine Rinne oder keine, bei *A. modestus* fehlen sie ganz.

Amblyodipsas (Purpurzungenschlangen)
9 Arten aus Afrika südlich der Sahara.
Kleine bis mittelgroße Schlangen mit
zylindrischem Körper, kleinen Augen
und glatten, glänzenden Schuppen. Sie
graben in lockerer Erde und fressen
andere grabende Reptilien, Amphibien
und Kleinsäuger. Nachtaktiv. Meist ovipar, von *A. concolor* nimmt man an, dass
sie vivipar ist.

Aparallactus (Tausendfüßerfresser) 11 Arten in ganz Afrika südlich der Sahara.
Manchmal zu den Colubridae gestellt.
Kleine Schlangen mit zylindrischem Körper und glatten Schuppen. Ihr Giftapparat ist variabel: hinten stehende Giftzähne
kommen vor oder fehlen. Die Tiere graben und bevorzugen Termitenbauten,
Moderholz etc. und fressen ausschließlich
Tausendfüßer. Meist ovipar, doch *A. jack-
soni* ist lebendgebärend.

Atractaspis (Erdvipern) Etwa 18 Arten in
fast ganz Afrika und 1 Art (*A. engaddensis)* im Nahen Osten. Kleine Schlangen
mit kleinem Kopf, zylindrischem Körper
und glatten Schuppen. Ihre hohlen Giftzähne können bei geschlossenem Maul
seitlich ausgeklappt werden, eine Anpassung an enge Räume. Alle leben unterirdisch, können aber nachts auch oberirdisch beobachtet werden. Sie leben von
anderen grabenden Reptilien und kleinen Nagern. Schwer sicher handzuha-
ben, Bisse potenziell gefährlich. Ovipar.

Brachyophis Nur 1 Art, *B. revoili,* aus
Somalia und Kenia. Ihre Biologie ist un-
erforscht.

Chilorhinophis (Schwarzgelbe Erdottern)
3 Arten aus Ost- und Zentralafrika. Mittelgroße Schlangen mit kleinem Kopf, kleinen Augen und schlankem Körper. Der gerundete Schwanz ist wie der Kopf gefärbt und wird zum Ablenken von Angriffen genützt. Grabend und von anderen grabenden Reptilien lebend. Ovipar.

Homoroselaps 2 Arten, *H. dorsalis* und *H. lacteus,* aus Südafrika, früher zu den Elapidae gestellt. Kleine, schlanke Schlangen mit kleinem Kopf und glänzenden Schuppen. Beide Arten sind leuchtend gefärbt mit gelber und orangefarbener Zeichnung. Sie haben 2 hohle Giftzähne vorn im verlängerten Oberkiefer. Grabend, manchmal bei Termitenbauten, leben von anderen kleinen grabenden Reptilien. Zu klein, um Menschen gefährlich werden zu können, aber Bisse unangenehm. Wahrscheinlich ovipar.

Hypoptophis Nur 1 Art, die Afrikanische Großkopfschlange *(H. wilsoni)* aus dem Kongo. Über ihre Biologie ist nichts bekannt.

Macrelaps Monotypische Gattung mit der einzigen Art *M. microlepidotus.* Eine mittelgroße Schlange mit dickem, zylindrischem Körper und glatten Schuppen. Grabende Art, die sich von verschiedenen anderen Repilien, Amphibien und Kleinsäugern ernährt. Ihr Biss ist potenziell gefährlich, gewöhnlich ist sie jedoch friedfertig. Ovipar.

Micrelaps 4 Arten, von denen 2 in Nordostafrika vorkommen *(M. bicoloratus* und *M. vaillanti)* und 2 im Nahen Osten *(M. muelleri* und *M. tchernovi).* Kleine Schlangen mit zylindrischem Körper, kleinem Kopf und glatten Schuppen.

Polemon 13 west- und zentralafrikanische Arten, einschließlich jener, die man früher zu *Miodon* stellte. Kleine bis mittelgroße Arten mit zylindrischem Körper, kleinem Kopf und glatten Schuppen. Biologie weitgehend unbekannt.

Xenocalamus (Kielschnauzenschlangen)
5 Arten aus Zentral- und Südafrika. Kleine bis mittelgroße Schlangen mit ungewöhnlich spitzem Kopf und winzigen Augen. Ihr Körper ist zylindrisch, ihre Schuppen sind glatt. Sie graben in sandigen Böden und leben von Doppelschleichen. Ovipar mit kleinen Gelegen.

COLUBRIDAE
NATTERN

IN DEN MEISTEN ERDTEILEN GEHÖREN COLU-
BRIDEN ZU DEN BEKANNTESTEN SCHLANGEN.
ALLEN COLUBRIDEN FEHLEN EIN BECKEN-
GÜRTEL, EINE FUNKTIONALE LINKE LUNGE
UND EIN KORONOID (EIN KLEINER KNOCHEN
IM UNTERKIEFER, DEN MAN BEI PRIMITIVEN
SCHLANGEN FINDET, BEI HÖHER ENTWICKEL-
TEN FAMILIEN ABER NICHT). IHR KOPF IST
MIT GROSSEN SYMMETRISCHEN SCHUPPEN
BEDECKT, UND DEN WIRBELN FEHLEN DIE
HYPAPOPHYSEN (NACH UNTEN GERICHTETE
DORNFORTSÄTZE); AUSNAHMEN SIND EINIGE
SPEZIALISIERTE ARTEN WIE SCHWIMMENDE
ODER EIERFRESSENDE SCHLANGEN, DIE DIE
SPITZEN HYPAPOPHYSEN DES SCHLUNDES
ZUM AUFSCHNEIDEN DER EISCHALEN BE-
NUTZEN.

Abgesehen von diesen Merkmalen können Colubriden nahezu jede Form,
Größe und Farbe aufweisen. Sie haben
sich weit ausgebreitet und nahezu jede
ökologische Nische besetzt, mit Ausnahme der Ozeane (obwohl einige Vertreter der Homalopsinae und bestimmte
Rassen von *Nerodia fasciata* flüchtige
Bekanntschaft mit Meerwasser gemacht
haben, da man sie in Küsten- und Fluss-
mündungsgewässern in Südostasien und
im Golf von Mexiko findet). Sie sind
nahezu weltweit verbreitet und vielerorts
die vorherrschende Familie, nur in Australien nicht.

Viele morphologische Merkmale der
verschiedenen Colubridenarten, etwa
Körperform, Schuppentyp und Färbung,
gehen auf das Konto ihrer Spezialisation.
Unterschiede im Fortpflanzungsverhalten – manche Arten sind ovipar, andere
vivipar – können ebenfalls mit Verbreitung und Habitat in Verbindung gebracht
werden. Diese Anpassungsmerkmale haben lange Zeit systematische Probleme
gemacht, da konvergente Evolution zu
sehr ähnlich aussehenden, nicht aber
näher verwandten Gruppen geführt hat,
während nah verwandte Arten sich oberflächlich stark unterscheiden können, nur
weil sie verschiedene ökologische Nischen besetzt haben.

Die Familie der Colubriden umfasst –
herkömmlich betrachtet – etwa 1880 Arten, unterteilt in 300 Gattungen. Das
heißt, 3/5 aller Schlangen gehören zu
dieser riesigen, weit verbreiteten Familie.
Es ist höchstunwahrscheinlich, dass die
Familie einer gemeinsamen Vorläuferlinie
entstammt, aber sie hat sich zur bevorzugten »Ablage« für Herpetologen entwickelt, die für neu entdeckte Arten
keine passende Familie fanden. Voraus-
sichtlich werden die Colubriden daher
bald in kleinere Gruppen unterteilt.
Manche Spezialisten, wie Garth Underwood,[2] unterscheiden bereits bis zu
4 Familien: Dipsadidae, Homolopsidae,
Natricidae und Colubridae. Davon werden mehrere weiter unterteilt in eine
Reihe von Unterfamilien. Auch andere
Gliederungen wurden kürzlich vorge-
schlagen.

Bevor es nicht zu einem vernünftigen
Konsens kommt, scheint es wenig sinnvoll, dem einen oder anderen dieser Vor-
schläge zu folgen oder die verschiedenen
und wechselnden Anordnungen aufzu-
listen. Deshalb betrachten wir hier die
Colubriden weiterhin als eine Familie –
unter Berücksichtigung der Tatsache, dass
etliche Unterfamilien wohl irgendwann
in den Status von Familien gehoben werden.

So definiert, können die Colubriden
in eine Zahl von Unterfamilien geglie-
dert werden. Bis 28 wurden zuzeiten
anerkannt[3]. Gewöhnlich begnügt man
sich aber mit weniger und größeren
Unterfamilien. In der bedeutenden Arbeit von McDowell (1987)[4] werden beispielsweise 9 anerkannt und 1 weitere
begründet, die Psammophiinae. Obwohl
einige Unterfamilien gut abgrenzbar
sind, etwa die Homalopsinae, bestehen
andere nur aus einem »Kern« von näher
verwandten Arten und einer Vielzahl
weiterer, die sich nur mit Mühe einord-
nen lassen. So unbefriedigend dieses System auch sein mag, ist es doch zurzeit
das beste, dem man sich anvertrauen
kann.

COLUBRINAE
»Typische« Schlangen mit großen Augen
an den Kopfseiten und Nasenlöchern zu

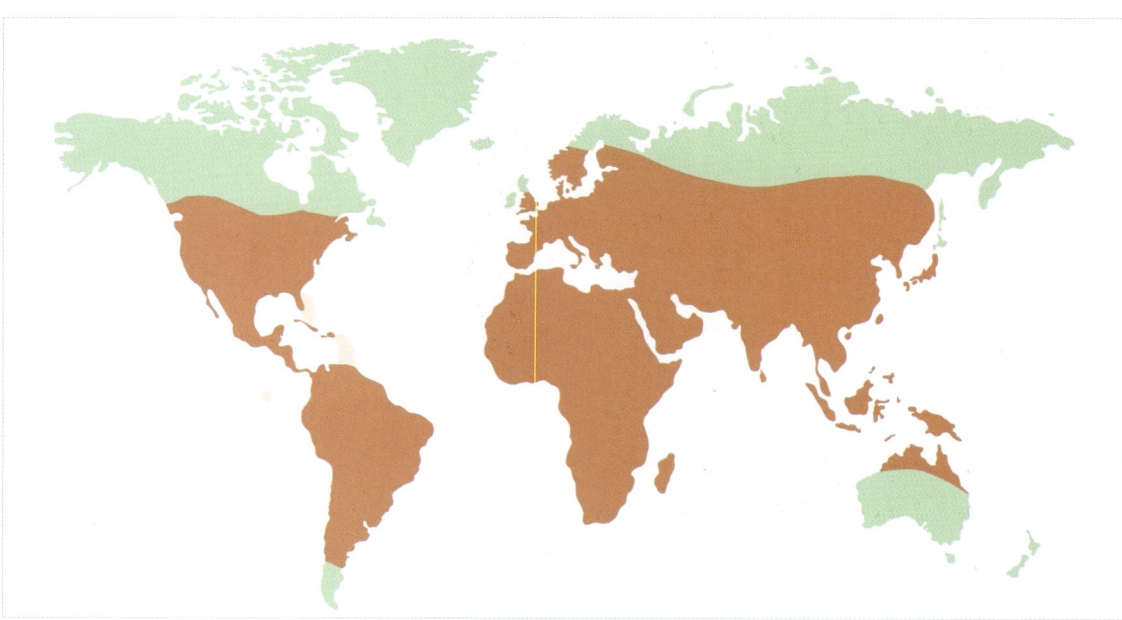

◄ Verbreitung
der Colubridae.

beiden Seiten der Schnauze. Sie gehen aktiv auf Beutejagd und schlagen treffsicher zu. Manche haben hinten stehende Giftzähne, so *Thelotornis* und *Dispholidus*. Diese und eine Reihe weiterer sind für den Menschen gefährlich. Manche Klassifikationen ordnen die Arten mit dieser Zahnstellung einer eigenen Unterfamilie zu, den Boiginae. Dazu gehören viele der bekannten Gattungen Nordamerikas, Europas und Asiens, beispielsweise Zornnattern *(Coluber)*, Kutscherpeitschennattern *(Masticophis)*, Glattnattern *(Coronella)*, Afrikanische Eierschlangen *(Dasypeltis)*, Kletternattern *(Elaphe)* und Königsnattern *(Lampropeltis)* sowie Gopher-, Kiefer- und Bullennattern *(Pituophis)*.

HOMALOPSINAE
Aquatische Schlangen (in Süß- und Brackwasser), die sich von Fischen, Amphibien und Krebstieren ernähren. Ihre Heimat ist Südostasien und Nordaustralien. Sie haben verschließbare Nasenlöcher auf der Oberseite des Kopfes, die kleinen Augen sind gleichfalls nach oben gerichtet. Sie ertasten ihre Beute oder lauern ihr auf. Die Tracheallunge ist groß. Alle besitzen hintere Giftzähne, gelten aber als harmlos. Die bekannteste Art dieser Unterfamilie ist wohl die Fühlerschlange *(Erpeton tentaculatum)*. Diese Unterfamilie ist klar definiert und enthält 10 Gattungen: *Bitia, Cantoria, Ceberus, Enhydris, Erpeton, Fordonia, Gerarda, Heurnia, Homalopsis* und *Myron*.

XENODERMINAE
Primitive Colubriden mit warzigen Schuppen, von denen viele recht unbekannt sind. Man findet nur wenige und oft monotypische Gattungen wie *Achalinus* und *Fimbrios* in dieser Unterfamilie. Ihre Heimat ist Südostasien. *Xenodermus javanicus* ist die einzige Schlange der Welt mit Längsreihen großer Tuberkelschuppen.

CALAMARIINAE
Eine kleine Unterfamilie mit meist grabenden kleinen Schlangen. Beheimatet im östlichen Asien einschließlich der Philippinen. Sie ernähren sich wohl hauptsächlich von Regenwürmern und anderen weichen Wirbellosen. Über ihre Evolution ist wenig bekannt. Zu den Gattungen gehören *Calamaria* und *Macrocalamus*.

PAREATINAE
2 Gattungen auf das Fressen von Schnecken spezialisierter südostasiatischer Arten. Kleine, schlanke, nachtaktive Schlangen. Die beiden Gattungen sind: *Aplopeltura* (monotypisch) und *Parias*.

LAMPROPHINAE
(auch als Boodontinae bekannt)
Colubriden Afrikas und Madagaskars, teils mit, teils ohne hintere Giftzähne. Eine ziemlich große, aber schlecht abgegrenzte Unterfamilie mit spezialisierten Arten und Generalisten. Zu den hier zusammengefassten Gattungen gehören die afrikanischen Hausschlangen *(Lamprophis)*, die Wolfsnattern *(Lycophidion)* und eine große Zahl in Madagaskar heimischer Arten.

PSEUDOXENODONTINAE
Eine kleine Unterfamilie mit nur 2 wenig bekannten, südostasiatischen Gattungen: *Pseudoxenodon* und *Plagiopholis*.

NATRICINAE
Die natricinen Colubriden sind wohlbekannte Schlangen Nordamerikas, Europas und Asiens. Sie fehlen in Südamerika und Australien. Viele Arten sind semiaquatisch, manche haben hinten stehende Giftzähne. Zu ihnen gehören die nordamerikanischen Strumpfband- und Schwimmnattern *(Thamnophis* und *Nerodia)*, die europäischen Wassernattern *(Natrix)* und viele südostasiatische Gattungen, etwa *Sinonatrix. Rhabdophis*-Arten können tödliche Bissfälle verursachen.

XENODONTINAE
Amerikanische Schlangen mit vielfältigen Formen und Lebensweisen. Vertreter mehrerer Gattungen haben hinten vergrößerte Giftzähne und verursachen milde Vergiftungen, aber keine ist für Menschen gefährlich. Beispiele sind Mussuranas *(Clelia)*, Ringhalsnattern *(Diadophis)*, Hakennasennattern *(Heterodon)*, schneckenfressende Schlangen *(Sibon* und *Dipsas*, manchmal einer eigenen Familie zugeordnet, Dipsadinae) und etliche wenig bekannte südamerikanische Gattungen.

PSAMMOPHIINAE
Hauptsächlich afrikanische und einige asiatische und europäische Vertreter. Charakterisiert durch stark reduzierten Hemipenis. Meist aktive, schnelle Tagesjäger

mit schlankem Körper und schmalem Kopf. Hinten stehende Giftzähne, manche Arten können auch Menschen schaden. Beispiele dieser Unterfamilie sind: Sandrennnattern *(Psammophis)*, Schafstecher *(Psammophylax)* und Eidechsennattern *(Malpolon)*.

Die folgenden zur Familie der Colubridae gehörenden Gattungen sind alphabetisch aufgelistet und nicht bestimmten Unterfamilien zugeordnet.

Achalinus 9 Arten kleiner, versteckt lebender Schlangen aus China und Südostasien. Nachtaktiv, tagsüber unter Stämmen etc. Vermutlich von Regenwürmern und Schnecken lebend. Ovipar.

Adelophis 2 westmexikanische Arten: *A. copei* und *A. foxi*, nah verwandt mit *Tropidoclonion*, die in feuchten Wiesen von Regenwürmern lebt. Vivipar mit kleinen Würfen.

Adelphicos 6 mittelamerikanische Arten. Kleine Schlangen tropischer Wälder. Über ihre Lebensweise ist wenig bekannt.

Aeluroglena Monotypische somalische Gattung: *A. cucullata*. Verwandt mit *Coluber*, aber wenig erforscht.

Afronatrix (Afrikanische Schwimmnattern) Mit der einzigen westafrikanischen Art *A. anoscopus*. Eine mittelgroße Schlange, die verschiedene Habitate bewohnt, von Regenwäldern bis zu Savannen, meist in Wassernähe, und von Fröschen und Fischen lebt. Fortpflanzungsbiologie unbekannt.

Anmerkungen
1. Stebbins, R. C. (1985), »A Field Guide to the Western Reptiles and Amphibians«, Houghton Mifflin, Boston.
2. Underwood, G. (1966), »A Contribution to the Classification of Snakes«, British Museum (Natural History), London.
3. Smith, It M., Smith, R. B. and Sawin, H. L. (1977), »A summary of snake classification«, Journal of Herpetology 11(2):115–121.
4. McDowell, S. B. (1987), »Systematics«, in Snakes: Ecology and Evolutionary Biology, edited by R. A. Seigel, J. T. Collins and S. S. Novak, Macmillan Publishing Company, New York.

Ahaetulla (Peitschennattern) 8 Arten aus Indien, Sri Lanka, China und Südostasien, einschließlich der pazifischen Inseln. Früher als *Dryophis* bekannt. Mittelgroße, sehr schlanke Schlangen, ausschließlich arboreal. Tagaktive, auf Echsen spezialisierte Jäger. Der Kopf ist verlängert und spitz, die Pupillen sind, höchst ungewöhnlich, waagrecht schlitzförmig oder schlüssellochartig, was besseres binokulares Sehen ermöglicht. Hinten stehende Giftzähne, aber für Menschen kaum gefährlich. Vivipar.

Alluaudina 2 Arten aus Madagaskar: *A. bellyi* und *A. mocquardi*. Kleine Schlangen, über die man wenig weiß.

Alsophis 14 Arten in der Karibik und einige mehr in Südamerika und auf den Galapagosinseln. 2 Arten könnten ausgerottet sein: *A. ater* und *A. sancticrucis*. Kleine Schlangen mit zylindrischem Körper und glatten Schuppen. Terrestrisch und tagaktiv, leben von Echsen. Hintere Giftzähne, aber wohl kaum gefährlich. Wahrscheinlich ovipar.

Amastridium Mit nur 1 zentralamerikanischen Art: *A. veliferum*. Eine kleine, offenbar auf tropische Regenwälder beschränkte Schlange.

Amphiesma Etwa 40 Arten kleiner bis mittelgroßer Wasserschlangen in Indien, Sri Lanka, China, Indochina und Südostasien. Semiaquatisch und von Amphibien und Fischen lebend. Ovipar.

Amphiesmoides Einzige Art *A. ornaticeps* aus China und Südostasien. Vermutlich ovipar.

Amplorhinus Mit nur 1 südafrikanischen Art: *A. multimaculatus*. Eine kleine, an feuchten Orten von Fröschen und Echsen lebende Art. Hintere Giftzähne, aber ungefährlich. Lebend gebärend mit 4 bis 12 Jungen.

Anoplohydrus Einzige Art *A. aemulans* aus Sumatra. Eine kleine, vermutlich nachtaktive und terrestrische Schlange.

Antillophis 2 Arten: *A. andreai* aus Kuba und *A. parvifrons* von Haiti und Nachbarinseln. Schlanke, tagaktive Schlangen, die aktiv Jagd machen, v.a. auf *Anolis*-Echsen und *Eleutherodactylus*-Frösche. Wohl ovipar.

▲ Die Rauschlange *(Aspidura brachyorrhos)* ist eine versteckt lebende Art Sri Lankas.

Aplopeltura Mit der einzigen, asiatischen und schneckenfressenden Art *A. boa*. In weiten Teilen Südostasiens einschließlich der Philippinen. Eine mittelgroße Schlange mit sehr schlankem, seitlich zusammengedrücktem Körper und breitem, eckigem Kopf mit großen Augen und stumpfer Schnauze. Überwiegend arboreal, gelegentlich aber auch am Waldboden. Nachtaktiv und von Gehäuseschnecken lebend. Vermutlich ovipar.

Apostolepis Bis zu 30 südamerikanische Arten. Kleine, unterirdisch lebende Schlangen mit stumpfer Schnauze. Selten zu sehen. Leben vermutlich von Wirbellosen, kleinen Echsen und Schlangen. Ovipar.

Argyrogena Enthält nur die indische Art *A. fasciolatus*. Nah verwandt mit *Coluber*. Eine mittelgroße, schlanke, tagaktive Art. Lebt vermutlich von Echsen, ihre Lebensweise ist jedoch kaum bekannt.

Arizona Einzige Art *A. elegans*, die in weiten Teilen des nordamerikanischen Südens vorkommt. Es sind eine Reihe von Unterarten anerkannt. Mittelgroß bis groß, mit glatten Schuppen und schlankem Kopf. Bei extremen Bedingungen gräbt sie sich ein, ist aber sonst terrestrisch und ernährt sich von Nagern, Echsen und anderen Schlangen. Ovipar mit Gelegen von bis zu 20 Eiern. ■ *Gefangenschaft:* Die meisten Individuen nehmen bereitwillig Nager und sind gute Terrarientiere. Sie sind sanftmütig und beißen fast nie, selbst nicht beim ersten Fang. Fortpflanzung in Gefangenschaft scheint selten, wohl wegen mangelnden Interesses. Frisch Geschlüpfte sind ziemlich klein und vielleicht schwer zu füttern.

Arrhyton 13 Arten der Karibik, besonders auf Kuba (8 Arten) und Jamaika (3 Arten). Kleine bis mittelgroße, versteckt lebende Schlangen mit Duvernoydrüsen und vergrößerten hinteren Giftzähnen. *A. exiguum* ernährt sich von Fröschen und Froscheiern (*Eleutherodactylus*-Arten) sowie von Echsen, einschließlich Geckos und *Anolis*. Größere

Beute wird gehalten, bis das Gift wirkt. Andere Arten haben wohl ähnliche Gewohnheiten, sind aber kaum untersucht.

Aspidura 6 Arten aus Sri Lanka. Sehr kleine bis kleine Schlangen, die man in Falllaub und im Waldboden findet. Ernähren sich nächtlich von Regenwürmern. Ovipar mit bis zu 20 Eiern.

Asthenodipsas 3 Arten, die man früher zu *Pareas* zählte, den Asiatischen Schneckennattern aus Indonesien und Malaysia. Schlanke, arboreale Schlangen mit breitem Kopf, stumpfer Schnauze und großen Augen. *A. vertebralis* hat ungewöhnliche, dunkelrote Augen.

▼ Die Olive Kielrückenschlange *(Atretium schistosum)* aus Indien und Sri Lanka.

Atractus Eine große Gattung mit über 100 Arten in weiten Teilen Mittel- und Südamerikas. Manche Arten wurden aufgrund nur 1 Exemplars beschrieben, und es gibt viele Endemiten mit sehr enger Verbreitung. Sehr kleine bis kleine Schlangen, die man in Wäldern findet, oft unter Blättern und morschem Holz. Sie leben wohl hauptsächlich von Wirbellosen. Ovipar mit kleinen Gelegen von etwa 3 Eiern.

Atretium 2 Arten aus Südindien und Sri Lanka *(A. schistosum)* und Südwestchina *(A. yunnanensis)*. Die indische Art ist aquatisch und lebt in Reisfeldern, Tümpeln und Flüssen und ernährt sich von Fischen und Fröschen. Ovipar. Die chinesische Art bevorzugt wohl auch feuchte Umgebungen bis auf Höhen von 1500 m, ist aber sonst kaum bekannt.

Balanophis Enthält nur die auf Sri Lanka vorkommende Art *B. ceylonensis.* Eine kleine terrestrische Art, die in feuchten

Wäldern lebt. Hauptnahrung sind Frösche. Ovipar.

Bitia Einzige Art *B. hydroides* aus Burma, Thailand und Malaysia, wo sie Flussmündungen und Küstengewässer bewohnt. Eine kleine Schlange mit schmalem Kopf und Vorderkörper, engen Bauch- und Unterschwanzschuppen und seitlich abgeflachtem Schwanz. Ausgesprochen aquatisch und wahrscheinlich hauptsächlich von Fisch lebend. Vivipar.

Blythia Einzige Art *B. reticulata* aus Assam (Indien), Tibet, Burma und Südchina. Eine kleine, dunkle Schlange, wahrscheinlich nachtaktiv und halb-grabend. Kaum bekannt.

Bogertophis (Nordamerikanische Kletternattern) 2 Arten, die man früher zu *Elaphe* zählte. Die Trans-Pecos-Rattennatter *(B. subocularis)* lebt in Südtexas und angrenzenden Teilen Nordmexikos, die Rosaliarattennatter *(B. rosaliae)* ist in

Baja California endemisch. Beide leben in trockenen Habitaten, bevorzugen aber Felsstrukturen und Spalten, in denen sich Feuchtigkeit halten kann. Mittelgroße, schlanke, aber muskulöse Schlangen mit gekielten Schuppen. Ihr Kopf setzt sich vom Hals ab, und sie haben große Augen. Sehr anmutig in ihren Bewegungen. Überwiegend nachtaktiv und von Echsen, Vögeln und Kleinsäugern lebend. Ovipar mit Gelegen bis zu 10 Eiern.

■ *Gefangenschaft:* Bei privaten Haltern sehr beliebte Schlangen, wobei die Trans-Pecos-Kletternatter weit häufiger gehalten wird als die Rosalia-Art. Sie gedeihen unter den verschiedensten Bedingungen und nehmen bereitwillig Nager; frisch geschlüpfte Rosalia-Junge sind manchmal schwierig zu füttern. Zucht gelingt immer. Trans-Pecos-Kletternattern paaren sich nicht im Frühjahr, sondern im Sommer. Die Eier schlüpfen im Herbst oder Frühwinter.

Boiga (Nachtbaumnattern) Etwa 20 Arten aus Afrika, Indien, Sri Lanka, Süd-china, ganz Südostasien einschließlich vieler Inselgruppen, bis Nordaustralien. Mittelgroße bis große Schlangen mit hinteren Giftzähnen. Die Mangroven-nachtbaumnatter *(B. dendrophila)* gilt als leicht gefährlich. Alle Arten außer 1 sind arboreal, meist nächtlich nach Echsen, Geckos, Fledermäusen etc. jagend. Am weitesten verbreitet ist die Baumtrugnatter *(B. irregularis);* sie wurde versehentlich auf der Insel Guam eingeschleppt, wo sie ohne Konkurrenz Schäden in der heimischen Fauna verursacht, speziell unter Kleinvögeln. Wohl alle Arten ovipar.

■ *Gefangenschaft:* Einige Arten werden gelegentlich gehalten, sonst besteht wenig Interesse. Sie brauchen große Terrarien mit Klettermöglichkeiten. Nager werden genommen. Sie werden selten zahm, und die attraktivste Art, *B. dendrophila,* ist wegen ihres giftigen Bisses nur begrenzt geeignet.

Boiruna 2 Arten. Dunkle südamerikanische Schlangen, wohl nah verwandt mit den Mussuranas *(Clelia).*

Bothrolycus Enthält nur die zentralafrikanische Art *B. ater.* Eine kleine Schlange, über die fast nichts bekannt zu sein scheint.

Bothrophthalmus Mit 1 west- und zentralafrikanischen Art, *B. lineatus.* Eine mittelgroße Schlange, die in feuchten Wäldern lebt. Ihre Biologie ist weitgehend unbekannt.

Brachyorrhos Einzige Art *B. albus* aus Indonesien. Eine mittelgroße Schlange, über die wenig bekannt ist.

Brygophis Die einzige Art, *B. coulangesi,* gehörte früher zur heute verworfenen Gattung *Perinetia.* Biologie unbekannt.

Calamaria (Zwergschlangen) Eine große Gattung mit über 50 Arten, von denen viele nur aufgrund einer Handvoll Exemplare beschrieben sind. Verbreitet

▼ Die Hundszahn-Nachtbaumnatter *(Boiga cynodon)* stammt aus Südostasien.

von Indien und Burma über Süd- und Südwestchina bis Indochina und Südostasien (19 Arten auf Borneo). Kleine, versteckte Schlangen, die in unterirdischen Gängen von Regenwürmern u. a. weichen Wirbellosen leben. Die meisten sind dunkel, mit glatten Schuppen. Ovipar.

Calamodontophis Mit der einzigen, brasilianischen Art *C. paucidens.* Eine kleine Schlange mit hinteren Giftzähnen. Vermutlich vivipar.

Calamorhabdium 2 Arten von Celebes. Sehr kleine Schlangen mit einem Dorn am Schwanzende. Kaum bekannt.

Cantoria (Cantors Wassertrugnattern) 2 homalopsine Arten von malaysischen Küstenregionen, den Andamanen, Indonesien und Indien. *C. annulata* ist selten und wenig erforscht, *C. violacea* lebt in Gezeitentümpeln und frisst Garnelen u. a. Crustaceen. Vivipar.

Carphophis (Wurmnattern) Einzige Art *C. amoenus.* Diese sehr kleine Schlange findet man in weiten Teilen der östlichen USA, hauptsächlich in feuchtem Milieu, unter Stämmen etc. Sie hat einen kleinen Kopf und glatte glänzende Schuppen und lebt von Regenwürmern u. a. weichen Wirbellosen. Ovipar mit 1–8 Eiern.
■ *Gefangenschaft:* Wenig verbreitet, aber leicht zu halten in einem kleinen Vivarium mit einer dicken Schicht feuchter Erde oder Streu mit regelmäßigem Nachschub an Regenwürmern. Fortpflanzung in Gefangenschaft ist nicht bekannt.

Cemophora (Scharlachschlangen) Einzige Art *A. coccinea.* Diese kleine Art lebt in den südöstlichen USA. Sie ist eine bunt gezeichnete »falsche Korallenschlange«. Eine halb-grabende Art, die man auch unter Rinde etc. finden kann. Sie ernährt sich von kleinen Echsen, Schlangen und Reptilieneiern. Ovipar mit bis zu 6 länglichen Eiern.
■ *Gefangenschaft:* Wegen ihrer Nahrung und Größe nicht sehr geeignet. Sie braucht lockeres Substrat als Versteck und regelmäßig kleine Echsen. Fortpflanzung in Gefangenschaft ist nicht bekannt.

Cerberus (Hundskopf-Wassertrugnattern) 2 Arten an den Küsten Indiens und Südostasiens, einschließlich Philippinen,

Indonesien, Neuguinea und Nordaustralien. Mittelgroße Schlangen, die nur an tropischen Küsten und in Mangroven vorkommen, wo sie sich von Fischen ernähren. Mit hinteren Giftzähnen, aber wohl harmlos. Vivipar.

Cercaspis (Ceylonhöckerschlangen) Einzige Art *C. carinatus* aus Sri Lanka. Mittelgroße, schlanke Schlange mit kleinem Kopf und auffallend weißen Bändern auf schwarzem Grund, eine »Nachahmung« des giftigen Ceylonkraits *(Bungarus ceylonicus),* der im gleichen Lebensraum vorkommt. Bevorzugt feuchte Umgebung und lebt von Echsen und Schlangen. Ovipar.

Cercophis Nur mit der Art *C. auratus,* nah verwandt mit *Chrysopelea.*

Chamaelycus 4 Arten; *C. fasciatus* und *C. parkeri* aus West- und Zentralafrika. Kleine, grabende, wenig bekannte Schlangen.

Chersodromus 2 mexikanische Arten. Kleine, kaum bekannte Schlangen.

Chilomeniscus (Sandschlangen) 2 grabende Arten aus der Sonorawüste im Südwesten der USA und vom Golf von Kalifornien. *C. savagei* ist auf Baja California beschränkt, *C. stramineus* lebt in Arizona, Sonora, Baja California und schließt die früheren Arten *C. cinctus* und *C. punctatissimus* ein, die heute ungültig sind. Gleicht *Chionactis,* ist aber noch mehr ans »Sandschwimmen« angepasst. Nachts manchmal terrestrisch. Lebt von Wirbellosen, auch von Skorpionen. Ovipar.
■ *Gefangenschaft:* Leicht in kleinen Behältern zu halten. Eine Schicht fein rinnenden Sandes ist erforderlich. Häufiges Sprühen ist nötig, da die Tiere nicht aus Gefäßen trinken und sonst rasch dehydrieren. Man füttert Insekten und ihre Larven. Fortpflanzung in Gefangenschaft ist nicht bekannt.

Chionactis (Schaufelnasenschlangen) 2 Arten, *C. occipitalis* und *C. palarostris,* die in trockenen Regionen der südwestlichen USA leben. Kleine grabende Schlangen, die auf der Suche nach Wirbellosen durch lockeren Sand »schwimmen«. Beide Arten sind leuchtend gefärbte »falsche Korallenschlangen«. Ovipar.

■ *Gefangenschaft:* Nicht leicht zu bekommen, aber einfach zu halten in einem Terrarium mit einigen Zentimetern lockerem Sand oder feinen runden Kieseln, worin die Schlangen die meiste Zeit verbringen. Zuchtinsekten wie Heimchen oder Wachsmotten werden gern genommen. Das Terrarium sollte immer wieder kräftig besprüht werden, da die Schlangen Wasser in einer Schale nicht zu finden scheinen. Nachzucht ist unbekannt, beide Arten legen 2–3 kleine Eier.

Chironius (Sipos) 13 Arten aus Mittelamerika und dem nördlichen und zentralen Südamerika. Mittelgroße bis große, schlanke Arten mit sehr großen Augen. Die Jungen sind meist anders gezeichnet als die Adulten. Hauptsächlich terrestrisch, aber auch kletternd in tropischen Wäldern. Lebhafte, tagaktive Schlangen, die sich von Nagern und Kleinvögeln ernähren. Ovipar.

Chrysopelea (Schmuckbaumnattern) 5 Arten aus Indien, Sri Lanka, Burma, Südchina, Indochina, Malaysia, Indonesien, Philippinen. Mittelgroße, schlanke Arten mit schmalem Kopf und großen Augen. Alle arboreal und meist grün, oft mit schwarzer oder roter Zeichnung. Sie haben einen langen Greifschwanz und glatte Schuppen. Die tagaktiven Tiere werfen sich häufig von Ästen und werden deshalb auch »fliegende Schlangen« genannt. Sie leben von Echsen, Vögeln und Kleinsäugern. Trotz hinterer Giftzähne gelten sie als ungefährlich. Ovipar.
■ *Gefangenschaft:* Adulte Tiere lassen sich gut halten. Sie brauchen ein großes Terrarium mit viel Geäst zum Klettern und Rasten. Die aus kleinen Nagern bestehende Nahrung sollte mit Pinzette verabreicht werden. Sie sind launisch und neigen zum Beißen. Fortpflanzung gelingt selten.

Clelia (Mussuranas) 11 Arten aus Mittel- und Südamerika. Große Schlangen mit zylindrischem Körper, glatten, glänzenden Schuppen und kleinen Augen. Leben in feuchten Waldhabitaten und sind sowohl tag- als auch nachtaktiv. Sie leben v. a. von Schlangen, einschließlich vieler giftiger Grubenottern, gegen deren Gift sie immun zu sein scheinen, und von Nagern. Die Beute wird erdrosselt.

■ *Gefangenschaft:* Gelegentlich gehalten und gezüchtet. Adulte fressen problemlos Nager, Jungtiere brauchen kleine Reptilien.

Clonophis Mit der einzigen nordamerikanischen Art *C. kirtlandi* (Kirtlands Wasserschlange). Nah verwandt mit der Gattung *Nerodia,* zu der sie früher auch gezählt wurde. Eine kleine Art mit stark gekielten Rückenschuppen. Lebt an feuchten Orten, stets am Wasser. Nahrung sind Würmer und Nacktschnecken. Vivipar.

Coelognathus 6 Arten mittelgroßer Schlangen aus dem Orient, früher zu *Elaphe* gezählt. Alle sind mittelgroß, schlank und rasch, meist nachtaktiv und ovipar. Nahrung: Echsen und kleine Nager.
■ *Gefangenschaft:* Arten wie *C. radiata* werden manchmal gehalten und gezüchtet. Im Gegensatz zu anderen »Kletternattern« gelten sie als nervös.

Collorhabdium Einzige Art *C. williamsoni* von der malaysischen Halbinsel (Cameron-Hochland). Ähnlich und wahrscheinlich verwandt mit *Calamaria.* Es gibt nur wenige gesammelte Exemplare, und über ihre Lebensweise ist wenig bekannt.

Coluber (Zornnattern) Eine große Gattung mit gegenwärtig 22–23 Arten. Mehrere Arten wurden in den letzten Jahren ausgegliedert in die Gattungen *Dolichophis, Hemorrhois, Hierophis* und *Platyceps.* Zum Rest gehört die weit verbreitete, variable, nordamerikanische Schwarznatter *(C. constrictor)* mit 10 Unterarten (von denen eine, *C. c. mormon,* auch als eigene Art, *C. mormon,* betrachtet wird). Die übrigen Arten leben in Afrika, im Nahen Osten sowie in Vorderasien bis Nordindien. Mittelgroße bis große tagaktive Schlangen mit schmalem Kopf und großen Augen. Oft einfarbig, aber mit verschiedenen Kleidern von Jung und Alt. Nahrung: Reptilien, kleine Vögel und Säuger. Ovipar.
■ *Gefangenschaft:* Wegen ihres nervösen Verhaltens und ihrer Tendenz zu beißen werden sie selten gehalten. Manche Individuen mögen ruhiger werden und kleine Nager annehmen.

Compsophis Einzige Art *C. albiventris* aus Madagaskar. Eine sehr kleine Schlange, die wohl unterirdisch lebt, von der aber wenig bekannt ist.

Coniophanes 13 Arten aus Texas, Mittelamerika und Südamerika bis Peru. Lebt in verschiedenen Lebensräumen, von trockenen Halbwüsten bis zu feuchten Tropenwäldern. Kleine bis mittelgroße Schlangen mit glatten, glänzenden Schuppen und Längsstreifen. Terrestrisch und tagaktiv, Nahrung sind verschiedene kleine Wirbeltiere. Mit hinteren Giftzähnen, deren Gift für den Menschen aber harmlos ist. Ovipar.

Conophis 5 mittelgroße Arten aus Mittelamerika, die in trockenen und feuchten Habitaten zu finden sind. Terrestrisch und hauptsächlich von Echsen lebend. Wohl ovipar.

Conopsis Mit 6 mexikanischen Arten. Kleine, halb-grabende Schlangen mit kräftigem, zylindrischem Körper und glatten Schuppen. Sie bewohnen kühle Bergregionen, werden aber selten gesammelt und beobachtet. Vivipar.

Contia Einzige Art *C. tenuis* (Scharfschwänzige Schlange), die streckenweise entlang der nordamerikanischen Westküste vorkommt. Eine kleine, heimliche, tagaktive Art, die feuchte Orte bevorzugt. Ernährt sich wohl hauptsächlich von Nacktschnecken und ist ovipar mit kleinen Gelegen.

Coronella (Glattnattern) 3 Arten, davon 2 in Europa, dem Nahen Osten und Nordafrika und eine 3., *C. brachyura,* aus Indien. Kleine bis mittelgroße Schlangen mit glatten Schuppen, zylindrischem Körper und schmalem Kopf. Sie ernähren sich von Echsen, die sie erdrosseln. *C. austriaca* ist vivipar mit 2–15 Jungen, während *C. girondica* und *C. brachyura* ovipar sind.

Crisantophis Enthält nur die Art *C. nevermanni,* die man früher zur Gattung *Conophis* zählte. Eine mittelgroße Schlange mit glatten Schuppen. Lebt in trockenen Niederungswäldern Mexikos. Ihre Biologie ist kaum bekannt, wohl ovipar.

Crotaphopeltis 6 Arten aus Afrika südlich der Sahara, auch Heroldschlangen genannt. Mittelgroße Schlangen mit hinteren Giftzähnen, aber ungefährlich. Sie

leben in Sümpfen und fangen Amphibien. Ovipar.

Cryophis Einzige Art *C. hailbergi* aus Mexiko. Mittelgroß mit stark gekielten Schuppen und großen Augen. Sonst wenig bekannt.

Cryptolycus (Zwergwolfschlangen) Einzige Art *C. nanus* aus Mosambik. Sie wird nur 30 cm lang und lebt von Doppelschleichen. Legt 2 längliche Eier.

Cyclocorus 2 philippinische Arten, *C. lineatus* und *C. nuchalis.* Kleine Schlangen mit zylindrischem Körper und kleinen Augen. Wohl grabend, meist unter Stämmen und verrottender Vegetation zu finden. Vermutlich von anderen Schlangen lebend, aber wenig bekannt.

Cyclophiops 4 Arten aus Südchina und Japan, früher zur nordamerikanischen Gattung *Opheodrys* gezählt. Mittelgroße, feuchtigkeitsliebende, grüne Schlangen. Terrestrisch oder semiarboreal. Ovipar.

Darlingtonia Einzige Art *D. haetiana* aus Haiti. Eine kleine, terrestrische Schlange, die offenbar nur von Fröschen der Gattung *Eleutherodactylus* lebt. Sonst wenig erforscht.

Dasypeltis (Afrikanische Eierschlangen) 8 hoch spezialisierte afrikanische Arten. Sie haben modifizierte Halswirbel, mit denen sie Eier aufschlitzen, und rudimentäre Zähne. Verschiedene Arten ahmen Vipern und Ottern nach, sind selbst aber harmlos. Ovipar.
■ *Gefangenschaft:* Alttiere gehören zu den am leichtesten zu haltenden Schlangen, da man sie mit Eiern von Hühnern, Tauben etc. füttern kann. Kleine Eier für die Jungen zu bekommen kann ein Problem sein. Man kann sie aber mit dem Inhalt von Hühnereiern mit einer Pipette füttern.

Dendrelaphis (Bronzenattern) Etwa 20 Arten aus Indien, Sri Lanka, Burma, Südchina, Indochina und Südostasien bis Nordaustralien. Auch als Bronzerückenschlangen bezeichnet. Mittelgroße bis große, schlanke, arboreale Schlangen mit großen, vorstehenden Augen. Schnelle, tagaktive Tiere, die sich überwiegend von Echsen ernähren, aber auch Amphibien und sogar Fische nehmen. Man findet sie

▲ Eine rötliche Form der afrikanischen Gewöhnlichen Eierschlange *(Dasypeltis scabra)* aus der südafrikanischen Kalahariwüste.

zudem schwimmend in Seen und Flüssen. Ovipar mit Gelegen bis 15 Eier.

Dendrolycus Einzige Art *D. elapoides* aus Westafrika. Eine kleine, arboreale Schlange, die wohl hauptsächlich von Fröschen lebt. Wenig erforscht.

Dendrophidion (Waldnattern) 8 Arten von Mexiko bis ins nördliche Südamerika. Mittelgroße, extrem schlanke Schlangen mit langem Schwanz. Terrestrische und arboreale Arten, die in tropischen Wäldern v. a. von Nagern und Fröschen leben. Ovipar.

Diadophis (Ringhalsnattern) Mit der einzigen, weit verbreiteten und sehr variablen Art *D. punctatus.* Ihr Areal erstreckt sich über große Teile Nordamerikas und

Teile Mexikos. Eine kleine, heimliche Schlange, die feuchte Orte bevorzugt, wo sie von Regenwürmern, Nacktschnecken u. a. Wirbellosen sowie von kleinen Amphibien und Reptilien (einschließlich anderer Schlangen) lebt. Ovipar mit 1 bis 10 Eiern je Gelege.

▨ *Gefangenschaft:* Nicht sonderlich populär, aber durchaus interessant, wenn man ihr feuchtes Substrat mit Versteckmöglichkeiten bietet. Die östliche Form kann nur von Regenwürmern leben, die größere westliche Form braucht kräftigere Kost. Zucht bisher unbekannt, vielleicht nicht ernsthaft versucht.

Diaphorolepis 2 Arten aus Panama, Kolumbien und Ecuador. Mittelgroße Schlangen mit doppelt gekielten Rückenschuppen. *D. wagneri* ist terrestrisch und ovipar. Wenig bekannt.

Dinodon (Großzahnnattern) 7 Arten aus Burma, Südchina, den nördlichen Indochina und Japan. Kleine bis mittelgroße Schlangen mit dickem Leib und breitem

Kopf. Leben in feuchten Waldhabitaten, selten fern von Wasser. Fressen Amphibien und Fische.

Dipsadoboa 11 afrikanische Arten. Kleine, mäßig schlanke Schlangen mit breitem Kopf und senkrechten Pupillen. Arboreale, nachtaktive Schlangen, die von Geckos und Fröschen leben. Hintere Giftzähne, aber ungefährlich. Ovipar.

Dipsas (Dickkopfnattern) 33 Arten von Mexiko über Mittelamerika, südlich bis Brasilien und Bolivien. Auch auf Trinidad und Tobago. Ihre Taxonomie ist zur Zeit eher unübersichtlich. Mittelgroße Schlangen mit schlankem, seitlich zusammengedrücktem Körper und breitem Kopf mit stumpfer Schnauze. Die großen Augen haben senkrechte Pupillen. Mehrere Arten sind mit Ringen oder Satteln gezeichnet, die sich kräftig von der Hintergrundfärbung abheben. Nachtaktive, arboreale Schlangen, die in feuchten Tropenwäldern ausschließlich von Schnecken leben. Ovipar.

▶ *Drepanoides anomalus* aus Zentralsüdamerika, eine versteckt lebende Art und einziger Vertreter ihrer Gattung.

■ *Gefangenschaft:* Kaum erhältlich, aber interessante Schlangen, die in ausreichend großen Vivarien mit feuchter Luft gut gedeihen. Sie brauchen einen ständigen Vorrat an Landschnecken. Zucht unbekannt und wohl nicht erreicht.

Dipsina Einzige Art ist die Zwerg-Schnabelnasennatter *(D. multimaculata)* aus Süd- und Südwestafrika. Eine kleine Schlange, die sich von kleinen Echsen ernährt und 2−4 Eier legt.

Dispholidus Einzige Art ist die Afrikanische Baumschlange *(D. typus)*, die in weiten Teilen des feuchten Afrikas vorkommt. Sie wird bis 2 m lang und ist verrufen als eine der gefährlicheren Colubriden, deren hoch wirksames Gift für den Menschen tödlich sein kann. Tagaktive Jagd auf Echsen, Vögel und Säuger. Große Augen. Ovipar mit bis zu 25 Eiern pro Gelege.

Ditaxodon Einzige Art *D. taeniatus* aus Brasilien. Praktisch unbekannt.

Ditypophis Einzige Art *D. vivax* von der der Arabischen Halbinsel vorgelagerten Insel Sokrota. Verwandtschaft und Biologie unbekannt.

Dolichophis (Pfeilnattern) 5 Arten, die früher zu *Coluber* gehörten. Schlanke, mittelgroße bis große Schlangen aus Osteuropa (Balkan und Kaukasus).

Drepanoides Mit der einzigen, südamerikanischen Art *D. anomalus*. Eine kleine, lebhaft gefärbte, terrestrische und halbgrabende Schlange, deren Biologie unbekannt ist.

Dromicodryas 2 Arten aus Madagaskar: *D. bernieri* und *D. quadrilineatus.* Mittelgroße Schlangen, über deren nächtliche Lebensweise wenig bekannt ist.

Dromophis (Olympianattern) 2 Arten, von denen *D. praeornatus* in Westafrika lebt, während *D. lineatus* in weiten Teilen des tropischen Afrikas vorkommt. Schlanke, lange Schlangen, die tagsüber Kleinsäuger und Frösche jagen. Ovipar.

Drymarchon (Indigonattern) 4 Arten: *D. corais* ist von Texas über Mexiko und Mittelamerika bis Paraguay verbreitet; *D. couperi* lebt im südöstlichen Nordamerika; 2 weitere neotropische Arten sind *D. caudomaculatus* und *D. melanurus.* Große, eindrucksvolle Schlangen mit leicht dreieckigem Körperquerschnitt und großen, glänzenden Schuppen. Tagaktiv mit Neigung zum Sonnen. Beute: vielerlei Wirbeltiere wie Vögel, Säuger, Fische, Amphibien und Reptilien, einschließlich Giftschlangen. Ovipar mit bis zu 12 Eiern.

■ *Gefangenschaft:* Die Indigonatter war lange sehr beliebt. Die Florida-Rasse ist durch Lebensraumzerstörung selten geworden und geschützt, doch Zuchtexemplare sind manchmal zu bekommen. Sie sind schöne Vivariumsbewohner, brauchen allerdings viel Platz und Nahrung. Zucht ist nicht ganz einfach, aber möglich.

Drymobius (Rennnattern) 4 Arten von den südlichen USA bis Südamerika. Mittelgroße, schlanke, zylindrische Schlangen mit langem Schwanz. Alle haben große Augen und jagen am Tage v. a. Amphibien. Halbtrockenes Buschland bis feuchte Tropenwälder sind ihre Lebensräume. Ovipar.

Drymoluber 3 Arten des tropischen Südamerikas. Mittelgroße Schlangen, terrestrisch oder arboreal, tagaktiv und von Echsen lebend. Ovipar.

Dryocalamus (Zügelnattern) 6 Arten in Indien, Sri Lanka, Südostasien und Philippinen. Kleine bis mittelgroße arboreale und nachtaktive Schlangen. Leben wohl von Wirbellosen, Fröschen und

Echsen, ihre Biologie ist aber recht un-erforscht.

Duberria (Afrikanische Schneckenfres-ser) 2 Arten, eine *(D. variegata)* nur in Südafrika, die andere *(D. lutrix)* auch bis Äthiopien verbreitet. Kleine, versteckte Schlangen, die nur von Schnecken leben. Vivipar mit bis 20 Jungen.

Echinanthera 6 Arten aus Brasilien, früher den Gattungen *Dromicus* (heute gelöscht) und *Liophis* zugeordnet.

Eirenis Etwa 19 Arten, die von Nord-afrika über den Nahen Osten bis Indien verbreitet sind. Kleine, heimliche Schlan-gen, die von Wirbellosen leben. Die Ar-ten sind oberflächlich schwer zu unter-scheiden, und ihre Biologie ist kaum bekannt. Wahrscheinlich alle ovipar.

Elachistodon Mit der einzigen Art der Indischen Eierschlange *(E. westermanni).*

▼ Die Vierstreifennatter *(Elaphe quatuorlineata)* aus Südosteuropa.

Frisst nur Vogeleier, worin sie den afrika-nischen *Dasypeltis*-Arten gleicht. Selten und wenig erforscht.

Elaphe (Kletternattern) 10 Arten, die von Osteuropa über den Nahen und Mittle-ren Osten bis Asien und Japan verbreitet sind, dort 2 endemische Arten. Die meis-ten Arten werden auf Deutsch Kletter-nattern (auf Englisch »rat snakes«) ge-nannt, einzelne Arten haben aber auch andere Vulgärnamen, etwa die Gelbstrei-fennatter *(E. flavolineata).* Alle Arten sind mittelgroß bis groß, schlank und beweg-lich, meist nacht-, bei kühlem Wetter aber auch tagaktiv. Die meisten sind ter-restrisch, aber gute Kletterer, sie leben von Nagern und Echsen. Alle sind ovi-par. Etliche sind farbenfroh gezeichnet und bei Amateurherpetologen beliebt. Die Gattung war früher als Sammelbecken für alles Mögliche deutlich größer, darunter Nordamerikaner, die heute anderen Gattungen angehören.

■ *Gefangenschaft:* Die meisten Arten gedeihen gut in Gefangenschaft, sind aber nicht immer leicht zu bekommen. Die kleinen Arten wie *E. bimaculata* und *E. dione* sind am leichtesten zu halten,

aber auch die größeren, etwa *E. quatuor-lineata,* gewöhnen sich gut ein. Sie haben ähnliche Bedürfnisse wie *Pantherophis*-Arten, können aber auch anspruchsvoller sein. So brauchen sie ein großes, offenes Terrarium. Fortpflanzung ist stets mög-lich, und alle Arten paaren sich im Früh-jahr und legen ihre Eier einige Wochen später. Die Jungen fressen problemlos neugeborene Mäuse, nur die der klei-neren Arten könnten andere Nahrung brauchen.

Elapoides Einzige Art *E. fusca* (Sundage-birgsnatter) aus Sumatra und Java. Eine kleine, dunkelbraune, grabende Schlange, die gewöhnlich in höheren Lagen lebt, wo sie in geeigneter Umgebung häufig sein kann.

Elapomorphus 5 südamerikanische Ar-ten. Kleine, zylindrische Schlangen mit glatten, glänzenden Schuppen. Grabende Arten, die wohl hauptsächlich von Wir-bellosen leben.

Elapotinus Einzige Art *E. picteti* aus dem tropischen Afrika. Ihre Verwandtschaft zu anderen Schlangen ist unklar: Sie könnte

Aparallactus nahe stehen (auch zu Atract-aspidae gezählt), viel weiß man aber nicht.

Emmochliophis 2 Arten, nur von je 1 Exemplar aus Ecuador bekannt.

Enhydris 22 Arten von Indien, China, Südostasien und Neuguinea bis Nordaustralien. Kleine bis mittelgroße, spezialisierte Süßwasserarten, die kaum je das Wasser verlassen. Sie haben zylindrische Körper, glatte, glänzende Schuppen und aufwärts gerichtet Augen. Sie fressen Fische und Amphibien. Sie bringen unter Wasser lebende Junge zur Welt.
■ *Gefangenschaft:* Heute kaum zu bekommen, aber interessant, wenn auch etwas anspruchsvoll. Sie brauchen ein beheiztes und gut bedecktes Aquarium mit reichlich Wasserpflanzen zum Verstecken und Auflauern kleiner Fische.

Enuliophis Einzige Art *E. sclateri* aus Mittelamerika und Kolumbien. Eine kleine, in Streu lebende Art mit einem dicklichen Schwanz, mit dem sie bei Bedrohung schlägt, bis er abbricht.

Enulius 4 Arten aus Mittelamerika und dem nördlichen Südamerika. Kleine, schlanke Schlangen mit langem Schwanz. Die Rostralschuppe ist in Anpassung ans Graben vergrößert. Wenig bekannt.

Eridiphas Als einzige Art die Bajanachtschlange *(E. slevini)* aus Baja California. Eine mittelgroße, nachtaktive Art mit enger Verbreitung in Nordwestmexiko. Scheint hauptsächlich von nachtaktiven Echsen, Schlangen und Amphibien zu leben. Sie hat Giftzähne, ist aber ungefährlich. Die Weibchen legen wenige längliche Eier.

Erpeton Als einzige Art die Fühlerschlange *(E. tentaculatum)* aus Thailand und Indochina. Eine mittelgroße Schlange mit mehreren ungewöhnlichen Merkmalen zusätzlich zum paarigen Anhang ihrer Schnauze. Ihr Körper ist im Querschnitt fast rechteckig, ihre Bauchschuppen sind stark reduziert. Sie lebt ausschließlich in Süßwasserteichen und langsam fließenden Gewässern. Sie frisst Fische und bringt bis zu 15 Junge zur Welt.
■ *Gefangenschaft:* Importierte Exemplare sind meist in schlechtem Zustand und bei Verletzung anfällig für Pilzkrankhei-

ten. Sie brauchen dicht bepflanzte, auf 25 °C beheizte Aquarien und kleine Fische als Nahrung. Zucht wurde bisher wohl nicht erreicht.

Erythrolamprus (Falsche Korallenottern) 6 Arten aus Mittel- und Südamerika. Kleine bis mittelgroße Schlangen mit zylindrischem Körper und glatten Schuppen. Alle Arten sind mit roten, schwarzen und weißen Ringen bunt gezeichnet, was man oft als Nachahmung der im gleichen Gebiet lebenden Korallenschlangen *(Micrurus)* interpretiert. Meist tagaktiv, aber heimlich. Schlangen mit Giftzähnen, die sich von anderen, auch giftigen Schlangen ernähren. Für Menschen kaum gefährlich. Ovipar.

Etheridgeum Als einzige Art *E. pulchrum* aus Sumatra. Mehr ist nicht bekannt.

Euprepriophis 2 mittelgroße Arten, früher bei *Elaphe.* Beide sind schlank mit

▼ *Erythrolamprus aesculapii*, eine Falsche Korallenotter aus Mittel- und Südamerika.

schmalem Kopf. *E. conspicillatus* ist in Japan endemisch, *E. mandarinus* lebt in Indien und Myanmar. Man weiß wenig über sie, außer dass es Gebirgsarten sind, die kühles Klima bevorzugen und Eier legen.
■ *Gefangenschaft:* Die Mandarinnatter ist beliebt. Probleme stammten von ungesunden, parasitierten Wildfängen, die gewöhnlich bald verendeten. Zuchtexemplare hingegen halten und vermehren sich gut. Sie brauchen ähnliche Bedingungen wie *Pantherophis,* sollten aber etwas kühler gehalten werden. Die Japanische Kletternatter dürfte ähnliche Bedürfnisse haben.

Exallodontophis Als einzige Art *E. albignaci* aus Madagaskar, die man früher zu *Pararhadinea* zählte. Klein und kaum bekannt.

Farancia 2 Arten, *F. abacura* und *F. erytrogramma,* aus dem Südosten Nordamerikas. Große Tiere mit glatten, glänzenden Schuppen und oben stehenden Augen. *F. abacura* hat eine spitze Schuppe am Schwanzende. Beide Arten sind fast gänzlich aquatisch. Sie fressen Aale und

Aalähnliche *(Amphiuma)* und legen in unterirdischen Kammern viele Eier, um die sich das Weibchen vermutlich bis zum Schlüpfen zusammenrollt.

■ *Gefangenschaft:* Halten sich vermutlich gut, jedoch dürfte es meist unmöglich sein, die richtige Nahrung zu bekommen.

Ficimia (Hakennasennattern) 7 Arten in Nord- und Mittelamerika und im nördlichen Südamerika. 2 Arten sind nur durch je 1 Exemplar belegt. Kleine, versteckte Arten mit Giftzähnen und aufgestülpter Rostralschuppe. Sie leben wohl v. a. von Spinnen und Tausendfüßern. Ovipar.

Fimbrios Einzige Art *F. klossi* aus Indochina. Eine kleine Art mit dornartigen Schuppen am Unterkiefer, deren Funktion unbekannt ist. Terrestrisch und nachtaktiv, sonst wenig bekannt.

Fordonia Nur 1 Art, die Krebsstrugnatter *(F. leucobalia).* In geeigneten Lebensräumen in ganz Südostasien, einschließlich Philippinen, Neuguinea und Nordküste Australiens. Die mittelgroße Schlange bewohnt schlammige Flächen, speziell in Mangroven. Eine hoch spezialisierte Schlange, die von kleinen Krebstieren lebt, die oft vorher erwürgt werden. Bringt bis zu 13 Junge zur Welt.

Gastropyxis Einzige Art *G. smaragdina* aus West- und Zentralafrika. Eine schlanke, hellgrüne Baumschlange mit einem kantigen Saum, wo die Bauchschuppen an die Flanken grenzen. Wirft bei Ergreifen den Schwanz ab, der aber nicht wieder regeneriert. Ovipar. Manchmal zu *Hapsidophrys* gestellt.

Geagras Einzige Art *G. redimitus* aus Mexiko. Eine sehr kleine grabende Schlange mit modifizierter Rostralschuppe. Lebt wahrscheinlich von Wirbellosen, ist aber wenig erforscht.

Geodipsas 6 Arten aus Madagaskar. Kleine, von Fröschen lebende Schlange, über die wenig bekannt ist.

Geophis Eine große Gattung mit über 40 Arten. Bewohnt trockene und feuchte Habitate im mittleren und nördlichen Südamerika. Kleine, schlanke Schlange mit spitzer Schnauze. Lebt terrestrisch und nachtaktiv. Sonst wenig bekannt.

Gerarda Einzige Art *G. prevostiana* an den Küsten Indiens, Burmas, Sri Lankas und Thailands. Lebt aquatisch in Mangrovesümpfen. An Land lethargisch. Vivipar.

Gomesophis Einzige Art *G. brasiliensis* aus Brasilien. Mittelgroß, kaum bekannt.

Gongylosoma 3 westafrikanische Arten. Kleine Schlangen in Regenwäldern. Nachtaktiv, wohl von Fröschen und Echsen lebend.

Gonyophis Einzige Art *G. margaritatus* von der malaysischen Halbinsel und Borneo. Lebt in hügeligem Waldland. Nah verwandt mit *Chrysopelea* und wie diese arboreal. Selten und kaum bekannt.

Gonyosoma 3 Arten aus Südostasien, früher zur Gattung *Elaphe* gestellt. Mittelgroße bis große Schlangen, schlank, muskulös mit schmalem Kopf. Gewöhnlich grün und ausgesprochen arboreal. Leben von Fröschen, Echsen und Kleinsäugern. Ovipar.

■ *Gefangenschaft:* Die Rotschwänzige Falsche Kletternatter *(G. oxycephalum)* braucht ein großes Terrarium mit viel Geäst zum Klettern und Ruhen. In Gefangenschaft gezogene Tiere gewöhnen sich viel besser ein als Wildfänge. Nicht aggressiv, aber nervös. Alttiere fressen problemlos kleine Nager, aber die Jungen können anfangs Futterprobleme machen. Nachzucht ist möglich, gelingt aber nicht immer.

Grayia (Afrikanische Wassernattern) 4 Arten aus dem tropischen West- und Zentralafrika. Mittelgroße bis große Schlangen mit aquatischen Neigungen. Lebt wohl von Fischen. *G. smythii* ist ovipar, bei den anderen Arten ist dies unsicher.

Gyalopion (Mexikanische Hakennasennattern) 2 Arten aus den südlichen USA und Mexiko: *G. canum* und *G. quadrangulare.* Letztere ist lebhaft gefärbt und könnte Korallenschlangen imitieren. Nah verwandt mit den *Ficimia*-Arten, mit denen sie den Namen Hakennasennattern teilen. Kleine, nachtaktive, giftige Arten, die von Wirbellosen leben. Ovipar.

Haplocercus Einzige Art *H. ceylonensis* aus Sri Lanka. Eine kleine Schlange mit lebhaft gefärbter Unterseite, die bei Gefahr

präsentiert wird. Halb-grabend und nachtaktiv, meist unter moderndem Holz etc. zu finden.

Hapsidophrys Einzige Art *H. lineatus* aus dem tropischen Afrika. Eine schlanke, grüne, arboreale Art, von der wenig bekannt ist.

Helicops (Scheelaugennattern) 15 Arten kleiner bis mittelgroßer Schlangen Südamerikas, aquatisch oder semiaquatisch, deren Augen und Nasenlöcher hoch am Kopf liegen; ihre Schuppen sind kräftig gekielt. Tagaktiv und wahrscheinlich von Fischen und Amphibien lebend. Die meisten Arten sind vivipar, aber *H. angulatus* scheint je nach Ort entweder gut entwickelte Eier zu legen, die nach 16 Tagen schlüpfen, oder lebende Junge zu gebären.

Helophis Einzige Art *H. schoutedeni* aus Zaire. Über Verwandtschaft und Biologie ist wenig bekannt.

Hemirhagerrhis (Rindennattern) 4 Arten aus Zentral- und Ostafrika. Kleine, arboreale Schlangen, die sich tagsüber unter loser Rinde verstecken und nachts Echsen jagen. Ovipar.

Hemorrhois (Peitschenschlangen) 4 Arten, die früher zu *Coluber* gehörten. Schlanke, rasche Tiere, die meist tagsüber Echsen jagen, aber auch Vögel und Kleinsäuger nehmen. Die Hufeisennatter *(H. hippocrepis)* bewohnt einige griechische Inseln. *H. algirus* kommt in Nordafrika vor, *H. ravergieri* in der Kaukasusregion. Ovipar.

Heterodon (Hakennasennattern) 3 nordamerikanische und mexikanische Arten. Untersetzte Schlangen mit kurzem Schwanz, stark gekielten Schuppen und aufgeworfener Rostralschuppe. Können zischen, ihren Hals verbreitern und machen bei Störung Scheinangriffe oder stellen sich tot. Auf Kröten spezialisiert, die sie mit ihrer pflugartigen Rostralschuppe ausgraben, aber auch andere Beute. Sie haben hintere vergrößerte Giftzähne, deren Gift in Verdacht steht, auf Menschen unterschiedlich, aber merklich zu wirken. Aber nicht wirklich gefährlich. Gelege aus bis zu 20 Eiern.

■ *Gefangenschaft:* Gut für Vivarien geeignet, sofern sie Nager nehmen. Die meisten tun es nicht, bis auf *H. nasicus,* die daher am besten geeignet ist. Zucht gelingt problemlos, die Weibchen können mehrmals im Jahr legen.

Heteroliodon 3 Arten von Madagaskar, von denen 2 erst in den letzten Jahren beschrieben wurden. Kleine, terrestrische Schlangen, über die wenig bekannt ist.

Heurnia Einzige Art *H. ventromaculata* aus Neuguinea. Eine mittelgroße Schlange, nah mit Enhydris verwandt. Semiaquatisch und von Fischen lebend. Vivipar.

Hierophis 3 Arten, die man früher zu *Coluber* stellte. Mittelgroße, schlanke, tagaktive Schlangen aus Süd- und Osteuropa bis nach Zentralasien. Ovipar.

Hologerrhum 2 Arten von den Philippinen: *H. dermali* und *H. philippinum*. Kleine, zylindrische Schlangen mit glatten Schuppen. Mit Giftzähnen, aber wegen ihrer Kleinheit für Menschen ungefährlich.

Homalopsis (Boa-Wassertrugnattern) Einzige Art *H. buccata* aus Indien, Burma, Indochina und Südostasien. Mittelgroße Schlange mit stämmigem, zylindrischem Körper. Lebt in Süß- und Brackwasser und frisst v. a. Fische. Vivipar.

Hormonotus Einzige Art *H. modestus* aus West- und Zentralafrika. Eine mittelgroße Schlange, über die man wenig weiß.

Hydrablabes (Borneowassernattern) 2 Arten auf Borneo: *H. periops* und *H. praefrontalis*. Kleine grabende Arten, über die man wenig zu wissen scheint.

Hydraethiops 2 zentralafrikanische Arten: *H. laevis* und *H. melanogaster*. Semiaquatisch und verwandt mit Afronatrix.

Hydrodynastes (Wasserkobra) 2 südamerikanische Arten: die Falsche Wasserkobra oder Brasilianische Glattnatter *(H. gigas)* und die Doppeltgebänderte Wasserkobra *(H. bicinctus)*. Große, schwere Schlangen mit glatten Schuppen. *H. gigas* macht bei Störung ihren Hals hutartig flach. Die Jungen können lebhaft gebändert sein. Beide Arten leben semiaquatisch in Wassernähe meist von Fröschen und Kröten, nehmen aber auch kleine Säuger. Ihre Gelege bestehen aus bis zu 42 Eiern.
■ *Gefangenschaft:* *H. gigas* wird manchmal gehalten (meist unter ihrem alten Namen *Cyclagras*), speziell in großen Sammlungen Zoologischer Gärten. Sie gewöhnt sich gut ein und akzeptiert meist Nager. Sie braucht eine größere Wasserfläche, das übrige Terrarium sollte

aber trocken sein. Fortpflanzung gelang vielfach und findet zu allen Jahreszeiten statt. Die Jungen sind leicht aufzuziehen.

Hydromorphus 1−3 semiaquatische, mittelamerikanische Arten. Ihre Taxonomie ist gegenwärtig unsicher. Kleine bis mittelgroße Schlangen mit kleinen Augen und düsterer Färbung. *H. concolor* legt etwa 7 Eier. Sonst ist wenig bekannt.

Hydrops (Korallenwasserschlangen) 3 im nördlichen Südamerika östlich der Anden lebende Arten: *H. caesurus, H. martii* und *H. triangularis*. Mittelgroße Schlangen mit glatten Schuppen und zylindrischem Körper. Den Korallenschlangen ähnlich lebhaft gefärbt. Ausgesprochen aquatisch, tag- und nachtaktiv. Nahrung Amphibien und Fische, besonders Kiemenschlitzaale *(Symbranchus)*. Über die Fortpflanzung ist nichts bekannt, wahrscheinlich ovipar.

Hypoptophis Mit der einzigen, zentralafrikanischen Art *H. wilsoni*. Eine kleine Schlange, von der wenig bekannt ist.

Hypsiglena (Nachtschlangen) 2 Arten aus Nord- und Mittelamerika: *H. torquata* und *H. tanzeri*. Kleine Schlangen mit vorstehenden Augen und senkrechten Pupillen. In trockenen, felsigen Lebens-

◀ Die Westliche Hakennasenatter *(Heterodon nasicus)* aus Nordamerika.

räumen. Jagen nachts Echsen, kleine Schlangen und Kleinsäuger. Ovipar.

Hypsirhynchus Einzige Art *H. ferox* aus Haiti. Eine mittelgroße, dicke Schlange. Terrestrisch und von *Anolis*-Leguanen lebend. Sonst wenig bekannt.

Ialtris 3 Arten von der Karibikinsel Hispanola. Mittelgroße Schlange mit Giftzähnen, sonst wenig bekannt.

Iguanognathus (Spatenzahnnattern) Einzige Art *I. werneri* von Sumatra. Eine kleine grabende Schlange, die selten gefangen wird. Über ihre Biologie ist nichts bekannt.

Imantodes (Riemennattern) 6 Arten in Mittel- und Südamerika: Mittelgroße Schlangen, aber mit ungewöhnlich langem Schwanz. Ihr Kopf ist breit gerundet, die Augen sind groß und auffallend mit senkrechten Pupillen. Völlig arboreal und fähig, große Distanzen zwischen Ästen zu überbrücken. Tagsüber ruhen sie meist in Bromelien und Epiphyten und sind nur in feucht-tropischen Regenwäldern zu finden. Ernähren sich von kleinen Echsen und Fröschen. Gelege aus wenigen länglichen Eiern.

Ithycyphus 5 Arten aus Madagaskar. Mittelgroße Schlangen mit vergrößerten Giftzähnen, aber nicht gefährlich. Wenig bekannt. Meist arboreal, nur *I. goudoti* terrestrisch. Leben von Echsen, besonders Chamäleons.

Lampropeltis (Königsnattern) 8 Arten. Die Gewöhnliche Königsnatter (*L. getula*) ist in Nordamerika und Nordmexiko mit mehreren Unterarten weit verbreitet. Die Milchschlange (*L. triangulum*) bewohnt ein noch größeres Areal von Kanada bis Südamerika, mit gegenwärtig 25 Unterarten mit teilweise fragwürdigem Status. Milchschlangen sind leuchtend gefärbte »falsche Korallenschlangen« wie auch 3 bergbewohnende Arten (*L. ruthveni*, *L. pyromelana* und *L. zonata*). Alle Arten sind mittelgroß, haben glänzende Schuppen und zylindrischen Körper. Kräftige

▲ Die Gefleckte Nachtschlange *(Hypsiglena torquata baueri)* von Cedros Island, Baja California.

Würger von Säugern, Vögeln und anderen Reptilien, einschließlich Giftschlangen. Meist nachtaktiv, aber bei kühler Witterung auch tagaktiv. Alle sind ovipar mit Gelegen von 3−4 Eiern, bei Bergarten bis über 20 bei den größeren Formen der Gewöhnlichen Königsnatter. Eine 9. Art, *L. webbi* aus Mexiko, wurde 2005 beschrieben, erscheint aber fragwürdig.

■ *Gefangenschaft:* Sehr beliebte Arten. Alle gewöhnen sich schnell ein und lassen sich problemlos mit Nagern füttern mit Ausnahme junger Bergkönigsnattern, die anfangs vielleicht Echsen brauchen.

Lamprophis (Südafrikanische Hausschlangen) Mindestens 14 Arten, mit der Wahr-

scheinlichkeit, dass *L. fuliginosus mentalis* von Namaqualand bald als echte Art anerkannt wird. Die Braune Hausschlange (*L. fuliginosus*) ist eine der bekanntesten Schlangen in Afrika, die Jungtiere von *L. aurora* gehören zu den buntesten. Alle leben in Afrika außer der dubiosen *L. geometricus* von den Seychellen, die wahrscheinlich demnächst einer anderen Gattung zugeordnet wird. Soweit bekannt, sind alle kräftige Würger, die von Kleinsäugern und Echsen leben, und alle sind ovipar.

▶ Eine Sinaloamilchschlange *(Lampropeltis triangulum sinaloae)* aus Mexiko.

▲ Die Graustreifen-Königsnatter *(Lampro-peltis alterna)* ist eine sehr variable Art. Diese Form mit breiten orangefarbenen und grauen Bändern wird auch als »Blairs Form« bezeichnet.

Leptodeira (Katzenaugennattern) 9 Arten aus Nord-, Mittel- und Südamerika. Mittelgroße Schlangen mit schlankem, seitlich zusammengedrücktem Körper, breitem Kopf und großen Augen. Bewohnen verschiedene Lebensräume, von halbtrockenem Buschland bis zu Regenwäldern. Hauptsächlich nachtaktiv und arboreal. Beute sind verschiedene Wirbeltiere, manche fressen die Eier in Blättern nistender Frösche. Giftig, aber für Menschen wohl ungefährlich. Ovipar.

Leptodrymus Einzige Art *L. pulcherrimus* aus Mittelamerika. Eine mittelgroße, in Regenwäldern bis auf 1300 m lebende Schlange. Nicht häufig und wenig bekannt.

Leptophis (Dünnschlangen) 10 Arten von Mexiko bis Argentinien. Mittelgroße bis große Schlangen mit schlankem Körper und schmalem Kopf. Gewöhnlich hellgrün. Bei Störung sperren sie das Maul auf und zeigen einen blauen Rachen. Arboreal, aber auch am Boden. Tagaktiv und schnell. Beute wohl hauptsächlich Echsen, aber auch Schlangen, Vögel und Kleinsäuger. Ovipar.

▼ Die Aurorahausschlange *(Lamprophis aurora)* aus Südafrika – einer der ansehnlichsten Vertreter der Gattung.

■ *Gefangenschaft:* Mehrere Arten sind selten und einige wegen ihrer Vorliebe für Echsen ungeeignet. Die Braune Hausschlange ist die meistgehaltene Art. Sie begnügt sich mit kleinen Nagern und stellt an die Temperatur keine Ansprüche. Sie legt bis zu 16 Eier und vermehrt sich das ganze Jahr über. Die anderen Arten haben kleinere Gelege und werden selten gezüchtet.

Langaha (Blattnasennattern) 3 bizarre Baumschlangen aus Madagaskar. Alle haben Nasenanhänge, die wahrscheinlich der Tarnung dienen, aber Form und Größe unterscheiden sich bei den Geschlechtern.

Leioheterodon (Madagassische Hakennasennattern) 3 Arten aus Madagaskar. Mittelgroße Schlangen mit kräftigem Körper und leicht aufgeworfener Schnauze. Leben in waldigen Gebieten, wo sie vielfältige Beute jagen, darunter eingegrabene Amphibien. Ovipar.

▲ Eine Madagassische Hakennasennatter
(Leioheterodon madagascariensis).

Lepturophis (Schlank-Wolfszahnnattern) 2 Arten aus Indonesien und Malaysia: *L. albofuscus* und *L. borneensis*. Mittelgroße arboreale Schlangen.

Limnophis Mit der einzigen Art der Gestreiften Moorschlange *(L. bicolor)* mit kleinem Verbreitungsgebiet in Südafrika. Die kleine Schlange frisst Fische und Amphibien und ist Ovipar. Sonst wenig bekannt.

Liochlorophis Mit der einzigen, nordamerikanischen Art der Glatten Grasnatter *(L. vernalis)*. Eine schlanke, hellgrüne Schlange, die höchstens 1 m lang wird. Lebensraum sind Grasland, Sümpfe und lichte Gehölze; sie klettert gelegentlich in niedriger Vegetation. Ihre Beute sind Heuschrecken u. a. Wirbellose. Sie legt meist weit entwickelte Eier, die nach 4–25 Tagen schlüpfen. Man rechnete die Art früher zur Gattung *Opheodrys*.
■ *Gefangenschaft:* Aus unbekannten Gründen bekommt ihr Gefangenschaft nicht gut, und man sollte sie besser nicht sammeln.

Lioheterophis Einzige Art *L. iheringi* aus Brasilien. Kleine, an feuchten Orten lebende Schlange, die sich von Fröschen ernährt.

Liopeltis 7 Arten aus Süd- und Südostasien. Kleine bis mittelgroße, schlanke Schlangen. Terrestrisch in Wäldern und Wassernähe. Leben wohl von Amphibien und Echsen. Ovipar.

Liophidium 8 Arten aus Madagaskar und benachbarten Inseln. Kleine, schlanke Schlangen. Hauptsächlich in Wäldern. Wenig bekannt.

Liophis (Goldbauchnattern) Fast 50 Arten aus Mittel- und Südamerika und der Karibik. Darunter Arten, die früher zu *Dromicus, Leimadophis* und *Lygophis* gezählt wurden. Kleine bis mittelgroße Schlangen mit glatten Schuppen. Sie leben in vielerlei Lebensräumen, in Sümpfen, Grasländern und Wäldern. Agile, nervöse Schlangen, die schnell beißen, deren Gift für Menschen aber nicht gefährlich ist. Ihre Beute besteht aus Echsen, Fischen, Fröschen und deren Eiern und Larven. Ovipar.

Liopholidophis 10 Arten aus Madagaskar. Kleine bis mittelgroße, wenig bekannte Schlangen.

Lycodon (Wolfszahnnattern) 35 Arten, die von Pakistan über Indien, Sri Lanka, Indochina und die Philippinen und die Cookinseln bis Australien verbreitet sind. Viele wurden umbenannt. Kleine bis mittelgroße Schlangen mit glänzenden Schuppen, flachem Kopf und kleinen Augen. Manche sind gebändert und können mit der hochgiftigen Gewöhnlichen Krait der gleichen Region verwechselt werden, ihr Gift ist aber un-

gefährlich. Versteckt lebend und terrestrisch. Ovipar.

Lycodonomorphus 6 mittelgroße Arten im tropischen Afrika. Semiaquatisch, meist nachts Frösche, Kaulquappen und Fische jagend. Ovipar.

Lycodryas 2 Arten von Baumschlangen: *L. maculatus* und *L. sanctijohannis* von den Komoren. Klein, schlank und arboreal mit großen Augen und senkrechten Pupillen. Wahrscheinlich ovipar.

Lycognathophis Einzige Art *L. seychellensis* von den Seychellen. Eine mittelgroße Schlange, die wohl tagaktiv und terrestrisch ist.

Lycophidion (Wolfsnattern) Bis 18 Arten aus dem tropischen Afrika. Mittelgroße Schlangen, die hauptsächlich von Echsen leben. Ovipar.

Lystrophis 5 südamerikanische Arten, südlich bis Argentinien. Kleine bis mittelgroße, dicke Schlangen mit aufgeworfener Schnauze, ähnlich *Heterodon,* mit der sie nah verwandt sind. *L. semicinctus* ist leuchtend gebändert, was eine Nachahmung der Korallenschlangen sein könnte. *L. dorbignyi* ist weniger farbig (und könnte terrestrische Grubenottern imitieren). *L. histricus* hat in der Jugend Korallenzeichnung, ist im Alter aber braun. Tag- und dämmerungsaktiv nach Kröten jagend. Ovipar.
■ *Gefangenschaft:* Gelegentlich zu bekommen. Potenziell interessant, aber nur mit Kröten zu füttern.

Lytorhynchus (Schnauzennattern) 4 Arten aus Nordafrika, Nahem und Mittlerem Osten und Zentralasien. Kleine Schlangen mit vergrößerter Rostralschuppe. Sie leben in Sand- und Kieswüsten. Sie jagen nachts v. a. Geckos. Selten und wenig bekannt.

Macrocalamus 5 Arten im Röhricht isolierter Berge Westmalaysias lebender Schlangen, über die sehr wenig bekannt ist. Wohl Ovipar.

Macrophisthodon 4 Arten aus Indien, Sri Lanka, Südchina und Südostasien. Mittelgroße, kräftige Schlangen, terrestrisch oder semiaquatisch. Giftige Arten, die die asiatischen Grubenottern der Gattung *Agkistrodon* nachahmen. Tag- oder

nachtaktiv, bevorzugt in offenem Gelände, Nahrung hauptsächlich Frösche. Ovipar.

Macroprotodon Mit der Kapuzennatter (*M. cucullatus*) als einziger Art. Sie lebt in Südwesteuropa, Nordafrika und dem Nahen Osten. Die Unterart *M. c. brevis* aus Portugal und Teilen Spaniens wird manchmal als eigene Art betrachtet. Eine kleine, versteckt lebende Schlange mit flachem Kopf und kleinen Augen. Fängt nachts bevorzugt Echsen in alten Steinwällen. Schwach giftig, aber viel zu klein, um gefährlich zu sein. Ovipar.

Madagascarophis 4 Arten aus Madagaskar. Mittelgroße arboreale Schlangen mit schlankem Körper, breitem Kopf und großen Augen. Beute wohl Echsen und Frösche. Ovipar.

Malpolon 2 Arten, *M. moilensis* und *M. monspessulanus,* die in Südeuropa, Nordafrika und dem Nahen Osten zu finden sind. Große, sehr bewegliche, tagaktive Schlangen mit schlankem Körper und schmalem Kopf. Die Beute besteht aus Reptilien, Kleinsäugern und Vögeln, besonders boden- und höhlenbrütenden Arten wie Bienenfresser. Giftig und aggressiv. Folgen für Menschen lokale Schwellung bis Erbrechen. Ovipar.

■ *Gefangenschaft:* Wegen ihres heftigen Temperaments und der Neigung, sich durch Ungestüm im Terrarium zu verletzen, selten gehalten.

Manolepis Mit der einzigen, mexikanischen Art *M. putnami.* Eine kleine terrestrische Schlange, über die wenig bekannt ist.

Masticophis (Kutscherpeitschennattern) 8 Arten vom südlichen Nordamerika bis ins nördliche Südamerika. Schnelle, schlanke, tagaktive Schlangen mit stromlinienförmigem Kopf. Sie jagen Echsen und Kleinsäuger, wobei sie oft das Gelände mit leicht erhobenem Kopf absuchen. Wenn bedroht, versuchen sie meist zu fliehen, beißen aber wütend, wenn gestellt. Gelege mit bis zu 20 Eiern.

■ *Gefangenschaft:* Wegen ihrer nervösen und aggressiven Art nicht sehr geeignet. Bei Störung rasen sie im Terrarium herum und verletzen sich.

Mastigodryas 11 Arten von Mexiko bis Argentinien. Nah verwandt mit *Coluber* und *Masticophis.* Mittelgroße, schlanke Schlangen mit schmalem Kopf und großen Augen. Schnelle, nachtaktive Jäger, die sich von Amphibien, Echsen, anderen Schlangen, Reptilieneiern, Vögeln und Kleinsäugern ernähren. Ovipar.

▲ Die Goldbauchnatter *(Liophis poecilogyrus)* lebt im Amazonasbecken.

Mehelya (Feilennattern) 10 Arten im tropischen Afrika. Ihr Körperquerschnitt ist fast dreieckig, und ihre Schuppen sind stark gekielt, daher ihr deutscher Name. Sie fressen Schlangen u. a. kleine Wirbeltiere, nachdem sie sie erwürgt haben. Ovipar.

Meizodon 5 afrikanische Arten. Kleine, versteckt lebende, tagaktive Schlangen, die sich von kleinen Echsen und Fröschen ernähren. Ovipar.

Microphisthodon Einzige Art *M. ochraceus* aus Madagaskar. Eine kleine Schlange, über die wenig bekannt ist.

Mimophis Einzige Art *M. mahfalensis* aus Madagaskar. Nah verwandt mit der afrikanischen Gattung *Psammophis.* Eine mittelgroße Schlange mit schmalem Kopf und gekielten Rückenschuppen. Tagaktiv, terrestrisch und von Echsen lebend.

Montaspis Mit der einzigen Art *M. gilvomaculata* aus Natal, die erst 1990 entdeckt

▲ *Malpolon moilensis* aus Ägypten.

Mittelgroße bis große Schlangen in feuchtem Milieu. 2 Arten, *N. maura* und *N. tessellata,* sind semiaquatisch, während die Ringelnatter *(N. natrix)* auch entfernt von Wasser gefunden wird. Alle fressen Amphibien, einschließlich Kaulquappen, und Fische. Die Ringelnatter erbeutet gelegentlich auch Kleinsäuger und Vögel. Ovipar.

■ *Gefangenschaft:* Recht leicht mit einer Fischdiät zu halten, aber nervös veranlagt. Sie beißen selten, können aber eine stinkende Flüssigkeit aus ihren Analdrüsen abgeben. Vermehrung ist möglich, wird aber selten versucht.

Nerodia (Amerikanische Schwimmnattern) 10 Arten in Nordamerika, meist im Südosten, aber *N. valida* an der mexikanischen Pazifikküste. Mittelgroße Schlangen mit dicklichem Körper und stark gekielten Schuppen. Ausgesprochen aquatisch und gute Schwimmer, selten weiter von Wasser entfernt. Erbeuten hauptsächlich Amphibien und Fische. Wenn man sie packt, beißen sie und geben unweigerlich eine stinkende Flüssigkeit aus ihren Analdrüsen ab. Bringen bis zu 30 Junge zur Welt (ausnahmsweise bis 100).

■ *Gefangenschaft:* Leicht zu halten, manche Arten werden schnell zahm, andere bleiben übellaunig. Man kann sie mit ganzem oder zerteiltem Fisch füttern und Vitamine zugeben. Da ihr Stoffwechsel rascher ist als der anderer Schlangen, müssen sie oft gefüttert werden, besonders wenn sie sich fortpflanzen. Zucht ist leicht möglich, die Jungen können mit Fisch und Kaulquappen gefüttert werden.

Ninia 9 Arten aus Mittelamerika und dem nördlichen Südamerika, einschließlich Trinidad. Kleine, versteckte Schlangen, die in Regenwaldstreu leben und sich wohl von Wirbellosen, kleinen Echsen und Amphibien ernähren. Bei Störung machen sie sich platt und heben Kopf und Hals. Ovipar.

Nothopsis Einzige Art *N. rugosus* aus Mittelamerika und von der nordwestlichen Pazifikküste Südamerikas. Eine kleine Schlange in feuchtwarmen Wäldern. Wohl aquatisch oder semiaquatisch. Weiter nichts bekannt.

wurde und von der nur 1 Exemplar bekannt ist. Eine kleine, schwarze Schlange mit hellen Flecken an den Lippen und hellem Kinn. An kalten Bergbächen in hohen Lagen. Giftig und wohl von Fröschen lebend. Ovipar.

Myersophis Einzige Art *M. alpestris.* Diese mittelgroße, seltene Schlange kennt man nur von Banaue/Philippinen. Über ihre Biologie ist nichts bekannt.

Myron Mit Richardsons Mangrovenschlange *(M. richardsoni)* als einziger Art.

Eine kleine, seltene Schlange von Neuguinea und Australiens Nordküste, die in Gezeitentümpeln und Mangrovewäldern der Küste von Krebsen und kleinen Fischen lebt. Vivipar.

Natriciteres (Afrikanische Sumpfschlangen) 3 Arten im tropischen Afrika. Kleine Schlangen, die von Fröschen und Fischen leben. Ungewöhnlich unter Schlangen, weil sie in Not ihren Schwanz abstoßen können. Gelege mit bis zu 8 Eiern.

Natrix (Europäische Wassernattern) 4 Arten in Europa, Nordafrika und Westasien. Früher enthielt die Gattung sehr viel mehr Arten, die heute anderen Gattungen zugeordnet sind, etwa *Nerodia* (Nordamerika) und *Rhabdophis* (Asien).

Oligodon (Kukrinattern) Eine sehr große Gattung mit fast 70 Arten. Kleine bis

◄ Gebänderte Schwimmnatter *(Nerodia fasciata confluens)*.

Orthriophis 4 mittelgroße bis große Schlangen Asiens, früher bei *Elaphe*. Große Schlangen mit schmalem Kopf und schlankem Körper. Die Streifen- oder Schönnatter *(O. taeniurus)* tritt in vielen Unterarten auf, einschließlich einer höhlenbewohnenden Form, *O. t. ridleyi*. Weitere Arten sind Möllendorffs Kletternatter *(O. moellendorffi)* sowie *O. cantoris* und die kaum bekannte *O. hodgsonii*. Fast alle aus Südostasien und dem Fernen Osten. Überwiegend terrestrisch, aber oft gute Kletterer. Ovipar.
■ *Gefangenschaft:* Die Schönnatter wird vielfach gehalten, die anderen Arten viel seltener. Alle brauchen große Terrarien, da aktiv und oft nervös. Sie lassen sich mit Nagern füttern. Importierte Stücke sind oft in schlechter Verfassung und gedeihen kaum.

Oxybelis (Spitznattern) 4 Arten von Arizona bis Peru. Mittelgroße, schlanke Schlangen mit langem, spitzem Kopf. Große Augen mit runden Pupillen. Braun oder grün. Sehr arboreale Arten aus feuchten Wäldern. Bei Bedrohung öffnen sie weit ihren Rachen mit hinten stehenden Giftzähnen, beißen notfalls auch zu. Jagen tagsüber Echsen. Ovipar.

Oxyrhabdium 2 Arten, *O. leporinum* und *O. modestum,* auf den Philippinen endemisch. Mittelgroße Schlangen mit zylindrischem Körper und glatten Schuppen. Sie haben spitze Schnauzen und graben in morschem Holz und Waldstreu. Wahrscheinlich nachtaktiv, aber trotz ihrer Häufigkeit wenig bekannt.

Oxyrhopus 13 Arten von Mexiko bis Peru und Brasilien. Mittelgroße Schlangen mit glatten Schuppen. Leuchtend rot und schwarz oder rot, weiß und schwarz gebändert wie Korallenschlangen. Terrestrisch und tagaktiv, jagen Nager, Echsen, Amphibien und andere Schlangen. Giftig, aber nicht aggressiv. Ovipar.

Pantherophis 4 nordamerikanische Arten, früher unter *Elaphe*. Die Kornnatter *(P. guttatus)* ist die bekannteste Terrarienschlange, die Kükennatter *(P. obsoletus)*

mittelgroße Schlangen in Zentralasien, dem Nahen Osten, Indien, Burma, Südchina, Indochina und Südostasien. Tag- oder nachtaktiv, von Wirbellosen, Echsen, Fröschen und Reptilieneiern lebend. Glatte Schuppen, Rostralschuppe vergrößert und leicht aufgebogen. Vergrößerte, gebogene Zähne im hinteren Rachen dienen zum Aufschlitzen von Reptilieneiern und zum Festhalten glitschiger Beute. Man sagt, sie ähneln den Kukridolchen der Gurkhatruppen. Wohl alle ovipar mit kleinen Gelegen.
■ *Gefangenschaft:* Kaum zu bekommen, aber einige Arten wohl leicht zu halten. *O. formosanus* wurde schon gezüchtet.

Omoadiphas 2 Arten, *O. aurula* und *O. texiguatensis,* aus Honduras. Kleine, schlanke in Bodenstreu lebende Schlangen, die sich wohl von Regenwürmern u. a. weichen Wirbellosen ernähren.

Oocatochus Mit der einzigen Art *O. rufodorsatus,* die früher zu *Elaphe* gestellt war, dort aber nie passte, da die einzige semiaquatische und vivipare Art.

Opheodrys Mit der nordamerikanischen Rauen Grasnatter *(O. aestivus)* als einziger Art. Eine kleine, schlanke Schlange mit gekielten Schuppen, was sie von der Glatten Grasnatter *(Liochlorophis vernalis)*

unterscheidet. Terrestrisch, in niedriger Vegetation von Insekten und Spinnen lebend. Bis 15 Eier.
■ *Gefangenschaft:* Gedeiht gut in einem Terrarium mit viel Deckung. Öfteres Sprayen für hohe Feuchtigkeit ist nötig, außerdem ein ständiges Angebot an Insekten und Larven. Können viele Jahre leben und sich jährlich vermehren.

Opisthotropis 11 Arten in Südchina, Indochina und auf einigen indonesischen Inseln. Von manchen Arten gibt es nur wenige Belege. Kleine bis mittelgroße Schlangen, aquatisch bis semiaquatisch, je nach Art. Manche in oder an klaren Bergbächen. Schuppen gekielt bis glatt. Nachts von Fischen, Amphibien, Süßwasserkrebsen und Regenwürmern lebend. Gelege in Wassernähe.

Oreocalamus Einzige Art *O. hanitschi* von Borneo. Eine kleine Schlange, die nur selten gesammelt wird und von der man wenig weiß.

Oreophis Mit der Roten Bambusnatter *(O. porphyraceus)* aus China und Südostasien als einziger Art. Man unterscheidet bis zu 7 Unterarten, von denen einige sich als Vollarten erweisen könnten. Eine schlanke Schlange mit gestrecktem Kopf, nachtaktiv und ovipar. Früher *Elaphe*.

◄ Die Rote Bambusnatter (Oreophis porphyraceus) lebt in Südostasien.

Philothamnus (Grüne Buschschlangen) 18 Arten aus dem tropischen Afrika. Schlanke, tagaktive Schlangen mit großen Augen, die sich überwiegend von Fröschen ernähren. Die meisten sind grün und leben in niedriger Vegetation. Ovipar.

Phimophis 6 Arten aus Mittel- und Südamerika. Kleine bis mittelgroße Schlangen mit aufgestellter und den Unterkiefer überhängender Rostralschuppe. Terrestrisch und grabend in offenem Gelände, leben wohl von Insekten und deren Larven. Ovipar.

Phyllorhynchus (Blattnasennattern) 2 Arten, *P. browni* und *P. decurtatus,* aus den südwestlichen USA und Mexiko, v. a. in der Sonorawüste. Kleine Schlangen, bei denen die Rostralschuppe vergrößert ist und die Schnauze beim Jagen in Spalten nach Echsen und ihren Eiern schützt.

Pituophis (Gopher-, Kiefer- oder Bullennattern) 5 nordamerikanische Arten. *P. deppei* und *P. lineaticollis* sind auf Mexiko beschränkt; *P. catenifer* ist die Gophernatter der USA mit mehreren Unterarten (darunter *P. c. sayi,* die Bullennatter); *P. melanoleucus* ist die Kiefernatter, ebenfalls mit mehreren Unterarten; *P. ruthveni* ist die gefährdete Louisianakiefernatter. Große, eindrucksvolle Schlangen mit gekielten Schuppen und muskulösem Körper. Sie können laut zischen und aggressiv zuschlagen, wenn in die Ecke gedrängt, doch gibt es auch sanftmütigere. Tagaktiv, bei Hitze auch nachtaktiv; jagen fast ausschließlich Mäuse und Ratten (und sind daher bei Bauern und Gärtnern beliebt). Ovipar mit Gelegen bis zu 24 Eiern.
■ *Gefangenschaft:* Bei Amateuren beliebte Schlangen. Sie werden gewöhnlich rasch zahm und fressen bereitwillig, manche Formen sind aber etwas launisch. Sie werden in ziemlich großer Zahl gezüchtet, besonders die selteneren Formen. Es gibt mehrere Farb- und Mustervarianten.

wird in USA »rat snake« genannt und ist dort mit vielen regionalen Farbvarianten weit verbreitet. Mittelgroße, schlanke und agile Arten, die alle nachtaktiv sind und Gelege von 6–20 Eiern haben. Ihr Areal reicht von Kanada bis Mexiko.
■ *Gefangenschaft:* Sehr beliebte Arten, besonders die Kornnatter, die für den Handel in großen Zahlen gezüchtet wird. Eine Vielzahl von Farbformen mit vielen speziell gezüchteten Mutanten und fantasievollen Namen sind zu haben. Generell sind alle Arten und viele von verwandten Gattungen sehr leicht zu halten und züchten. Sie paaren sich im Frühjahr und legen ihre Eier im Sommer, *P. bairdi* etwas später. Obwohl einige Exemplare nervös und sogar aggressiv bleiben, werden sie meist schnell zahm und gelten als ideal für Anfänger und für Fortgeschrittene.

Pararhelicops Wohl nur mit 1 Art aus Südostasien. Wenig bekannt.

Pararhabdophis Einzige Art *P. chapaensis* aus Indochina. Eine mittelgroße Schlange, über die wenig bekannt ist.

Parahadinaea Einzige Art *P. melanogaster* von Madagaskar. Eine kleine, grabende Schlange, über die man wenig weiß.

Pareas 11 Arten schneckenfressender Schlangen aus China, Indochina, Südostasien und Borneo. Schlank mit kurzem, breitem Kopf und stumpfer Schnauze. Ihr Schädel ist so gebaut, dass sie Schnecken aus ihrem Gehäuse ziehen können. 3 Arten zählte man früher zur Gattung *Asthenodipsas.*

Phalotris 12 Arten kleiner, in der Streu lebender Schlangen aus Brasilien, auch zu *Elapomorphus* gestellt. Kaum bekannt; manche erst kürzlich als eigene Arten beschrieben.

Philodryas 21 Arten mittelgroßer Schlangen mit schlankem Körper und schmalem Kopf. Ihr deutscher Name ist Strauchnattern, da einige grün und arboreal sind. Manche sind aber auch terrestrisch und braun, etwa *P. hoodensis* von Galapagos. Tagesjagd auf Vögel, Fledermäuse, Frösche, Echsen und Schlangen. Ovipar.

Plagiopholis 5 Arten in China, Burma und Thailand. Kleine terrestrische, sonst wenig bekannte Schlangen.

Platyceps 9 Arten, die früher zu *Coluber* gestellt wurden. Sehr schlanke Schlangen aus Osteuropa, Nordafrika und Zentralasien bis Nordindien. Tagaktiv, schnell, mit großen Augen. Ovipar.

Pliocercus 2 Arten von Mexiko bis ins Amazonasbecken (nach manchen Fachleuten 7 Arten). Mittelgroße Schlangen, von denen manche (oder manche Rassen) 2- oder 3-farbig wie falsche Korallenschlangen gemustert sind. Sie leben in tropischen Niederungswäldern v. a. von Fröschen.

Poecilopholis Einzige Art *P. cameronensis* aus Kamerun. Ihr Verwandtschaft ist unklar, vielleicht steht sie *Aparallactus* (Atractaspididae) nahe. Lebensweise unbekannt.

Prosymna (Schaufelnasennattern) 13 Arten im tropischen Afrika. Kleine, in lockerem Boden grabende Arten. Sie leben von Reptilieneiern, die sie ganz verschlingen. Legen wenige längliche Eier.

Psammodynastes (Scheinvipern) 2 Arten in Südostasien, Indochina und den Philippinen. *P. pulverulentus* ist eine häufige, weit verbreitete Art im gesamten Gebiet, man findet sie in Malaysia bis in Höhen von 2700 m. *P. pictus* ist weniger häufig und begrenzt auf Malaysia, Sumatra und Java. Beide haben einen eckigen Kopf und große Augen mit senkrechten Pupillen. Glatte Schuppen. Vor allem nachtaktiv von Echsen und Fröschen lebend. Wenige Jungtiere pro Wurf.

Psammophis (Sandrennnattern) Über 20 Arten in ganz Afrika und im Nahen Osten, aber *P. condanarus* lebt in Burma und Thailand, und *P. lineolatus* kommt bis ins westliche China vor. Kleine bis große, schnelle, tagaktive Schlangen, die hauptsächlich von Echsen leben. Sie halten sich am Boden oder in niedriger Vegetation auf, gewöhnlich in trockener Umgebung. Giftig, ihr Biss kann beim Menschen lokale Schwellungen und Schmerzen verursachen. Zumindest einige Arten werfen bei Bedrohung ihren Schwanz ab, der unvollständig regeneriert. Ovipar.

Psammophylax (Schafstecher) 3 Arten im mittleren und südlichen Afrika. Mittelgroße Schlangen, die sich von Kleinsäugern, Echsen und Fröschen ernähren. Sie haben Giftzähne, beißen aber kaum. Obwohl ihr Gift hoch toxisch ist, wird es in so geringen Mengen abgegeben, dass sie als ungefährlich gelten. *P. tritaeniatus* und *P. rhombeatus* sind ovipar, während *P. variabilis* je nach Unterart ovipar oder vivipar ist.

▲ Eine Schmuck-Sandrennnatter *(Psammophis sibilans)* aus Namibia und Südangola.

■ *Gefangenschaft:* Kaum zu bekommen, aber gut geeignet; sie werden gewöhnlich zahm und fressen problemlos kleine Nager. Sie werden kaum gezüchtet, und das Füttern Neugeborener dürfte problematisch sein.

Pseudablabes Einzige Art *P. agassizii* aus dem südlichen Südamerika. Eine kleine grabende Art, über deren Leben nichts bekannt ist.

Pseudaspis (Maulwurfsnattern) Einzige Art *P. cana,* die im gesamten südlichen Teil Afrikas vorkommt. Eine große, schwere Schlange, die bis über 2 m lang wird und hauptsächlich von Kleinsäugern lebt. Sie bringt bis zu 100 Junge zur Welt.
■ *Gefangenschaft:* Die Maulwurfsnatter eignet sich gut für die Haltung. Frisch gefangene können aggressiv sein, werden aber bald zahm. Neugeborene können Nager verweigern und kleine Echsen brauchen.

Pseudoboa 5 Arten in Mittel- und Südamerika, einschließlich Trinidad und Tobago. Mittelgroße terrestrische Schlangen in Regenwäldern und oft in Wassernähe. Die Pupillen sind senkrecht-elliptisch. Fängt nachts Echsen, Doppelschleichen, Schlangen und Kleinsäuger. Sie haben Giftzähne, erwürgen aber ihre

▼ Die Gewöhnliche Scheinviper *(Psammodynastes pulverulentus)* ist in China, Indien und Südostasien sehr weit verbreitet.

Beute. Ovipar, *P. neuwiedii* legt manchmal ihre Eier in Ameisennester.

Pseudoboodon 4 Arten, davon 2 erst kürzlich beschrieben, aus den Hochländern Äthiopiens und Eritreas. Verwandt mit den Hausschlangen *(Lamprophis)*, aber wenig bekannt. *P. lemniscatus* ist vivipar, die Fortpflanzung der anderen Arten unbekannt.

Pseudelaphe Mit der einzigen mittelamerikanischen Art, der Mexikanischen Nachtnatter *(P. flavirufa)*, einer schlanken, mittelgroßen Schlange, die früher zu *Elaphe* gehörte. Strikt nachtaktiv und ovipar.

Pseudoeryx Mit der einzigen Gattung *P. plicatilis* aus Brasilien und Paraguay. Eine mittelgroße, aquatische Art, die vermutlich von Fischen und Fröschen lebt. Wenig bekannt.

Pseudoficimia Einzige Art *P. frontalis* aus Mexiko.

Pseudoleptodeira 2 Arten aus Mexiko: *P. latifasciata* und *P. uribei*. Ähnlichkeit mit *Leptodeira*. Kleine terrestrische, wenig bekannte Schlange.

Pseudorabdion (Zwergwühlnattern) 12 Arten, von denen früher 2 zu *Idiopholis*, 3 zu *Agrophis* und 1 zu *Typhlogeophis* gehörten. In Südostasien und auf den Philippinen verbreitet. Kleine grabende Schlangen mit zylindrischem Körper und glatten Schuppen. Gewöhnlich in Laubstreu, unter morschem Holz und

Kokosnussschalen. Beute vermutlich Regenwürmer und andere weiche Wirbellose. Wohl ovipar. Manche Arten kaum belegt.

Pseudotomodon Einzige Art *P. trigonatus* aus Südamerika. Vivipar, sonst kaum bekannt.

Pseudoxenodon (Falsche Haubennattern) 6 Arten in China und Nachbarregionen sowie Teile Indonesiens. Kleine bis mittelgroße Schlangen. Terrestrisch und nachtaktiv, von Amphibien und Echsen lebend. Fortpflanzung unbekannt.

Pseudoxyrhopus 11 Arten in Madagaskar. Kleine bis mittelgroße Schlangen mit unbekannter Fortpflanzungsweise.

Pseustes 5 Arten in Mittel- und Südamerika sowie Trinidad. Mittelgroße bis große, schlanke Schlangen mit großen Augen. Terrestrisch, aber auch kletternd. Beute: Vögel, Echsen, Frösche. Ovipar.

Psomophis 3 Arten kleiner Bodenschlangen in Brasilien und Südostbolivien. Früher den Gattungen *Liophis* und *Rhadinaea* zugeordnet.

Ptyas (Asiatische Rattennattern) 8 Arten in weiten Teilen Zentral-, Süd- und Südostasiens. Große, kräftige Schlangen mit breitem Kopf und großen Augen. Tagaktiv und an vielerlei Bedingungen angepasst. Oft in der Nähe menschlicher Siedlungen, wo sie sich von Nagern ernähren, jagen aber auch Amphibien,

Vögel, Echsen und Schlangen. Ihre Gelege enthalten bis zu 20 Eier. 6 Arten wurden früher der Gattung *Zaocys* zugerechnet.

■ *Gefangenschaft:* Eindrucksvolle Schlangen für große Gehege, aber von wechselndem Temperament. Wildfänge haben oft Parasiten, davon abgesehen sind sie widerstandsfähig und gewöhnen sich gut ein. Reguläre Weiterzucht ist bisher die Ausnahme.

Ptychophis Einzige Art *P. flavovirgatus* aus Brasilien. Eine kleine Schlange mit gekielten Rückenschuppen. Giftig und vielleicht etwas gefährlich. Ernährt sich von Fröschen und Fischen. Vivipar.

Pythonodipsas Mit der einzigen Art der Westlichen Kielschlange *(P. carinata)* in Südwestafrika. Eine kleine, nachtaktive Schlange mit unterteilten Kopfschuppen und nach oben gerichteten Nasenlöchern. Sie lebt in Steinwüsten und versteckt sich oft unter den Blättern der *Welwitschia*. Macht nachts Jagd auf kleine Echsen und Nager. Fortpflanzungsart unbekannt.

Rabdion Einzige Art *R. forsteri* aus Sulawesi. Eine kleine Schlange, von der wenig bekannt ist.

Regina (Krabbennattern) 4 nordamerikanische Arten, verwandt mit den Amerikanischen Schwimmnattern *(Nerodia)*. Kleine bis mittelgroße Arten mit glatten oder stark gekielten Rückenschuppen. *R. alleni* und *R. rigida* werden manchmal

◀ Der Gefleckte Schafstecher
(Psammophylax rhombeatus),
eine südafrikanische Giftschlange.

◄ Die Westliche Kielschlange *(Pythonodipsas carinata).* Ungewöhnlich unter Colubriden, hat sie kleine, unterteilte Kopfschuppen, typischer für Vertreter der Boidae. Sie lebt in Wüstenregionen Namibias und Angolas.

der Gattung *Liodytes* zugeordnet, was aber nicht allgemein anerkannt wird. Semiaquatische Schlangen, die in der Nähe von Flüssen, Seen und Sümpfen leben und sich von Amphibien, Fischen, Krebsen und aquatischen Wirbellosen wie Wasserschnecken und Insektenlarven ernähren. Sie bringen bis zu 40 Junge zur Welt.

Rhabdophis 19 Arten, die weit über Zentralasien, Indien, China, Indochina, Südostasien und Japan verbreitet sind. Nah verwandt mit *Natrix,* zu der sie früher gezählt wurden. Mittelgroße, semiaquatische Schlangen, die sich von Fröschen und Fischen ernähren. Giftig und vermutlich gefährlich für Menschen, zumindest 1 Todesfall durch *R. tigrinus* ist bekannt. Ovipar.

Rhabdops Einzige Art *R. olivaceus* aus Indien, Nordindochina und China. Kleine bis mittelgroße Schlangen, die vermutlich nachtaktiv sind und sich von weichen Wirbellosen ernähren. Lebensweise weithin unbekannt.

Rhachidelus Einzige Art *R. brazili* aus Brasilien und Argentinien. Eine mittelgroße, stämmige Schlange, tagaktiv und terrestrisch, die sich überwiegend von Vögeln ernährt. Ovipar.

Rhadinaea Bis zu 40 Arten, deren Taxonomie etwas unklar ist. Von Nordamerika über Mittelamerika bis Argentinien weit verbreitet. Kleine Schlangen mit zylindrischem Körper und glatten Schuppen. Sie bewohnen verschiedene Lebensräume, in jedem Fall versteckt in Laubstreu und anderen Abfällen. Regenwürmer, Amphibien samt ihren Eiern und kleine Reptilien sind ihre Nahrung. Die Eigelege sind klein.

Rhadinophanes Einzige Art *R. monticola,* eine anmutige Bergschlange aus Guerrero, Mexiko.

Rhamphiophis (Schnabelnasennattern) 3 afrikanische Arten. Große, schwere Schlangen, die alles Mögliche fressen, einschließlich kleiner Säuger und anderer Reptilien. Gelege mit bis zu 17 Eiern.

Rhinechis Mit der einzigen Art, der Treppennatter *(R. scalaris),* in Südwesteuropa. Eine mittelgroße, nachtaktive Schlange, die sich von Nagern und Jungvögeln ernährt. Ovipar. Früher zu *Elaphe* gezählt.

■ *Gefangenschaft:* Gelegentlich gehalten und gezüchtet, ohne große Probleme. Gelegentlich aber auch aggressiv und schwer zu handhaben.

Rhinobothryum 2 Arten, *R. bovalli* und *R. lentiginosum,* in Mittel- und Südamerika. Mittelgroße, schlanke Schlangen mit stumpfem Kopf und etwas gekielten Schuppen. Die großen Augen haben senkrechte Pupillen. Beide Arten sind kräftig mit rot-weiß-schwarzen Bändern gezeichnet und ähneln Korallenschlangen, besonders *R. bovalli,* die kaum von Allens Korallenotter *(Micrurus alleni)* zu unterscheiden ist. Nachtaktive, arboreale Schlangen. Fortpflanzung unbekannt.

Rhinocheilus (Langnasennattern) 1–2 Arten. *R. antoni* könnte eine Unterart von *R. lecontei* sein, die jedenfalls sehr variabel ist. Mittelgroße Schlangen aus dem südlichen Nordamerika und nördlichen Mexiko. Meist in Wüsten oder Halbwüsten. Mäßig schlank mit schmalem Kopf und spitzer Schnauze. Der Oberkiefer überragt den Unterkiefer. In manchen Teilen ihres Areals lebhaft gezeichnet, offenbar giftige Korallenottern nachahmend. Überwiegend nächtlich, aber tagaktiv in kühleren Monaten. Terrestrisch, jedoch fähig, zu graben und in niedriger Vegetation zu klettern. Sie fressen überwiegend Echsen, manche Individuen auch Kleinsäuger und wohl auch Vögel. Die Gelege umfassen bis zu 12 Eier.

■ *Gefangenschaft:* Attraktive und gutmütige Tiere, die sich leicht halten lassen, sofern sie Nager nehmen, was leider selten der Fall ist.

Rhynchocalamus Einzige Art *R. melanocephalus* im Nahen Osten. Eine kleine, schlanke Schlange trockener Lebensräume. Lebt wohl von Wirbellosen und kleinen Reptilien. Die Unterart *R. m. satunini* gilt oft als eigene Art.

Rhynchophis Einzige Art *R. boulengeri* in China und Nordvietnam. Eine mittelgroße, schlanke Schlange mit spitzem Kopf und einem aufgestellten Rostralanhang von unbekannter Funktion. Hellgrün und arboreal, sonst wenig bekannt.

Salvadora (Pflasternasennattern) Bis zu 8 Arten in Nord- und Mittelamerika. Mittelgroße, schlanke Schlangen mit schmalem Kopf und vergrößerter Rostralschuppe. Tagaktive, schnelle Jäger auf Echsen, Schlangen und auch Nager. Alle Arten sind blass gefärbt mit dunkleren Längsstreifen auf dem Rücken. Ovipar.

Saphenophis 5 Arten in Kolumbien, Ecuador und Peru. Kleine Schlangen feuchter Regionen. Wohl tagaktiv, aber über ihre Biologie ist fast nichts bekannt.

Scaphiodontophis 2 mittelamerikanische Arten. Kleine Schlangen mit schlankem, zylindrischem Körper. *S. annulatus* imitiert Korallenschlangen. Ernährt sich wohl von Echsen und andere Schlangen. Ovipar.

Scaphiophis (Afrikanische Schaufelnasennattern) 2 Arten, *S. albopunctatus* und *S. raffreyi,* in weiten Teilen Afrikas. Mittelgroße Schlangen mit modifizierter Rostralschuppe, die wohl dazu dient, sich durch lockeren Boden zu wühlen. Ovipar. *S. raffreyi* galt früher als Unterart von *S. albopunctatus.*

Scolecophis Mit der einzigen mittelamerikanischen Art *S. atrocinctus.* Eine kleine, nachtaktive Schlange, die man gewöhnlich unter Streu und Waldabfällen findet. Eine lebhaft gefärbte »falsche Korallenschlange«. Ernährt sich von Tausendfüßern.

Seminatrix Mit der im Südosten der USA lebenden Nordamerikanischen Sumpfnatter *(S. pygaea)* als einziger Art. Eine kleine, lebhaft gezeichnete Schlange, glänzend schwarz mit rotem Bauch. Sie ist ganz aquatisch, speziell dort, wo die eingeschleppte Wasserhyazinthe in Mengen vorkommt. Die Schlangen jagen gerne zwischen den Schwimmpflanzen nach kleinen Fischen, Kaulquappen, Molchen und Blutegeln. In einem Wurf kommen bis zu 15 Junge zur Welt.

Senticolis Einzige Art *S. triaspis,* die man früher zur Gattung *Elaphe* stellte. Lebt in Nord- und Mittelamerika und erreicht die USA in Südarizona. Eine mittelgroße, mäßig schlanke Schlange mit schmalem Kopf, leicht gekielten Schuppen und langem Schwanz. Semiarboreale Art, die von Echsen, Vögeln und Kleinsäugern lebt. Ovipar.

Sibon (Südamerikanische Schneckennattern) Bis zu 18 Arten, einschließlich 3, die erst in den letzten Jahren beschrieben wurden. Ihr Areal reicht von Mexiko bis Südamerika. 3 Arten werden manchmal auch der Gattung *Tropidodipsas* zugerechnet. Mittelgroße, aber sehr schlanke, arboreale Schlangen mit seitlich abgeflachtem Körper, relativ breitem Kopf und großen Augen, die in Regenwäldern leben. Sie fressen Schnecken und haben spezialisierte Kiefer, um Schnecken aus ihrem Gehäuse zu ziehen, ähnlich den asiatischen *Pareas*-Arten. *S. sartorii* ist offenbar terrestrisch. Ovipar.

Sibynomorphus 8 südamerikanische Arten. Kleine bis mittelgroße Schlangen mit zylindrischem, kräftigem Körper und stumpfem Kopf. Schneckenfressend und nah verwandt mit *Sibon,* aber mehr terrestrisch, gern unter Feldsteinen. Wahrscheinlich ovipar.

Sibynophis 9 Arten in Indien, Sri Lanka, Indochina, Südchina und Südostasien mit Philippinen. Kleine bis mittelgroße, schlanke Schlangen. Wenig bekannt, gesammelt in Tiefland- und Bergregenwäldern. Wohl ovipar.

Simophis 2 Arten in Brasilien und Paraguay: *S. rhinostoma* und *S. rhodei.* Kleine bis mittelgroße, schlanke Schlangen mit glatten Schuppen. Sie leben in offenen Feldern und ernähren sich wohl von

Kleinsäugern. *S. rhinostoma* gilt als »falsche Korallenschlange«. Ovipar.

Sinonatrix 4 Arten in China und Nachbarregionen. *Sinonatrix* ist mit der Gattung *Natrix* nah verwandt. Die Arten sind semiaquatisch und leben wohl von Fischen und Amphibien. *S. percarinata* ist ovipar, *S. annularis* womöglich vivipar.

Siphlophis 6 Arten kaum bekannter Schlangen in Mittel- und Südamerika. Sie wurden immer wieder zu anderen Gattungen gestellt.

Sonora (Nordamerikanische Bodenschlangen) 3 höchst dimorphe Arten in Nordamerika. *S. semiannulata* lebt in den USA (und schließt die gelöschte *S. episcopa* ein), während *S. aemula* und *S. michoacanensis* aus Nordmexiko sind. Kleine terrestrische Schlangen in Wüsten und Halbwüsten. Manche Formen sind lebhaft mit Ringen in Rot, Weiß und Schwarz gezeichnet, andere einfarbiger. Sie leben von Wirbellosen.
■ *Gefangenschaft:* Wenig beliebt, aber recht leicht in kleinen Terrarien mit trockenem Substrat zu halten, mit einigen flachen Steinen, unter denen sich die Schlangen verstecken können. Man kann sie mit verschiedenen gezüchteten Wirbellosen füttern. Vermehrung in Gefangenschaft ist wohl noch nicht versucht worden.

Sordellina Mit der einzigen brasilianischen Art *S. punctata.* Eine kleine, in Wassernähe lebende Schlange, die wohl Frösche und Kaulquappen frisst. Ovipar.

Spalerosophis (Diademnattern) 5 mittelgroße, terrestrische Arten in Nordafrika und im Nahen Osten. Sie leben von Echsen und Nagern und sind ovipar. Manchmal gehalten, aber wenig beliebt, da nervös und aggressiv.

Spilotes (Hühnerfresser) Einzige Art *S. pullatus,* die von Mexiko bis Argentinien vorkommt. Eine große, kräftige Schlange mit sehr variabler Zeichnung. Der Körper ist seitlich abgeflacht, der Kopf schmal, die Augen groß. Ungewöhnlich durch eine paarige Zahl von Rückenschuppenreihen (wie bei *Chironius*) und ohne Vertebralreihe. Lebt in Trockenbuschhabitaten, oft in Siedlungsnähe. Arboreal. Ernährt sich von Amphibien, Vögeln und Vogeleiern, Kleinsäugern und Reptilien. Oft sehr aggressiv. Ovipar.

■ *Gefangenschaft:* Attraktive Tiere, die sich in großen Terrarien gut machen. Recht einfach zu halten, sobald eingewöhnt, doch ziemlich nervös. Regelmäßige Zucht findet wohl nicht statt.

Stegonotus Etwa 10 Arten in Südostasien, auf den Philippinen, in Neuguinea und Nordaustralien. Mittelgroße bis große Schlangen mit zylindrischem Körper und glatten, glänzenden Schuppen. In vielerlei Lebensräumen, meist terrestrisch, ernähren sich von Fischen, Amphibien, Reptilien und Kleinsäugern. Ovipar.

Stenophis 15 mittelgroße Arten aus Madagaskar. Schlanke, arboreale Schlangen mit breitem Kopf und großen Augen. Nachtaktiv. Manche sind kräftig gebändert, andere gefleckt oder einfarbig. Viele Arten wurden erst kürzlich beschrieben.

Stenorrhina 2 Arten in Mittelamerika und dem nördlichen Südamerika: *S. degenhardtii* und *S. freminvillii.* Kleine, zylindrische Schlangen mit glatten Schuppen und kleinem Kopf. Tag- oder nachtaktiv auf Jagd nach Spinnen. Ovipar.

Stilosoma Mit der Kurzschwanznatter *(S. extenuatum)* als einziger Art. Kleines Areal im mittleren Florida. Sie ist sehr klein und schlank und verbringt die meiste Zeit in trockenem, sandigem Boden. Lebt von kleinen Schlangen und Echsen, die sie erwürgt. Ovipar, sonst wenig erforscht.

Stoliczkia 2 Arten, *S. borneensis* von Borneo und *S. khasiensis* in Indien. Kleine, weitgehend unerforschte Schlangen.

Storeria 2 nord- und mittelamerikanische Arten, *S. dekayi* und *S. occipitomaculata.* Kleine, versteckte Schlangen mit gekielten Schuppen, meist in Feuchtgebieten, wo sie Schnecken, Regenwürmer u. a. Wirbellose suchen. Bis zu 15 Junge kommen zur Welt.

■ *Gefangenschaft:* Obwohl geringes Interesse an diesen kleinen Schlangen besteht, lassen sie sich gut in einem Vivarium mit feuchtem Boden halten, bei nicht zu viel Wärme und einem konstanten Angebot an Regenwürmern und Schnecken.

Symphimus 2 Arten in Mexiko und Belize: *S. leucostomus* und *S. mayae.* Kleine Schlangen in trockener Umgebung, wahrscheinlich grabend und von Echsen lebend.

Sympholis Mit der einzigen, mexikanischen Art *S. lippiens.* Eine kleine »falsche Korallenschlange« mit gelben und schwarzen Körperbändern. Unterirdisch und versteckt. Von ihrer Biologie ist wenig bekannt.

Synophis 4 Arten in Kolumbien und Ecuador. Kleine bis mittelgroße, schlanke Schlangen mit schmalem Kopf und großen Augen. Terrestrisch und tagaktiv, oft in feuchter Umgebung und wohl von Amphibien und Echsen lebend. Ovipar.

Tachymenis 7 Arten im westlichen und nördlichen Südamerika. Kleine, die Trockenheit liebende Schlangen, manchmal in mittleren Höhen. Terrestrisch und wohl von Echsen lebend. Vivipar.

Taeniophallus 8 südamerikanische, schlanke, terrestrische Arten. Wenig bekannt, wahrscheinlich ovipar.

Tantalophis Mit der einzigen, mexikanischen Art *T. discolor.* Eine kleine terrestrische Schlange, von der wenig bekannt ist.

Tantilla (Schwarzkopfnattern) Mit 60 ähnlichen Arten vom südlichen Nordamerika bis Argentinien. Sehr kleine, versteckte Schlangen mit zylindrischem Körper und glatten Schuppen. Charakterisiert durch einen schwarzen Fleck auf dem Kopf. Bewohnen vielerlei Lebensräume und sind gewöhnlich nachtaktiv. Nahrung sind Insekten und deren Larven, manchmal kleine Fische. *T. oolitica* von Rim Rock gilt als gefährdet, viele andere Arten haben sehr geringe Verbreitung. Gelege mit bis zu 3 Eiern.

Tantillita 3 mittelamerikanische Arten. Nah verwandt mit den Schwarzkopfnattern, denen sie in vielen Merkmalen gleichen.

Telescopus (Katzennattern) 12 Arten in Afrika, Südosteuropa und im Nahen Osten, meist in Trockengebieten. Schlanke, nachtaktive Schlangen mit großen, vorstehenden Augen und senkrechten Pupillen. Sie erbeuten schlafende, tagaktive Echsen in Spalten, dazu Vögel und

Kleinsäuger. Schwach giftig, aber nicht gefährlich. Ovipar.

■ *Gefangenschaft:* Einige Arten werden gelegentlich gehalten, meist problemlos. Kleine Individuen können schwer zu füttern sein, Alttiere nehmen meist Mäuse.

Tetralepis Einzige Art *T. fruhstorferi* von Ostjava. Eine kleine, in kühlem Hochland lebende Schlange. Lebensweise unbekannt.

Thamnodynastes 6 südamerikanische Arten (die überarbeitet werden). Kleine bis mittelgroße Schlangen mit kräftigem Leib, breitem Kopf und großen Augen mit senkrechten, elliptischen Pupillen. Terrestrisch und arboreal, meist nachtaktiv. Leben von kleinen Echsen. Ihr giftiger Biss kann lokale Schwellungen und Schmerzen verursachen. Vivipar.

Thamnophis (Strumpfbandnattern) Bis zu 31 Arten, einschließlich mehrerer erst kürzlich beschriebener aus Mexiko. Manche, etwa die Gewöhnliche Strumpfbandnatter *(T. sirtalis),* mit vielen Unterarten. Kleine bis mittelgroße Schlangen mit schlankem Körper und stark gekielten Schuppen. Die meisten Arten sind mit Längsstreifen gezeichnet. Tagaktiv und stets in Wassernähe oder feuchter Umgebung. Sie jagen v. a. Amphibien, manche fressen auch Regenwürmer, Fische und Kleinsäuger. Die Zahl der Jungen beträgt weniger als 10 bis fast 100, je nach Art. Die Unterart *T. sirtalis tetrataenia* aus San Francisco gehört zu den gefährdetsten Arten Nordamerikas.

■ *Gefangenschaft:* Attraktive Schlangen, die seit Langem beliebt sind, doch nicht immer leicht bei Gesundheit zu halten. Entsprechend ihrem raschen Stoffwechsel müssen sie häufig gefüttert werden, bei Fisch mit Vitamin- und Mineralzugabe. Nager sind besser, falls sie genommen werden. Sie vermehren sich regelmäßig, und die Jungen können mit Regenwürmern gefüttert werden. Bändernattern (3 Arten) sind weniger geeignet, da sie Amphibien fressen.

Thelotornis (Vogelnattern) 3 erst kürzlich beschriebene Arten im tropischen und südlichen Afrika: *T. kirtlandii, T. capensis* und *T. usambaricus.* Extrem schlanke, arboreale Schlangen mit langem, spitzem Kopf, bis über 1 m lang. Augen mit waagrechten Pupillen. Ihrer Tarntracht vertrauend, lauern sie auf Echsen und kleine Vögel. Tödlich giftig. Die Eier sind schmal und länglich.

Thermophis Nur 1 tibetanische Art, *T. baileyi*. Lebensweise unbekannt.

Thrasops 4 Arten im tropischen Afrika. Große Schlangen mit elegantem Kopf. Schwarz oder grün mit großen schwarzen Augen. Arboreal und von Echsen, Fröschen und Kleinsäugern lebend. Ovipar.
■ *Gefangenschaft:* Gut zu halten, sofern man ihnen ein großes Terrarium mit viel Geäst zum Klettern und Ruhen bieten kann. Nager werden meist angenommen. Fortpflanzung fand statt.

Tomodon 2 Arten im südöstlichen Südamerika. Kleine Schlangen, die wohl terrestrisch oder semiarboreal sind und von Echsen und kleinen Nagern leben. Vivipar.

Trachischium 5 Arten in Nordindien und Umgebung. Kleine terrestrische Schlangen, wohl nachtaktiv. Wenig bekannt.

Tretanorhinus 4 Arten in Mexiko, im nordwestlichen Südamerika, auf Kuba und einigen kleineren Karibikinseln. Kleine, völlig aquatische Schlangen. Jagen nachts kleine Fische. Ovipar, sonst wenig bekannt.

Trimetopon 10 mittelamerikanische Arten. Kleine, in Regenwäldern lebende Schlangen, über die sonst wenig bekannt ist.

Trimorphodon (Lyraschlangen) 2 nord- und mittelamerikanische Arten mit vielen Unterarten. Mittelgroße, schlanke Schlangen mit breitem Kopf und großen Augen mit senkrechten Pupillen. Nachtaktiv von Echsen, Schlangen und Kleinsäugern lebend. Terrestrisch, gewöhnlich in steinigem Gelände. Ovipar.

Tripanurgos Einzige Art *T. compressus* in Mittel- und Südamerika, einschließlich Trinidad. Wird auch der Gattung *Siphlophis* zugerechnet. Eine mittelgroße, sehr schlanke Schlange mit seitlich abgeflachtem Körper. Der Kopf ist breit und flach, die großen Augen haben senkrechte Pupillen und sind bei Jungtieren rot. Nachtaktiv und arboreal, hauptsächlich von Fröschen lebend. Ovipar.

Tropidoclonion Mit der einzigen nordamerikanischen Art *T. lineatum*. Eine kleine Schlange, ähnlich einer Miniatur-Strumpfbandnatter. Oft in der Nähe von Gebäuden und in Parks, aber auch in offenem Waldland und Feldern. Lebt wahrscheinlich überwiegend von Regenwürmern. Vivipar.

Tropidodryas 2 Arten im südöstlichen Brasilien. Kleine, semiarboreale und wohl tagaktive Schlangen. Die Beute besteht aus Fröschen, Echsen, Vögeln und Nagern. Lebensweise unbekannt.

Tropidonophis 19 Arten in Indonesien und Australasien, 5 Arten davon wurden früher zu *Macropophis* gestellt. Mittelgroße bis große Schlangen mit stark gekielten Schuppen. Semiaquatisch und stets in Wassernähe, an Flüssen und in Sümpfen. Tagaktiv und überwiegend von Amphibien lebend. Ovipar.

Umbrivaga 2 Arten im nördlichen Südamerika. Kleine, terrestrische Schlangen, die von kleinen Amphibien und Reptilien leben. Lebensweise kaum bekannt.

Uromacer 4 Arten auf Hispaniola und benachbarten Inseln. Mittelgroße bis große Schlangen, 3 extrem schlank mit schmalem, spitzem Kopf, die 4. (*U. catesbyi*) mit schwerem Leib und stumpfer Schnauze. Tagaktiv und semiarboreal, fast nur von terrestrischen und arborealen Echsen lebend. Kaum bekannt.

Uromacerina Einzige Art *U. ricardini* in Brasilien. Verwandt mit *Uromacer* und den Vertretern dieser Gattung ähnlich. Eine seltene arboreale Schlange, die von Echsen lebt. Kaum bekannt.

Urotheca 9 Arten in Mittel- und Südamerika, früher zu Gattungen wie *Dromicus* und *Rhadinaea* gezählt. Lebhafte, terrestrische Arten, tagaktiv und ovipar, soweit bekannt.

Virginia (Erdschlangen) 2 nordamerikanische Arten: *V. striatula* und *V. valeriae*. Kleine, versteckt unter Steinen und Laub lebende Schlangen. Sie lieben es feucht, ernähren sich v. a. von Regenwürmern und bringen wenige Junge zur Welt.

Waglerophis Mit der einzigen, südamerikanischen Art *W. merremi*, die manchmal der Gattung *Xenodon* zugerechnet wird.

▼ Eine Namibkatzennatter *(Telescopus beetzi).*

Mittelgroße, dickliche Schlange, ähnlich einer terrestrischen Grubenotter. Eine terrestrische, tag- oder nachtaktive Art, die Wassernähe bevorzugt und überwiegend von Amphibien lebt. Bei Bedrohung flacht sie Kopf und Hals ab und stellt sie auf. Eine sehr aggressive Art mit vergrößerten Giftzähnen, wohl um Kröten zu fangen. Die Giftwirkung auf Menschen ist unbekannt. Ovipar.

Xenelaphis 2 Arten, *X. ellipsifer* und *X. hexagonotus,* in Thailand, Borneo und Java. Große, semiaquatische Schlangen, die von Fröschen leben.

Xenochrophis (Fischnattern) 10 Arten. *X. piscator* ist von Afghanistan bis Südostasien und Indonesien weit verbreitet. Die anderen Arten haben kleinere Areale in der gleichen Region. Mittelgroße, nah mit *Natrix* verwandte Schlangen, die in Wassernähe und überwiegend von Fisch leben. In geeigneten Lebensräumen oft zahlreich. Ihre Giftzähne können schmerzhafte, aber wohl nicht gefährliche Bisse verursachen.
■ *Gefangenschaft: Xenochrophis piscator* wird oft als »Asiatische Strumpfbandnatter« importiert. Sie ist aber wenig geeignet, da sie oft Nahrung verweigert.

Xenodermus Einzige Art *X. javanicus* in Burma, Thailand, Malaysia, Indonesien und Borneo. Eine kleine Schlange mit 3 Höckerreihen auf dem Rücken. Die übrigen Rückenschuppen sind gekielt, die Kopfschuppen klein und gekörnt. Lebt unterirdisch in Wassernähe und ernährt sich von Fröschen. Ovipar.

Xenodon (Haubennattern) 7 Arten von Mexiko bis Argentinien. Mittelgroße bis große, schwere Schlangen mit breitem Kopf. Zeichnung und Verhalten erinnern oft an terrestrische Grubenottern, *Bothrops*- und *Porthidium*-Arten, die das gleiche Gebiet bewohnen. Ortstreue Regenwaldarten, die an Flussufern und v. a. von Kröten leben. Giftig und angriffslustig, doch Bisse für Menschen wohl allenfalls schmerzhaft. Ovipar.

Xenopholis 1–2 wenig bekannte Arten. *X. scalaris* kommt im Amazonasbecken und nördlichen Südamerika vor. Eine kleine, schlanke Art, tagaktiv und in feuchten Wäldern lebend. Ernährt sich v. a. von kleinen Fröschen. Sonst wenig bekannt.

Xenoxybelis 2 schlanke, lang gestrecke Arten in Südamerika. Nah verwandt mit *Oxybelis* und manchmal auch zu dieser Gattung gestellt. *X. argenteus* ist weit verbreitet und häufig, während *X. boulengeri* erst kürzlich als eigene Art erkannt wurde.

Xyelodontophis Einzige Art *X. uluguruensis* aus den Uluguru-Bergen in Tansania, die erstmals 2002 beschrieben wurde. Eine arboreale Art, ähnlich *Thelotornis,* aber ohne die typisch waagrechten Pupillen jener Gattung.

Xylophis 2 südindische Arten. Kleine, wohl halb unterirdisch lebende Schlangen, über deren Lebensweise aber kaum etwas bekannt ist.

Zamenis 5 kleine bis mittelgroße Arten in Europa und dem Nahen Osten, die früher zur Gattung *Elaphe* gestellt wurden. Alle sind schlank, ovipar und meist nachtaktiv. Die Leopardnatter *(Z. situla)* gilt als die farbigste europäische Schlange und kommt in gestreifter und gefleckter Form vor. Die Italienische Äskulapnatter *(Z. lineatus)* wurde erst kürzlich von der Äskulapnatter *(Z. longissimus)* getrennt. Die anderen beiden Arten sind *Z. hohenackeri* und *Z. persicus* aus Westasien.

■ *Gefangenschaft:* Die gewöhnlich gehandelten Arten sind zu empfehlen, sofern legaler Herkunft. Die Leopardnatter ist die bekannteste, aber alle Arten können ähnlich wie die *Pantherophis*-Arten gehalten werden, mit denen sie früher zu *Elaphe* gehörten. *Zamenis*-Arten brauchen etwas niedrigere Temperaturen, und da kleiner, sind sie nicht so fruchtbar wie ihre amerikanischen Verwandten: sie legen nur 3–6, die Äskulapnatter bis zu 10 Eier.

▼ Die Transkaukasische Kletternatter *(Zamenis hohenackeri)* lebt in steinigen Berghängen zwischen dem Schwarzen und Kaspischen Meer sowie in geringerer Höhe in Teilen der Türkei, des Libanons und Israels.

ELAPIDAE
KORALLENSCHLANGEN, KOBRAS, KRAITS, MAMBAS UND SEESCHLANGEN

ZU DEN ELAPIDAE GEHÖREN EINIGE DER BEKANNTESTEN SCHLANGEN. DIE FAMILIE UMFASST ABER AUCH EINE GROSSE ZAHL KLEINER, ALLGEMEIN HARMLOSER ARTEN SOWIE DIE SEESCHLANGEN, DIE MAN MANCHMAL ALS VERTRETER EINER EIGENEN FAMILIE (ODER SOGAR VON 2 FAMILIEN) BETRACHTET; HIER WERDEN SIE 2 UNTERFAMILIEN ZUGEORDNET.

Vertreter der Elapidae zeigen die gleiche Körperform und Beschuppung wie die Colubridae, mit denen sie zweifellos sehr nah verwandt sind. Zur Frage, welche der beiden Familien die primitivere sei, gibt es keine einhellige Meinung. Eine konservative Anschauung geht davon aus, dass sich die Elapiden aus den Colubriden entwickelt haben – dieser Ansicht folgen wir hier.

Die Elapiden sind nahezu weltweit verbreitet, allerdings liegt ihr Schwerpunkt deutlich auf der Südhalbkugel. Sie bewohnen das südliche Nordamerika, Mittel- und Südamerika, weite Teile Afrikas mit Ausnahme der trockensten Gebiete der Sahara, das gesamte südliche und südöstliche Asien sowie Australien, fehlen aber auf Madagaskar. Marine Elapiden (Seeschlangen) sind in weiten Teilen der tropischen Ozeane zu finden, fehlen aber im Atlantik und in der Karibik. Mit einer Ausnahme besiedeln sie gewöhnlich die Küstengewässer.

Die Unterschiede zwischen Colubriden und Elapiden beschränken sich auf die Anordnung der Zähne. Die Elapiden haben ein Paar starrer Giftzähne im vorderen Maxillarknochen des Oberkiefers. Unmittelbar hinter den Giftzähnen fehlen Zähne, wobei aber die meisten Gattungen im hinteren Teil des Oberkiefers durchaus Zähne tragen. Die Giftzähne sind hohl, und das Gift kann durch den zentralen Kanal gepresst werden.

Wie die Colubriden haben die Vertreter dieser Familie viele ökologische Nischen erobert, einschließlich des marinen Lebensraumes. Das hat zur Entwicklung vielfältiger Merkmale hinsichtlich Größe, Form und Farbe geführt. Besonders bemerkenswert ist die konvergente Entwicklung gewisser australischer Formen bei der Besetzung von Nischen, die durch das Fehlen von Vipern auf diesem Kontinent vakant blieben: Manche australische Arten sind so vipernähnlich, dass man sie gewöhnlich als »Ottern« bezeichnet.

▼ Verbreitung der terrestrischen Elapiden (Elapidae I).

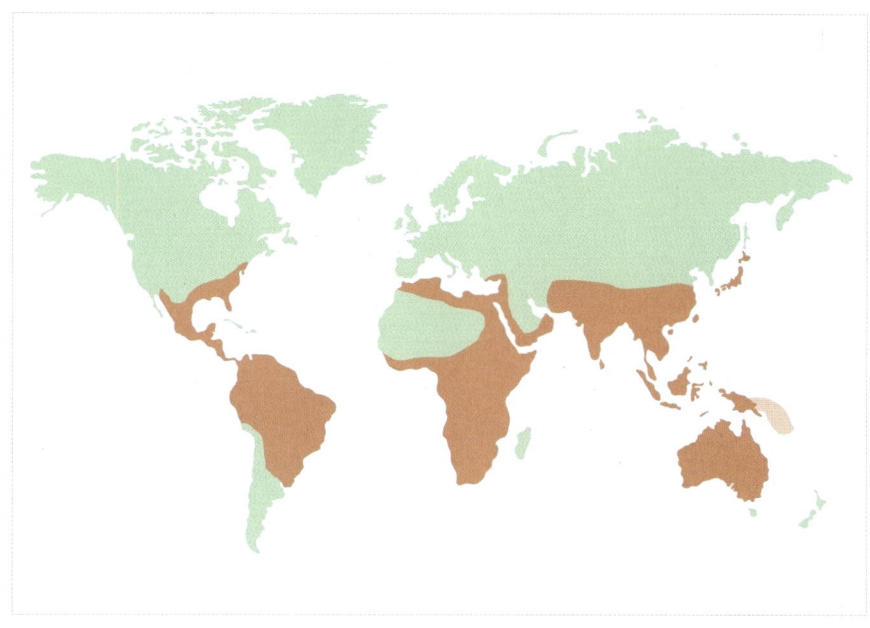

Es gibt verschiedene Schemata zur Unterteilung dieser Familie (oder Familien). Mit weiteren taxonomischen Änderungen in dieser Gruppe ist zu rechnen.

System 1
(3 Unterfamilien oder Familien)
a) die terrestrischen Arten – Elapinae (oder Elapidae)
b) die marinen Kraits – Laticaudinae (oder Laticaudidae)
c) die Seeschlangen – Hydrophiinae (oder Hydrophiidae)

System 2
(2 Unterfamilien oder Familien)
a) alle terrestrischen Arten – Elapinae (oder Elapidae)
b) die Seeschlangen und marinen Kraits – Hydrophiinae (oder Hydrophiidae)

System 3
(2 Unterfamilien oder Familien)
a) Arten Amerikas, Afrikas und Asiens – Elapinae (oder Elapidae)
b) die Seeschlangen und marinen Kraits sowie australasiatische terrestrische Arten – Hydrophiinae (oder Hydrophiidae)

Viele Fachleute halten das 3. System für das, das am genauesten die Evolutionsgeschichte der Gruppe widerspiegelt – und im Allgemeinen werden wir diesem System hier folgen, auch wenn es nicht gleich einleuchten mag. Ich habe alle Arten in einer Familie zusammengefasst und werde mich zunächst mit den nichtaustralasiatischen terrestrischen Arten (»Elapinae«) befassen, danach mit den australasiatischen terrestrischen Arten, mit den marinen Kraits und schließlich mit den Seeschlangen (»Hydrophiinae«).

ELAPINAE
Typische afrikanische und asiatische Elapiden, einschließlich der meisten allgemein bekannten Arten wie Kobras, Mambas und Kraits.

Aspidelaps 2 afrikanische Arten. Kurze, stämmige Schlangen mit vergrößerter Rostralschuppe. Eine Art, *A. lubricus*, ist eine lebhaft gezeichnete »Korallenschlange«, während die andere, *A. scutatus*, eine tarnfarbene grabende Art ist. Nachaktiv und v. a. von anderen Reptilien lebend. Mäßig gefährlich. Ovipar.

Boulengerina (Wasserkobras) 2 zentral-afrikanische Arten. Mittelgroße Schlangen mit mäßig schwerem Körper. Ungewöhnlich für Elapiden (außer Seeschlangen): Sie sind überwiegend aquatisch und ernähren sich von Fischen. Potenziell gefährlich, aber nicht aggressiv. Ovipar.

Bungarus (Kraits) 13 Arten in Afghanistan, Pakistan, Indien, Sri Lanka, China, Indochina und anderen Teilen Südostasiens. Mittelgroße bis große Schlangen mit großen, glänzenden Schuppen. Körper schlank und oft charakteristisch dreieckig im Querschnitt. Andere Arten sind aber auch zylindrisch oder seitlich abgeflacht. Die zentralen Rückenschuppen sind groß und sechseckig. Die meisten Arten sind auffallend schwarz-weiß oder schwarz-gelb gebändert, einige aber einfarbig. Kraits sind nachtaktive und terrestrische Schlangen in vielerlei Lebensräumen. Sie leben fast ausschließlich von anderen Schlangen und halten sich oft in menschlicher Umgebung auf. Ihr Gift ist höchst toxisch und (potenziell) lebensgefährlich. Ovipar.

Calliophis 11 Arten, einschließlich solcher, die früher zu *Maticora* (Asiatische Korallenschlangen) gezählt wurden. Von Indien bis Indonesien. Kleine Schlangen mit schmalem Kopf und kleinen Augen. Meist nachtaktive, in Wäldern lebende Arten, die sich von anderen Reptilien ernähren. Die bekannten sind ovipar. Manche Arten haben enorm verlängerte Giftdrüsen. Gewöhnlich wenig angriffslustig, aber potenziell gefährlich für Menschen.

Dendroaspis (Mambas) 4 Arten im tropischen und südlichen Afrika. Mittelgroße bis große Schlangen (bis über 4 m im Fall der Schwarzen Mamba, *D. polylepis*) mit schmalem Kopf. Die Schwarze Mamba ist terrestrisch, die übrigen 3 Arten sind arboreal und grün. Schnelle, tagaktive Jäger, die ihre Beute (Vögel und Kleinsäuger) verfolgen. Extrem gefährlich für Menschen. Ovipar.

Elapsoidea (Afrikanische Strumpfbandottern) 8 Arten im tropischen Afrika, einschließlich Somalia. Kleine, grabende Arten, die in der Jugend oft leuchtend gefärbt sind. Nachtaktiv, besonders von anderen Reptilien lebend. Potenziell gefährlich, aber kaum tödlich. Ovipar.

▲ Die Westliche Grüne Mamba *(Dendroaspis viridis)*.

Hemachatus Mit der Speikobra *(H. haemachatus)* als einziger Art. Eine mittelgroße, kräftige Schlange, die einfarbig oder auffallend gebändert sein kann. Jagt nachts verschiedene Wirbeltier, v. a. Kröten. Ihr Gift ist potenziell gefährlich, und ins Auge gespritztes Gift verursacht Schmerz und manchmal Blindheit. Gelegentlich werden bis zu 50 Junge geboren.

Hemibungarus 3 Arten in Südostasien und auf den Philippinen. Klein, mit schmalem Kopf. *H. calligaster*, leuchtend mit hellen Ringen am Rücken gezeichnet, heißt lokal »Korallenschlange«. Verstecken sich in morschen Stämmen und Waldstreu. Wahrscheinlich ovipar und von anderen kleinen Reptilien lebend, aber wenig bekannt.

Micruroides Mit der Arizonakorallenotter *(M. euryxanthus)* als einziger Art. Areal: südwestliche USA und nordwestliches Mexiko. Eine kleine Schlange mit typischem »Korallen«-Muster aus schwarz-weiß-rot-weiß-schwarzen Bändern. Unterscheidet sich von den *Micrurus*-Arten in kleinen Details der Beschuppung. Eine versteckte, nachtaktive Schlange, oft an Flussufern. Ernährt sich von Echsen und anderen Schlangen und ist friedlich gegenüber Menschen; Bisse sind harmlos. Kleine Gelege.

Micrurus (Korallenottern) 68 Arten in den südlichen USA, Mittelamerika und Südamerika bis Argentinien. Von Wüsten bis Regenwäldern werden die verschiedensten Habitate genutzt. Kleine bis mittelgroße Schlangen, mäßig schlank, mit kleinem Kopf. Die meisten Korallenottern sind leuchtend gezeichnet mit typischen rot-schwarz-gelben (oder weißen) Ringen. Die Abfolge der Ringe variiert etwas, und wenige Arten haben rote und schwarze Ringe. Korallenottern können tag- oder nachtaktiv sein, wobei tagaktive Arten Gelände mit viel Deckung bevorzugen; wo diese fehlt, gehen sie frühmorgens, am Abend oder nach Regen auf die Jagd. Sie ernähren sich v. a. von anderen Reptilien, manche haben sich auf grabende Amphisbaenien (Doppelschleichen) spezialisiert. Obwohl ihre Giftzähne kurz sind, produzieren sie ein wirksames Gift. Bisse können tödlich sein, wenn kein Antiserum gegeben wird. Ovipar.

Naja (Kobras) Etwa 21 Arten, von denen 9 in Afrika leben. Die in Asien weit verbreitete Kobra, früher *N. naja,* wurde jetzt in mindestens 7 Arten unterteilt. Mittelgroße bis große Schlangen mit kräftigem, zylindrischem Körper. Der Kopf ist schmal und elegant, aber der typischste Teil ist der Bereich gleich hinter dem Kopf, der zu einem breiten Hut geweitet werden kann, fast einmalig unter Schlangen. Kobras jagen terrestrisch, tagsüber oder nachts. Sie ernähren sich von Vögeln, Kleinsäugern und Reptilien. Manche afrikanische und asiatische Arten spucken Gift bei Bedrohung. Alle Arten sind potenziell gefährlich. Manche Arten beschützen ihre Gelege.

Ophiophagus Mit der Königskobra
(O. hannah) als einziger Art. Sie lebt in
Indien, Indochina, Südostasien und auf
den Philippinen. Die größte Giftschlange
der Welt mit maximal über 5 m Länge,
die meisten Exemplare blieben aber
unter 4 m. Der Körper ist relativ schlank,
der Kopf schmal. Wenn sich die Schlange
aufrichtet, wird ein schmaler Hut geöffnet. Sie lebt gewöhnlich in waldigen,
feuchten Gebieten, auch in Siedlungsnähe. Die Königskobra ernährt sich
nur von anderen Schlangen. Sie ist für
Menschen extrem gefährlich, aber nicht
sonderlich aggressiv, sofern nicht gestört.
Gelege von bis zu 40 Eiern werden in
ein Nest aus Laub und anderen Abfällen
gelegt. Beide Geschlechter bleiben in der
Nähe der Eier und bewachen sie bis zum
Schlüpfen.

Paranaja Mit der einzigen, westafrikanischen Art *P. multifasciata*. Eine mittelgroße, schlanke Schlange, die hauptsächlich terrestrisch lebt. Sonst wenig bekannt.

Parapistcalamus Einzige Art *P. hedigeri*
aus Neuguinea und der Solomoneninsel
Bougainville. Eine kleine, schlanke
Schlange. Meist in feuchten Wäldern,
versteckt unter morschem Holz und
Laub. Eine seltene Art, deren Biologie
kaum bekannt ist, vermutlich lebt sie von
den Eier großer Landschnecken.

◀ Südasiatische Kobra *(Naja naja)*.

▼ Rotkopfkrait *(Bungarus flaviceps)*.

Pseudohaje 2 Arten in West- und Zentralafrika. Große, schlanke Kobras mit großen Augen und schmalem Hut. Vermutlich arboreal, sonst aber wenig bekannt.

Walterinnesia Mit der Wüstenkobra *(W. aegyptia)* als einziger Art, die in Ägypten, im Nahen Osten und auf der Arabischen Halbinsel vorkommt, speziell in der Nähe von Oasen und Siedlungen. Eine mittelgroße, recht kräftige Schlange mit glänzend schwarzen Schuppen. Sie hat weder einen Hut, noch richtet sie sich bei Störung auf. Lebt hauptsächlich von Echsen, v. a. von *Uromastyx*-Arten, in deren Gängen sie manchmal lebt. Gefährlich, aber beißt selten.

HYDROPHIINAE
Die Hydrophiinae sind traditionell die Seeschlangen, die man in der Vergangenheit als eigene Familie betrachtete. Es bestehen jedoch Zweifel an ihrer wahren Verwandtschaft. Heute nimmt man an, dass die Unterschiede zwischen ihnen und gewissen australasiatischen terrestrischen Elapiden mit ihrer Lebensweise zusammenhängen, also adaptiv sind. Mit anderen Worten: Australasiatische terrestrische Elapiden und Seeschlangen (und

marine Kraits) sind alle miteinander näher verwandt als mit den Elapiden aus anderen Teilen der Welt.

Hier werden zunächst die terrestrischen Vertreter der Unterfamilie behandelt, dann die Seekraits und schließlich die Seeschlangen.

1. Australasiatische terrestrische Arten

Acanthophis (Todesottern) 4 Arten in Australien und Neuguinea. Mittelgroße, aber wuchtige Schlangen mit stark gekielten Schuppen – das Gegenstück zu den in der Region fehlenden Vipern. Sie bewohnen verschiedene Habitate und leben von Echsen, Vögeln und Kleinsäugern. Die Beute wird teilweise mit der leuchtend gefärbten Schwanzspitze angelockt. Potenziell gefährlich, es sind Todesfälle bekannt. Je nach Art werden bis zu 30 Junge geboren.

Aspidomorphus 3 Arten in Neuguinea und umliegenden Inseln. Kleine Schlangen mit runder Schnauze und kleinen Augen. Nachtaktive, grabende Arten, über die man fast nichts weiß.

Austrelaps (Australische Kupferköpfe) 3 Arten mittelgroßer Schlangen, be-

▲ Südaustralischer Kupferkopf (Austrelaps superbus).

schränkt auf Australien mit Tasmanien. In Bedrängnis machen sie ihren Kopf flach. Tagaktiv, feuchtigkeitsliebend und von Echsen und Fröschen lebend. Je nach Art werden bis zu 32 Junge geboren. Potenziell gefährlich, es sind Todesfälle bekannt.

Cacophis (Kronenschlangen) 4 Arten an der australischen Ostküste. Kleine bis mittelgroße zylindrische Schlangen mit charakteristischer schwarzer Kappe. Ihre Hauptnahrung sind Echsen und Skinke, die nachts im Schlaf überrascht werden. Ihr Biss gilt als nicht sonderlich gefährlich. Vivipar.

Demansia (Australische Braunschlangen) 8 Arten in Australien und Süd-Neuguinea. Kleine bis mittelgroße, schlanke Schlangen mit schmalem Kopf und großen Augen. Sie ähneln oberflächlich den europäischen und nordamerikanischen Peitschennattern und haben eine ähnliche Lebensweise, ernähren sich von tagaktiven Echsen. Manche Arten fres-

sen auch Frösche und Reptilieneier. Gelege mit bis zu 12 Eiern. Von der Gelbkopf-Braunschlange *(D. psammophis)* wurde ein Gemeinschaftsnest mit etwa 600 Eiern gefunden. Wenig bissig, aber potenziell gefährlich.

Denisonia 5 Arten in Australien. Kleine bis mittelgroße Schlangen, schlank bis kräftig. Glatte Schuppen, aber variable Färbung, Augen groß mit senkrechten Pupillen. Nachtaktiv-terrestrische Schlangen, die von Fröschen und Echsen leben. Es werden 3–7 Junge geboren. Große Arten sind potenziell gefährlich.

Drysdalia 2 südaustralische Arten, die gelegentlich zu *Elapognathus* gezählt werden. Kleine, zylindrische Schlangen mit schmalem Kopf. Versteckt von Echsen lebend, die sie tagsüber jagen. Friedlich und harmlos. Nur bis zu 10 Junge pro Wurf.

Echiopsis (Bardicks) 2 Arten: der Bardick (*E. curta*) und der Schwarzkopfbardick (*E. atriceps*). Kleine, recht kräftige australische Schlangen. Nacht- oder dämmerungsaktiv nach Fröschen und Echsen jagend, auch Vögel und Kleinsäuger. Bei Bedrohung spreizt der Bardick den Körper und beißt, wenn provoziert. Potenziell gefährlich, aber wohl nicht tödlich. Würfe mit bis zu 14 Jungen. *E. atriceps* ist selten und kaum bekannt.

Elapognathus 2 Arten an den australischen Südküsten, 1 auch in Tasmanien. Kleine, zylindrische Schlangen mit glat-

ten Schuppen. Terrestrisch und je nach Temperatur zu allen Tageszeiten jagend. Leben v. a. von Echsen, aber auch Fröschen. Gilt als nicht gefährlich. Es werden nur bis zu 10 Junge pro Wurf geboren. In kühleren Gebieten werfen die Weibchen nur alle 2–3 Jahre.

Furina 5 australische Arten: Diademotter (*F. diadema*), Mondotter (*F. ornata*) sowie 3 weitere. Kleine, zylindrische Schlangen mit glatten, glänzenden Schuppen. Jungtiere sind leuchtend gefärbt und haben andersfarbige Flecken auf dem Kopf. Jagen nachtaktiv Echsen, besonders Skinke, in ihren Verstecken. Wegen ihrer geringen Größe gelten sie als nicht gefährlich. Die Gelege bestehen aus 1 bis 6 Eiern.

Hemiaspis 2 Arten im östlichen Australien. Kleine bis mittelgroße, zylindrische Schlangen mit glatten, glänzenden Schuppen. Terrestrisch und nacht- bis dämmerungsaktiv. *H. damelii* ernährt sich fast nur von Fröschen, während *H. signata* auch Echsen frisst. Ihr Biss mag schmerzhaft sein, gilt aber nicht als gefährlich. Es kommen 3–20 Junge zur Welt.

Hoplocephalus 3 ostaustralische Arten. Mittelgroße, lang gestreckte Arten mit breitem Kopf. Die Bauchschuppen sind als Kletterhilfe beidseitig erhöht. Spezialisierte Schlangen, die entweder arboreale (*H. bitorquatus*), steinige (*H. bungaroides*) oder beide Lebensräume (*H. stephensii*) nutzen. Sie ernähren sich von Echsen,

Fröschen, Vögeln und Kleinsäugern (einschließlich Fledermäusen). Potenziell gefährlich. Es werden jedes 2. Jahr 2 bis 12 Junge geboren.

Loveridgelaps Einzige Art *L. elapoides* auf den Salomonen. Eine mittelgroße, schlanke Schlange mit augenfälliger »Korallenschlangen«-Färbung aus weißen und schwarzen Bändern. Auf dem Rücken gehen die weißen Bänder in ein helles Gelb über. Eine sehr seltene Schlange, die Wälder bewohnt, besonders an Flüssen. Nachtaktiv und versteckt lebend, Beute sind Echsen, Blindschlangen und Frösche. Möglicherweise gefährlich, aber nicht aggressiv. Fortpflanzung unbekannt.

Micropechis Einzige Art *M. ikaheka* in Neuguinea und auf umliegenden Inseln. Mittelgroße bis große Schlange mit kräftigem Leib. Augen sehr klein. Versteckt in der Bodenstreu von Regenwäldern, Sümpfen und anderen Feuchtgebieten. Meist nachtaktiv, wohl von anderen Reptilien, Fröschen und Kleinsäugern lebend. Eine gefährlich giftige Art, deren Bisse ähnlich denen der Seeschlangen wirken (myotoxisch).

Notechis (Tigerottern) 2 variable Arten, *N. ater* und *N. scutatus,* mit kleinen Arealen an der Südküste Australiens. Formen der Schwarzen Tigerotter (*N. ater*) kommen auch auf Tasmanien und einigen Inseln vor. Mittelgroße bis große Schlangen, mit kräftigem Körper und glatten, glänzenden Schuppen. Die Färbung ist variabel mit einer Tendenz zum Melanismus, besonders in kühleren Regionen. Bei Störung blähen sie ihren Körper auf und zischen laut. Der Vorderteil flacht sich erheblich ab, und es kann mehrfach zugestoßen werden. Terrestrisch und tagaktiv, nur bei Hitze nachtaktiv. Die Beute besteht aus Fischen, Fröschen, Echsen, Vögeln und Kleinsäugern – eigentlich aus allem, was in ihr Maul passt. Sehr gefährlich, Todesfälle sind bekannt.

Ogmodon Mit der Fidschiotter (*O. vitianus*) als einziger Art. Eine kleine, seltene

Schlange, die man nur auf der Fidschi-insel Vitu Levi findet. Eine versteckte, grabende Art, die in Bergtälern lebt. Offenbar lebt sie von Regenwürmern u. a. weichen Wirbellosen.

Oxyuranus (Taipans) 2 Arten, der In-landtaipan *(O. microlepidotus)* aus Zentral-australien und der Gewöhnliche Taipan *(O. scutellatus)* aus Nordaustralien und Südneuguinea. Große, mäßig schlanke Schlangen mit großem Kopf und vor-stehenden Augen. Meist tagaktiv, bei Hitze auch nachtaktiv. Beide Arten leben von Säugern, einschließlich Na-gern und Bandikuts (Nasenbeutler). Große Beute wird gebissen, wieder frei-gelassen und erst später verzehrt. Extrem gefährlich für Menschen, obwohl Be-gegnungen selten sind. Der Inlandtaipan produziert das stärkste Gift aller Land-schlangen der Welt. Gelege mit bis zu 22 Eiern.

Pseudechis 6 Arten, davon 5 in Australien und 1–2 in Neuguinea. Große, mäßig schlanke Schlangen mit glatten Schup-pen und variabler Färbung. In Bedräng-nis spreizen alle einen Hut. Terrestrisch und tag-, dämmerungs- oder nachtaktiv, je nach Wetter. Das Beutespektrum ist groß und reicht von Fröschen bis zu Kleinsäugern. Gewöhnlich nicht aggres-siv, aber potenziell gefährlich. *P. porphyri-acus* ist vivipar, die anderen Arten ovipar mit Gelegen bis zu 19 Eiern.

Pseudonaja (Braunottern) 7 australische Arten, von denen 1 bis ins östliche Neu-guinea vorkommt. Die Westliche Braun-otter *(P. nuchalis)* tritt in mehreren For-men auf, von denen einige später als eigene Arten beschrieben werden könn-ten. Kleine, mittelgroße oder große Schlangen, mäßig schlank, mit glatten Schuppen. Ihr Kopf ist klein, aber die Augen sind recht groß. Terrestrisch und

▲ Der Inlandtaipan *(Oxyuranus microlepidotus)* aus der trockenen Mitte Australiens.

hauptsächlich tagaktiv, verfolgen ihre Beute (Echsen, Vögel, Kleinsäuger). Ner-vöse und aggressive Schlangen, die bei Bedrohung ihren Hals spreizen. Poten-ziell gefährlich. Die Gelege enthalten manchmal (bei den größeren Arten) bis zu 30 Eier.

Rhinoplocephalus 6 Arten sind gegen-wärtig anerkannt, manche wurden aber auch schon den Gattungen *Cryptophis* und *Unechis* zugerechnet. Man findet sie in Wüsten oder Halbwüsten in verschie-denen Teilen Australiens. Kleine Schlan-gen mit kräftigem, zylindrischem Kör-per, kurzem Schwanz und kleinem, fla-chem Kopf. Die Schuppen sind glatt und glänzend. Nachts werden Spalten und Unterwuchs nach kleinen schlafenden

◀ Die Mulgaotter *(Pseudechis australis)* kommt in ganz Australien vor.

Echsen abgesucht. Gelten wegen ihrer geringen Größe als nicht gefährlich für Menschen. Die Zahl der relativ großen Neugeborenen ist gering. Über die Lebensweise einiger Arten ist wenig bekannt.

Salomonelaps Einzige Art *S. par* von den Salomonen. Eine mittelgroße Schlange von variabler Farbe und Zeichnung. Man findet sie in Waldland, wo sie hauptsächlich tagsüber der Jagd nach Fröschen und kleinen Reptilien nachgeht. Potenziell gefährlich, jedoch kaum aggressiv. Fortpflanzung unbekannt.

Simoselaps (Australische Korallenottern) 14 Arten in ganz Australien, aber auf Trockengebiete beschränkt. Kleine gra-

bende Schlangen, die unter der Oberfläche in lockerem Sand oder Boden »schwimmen«. Ihre Schuppen sind glatt und wie poliert, einige Arten haben schaufelartige Schnauzen, die beim Graben nützlich sind (darum auch Schaufelnasen genannt). Einige Arten sind mit leuchtenden Körperringen gezeichnet. Sie ähneln in Verhalten und Aussehen nordamerikanischen Schlangen der Gattungen *Chilomeniscus* und *Chionactis*. Nachts kommen sie an die Oberfläche. Manche Arten fressen kleine Echsen (Skinke), andere Reptilieneier, einige auch beides. Wahrscheinlich sind alle Arten ovipar mit Gelegen von 3–5 Eiern.

Suta 10 Arten, einschließlich einiger, die früher zu *Denisonia, Unechis* u. a. gestellt

wurden. Kleine Schlangen, mit kleinem Kopf und glatten Schuppen. Meist einfarbig, manche aber mit schwarzen Flecken auf dem Kopf und manche mit schwarzer Rückenlinie. Scheue, nachtaktive Schlangen in verschiedenen Lebensräumen, meist im Zusammenhang mit Nebelwäldern oder Grasland. Sie ernähren sich fast ausschließlich von kleinen Skinken und gebären bis zu 11 Junge.

Toxicocalamus Etwa 9 Arten ausschließlich in Neuguinea und angrenzenden Inseln. Kleine bis mittelgroße Schlangen mit kleinen Augen. Sie leben in Regen- und Bergwäldern, sind nachtaktiv und wahrscheinlich halb-grabend. Sonst ist wenig bekannt.

Tropidechis Mit der Rauschuppenotter *(T. carinatus)* als einziger Art, die nur in einem kleinen Gebiet in Südostaustralien vorkommt. Eine mittelgroße, recht schlanke Schlange mit stark gekielten Schuppen. Die Art ist nachtaktiv und semiarboreal. Sie ernährt sich von Baumfröschen und arborealen Kleinsäugern, kommt aber auch auf den Boden. Potenziell gefährlich. Es kommen bis zu 18 relative große Junge zur Welt.

Vermicella (Bandybandys) 2 australische Arten. Beide gelten als selten und leiden unter Lebensraumzerstörung, speziell durch Landwirtschaft. Kleine bis mittelgroße Schlangen mit schlankem, zylindrischem Körper, glatten, glänzenden Schuppen und kleinen Augen. Beide Arten sind kräftig mit weißen Ringen auf schwarzem Hintergrund gezeichnet. Grabende Arten, die nur nachts bei warmem, feuchtem Wetter an die Oberfläche kommen, um Wurmschlangen *(Ramphotyphlops*-Arten) zu jagen, von denen sie ausschließlich zu leben scheinen. Gelten nicht als besonders gefährlich, obwohl es Bisse gegeben hat. Gelege mit bis zu 13 Eiern.

2. Marine Kraits

Laticauda 7 Arten, davon 2, die erst 2005 beschrieben wurden. Grundsätzlich

◄ Bandybandy (Vermicella annulata), eine versteckt lebende australische Elapide, die sich ausschließlich von Wurmschlangen ernährt.

marine Schlangen, *L. crockeri* jedoch lebt in dem von Land umgebenen See Te-Nggano auf der Salomoneninsel Rennel Island in Brackwasser. Man findet die Schlangen an den Küsten Südostasiens, einschließlich der vielen Inseln im Südwestpazifik. 2 Arten erreichen die Nordküste Australiens. Mittelgroße Schlangen mit zylindrischem Körper und abgeflachtem Schwanz. Alle Arten sind augenfällig schwarz (oder dunkelbraun) und weiß gebändert, *L. crockeri* neigt jedoch zu Melanismus und kann einfarbig dunkelbraun sein. Abgesehen von *L. crockeri* findet man die marinen Kraits im seichten Wasser über Korallenriffen und Felsen. Zugang zu flachem Land scheint für Häutung, Trinken und Eiablage nötig. Sie leben von Fischen, speziell Aalen. Die Gelege in Fels- und Korallenspalten können bis zu 20 Eier enthalten. Über die Fortpflanzung von *L. colubrina* und *L. crockeri* bestehen Unsicherheiten: Nach unbestätigten Mitteilungen sind beide vivipar, *L. colubrina* legt aber zumindest in Teilgebieten Eier.

3. Seeschlangen

Acalyptophis Mit der Gehörnten Seeschlange (*A. peronii*) als einziger Art. Sie bewohnt die Küstengewässer Nordaustraliens, Indonesiens und angrenzender Teile Südostasiens. Eine mittelgroße Schlange mit schlankem Vorder- und kräftigem Hinterkörper. Der Kopf ist klein, der Schwanz seitlich abgeflacht. Lebt in Gewässern über sandigem oder Korallengrund von kleinen Fischen. Gebiert 4–10 Junge.

Aipysurus 8 Arten in seichten Gewässern zwischen der australischen Nordküste, Indonesien und Neuguinea. 3 Arten kommen auch in der südchinesischen See vor. Kleine bis große (meist mittelgroße) Schlangen mit recht kräftigem Körper und seitlich abgeflachtem Schwanz. Man findet sie in der Nähe von Riffen, wo sie von kleinen Fischen leben. *A. laevis* frisst auch Krustentiere und Fischeier, *A. eydouxii* (deren Giftapparat unterentwickelt ist) offenbar nur Fischeier. Wenige Junge werden geboren.

Astrotia Mit Stokes Seeschlange (*A. stokesii*) als einziger Art. Ihr Gebiet reicht von den indischen Küsten über Südostasien bis an die Küsten Nordaustraliens. Eine große, schwere Seeschlange mit stark abgeflachtem Schwanz und einer kielartigen Reihe von Bauchschuppen. Sie erbeutet langsame Fische und kann Menschen attackieren – es hat Todesfälle gegeben. Gebiert 1–5 Junge.

Disteira 4 Arten, von denen *D. kingii* in Nordaustralien vorkommt, die anderen in Indien, Malaysia und Südostasien. Ähnlich *Hydrophis*, zu der sie manchmal gestellt wird.

Emydocephalus 2 Arten: *E. annulatus* von Nordaustralien und *E. ijimae* von Taiwan und den japanischen Riukiuinseln. Mittelgroße, schlanke Schlangen mit etwas abgeflachtem Schwanz. Ihr Kopf ist kurz, rund und mit großen Schuppen bedeckt. Die Rostralschuppe ist konisch, sodass ihr Aussehen zur Bezeichnung »Schildkrötenkopf-Seeschlangen« geführt hat. Beide Arten fressen ausschließlich Fischeier. Ihr Giftapparat ist schwach entwickelt, und sie sind ungefährlich. Vivipar.

◄ Der Natternplattschwanz (*Laticauda colubrina*) aus Gewässern Indiens, Südostasiens und des nordöstlichen Australiens.

Enhydrina 2 Arten, *E. zweifeli* und *E. schistosa,* manchmal auch der Gattung *Disteira* zugeordnet. Sie unterscheiden sich durch eine spezielle Kinnschuppe, die man als Anpassung an ihre Nahrung von Kugelfischen interpretiert. *E. schistosa* ist in seichten Gewässern (Flussmündungen und Buchten) vom Persischen Golf bis Südchina und Nordaustralien weit verbreitet, *E. zweifeli* auf die Küsten Neuguineas beschränkt. Mittelgroße, gestreckte Schlangen. Wegen ihrer Vorliebe für seichtes Wasser treten Badende öfter auf *E. schistosa.* Sie beißt dann und ist für die meisten Todesfälle durch Seeschlangen verantwortlich. Bis 34 Junge.

Ephalophis Einzige Art *E. greyi* von der Nordwestküste Australiens. Eine kleine, zylindrische Art mit abgeflachtem Schwanz. Lebt nur in den Gezeitenrinnsalen von Mangroven und jagt kleine Fische im seichten Wasser. Ist auch außerhalb des Wassers recht agil und lässt sich bei Ebbe trocken fallen. Die Wirkung ihres Giftes ist unbekannt. Wahrscheinlich vivipar.

Hydrelaps Mit der Port-Darwin-Seeschlange *(H. darwiniensis)* an den Küsten Nordwestaustraliens als einziger Art. Eine kleine Schlange, die in Gestalt und Verhalten Ähnlichkeit hat mit *Ephalophis greyi,* die im seichten Wasser der Gezeitenzone kleinen Fischen in Krabbenhöhlen nachstellt. Friedlich, aber potenziell gefährlich. Wahrscheinlich vivipar.

Hydrophis (Ruderschlangen) Mit 30 Arten die größte Gattung der Seeschlangen, verbreitet vom Persischen Golf bis in den westlichen Pazifik und an die australische Nordküste. *H. semperi* kommt nur im Süßwassersee Taal auf der philippinischen Insel Luzon vor; inzwischen wurde eine 2. Süßwasserart auf Borneo entdeckt. Kleine, mittelgroße, auch große Schlangen mit kleinem Kopf und schlankem Körper, der aber bei manchen Arten hinten wuchtiger wird. Abgesehen von der erwähnten Süßwasserart sind die Vertreter der Gattung alle in seichten Küstengewässern zu Hause, manchmal trifft man sie aber auch in größeren Tiefen an. Sie leben v. a. von Aalen, manche von Fischeiern. Ihr Gift ist stark, und es kam zu Todesfällen. Vivipar.

Kerilia Mit der einzigen südostasiatischen Art *K. jerdoni.* Mittelgroß, mit seit-lich abgeflachtem Körper und Schwanz. Sonst wenig bekannt; wahrscheinlich vivipar.

Kolpophis Einzige Art *K. annandali* in den Küstengewässern Thailands und Indonesiens. Näheres ist über die Art nicht bekannt.

Lapemis Die beiden Arten *L. curtus* und *L. hardtwickii* sind vom Persischen Golf bis zur australischen Nordküste weit verbreitet. Stämmige Art mit großem Kopf. Die Körperschuppen werden zur Mitte des Bauches zunehmend gekielt und sind bei adulten Männchen dornartig. (Es handelt sich dabei nicht um die Bauchschuppen, die hier wie bei allen Seeschlangen stark reduziert sind.) Sie leben in trüben Küstengewässern, v. a. in Buchten und Flussmündungen, und jagen kleine Fische. Wenn man sie packt, beißen sie schnell zu, und es kam zu Todesfällen. Die Zahl der Jungen ist gering.

Parahydrophis Einzige Art *P. mertoni,* die an der australischen Nordküste, an der Südküste Neuguineas und auf den umliegenden Inseln vorkommt. Eine kleine, recht schlanke Schlange mit zylindrischem Körper und glatten Schuppen. Sie lebt im Gezeitensaum um Flussmündungen sowie in Mangroven und frisst kleine Fische. Potenziell gefährlich. Die Zahl der Jungen ist gering.

Pelamis Mit nur 1 Art, der pelagischen Seeschlange *P. platura.* Ihr Verbreitungs-gebiet ist größer als das aller übrigen Schlangen. Sie lebt im freien Oberflächenwasser von Ostafrika bis Südasien und von Japan im Norden bis Tasmanien im Süden. Außerdem findet man sie an den Pazifikküsten von Mittelamerika und dem nördlichen Südamerika. Ihr Körper ist schlank, der Kopf lang und schmal. Die Färbung ist gewöhnlich eine Kombination von Bläulichschwarz und Gelblich. Es gibt auch völlig gelbe Individuen. Manchmal vereinigen sich Hunderte oder Tausende von Individuen zu sogenannten Slicks, die sich über große Flächen erstrecken. Sie bieten damit vielleicht Fischen Unterschlupf, von denen sie sich ernähren. Recht bissig, doch Fischer handhaben sie oft ohne Schaden, wiewohl ihr Gift stark ist. In tropischen Gewässern pflanzen sie sich wohl ganzjährig fort. Es werden 2–6 Junge geboren.

Thalassophina Einzige Art *T. viperina,* die man früher u. a. zur Gattung *Praescutata* gestellt hat, vom Persischen Golf bis zur Südchinesischen See und Indonesien. Eine mittelgroße Art mit sehr rauen Schuppen. Vivipar.

Thalassophis Einzige Art *T. anomala* in den Küstengewässern Thailands und Indonesiens.

▼ Verbreitung der Seeschlangen (Elapidae II).

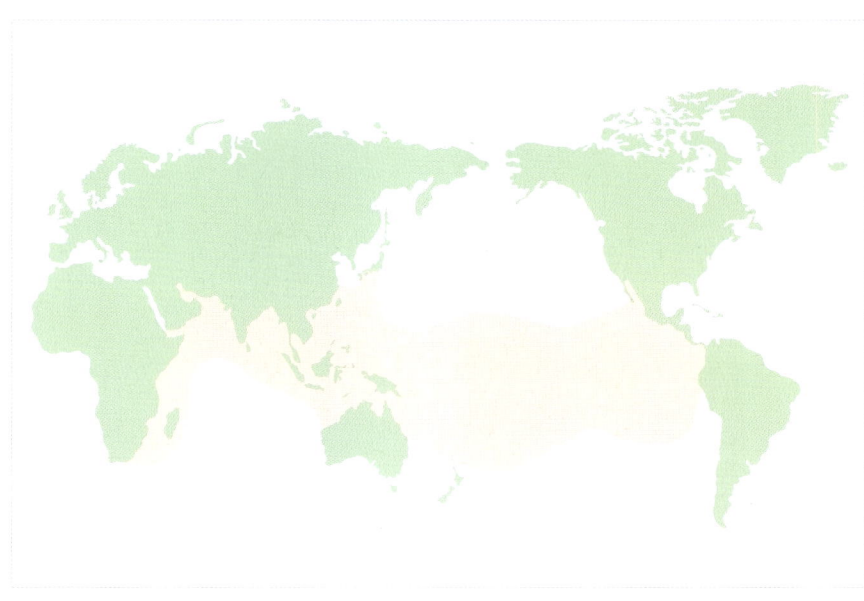

GLOSSAR

Die folgenden Begriffe werden in ihrer Beziehung zu Schlangen erläutert; in anderem Zusammenhang mögen sie eine etwas andere Bedeutung haben. *Kursiv* gedruckte Wörter sind an anderer Stelle im Glossar erläutert.

Albinismus Erblich bedingtes Fehlen von Farbpigmenten. Albinos sind stets weiß oder sehr hell gefärbt und haben rote, d. h. mit durchschimmernder Durchblutung unpigmentierte Augen.

Amelanismus Fehlen von schwarzen Pigmenten; vgl. *Melanismus.*

Anerythrismus Fehlen von roten Pigmenten.

Arboreal In und an Bäumen lebend.

Aquatisch Im Wasser lebend.

Art (Spezies) Die Art ist die wichtigste Klassifikation der Biologie und liegt unter der *Gattung* sebene. Der wissenschaftliche Artname setzt sich aus 2 oft latinisierten oder graecisierten Wörtern zusammen, dem Gattungsnamen und dem Artnamen. *Crotalus atrox* ist beispielsweise die Artbezeichnung der Texasklapperschlange. Nach traditioneller Definition sind die Individuen einer Art reproduktiv isoliert, d. h. sie können sich untereinander, aber nicht mit Individuen einer anderen Art fruchtbar vermehren. Das trifft allerdings nicht immer zu, da es gelegentlich zu Mischlingen kommt, die als Hybriden oder Bastarde bezeichnet werden, die aber zwischenartlich meist steril sind.

Beschriebene Art Jede *Art,* von der eine wissenschaftliche Beschreibung, einschließlich eines wissenschaftlichen Namens, in einer Fachzeitschrift veröffentlicht wurde. Jede neue Art muss in dieser Weise, den Internationalen Nomenklaturregeln gemäß, nachgewiesen werden.

Colubride Eine Schlange, die zur *Familie* der Colubridae (Nattern) gehört.

Coronoid Ein kleiner Knochen im Unterkiefer, den man bei *primitiven* Schlangen findet, bei *höher entwickelten* Familien aber nicht.

Dimorphismus Zweigestaltigkeit; das Nebeneinanderbestehen von 2 verschiedenen *Formen* der gleichen *Art* (vgl. auch *Polymorphismus),* z. B. Geschlechts- oder Altersdimorphismus.

Dorsal Den Rücken betreffend. Dorsalschuppen z. B. sind fliesenartige Schuppen, die den Rücken und die Flanken der Schlangen bedecken.

Ektotherm Tiere, bei denen die Körperwärme hauptsächlich von äußeren Wärmequellen, meistens der Sonne, abhängt.

Elapide Eine Schlange, die zur *Familie* der Elapidae gehört, die Kobras, Korallenschlangen, Mambas, Seeschlangen und Taipane einschließt.

Endemisch Ausschließlich in einem bestimmten Gebiet verbreitet.

Falsche Korallenschlange Bezeichnung für bestimmte lebhaft gefärbte, harmlose Schlangen, die die Färbung giftiger Korallenschlangen (die zu den Kobras gehören) nachzuahmen scheinen.

Familie Eine wissenschaftliche Kategorie von *Gattungen,* die man für nahe miteinander verwandt hält. Manche Schlangenfamilien enthalten nur 1 Gattung, doch die meisten haben mehr. In der Zoologie enden Familiennamen immer auf die Endung -idae, *Unter*familiennamen auf -inae.

Form (Variante, Unterart, Morphe) Eine Gruppe von Organismen, die sich von anderen derselben *Art* z. B. durch ihre Musterung oder Färbung unterscheiden. Jede Variation wird als eigene Form, z. B. als gestreifte Form, bezeichnet. Siehe auch *Polymorphismus.*

Gattung Eine wissenschaftliche Kategorie, die aus 1 oder mehreren nahe verwandten *Arten* besteht. Alle Vertreter einer Gattung tragen denselben Gattungsnamen, z. B. *Crotalus* (= Klapperschlange).

Gekielte Schuppen Schuppen, die in ihrer Mitte 1 oder (selten) 2 längsgerichtete Kiele tragen.

Generalist Eine *Art,* die eine breite ökologische Nische nutzt, d. h. von unterschiedlichen Beutetieren und in unterschiedlichen Lebensräumen lebt. Das Gegenteil eines *Spezialisten.*

Gift Modifizierter Speichel, dessen Hauptaufgabe es ist, Beute bewegungsunfähig zu machen, der daneben aber auch bei der Vorverdauung hilft.

Grubenorgan Vertiefungen zwischen Auge und Nasenloch, die man bei einigen Boas und Pythons sowie bei allen Grubenottern findet und die schon geringe Temperaturunterschiede wahrnehmen können, wie sie etwa von warmblütigen Tieren ausgehen.

Habitat Lebensraum einer Art.

Herpetologie Wissenschaft von den Amphibien und Reptilien.

Hoch entwickelt Ein Begriff, der sich auf Eigenschaften und die mit ihnen ausgestatteten *Arten, Familien* usw. bezieht, die sich erst in relativ junger Zeit entwickelt haben. So sind etwa gelenkige Giftzähne ein hoch entwickeltes Merkmal, weshalb Vipern, die bewegliche Giftzähne

haben, Vertreter einer hoch entwickelten Familie sind. Das Gegenteil von *primitiv.*

Hut Der Bereich unmittelbar hinter dem Kopf bestimmter Kobras. Die Schlangen können den Hut spreizen, indem sie die Rippen aufstellen. Die wichtigste Bedeutung des Hutes ist die Abschreckung von potenziellen Feinden.

Hypapophyse Nach unten gerichteter Wirbelfortsatz.

Interstitialhaut (Zwischenschuppenhaut) Die Gewebefläche zwischen den Schuppen. Interstitialhäute sind bei Schlangen und anderen Reptilien üblich.

Jacobsonsches Organ Ein zusätzliches Geruchsorgan im Gaumen des Schlangenmauls. Über die Zunge (»züngeln«) werden Geruchspartikel zum Jacobsonschen Organ befördert, das durch Nervenbahnen mit dem Gehirn verbunden ist.

Maxillen, Maxillarknochen Äußerer Teil des Oberkiefers.

Melanismus Genetisch bedingte Dunkel- oder gar Schwarzfärbung.

Neotropisch Zu den Tropen der Neuen Welt gehörend.

Opisthoglyph Schlangen mit vergrößerten, oft mit einer Rinne ausgestatteten Giftzähnen im hinteren Teil des Rachens.

Ovipar Eierlegend.

Ovovivipar Die befruchteten Eier werden bis kurz vor oder kurz nach dem Schlüpfen im Körper behalten.

Parietalauge Vom Zwischenhirn gebildetes, lichtempfindliches Sinnesorgan am Schädeldach.

Parthenogenese Die Entwicklung eines unbefruchteten Eies zu einem Embryo. Parthenogenetische *Arten* können sich ohne Begattung fortpflanzen und daher nur aus Weibchen bestehen. Nur 1 Schlangenart, die »Blumentopfschlange« *(Ramphotyphlops braminus),* vermehrt sich parthenogenetisch. Weitere Arten stehen im Verdacht, es auch zu können.

Pelagisch Die mittleren und oberen Schichten der Ozeane bewohnend.

Polymorphismus Das Auftreten von 2 oder mehr *Formen* innerhalb einer *Population* derselben *Art.*

Population In allen wesentlichen Merkmalen übereinstimmende, geographisch zusammenhängende Fortpflanzungsgemeinschaft einer *Art.*

Primitiv Der Begriff wird verwendet, um frühe Evolutionsmerkmale und die mit ihnen ausgestatteten *Arten, Familien* usw. zu kennzeichnen. Schlankblindschlangen z. B. besitzen viele gemeinsame Eigen-

LITERATURNACHWEIS

schaften mit einigen der ältesten, bekannten Schlangen und sind daher Vertreter einer sogenannten primitiven Familie. Das Gegenteil von *hoch entwickelt.*

Rostralschuppen Die Schuppen auf der äußersten Schnauzenspitze einer Schlange.

Rudimentäre Gliedmaßen Unentwickelte Glieder, die durch natürliche Selektion in Größe und Funktion zurückgebildet sind.

Seitenwinden Eine Art der Fortbewegung, die von einigen auf lockerem Sand lebenden Schlangen praktiziert wird, wobei sich der Körper in einem Winkel von etwa 45 Grad zur Kopfachse fortbewegt und nur punktuell den heißen Wüstensand berührt.

Semiaquatisch Zeitweise im Wasser lebend.

Spezies siehe *Art.*

Spezialist Eine *Art,* die nur eine enge ökologische Nische nutzt. Zum Beispiel eine Art, die sich von nur 1 anderen Tierart ernährt oder einen eng begrenzten Lebensraum bewohnt. Das Gegenteil eines *Generalisten.*

Subkaudalschuppen Die Schuppen unter dem Schwanz der Schlange.

Subspezies siehe *Unterart.*

Taxonomie Die Wissenschaft der Klassifikation, in der die Organismen entsprechend ihrer verwandtschaftlichen Beziehungen eingeordnet und benannt werden.

Terrestrisch Überwiegend am Boden lebend.

Tuberkel Kleine, pickelartige Erhebungen oder Schwellungen.

Unterart (Subspezies) Eine wissenschaftliche Kategorie unterhalb der *Artebene.*

Ventralschuppen Die Schuppen, meist querverbreitete Schilde, auf der Unterseite einer Schlange.

Vivipar Lebende Junge gebärend. Die große Mehrzahl der Schlangen sind nicht wirklich vivipar im Sinne der Säugetiere, da die Embryonen von der Mutter keine Nahrung zugeführt bekommen. Stattdessen bleiben die (schalenlosen) Eier während ihrer Entwicklung im Eileiter des Weibchens und schlüpfen erst kurz vor oder nach der Geburt. Genau genommen sind solche Schlangen also *ovovivipar.*

Xenodontinae (xeno = ungewöhnlich, dont = Zahn) Unterfamilie, bei deren Mitgliedern die Fangzähne im hinteren Teil des Oberkiefers sitzen. Bei geschlossenem Maul liegen die Zähne waagrecht, bei weit geöffnetem Maul schwingt der Oberkiefer in eine mehr senkrechte Position, wodurch die Zähne »kampfbereit« gestellt werden.

Bellosa, H., Dirksen, L. und Auliya, M., *Faszination Riesenschlangen – Mythos, Fakten und Geschichten,* BLV Buchverlag GmbH & Co. KG, München, 2007

Böhme, W. (ed.), *Handbuch der Reptilien und Amphibien Europas – Schlangen (Serpentes) I,* Aula-Verlag, Wiesbaden, 1993

Böhme, W. (ed.), *Handbuch der Reptilien und Amphibien Europas – Schlangen (Serpentes) II,* Aula-Verlag, Wiesbaden, 1999

Boulenger, G. A., *The Snakes of Europe,* Methuen and Company, Ltd., London, 1913 (Taxonomisch hoffnungslos veraltet, aber das erste Buch, das alle europäischen Schlangen in einem lesbaren Stil behandelt.)

Branch, B., *Field Guide to the Snakes and other Reptiles of Southern Africa,* New Holland, London, 1988

Broadley, D. G., *FitzSimon's Snakes of Southern Africa,* Delta Books. 1983 (Eine überarbeitete Fassung des Originals von Vivian FitzSimons.)

Brodmann, P., *Die Giftschlangen Europas und die Gattung Vipera in Afrika und Asien,* Kümmerly & Frey, Bern, 1987

Cobom, John., *The Atlas of Snakes of the World,* TFH Publications, New Jersey, USA

De Smedt, J., *Die europäischen Vipern – Artbestimmung, Systematik, Haltung und Zucht,* Eigenverlag, 2001

The EMBL Reptile Database. Eine CD von unschätzbarem Wert, die auf Mac- und Windows-Betriebssystemen läuft. Verzeichnet jede bekannte Reptilienart, einschließlich Synonymen, Verbreitung und Quellen. Zu beziehen über Peter Uetz (zum Bestellen die Website www.reptile-database.org besuchen)

Engelmann, W.-E. und Obst, F. J., *Mit gespaltener Zunge – Aus der Biologie und Kulturgeschichte der Schlangen,* Edition Leipzig, 1981

Ernst, C. H. und Ernst, E. M., *Snakes of the United States and Canada,* Smithsonian Books, Washington, 2003

Greene, H. W., Fogden, M. und Fogden, P., *Schlangen – Faszination einer unbekannter Welt,* Birkhäuser, Basel, Bosten, Berlin, 1999

Gruber, U., *Die Schlangen Europas und rund ums Mittelmeer,* Kosmos, Franckh'sche Verlagshandlung, Stuttgart, 1989

Joger, U. und Stümpel, N. (eds.), *Handbuch der Reptilien und Amphibien Europas – Schlangen (Serpentes) III,* Aula-Verlag, Wiesbaden, 2005

Khan, M. S., *Die Schlangen Pakistans,* Edition Chimaira, Frankfurt/M., 2002

Lancini, A. R. und Kornacker, P. M., *Die Schlangen von Venezuela,* Armitano Editores C.A., Caracas, Venezuela, 1989

Lurker, M., *Adler und Schlange – Tiersymbolik im Glauben und Weltbild der Völker,* Wunderlich, Tübingen, 1983

Marais, J., *Die faszinierende Welt der Schlangen,* Müller, Erlangen, 1995

Nietzke, G., *Die Terrarientiere 3,* Ulmer, Stuttgart, 2002

Schulz, K.-D., *Eine Monographie der Schlangengattung Elaphe FITZINGER,* Bushmaster Publications, Berg SG/ Schweiz, 1996

Seigel, Richard A. und Collins, Joseph T., *Snakes: Ecology and Behaviour,* McGraw-Hill, New York, 1993

Uber, H. und Mondhe, P. P., *Weltschlangen – Schlangenwelten – Auf den Spuren eines Reptils durch Mythos und Magie,* Frederking & Thaler, München, 2002

REGISTER

DANKSAGUNG

Eine so große Aufgabe wie dieses Werk ist niemals möglich ohne die Hilfe einer Vielzahl von Menschen. Menschen, die spezielle Informationen aus ihren Forschungsbereichen beitrugen, indem sie mir Kopien ihrer Arbeiten schickten oder in anderer Weise behilflich waren, werden im Folgenden in alphabetischer Reihenfolge genannt:

Dr. Claes Andren (University of Goteborg); Dr. E. N. Arnold (British Museum (Natural History), London); Dr. W. R. Branch (Port Elizabeth Museum, South Africa); Richard Clark; Richard Gibson (Herpetology Department, Zoological Society of London); Matt Goetz (Herpetology Department, Durrell Wildlife Conservation Trust, Jersey Zoo); Dr. L. Lee Grismer (La Sierra State University, California); Dr. Robert Henderson (Milwaukee Public Museum, Wisconsin); Dr. Colin McCarthy (British Museum (Natural History), London); Professor S. McDowell (Rutgers University, New Jersey); Dr. Goran Nilson (University of Goteborg); Dr. Nikolai Orlov (Russian Academy of Sciences, St Petersburg); Paul Orange; Mark O'Shea; Dr. R. D. G. Theakston (Liverpool School of Tropical Medicine).

Bei der Suche nach Literatur waren die Bibliotheken der Universitäten von Nottingham und Sheffield behilflich.

Besonderer Dank gilt Richard Trant, der mir mehrere Bände seltener Bücher aus seiner Sammlung lieh und außerdem beim Literaturverzeichnis half; Mark O'Shea für den Zugang zu Teilen seines Manuskriptes seines noch unveröffentlichten Buches *A Guide to the Snakes of Papua New Guinea;* Frank Schofield, Adam und April Wright und verschiedenen anderen Freunden, die mir erlaubten, ihre Schlangen zu fotografieren; den nebenstehend aufgeführten Fotografen, die einwilligten, ihre Fotos zu verwenden, und dem Künstler Alan Rollason für seine hervorragenden Zeichnungen. Gretchen Davison half, Teile des Manuskripts zu prüfen, und assistierte mir in vielen anderen Bereichen.

Für die zweite Auflage schulde ich all den oben aufgeführten Menschen den gleichen Dank, viele von ihnen haben weitere Hilfe zur Vorbereitung dieser Auflage beigetragen. Für die Beantwortung spezieller Anfragen in dieser Zeit danke ich Rainer Günther (Zoologisches Museum der Humboldt Universität Berlin); Robert Henderson (Milwaukee Public Museum, Milwaukee); Robin Lawson (California Academy of Science, San Francisco); Peter Uetz (The Institute for Genomic Research, Rockville, Maryland) und Wolfgang Wüster (University of Wales at Bangor).

Zusätzlichen Dank für die Hilfe beim Fotografieren, speziell für die überarbeitete Ausgabe, schulde ich Philippe Blais, Alan Francis, Daniel Fitter, Nick Garbutt, Gretchen Mattison, John Pickett, Paul Rowley (Liverpool School of Tropical Medicine), Anselm da Silva (University of Peradeniya, Sri Lanka), Sean Thomas, Martin Withers sowie einer Reihe örtlicher Führer und Helfer an entlegenen Orten. All diese Menschen gaben freimütig und gutgelaunt ihre Zeit und Hilfe als Beitrag zu diesem Buch, ohne in irgendeiner Weise für dessen Unvollkommenheiten verantwortlich zu sein.

DANK AN FOTOGRAFEN

Einer Reihe von Fotografen (siehe unten) schulde ich Dank dafür, dass sie ihre Fotos zur Verfügung stellten. Da der Wert eines naturkundlichen Buches oft nach seinem visuellen Reiz beurteilt wird, möchte ich diese Beiträge ganz besonders hervorheben.

Meine eigenen Fotos machte ich mit der Hilfe zahlreicher Menschen, die mir über die Jahre Schlangen liehen oder zur Verfügung stellten. Viele andere begleiteten mich auf Exkursionen zu einer Vielzahl von Orten in verschiedenen Kontinenten. Sie gaben ihre Hilfe stets uneigennützig und freundlich, und ihre Gesellschaft hat sehr zu meiner Freude an Schlangen beigetragen und zu meinem Eifer, alles nur Mögliche über sie herauszufinden.

William R. Branch: 26 (oben), 33, 43, 64. 78 (unten), 95, 100 (oben), 101, 103 (unten), 104, 107, 122 (oben und unten links), 129 (oben links), 136, 151 (unten), 156 (unten), 218 (unten), 227, 236, 248 (oben), 249, 250, 253

Nick Garbutt: 22 (unten), 194–195, 213, 232, 248 (unten)

Koert Langeveld: 169

William B. Love: 37 (oben), 79 (rechts), 85 (oben), 91, 124 (rechts), 128 (oben), 129 (unten links), 130 (Mitte), 133 (oben rechts und links), 135, 153, 161 (unten), 164, 222

Chris Mattison: 1, 2–3, 8–9, 10, 12–13, 16–17, 18–19, 20, 21, 22 (oben), 23, 24, 25, 26 (unten), 27, 28, 29, 30, 31, 32, 34, 35, 36, 37 (Mitte, unten links und unten rechts), 38, 40, 42, 44, 45, 46, 47, 48, 50, 53, 54, 55, 56–57, 59 (oben), 60, 62, 67, 68, 71, 72–73, 74, 75, 76, 77, 78 (oben und unten links), 79, 80, 81, 82, 83, 84 (oben), 85 (unten), 87, 89, 94, 96–97, 99, 100 (unten), 109, 110, 111, 112, 113 (links unten), 114, 116, 117, 118, 120–121, 122 (unten rechts), 123, 125, 126, 127, 129 (oben rechts), 130 (unten links und rechts), 131, 132, 133 (Mitte und unten), 134, 135 (oben rechts und unten), 137 (links), 138–139, 142, 143, 144, 145, 146, 149, 151 (oben), 152 (oben), 154, 155, 156 (Mitte), 157, 159, 160, 162, 166–167, 168 (oben und Mitte), 171, 175, 176, 177, 180, 182, 184, 185, 186, 189, 190, 193, 198, 200, 201, 204, 207, 210 (oben), 211, 214, 219, 220, 223 (unten), 224, 230, 231, 235, 237, 240, 241, 242, 243, 246, 247, 254, 256

William B. Montgomery: 129 (unten rechts)

Mark O'Shea: 4, 78 (unten rechts), 84 (unten), 93, 113 (oben links, rechts), 115, 124 (oben rechts), 128 (unten rechts), 130 (oben), 137 (rechts), 158, 161 (oben), 174, 181, 199, 210 (unten), 223 (oben), 238, 244, 245, 262 (unten)

James Savage: 128 (unten links)

John Tashjian: 124 (unten), 129 (unten links), 147, 216, 217, 218 (oben), 221, 225, 226

Geoff Trinder: 148

John Weigel: 59 (unten), 61, 66, 71, 79 (links), 102, 103 (oben), 106, 141, 152 (unten), 156 (oben), 168 (unten), 172, 179, 206, 209, 258, 259, 260, 261, 262 (oben)